油气储运学科发展报告
◆ 蓝 皮 书 ◆
（2018—2022）

中国石油学会石油储运专业委员会
国家管网集团科学技术研究总院　编著

U0255032

中国石化出版社
·北京·

图书在版编目（CIP）数据

油气储运学科发展报告蓝皮书 . 2018—2022 / 中国石油学会石油储运专业委员会，国家管网集团科学技术研究总院编著 . — 北京：中国石化出版社，2023.12

　　ISBN 978-7-5114-7373-8

　　Ⅰ. ①油…　Ⅱ. ①中…　②国…　Ⅲ. ①石油与天然气储运 – 学科发展 – 研究报告 – 中国 – 2018—2022　Ⅳ. ① TE8

中国国家版本馆 CIP 数据核字（2023）第 233289 号

中国石化出版社出版发行

地址：北京市东城区安定门外大街 58 号

邮编：100011　电话：（010）57512500

发行部电话：（010）57512575

http ://www.sinopec-press.com

E-mail : press@sinopec.com

北京富泰印刷有限责任公司

全国各地新华书店经销

*

710 毫米 × 1000 毫米 16 开本 28.75 印张 547 千字

2023 年 12 月第 1 版　2023 年 12 月第 1 次印刷

定价：168.00 元

油气储运学科发展报告蓝皮书

（2018—2022）

编委会

顾　问：黄维和

组　长：张对红

副组长：关中原　张劲军

专　家（以姓氏笔画为序）：

白改玲　冯庆善　刘　刚　刘志刚　李玉星　吴长春　沈珏新　张　超
张卫兵　张文伟　陈朋超　郑得文　宫　敬

成　员（以姓氏笔画为序）：

丁国生　于　达　于永志　马云宾　王　力　王　成　王　军　王　玮
王　科　王　猛　王　超　王　强　王　婷　王玉彬　王亚楠　王同吉
王旭锋　王武昌　王洪超　王海东　王富祥　王德俊　云　庆　支树洁
左雷彬　冯文兴　吉玲康　扬　帆　成永强　朱小丹　朱言顺　刘　佳
刘　亮　刘　洋　刘月芳　刘正荣　刘全利　刘明辉　刘定智　刘保侠
刘艳辉　刘啸奔　刘朝阳　刘粤龙　刘翠伟　闫　锋　安小霞　许玉磊
许佳伟　孙云峰　花亦怀　李　苗　李　莉　李　睿　李凤奇　李东旭
李在蓉　李育天　李荣光　李柏松　李秋扬　李亮亮　李莹珂　李恩道
李鸿英　杨　飞　杨　亮　杨　叠　杨天亮　杨云兰　杨春华　杨喜良
肖　立　肖　强　吴珮璐　吴益泉　余　伟　余志峰　余晓峰　完颜祺琪
宋　飞　宋　炜　宋　晗　宋光春　张　苏　张　建　张　健　张　斌
张　盟　张　腾　张　毅　张云卫　张国庆　张振永　张雪琴　张琳智
张朝阳　张瀚文　陈　健　陈　涛　陈　雷　陈振华　陈锐莹　邵铁民
苗　青　林　畅　欧阳欣　周庆林　周晓东　孟　佳　赵　睿　赵明华
赵佳雄　赵洪亮　荆宏远　胡其会　拜　禾　段　斌　侯本权　姜　超
姜春明　秦　锋　袁子云　贾保印　夏秀占　柴　帅　徐　波　徐洪涛
郭　祥　郭　磊　郭艳林　郭海涛　戚亚明　崔少东　梁　勇　隋永莉
彭世垚　韩文超　喻　斌　谢留义　蒲黎明　虞维超　裴　娜　樊继欣
颜　辉　燕冰川　戴联双　魏光华

序

　　进入新世纪，中国油气储运事业实现了高速发展。近年来，中国更是成为全球新建管道里程和油气储备能力增长最快的国家，相关技术和学科不断进步。在"双碳"愿景下氢、二氧化碳管道输送与高效储存及能源互联网等新兴领域的出现，将使油气储运科技创新面临前所未有的挑战和机遇。2019 年国家石油天然气管网集团有限公司成立，在推动中国油气储运体制和机制改革的同时，必将加快油气储运科技进步和学科发展。

　　在可预见的将来，中国能源结构将发生重大变革，能源消费结构将从传统的化石能源向清洁低碳的可再生能源转变。适应"能源生产低碳转型、能源传输格局重塑、能源消费灵活多样"的新要求，大力发展多介质灵活输运与智能化高效利用等新技术新业态，实现物质流、能量流、信息流、价值流融合。在能源转型进程中，可再生能源受自然禀赋的间歇性、不稳定性等影响，在现有储能技术尚未实现大规模商业运行的条件下，传统化石能源与新能源实现多能互补和低碳发展是最现实的选择，特别是天然气因具有低碳、清洁、高效、灵活等特点，将作为可再生能源的长期伙伴。国家"十四五"规划纲要指出，应当"推进能源革命，完善能源产供储销体系，加强国内油气勘探开发，加快油气储备设施建设，加快全国干线油气管道建设，建设智慧能源系统"。油气储运作为能源系统重要基础设施，还将持续增长。氢储运、二氧化碳捕集利用与封存发展潜力巨大，促进天然气、氢能、生物燃料、超临界 / 密相二氧化碳等多种

介质灵活储运规模化应用。

　　站在新的历史起点上，油气储运服务于国家"双碳"战略，面向国民经济高质量发展，立足构建现代能源体系，存在着广阔的科技创新和学科发展空间。特别是新能源和二氧化碳大规模储运存，已成为全球研究热点，势必催生大量创新成果。

　　《油气储运学科发展报告蓝皮书》着眼于引领前沿创新活动，及时总结与高效传播最新成果的，推动油气储运智能化、数字化、绿色低碳转型，提高运营效率及社会经济效益，为油气储运学科可持续发展贡献中国智慧和力量。

2023 年 11 月

前　言

　　当今世界，百年未有之大变局正加速演进。全球气候变暖、俄乌冲突、中美贸易摩擦、新冠疫情等重大事件，对世界能源供需格局产生了重大而深远的影响。在这一大背景下，中国经济发展环境日趋复杂，经济转型进入高质量发展阶段，"双循环"新发展格局逐步形成，"双碳"战略持续推进，对国家能源安全和能源行业发展提出了很多新的、更高的要求。

　　在碳中和愿景下，全球能源转型是大势所趋，·可再生能源在能源消费结构中的占比将持续上升。但是，尽管化石能源在一次能源消费中的占比逐步下降，其在保障能源安全和稳定供应方面依然具有不可替代的作用。鉴于光伏、风电等可再生能源发电固有的峰谷特性，预计在储能技术取得颠覆性突破之前，天然气及煤炭作为传统火电的主体能源，仍将在电力调峰中扮演不可或缺的重要角色。除了其燃料属性，石油、天然气及煤炭作为重要化工原料，也依然具有不可替代性。习近平总书记提出"四个革命、一个合作"能源安全新战略，为新时代中国能源发展指明了方向。建设与新时代相适应的现代能源体系，确保国家能源安全和稳定供应，需统筹好能源转型和能源禀赋关系，非化石能源发展与化石能源绿色高效利用并举。在不断演进的煤、油、气、核、新能源多能源融合的能源体系中，油气储运行业仍将具有重要作用。同时，毋庸置疑，在这样一个多能融合的、全新的、快速演进的现代能源体系中，油气储运在物理系统、运行模式上都将面临从理念到理论再到技术的前所未有的挑战。

　　另一方面，长输管道与铁路、公路、水运、航空一道，共同构成了国家的现代综合交通运输体系。作为国家的重要基础设施，管道与其他多种运输方式的协同、高效运转，为国民经济发展提供了

强大保障。管道运输的任务和内涵，也将随着国家综合交通运输体系的发展而演进。

必须指出，在现代能源体系的演进、现代综合交通运输体系的发展过程中，油气储运系统既要安全、高效地肩负起其传统任务——在油气能源生产与供应保障中的重大使命，又要快速适应其新角色的新要求（例如氢能、二氧化碳以及液体化工产品、煤炭等固体矿物浆体的输送，等等），这不能不说是对油气储运学科的重大挑战，也是学科发展的难得机遇。大数据、人工智能、能源互联网等相关科技的发展和交叉学科的大量涌现，将强力赋能油气储运行业和油气储运科技的发展。

中国石油学会石油储运专委会作为油气储运行业的重要学术组织，在引领行业发展、推动行业科技进步、培养行业科技队伍方面负有极为重要的责任。为了提升油气储运行业在国内外科技界、学术界的影响力，专委会决定编制出版《油气储运学科发展报告蓝皮书2018—2022》，为国家相关部门制定政策提供参考，为油气储运行业和科技的创新发展、人才培养提供重要支持，并努力打造成行业品牌，使之成为国内外油气储运行业具有较高影响力的发展报告。《油气储运学科发展报告蓝皮书》计划每2年出版一次。集中发布当年油气储运行业科技进展、技术前沿、战略思考及相关专题研究的最新成果，同时发布当年油气储运行业企业改革发展、工程建设等行业大事，以期为行业内外提供最新科技资讯，发挥引领作用，并具有史料价值。

本次编撰出版的报告涵盖2018—2022年油气储运学科领域取得的新成果、新进展，以期与本专委会受中国石油学会委托组织编写、由中国科学技术出版社出版的《2016—2017油气储运工程学科发展报告》相衔接。本书的"前沿与战略思考"部分以综述文体成文,聚焦重大战略与前沿技术,论述在国家能源发展战略框架下油气储运行业发展战略及重点专业方向的国内外现状、未来需求与发展趋势,以期为行业科技研究及创新发展提供引领。重点关注方向包括国家油气能源发展战略、油气储运行业国内外发展战略与规划、油气储运行业国内外最新动态与科技进展。"专题研究报告"部分聚焦当年油气储运行业科技创新重点攻关方向,评述国内外研究现状,报道最新进展,提出尚待解决的问题,以期为下一步研究提供借鉴。该部分包括原油管道流动改性输送、成品油管道输送介质质量控制、天然气储运产业链以及计量与调峰、储气库与石油储备库、LNG 及冷能利用、管道监/检测与评价、管网仿真与运行优化、非常规介质输送与储存、智能化与能源互联网、管道设计、建设与施工、管道完整性与维抢修、低碳节能与环保、关键设备及维修国产化、油气集输工程等 14 个专题。需要特别指出,各专题报告主要呈现相应年度产生的"创新发展",而不是该专题领域科技的全貌。"大事记"部分收集整理了当年油气储运行业相关的国家政策与战略部署,行业、企业改革发展成果,工程建设进展与成就等,作为史料,为查询行业发展大事提供便利。

本报告各部分撰稿人均为相应方面的行业专家。报告从酝酿策划、框架设计到内容审定,全过程都得到了黄维和院士的精心指导,各相关单位给予了鼎力支持。国家管网集团研究总院张对红担任编写组组长,国家管网集团研究总院关中原、中国石油大学(北京)张劲军担任副组长。全书由国家管网集团研究总院关中原、吴珊璐、刘朝阳、张雪琴、李在蓉、赵佳雄、张瀚文完成统稿和勘校。从2022 年 10 月编写组成立伊始,全体参编专家就以高度的责任心、强烈的使命感、严谨的科学态度,全心投入工作,期间多次集体研讨、精心打磨。在本报告出版面世之际,专委会对为本报告编撰出版作出贡献的全体专家和相关单位、以及全体出版编审人员致以崇高的敬意。由于学科涉及面极为广泛,相关科技的发展及其生产应用日新月异,本报告不足之处在所难免,恳请读者批评指正。

中国石油学会石油储运专业委员会

2023 年 11 月

目 录
CONTENTS

第八篇　油气集输与处理

第十一篇 管网仿真与运行优化

第十四篇 油气储运低碳节能与环保

第十五篇 油气管道关键设备国产化

第十六篇 智能化与能源互联网

第一部分
▌前沿与战略思考▌

第一篇

油气能源现状与发展战略

能源是推动人类社会文明发展的基础与动力，随着全球能源需求的不断增长，油气储运技术在能源供应链中的作用越来越重要，对促进石油、天然气等传统能源的安全、快捷、低成本利用发挥了关键作用。同时，在新能源产业发展的推动下，氢能、氨、醇等传统化工介质有了新的应用场景及发展潜力，化工介质的长距离、大规模储运给油气储运行业带来新的发展机遇。在油气储运行业加快发展的新时期，既要紧密跟踪国内外油气发展趋势，主动适应石油稳步发展、天然气快速发展的总体趋势，以更加科学的规划、安全的技术、智能的管理来满足油气行业高质量发展的要求，同时，也要抓紧国内外能源转型的历史机遇，主动顺应新能源发展带来的氢能、氨、醇等新介质的储运要求，拓展储运行业的应用场景，更好地服务社会、经济的发展。

1　国际能源现状及发展趋势

1.1 世界能源发展历史及现状

在人类发展历史上，能源利用经历了火与柴草、煤炭与蒸汽机、石油与内燃机三大阶段（图 1–1）。人类发展与能源技术的发展高度契合，能源利用一定程度决定了人类社会的发展层次[1]。

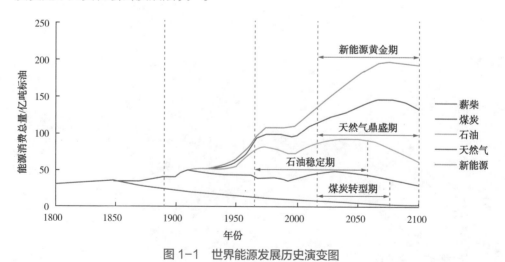

图 1–1　世界能源发展历史演变图

在人类进入工业化以来，包括欧洲、北美、东亚、南亚等主要国家在快速工业化的过程中，都经历了严重的空气污染和能源危机。随着主要国家都步入工业化，二氧化碳、甲烷等温室气体排放已经对地球气候产生了明显影响。人类也已经达成共识，要避免气候变化的灾难性影响就必须减少温室气体的排放。目前，世界能源发展的第四个阶段——新能源与可持续发展也正在发生演变。

以风能、太阳能发电为代表的可再生能源是目前能源转型的核心。根据国际可再生能源署（International Renewable Energy Agency，IRENA）2023年3月发布的《2023年可再生能源装机容量统计报告》（图1-2）[2]，2002—2022年新能源装机规模从16GW增至295GW，增长了18.4倍；新能源装机占新增装机的比例从15%增至83%，提升了68%，显著改变了世界能源发展预期。

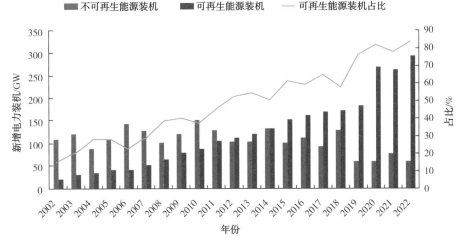

图1-2　2002—2022年世界新能源装机规模发展趋势图

按照BP世界能源统计年鉴统计结果（图1-3）[3]，受经济复苏推动，2021年全球一次能源消费大幅反弹，其能源消费量达到595.15EJ（203×10^8tce，2022年世界能源消费约205×10^8tce[4]），比上年增长5.8%。以风能、太阳能为主导的可再生能源继续强劲增长，可再生能源发电量2021年增长近17%。化石能源的消费总量不变，但是在一次能源中的比例从2019年的83%降至2021年的82%。

一次能源消费排名靠前的国家分别是中国、美国、印度、日本、加拿大、德国、韩国、巴西、伊朗及法国，各国能源消费量分别占世界总量的26.5%、15.6%、6.0%、3.0%、2.3%、2.1%、2.1%、2.1%、2.0%及1.6%。这10个国家一次能源消费总量为377.21EJ，占世界总量的63.4%。

国际能源署2022年12月发布了《2022年世界能源展望》报告，认为受疫情和俄乌冲突影响，全球当前正面临着严峻的能源危机，这场危机的持续时间及发展态势仍存在极大的不确定性。

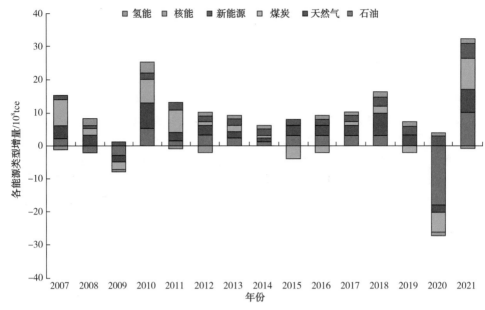

图 1-3　2007—2021 年全球能源增量变化图

1.2 国际能源发展趋势的研判

1.2.1　挪威船级社

根据挪威船级社 2020 年的预测[6]，全球一次能源使用量将在 2032 年达到峰值 638EJ。在一次能源结构中，化石能源所占比例将从目前的 81% 降至 2050 年的 54%。在未来 10 年，天然气将成为最大的能源来源。可再生能源占比不断增长，预计到 2050 年将占全球电力供应的 62%。截至 2050 年，电力在能源需求中的份额将增加 1 倍以上。

在化石能源中，煤炭、石油的使用量分别于 2014 年、2019 年达到峰值，而天然气将于 2026 年超过石油成为最大的一次能源，并将于 2035 年达到峰值。可再生能源在大多数地区主要应用于电力系统，其中以太阳能、风能为主导，截至 2050 年，太阳能光伏装机规模将达到 10TW，陆上风电装机规模也将达到 4.9TW。

1.2.2　世界能源理事会

按照世界能源理事会 2020 年发布的《世界能源远景：2050 年的能源构想》报告[7]，在"高增长"情景中，2050 年的能源供给（消费）总量将达到 878.8EJ，增速将从 2010—2020 年的 1.76% 降至 2020—2030 年的 1.53%、2030—2040 年的 1.16%，到 2040—2050 年则降至 0.64%。在"低增长"情景中，2050 年的能源供给（消费）总量预计为 695.5EJ，增速将从 2010—2020 年的 0.84% 降至 2020—2030 年的 0.64%、2030—2040 年的 0.4%，到 2040—2050 年则降至 0.63%。

1.2.3　英国石油公司

按照英国石油公司 2023 年初发布的《2023 年 BP 能源展望》(图 1-4)[8]，在碳减排加速的情景下，2025 年全球能源需求将达到 482EJ，2030 年达到峰值 490EJ，2040 年、2050 年将分别降至 450EJ、400EJ。

但受国际能源供应危机影响，全球能源需求将在 2035—2040 年之间达到峰值 520EJ，2050 年降至 518EJ，能源消费总量较碳减排加速情况显著增加。

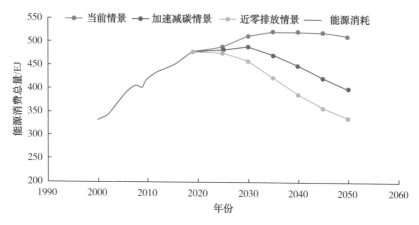

图 1-4　2023 年英国石油公司发布的能源需求预测图

1.2.4　中国石油经济技术研究院

按照中国石油经济技术研究院 2022 年发布的《2060 年世界与中国能源展望》[9]，预测在碳减排参考情景下，受人口增长与经济发展的带动，发展中国家的现代化和工业化将推动世界能源需求的不断增长（图 1-5），预计到 2060 年世界一次能源需求将达到 686~782EJ，2021—2060 年年均增长 0.4%~0.7%，增速较 1990—2020 年低 0.9%~1.2%。

2035 年前，油气在一次能源中的占比保持在 50% 左右，仍维持主体能源地位，其中石油、天然气占比分别处于 26%~27%、22%~29%。

在不同情景下，可再生能源均将迎来快速发展，到 2060 年需求达到 309.6~473EJ，年均提升 0.7%~1.4%，高于一次能源 0.3%~0.7%，在一次能源中的占比达 40%~69%。

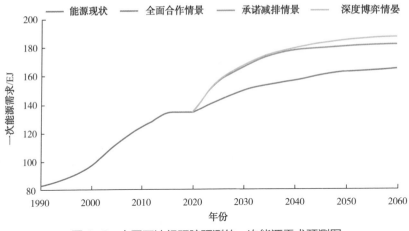

图 1-5　中国石油经研院预测的一次能源需求预测图

在 2060 年的最终能源结构中，终端用电量将快速提升，预计 2060 年将达（58.6~74.1）$\times 10^{12}$kW·h，年均增速高达 2.0%~2.7%；相应的终端电气化率将达 39.8%~61.8%，年均提高近 0.5%~1.0%。

1.3　国际石油天然气供应形势

近年来，随着新冠肺炎疫情肆虐全球、俄乌冲突陷入僵局、中美贸易摩擦、全球通胀流行等一系列政治、经济因素的影响，全球石油和天然气行业受到了巨大冲击，能源供需形势多变。

（1）国际原油市场动荡难安，油价短期内将继续波动。受俄乌冲突的直接影响，2022 年欧盟批准实施第 8 轮对俄制裁方案，包括禁止超过价格上限的俄罗斯石油通过海路运输至第三方等。由于全球海运服务业市场由欧盟、英国等西方国家垄断，一旦俄罗斯的石油价格超过欧盟设定的上限，俄罗斯的石油卖家可能将难以寻找到愿意为海运担保的保险服务商。这一决定直接干扰了国际正常的石油贸易，政策执行的情况也将直接影响国际石油供需形势，引起国际石油价格的波动。未来美欧等国家和地区还有可能进一步出台类似政策，继续给国际石油市场带来不确定性。同时，"欧佩克+"近年来频繁出台增产或减产的政策性决议，要求成员国按照协议同步增加或减少国家石油出口，通过影响国际石油供需形势的方式直接干扰国际原油价格，虽然在稳定国际石油价格方面具有一定作用，但也成为影响石油价格的关键不确定性因素。

（2）俄罗斯向欧洲供应天然气的管道接近中断，国际天然气贸易重构。2022年以来，包括北溪 -1 管道、北溪 -2 管道、土耳其流管道、亚马尔—欧洲以及跨越乌克兰的友谊管道，在俄乌冲突之前，每年供应量为（700~1800）$\times 10^{8} \mathrm{m}^{3}$。

但在俄乌冲突爆发前，受管道破坏、人为关闭、维修抢修等因素的影响，上述管道的输气量已降低到最大输量的 1/5 左右，并随时面临全面关闭的风险。俄罗斯向欧洲供气量的缩减，对国际天然气贸易产生了巨大影响。欧洲减少了俄罗斯管道进口天然气，转向国际市场购买液化天然气（LNG），造成 2022 年国际 LNG 价格的持续高企，美国出口的 LNG 大部分以高昂的价格卖给了欧洲，甚至部分东亚、南亚国家进口的 LNG 资源也通过转口贸易卖给了欧洲，导致上述地区的天然气价格也增长。同时，俄罗斯富余的天然气资源正在拓展东亚、南亚市场。未来受政治军事影响，俄罗斯向欧洲出口天然气是否部分恢复，将是影响国际天然气贸易的关键因素，但依然面临较大的不确定性。

（3）在"双碳"目标驱动下，全球石油需求将进入平稳下降区。从石油需求来看，在未来 10 年左右，全球石油需求将进入平稳期，之后将出现下降。这种需求的下降主要原因是公路运输对石油的依赖降低：一方面，来自于车辆效率的不断提高；另一方面，则来自于替代能源（如新能源、氢能等）的发展。BP《世界能源展望》预计，截至 2040 年，这两种影响大致相当；到 2050 年，以新能源汽车为主导的替代能源转向对石油需求的影响，是提高车辆效率影响的 2 倍多。因此，预计到 2035 年，全球石油消费量将在（7000~8000）× 10^4bbl/d（1bbl=0.159m³）；到 2050 年将达到 4000 × 10^4bbl/d 左右，在净零状态下将达到 2000 × 10^4bbl/d 左右。与 2022 年约 1 × 10^8bbl/d 的需求量相比，截至 2035 年的降幅或将达到 30%，2050 年的降幅则超过 60%。

（4）新兴经济体天然气需求量增加，发达经济体需求量下降。与石油的前景预期不同，天然气的前景预期取决于两个完全相反力量之间的博弈：一方是新兴经济体的发展，对天然气需求量的增加；另一方则是发达国家转向低碳能源，带来的天然气需求量的下降。二者之间的对冲同样会体现在 LNG 的全球贸易市场，特别是在 2030 年后的不确定性将会增大。但美国、中东已将自己确立为全球 LNG 出口的主要供应中心，俄罗斯 LNG 的出口前景则会受到俄乌冲突的影响。

2 中国能源现状及发展趋势

2.1 发展现状

随着中国经济的持续快速发展，中国能源消费量呈现持续增长态势，从 2000 年的 14.7 × 10^8tce，持续增至 2022 年的 54.1 × 10^8tce，能源消费总量增长了

3.68 倍，年均增速达 6.4%。

2000—2022 年，中国能源消费结构不断优化、可再生能源等清洁能源消费占比不断升高。在 2010 年至 2020 年能源消费结构中，煤炭占比由 69.2% 降至 56.0%；石油占比维持在 18% 左右；天然气占比逐年提升，由 4.0% 增至 9.5%。非化石能源呈现高速发展趋势，占比由 9.6% 大幅增至 16.0%。

2022 年中国能源消费总量 54.1 × 10^8tce[10]，比上年增长 2.9%。其中（图 1-6），煤炭、电力消费量分别增长 4.3%、3.6%，而原油、天然气消费量分别下降 3.1%、1.2%。煤炭消费量占能源消费总量的 56.2%，比上年上升 0.3%；天然气、水电、核电、风电、太阳能发电等清洁能源消费量占能源消费总量的 25.9%。

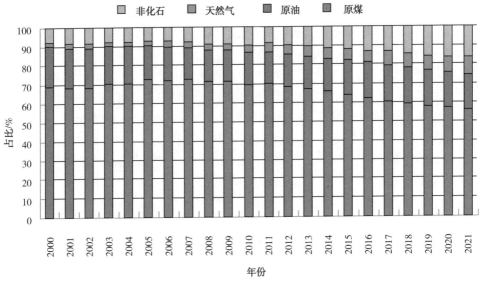

图 1-6　2000—2021 年中国能源消费结构对比图

2.2　发展趋势

"十四五"时期，中国能源行业进入了关键发展阶段：一方面，需进行能源绿色低碳转型，构建现代能源体系，提高能源效率；另一方面，需平衡国内市场与国际市场的关系，保障能源安全。在"十四五"前两年，中国能源生产稳中向好，能源消费快速恢复，且能耗强度持续下降[11]。

（1）国际政治经济格局动荡，全球产业链重构引发能源供需变化。在"十四五"时期，受新冠肺炎疫情和中美贸易摩擦的影响，世界能源供应链面临严峻挑战。一方面，全球各国在恢复生产，能源需求量相比 2020 年会有所增加，以中国为代表的亚洲地区预计会成为能源需求增长的领跑者；另一方面，中美贸易摩擦加剧了全球政治经济格局发生变化。贸易摩擦加深势必会促进全球多极化发展，全球能源供需格局也将会随着能源供应链的重构而发生演变。

（2）第四次科技革命方兴未艾，大国博弈助推能源系统科技竞争激烈化。新一轮科技革命方兴未艾，能源产业变革迎来新的机遇期，满足能源需求的消费方式不断创新。能源产业成为全球应对气候变化的第一个阵地，而能源技术的研发和创新则会成为引领能源产业变革的内在动力。预计未来大国能源系统科技竞争将更加激烈，主要集中在绿色低碳能源技术、小型模块化反应堆、能源区块链技术、电池储能技术、5G 与能源深度融合技术、3D 打印技术应用于太阳能电池制造工艺等领域。

（3）全球"碳中和"目标逐渐明确，产业低碳化调整倒逼能源转型进程加快。在"碳中和"目标引领下，世界各国都在积极调整能源和产业结构，抢占清洁能源发展核心竞争力。发达国家在探索"碳中和"路径的同时，工业结构正在朝着信息化、数字化、智能化的方向发展，但化石能源仍是主体能源。发展中国家正处于快速工业化的过程中，需要统筹经济发展与碳减排的关系，促进能源转型面临更大挑战。

（4）中国经济进入高质量发展阶段，建设现代能源体系需求加强。"十四五"期间，中国进入经济高质量发展阶段，能源体系的建设和完善也迫在眉睫。供给侧要促进能源体系向清洁、低碳、安全、高效发展，推动能源供应体系实现多能互补与系统整体优化。需求侧要通过市场化与智能化手段，以更低的经济和环境成本来满足能源消费需求。在体制改革方面，要深入推进体制机制改革，使市场在能源资源配置中真正发挥决定性作用；在技术创新方面，要加大能源技术自主创新能力的培育，促进 ICT（Information and Communication Technology）技术与能源技术的融合发展，加大对能源重点领域和关键环节的"卡脖子"技术的攻坚力度；对于能源领域的国际合作，要加大与"一带一路"沿线国家的能源合作，特别是与伊朗、沙特等能源丰富的国家，提升中国国际能源治理能力，保障中国能源安全。

2.3 中国能源需求预测及展望

2.3.1 能源需求预测模型与结果

中国石油规划总院基于 LEAP（Low Emission Analysis Platform）构建的能源系统分析模型，是一种自下而上能源环境模型。该模型通过输入终端用能设备的活动水平、能源强度、能源结构、排放因子等参数，可以对不同情景下各部门的能源总量、结构、成本、排放等进行长周期的计算、评估及预测，并制定相应的节能减排政策及技术，该模型不仅可以对各个产业部门的能源消费及碳排放趋势进行预测研究，也可以对一个城市或一个国家乃至全球的能源环境进行分析、预测与评估。

2.3.2　能源需求预测结果

（1）一次能源需求量。随着电气化的推进、能源利用技术效率的提升，以及低碳技术、生物质能、氢能、CCUS 等先进技术的推广，一次能源消费需求呈现"先增后降"的发展趋势。根据使用 LEAP 模型预测结果（图 1–7），2025 年中国能源消费将达到 55×10^8 tce，能源消费总量在 2035 年左右达峰，峰值控制在 60×10^8 tce 以内；之后开始缓慢下降，于 2060 年降至 51×10^8 tce。

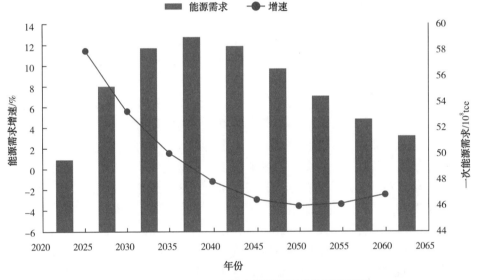

图 1–7　2020—2060 年中国能源需求总量预测图

（2）一次能源需求结构。在能源需求结构中，非化石能源占比均显著提高，天然气占比呈现出先增长、后小幅下降的趋势，煤炭、原油占比均不断下降。2030 年，天然气的消费占比由 2020 年的 8.7% 提升至 13% 左右；2035—2040 年，天然气消费量达峰，峰值占比 12%~15%；到 2060 年，由于可再生能源的高比例应用，天然气消费占比将小幅回落至 9%~14%。

2025 年非化石能源在一次能源消费结构中占比 22%（满足国家"十四五"规划纲要提出的"达到 20% 左右"的要求），2030 年增至 27%（满足国家提出的"达到 25% 左右"的要求），2060 年低碳排放情景下非化石能源占比超过 70%，高碳排放情景下非化石能源占比达到 80%。

3 中国油气发展及战略

3.1 石油发展现状

20 世纪 50 年代末，中国已初步建成玉门、新疆、青海、四川 4 个石油与天然气基地。1960—1978 年，中国大型油田勘探开发和炼油技术取得重大进步，1978 年原油年产量突破 $1 \times 10^8 t$，使中国成为第 8 大产油国。进入 21 世纪后，中国油气行业发展迎来了历史机遇期，石油勘探、开发、炼化技术得到长足发展。目前，中国石油行业发展已趋于成熟。

按照国家统计局的数据[12]（图 1-8），2022 年中国原油产量达到 $2.05 \times 10^8 t$，原油进口量 $5.08 \times 10^8 t$，原油供应量 $7.1 \times 10^8 t$（已连续 3 年超过 $7 \times 10^8 t$）。同时，受能源转型、新能源汽车发展等因素的影响，原油需求增速已趋缓，预计"十四五"期间原油需求或达到峰值。

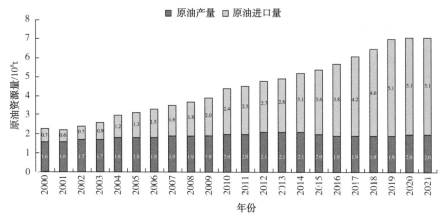

图 1-8 2000—2022 年中国原油供应量变化趋势图

中国原油供应主要包括国产原油和进口原油。近 10 年，中国国产原油稳定在 $2 \times 10^8 t$ 左右，主要来自长庆油田、大庆油田、渤海油田、塔里木油田、胜利油田、西南油气田、南海东部油田、新疆油田、延长油田、南海西部油田等。但受资源禀赋的影响，国产原油开发难度大、成本高，难以满足国内原油需要。

为满足快速增长的原油需求，近 20 年中国原油进口量从 $0.6 \times 10^8 t$ 增至 2022 年的 $5.1 \times 10^8 t$，进口已经成为主要的原油供应方式，原油对外依存度超过 70%。为了保证原油供应安全，中国已建成了多元化的石油进口通道，主要包括东北

（俄罗斯原油）、西北（哈萨克原油）、西南（缅甸进口原油）、东部（海上进口原油）4 个主要通道，原油进口能力超过 7×10^8 t/a。

3.2 天然气发展现状

1949~1975 年为中国天然气发展的起步期（图 1-9），天然气年产量从 1000×10^4 m^3 增长到 100×10^8 m^3，初步建成川渝输气管网。1976~2000 年，天然气产业发展虽然不及石油，但年产量已增至 300×10^8 m^3。20 世纪以来，中国天然气进入快速增长期，年产量快速增至 2000×10^8 m^3 以上。2022 年，中国天然气产量达到 2178×10^8 m^3。

中国天然气资源主要集中在准噶尔盆地、塔里木盆地、四川盆地、环渤海、松辽盆地等地区。其中，新疆塔里木盆地、四川盆地的天然气资源最为丰富，占总储气量的 40% 以上。随着近年来中国在页岩气、超深超高压气藏等方面的技术进步，天然气可采资源丰富，其产量逐年攀升，并有望继续稳步增长。

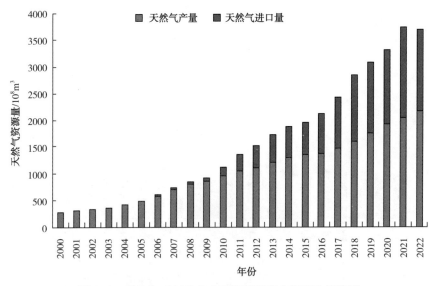

图 1-9　2000—2022 年中国天然气供应量变化趋势图

在经济快速发展和人民生活水平快速提升推动下，中国新增的天然气产量依然难以满足天然气需求。自 2006 年起，中国开始进口 LNG。2017 年，中国天然气对外依存度超过 40% 之后，近年来均维持在 40% 以上，进口气已成为中国天然气市场的重要支撑。中国天然气进口主要来自 4 大进口通道，包括东北通道（中俄东线）、西北通道（中亚 ABC 线）、西南通道（中缅天然气管道）、东部通道（已建成接收站 24 座，年设计接收能力达 1527×10^8 m^3）。

3.3 油气需求与供应预测

根据上述中国能源需求的预测结果（图1-10），预计石油消费占比将从2022年的19%降至2060年的8%（8%为高碳排放情景，低排放情景降至6%）。天然气消费占比先增后降，高碳排放情景下从2022年的9%提升至2040年的15%左右，到2060年降至14%；低碳排放情景下2040年降至13%左右，到2060年降至9%。在"双碳"愿景与全国总体能源需求的背景下，统筹考虑资源禀赋、供应安全、可持续发展等因素，预计中国石油消费量将在2030年左右达峰，峰值水平约为$7 \times 10^8 t$，在能源消费总量中占比约17%。碳达峰后，在"碳中和"目标约束下，2060年降至（2.0~3.0）$\times 10^8 t$，在一次能源中占比6%~8%。石油需求将从交通燃料需求为主转以化工原料为主，进口原油规模预计也将显著下降，原油对外依存度将明显降低。

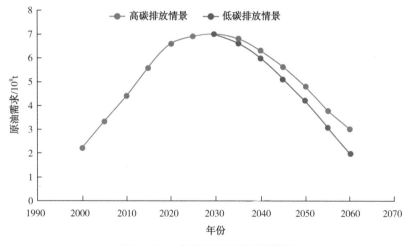

图1-10 中国原油需求量预测图

天然气作为较清洁的传统能源，预计将在能源转型过程中发挥关键作用，承担传统煤炭、石油等高碳能源转型、风电光伏等新能源增速发展过程中的调峰与关键基荷保障功能，因此将会呈现先高后低的发展趋势。在"双碳"愿景下，统筹考虑资源禀赋、供应安全、可持续发展等因素，预计2021—2035年天然气消费将持续增长（图1-11）；2035—2040年达峰，峰值约（5500~6500）$\times 10^8 m^3$，在一次能源消费中占比13%~15%。碳达峰后，在碳中和目标约束下，2060年下降至（3500~5300）$\times 10^8 m^3$，在一次能源中占比9%~14%。天然气在远期能源系统中将起到"稳定器"和"调节器"作用，平衡季节供应缺口，保障能源、电力安全平稳供应。

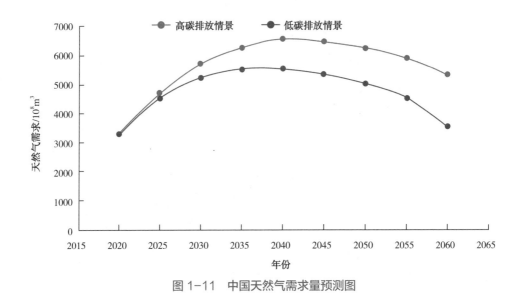

图 1-11　中国天然气需求量预测图

3.4　新型管输介质预测

近年来，随着中国能源转型和新能源产业迅速发展，包括二氧化碳、氢能、液氨、甲醇等新型介质的管输需求开始出现，已成为中国油气基础设施产业链延伸的关键方向。

目前，中国已经建成中国石化华东局 CO_2 集气管道、中国石油吉林油田 CO_2 输送管道、榆林液态 CO_2 管道、黄桥液态 CO_2 管道等 8 条 CO_2 管道，全部采用液相与气相输送方式，管输距离短、输送能力小，输送规模远低于欧美国家。中国石化已经完成齐鲁石化—胜利油田的密相二氧化碳管道的建设工作，是中国第一条超临界-密相二氧化碳管道。中国石油也在大庆油田、吉林油田、长庆油田、新疆油田规划设计了多条超临界-密相二氧化碳管道。在中国"双碳"目标持续推进的背景下，CCUS、CCS 已成为实现"碳达峰、碳中和"的托底手段。按照文献 [13] 的研究成果，要实现全国碳中和，在低技术需求情景下，2030—2050 年，CCUS 所需承担的煤电二氧化碳减排量为 $78.54 \times 10^8 t$，年峰值为 6.54×10^8 二氧化碳；在高技术需求情景下，CCUS 技术在煤电行业的年减排需求峰值将增长至 $15.36 \times 10^8 t$ 二氧化碳。其中，包括碳捕集、输送、利用及埋存过程的储运环节均为储运行业带来新的业务增长点，也是油气储运行业需要承担的重大责任。

当前，中国氢能产业尚处于起步阶段，氢气主要来源于煤制氢、天然气制氢、化工制氢、新能源制氢等，已建成金陵—扬子氢气管道、巴陵—长岭氢气管道、济源—洛阳氢气管道、玉门油田输氢管道 4 条输氢管道，总里程约 274km。参照国家发改委印发的《氢能产业发展中长期规划（2021—2035 年）》[14]，提出了氢能产业发展各阶段目标：到 2025 年，基本掌握核心技术和制造工艺，燃料电池车辆保有量约 $5×10^4$ 辆，部署建设一批加氢站，可再生能源制氢量达到（10~20）$×10^4$t/a，实现二氧化碳减排（100~200）$×10^4$t/a。到 2030 年，形成较为完备的氢能产业技术创新体系、清洁能源制氢及供应体系，有力支撑碳达峰目标实现。到 2035 年，形成氢能多元应用生态，可再生能源制氢在终端能源消费中的比例明显提升。按照该规划，中国氢能产业将进入快速发展阶段，包括新能源制氢、氢气运输与储存、氢能利用等相关产业都将迎来发展机遇，也将会给储运行业带来新的业务增长点。

液氨、甲醇等作为化工原料的利用规模较小，主要采用罐车等满足运输需求。在新能源产业和氢能产业快速发展的背景下，液氨、甲醇等作为氢产业的延伸，可以较好地满足储能及运输需要，预计将成为储运行业新的业务增长点。依托新能源与氢能基地，建设绿色液氨、甲醇生产基地，以满足化工、清洁能源需求，具有较大的发展潜力。

3.5 油气基础设施发展需求

经过数十年的发展，中国已经建成了较为发达的油气基础设施，在保障油气供应安全、服务油气上中下游企业发展、满足人民生产生活需要等方面发挥了巨大作用。但在新的发展阶段，经济社会发展和产业迭代进步给油气基础设施的发展提出了新的要求。

（1）原油基础设施基本成型，但结构优化需持续推进。随着中国原油需求稳定在 $7.1×10^8$t 左右，并在"十四五"末达到峰值，国产原油稳定在 $2×10^8$t 左右，现有的原油管网、油库等基础设施基本能够满足生产需要，基础设施发展基本定型。但是随着炼化企业不断转型升级，资源市场条件好、成本竞争力强的企业不断扩大规模，原油需求不断增加，需要补充原油供应设施。但部分规模较小、技术较落后的炼化企业竞争力进一步弱化，可能面临缩减前景，为之供油的管道、油库也面临退役风险。新建与退役相结合进一步优化原油基础设施，对于提升管输效率、降低成本、减少能耗等均有积极作用。

（2）天然气需求带动管网发展，全国一张网进一步完善。按照有关预测，中国天然气需求量还有较大的增长空间，对管网、储气库等设施的需求依然强劲。随着 2019 年国家石油天然气管网集团有限公司（简称国家管网集团）成立和天然气互联互通工程的顺利实施，"全国一张网"的总体布局已初步完成。今后天然气干线管道还将进一步增长，新增天然气进口管道、解决增产天然气外输瓶颈、打通跨区域天然气管输通道还将是"全国一张网"的发展重点。同时，为满足人民群众生产和生活需要，支线管网建设也将成为下一阶段的发展重点，最终天然气管网将成为全国能源清洁化转型的关键设施，覆盖全国主要经济节点，中国还需建设数万千米的支线管道及配套设施。

（3）满足用气不均衡和新能源发展的要求，储气调峰设施还需加强。季节不均衡是天然气消费的固有属性，随着消费总量的持续增加，季节调峰需求还将攀升。同时，气电将陆续成为新能源调峰的主要手段之一，进一步提升天然气需求的不均匀性。为了适应新时期天然气市场发展需求，需进一步加强地下储气库、LNG接收站等储气调峰设施建设，提升更多储气能力。

（4）探索新型介质储运，全面保障能源转型发展。新能源带动CCUS、氢气、液氨、甲醇等新型介质发展是中国能源清洁化转型的重要趋势，安全、高效、低成本地满足新型介质储运需求将是油气储运学科发展的重要方向。通过产—学—研相结合的方式，重点开展新型介质储运工艺、管道管材、管件设备、自控通信、优化运行、完整性管理等领域的专题研究，为国家能源转型提供技术支撑。

（5）提高油气基础设施智能化水平，提升油气产业安全性。石油、天然气作为典型的易燃易爆物品，易发生较为严重的爆炸、燃烧、泄漏等安全事故，给行业发展和企业生产带来负面影响。石油、天然气主要企业正在借助第四次工业革命的契机，抓紧推进油气基础设施的智能化水平，通过数字化与智能化建设、管理等手段，提高管网等基础设施的本质安全水平。同时，通过大数据监测、智能监控等手段判断事故的发生，第一时间启动科学、精准的事故处置程序，将事故影响控制在最低程度。

在经济社会持续发展和全球能源清洁化转型的历史背景下，中国原油需求即将达峰，天然气还有15~20年的增长期，今后将在"双碳"目标下持续下降。同时，新能源的快速发展将推动氢气、氨、醇等新型介质储运需求的快速增加。不同类型、不同阶段、不同性质介质的储运需求也将给油气储运行业带来新的发展机遇。

参考文献

[1] 邹才能. 能源转型，从世界到中国，正从资源为王向技术为王转变 [N/OL]. （2020-07-28）[2023-05-23]. https : //www.sohu.com/a/409809160_158724.

[2] 国际可再生能源署. 2023年可再生能源装机容量统计报告 [R/OL]. （2020-07-28）[2023-05-23]. https : //news.bjx.com.cn/html/20230324/1296838.shtml.

[3] BP. 世界能源统计年鉴 2022[R/OL].（2022–07–12）[2023–05–23]. https：//www.bp.com/en/ global/corporate/energy–economics/ statistical—review—of—world—energy.html.

[4] 石油商报 . 大变局下的全球和中国能源形势 [N/OL].（2023–03–30）[2023–05–23]. http：// center.cnpc.com.cn/sysb/system/ 2023/03/29/030097193.shtml.

[5] 国际可再生能源署 . 2022 年世界能源展望 [R/OL].（2022–12–2）[2023–05–23]. https：//news. bjx.com.cn/html/20230324/ 1296838.shtml.

[6] 挪威船级社 .2022 年全球能源展望 [R/OL].（2022–11–28）[2023–05–23]. http：//no.mofcom. gov.cn/article/sqfb/ 202212/20221203373072.shtml.

[7] 世界能源理事会 . 世界能源远景：2050 年的能源构想 [R/OL].（2022–10–17）[2023–05–23]. https：//www.mmsonline. com.cn/info/227317.shtml.

[8] BP. 2023 年 BP 能源展望 [R/OL].（2022–07–12）[2023–5–23]. https：//www.bp.com.cn/zh_cn/ china/home/news/reports.html.

[9] 中国石油经济技术研究院 . 2060 年世界与中国能源展望 [R/OL].（2021–12–26）[2023–05–23]. http：//news.cnpc.com.cn/ epaper/sysb/20220101/0152220004.htm.

[10] 国家发改委官网 . 2022 年中国能源生产和消费相关数据 [R/OL].（2023–03–02）[2023–05–23]. https：//www.ndrc.gov.cn/ fggz/hjyzy/jnhnx/202303/t20230302_1350587.html.

[11] 袁惊柱 . "十四五" 时期中国能源发展趋势与挑战研究 [J]. 中国能源，2021，43（7）： 34–40.

[12] 中华人民共和国国家发展和改革委员会 . 数据概览：2022 年能源相关数据 [EB/OL].（2023–01– 31）[2023–05–23]. https：//www.ndrc.gov.cn/fgsj/tjsj/jjsjgl1/202301/t20230131_1348086.html.

[13] 北京理工大学能源与环境政策研究中心 . 中国 CCUS 运输管网布局规划与展望 [EB/OL]. （2023–01–08）[2023–05–23]. http：//ceep.bit.edu.cn.

[14] 国家发展改革委，国家能源局 . 氢能产业发展中长期规划（2021 —2035 年）[EB/OL]. （2022–03–23）[2023–05–23]. http：//zfxxgk.nea.gov.cn /2022/03/23/c_131052 5630.htm.

牵头专家：沈珏新

参编作者：李育天　　王　军　　李在蓉

第二篇

油气储运现状与发展趋势

油气管道作为能源安全的命脉，是油气上下游衔接协调发展的关键环节，在国民经济和社会发展中发挥着举足轻重的作用[1]。油气管道历经一个多世纪的发展，油气管网已经遍布世界各地。近年来，随着世界经济的稳步增长以及世界各国对能源需求的快速发展，全球油气管道的建设步伐加快，建设规模和建设水平、运营管理水平都有很大程度的提高[2, 3]。"十三五"期间，中国油气储运业务快速发展，带动了油气储运科技的进步。已创新形成具有中国特色的管道建设运行技术体系，在工程建设、材料装备、输送储存、安全维护等领域形成了一系列具有自主知识产权的核心成果。整体技术水平跻身世界第一方阵。未来随着中国高钢级、大口径、高压力管道的广泛应用、"全国一张网"的逐渐形成、能源革命和智能革命的逐步深化，管道产业不仅要为石油天然气安全高效输送提供保障，更要在融入能源互联网、服务新能源输送等方面发挥主力军作用，深耕科技创新，驱动数智转型，践行低碳发展，为保障国家能源安全、完善现代能源体系建设提供坚强支撑，贡献管道智慧和力量[3-5]。

1　全球油气储运发展现状

1.1　全球油气管道发展回顾

全球油气储运行业的发展历史，最早可以追溯到公元前 200 多年的中国秦汉时期。东晋常璩撰写的《华阳国志·蜀志》详细记载了早在秦汉时期蜀郡采气煮盐，将竹节打通连接起来，输送天然气的称之为"火笕"，输送卤水的则称之为"水笕"。近代管道工业兴起于美国，1863 年美国宾夕法尼亚州铺设了一条长约 4km 的铁质输油管道；1891 年，美国在俄克拉荷马州建成了一条 4km 的天然气试验管道，随后建立了第一条铁质高压（约 3.6MPa）输气管道（印第安纳州格林顿—伊利诺伊州芝加哥），管道全长 193km、管径 219mm。

1941 年，美国加入第二次世界大战，为了保证能源的供给和躲避敌人的袭击，开始建设"Biginch"埋地管道（得克萨斯州—宾夕法尼亚州，管径 610mm，干线 2018km、支线 357km）和"Little Biginch"管道（得克萨斯州—新泽西州和宾夕法尼亚州，管径 510mm，干线 2374km、支线 385km）。从此，欧美国家开始了大规模输油管道的建设，其中较为典型的输油管道包括：阿拉斯加输油管道于 1977 年建成，全长 1281km，管径 1219mm，90% 的管材为直缝钢管，全程采用密闭不加热输送，冬季利用管道自身流速产生的沿程摩阻维持沿线油品的温度达

60℃左右；苏联向东欧出口原油的"友谊"输油管道，一期管道工程包含南、北两条支线，全长5327km，干线管径为1020mm，1964年建成；二期管道工程与一期平行敷设，最大管径1220mm，1972年完工，全长达4412km。

国外天然气管道建设快速发展期主要集中于20世纪40—70年代，其中北美地区发展速度最快。1966年，全美48州实现全部通气，天然气管网逐步形成。俄罗斯现代天然气工业始于1946年建成的萨拉托—莫斯科输气管道，20世纪60年代以后，随着西伯利亚大型气田的发现和开发，天然气生产中心向东转移，其通过建设长距离、大口径输气管道将天然气输送至欧洲，由此开启了大口径输气管道时代。俄罗斯巴法连科—乌恰天然气管道是世界上第一条采用1420mm管径的管道，全长1074km，采用双管敷设，设计输量$1150 \times 10^8 \sim 1400 \times 10^8 \mathrm{m}^3/\mathrm{a}$，输送压力11.8MPa，管材为X80钢，于2012年建成投产。

20世纪80年代开始至今，世界各地建成多条高钢级、大口径、长距离道，主要包括：美国的全美原油管道AU American Pipeline、Keystone原油管道、REX天然气管道，俄罗斯的东西伯利亚—太平洋原油管道、西伯利亚力量天然气管道，中国的西气东输天然气管道、陕京输气管道、中俄原油管道（漠大线）、中俄东线天然气管道等。

1.2 油气储运基础设施建设现状

近年来，全球能源基础设施建设缓慢。长输油气管道每年里程增量不超过7000km，主要集中在亚太和北美地区，LNG接收站建设主要集中在欧洲和亚洲，地下储气库建设基本在中国[6-9]。能源基础设施投资较大，在高度市场化的国家地区，本土及海外投资建设易受地缘政治、油气价格以及环境保护等因素影响，因此，未来设施增量主要集中在发展中国家。

截至2022年底，全球在役管道总里程约$203 \times 10^4 \mathrm{km}$，其中天然气管道约$135.5 \times 10^4 \mathrm{km}$，占管道总里程的66.7%；原油管道约$40.5 \times 10^4 \mathrm{km}$，占管道总里程的20.0%；成品油管道约$27 \times 10^4 \mathrm{km}$，占管道总里程的13.3%。全球管道主要集中于北美、亚太、俄罗斯及中亚、欧洲地区，分别占全球总里程的41.3%、15.8%、14.7%、14.1%（图2–1）。

截至2022年底，全球在役LNG接收站148座，接收能力达$9.06 \times 10^8 \mathrm{t}/\mathrm{a}$，全年增长$940 \times 10^4 \mathrm{t}/\mathrm{a}$，同比增长1.05%。其中，陆上LNG接收站115座、浮式LNG接收站31座、海上LNG接收站2座，主要分布在亚洲（94座）、欧洲（26座）、北美（12座）。2022年，全球新投产LNG接收站集中在亚洲、欧洲。

截至2022年底，全球在役储气库总数为661座，工作气容量达$4251 \times 10^8 \mathrm{m}^3$，主要分布在北美（441座）、欧洲（141座）、独联体（47座）、亚太（28座）。其中，

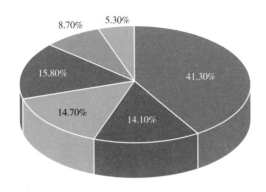

图 2-1　全球各地区管道里程分布比例图

美国在役地下储气库 388 座，工作气量 $1350 \times 10^8 m^3$，约占全年消费量的 16%；欧洲在役地下储气库 141 座，工作气量 $1086 \times 10^8 m^3$，约占全年消费量的 20%；俄罗斯在役地下储气库 23 座，工作气量 $722 \times 10^8 m^3$，约占全年消费量的 16%。

纵观全球，美国、俄罗斯、加拿大、欧洲地区等管道建设成熟地区的本土管道基本完备，其新建管道工程主要为满足本土能源消费增量，集中建设承接境外新气源的跨国管道和增加输气量的本国管道。在中国、印度等管道建设程度与本国经济水平不匹配的地区，其新建管道工程主要分为两个方面：一是开展本国基本的境内能源调配与气化提升的管道建设，二是逐步推进进口能源的跨国管道建设。欧洲地区主要推进欧盟内部各国联络线建设，同时寻求能源供应渠道多元化。俄罗斯与中亚地区之间油气管道体系在苏联时期已经形成，中亚国家能源输出的基础设施基本均是通往俄罗斯，2022 年，俄罗斯西伯利亚力量天然气管道全线贯通；中亚地区除与中国合作建设跨国管道以外，一直积极推进直接向欧洲市场出口天然气。

按不同的输送介质区分，天然气管道是全球管道建设主要增长点，原油管道建设相对平稳，而成品油因其运输方式多样化和全球清洁能源利用率增加，成品油管道建设相对较少（图 2-2）。随着新冠肺炎疫情后经济复苏，叠加能源格局逐步转变，全球管道建设进度总体提速。其中，亚太地区经济发展迅速，将是全球规划管道最多且建设最快的地区；欧洲地区将推进内部天然气管网互联互通和输

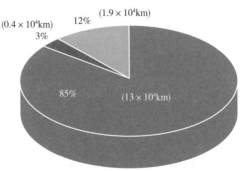

图 2-2　2023—2025 年全球规划管道 3 种输送介质里程占比图

氢管道建设，并加大非洲等海外资源开发，从而带动非洲等地区管道建设；北美地区为增加能源出口，能源产地到出口端管道建设提速[1]（图2-3）。

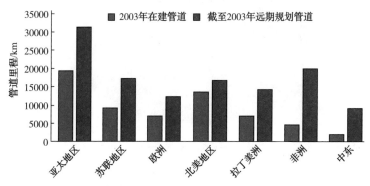

图 2-3 2023 年全球主要地区在建及远期规划管道里程分布图

从长远来看，未来全球管道建设呈现以下态势：在北美发达地区，油气管道建设及规划活动保持稳态，管网完善及出口通道建设有序推进；在欧洲地区，以欧盟国家天然气管道联络线、掺氢管道建设、打通进口通道为主；在亚太地区，将是全球管道建设投产率较高的地区，其中中国、印度天然气管道建设处于高速发展期，将促进本国能源调配、提升区域气化水平，同时，能源进口渠道也将进一步扩展。

2 中国油气储运发展现状

2.1 发展阶段

中国第一条真正意义上的现代油气管道是 1945 年中美两国建成的从印度经缅甸至中国昆明的成品油管道，管道全长 3218km，其中中国境内长 1100km，也是中国第一条成品油管道。自 1949 年新中国成立至今，中国油气管道发展大致可以划分为以下 3 个重要阶段。

第 1 阶段（1949—1978 年），新中国石油石化工业诞生并初步成长。新中国成立之初，工业基础薄弱，石油天然气作为社会经济发展的血液，从此开始了中国管道的规模化建设。1959 年 1 月，中国首条长距离原油管道克拉玛依油田至独山子炼油厂管道建成，标志着中国结束了无长输管道的历史；1963 年 3 月，中国首条天然气管道四川巴县—重庆化工厂巴渝线管道建成；1971 年 10 月，中国首条大口径原油管道"八三"管道（大庆—抚顺）顺利投产，全长 667km，管径 720mm；1977 年 10 月，格拉（青海格尔木—西藏拉萨）成品油管道建成，格拉管道不仅是中国首条长距离成品油管道，同时也是中国首条采用顺序输送工艺的管道。中国油气管道建设从无到有、由少到多，初步构成了东北、华北原油管网，涌现出了翁心源、张英等一批油气储运工程专家，为后来中国油气管道事业快速发展奠定了坚实的理论基础，积累了丰富的实践经验。

第 2 阶段（1978—2011 年），自 1978 年改革开放以来，中国管道建设与运营进入全面发展时期。1986 年 7 月，中国首次引进的原油密闭输送、远程数据采集与监控技术在东黄原油复线得到应用；1995 年 11 月，建成崖城 13-1 气田至香港的中国首条长距离海底天然气管道；1997 年 10 月，陕京输气管道一线工程竣工投产，是内陆上第一条长距离、大口径、高压天然气管道，揭开了中国长输天然气管道建设的序幕；2001 年 6 月，中国首座地下枯竭凝析气藏储气库大张坨储气库注气试运成功；2004 年，横跨中国东西部地区的西气东输一线全线建成投产，对推动和加快新疆及西部地区的经济发展具有重大的战略意义；2006 年 6 月，中国首个 LNG 接收站广东大鹏 LNG 接收站建成投产，在保障地区清洁能源供应、缓解空气质量压力、推动能源转型方面发挥了积极作用，为中国后续 LNG 项目展示优秀示范。此后一段时间内，以西气东输、川气东送工程为代表的天然气管道提速建设，兰成渝、大西南、兰郑长等一批成品油管道建成投产，东部、西部原油管网基本成形。

第 3 阶段（2012 年至今），油气管道肩负国家能源安全新战略的使命。党的十八大以来，中国能源发展进入新时代。油气管道建设以落实"四个革命、一个合作"能源安全新战略为使命，建设国家能源战略通道、互联互通工程为重点，先后建成与国内管网对接联运的西北、西南、东北及海上油气通道，形成了中国能源进口四大战略通道；同时，一批互联互通工程相继建成投产，为建设油气管道"全国一张网"奠定了坚实基础。其中，2012 年、2017 年，中国相继建成西气东输二线、西气东输三线天然气管道工程，为充分保障区域发展协调、调动区域经济活力、保障能源供应稳定发挥了重要作用；2019 年 12 月，中俄东线天然气管道开始向中国供气。该管道起自俄罗斯科维克金气田和恰扬金气田，从中国黑龙江省黑河入境，南至上海市，全长约 8000km，其中中国境内管道长度 5111km，是落实"一带一路"、构建人类命运共同体的生动体现。

2.2 体制机制改革

新中国成立以来，针对中国不同历史时期经济体制改革的需求特点，紧密研判国际政治、经济形势变化，1978—2019 年中国先后完成 4 次石油石化体制机制重大改革，实现了从有计划的市场经济到步入国际资本市场、从开始国际化经营到统筹国内外两个大局全力肩负能源安全新战略重任的巨大飞跃，为中国石油石化工业的发展注入了深度活力[5-6]。

1949 年 10 月 1 日，燃料工业部成立。一批石油、地质、化工专家任职于燃料工业部，并以所属燃料工业部的三局之一的石油管理总局运作石油相关资源。面对较弱的原油年产量，为迅速改变落后局面、为新中国国民经济发展提供能源保证，1955 年 7 月，撤销燃料工业部，在石油管理总局基础上，设立了石油工业部。1970 年 6 月，石油工业部与煤炭工业部、化学工业部合并成立燃料化学工业部。1975 年 1 月，燃料化学工业部撤销，石油化学工业部成立。1978 年 3 月，石油化学工业部撤销，石油工业部成立。1982 年 2 月，中国海洋石油总公司成立，成为中国改革开放后第一个全方位对外开放的工业行业；1983 年 7 月，党中央、国务院决定成立中国石油化工总公司，并将原来分属石油部、化工部、纺织部管理的 39 个石油化工企业划归总公司领导，总公司直属国务院。1988 年 9 月，原石油部改组为中国石油天然气总公司，同时，中国海洋石油总公司分立。中国石油石化工业体制机制改革迈出了重要的第一步，顺利完成了第一次重大改革。

进入 20 世纪 90 年代，国际资本与产业结构重组融合此起彼伏，各大石油公司通过重组、改编等方式实现增强抗风险能力、持续发展能力，并通过聚焦最新技术、突出核心业务等方式进一步提高市场竞争力。与此同时，中国石油天然气总公司与中国石油化工总公司业务逐渐趋同，在承受愈发激烈的国际油气行业竞争压力下，以及中国社会主义市场经济鼓励引入市场竞争机制的大背景下，以石油石化行业国有资产大重组为标志的中国石油石化工业体制机制第二次重大改革正式开启。1998 年，第九届全国人大一次会议审议通过《国务院机构改革方案》，决定在原中国石油总公司、中国石化总公司的基础上，分别组建中国石油天然气集团公司、中国石油化工集团公司，并按照"各有侧重、互相交叉、保持优势、有序竞争"和"上下游、产供销、内外贸一体化"原则，对石油开采、加工及成品油销售企业实行划转。

进入 21 世纪，为了应对前所未有的经济全球化趋势以及市场一体化前提下日益激烈的市场竞争，中国石油、中国石化、中国海油三大石油公司相继通过重组、改制、上市"三步走"战略完成上市：2000 年 4 月，中国石油天然气股份有限公司分别在纽约、香港上市；2000 年 10 月，中国石油化工股份有限公司分别在纽约、伦敦、香港上市；2001 年 2 月，中国海洋石油有限公司分别在纽约、香港上市。三大石油公司的相继上市，标志着中国石油石化工业体制机制第三次重大改革完成。

2014 年，习近平总书记在中央财经领导小组第六次会议上创造性地提出

"四个革命、一个合作"能源安全新战略。2017年4月18日，中共中央、国务院印发了《关于深化石油天然气体制改革的若干意见》，明确坚持底线思维，保障国家能源安全等新时期油气行业改革目标，提出了改革油气管网运营机制、提升集约输送与公平服务能力的方向，以及分步推进国有大型企业干线管道独立、实现管输与销售分开、完善油气管网公平介入机制等改革措施。2019年3月19日，习近平总书记主持召开中央全面深化改革委员会第七次会议，审议通过了《石油天然气管网运营机制改革实施意见》（以下简称《意见》）。《意见》结合中国社会主义市场经济体制改革的基本要求，明确通过坚持深化市场化改革、扩大高水平开放，组建国有资本控股、投资主体多元化的石油天然气管网公司，充分推动形成上游油气资源多主体多渠道供应、中间统一管网高效集输、下游销售市场充分竞争的油气市场体系，通过"管住中间，放开两头"提高油气资源配置效率，保障油气安全稳定供应。2019年12月9日，国家石油天然气管网集团有限公司（简称国家管网集团）挂牌成立，标志着中国石油石化工业体制机制第四次重大改革完成。

2.3 基础设施建设

2.3.1 油气管网

管道作为五大运输方式和九大基础设施网络的重要组成部分，承担了中国陆上95%的油气输送，是国民经济和民生保障的能源生命线。截至2022年底，中国建成国家管网干线管道约18×10^4km（表2-1），其中天然气管道、原油管道、成品油管道分别为11.7×10^4km、3.2×10^4km、3.1×10^4km，覆盖全国32个省区市，已基本形成连通海外、覆盖全国、横跨东西、纵贯南北、区域管网紧密跟进的油气骨干管网布局[7-10]。

表2-1　中国主要长输油气管道统计表

输送介质	管道名称	长度/km	投产时间
天然气	陕京一线	911.00	1997年
	陕京二线	1029.00	2005年
	陕京三线	983.00	2011年
	陕京四线	1246.00	2017年
	西气东输一线轮南—中卫段	1923.85	2004年
	西气东输一线中卫—上海段	2627.26	2003年
	西气东输二线霍尔果斯—中卫段	2324.62	2009年

续表

输送介质	管道名称	长度 /km	投产时间
天然气	西气东输二线中卫—广州段	4457.84	2010 年
	西气东输三线霍尔果斯—中卫段	2350.82	2013 年
	西气东输三线吉安—福州段	903.40	2016 年
	忠武线天然气管道	1374.95	2004 年
	涩宁兰一线	929.60	2001 年
	涩宁兰复线	921.40	2010 年
	川气东送管道干线	1628.64	2009 年
	榆济线	946.69	2010 年
	中缅天然气管道国内段	2519.13	2013 年
	中贵联络线	1892.86	2012 年
	中俄东线北段	813.35	2019 年
原油	漠大原油管道	927.19	2011 年
	中俄原油管道二线	941.80	2018 年
	大庆—铁岭原油管道三线	582.00	2012 年
	大庆—铁岭原油管道四线	568.68	2013 年
	铁岭—大连石化原油管道	568.39	2014 年
	长庆油田—呼和浩特原油管道	563.20	2012 年
	日照—东明原油管道	447.02	2013 年
	鲁宁线	718.60	1978 年
	仪长线干线	716.107	2005 年
	仪长复线干线	475.85	2017 年
	兰州—成都原油管道	880.09	2013 年
	中缅原油管道国内段	663.22	2017 年
	库尔勒—鄯善原油管道	476.00	1997 年
	乌鲁木齐—鄯善原油管道	296.00	2007 年
	鄯善—兰州原油管道	1562.00	2007 年
	阿拉山口—独山子原油管道	246.00	2006 年
	独山子—乌鲁木齐原油管道	231.00	2012 年
成品油	兰成渝成品油管道	1427.21	2002 年
	兰郑长成品油管道东段	2627.00	2009 年
	抚顺—锦州成品油管道	372.00	2018 年
	大港—济南—枣庄成品油管道	614.87	2007 年
	鲁皖一期管道	769.58	2005 年

输送介质	管道名称	长度/km	投产时间
成品油	鲁皖二期东线	370.22	2008 年
	鲁皖二期西线	355.57	2009 年
	西部成品油管道	1840.85	2006 年
	西南管道北线	2474.00	2005 年
	西南管道南线	2145.00	2012 年
	珠三角管道	1598.00	2006 年
	苏北成品油管道	609.27	2015 年
	苏南成品油管道	373.25	2010 年
	浙赣管道	857.90	2013 年
	甬台温管道	408.82	2018 年

中国在役天然气管道主要包括西气东输一、二、三线，陕京管道一、二、三、四线，以及川气东送、新气管道、涩宁兰、中缅、秦沈等多条大口径长输天然气管道，以及中贵、冀宁两大跨省联络线工程。中国天然气管网实现了川渝、长庆、西北三大产气区与东部市场的连接，以及储气库、LNG 接收站、主干管道的联通，完成了东北、西北、西南及东部沿海四大进口通道。

中国在役原油管道主要围绕原油进口通道中哈、中俄、中缅、海上管道进行建设，并打通国内原油的输送通道，主要包括仪长线、长吉线、阿独线、西部原油管道（乌鄯线、鄯兰线）、漠大双线、甬沪宁线、兰成线、鞍大线等。总体来看，中国原油管道布局基本实现了西北与西南相连、东北与华北相连，以及海油登陆后从沿海地区向内地供应的管网。

中国在役成品油管道主要包括西部成品油管道（乌兰线）、兰成渝成品油管道、兰郑长成品油管道、抚锦郑成品油管道、呼包鄂成品油管道、港枣成品油管道、钦南柳成品油管道、云南成品油管道、西南成品油管道、甬台温成品油管道、珠三角成品油管道、鲁皖成品油管道、江西成品油管道、江苏成品油管道等，实现了全国炼厂向下游用户的成品油供应。

2.3.2 LNG 接收站现状

截至 2022 年底，中国在役 LNG 接收站有 24 座（表 2–2），基本辐射沿海各省，主要分布于环渤海地区、长三角地区、东南沿海地区，总接收能力超过 1×10^8 t/a。2022 年新投产杭嘉鑫 LNG 接收站、中海油盐城绿能港 LNG 接收站，扩建广汇启东 LNG 接收站。国家管网集团、三大石油公司接收能力占比为 85.4%。目前，中国约 50 个 LNG 接收站相关项目在建设和规划中，仍处于发展期。

表 2-2   中国主要在役 LNG 接收站统计表

地理位置	LNG 接收站名称	所属企业	投产时间
辽宁	大连 LNG 接收站	国家管网集团	2011 年
河北	曹妃甸 LNG 接收站	中国石油	2013 年
天津	天津南港 LNG 接收站	中国石化	2018 年
	天津南疆港 LNG 接收站	国家管网集团	2013 年
山东	青岛 LNG 接收站	中国石化	2014 年
江苏	如东 LNG 接收站	中国石油	2011 年
	启东 LNG 接收站	广汇能源	2017 年
上海	洋山 LNG 接收站	申能集团	2009 年
	五号沟 LNG 接收站	申能集团	2008 年
浙江	宁波 LNG 接收站	中国海油	2012 年
	舟山 LNG 接收站	新奥集团	2018 年
福建	莆田 LNG 接收站	中国海油	2008 年
广东	大鹏 LNG 接收站	中国海油	2006 年
	迭福 LNG 接收站	国家管网集团	2018 年
	华安 LNG 接收站	深圳燃气	2019 年
	珠海 LNG 接收站	中国海油	2013 年
	粤东 LNG 接收站	国家管网集团	2017 年
	东莞 LNG 接收站	九丰能源	2012 年
广西	北海 LNG 接收站	国家管网集团	2016 年
	防城港 LNG 接收站	国家管网集团	2019 年
海南	海南澄迈 LNG 接收站	中国石油	2014 年
	海南洋浦 LNG 接收站	国家管网集团	2014 年
浙江	杭嘉鑫 LNG 接收站	嘉燃集团（占比 51%）、杭燃集团（占比 49%）	2022 年
江苏	盐城绿能港 LNG 接收站	中国海油	2022 年

2.3.3   地下储气库现状

截至 2022 年底，中国在役 18 座地下储气库（群），库容规模达 $563 \times 10^8 m^3$，工作气量约 $163.5 \times 10^8 m^3$（表 2-3）。中国已投产的地下储气库分布在 14 个省市直辖市自治区，其中 92.2% 的设计工作气量主要分布在新疆、重庆、河南、河北、天津。从储气库区域分布来看，中东部（河南、湖北、江苏等）占比为 27.5%；其次为环渤海（京津冀鲁），占比为 22.6%。储气库经营主体包括国家管网集团、中国石油、中国石化、港华燃气。

表 2-3　中国主要在役地下储气库统计表

储气库类型	储气库名称		所属省份	投产时间
盐穴	金坛（国家管网集团）储气库		江苏	2012 年
	金坛（中国石化）储气库		江苏	2016 年
	金坛一期（港华）储气库		江苏	2018 年
枯竭油气藏	刘庄储气库		江苏	2014 年
	苏桥储气库群		河北	2013 年
	呼图壁储气库		新疆	2013 年
	相国寺储气库		重庆	2013 年
	陕 224 储气库		陕西	2015 年
	喇叭甸储气库		黑龙江	1993 年
	辽河储气库群	双 6	辽宁	2013 年
		雷 61	辽宁	2020 年
	大港板桥储气库群	大张坨	天津	2000 年
		板 876	天津	2001 年
		板中北	天津	2003 年
		板中南	天津	2004 年
		板 808	天津	2006 年
		板 828	天津	2007 年
		板南	天津	2014 年
	华北京 58 储气库群	京 58	河北	2010 年
		永 22	河北	2010 年
		京 51	河北	2010 年
	中原油田储气库群	文 96	河南	2012 年
		文 23	河南	2019 年
		白 9	河南	2021 年
		卫 11	河南	2021 年
		文 13	河南	2021 年
	永 21 储气库		山东	2021 年
	孤西储气库		吉林	2021 年
	清溪储气库		四川	2021 年

　　中国储气库类型主要为枯竭油气藏型，少数为盐穴型储气库。储气库工作气量占天然气消费量的比例在一定程度上代表了一个天然气市场的保供能力，2022年中国储气库工作气量占天然气消费量（ $3\,663 \times 10^8 \text{m}^3$ ）的 4.5%。全球平均水平

为 12% 左右，成熟的天然气市场中占比应达到 25% 左右，可见，中国在储气库建设方面发展相对滞后。

预计到 2025 年，中国油气管网规模将达到 21×10^4 km 左右，"全国一张网"持续完善。中国油气管道建设将以天然气管网为主，加快天然气长输管道及区域天然气管网建设，推进管网互联互通，完善 LNG 储运体系，提升天然气储备和调节能力。

2.4 科技创新

中国管道工业历经 60 余年持续发展，已创新形成具有中国特色的管道建设运行技术体系，在工程建设、材料装备、输送储存、安全维护等领域形成了一系列具有自主知识产权的核心成果，支撑中国 18×10^4 km 能源大动脉的安全高效运行，推动中国管道科学技术水平跻身世界第一方阵，奠定了中国油气储运行业的世界大国地位 [8-11]。

2.4.1 工程建设

中国高钢级、大口径输气管道建设技术已实现全球领跑。首先，建立了较成熟的管道设计标准体系和技术体系，形成了强震断裂带、高山峡谷、江河湖海、多年冻土、沙漠戈壁等特殊地区的管道设计理论与方法。管道设计理念及技术全面提升，由传统的基于应力的管道设计逐渐发展为基于应变与可靠性的管道设计，多专业协同、数字化建模、云平台服务等现代化手段极大地提升了设计效率及效果。其次，构建了管道机械化施工技术装备体系，研制了一系列自动焊及机械化补口、山地 / 水网等特殊地区施工成套装备及工艺，在中俄东线管道工程中实现了规模化应用，中俄东线北段全自动焊应用率超过 90%，焊接一次合格率超 95%。再次，形成了 LNG 接收站建设与运行的成套技术，可实现 $3 \times 10^4 \sim 22 \times 10^4$ m³ 低温储罐的自主建造，该技术已成功应用于天津、唐山、江苏等地区的 LNG 接收站建设。此外，还建立了复杂地质条件储气库从评价选址、工程建设到风险管控成套技术及装备、标准体系，为国家大规模储气库建设提供了技术保障。

2.4.2 材料装备

管道企业协同材料、设备厂商开展技术攻关，在油气储运关键材料及装备研制方面实现了重大突破。以西气东输、中俄东线等重大管道工程为依托，推动建立 X70/X80 钢管、管件、焊材等从基础研究到工业应用的完整创新链条，中国 X80 管道建设里程达 1.9×10^4 km，超过国外 X80 管道里程的总和。研制出 20MW 电驱压缩机组、30MW 燃驱压缩机组、2500kW 级输油泵机组、1422mm 大口径全焊接球阀及 PCS 系统软件等 6 大类 17 种关键设备样机 182 台，在漠大线、中俄东线、西气东输等管道工程中规模应用，降低采购成本超过 30%，打破了国外技术垄断，有力地推动了中国民族工业发展。

2.4.3 输送储存

中国所产原油 80% 以上为易凝高黏原油，同时油气管网途经地区地质环境复杂多变、线路高后果区占比多、多源多汇调控难度较大。在解决油气输送工程技术难题的过程中，中国在原油流动保障及超大型复杂油气管网集中调控领域的技术水平走在了世界前列。创新形成了以热处理、加剂改性、冷热交替输送为核心的易凝高黏原油输送技术体系，发明 EP 系列减阻剂、纳米降凝剂等管道化学添加剂，研究形成成品油质量控制系列技术，实现了油品管道安全运行和增输增效。研发了油气管网管控一体化平台，建立了天然气管网运行优化技术体系，形成了大型油气管网集中调控技术，实现了全国油气资源的管网集中调控及优化调配，成为世界上调度运行环境最复杂的长输油气管道控制中枢之一。

2.4.4 安全维护

建立了以风险预控为核心的管道完整性技术体系，创建了覆盖管道建设、运行、废弃处置全生命周期的完整性管理流程体系，可满足各阶段、各环节风险管控的要求，实现决策模式变革和资源优化配置，管道失效率降至 0.25 次 / $(10^3km \cdot a)$，有效保障油气管道的安全运行。

自主研发了中心线 IMU（惯性导航装置）、投产前综合状态与自动力、打孔盗油、多物理场综合状态、工艺管道等 6 类 14 种口径共 50 余套管道检测装备，实现了管道几何变形、中心线、管体及焊缝缺陷、盗油支管、工艺管道等检测，技术指标达到国际先进水平，相关技术装备成功亮相国家"十三五"科技创新成就展，累计检测里程超过 2×10^4km。提出了融合压力波与流量信号的新一代管道泄漏监测技术，可检测超过 1% 输量以上的突发泄漏和缓慢泄漏，定位精度小于监测管段长度的 1%，响应时间小于 120s。形成了集地质灾害识别、风险评价、监测预警与防治为一体的管道地质灾害风险管理技术，牵头制定并发布 ISO20074：2019《石油天然气工业陆上管道地质灾害风险管理》，实现了滑坡、水毁、冻土等 7 类 15 种常见灾害风险的识别评价及预警。建立了管道风险评价、缺陷检测、泄漏监测及安全预警系列技术，牵头编制了 ISO 19345-1—2019《石油天然气工业陆上管道全生命周期完整性管理》、ISO 19345-2—2019《海上管道全生命周期完整性管理》、ISO 20074—2019《石油天然气工业陆上管道地质灾害风险管理》等国际标准。

2.4.5　智慧管网

管道行业积极实施数字化转型战略，制定智慧管网总体发展蓝图，形成了智慧管网发展专项规划，开展了智能感知、大数据分析、智慧管网技术体系和标准等攻关研究，在中俄东线智能管道示范工程基础上，系统研发和应用智能感知技术，开展全业务场景大数据分析和数字孪生管网设计，初步搭建油气管网知识体系，建立智慧管网理论和技术体系、标准体系，为打造智慧管网原创技术策源地奠定坚实基础。

2.4.6　低碳新能源

在低碳技术方面，初步建立了温室气体管理体系、绿色交易方法策略、碳交易项目数据库、水土污染监测及处置规范、地下水污染风险预警评价方法，形成了系列低碳环保标准及政策制度，发布了国家管网集团"双碳"行动方案，开发了油泥与原油废物清洗剂，正在开展国家管网集团甲烷精准智能监测、温室气体减排及中和系列技术攻关。

在新能源技术方面，中国氢能管道输送、二氧化碳管道输送均处于起步阶段，开展了陕京管道系统、西气东输西段掺氢比 3% 的可行性研究，已建成纯氢输送管道约 100km，但尚未建设长输管道掺氢输送示范项目；中国已建成二氧化碳管道约 100km，其主要为集输管道气相输送，但尚无大输量、长距离超临界二氧化碳管道。

3　油气储运行业发展形势与展望

习近平总书记提出的"四个革命，一个合作"能源安全新战略、打造"四个管道"等重要指示精神是管网高质量发展的根本遵循。党的"二十大"报告提出加快实施创新驱动发展战略，以国家战略需求为导向，集聚力量进行原创性、引领性科技攻关，坚决打赢关键核心技术攻坚战。在实现中国式现代化的新征程中，落实"四个革命、一个合作"能源安全新战略，加快推进"碳达峰、碳中和"，油气储运行业发展面临新的形势[8-10]。

（1）管网持续快速发展，高效建设与安全运行是保障能源安全的重大需求。据预测，中国石油消费量预计 2025 年达到峰值 $7.8 \times 10^8 t$；天然气消费量预计 2040 年达到峰值 $6\,500 \times 10^8 m^3$，油气管网规模将持续增长，总里程将达 $30 \times 10^4 km$

以上。随着管道口径越来越大，输送压力越来越高，环境越来越复杂，穿越更多人口密集区，一旦发生泄漏爆炸后果更加严重，对管道本质安全水平提出了更高的要求，油气管网安全运行是国家重大能源战略的发展需求。近年来，虽然管道风险防控能力大幅提升，但恶性事故仍时有发生，油气管网的安全高效运行面临诸多挑战。随着高钢级、大口径、高压力管道的大规模敷设及"全国一张网"的逐步构建，管网系统更加复杂开放，需要集中力量解决以管网资产为主体、以控制失效与避免灾害为根本的本质安全与公共安全问题，进一步实现管道关键材料装备的国产化及核心技术的自主化，切实保障国家能源供给安全。

（2）"双碳"战略背景下，多介质灵活输运是构建能源新体系的必然趋势。能源领域是实现"碳达峰、碳中和"的主战场，《"十四五"现代能源体系规划》指出：在"十四五"期间，中国将从增强能源供应链安全性与稳定性、推动能源生产与消费方式的绿色低碳变革、提升能源产业链现代化水平 3 个方面推动构建现代能源体系，能源研发经费投入将年均增长 7% 以上，新增关键技术突破领域达到 50 个左右。这为油气产业加速转型升级、推进传统管道输送技术与 CCUS 及氢能输送等融合发展注入了强劲动力，中国将加快调整优化产业结构、能源结构，不断推进能源低碳转型，探索构建管网、电网、信息网协同发展新模式，推动油气管网与能源互联网深度融合，形成煤、油、气、核、新能源、可再生能源多轮驱动的能源供应体系。据预测，2060 年中国氢气年需求量有望增至 1×10^8 t/a 左右，CCUS 潜力也将达到 10×10^8 t/a 左右，油气储运基础设施运营企业应在天然气管网混氢输送、纯氢输送、二氧化碳及液氨等非常规介质输送新技术方向开展集智攻关、拓展管输边界、扩展新业务。

（3）智慧管网能源互联，是推动管网产业升级与价值实现的必然要求。随着能源互联网、人工智能等新兴技术逐步发展，国家"十四五"规划纲要明确提出发展壮大战略性新兴产业，推动战略性新兴产业融合化、集群化、生态化发展。国家《中长期油气管网规划》指出：加强互联网＋、大数据、云计算等先进技术与油气管网的创新融合。随着中国"能源革命"深入推进，"全国一张网"加速形成，管网规模将更加庞大、结构更加复杂，油气储运相关技术应积极与互联网、大数据、人工智能等新兴技术融合发展，建设具备泛在感知、自适应优化能力的智慧管网，对加快建立智慧能源体系、实现能源互联，满足"源－网－荷－储"互动及多能互补具有重大意义，提升油气资源配置效率，实现管网系统储运能力与上下游多用户、多元需求的高可靠性时空精准匹配，促进行业科技的新发展。

"四个革命、一个合作"能源安全新战略推动能源消费结构发生深刻变化，"碳中和"目标加速中国能源结构转型，能源互联网推动油气与可再生能源深度融合。同时，基于人工智能、大数据、云计算的第四次工业革命为管道输送行业带来了深远影响，将推动管输材料、管输介质、管输工艺、管输模式等发生根本性变革，迫切需要发挥管道产业的平台价值和协同作用。油气储运行业未来需围绕安全输送、高效运行、价值服务、聚焦管道失效与灾害控制等重点研究任务，提升管网科技核心优势再造能力，打造"原创技术策源地"。同时，在低碳、新能源储运、非常规输送技术等方面率先谋篇布局，开展前瞻性研究，实现可持续发展。

参考文献

[1] 丁建林，张对红．能源安全战略下中国管道输送技术发展与展望 [J]．油气储运，2022，41（6）：632–639．

[2] 黄维和，郑洪龙，李明菲．中国油气储运行业发展历程及展望 [J]．油气储运，2019，38（1）：1–11．

[3] 肖萌．图说 2020 年国内外油气行业发展 [N]．石油商报，2021–04–29（4）．

[4] BP. BP statistical review of world energy 2020[EB/OL]．（2020–06–17）[2023–06–30]. https：// www.bp.com/en/global/corporate/ news–and–insights/press–releases/bp–statistical–review–of–worldenergy–2020–published.html.

[5] 刘朝全，姜学峰．2020 年国内外油气行业发展报告 [M]．北京：石油工业出版社，2021：109–151．

[6] 邹才能，何东博，贾成业，等．世界能源转型内涵、路径及其对碳中和的意义 [J]．石油学报，2021，42（2）：233–247．

[7] 范华军，王中红．亚洲油气管道建设的特点及发展趋势 [J]．石油工程建设，2020，36（5）：6–9．

[8] 王乐乐，李莉，张斌，等．中国油气储运技术现状及发展趋势 [J]．油气储运，2021，40（9）：961–972．

[9] 王卫国．天然气管道建设与运行技术 [M]．北京：石油工业出版社，2019：35–525．

[10] 吴锴，张宏，杨悦，等．考虑强度匹配的高钢级管道环焊缝断裂评估方法 [J]．油气储运，2021，40（9）：1008–1016．

[11] 张羽翀，李龙，黄鑫，等．冻土区坡体蠕滑作用下管道应力数值计算 [J]．油气储运，2021，40（2）：185–191．

牵头专家：张对红

参编作者：张　斌　赵明华　李秋扬　李在蓉

第二部分
▌专题研究报告▌

第三篇

油气储运设施设计与建设

油气管道设施设计与建设是油气储运工程学科的重要组成部分，是力学（理论力学、材料力学、断裂力学、流体力学等）及工程地质等多学科理论和技术的集成应用，是将油气管道输送从方案变成现实的系统工程，其建设水平对于管道运行的安全性、运输效率、维护管理以及环境友好度具有重要影响。近年来，中国原油及成品油管输量稳步增长，天然气业务拓展迅速，四大油气资源进口战略通道已经建成，基本形成连通海外、覆盖全国、横跨东西、纵贯南北、区域管网紧密跟进的油气骨干管网布局。经过多年科技攻关和技术积累，油气管道建设技术取得长足进步，形成了以中俄东线天然气管道为代表的新一代管道技术体系，整体技术水平跻身世界第一方阵。随着中国"双碳"目标的推进、能源结构转型以及行业高质量发展的需求，管道建设面临新的技术挑战，梳理目前管道建设的技术现状及发展方向对研究油气储运工程学科中管道建设领域的发展具有重大意义。

作为油气储运设施设计与建设的重要组成部分，油气管道建设覆盖从管道勘察设计、采办、施工一直到竣工验收的全过程。在此，通过介绍近年来油气管道的设计、管道用管、施工技术与装备、海底管道建设、管道腐蚀与防护、主要设备与管件及管道数字化建设方面的技术发展，梳理管道建设的技术成果和亟待解决的技术难题，提出油气管道未来建设发展的思路及对策，以期为促进油气储运设施高速高质量建设提供参考。

1　油气管道建设概况

近年来，虽受新冠肺炎疫情、全球油气贸易波动、地缘政治等因素影响，但全球油气管道建设仍保持着持续推进、稳步发展的态势。截至 2020 年底，全球在役管道总里程约 $202 \times 10^4 km$[1]，其中天然气管道约 $135 \times 10^4 km$，原油管道约 $40 \times 10^4 km$，成品油管道约 $27 \times 10^4 km$。北美发达地区油气管道建设及规划稳步发展，管网完善及出口通道建设有序推进，在役管道约 $84 \times 10^4 km$；欧洲地区以欧盟国家天然气管道联络线、掺氢管道建设和打通进口通道为主，在役管道约 $31.5 \times 10^4 km$；俄罗斯及中亚地区管道总里程约 $29.6 \times 10^4 km$；亚太地区是全球管道建设投产率较高的地区，中国和印度的天然气管道建设处于高速发展期。

"十三五"以来，中国油气储运业务快速发展，重点建设了中俄原油管道二线、中缅原油管道等原油管道，抚顺—锦州成品油管道、锦州—郑州成品油管道、青藏成品油管道等成品油管道，西气东输天然气管道三线、陕京四线等天然气干线管道。截至 2022 年底，中国长输油气主干管网总里程约 18×10^4 km，其中原油管道 2.8×10^4 km，成品油管道 3.2×10^4 km，天然气管道 12×10^4 km。得益于管道建设的高速发展，近年来中国在高钢级管道设计、全自动焊接、机械化施工等方面形成了系列研究成果，为中俄东线天然气管道工程、西气东输四线、川气东送工程等大型工程建设提供了技术支撑，大幅提升了设计、施工的效率及质量，进一步降低了投资成本，带动了油气储运科技的进步，主要体现在以下方面。

（1）基于可靠性的设计方法丰富了油气管道设计技术体系。中国研究开发了基于可靠性的管道系统设计与评价方法，建立了可靠性指标体系和不同荷载作用下管道结构极限状态方程，形成了较为系统的天然气管道可靠性设计和评价技术体系，并在中俄东线、西气东输三线、四线等国家骨干管网工程中成功应用，整体技术达到国际先进水平，其中管道全生命周期不同载荷状态下的结构可靠性设计和评价技术达到国际领先。

（2）油气管道全自动焊接及数字化检测技术促进管道施工质量迈上新台阶。中国石油研发的 CPP900 系列自动焊接装备、四川熊谷 XG-A 系列管道全自动焊接系统已逐渐取代了进口装备，同时研发了全自动超声、相控阵超声、数字射线等数字化检测技术与装备，并建立了相关质量控制体系。2017 年，上述技术及装备成功应用于中俄东线试验段工程，并在中俄东线中段和南段实现了规模化应用，工程全自动焊应用率超过 90%，焊接一次合格率超过 95%，整体技术达到国际先进水平。

（3）油气管道非开挖穿越及跨越施工技术不断延伸。针对复杂穿越及跨越施工，中国提出了以水平定向钻穿越为主、盾构为辅、顶管穿越为补充的非开挖穿越整体解决方案，形成了采用预应力内压式、钢主塔悬索吊钢梁的河流和山涧跨越技术，成果成功应用于中缅油气管道怒江、澜沧江等悬索跨越以及川气东送、中俄东线长江盾构穿越工程。其中，中俄东线长江盾构穿越工程内径 6.8m，长度达到 10.226km。

（4）大口径高钢级钢管与管件研发和应用持续引领。中国实现了 X80 1422mm 钢管及管件的国产化，并在中俄东线实现全面应用；成功研制了中俄东线南段所应用的大壁厚 X80 1422mm × 32.1mm 直缝管及 35.2mm 弯管，X80 高钢级管道应用技术达到国际领先水平；在国际上首次批量生产 X90 1219mm × 16.3mm 的螺旋埋弧焊管和直缝埋弧焊管[2]；试制开发了管径 1524mm、壁厚 20.3mm 的 X90 螺旋埋弧焊管；成功研制站场低温环境（–45℃）用 X80 1422mm × 30.8mm 钢管、1422mm × 33.8mm 弯管及 1422mm × 1219mm 三通，并成功应用于中俄东线北段。

（5）深水长输海底管道建设能力和装备实现突破。建立了深水海底管道工程技术及装备体系，具备 1500m 超深水油气管道自主建设工程技术能力，建成"深海一号"并成功投产，研制了"海洋石油 201""海洋石油 286"等系列化专用工程施工船舶及装备，实现海管铺设水深从 300m 至 1500m 的突破。

（6）管道数字孪生体构建技术和载体平台快速迭代。2018—2021 年，中国石油开展了《构建管道数字孪生体计算及载体平台》重大科技专项研究，攻克了管道数字孪生体数据解析技术、多业务应用的数据承载技术、管道多维度机理模型融合交互等技术难题，自主开发了管道数字孪生体载体平台，摆脱对国外软件的依赖，成功应用于中缅油气管道、中俄东线北段、尼日尔输油管道等项目并不断迭代升级，形成了具有自主知识产权的智慧管道建设系列产品。

2 国内外研究进展

2.1 管道设计方法与应用技术

"十三五"期间建设的干线管道覆盖地域广阔、地貌复杂多样，涵盖了西北的戈壁荒漠、北部的黄土高原和秦巴山区、中东部的长江中下游水网地带、东南沿海的闽粤中低山丘陵及西南部的云贵高原等诸多地貌，途径强震区、活动断裂带、滑坡、采空区、岩溶、多年冻土等大范围地质灾害地段。管道设计者依托国家重点项目，聚焦行业痛点，持续开展技术攻关，形成了一批核心技术，1422mm 大口径管道设计技术、油气管道可靠性设计与评价技术、天然气管道站场低温环境（–45℃）用 1422mm X80 管材管件产品及配套现场焊接技术、大型储罐（库）定量风险评价技术、油气管道超长距离穿越和大跨度悬索跨越技术等达到国际先进水平；非常规盾构隧道穿越设计及施工关键技术、高钢级管道可靠性设计及失效控制技术等成功填补了行业空白；油气管道地质灾害监测与防治技术、大型储罐浮顶装配化设计建造技术、高海拔冻土地区油气管道建设技术等取得突破，解决了工程建设中存在的重大技术难题，显著提升了中国油气管道设计水平。

2.1.1 管道应变设计技术

国内开发形成油气管道应变设计技术以来，管道业界在中国石油企业标准和西二线、中缅管道等工程应用基础上，于 2018 年编制颁布了首部行业标准 SY/T 7403—2018《油气输送管道应变设计规范》。管道极限应变和容许应变的相关成果成功纳入到现行 GB 50470—2017《油气管道线路工程抗震技术规范》之中，并已广泛应用于国内多年冻土区、强震区、活动断层和采空区等地面位移段的管道设计中，有效提升了管道安全性。

为有效应对国内复杂山区滑坡、不稳定斜坡等地面位移对管道安全的不利影响，中国于 2021 年开展了应变设计提升研究，主要针对现有应变设计技术的局限和不足，开展了大位移活动断裂带管土作用模型、回填材料、管道拉伸应变计算模型以及大应变管材和环焊缝性能指标方面的研究和改进。同时，为应对山区管道地面位移易发风险，开展了山区斜坡地段管土作用模型和快速评价方法方面的研究，旨在进一步扩大国内应变设计的应用范围和场景。目前，已取得的主要成果包括：开发了有效减小约束作用的轻质回填材料，建立了管道与轻质回填材料相互作用数值模拟方法；通过理论溯源、试验数据验证等方法，优化改进了管土作用模型和管道拉伸应变容量模型；基于应变钢管的实物性能和环焊缝接头性能数据，采用数理统计方法，提出了应变钢管的 R–O 模型特征参数和环焊缝全尺寸拉伸试验要求指标；建立了山区滑坡作用的管道应力／应变快速评价模型和安全准则。

对比国内外技术发展，国外对管道应变设计技术的研究起步较早，开展了大量工作，已形成诸多管道极限应变预测模型，并有大量试验数据作为支撑，但尚未形成涵盖设计、材料、焊接施工等方面的整套应变设计技术规范。相比于国外，中国开展相关研究起步较晚，基础试验和模型开发工作较少，现有管道极限应变模型多采纳国外成果，缺少原始创新成果。从工程的应用场景和使用进展方面而言，得益于中国地貌的复杂性和近十几年的管道大发展，中国充分发挥了"产学研用"的体制、机制优势，相关工程应用发展迅速，已形成了国内行业标准，国产 X70、X80 大应变钢管已研制成功并投入应用，目前开发的 1219mm × 33mm X80 厚壁大应变钢管已批量研制成功并通过产品鉴定，综合技术水平已步入国际先进行列。目前正在开展包括土体位移下的管土相互作用模型及减缓土壤约束的管沟回填新材料在内的管道应变技术提升研究。

2.1.2　天然气管道基于可靠性设计与评价方法

在天然气管道基于可靠性设计与评价方法研究成果基础上，国内业界开展了基于荷载抗力系数的天然气管道极限状态设计和评价技术研究，确定了管道荷载抗力系数的校核模型和准则，开展了荷载分类和组合研究，构建了一种划分管段安全等级的方法，基于后果定义了不同安全等级的目标可靠度，计算了不同极限状态下的管道荷载和抗力系数，初步建立了荷载抗力系数的极限状态设计方法和评价技术。

在管道系统可靠性方面，由于油气管道所经地区环境条件复杂化及民众对安全环保要求不断提升，管道建设面临新的技术挑战。为量化分析和评价不确定性因素对管道系统可靠性的影响，确保方案在满足预定的风险管控水平和输送任务要求的同时达到全生命周期经济性最优，中国针对输气管道系统可靠性设计技术开展了相关研究，成功构建了陆上天然气管道系统可靠性技术体系，提出了适合管道特点的动态故障树分析方法，在系统可靠性目标分解的基础上搭建了管道系统可靠性设计计算模型，将系统结构及可靠性指标进行分层分级，通过可靠性目标确定、指标分解、方案设计、建模计算、方案优化等环节，量化分析和评价不确定性因素对管道系统可靠性的影响，并明确了输气管道工程全生命周期的工作内容以及不同阶段可靠性的重点工作程序（图3-1）。中俄东线、西三线通过系统可靠性设计，使全线风险水平一致，避免了欠设计和不必要的过设计，优化了压缩机组备用方案，减少冗余的备用压缩机组。相比于国外，中国天然气管道基于可靠性设计与评价方法研究虽起步较晚，但在开发过程中充分汲取了国外的研究成果，相关技术整体达到国际先进水平，在结构可靠性设计与评价方面处于国际领先地位，如国外现有的管道极限状态方程不适用于X80/X90高钢级管道，其材料性能数据库也不涵盖X80/X90高钢级管道。中国在已有国外极限状态方程基础上，新创建地震、断层、冻土、融沉、采空等地表位移方面的7个状态方程，修正了第三方破坏等3个极限状态方程，丰富了高钢级管道的极限状态方程和材料数据库等。与国外同类成果相比，在可靠性指标的适用性、逻辑关系的真实性、极限状态的全面性、X80/X90高钢级的适应性、计算模型和软件的高效性等方面均有创新和提高。

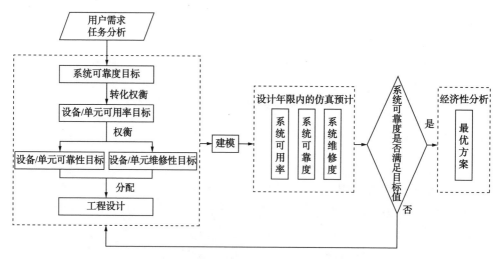

图 3-1　系统可靠性设计工作程序流程图

2.1.3　多年冻土区管道设计技术

多年冻土区管道设计技术的核心，一是多年冻土区管道周围温度场计算和管道融沉计算分析，二是管土作用下管道应力/应变计算分析和管道敷设处理措施。该技术能够根据多年冻土地质勘察资料，结合气象资料、冻土地质条件和管道运行工况，运用有限元分析软件建立管土温度场计算模型，计算运行期内的最大融化深度，分析管道可能遭受的最大融沉量。根据融沉量和运行工况，可建立管土应力／应变计算模型，计算管道任意位置的应力／应变，并与容许值进行比较，通过多管道敷设方案优化比选，确定管道敷设方案和采取的工程措施。该技术的相关成果已纳入到 SY/T 7403—2018 与 SY/T 7364—2017《多年冻土地区油气输送管道工程设计规范》之中，并成功应用于中俄原油二线工程和格拉原油管道工程多年冻土区管道的建设，有效指导了冻土区热棒导热技术及架空敷设方案的制定，为保障多年冻土区管道工程建设及运营安全提供了有力支撑。

相比于国外技术，中国在管道温度场模拟计算、融沉预测、管土作用模型及应力应变计算方法方面与国外俄罗斯、加拿大等国家基本没有差距，但在管道冻土基础数据和物理力学性能方面研究掌握的数据较少，同时也缺乏管道冻胀机理和控制措施等方面的技术研究与工程实践经验。国外在冻土试验和数据积累方面开展了大量工作，有较多的管道冷输技术和工程经验，如位于近北极圈区域的俄罗斯博乌输气管道，管径 1420mm，建设时采用降低输送介质温度的措施以通过含冰量较高的连续型多年冻土区；对于不连续多年冻土区，冷输温度低于一定负温时以半圆环截面的聚氨酯泡沫材料覆于管道上表面，通过隔冷防止管顶之上的土壤在夏季发生冻结隆起，而中国尚未掌握冻土地区冷输技术。

2.1.4　高钢级大口径管道结构本质安全设计技术

中国地形地貌复杂，人口密度较大，管道结构本质安全至关重要。为提高管道结构本质安全水平，基于国内近十年的管道失效案例及原因分析，中国开展了国内外高钢级管道设计、管材、焊接、无损检测技术对标、油气管道焊接接头强度匹配及残余应力控制技术、油气管道变壁厚焊口内对齐技术和高等级管道可靠性评估因素识别与评估体系等方面的研究，形成了较为系统的高钢级大口径管道结构本质安全设计技术，包括管道敷设应力分析、适用于自动焊和环焊接头高强匹配的管材技术指标、焊接方法和焊接材料设计选用、环焊接头性能指标设计、不等壁厚内对齐设计和匹配不同焊接工艺的无损检测等。

管道结构本质安全设计技术在中俄东线天然气管道、西气东输三线中段等工程中得到了充分推广应用，通过对工程现场环焊缝抽口试验和焊评工艺评定试验数据进行统计分析，环焊缝接头的低温韧性值相比以往大幅提升，全自动焊施工的高强匹配率接近 100%，热弯弯管在工厂内进行内镗孔削薄处理，现场直管 - 热煨弯管全部为等壁厚焊接，大幅提升了根焊焊接质量，有效避免了根部应力集中，管道结构安全性获得了显著提升。

中国国土面积中山地占 2/3，地貌复杂，灾害地质分布广泛，已建成的 X80

高钢级大口径管道近 $3 \times 10^4 km$，里程居世界之首。相比于国内的复杂地貌和地质环境，国外地形地貌较为单一，管道服役环境没有国内苛刻，在 X80 高钢级管道的设计和建设经验方面也远不及中国，其在结构本质安全设计方面主要基于国外 ASME B31.4、ASME B31.8 等标准进行设计，采取的本质结构安全设计措施远不比国内具有系统性和针对性。近年来，中国通过对管道结构本质安全的系统进行研发和改进提升，已形成系统配套的管道结构本质安全设计技术，包括高钢级大口径管道应力分析、管材性能和外形尺寸控制、自动焊推广应用、环焊工艺和接头高强匹配、不等壁厚内对齐，以及全自动超声检测技术（AUT）、相控阵超声波检测技术（PAUT）、数字射线无损检测技术应用等，相关技术已日渐成熟，总体水平居于国际领先地位。

2.1.5　天然气管道高后果区安全防控设计技术

高后果区天然气管道的安全关乎社会、环境、公众利益，备受多方关注。为着力提升高后果区段天然气管道的安全性，尽可能消减管道发生断裂失效后的后果，中国开展了天然气管道高后果区安全防控设计技术研究，通过梳理、分析天然气管道的失效模式，掌握了天然气管道失效后果的形成过程及主要失效形式，明确了天然气管道失效的主要后果类型；通过研究天然气管道物理爆炸与天然气扩散规律，探索天然气管道失效、天然气未被点燃情况下的物理爆炸能量和冲击波衰减规律，确定了天然气扩散与建筑物形式及分布的关系；通过开展重特大伤亡失效后果评估模型研究，构建了符合国内法规和标准要求的可接受后果评估模型，确定了基于后果的天然气管道与高后果区间距计算方法；针对设计阶段可采用的防爆墙、顶管或定向钻等非开挖敷设方式开展防护措施及防护效果的模拟研究，明确了管道失效后果的防护措施与途径。上述研究成果形成了较为系统的天然气管道高后果区安全防控设计技术，已成功应用于中俄东线（上海—永清）和西气东输三线中段（中卫—枣阳）等天然气管道工程之中。

在国外，建设期的选线与建筑物的间距控制主要采用风险评价方法进行，如英国 PD 8010 标准要求；也有部分基于后果进行控制，如俄罗斯 GOST 干线管道设计规范的要求。总体而言，国内外管道高后果区识别、风险评价和消减措施差异不大，技术均较为成熟；对于不可绕避高后果区，中国提出的"基于风险 + 规避重特大失效后果"的选线做法更符合中国实际情况；在天然气管道失效后果的消减和防护措施方面，美国西南研究院（SRI International）曾对不同防护措施的适用性进行理论分析和评价，包括回填土上方锚固一个高强度防护构筑物、设置逸气通道、隔离墙 / 防爆墙等，但尚未进行工程试验验证；中国对于定向钻、顶管穿越等不同敷设方式下失效后果防控措施开展了理论模拟分析，尚有待进一步试验验证。

2.1.6 大型储油罐设计技术

中国于 20 世纪 80 年代中后期开始从日本引进 $1\times10^5\text{m}^3$ 外浮顶油罐的成套技术，并于 2000 年、2009 年先后完成了 $1\times10^5\text{m}^3$、$1.5\times10^5\text{m}^3$ 大型外浮顶储罐建造技术的消化吸收及设备材料的国产化，掌握了大型外浮顶储罐的设计和施工技术。并先后开展了风洞试验、应力测试及有限元分析等工作，形成了较为完善的储罐基础理论体系和设计标准，全面接轨 API650、JIS 8501 等国际先进标准体系。"十三五"期间，中国以国家重点研发计划的形式开展了"基于本质安全的石油储罐设计建造技术研究"和"大型储罐（库）定量风险评价技术研究"，建立了固定顶储罐"弱顶"结构设计准则、储罐失效概率定量评价模型和事故后果二维数值模型，填补了国内空白；形成了石油储罐油气空间控制技术、大型储罐浮顶轻量化和装配化设计建造技术、大型储罐（库）定量风险评价技术方法、基于风险的储罐（库）安全性设计方法、基于本质安全的石油储罐全生命周期设计建造技术等大型石油储罐（库）安全设计技术，保障石油储库（罐）本质安全设计和可量化的安全性设计与评估等一系列成果，基本与国际接轨，整体达到了国际先进水平，为提高储罐（库）的本质安全、风险防控水平和事故应急能力提供技术支撑。相关技术已全面应用于国家石油储备库等多项国家重点储库工程，取得了良好的社会经济效益。

2.1.7 大型穿跨越设计技术

在穿越工程方面，中国的水平定向钻技术主要在大口径、长距离、复杂地质以及山体硬岩穿越等方面取得突破，穿越长度超过 5000m，穿越管径达到 1422mm，并开始在卵砾石等"禁区"开展探索并成功实现穿越；盾构隧道技术在应对超长距离掘进、超高水压、高地震烈度等工况方面取得重大技术进展，一次单向掘进长度超过 10000m，适应高水压和高地震加速度水平分别达到 1.2MPa 和 0.6g，应用断面范围扩展至 2~6.8m（内径）；TBM 逐渐开始应用于油气管道领域，穿越长度和穿越地层实现了多次突破。在跨越工程方面，主要涉及悬索、斜拉索以及桁架跨越等方式，跨越工程的跨度、荷载以及抗风能力均有提升，其中抗风体系、锚固方法以及主缆材料等方面均实现了跨越式发展，最大主跨跨度达到 360m，抵抗风速水平达到 60m/s。

与国外相比，在穿越工程领域，中国的水平定向钻、盾构、TBM 等技术和装备制造能力均居于国际先进水平，尤其在水平定向钻以及盾构领域，近年实现重大突破，有力支撑了中俄东线长江穿越等多项创纪录工程的实施，但在核心装备制造方面与欧美等发达国家尚有一定差距；直接铺管技术在中国尚属起步阶段，仅在软土地层应用，其应用的广泛性和设备可靠性与外国尚有差距；盾构机械对接是实现超长距离穿越的关键技术，在日本该技术已比较成熟，目前中国尚无成功的应用经验。在跨越工程领域，近年来国外相关研究和工程应用较少，且均为中小跨度的架空管道，而中国近年在大型管道跨越结构的抗风设计、缆索体系、锚固方法等多方面取得重大突破，在抗风设计方面形成了行业特色。随着国家油气管网建设的不断推进，油气管道穿跨越设计技术发展将进入新的阶段。

2.1.8 油气管道地质灾害防治设计技术

随着中缅油气管道、漠大输油管道及青藏成品油管道等一批复杂自然环境条件下的工程建设加速推进，中国管道地质灾害防治技术迅速发展，尤其在复杂地质环境下管道地质灾害识别、评价、治理、监测以及应急抢险方面均积累了丰富的经验，逐渐形成了全生命周期的地质灾害防治体系：勘察阶段进行地质灾害前期识别；设计阶段开展地质灾害防治专项设计；施工过程中对施工扰动可能带来的次生地质灾害进行动态设计，选择重点地质灾害地段设计全生命周期地质灾害监测与安全预警系统，通过管道本体应变计、北斗高精度定位仪、雨量计等专业监测设备，实现对管道本体应力、地质灾害体变形以及周边环境的连续、实时、动态监测；结合地理信息技术、物联网、大数据等技术，对管道沿线基础地理数据、监测数据以及相关区域地质灾害数据库进行统一管理，通过管土耦合分析与评判，提供灾害预警服务，预防灾害发生，降低管道风险，最大限度减少生命财产损失。未来，中国将围绕基于遥感＋无人机＋地面人工调查等综合一体的地质灾害识别技术，地质灾害评价可靠性与定量评价技术、管道横坡敷设防护技术、监测预警设备的预警准确性和可靠性等方面开展技术理论、灾害预警设备和算法的深入研究。

2.2 管材及其应用技术

2018 年以来，中国在管道输送用管领域继续保持良好的发展势头。总体上，中国的输送管材制造和应用技术已进入国际先进水平行列，部分产品达到国际领先水平，其中具有代表性的是在国际上首次成功开发 L485 高应变海洋管道、实现增材制造大口径三通等创新性产品及技术。大口径高钢级厚壁钢管继续向着大壁厚大口径方向发展，管材质量得到大幅度提升，使中国长输油气管道继续保持国际领跑地位。同时，双金属复合管的制造和应用也紧跟世界先进水平，CO_2 输送用管材、纯氢和掺氢管道用管材开发和应用技术研究已初步取得突破性进展。

2.2.1 大口径厚壁管

2.2.1.1 天然气输送用管

目前，国外在 X80 管线钢的冶炼与轧制、钢管制造、焊接工艺、管道防腐、管道设计及运营维护等方面已积累了丰富的经验，X80 管线钢已得到广泛应用，加拿大 Trans Canada 等管道企业已将 X80 管线钢作为新建大型天然气管道的首选材料。特殊地区用钢方面，美国 CRES、挪威 SINTEF 等企业长期进行管道应变设计控制研究，并开发了应变容量评估模型。埃克森美孚、PRCI 等开展了管道变形控制研究，相关成果已开始投入应用，尤其是在基于应变设计条件下的管道设计、建设和评估方面，已有较为成熟的应用范例。

相比于发达国家，中国对高钢级管线钢的研究起步较晚，但近十余年发展迅速。随着西气东输二线、中俄东线等重大工程的建成，中国的 X80 钢管道总长度已跃居世界首位，生产与应用均达到了国际领先水平。其中，2015 年开始建设的中俄东线管道首次大规模应用国产 1422mm X80 管材，该材料可满足 −5℃设计温度和 −20℃施工温度要求，在此之前仅在俄罗斯有 1422mm、K65 管道建设成功案例，其安全服役温度最低可达 −20℃。同时，中国在钢铁冶炼与钢管制造、焊接与管道施工技术等方面处于世界先进水平，但在针对特殊服役环境需求用钢应用技术方面还需进行进一步研究，例如在 1422mm X80 级别基于应变设计管材制造、管道变形控制等方面研究投入较少；在极寒地区管道断裂控制，管材、焊材及焊接工艺开发，管道的综合服役性能研究等方面也亟需开展工作。

为持续推动实现天然气长输管道安全、高效运行，夯实中国高强度大口径管道持续高质量发展的基础，近年来中国针对外径 1422mm、壁厚 38.5mm 钢管进行了产品开发和应用关键技术攻关，系统研究了大口径厚壁钢管的应力应变行为、韧脆转变行为和断裂力学行为，确定了兼顾先进性和经济性的管材成分、力学性能指标及检测方法，形成了外径 1422mm 厚壁管材制造工艺技术，开发出具有良好焊接性能的厚壁管材产品。解决了大口径厚壁钢管显微组织控制及表征、断裂韧性预测、管材标准及制造工艺等关键应用技术问题，促进了油气管道领域科技进步，为材料科学领域的应用研究提供了新的理论基础和技术方法。

基于管道用钢强度等级持续提升的现状，为保障高钢级大壁厚管材的焊接性能，中国针对 X70、X80 等高强度管线钢的化学成分进行了优化设计，并按照管型分类，对直缝埋弧焊钢管与螺旋缝埋弧焊钢管的化学成分要求进行了区分，使钢管强度波动范围由原先的 150MPa 缩小到 120MPa，提高了产品质量的稳定性。为改善焊接工艺强度匹配状况，研究提出了钢管纵向强度指标，并开展了焊材技术指标优化和质量提升工作，完善了焊材成分性能指标、焊材验收要求、现场焊材抽检比例规定和焊材现场储存要求等。结合钢管制造、焊接、无损检测等各环节的特点和质量控制难点，制定了管材质量控制管理规定和油气管道工程焊接材料管理规定，为管道工程高质量建设提供了重要技术支撑和有力保障。

2.2.1.2　CO_2 输送用管材

国外在 CO_2 管道输送方面已经有 50 余年的历史。20 世纪 70 年代，美国建成世界首条超临界 CO_2 管道并投入商业运营。迄今为止，全球范围 CO_2 管道总里程超过 8000km，多分布在北美与欧洲，主要用于驱油，大多采用超临界态输送。国外超临界 CO_2 管道采用 API 5L PSL2 级产品，钢级范围为 X52~X70，优先使用 X65 或 X70 钢级，口径范围 152~762mm，设计系数最高 0.72。管型包括埋弧焊管、HFW 焊管、无缝钢管，对于口径 610mm 及以下、壁厚 20mm 以下的中小口径钢管，优先采用 HFW 焊管；610mm 口径以上的钢管则采用直缝埋弧焊管。

中国 CO_2 管道输送技术起步较晚，主要采用气相或车载输送，尚无成熟的长距离输送管道。拟建的超临界 CO_2 管道项目分布于吉林油田、大庆油田、胜利油田，拟选用管材钢级均在 X65 以下，设计系数 0.6 及以下，口径 457mm 以下，对于中小口径管道选用 HFW 焊管、无缝钢管还是埋弧焊管尚有争议。已建管道均为油田内部集输管道，采用气相输送，多参考 GB 50350—2015《油田油气集输设计规范》、GB50251—2015《输气管道工程设计规范》等标准进行建设。自 2021 年开始，中国石油与国家管网集团相继开展了"超临界二氧化碳长距离管输关键技术研究"，研究内容包括含杂质超临界 CO_2 管道输送工艺技术，断裂控制技术、腐蚀控制技术、安全技术等，并计划开展 2 次 CO_2 管道全尺寸爆破试验，以验证、校核设计参数。所编制的 GB/T 42797—2023《二氧化碳捕集、输送和地质封存 管道输送系统》于 2023 年 9 月发布实施。整体上，中国 CO_2 管道运输、尤其是超临界态输送尚处于中试阶段，高压、大口径、高钢级、高设计系数、输送介质超临界态是未来中国 CO_2 输送用管材发展的必然趋势。

2.2.1.3 纯氢、掺氢管道用管材

国外氢气输送管道里程超过 4600km，X42、X52 钢级管道已规模化应用，形成了以 ASME B31.12 为代表的多项氢气管道标准规范。与之相比，中国氢气管道输送规模和运行压力与国外存在较大差距，氢气管道输送基础研究不足，氢气输送管道标准体系尚未建立。中国目前已建成氢气输送管道里程约 100km，包括济源—洛阳、金陵—扬子等氢气管道，主要参照国外氢气管道标准建设，管道材质为 L245 或 20 钢。其中济源—洛阳氢气管道设计压力 4MPa，管径为 508mm，管材为 L245 钢，是目前中国已建管径最大、压力最高、输量最高的氢气管道，为氢气管道的管材选择、设计施工及运行维护积累了宝贵经验。

在掺氢输送技术方面，截至目前，在世界范围内尚无掺氢输送管道的规模化产业应用，但国外已开展了诸多掺氢输送示范项目，掺氢比例从 2% 到 20% 不等，验证了天然气管道掺氢输送的可行性。中国天然气管道掺氢输送研究起步较晚，国家电力投资集团公司等单位启动了朝阳可再生能源掺氢示范项目与张家口天然气掺氢示范项目，掺氢输送管道基础研究、示范项目规模和技术成熟度与国外相比仍存在差距，管道掺氢输送适用性及掺氢比例需继续深入系统研究。综上，中国关于纯氢与掺氢管道的基础研究与应用研究尚显不足，限制了氢能储运产业发展，需加快开展诸如管道材料氢脆失效机理等的科学机理及基础规律研

究，推进输氢管道材料和装备、焊接及施工、完整性管理等关键核心技术攻关，开展输氢管道现场试验，构建系统完整的氢气管道输送技术和标准体系，推动纯氢与掺氢管道规模化工程应用。

2.2.2 高应变海洋管道

目前海洋管道设计主要采用荷载和抗力系数设计方法、允许应力设计方法等，依据应变控制开展海洋管道设计的工程项目及设计内容较少。但随着深水海底油气资源开发的不断深入，海洋管道更多地服役于特殊工况，对应变能力提出了更高要求。同时，国外普遍尚未开发海洋管道专用的高应变 L485 管材，中国高应变钢管的大规模应用目前仅限于陆上管道，尚未涉及海底管道。

近年来，中国通过科技攻关，针对海洋管道基于应变设计的特殊要求，通过一系列科学问题研究及关键技术开发，系统全面地开展了海底管道全生命周期内基于应变设计研究，确定了不同工况下海洋管道的应变需求，建立了海底管道基于应变设计方法、高应变海洋管道主要技术指标体系及应变容量评估技术，总结形成了海洋管线基于应变设计指南，并编制了《海洋油气管道用高应变直缝埋弧焊钢管》标准。针对海洋管道用钢的特殊需求，提出了"超细晶铁素体 + 针状铁素体"双相组织设计目标，获得了高应变管线钢强韧塑性控制新方法，解决了海洋管线钢强、韧、塑综合性能匹配不均衡的难题。在此基础上，成功开发出 L485 高应变管线钢板，并已具备利用该钢板工业化制造直径 559mm、壁厚 31.8mm JCOE、UOE 钢管的能力。为保证高钢级、大壁厚管道的焊接可靠性，开发了 L485 高钢级、31.8mm 大壁厚管道 GMAW 自动焊工艺关键技术，成功研制相应埋弧焊材及环焊用气保焊丝产品，获得的环焊接头达到高强匹配技术要求，具有高韧性和良好的抗变形能力，但上述产品及技术尚未投入工程应用。

为准确评价高应变海洋管道的工程建设与服役质量，中国研究建立了高应变海洋管道应变容量评估技术体系，提出了高应变海洋管道评估推荐做法并开发了用于测试不同尺度钢管性能的实验装置和技术，形成海洋管道屈曲应变容量精确数值仿真技术；优化了基于应变的 ECA 评估方法，在高应变海洋管道全产业链形成了"设计 – 制造 – 连接 – 检测 – 评价"技术体系。

2.2.3 双金属复合管

机械复合管的制造工艺较为成熟，其大规模应用集中在 2005—2017 年之间，由于基 / 衬层结合强度低带来的内衬塌陷、鼓包等问题，近年来已逐步被冶金复合管取代。冶金复合管（内覆复合管）是指通过爆炸、热挤压、堆焊、钎焊等方法使得基层与内覆层发生原子扩散达到冶金结合的管材，包括冶金复合板焊管与无缝复合管两类。

国外冶金复合板焊管产品直径规格为 114.3~2500mm，内覆层材质以 316L 不锈钢、825 或 625 合金为主，已实现大规模应用；而中国产品的直径规格为 219~1600mm 以上，内覆层材质与国外一致。与国外相比，复合板焊管制造技术差异不大，但产品规格尚有一定差距。

国外无缝冶金复合管内堆焊产品直径规格范围为 114.3~1524mm，可生产 2205 复合管；热挤压产品规格为 168.3~1524mm；中国产品规格在 60~914mm 范围内，部分厂家可生产 2205 复合管。国内外产品的内覆层材质均与冶金复合板焊管一致，内堆焊、热挤压等复合管制备工艺差距不大，其中西安三环石油管材科技有限公司研发的爆炸 + 轧制无缝冶金复合管生产技术可生产 316L、2205、825、625、G3 等多类材质复合管，适用于油套管及地面集输管道，中国在中小口径无缝冶金复合管领域内与国外相比具有一定优势。国内外机械复合管制造工艺较为成熟，制造技术差异不大，大多以液压复合法为主，均具有生产和批量应用的能力。

近年来，随着冶金复合管的推广及无缝复合管需求的增长，中国开始进行相关研究工作。2022 年，国家科技部的先进结构与复合材料专项"抗辐射、耐腐蚀的金属结构复合材料研制及应用"、国家工信部的战略急需产品"深海油气资源输送用双金属复合管开发及产业化"项目均已成功立项，研发投入超 2×10^8 元。经过不懈努力，形成了爆炸 + 轧制（西安三环）、压熔锚合（上海天阳）等新型冶金无缝复合管制造技术，并已实现工业化生产。同时，中国石化顺北油田（L415+316L 复合板焊管）、西南油气田铁山坡项目（L360+825 复合板焊管）、长庆油田（L245N+316L 冶金无缝复合管）等项目及单位也逐步开始应用冶金复合管。

2.3 管道焊接技术与装备

环焊缝安全关乎管道运行的本质安全。近年来，中国结合以往管道失效事故原因分析结果，针对管道焊接工艺，从全面推广自动焊、环焊缝焊接质量在线监测、环焊接头强度匹配及残余应力控制等方面开展攻关，整体提升管道建设水平，目前已达到国际一流水平。随着关键装备的智能化要求不断提升，自动焊装备技术逐渐迈向数字化、国产化、信息化、多样化，以进一步提升管道自动焊装备技术的数字化程度，为智能化的焊接技术提供载体。

2.3.1 焊接工艺

从国内外管道建设的特点来看，自动焊技术的应用最早源自国外，但经过近 20 年的发展，中国自动焊技术装备及工艺均已达到国际先进水平，相关成果在大口径高钢级管道建设中大面积推广应用。但在焊接过程质量监控以及环焊接头应力应变服役安全方面还需要开展更加深入的工作，以进一步提升管道运行的安全性。

2.3.1.1 自动焊技术

自动焊的焊缝金属性能优异，焊接过程稳定可控，可最大限度降低人为因素对焊接过程的影响。国外的自动焊技术与设备相对成熟，早在 20 世纪 70 年代，国外就已开始采用自动焊技术进行管道建设，内焊机根焊 + 外焊机填充盖面焊接工艺应用最为广泛，其在世界范围的陆地管道中均有规模应用。此外，采用带铜衬对口器 + 外焊机根焊 + 外焊机填充盖面的自动焊焊接工艺在海底管道中投入应用。截至目前，北美地区累计自动焊应用比例占管道总里程的 85% 以上 [3]。

中国管道自动焊技术起步相对较晚，2002 年，西气东输管道工程广泛应用自动焊技术，完成了 670km 的焊接任务，约占焊接工作总量的 17.2%。2008 年，在西气东输二线管道建设中，规模化应用了坡口机现场切削坡口、内焊机自动根焊、双焊炬外焊机自动焊等系列自动焊装备及技术。在 2016 年开始的中俄原油二期管道工程和中俄东线天然气管道工程建设过程中，管道自动焊的应用比例大幅度提升，分别达到了 68.8% 与 100%。同时，自动焊技术还在西气东输三线中段、西气东输四线等大口径、高钢级管道中得到了全面应用，在设计、管材、焊接、检测、施工组织等多方面实现了技术提升 [4-7]。

2.3.1.2 管道自动焊环焊缝质量在线监测技术

美国激光拼焊生产线上配有焊缝自动监测仪器，能够很好地反映焊接过程中的稳定性，但无法监测焊接缺陷的产生。TEC 公司研制的激光焊接实时监控系统可基于红外视觉传感器采集熔池的红外图像，实时获取熔池和小孔尺寸，从而判别工件的熔透状态。

据统计，中国管道施工自动焊焊接缺陷中，未熔合占比达 85% 以上，是当前自动焊应用面临的主要瓶颈。为此，中国通过开展自动焊质量在线监测与预测技术研究，建立了自动焊焊接熔池和温度场模型，揭示了自动焊未熔合的形成及影响规律，优化了自动焊焊接参数设置，形成焊接工艺快速优化技术，并明确了环焊缝高温状态下的层间快速检测可行性，为实现长输管道自动焊参数的实时反馈与修正，实施层间检测奠定了基础。目前，国内成熟的焊缝熔池监控系统较少，相关研究主要针对管道焊接特征进行熔池几何形状、熔池温度等因素与未熔合形成的关系进行模型开发工作。结合大数据分析手段来预测未熔合缺欠，熔池特征的实时提取、检测算法及向控制系统实时反馈是未来研究的重点。

2.3.1.3 油气管道焊接接头强度匹配及残余应力控制技术

国际管道研究协会（PRCI）、工业联合项目（JIP）等机构针对管道环焊接头失效事故原因分析和基于强度匹配的环焊接头应变能力开展了研究工作，在钢管屈强比控制、拉伸和屈服强度匹配差异、强度测试方法及不同试样尺寸的差异性、焊接热影响区软化控制等方面提出了强度测试方法建议。而在残余应力控制方面，主要基于应力腐蚀开裂管道开展了部分工作，提出了相关控制措施。

中国结合管道失效事故进行了一系列失效原因分析，开展了满足一定应变能力的焊接接头强度匹配相关研究，提出环焊接头应按照等强或高强原则进行设计，推荐了焊接材料，并结合钢管和焊接材料的生产制造能力，进一步缩小了焊缝及母材的强度波动范围，以保证现场环焊接头的等、高强匹配。同时，相关学者对残余应力的产生及其对管道疲劳强度及腐蚀开裂的影响进行了研究，分析其机理和规律，指出了管径、壁厚、强度等因素对残余应力的作用，比较了不同残余应力测试方法的有效性，并从焊后热处理、喷丸等方面入手提出了解决措施[8]。

2.3.2　焊接装备

2.3.2.1　实时自动监测工艺参数，助力管道全生命周期数字化发展

结合中俄东线超大口径长输油气管道工程对管道数字化全生命周期的需求，中国通过自动焊装备的数字化提升，形成了管道自动焊焊接数据采集及无线传输系统。该系统可实现关键焊接参数的采集、上传，提供焊口实时数据信息，将人工记录、监测变为自动记录、监测，为施工方规范施工、监理方监测、业主掌握管道建设情况提供了数字化手段，并基于该技术组建了数字化施工机组，为后期质量分析提供真实数据来源。

现场数据监测方面，国际知名企业已建立起数据采集传输系统，通过现场局域网的搭建及无线数据采集系统的设计，可实时向现场基站传输焊接过程的相关数据。中国石油与熊谷自动焊装备已具备了现场焊接数据的实时采集、上传、监测功能，可辅助完成现场施工过程的数据监测、存档、分析。

2.3.2.2　核心技术攻关，掌握自主知识产权，加速国产化进程

在管道从业者不懈努力学习、提升下，中国自动焊装备研发能力及技术实力与国外的差距逐渐拉近，已具备取代国外自动焊装备的能力。随着国产化进程的加快，国内核心控制系统、通信技术、焊缝跟踪技术有了长足发展，结合国产焊接电源技术的提升，实现了自动焊装备技术的较大国产化升级，开发了具有自主知识产权的专用焊接电源与全数字化控制系统，配套的全位置第二代跟踪系统（G2）可实现对焊缝进行垂直、左右方向的二维跟踪。相关成果进一步解放了劳动力，提升了装备自动化程度，取代国外装备覆盖了国内管道施工市场。

近年来，国际上以管道焊接机器人为代表的焊接自动化装备数量大幅增加，应用日益广泛，并同其他工业机器人一样，不断向自动化、智能化、多样化方向发展。经过多年的发展，机器人结构和性能不断优化和提升，控制系统向开放化、模块化方向发展，传感技术逐步成熟并趋于多样化，虚拟现实技术在机器人中的作用已从仿真、预演向过程控制过渡。单焊炬管道自动焊、双焊炬管道自动

焊、管道内焊机、管道内对口器、管端坡口整形机以及其他配套施工装备均已实现了多元化、标准化、系列化。

最具代表性的陆地自动焊装备为 CRC-EVNAS 的 P-625 外焊机，其利用脉冲 MIG 和全弧跟踪，辅以全数字监测和控制，可最大限度提高焊接速度，同时提供高一致性高质量焊接。而在海洋方面，Saturnax 公司的系列焊机具有稳定、数字化、多工艺的 Bug & Band 焊接系统，其轨道参数设置简便、焊弧及熔池较为稳定。中国管道焊接机器人应用发展迅速，同样向着系列化、多元化、自主化、数字化的方向发展，目前最具有代表性的常规设备为 CPP900 自动焊装备，已形成了完善的研发、设计、生产、制造、调试等自动焊装备流程体系，产品系列涵盖所有管径，可完成大壁厚（30.8mm 以上）坡口加工任务，施工范围也从常规的平原、丘陵、常温环境扩展到山区、站场、高低温等复杂环境。其中 CPP900-W2N 双焊炬管道全位置自动焊机配备有全数字化控制系统、二维焊缝跟踪系统、国产化专用焊接电源，具备无线数据采集及传输、柔性轨道、便捷执行机构、多种焊接数据库、热输入量实时监控等功能及特性，主要用于长输油气管道填充焊、盖面焊等焊接场景，目前已大面积推广应用，相关技术达到国际先进水平。

激光焊方面，国外已有诸多代表性成果，如俄罗斯研制出自走式激光焊接机组"SARS"，英国焊接研究所（TWI）实现了激光 - 熔化极活性气体保护（MAG）环焊缝复合焊，英国 BMT 公司开发出一套适用管径 750mm 以上管道的激光 - 电弧复合焊（HLAW）系统，美国爱迪生焊接研究所采用 Yb 光纤激光器进行了光 - 电弧复合管道环焊缝根焊试验，德国菲茨公司（VietzGmbh）开发了激光焊 VPL 系统，焊接熔深可达 12mm。而在中国，相关单位成功研制了激光 - 电弧复合焊系统样机，采用 10kW 功率光纤激光器进行了 1 016mm×17.5mm、1219mm×18.4mm 两种管径规格，4mm、6mm、8mm 三种钝边厚度的圆周全位置激光 - 电弧复合焊根焊工艺焊接试验。针对 X70 钢管道全位置激光 -MAG 电弧复合根焊焊接过程中，4~6 点位焊缝背面易出现内凹的问题，开展了管道全位置激光 -MAG 电弧复合根焊焊缝成型试验研究，控制了内凹现象，但该缺陷尚未得到根本解决，未来还仍需进一步进行大量工艺试验研究。

双弧四丝焊接方面，德国 CLOOS 公司开发了 Tandem 双丝焊接系统；英国克兰菲尔德大学焊接工程研究中心将双丝焊技术应用到管道全位置焊接之中，实现了壁厚较薄管道的焊接；奥地利 FRONIUS 公司则推出了 PMCTWIN 与 CMTTWIN 新型双丝焊。在中国，早期中国石油天然气管道科学研究院使用 Fronius 的脉冲 + 脉冲协同控制 TANDEM 双丝焊技术开展了单枪双丝管道全位置自动焊技术研究，成功研制出单枪双丝自动焊设备，并探索了单枪双丝管道全位置焊接工艺。近年来，哈尔滨工业大学针对窄间隙坡口内的仰焊、仰向上 45 度焊、俯向下 45

度焊、立向下焊等 4 个经典位置进行了工艺研究，并分别开展了焊接试验，获得了成型良好的焊缝。

外组对根焊自动焊方面，美国 CRC-EVANS 公司研发了由一个操作头和各种可互换的抓斗臂组成的 Pipe Handing Equipment 机械手，法国 SERIMAX 公司研发了 Externax 全自动外部焊接夹具，适用最小管道外径达 168.5mm。而中国在该领域尚处研究阶段，尚未形成相应的产品。

自适应跟踪方面，英国 Meta 公司与加拿大 Servo-robot 公司开发了多种视觉传感器，用于焊接过程的焊缝识别与焊缝跟踪，图像采集、图像处理程序均固化在硬件中，各环节之间运行流畅，误差率较低，但对于主动视觉超前检测误差和信号处理尚未有特别的优化算法。中国上海交通大学、北京化工大学、南昌大学等高校针对不规则坡口进行了基于电弧、激光等不同传感形式自适应跟踪的研究，但仅限于固定工位或平板焊接。

自动打磨方面，德国 INSPECTOR SYSTEMS 公司研制了 EPR 辅助管内打磨机器人，能够多节焊接以适应不同长度管道的作业任务。德国 KUKA 机器人公司开发了焊缝打磨机器人工作站，可轻松应对更多产品表面要求。中国研发的打磨装备大多针对管内壁、罐壁、管道端面、内焊缝，主要用于管道、储罐、船厂、核电站、压力容器等施工场景，针对管道环焊缝打磨的装置尚未见报道。

综上，对比国内外的技术发展，国内的技术水平已逐渐与国外持平，且自动焊装备的发展方向基本一致，依托于管道建设的发展及技术进步，部分技术水平及产品性能已超过国外技术。

2.3.2.3　形成焊接大数据库，推进信息互联互通

依托自动焊装备数字化技术的应用与完善，中国建立了针对自动焊装备的远程焊接监测系统，实现了自动焊设备运行状态的实时监测、焊接参数的远程实时显示及记录、设备故障判断、焊接数据在线分析、历史焊接数据追溯、焊接工艺远程推送等功能，并借助信息化技术，将现场与基地通过 4G/5G 网络建立关联，进一步实现了数据的无障碍联通，逐渐形成管道焊接的大数据库，可为管道焊接工程的智能化发展提供基础平台和数据支持。

远程数据监测方面，国际知名品牌焊接电源均配置了远程数据监测系统，可通过实时处理技术，监控每一台焊接电源的使用情况。中国石油与熊谷已建立针对管道自动焊的专用远程监测系统，可实现设备实时监控、数据信息实时交互。

2.3.2.4　山区地段、中小口径自动焊技术突破，多样化发展拓宽应用范围

随着自动焊装备技术在中国推广应用，自动焊装备在不同环境下的适应性成为新的研究方向，自动焊装备技术在大坡度山区地段、站场地区的使用不断实现突破。在国际上，30°坡度条件下采用自动焊工艺的施工极少，未收集到相关技术资料，可通过 5D 弯管的自动焊装备以及配套的自动焊工艺未见报道。而在中

国，中国石油率先成功研发出具备柔性功能、可完成 30° 山地驱动、过 5D 热煨弯管的柔性自动焊装备，并进行了现场实验验证。山地柔性内焊机的装备代替了组合自动焊技术，实现了"从山底到山顶、过热煨弯管、再从山顶到山底""高质量高效率、不留断点"的山区全自动焊技术"零"的突破，焊接合格率达到 96% 以上。33~114mm 超小口径卡钳式钨极氩弧自动焊、237~500mm 中口径轨道式钨极氩弧自动焊在站场管道建设中推广应用，替代了手工氩弧根焊技术，焊接合格率达到 99%，进一步扩展了自动焊装备的应用范围。

在国际上，Battelle 窄间隙热丝 TIG 焊在侧壁熔合与焊接接头抗裂性等方面具有明显优势，且材料适应性广，在电站、阀门、转子、海洋结构物及海底管道等重要构件的焊接中得到广泛应用。法国 POLYSOUDE 公司的 TIG 管道全位置全自动焊接系统具有小车式焊接机头，适用于外径 32mm 以上的任何管件，并可配备视频摄像组件，方便操作者观察并记录焊接过程。在国内，中国石油开发了卡钳式与轨道式两种 TIG/MIG 焊自动焊装备，具备垂直焊缝跟踪技术、分布式控制系统、多参数控制算法、多种焊接模式控制、热丝脉动控制技术等特色技术，可完成全位置的单面焊双面成型、填充、盖面工艺，适用于管径 33~1422mm、壁厚 7.1~32.1mm 的管道，目前已在现场进行了试验和推广应用，效果良好。另有国内厂家生产了窄间隙 TIG 焊接 AUTOCAR 爬行小车系统，该系统适用于壁厚 3~20mm 管道的全位置焊接，可焊接碳钢、不锈钢、双相钢等材质，可选择采用填丝或自熔冷丝 / 热丝两种方式，自带一体式送丝机可实现无缠绕送丝，同时具有自动弧长横摆功能，可精密实现 TIG 全位置焊接，重现性高，目前主要应用于石油管道、海工、船舶、核电和军工等行业。

除上述装备外，中国还研发了一种新型自动焊设备，该设备具有冷丝、热丝两种配套设置，适合厚壁管的多层焊接，自动化程度高，可控制焊接电流、焊接速度、送丝速度、弧长及摆动参数，焊接过程中可实时调节焊接电流、焊接速度等参数，可实现双金属复合管 5G 位置对接焊，可适应海上铺管船作业，其具有的振动送丝功能可搅拌熔池，有利于气孔逸出和熔池流动，适用于碳钢、不锈钢材料、复合管、镍基合金、高强钢、钛合金等材料的焊接。

2.4 陆地管道施工技术与装备

中国管道距离长、分布范围广，途经山区、水网、高寒、高海拔、沙漠等复杂多样的地形地貌，还要穿越隧道、河流，施工建设非常困难。2018 年以来，中国重点围绕 1422mm X80 大口径管道施工开展技术提升和装备升级，形成了特殊工况系列施工及配套装备制造技术，实现了全工序、全地形、全流程的机械化高效、高质量管道敷设作业，在水平定向钻穿越、盾构穿越、直接铺管法穿越、自动焊双连管施工技术及配套装备制造方面取得了一系列突出的创新成果，解决了工程施工中存在的诸多技术难题，提高了国内油气管道的施工技术水平，有力确保了管道建设任务的顺利推进。

2.4.1 水平定向钻穿越技术与装备

2.4.1.1 陆海定向钻穿越施工

对于浅海、浅滩海油气管道敷设工程，管道登陆段可采用陆海定向钻穿越工艺建设，其集陆地管道定向钻及海管施工技术装备为一体。中国通过设计专用的钻杆卡瓦、管道拖拉头等装置，提出了驳船的动态平衡控制、管道稳定性控制、海域中钻杆稳定控制等措施方案，运用铺管船配合与驳船配合、海上提前预制等回拖方法，并采用海水泥浆方案，保障了陆海定向钻穿越的成功实施，有效解决了常规陆海管道登陆段埋深不足、施工时间长的问题。

陆海定向钻穿越是海管登陆的首选方案，其关键技术一直由欧美公司掌握，代表性工程为美国波士顿海湾穿越工程，其中 Salem 陆对海穿越长 1486m、Beverly Harbor 海对海穿越长 1308m、George's Island 海对海穿越长 1290m、Weymouth 陆对海穿越长 931m。近年来，中国针对陆海定向钻展开深入研究，形成了针对不同海况、地质条件的多套施工方案及专有施工技术。

2.4.1.2 山体定向钻穿越施工

针对山体、硬岩地层等油气管道定向钻穿越工程，灵活运用对接穿越、正扩、对扩、协同扩孔、推管回拖等先进工艺，可有效解决山体穿越过程中长距离、两侧场地受限、山体高差等不利条件带来的困难。中国通过建立山体、硬岩泥浆体系，提高泥浆的流变性和悬浮能力，有效解决了大颗粒钻屑携带困难的问题，并采用多种堵漏剂对山体裂隙或断裂带进行有效堵漏，解决了山体穿越过程中遇到的扭矩大、易卡钻、泥浆漏失、山体裂隙透水等技术难题，有力保障了油气管道在山体或硬岩地层的顺利敷设。

国内外山体定向钻穿越导向系统均采用磁导向＋陀螺导向技术，如挪威国家石油公司建设的管径 900mm 原油管道，山体穿越长度 800m，岩石最大抗压强度 250MPa，低于海平面 300m 出土。2021 年 12 月完工的中国青藏管径 508mm 成品油管道，山体穿越长度 2530m，岩石饱和抗压强度 75.9MPa，入出土点高差 110m，采用了磁导向＋陀螺导向技术、正扩技术、"堵漏＋封堵"技术等施工工艺，整体技术水平与国外相当。

2.4.1.3 1422mm 大口径复杂地质定向钻施工

中国针对管径 1422mm 的油气管道定向钻工程，采用双钻机协同扩孔新工艺，选用自主研发的轻量化大极差专用扩孔器及新型柔性大钻杆等装备，设计了一套涵盖泥浆配方、钻具组合、管道发送、管道降浮及助力回拖等工艺的综合方案，解决了大口径管道定向钻穿越工程中钻具扭矩大、地层扰动强烈、泥浆回流效果差等难题，有效降低了钻具断裂与孔洞塌方的风险，成功实现了在砂层、黏土层、岩石层及穿越两端存在不稳定地层等工况下的大口径定向钻穿越施工。

国外完成的管径 1422mm 代表性定向钻穿越为土库曼斯坦阿姆河穿越工程，其穿越长度为 1800m，主要地层为砂层或细砾石，少量为粉砂、黏土层。中国在中俄东线天然气管道及唐山 LNG 项目中完成了多条管径 1422mm 管道的定向钻穿越，代表性工程为唐山 LNG 项目纳潮河 1320m 穿越工程，穿越地层主要为海相沉积砂层，但在大口径复杂地质定向钻单次穿越长度上尚无超过国外工程的实例。

2.4.1.4 对接磁导向系统

中国早期定向钻施工使用国外 P2 导向系统，每年需支付高昂的技术服务费，同时面临关键技术不转让、施工数据存在泄漏风险等问题。近年来，国内从业者在地面交变磁化场高精度定位方法、旋转磁铁对接工具、磁导向系统集成、导向软件设计开发等方面展开研究，陆续攻克了磁导向系统算法、传输、采集等关键技术难点，成功研制出适合水平定向钻对接施工的 HDDGS 导向系统，打破了国外产品的技术垄断，有效提升了中国定向钻工程建设的竞争能力。

2.4.2 盾构穿越技术与装备

2.4.2.1 小曲率半径盾构隧道装备和施工

常规盾构设备在半径 500m 及以下的隧道进行盾构施工较为困难。中国通过对小半径隧道管片与密封结构进行设计、提升盾构设备适应能力、优化小半径盾构掘进操作与拼装技术，在兰州盾构工程中成功完成了 300m 曲率半径隧道施工，为小半径盾构施工的顺利进行提供了重要的技术支持与宝贵经验。

日本的小曲率半径盾构施工设备世界领先，最小盾构直径内径可达 1.0m。1.5m 内径盾构项目单次施工长度达到了 2447m，其为世界 2m 以下盾构隧道长度的世界纪录，同时日本还拥有诸多转弯半径 8~30m 的小转弯盾构案例。

2.4.2.2 水域溶洞群盾构工程技术

中国针对水域盾构高风险溶洞勘察与探测技术、盾构隧道穿越溶洞发育地层的影响及溶洞处理标准、水域盾构穿越溶洞群施工技术进行了系统研究，运用三维流固耦合分析方法，考虑地层渗流场的作用，根据岩柱塑形区连通条件，提出了确定溶洞与隧道之间安全距离的方法，并研发了一种玄武岩纤维注浆材料。该注浆材料析水率低，具有较好的流动性、稳定性及抗冲刷性，抗压强度可达5MPa，适用于大于 0.4m/s 动水条件下的注浆填充，该材料的应用进一步提高了施工过程中的注浆填充效果。2021—2022 年，上述研究成果应用于新疆煤制气广西支干线潇水盾构隧道工程，实现了泥水平衡盾构在水下洞群的安全施工，有效确保了溶洞区域隧道的整体稳固。

2.4.3　直接铺管法穿越技术与装备

直接铺管技术在欧洲、北美、俄罗斯及泰国应用较多，澳大利亚 McConnell Dowell 公司的工程案例最为典型，全球 2 项 2000m 级别的直接铺管项目均由该公司完成，分别为 1929m 的 Army Bay Ocean Outfall 与 2021m 的 Snells Algies wastewater pipe and outfall。在中国，中国石油管道局工程有限公司在国内首次提出国产化直接铺管设备设计制造理念与思路，并与铁建重工集团合作完成了国产化 1219mm 和 1422mm 两种口径直接铺管设备的制造，并于 2021 年成功应用 1 219mm 口径国产化直接铺管设备完成长距离直接铺管穿越工程，有力推动了中国直接铺管设备的制造与发展。同时，针对长距离、砂卵石地层、淤泥地质等工程重难点，研究并应用 600t 以上推力地锚结构、水漂管道发送方式、可调式自动注浆减阻工艺、可控式掘进导向规划等技术或措施，有效解决了管道穿越摩擦阻力大、穿越轴线偏差控制难、砂卵石地层抱管、淤泥地层承载力差管道下沉等技术问题，填补了国内技术空白，开创了国内直接铺管施工技术应用先河，完成了国内 4 条顶管全部穿越工程。2022 年，在中俄东线天然气管道泰安—泰兴段管道工程创国内最长直接铺管施工纪录（设计实长 700.8m）以及单班进尺 98m、单日进尺 191m 的最快施工纪录。

2.4.4　全自动双连管预制技术与装备

全自动双连管预制是指在固定厂区（厂房）内，通过橇装结构、液压动力、电气控制系统将两根防腐管进行组对，采用不同焊接工艺施工与无损检测合格后，作为合格的成品双连管出厂，实现自动化的现场预制。双连管预制作业线实现了模块化安装、机械化对口、全自动焊接、流水线作业。该技术的应用有效降低了自然环境对设备、人员的影响，预制不受恶劣天气影响，可全天候作业；不受征地协调制约，在线路施工前期可提前预制。此外，该技术采用全自动流程焊接标准固定，采用制管厂焊接工艺，焊接质量更高。

国外常用双连管预制模式提高工效，而中国仅在戈壁滩采用过固定工厂预制双连管施工，受限于双连管运输问题，在内地尚无应用。为此，中国研制了一套自行走式双连管预制装备，在作业带内进行双连管焊接预制，并能自行走，实现作业带内转场。通过移动的双连管预制装备的模式，可克服双连管运输的不利因素，加大双连管的预制比例，进而提高管道焊接的工效、质量，降低工人劳动强度。该装备适用管道规格最大达 1422mm×30.8mm，同时可满足直径 1219mm、1016mm 钢管的预制焊接。

2.4.5 垂直冷弯管加工技术与装备

传统垂直液压冷弯管机整机质量约为 100~120t，运输时需要进行整机拆卸，运输及现场组装成本高；弯制能力较小，且主油缸在起升和回程时速度均较慢，降低了效率；操作手长时间推动控制手柄，同时观察较远距离上主油缸起升高度标识，劳动强度大，操作的准确性差。

针对传统技术弯制能力不足、外形尺寸较大及劳动强度高等不足，中国自行研制了 CYW-1422-2 型垂直液压冷弯管机，实现了对传统结构的重大突破。该装备采用了楔形动力技术及 PLC 自动化控制技术，显著提升了弯制能力，可满足 X80 钢级、1422mm×38.5mm 钢管冷弯的需要，并实现了弯管加工全过程的自动化，提高了弯管加工精度，降低了劳动强度。经专家鉴定，成果的综合性能已超过国外品牌产品，技术达到国际先进水平，且制造成本显著低于国外同类产品。该技术与装备已成功应用于中俄天然气管道、唐山 LNG 外输线及西气东输三线中段等工程，有效提高了冷弯管加工质量和工效，为工程顺利实施提供了可靠技术保障。

国外大口径液压冷弯管机具有整机质量轻、结构紧凑的特点，但其受传统外置主油缸方式和手动液控技术制约，仍存在弯制能力不足、外形尺寸较大及劳动强度高等不足，中国自行研制的 CYW-1422-2 型垂直液压冷弯管机在国内具有领先技术优势（表 3-1）。

表 3-1　CYW-1422-2 型垂直液压冷弯管机与国外代表性产品性能对比表

生产厂家或产品型号	最大弯制能力	整机质量/t	外形尺寸
德国 VIETZ	X80，1422mm×32.3mm	70.0	9655mm×4909mm×4020mm
美国 CRC	X80，1422mm×38.1mm	85.0	11000mm×4020mm×3820mm
意大利 GR	X80，1422mm×31.8mm	79.8	10400mm×4000mm×4000mm
CYW 1422-2 型弯管机	X80，1422mm×38.5mm	82.0	8626mm×3120mm×3600mm

2.5 海底管道建设

随着国家能源需求的日益增长与沿岸经济的快速发展，中国陆续建设了一批重点海底管道工程。在海洋油气开发方面，建成了渤海、东海、南海海洋油气管网，支撑了中国"海上大庆"的建设；在海上能源通道建设方面，建成了舟山 LNG 外输管道、香港海上 LNG 连接管道、茂名单点系泊改线管道等项目，有力提升了海外油气接收能力；在海洋市政管道建设方面，建成了广东大亚湾第二条污水排海管道、福建可门尾水排海管道、舟山大陆引水三期管道等大型项目，用于满足沿岸饮水及废水排放需求。目前，中国已全面创建形成了海底管道工程技术与装备体系。

2.5.1　海底管道施工

近年来，国内大口径、超大口径海底管道快速发展，中国已掌握适用于薄壁无配重管道、厚壁大配重管道等各种类型管道结构的浅近海大口径海底管道铺设技术，最大应用管径1219mm，最大作业水深51m。与此同时，深水海底管道的建设也取得了一定突破，构建了深水海底管道施工技术体系，并成功应用于管径323.9mm、作业水深1542m的深水海底管道建设之中，创造了中国海底管道铺设水深的新纪录，标志着中国深水油气资源开发能力再获新突破。海对海定向钻、超长距离陆对海定向钻穿越工程开始出现，攻克了陆对海、海对海定向钻穿越技术，相关技术最大应用管径1016mm，最长应用距离2737m，创造了陆对海定向钻穿越规模最大、海对海定向钻穿越长度最长等世界纪录。

2.5.1.1　大口径海底管道施工

国外的大口径海底管道施工技术发展较早，已建成一批具有代表性的大口径、长距离、大水深的海底管道工程，如北海的Europipe 2、Asgard、Langeled管道与波罗的海的Nord Stream-1（北溪1号）、Nord Stream-2（北溪2号），管径均为1 067mm以上。国内的大口径海底管道施工技术起点低，近年在浅近海逐步探索建成了多项大口径海底管道工程，如广东大亚湾第二条污水排海管道、福建可门尾水排海管道、舟山大陆引水三期管道、舟山LNG外输管道、茂名单点系泊改线管道等工程，管径均为1 016mm以上，水深在51m以内。国内海洋工程企业在满足国内大口径海底管道工程建设的同时，积极走出去，参建"一带一路"项目，建设标准与国际接轨，先后在文莱、阿曼、孟加拉、尼日利亚、印度尼西亚等国家建设了单点系泊及其连接的大口径海底管道工程，其中印尼拉维拉维工程海底管道的管径为1422mm，是目前全球管径最大的原油海底管道。

2.5.1.2　深水海底管道施工

国外的深水海底管道施工技术非常成熟，作业水深达到3000m级，S-Lay、J-Lay、Reel-Lay等铺设方法均有应用，在墨西哥湾、巴西、北海、挪威、西非等海域建成了多项代表性工程，如Turk Stream管道管径32in（1in=25.4mm），最大水深2200m，全长925km，采用S-Lay方法铺设[10]；Cabiu nas管道管径24in，最大水深2230m，全长380km，采用J-Lay方法铺设。中国则采用S-Lay铺设方法建成管径22in、最大水深1409m的荔湾3-1深水管道，是国内具有代表性的深水海底管道工程之一，标志着中国海管铺设挺进深水时代。"深海一号"超深水大气田二期海底管道管径20in，长130km，最大水深1000m，是中国最长的海底管道。在该项目中，中国海油在深水环境下首次研究应用"114km 深水大口径无缝钢管 +1.5km 深水双金属复合管"组合方案，管道最大壁厚达到 38mm，创造了中国海管壁厚新纪录。陵水 17-2 深水管道项目管径 12in，最大水深 1542m，创造了中国海底管道铺设水深的纪录，标志着中国深水铺管能力达到亚洲领先、国际先进水平，为中国自主开发深海油气资源打下了坚实基础。

2.5.1.3 海底管道定向钻穿越

国外海底管道定向钻技术应用较早，陆对海、海对海定向钻穿越均有涉及，工程主要集中在美国、澳大利亚等国家。美国 Hubline Natural Gas Pipeline 项目中波士顿海湾穿越总长 5014m，管径 30in，分 4 段完成，两侧为陆对海定向钻穿越，长度分别为 1485m、931m，中间为海对海定向钻穿越，长度分别为 1307m、1290m。澳大利亚 BassGas 管道项目的 Kilcunda 浅海穿越长度为 1477m，管径 14in，穿越地质为砂岩。美国 Overtown-Venetian 海缆工程在迈阿密海湾进行穿越，地质为粉质黏土，管径 9in，总长 4 913m，分为 1804m、1581m、1528m 三段分别穿越并连头 [11]。

中国的陆对海、海对海定向钻穿越技术发展迅速，先后在孟加拉、舟山、海南、涠洲、青岛、唐山等海底管道项目上完成 20 余处陆对海、海对海定向钻穿越，多次刷新国内外穿越纪录。2014 年建成的甬沪宁原油管道杭州湾穿越是中国第一个陆对海定向钻穿越工程，由国外公司实施，穿越长度 1800m，并行穿越了 24in 与 10.75in 两条管道。2018 年，中国企业参与建设孟加拉单点系泊及双线管道项目，完成 6 处陆对海定向钻穿越作业，其中 2 处为 36in，4 处为 18in，单条穿越长度 1580m，创造了陆对海定向钻穿越规模与管径世界纪录，开启了中国企业自主实施陆对海定向钻穿越的时代。2022 年，浙江舟山黄泽山至鱼山海底管道项目首次在国内完成 1467m 油气管道海对海定向钻穿越，刷新了海对海定向钻穿越距离、管径、水深 3 项世界纪录。2023 年，河北冀东油田海底管道项目采用对穿技术，完成两条穿越长度为 2484m、2737m 的陆对海定向钻穿越工程，再次刷新了国内陆对海定向钻穿越距离纪录。

2.5.2 船舶与装备

中国在深水起重铺管船建造领域处于全球领先地位，在多艘国产铺管船中应用了动态定位系统、大型起重机等先进设备，显著提高了铺管船的技术水平。对托管架与张紧器进行了一系列的技术研发，提高了托管架材料选择、结构设计、焊接技术等的水平，张紧器国产化速度显著加快，铺管装备的性能大幅提升。自主研发多类型射流式开沟机与国内首台深水犁式开沟机 [12]，打破了国外深水开沟机的垄断，实施了多个浅水深开沟工程，并创造了后开沟深度 11.9m 的世界纪录。

2.5.2.1 铺管船

国外的铺管船经过 60 余年的发展，船舶结构、形式、功能已较为多样：按船型，具有普通单体和半潜双体船型；按用途，具有专用铺管船和多用铺管船；按动力，具有自航式和非自航式；按铺管方式，具有 S-Lay、J-Lay、Reel-Lay 不同铺管功能的铺管船；按作业能力，具有适应浅水、中深水、深水、超深水等不同作业水深的铺管船[13]。Allseas、Saipem、Globalindustries、Helix、Sea Trucks Group 等国外海洋工程公司[14]为行业顶尖的企业，旗下具有规模庞大的铺管船队，铺管船管理与运营体系成熟，作业能力强，可在全球不同海域作业。Lorelay 是全球第一艘采用动力定位技术的铺管船，配备 DP3 系统，1996 年以铺管水深 1645m 打破了当时 S-Lay 铺管的世界纪录。Solitaire 是目前世界上最大型的铺管船，储管能力达 22000t，铺管速度曾达到 9km/d，创造了铺管水深 2775m 的世界纪录。Deep Blue 是当今世界最为先进的深水铺管船之一，可以进行 J-lay、Reel-lay 铺设，具有较多深水管道铺设经验，2009 年于 Cascade & Chinook 项目中在墨西哥湾创下 2900m 铺设水深纪录。

目前，中国已具备从浅水到深水铺管船的设计、建造能力，但深水铺管船的设计水平与国外仍有差距。振华重工、武船重工、熔盛重工、中远船务、中集来福士、广船国际是行业内知名铺管船建造企业。中国海油作为国内海洋工程行业的领军企业，建立了初具规模的铺管船船队，具有浅水、中深水、深水作业能力，其他海洋工程企业尚未形成船队规模。中油管道 601 铺管船是中国石油最大的铺管船，具备 1600t 海上起重能力，作业水深可达 150m，可用于 6~60in 海底管道铺设。海洋石油 201 铺管船是中海油最大的铺管船，总体技术水平与作业能力在国际同类工程船舶中处于领先地位[14]，是中国自主详细设计和建造的具有自航能力、满足 DP 3 动力定位要求的深水铺管起重船，填补了国内在深水铺管船设计领域的空白。中国自主设计建造的 JSD6000 铺管船设有 J 型、S 型两种铺管系统，具备浅水、深水、超深水铺管作业能力。

2.5.2.2 铺管装备

国外的托管架、张紧器等核心装备制造和应用技术相对成熟，各大工程企业与设备制造商均有自己的产品线。IHC、Technip FMC、Saipem、InterMoor 是主要的张紧器制造厂商，其产品能够实现精确、高度自动化的张力控制，具有通过电子控制系统对张紧力进行实时调整和监测的功能。国外的大型铺管船通常配备长度 100~170m 的托管架，Allseas、Saipem、Acergy 等公司则是主要的托管架建造厂商。近年来，中国积极开展托管架及张紧器的国产化研制和生产，多家公司具备自主研制张紧器的能力，产品可以实现稳定精确的张力控制和速度调节，能够适应多种类型与规格海管的铺设。中船集团、中国海油、中国石油、合众海工等企业具备托管架的研制能力。海洋石油 201 船的托管架经过改造，长度由 85m

增至 106m，整个托管架装置的优化设计及制造全部在国内完成。烟台打捞局的 Dehem5000 铺管船的托管架同样为 106m，达到了国际先进水平。上海振华自主设计和建造的 JSD 6000 的托管架共 4 节，总长度近 190m，建造完成后将打破当前托管架长度的世界纪录 [16]。

2.5.2.3　开沟回填装备

国外的海底开沟装备已形成丰富且完整的产业链，既有 SMD、IHC EBFET、Scatool、Nexans 等海底开沟装备制造商，也有 DeepOcean、Saipem、Canyon Offshore、Nexans 等海洋工程综合或专业挖沟作业服务商。上述企业不仅拥有浅水开沟机，还拥有型号齐全的 ROV 型与重型开沟机，装备适用水深大，水下机动性强，自动化程度高。SMD 公司在 2019 年研发了适用于崎岖地形、可搭载多种开沟工具的重型履带式开沟机。CTC 公司研制的 ROV 型开沟机可远程操控，适用于多种深水海底管道，同时还兼具回填沟槽的功能。中国国产海底开沟装备主要为浅水开沟机，以喷冲式开沟机为主，本体不具备动力，依靠支持船拖曳行走。中国石油通过数年的工程应用与研发，成功研制了能适应各种不同工况、地质条件的系列浅水开沟机，关键技术达到国内领先水平，在浅水深开沟方面形成了一定突破。中国海油建造了国内第一台深海犁式挖沟机，可进行无管挖沟、有管单次挖沟、有管二次挖沟、转向挖沟等系列作业，标志着中国成功掌握了深水海底管道犁式挖沟施工技术，初步具备了海底管道深水开沟作业能力。

2.6　管道腐蚀防护

油气管道长期处于复杂的腐蚀环境中，加之所输送介质具有腐蚀性，其运行存在较大安全隐患。为确保管道安全运行，必须开展科学有效的管道腐蚀与防护工作。目前，国内外公认最有效的管道防腐措施是防腐层与阴极保护相结合的联合保护方案。近年来，中国油气储运行业在管道腐蚀防护技术方面取得了重要进展，在防腐装备及工艺技术、防腐材料、阴极保护及交直流干扰防护等方面开展了一系列科研攻关，形成了一批具有自主知识产权的技术成果。

2.6.1　新型防腐装备及工艺

2.6.1.1　自动化智能化直管防腐作业

近年来，中国成功研制开发出管端胶带自动缠绕、激光自动打码、自动测量钢管长度、原材料自动上料等技术，实现了整套直管防腐作业线自动化和部分工序智能化生产。该技术的应用进一步提高生产效率和防腐作业的质量，整体技术能力达到国际先进水平。

2.6.1.2　热煨弯管涂覆

国外热煨弯管防腐多采用火焰喷涂 PP 防腐层、工厂预制液体环氧或聚氨酯、熔接环氧粉末涂层涂装等方式，加拿大百劢公司、英国 PIH 公司、意大利 VIP 公司、欧洲钢管涂层公司、马来西亚 WASCO 公司等采用手工火焰喷涂或 Flocking 喷涂 PE/PP 层，尚无热煨弯管包覆式三层聚乙烯（3LPE）自动涂覆技术。在中国的油气管道工程中，直管防腐层通常为 3LPE，热煨弯管防腐层则普遍采用环氧粉末（FBE），两种防腐结构的不匹配给管道的安全服役带来诸多问题。为保证弯管与直管 3LPE 防腐层性能一致，中国开发了弯管防腐手工火焰喷涂 3LPP/3LPE 技术与热煨弯管热缠聚乙烯复合带防腐技术，正在开发热煨弯管包覆式 3LPE 自动涂覆技术，该技术处于国际领先水平，投入应用后将彻底实现热煨弯管自动化涂敷，从根本上改变热煨弯管防腐现状。

2.6.1.3　机械化智能化补口

近年来，中国管道业依托 PLC、实时数据采集、5G 等技术，实现了自动化智能化管道补口施工，并通过持续优化升级双中频或中频＋红外分体式机械化补口工作站、补口机器人等现有技术，实现了补口装备轻量化、小型化、集成化的目标。相关装备及技术与国际先进水平相当，可满足山地段机械化防腐补口、电热熔套保温补口、隧道内管道机械化补口、地下管廊机械化防腐施工等特殊工况的需要，并可实现机械化补口在多种不同工况下的应用。

2.6.1.4　储罐防腐

在储罐罐板防腐预制方面，中国首次在储罐罐板防腐层预制领域应用新技术，实现了吊装上线、预热、抛丸除锈、吹扫除尘、留端贴纸、底漆喷涂固化、喷码、吊装下线等工艺环节的全流程自动化作业。在对储罐罐壁进行防腐施工作业时，中国已开始采用机器人替代传统人工作业，实现了防腐施工过程的机械化、自动化。相关技术通过了中国机械工业联合会的成果鉴定，鉴定结果表明该技术及工艺属于国内首创，达到国际先进水平。国外在储罐罐板防腐预制方面实现了全流程自动化作业，但在对储罐罐壁进行防腐施工作业时，仅有利用 DNT 传感器扫描检查储罐壁面的爬壁机器人，未见可用于储罐除锈、拉毛、喷涂的多功能一体机器人。

2.6.2　新型防腐材料

近年来，中国管道业通过向防腐材料中引入性能优异的石墨烯纳米材料，成功开发了新型石墨烯改性防腐涂料与石墨烯功能化涂层材料，并形成了专有技术及配方，该技术水平与国际技术持平。此外，中国还研制出气凝胶保温材料，该材料具有优异的疏水性、绝热性、耐温性、化学稳定性及环境相容性，是当前最先进的保温材料之一。但综合来看，国外管道用高端防腐材料的研发技术水平仍明显高于国内。

2.6.3 阴极保护及腐蚀防护电化学技术

2.6.3.1 阴极保护技术与装备

近年来，随着智能管道、智慧管道理念的不断深入，线路阴极保护系统辅助监检测系统与阴极保护在线专家诊断系统已广泛应用于国内各大油气管道储运公司，专业管理软件、智能测试桩、腐蚀速率测试探头、ER腐蚀探头等相关软硬件产品不断更新升级。借助阴极保护及腐蚀数据在线智能监测、腐蚀专家大数据平台诊断分析、计算机数值仿真模拟、智能抗干扰阴极保护电源设备、智能合闸排流设备等技术及装备，中国阴极保护系统实现飞速发展，整体技术水平与国际基本持平。

2.6.3.2 交流干扰及防护

在高压交流输电线路对管道的稳态交流干扰方面，近年来国内外应用专业交流干扰软件预测分析干扰和制定缓解措施愈发成熟广泛。随着研究的不断深入，基于腐蚀速率和交直流综合评价准则的新交流干扰腐蚀评价指标已在SY/T 0087.6—2021《钢质管道及储罐腐蚀评价标准第6部分：埋地钢质管道交流干扰腐蚀评价》中得到体现与应用。在电气化铁路动态交流干扰方面，中国相继开展针对交流电气化铁路对管道交流干扰的影响及防护技术、交流接地体与管道安全距离等的研究，行业内对动态交流干扰腐蚀规律的认识及评价方法得到进一步提升。

2.6.3.3 直流干扰防护技术

近年来，中国高压、特高压直流输电线路迅猛发展，其接地极有大电流入地，导致长输埋地管道直流干扰问题不断凸显。2018年，中国石油联合相关单位，研究探索了接地极对埋地管道的直流干扰腐蚀规律，提出可接受的腐蚀速率、管/地电位正向偏移限值控制指标及计算方法，并采用CDEGS软件模拟接地极，对在不同工况下管道分段绝缘、全线或局部设置缓解措施等防护方案进行了技术经济性比选，形成可指导建设与运行的对策。同时，中国通过不断深入探索地铁杂散电流干扰、潮汐干扰等特征，已逐渐明确相关规律，在大量现场实测数据和实验室内模拟试验数据的基础上，建立了地铁干扰、高压直流接地极干扰、潮汐干扰条件下的腐蚀风险评判准则。

2.7 管道无损检测

无损检测技术对保障油气储运设施安全运营具有重要作用。近年来，为保证油气管道的安全运营，中国油气管道领域加速推进全自动超声检测、相控阵超声检测、数字射线检测等新技术的现场应用，同时加强长输管道环焊缝的无损检测质量控制，开展相关质量控制体系研究，整体技术达到国际先进水平。

2.7.1　全自动超声波检测

在全自动超声波检测（Automatic Ultrasonic Testing，AUT）设备研发方面，国外技术已非常成熟，加拿大 R/D Tech、EstrueView、RTD 等公司的 AUT 设备技术性能突出，最先进的 AUT 设备在超声波聚焦通道数量上可达 128 通道，能够实现超声波的高能量聚焦，可以实现线聚焦和面聚焦，通道信噪比高，检测能力强。在校准试块图纸导入、通道自动校准、友好的人机交互界面、系统的集成化等方面均有长足发展。在相控阵三维成像方面，国外正在研发用于焊缝检测的三维成像技术，并已进入工业验证和应用阶段。

中国在 AUT 设备研发方面已有 20 年的发展历程，已建立了具有自主知识产权的相控阵超声检测聚焦算法，开发了相控阵超声采集板卡，研制的 AUT 装备性能与国外同类设备相当。在硬件方面，随着集成电路的发展，AUT 设备逐渐小型化，检测硬件通道数由 32 通道提高到 64 通道，2021 年研制出了 128 通道高精度 AUT 装备，经西三线中段、西四线等管道工程验证，设备在适应性与可维护性方面已优于国外产品，且更能适应国内工程应用特点，现已完全取代国外产品，成为长输管道环焊缝 AUT 的主导力量。在质量控制方面，中国逐步建立完善了 AUT 质量控制体系，在开展 AUT 设备校验及工艺评定技术研究基础上，开发了 AUT 检测设备自动校验平台，实现了 AUT 主机的自动校验，并将工艺评定作为 AUT 质量控制的主要措施之一，AUT 工艺评定与认证方法已完全与国际接轨。目前，中国自动焊焊口的无损检测已全面采用全自动超声检测。但与此同时，国内在相控阵声场仿真及焊缝缺陷智能识别技术方面尚处于研发和摸索阶段，目前已开展了相控阵声场计算，并在此基础上开展了相控阵三维成像研究，力求以直观的三维图像显示出缺陷在环焊缝中的位置，解决 AUT 结果不直观、对判读人员要求高等问题。

AUT 工艺评定与认证方面，国外壳牌、康菲、斯伦贝谢等大型石油公司在 2005 年委托挪威船级社（DNV）编制 AUT 工艺评定及认证的标准与规范，2010 年编制工作完成，形成 DNV-RP-F118-2010-10《钢质油气管道环焊缝全自动超声检测工艺评定与认证方法》，得到了业主与 AUT 承包商的广泛认可，所有已进行 AUT 工艺评定认证的承包商的全自动焊缝仅进行 AUT 检测。国内工程除百道焊口磨合期内采用 AUT 和射线检测（RT，Radiographic Testing）双百检测外，百道焊口磨合期外采用 100%AUT、20%RT 复检，但由于 AUT 与 RT 是两种不同原理、不同评价体系的检测方法，导致 AUT 检测与 RT 复检结果存在争议。为此，中国开展了 AUT 工艺评定程序及方法研究，通过对 AUT 机组进行重复性、温度稳定性及可靠性验证，并与射线、TOFD、水浸超声、切片等其他检测方法进行分析对比，系统、科学地给出了 AUT 检出能力评估结果。目前 AUT 工艺评定成为检测机组参与 AUT 施工的先决条件，成立了人员取证考委会，建立了完善的管理程序，所建立的 AUT 检测质量控制体系达到国际先进水平，已在中俄东线、西三中、西四线等管道工程中推广应用。此外还开发了 AUT 检测设备自动校验平台，实现 AUT 主机的自动校验，并参与了 AUT 工艺评定技术规范 DNV–RP–F118《Pipe Girth Weld AUT System Qualification and Project Specific Procedure Validation》的修订。

2.7.2 数字射线成像检测

数字射线成像（Digital Radiography，DR）采用 X 射线直接数字成像技术，真正实现了 X 射线检测的自动化。国外主要 DR 设备供应商 RTD、SPS、D/P Tech 等公司，占有了欧洲和美国绝大部分长输管道的数字射线检测市场。其中，RTD 研制的动态检测 X 射线数字成像检测设备已广泛用于管道环焊缝检测领域。在射线数字成像标准制定、评判系统建立、信号采集、数字图像处理等方面一直处于主导地位。

中国在半自动焊、手工焊的无损检测之中，主要采用射线检测技术，射线数字成像（DR）检测技术正在逐步取代传统射线检测。国内已有多家公司研制出非晶硅静态成像 DR 设备，在设备性能、图像增强、滤波处理等方面已达到国外先进水平，形成了 DR 检测设备校验方法，完成了 DR 设备校验程序文件的编写，建立了 DR 检测质量控制措施。在西三线中段、西四线施工过程中，DR 已全面投入应用，实现了检测结果的数字化，有效提高了管理水平。施工现场的 DR 设备均是国产装备，设备的技术性能主要体现在成像面板的分辨率、成像帧频速度、恒压射线源的稳定性及图像处理技术等方面，与国外处于同等水平。在动态 DR 成像技术研发方面，中国通过开展射线数字成像 TDS 技术研究，实现管道环焊缝的动态扫查，将 DR 设备空间分辨率由 $127\mu m$ 升至 $100\mu m$，帧频速度由非晶硅面阵探测器的 7.5 帧 /s 升至 CMOS+CdTe 成像器件的 300 帧 /s，探测器因运动导致的待检物体投影模糊的现象可得到预期的补偿，提高了检测效率，但目前该技术尚处于技术完善和工程推广阶段。与国际先进技术水平相比，国内在 DR 技术研发方面的主要差距在于 DR 设备核心器件——数字成像面板与恒压射线源的自主研发能力进步缓慢，目前仍以进口器件为主。

2.7.3 相控阵超声波检测

相控阵超声波检测（Phased Array Ultrasonic Testing，PAUT）具有检出率高、适应性强、可数字化存储等优点，正在逐步替代手工超声检测。目前，国内外 PAUT 技术的软硬件水平已完全满足工业检测的需要，技术发展主要集中在特殊检测条件下的检测工艺研究方面，如相控阵超声检测声场的建模与仿真、相控阵多维成像、基于全矩阵捕获（Full Matrix Capture，FMC）的全聚焦检测技术等。国内研发推广了主要用于外根焊自动焊检测及全自动焊返修检测的便携式相控阵超声检测设备，整体性能与国外同类产品相当。

近年来，国内超声相控阵技术快速发展，已有多家公司研制出相控阵设备，设备硬件通道最高达到 64∶128 通道，在设备功能、图像处理及设备稳定性方面已与国外技术相当。PAUT 作为长输管道全自动焊坡口返修检测和半自动焊检测的主要手段，已基本取代超声检测技术。在 PAUT 质量控制方面，国内外 PAUT设备在调试时均为全手工操作，存在角度校准、TCG 校准难以准确定量控制等问题。相比于 AUT 技术，PAUT 受人为因素影响大，对人员的操作及判读能力要求高，缺陷的定量评判方法还有待进一步完善，在设备校验的可重复性、缺陷定高等方面需要进一步开展技术提升工作。

2.8 主要设备与管件国产化

管道设备与管件是油气管道站场、储气库、储油库等的关键组成部分。2018年以来，中国重点围绕 1422mm X80/–45℃管道开展油气管道设备与管件可靠性研究与推广应用，并向储气调峰、大型天然气处理厂、海洋管道等领域拓展，成功研制了 1422mm X80/–45℃无缝弯管与无缝三通、DN1300 P15MPa 电动快开盲板、DN1000 P45MPa 电动快开盲板、DN350 P42MPa 整体式绝缘接头、双金属复合弯管等关键设备，研究形成了大流量高效过滤聚结装备及性能在线检测监测技术、基于失效模式的大口径油气管道承压设备可靠性建造技术体系、低氮环保与大型导热油加热炉模块化建造技术、油气储运工艺单元橇装集成技术，相关成果成功应用于以中俄东线天然气管道、江苏滨海 LNG 接收站、长庆油田上古项目、普光气田储气库、孟加拉单点系泊等为代表的国内外重点工程，油气管道设备与管件全面实现了国产化，总体技术达到国际先进水平，大型电动快开盲板与低温无缝弯管管件技术达到国际领先水平。油气管道设备向绿色环保、橇装集成、电气化、数字化、智能化、新能源等方向发展，弯管管件向生产制造低成本、对口尺寸高精度、全寿命周期可靠性等方向发展。

2.8.1 高钢级大口径弯管、管件

随着中国天然气消费量的不断增长，天然气管道建设向大口径、高钢级方向发展。自 2011 年开始，中国石油组织相关单位开展了重大科技专项"第三代大输量天然气管道工程关键技术研究"，开发了适用温度 –30℃以上的 1422mmX80 管道配套感应加热弯管与三通产品。在中俄东线天然气管道建设过程中，提出了站场管材、管件无伴热保温的应用需求。针对该需求，中国石油于 2016 年

立项开展中俄东线站场低温环境（–45℃）用 1422mm X80 弯管、管件产品研发，成功开发出低温环境（–45℃）用 1422mm×33.8mm X80 感应加热弯管和 1422mm×1219mm X80 热挤压三通产品，产品各项技术指标均满足 –45℃应用的要求，达到国际先进产品水平，有效填补了国内空白。上述产品已全面应用于中俄东线天然气管道工程，解决了该管道高寒地区站场管件产品制造与质量控制等关键技术难题。

三通是油气管道的重要构件，由于受力复杂，加工制造过程繁复、技术难度大，成为制约高压天然气管道技术发展和安全运行的瓶颈问题。目前，大口径、高强度三通的制造，国内外普遍采用多次热挤压方式成型，成型后进行整体淬火 + 回火处理；材料一般采用低碳、多元素低含量微合金化管线钢。由于国外高钢级管道较少，因此大口径三通的钢级普遍较低，俄罗斯博乌管道所采用的 DN1400 X80 三通及弯管均由本国企业生产，大口径三通采用热冲压成型，壁厚设计采用等面积补强的方法，并结合制造工艺对部分参数进行了规定。

相对而言，中国近 10~20 年间，X70、X80 高钢级管道建设蓬勃发展，大口径、高强度、高压油气输送用三通的制造技术及产品质量已达世界先进水平。针对传统热拔工艺易使三通不同部位材料的组织与性能产生差异、存在脆性失稳开裂风险等问题，中国自主研制开发了电弧增材技术研究系统，并利用此系统成功开发出适用于 –60℃与 –45℃的油气管道工程用直径 1219mm TE555 三通产品。该三通产品质量达 4970kg，采用先进 3D 打印技术制造，与传统制造方法相比，不仅工序流程大幅减少、材料利用率提高、制造过程自动化程度高、产品质量稳定，而且改变了传统的设计和制造理念，可快速响应生产要求，同时具有各部位性能差异小、无厚度效应和方向性、不受钢坯质量和规格影响、可根据现场应用环境及性能要求灵活改变结构、尺寸及材料成分等诸多优点，在快速制造、定制化、小批量、特殊环境要求等应用场景具有良好的推广和应用前景。经国家石油管材质量检验检测中心检验，其质量符合中俄东线天然气管道用 1422mm X80 管材管件技术条件，并通过了中国石油和石油化工设备工业协会组织的专家鉴定。

受制于无缝钢管的制造能力，高压大口径管道（外径 508mm 以上）常采用焊接钢管与管件，焊缝及热影响区受焊接过程中不均匀高温加热和焊后快速冷却影响，其组织、性能存在严重的不均匀性，同时存在较大的残余应力，其成为管道失效的薄弱点。为满足工程需要，中国采用热扩法开发了大口径（最大 1422mm）厚壁无缝钢管，强度可满足 API SPEC 5L X80 和 GB/T 9711—2017《石油天然气工业 管线输送系统用钢管》L555 级别要求，且在 –45℃下具有良好的夏比冲击低温韧性。相关弯管、管件制造企业采用大口径无缝钢管开发出具有良好低温（–30℃和 –45℃）韧性的大口径（最大 1422mm）、高钢级（最高 L555/X80）高压管道（12MPa）用感应弯管、热压弯头及热拔三通，消除了焊缝这一质量薄弱点，产品具有均匀一致的结构和更低的残余应力，已成功应用于中俄东线天然气管道工程。同时，相关生产设备正处于自动化、智能化升级过程中。

2.8.2 站场设备橇装化

站场橇装化方案在国内外石化行业已成熟应用，但中国天然气管道站场设备橇装化程度较低，仅部分计量、调压工艺单元采用了橇装化设计，其他工艺设备仍为传统的分散式安装、施工方式。2019 年，中国开始紧密结合国内站场输气管道工程建设对工程质量控制、工期和管道智能化的需求，开展站场工艺设备（含辅助管道、阀门及电力仪表接线等）橇装化、工厂化预制及智能化建设研究，提出站场工厂预制的施工技术要求和施工组织方案，同时开展站场分输设备橇装化研究，开发了分输站场过滤分离橇、加热器橇、计量调压橇等橇装化设备。标准设计模块、成橇供货、现场模块化的使用安装，进一步节约了用地，提高现场施工效率及质量，成果提升了管道建设"五化"水平，相关成果已成功应用于天然气管道工程。

2.8.3 高压大口径快开盲板

为满足 1422mm X80/-45℃管道对快开盲板的需求，中国设计建成了 DN2000 以内快开盲板数控加工、超声波精加工、组装与调试一体化专业生产线，首次发布了 NB/T 47053—2016《安全自锁型快开盲板》能源行业标准。中国所生产的 DN1550 P12.6MPa 快开盲板成功应用于中俄东线天然气管道工程全线，DN1600 快开盲板则成功应用于长庆油田上古天然气处理厂，油气管道与油气田地面建设用快开盲板实现了 100% 国产化。

通过对大型立式快开盲板进行优化升级，成功研发 DN1400 P8.4MPa 立式电动快开盲板，并成功应用于西二线大铲岛滤油改造工程。此外，还成功研制了多种型号快开盲板，其中 DN1300 P15MPa 卧式电动快开盲板填补了国内外空白，并成功应用于江苏滨海 LNG 接收站；DN1000 P45MPa 电动快开盲板填补了国内空白；DN500 P45MPa 快开盲板、DN600 P30MPa 快开盲板成功应用于普光气田清溪储气库，标志着中国高压快开盲板技术达到新的高度。同时，针对进口快开盲板密封圈价格昂贵、供货周期长、受疫情等影响等问题，中国通过研究、研制与测试验证，实现了进口快开盲板密封圈的国产化，为油气管道安全运行提供了保证。但国外同行业先进的大口径高压立式快开盲板无提升和旋转机构，立式、卧式快开盲板均未实现自动化开启，可见，中国的自动化开启技术已处于国际领先水平。

2.8.4 高压大口径绝缘接头

为满足 1422mm X80/-45℃管道对整体式绝缘接头的使用需求，中国设计建成了 DN1400 P15MPa 整体式绝缘接头高效专业化生产测试线和远程试验监控系统，开发出了复杂载荷工况下整体式绝缘接头有限元分析设计软件，首次发布了 NB/T 47054—2016《整体式绝缘接头》能源行业标准，DN1400 P12MPa 整体式绝缘接头已成功应用于中俄东线全线，−45℃低温介质绝缘接头成功应用于潜江—韶关管道工程，中国油气管道与油气田地面建设用绝缘接头实现了 100% 国产化。

中国储气库由于埋藏较深，注气压力高达 40MPa，而国外储气库注气压力一般不高于 25MPa。针对中国储气库压缩机后高压绝缘接头的设计制造难题，成功研制 DN900 P15MPa、DN350 P42MPa 整体式绝缘接头，填补了国内空白，并批量成功应用于新疆温吉桑储气库，标志着中国高压绝缘接头技术达到新的高度。

2.8.5 大流量高效过滤分离装备及性能在线检测

中国通过高效低阻旋风分离元件、新型分离叶片、可重复利用式滤芯内衬骨架核心支撑、多篮式原油成品油过滤器、过滤分离性能在线检测等装置的研制及其机理研究，形成了大流量油气过滤与分离装备及性能在线检测成套技术，先后发布实施石油行业标准 SY/T 6883—2021《输气管道工程过滤分离设备规范》、NB/T 10615—2021《原油成品油管道过滤器》。所研制的 DN1400 P12.6MPa 过滤分离器成功应用于中俄东线天然气管道工程全线，DN1600 过滤分离器与 DN1800 旋风分离器成功应用于长庆油田上古天然气处理厂。

国产大流量旋风分离器采用螺旋芯管减阻技术、防磨损设计与耐磨涂层技术、入口预分离防堵塞易维护技术等，具有结构紧凑、效率高、压降低、长寿命、易维护等突出优点，技术处于国际领先水平。在过滤分离器方面，近年来，中国在过滤滤芯、聚结滤芯、分离叶片等方面的技术水平得到大幅提高，相关产品已全面实现国产化，国产过滤分离装备可根据不同工况采用不同的组合方式，包括过滤滤芯与分离叶片组合、过滤滤芯与旋风管组合、聚结滤芯与分离叶片组合等，总体技术处于国际先进水平。在性能在线检测方面，中国自主研制的高压管道内颗粒物在线检测装置已成功应用于国家管网集团西气东输公司、国家管网集团西部管道公司等所辖管道的过滤分离设备性能测试验证，总体技术处于国际先进水平。

2.8.6 大型清管检测器收发装置

近年来，中国成功研制了 1422mm 轨道式清管检测器收发装置，有效填补了填补国内空白，并已成功应用于中俄东线天然气管道工程，可收发长度为 6.5m、质量为 7.5t 的智能检测器，解决了该管道架空导致大型车辆无法进站的难题。在此期间，NB/T 10616—2021《清管器收发装置》首次发布实施。目前，清管检测器收发装置实现了全面国产化，操作方式分为电动与手动两种，整体技术达到国际先进水平。

2.8.7　基于失效模式的大口径油气管道承压设备可靠性建造技术

针对大口径油气管道承压设备全寿命过程中动态服役条件下可能产生的风险，中国将密封材料试验与全尺寸快开式承压设备 10MPa 高压天然气 100℃以上高温快速老化试验相结合，形成了橡胶密封圈寿命评价方法，经测试，整体式绝缘接头电绝缘强度不小于 8kV，技术指标达到国际先进水平。同时，中国以管道站场承压设备工艺单元系统为对象，对多台设备进行联合多维度数值模拟与部分测试验证，揭示了设备内在应力、内部流场、声场、颗粒轨迹、表面磨损、固有频率等的变化规律，优化形成了基于寿命与维护的过滤分离类设备核心内件。在上述研究的基础上，开发出了可用于承压设备风险评估、内压与外载荷作用下应力与变形分析的软件，并制定了《油气管道承压设备失效模式与控制技术指南》，形成了油气管道承压设备可靠性建造技术体系。

上述成果已全面应用于中俄东线天然气管道、长庆油田上古天然气处理厂、孟加拉单点系泊等重点工程，提高了管道设备全寿命周期内的本质安全和运行可靠性，体现了中国在该技术领域研究与工程实践的系统性和先进性。

2.8.8　大型高效环保加热炉设计制造

近年来，中国通过采用高效传热和余热回收、分级燃烧及烟气外循环等技术，所设计加热炉的热效率超过 94%，氮氧化物排放低于 $30mg/m^3$，其中 25MW 立式蛇形盘管加热炉实现了橇装化设计、模块化安装，已被列入中国石油 2021 年度首台（套）重大技术装备目录。螺旋盘管导热油加热炉单台最大功率达到 20MW，水套炉、真空加热炉单台负荷分别达到 4000kW、8000kW。相关产品已成功应用于长庆油田上古天然气处理工程、中海油陵水项目、冀东油田天然气处理厂等项目之中。目前，国产加热炉整体技术处于国际先进水平，加热炉污染物排放指标要求高于国际先进国家标准，有力推动了国内加热炉环保技术水平的提高。

2.9　管道数字化建设技术

国外知名管道运营商基于其面对的安全风险、人员传承、分析决策、政府监管、管理效率等内外部挑战，纷纷利用信息化手段开启了以智能管道建设为目标的转型。中国主要油气管道运营企业、工程建设企业、设计企业也在积极开展数字化、信息化、智能化建设。目前，以全数字化交付为目标，应用数字化赋能管道建设业务取得全面的效果，基本形成了技术、业务、数据的动态循环，特别是在管道数字孪生构建等方向均取得了突破，但在管道数字化建设技术的深度上还需做好诸如工程软件国产化、复杂异构系统互联以及新数字化技术融合等工作。国际领先的工程公司均在工程建设阶段大量采用信息化手段提高管道的过程管理水平，确保管道建设过程的质量控制及建设效率的提升，同时满足管道运营商对于智能管道建设的需求。管道项目的建设过程及管控主要靠工程公司所建立的信息系统实现，管道运营商则侧重于自身管道运营阶段的信息化实现。

2.9.1 数字化设计

中国数字化设计企业在数字化三维协同设计的基础上，基于自身业务开展了数字化设计、交付、管理等平台的自主研发工作，如具有管道行业特点的数字化线路设计平台等，在标准化、模块化、数字化工作上取得了长足的进步。近年来，各设计企业逐步开展企业数字化转型，构建数字化设计体系，优化数字化设计平台，实现了 GIS+BIM 的整合及内部多专业数字化协同设计，并逐步过渡到考虑工程建设全过程的工程集成设计环境建设；通过云化部署实现了数字化设计平台、软件资源、知识的云化，并通过构建云设计模式，满足不同设计单位、业主、PMC 单位的异地协同设计、审查及设计管理需求，达到设计资源统一、流程统一、数据统一、成果统一的目的，大幅提高了项目设计质量、效率，完善了数字化成果的管理与移交流程；推动设计与采购、施工等业务的协同，打通了工程建设期数据链条，初步实现了管道工程数字孪生体竣工交付。

国外发达国家在管道站场、线路数字化设计系统的建设和应用方面经过了数十年的创新发展和工程实践，拥有世界领先的高水平、智能化、全面性的三维工厂设计解决方案及成熟的基于 GIS 技术的线路建设、运营管控方案。国外工程公司一般不主导工程设计软件及系统研发，而是主要依靠知名工程软件供应商提供合适的解决方案，采用先进的软件核心技术构架，简化工程设计过程，同时更加有效地使用数据，实现管道全生命周期中的设计、制造、装配、物流、施工等各个方面的管控及可视等功能。

2.9.2 数字化采办

中国的数字化采办一般由物资采办系统、合同管理系统、ERP 系统、项目管理系统共同支撑。通过二维码、电子标签等数字化手段，管理涵盖业主、供应商（含运输协作单位）、中转站、施工承包商、监理单位、驻厂监造及试验检验单位等多个供应链成员单位，覆盖驻场监造、出厂发货、到货验收、物资入库、中转站调拨、现场安装等业务环节，建立起涵盖工程、物资、服务，集采购招标交易与管理、仓储物流服务、全景质量监控为一体的供应管理系统，构建智能化、可视化的供应链运营体系，支撑采购供应链全流程的业务处理自动化、业务管理规范化、决策支持科学化，形成了工程及物料编码构建、数字化仓储物流管理及质量管理、标准化物资采购与交易管理3项新技术，可为供应商、承包商等第三方企业提供协同服务及开放共享的生态圈，基本实现了工程建设物资的"供应精准匹配"，形成数据管理与实物管理的纵向闭环。但基于供应链生态采购过程的多个系统、平台尚未与工程设计和施工等项目管理的各个环节形成连接，导致存在额外的重复性工作。此外，运营期设备、材料等物资资产的全生命周期管控仍存在提升空间。

国外工程公司针对工程物资的管控与其整体项目管理紧密关联的情况，长期采用成熟的数字化采办流程，并能够很好地与企业商务系统相结合。依托其强大的管理流程，基于资产完整性的全生命周期管理，所有项目均可做到明晰、标准化的材料跟踪与追溯（从供应商到仓库/堆场，以及从仓库/堆场到工作现场的快速运输），能够有效赋能管道项目建设过程，并支持和优化项目交付、下游（如采购、施工、调试）及资产生命周期中的诸多关键任务与功能。

2.9.3 数字化施工

中国数字化施工技术主要依托于项目管理系统与智能工地系统，通过数字化对施工技术赋能。中国通过梳理管道建设工程业务流程，构建建设管理体系标准，结合物联网及人工智能等数字化技术，形成了基于图像视觉的检测智能评片、基于智能语音及图像识别的施工数据采集、基于边缘计算的施工数据实时采集及分析、基于视频图像识别的安全隐患排查4项技术，逐步构建起现场、过程、远程、项目等各级管理者对项目的有效管控，实现管理行为标准化、管理过程流程化、管理结果目视化，为施工现场的实时数据采集、精细化管理及安全隐患排查提供了便利。上述技术最主要的应用在于智能工地平台的搭建，主要承担施工过程视频监控、施工工况数据采集、施工资源情况采集及集成传输，利用信息化手段对现场进行有效管控。项目管理系统使项目过程中的结构化和非结构化数据信息得以积累，并强化管理过程的程序性、规范性、时效性及预测性，从而提高工作效率，管控项目风险。

国际知名工程公司均已对外实现数字化交付，对内则以卓越项目管理为目标，构建起完备的一体化项目建设管理体系、平台或系统，同时利用物联网、大数据以及人工智能等信息化手段实现全球协同、交互及管控，逐步突破时间、空间的限制。当前更是将新一代信息技术融入项目建设过程，建立了项目健康关键指标模型，实现了智能工作流程与智能项目健康管理。

综上，目前管道数字化建设能够基于数据全面统一，以数字化设计为源头，全面治理工程数据，汇集、融合工程建设全阶段业务数据，在项目中随实体建设交接过程完成数字化交付及数字孪生构建，实现工程全数字化交付和项目过程管控。在实体工程完工的同时，通过构建完整的工程项目数据库，实现实体＋模型＋数据的全数字化交付。中国在数字化设计、采办、施工等方面与国外差距不大，得益于国内产业的进步与支撑，在建设期数字孪生构建技术，集成供应链技术等个别领域已有逐步领先的趋势。但整体上，工程建设各阶段文档、系统、平台、资源之间的集成仍有待提高，基于数据层面的集成、融合、治理等尚显不足，导致最终对于管道运营的后期支撑作用有限，数字化管道建设的价值体现不够。

3 发展趋势与对策

《中长期油气管网规划》明确提出，中国正在推动能源生产与消费革命，油气在能源中的地位有增无减，今后 10~15 年仍是油气管道建设的高峰期。预计到 2030 年，中国油气管道总里程将达 $2.5 \times 10^5 ~ 3 \times 10^5 km$，基本建成现代油气管网体系。随着能源消费由化石能源向新能源转变、电力来源向低碳化发展，天然气作为碳排放强度最低的化石能源，等热值二氧化碳排放量比煤炭低 40%、比石油低 24%，其生命周期会更长，在未来能源低碳转型近期、中期仍将发挥重要作用[3]，预计达峰将在 2035 年前后，天然气占一次能源比例将升至 15%。

未来油气管道建设发展趋势可以归纳为：①未来 10~15 年，油气管道仍有较大发展空间，"双碳"目标下的高质量发展需要进一步提升管道设计和建设效能，降耗减排，低碳运行；②随着海上油气田的进一步开发，深水海洋管道建设将持续增多，并面临更复杂的工况与技术挑战；③智慧管网的建设进入新阶段，重点将从管道自动化、数字化向智能化转移；④在能源消费结构变革中，新能源的占比将不断上升，CO_2 和氢能管道建设规模将逐步提升，甲醇、氨可能成为氢的储运载体。因此，需积极推动天然气管道建设，发挥天然气在能源消费结构变革中的关键作用；开发安全高效建设技术，研究大型油气管网仿真优化技术，加速新能源与油气管网的融合互联，加快油气管网智慧化进程；向深水油气输送递进，实现海底管道及水下生产设施关键设备、工艺的自主研发；针对新介质输送，攻克 CO_2、H_2 等的管输工艺及安全防护技术，加快技术标准、政策法规的建立与完善。为持续推动管道建设技术进步与发展，提出如下具体建议。

在油气管道安全高效建设方面，可分为设计、管材、施工及装备 3 个领域。其中，设计领域包括天然气管网可靠性设计与评价、油气管道（网）系统优化、大口径高钢级管道环焊缝强韧性匹配与结构设计、管道余压余热利用及风光地热等新能源综合应用、多元融合地质灾害识别与预警、3D测绘及勘察全过程数字化等技术。管材领域包括低温环境的高韧性管材、深海环境的海洋管线钢管及立管、不同腐蚀环境的双金属复合管与耐蚀金属/非金属专用管材、高性能超临界CO_2及纯氢管道用钢管等的研发。施工与装备领域包括超长距离高精度导向技术、低磨阻泥浆技术、竖井机机械化施工关键技术与装备、山区纵向坡度45°岩石地段管沟开挖施工技术与装备、管道陆地铺管船预制技术与装备、新型高效管道焊接技术与装备（激光焊/激光–电弧复合焊、搅拌摩擦焊、大口径管道柔性焊接机器人）、数字化检测智能评判技术、热煨弯管整体包覆技术、机械臂补口机器人与磁吸附补口机器人。

在深水大口径海洋管道建设方面，需开展如下技术攻关：深水海洋管道结构设计、深水动态立管设计、海洋管道完整性评估、深水海洋管道流动安全保障、海洋管道结构设计数字化、海洋管道维抢修、氢气及二氧化碳海洋管道设计、超低温及超高温输送海洋管道设计、海底管道试压泄漏监测及变形点定位与装备、遥控无人潜水器（ROV）及自主水下航行器（AUV）装备。

在油气管道数字化建设方面，应着力以数据与技术为驱动构建数字业务，以IT与业务融合优化建设业务，以需求为导向推进仿真及三维协同软件国产化，以AI+行业应用构建管道建设期孪生体基础，实现以新一代IT技术为基础的工程建设全过程孪生式管理、智能管控、智能决策。

在多介质能源储运设施建设方面，着力在以下领域开展研究：纯氢及天然气掺氢输送、在役管道评估与氢气输送、在役原油/成品油管道常规与非常规介质的顺序输送、LNG地下储存、盐穴储油、液态储氢、地下储氢、压缩空气储能、超临界CO_2管道输送与CO_2封存。

在过去数十年间，大规模的油气管道建设促进了中国管道建设技术与管理水平的提高，已经形成具有中国特色的油气管道建设技术体系，有力支撑了行业的发展，部分技术已经达到国际领先水平。在新一轮科技革命背景及"碳达峰、碳中和"的目标下，能源消费供给正在发生深刻变革，结合数字智能技术、新介质能源储运技术及深水海洋管道技术的发展，油气管道工程的建设水平将获得更大提升。

参考文献

[1] 王玮，苏怀，孙文苑，等. 油气管道技术发展现状与展望[J]. 前瞻科技，2023，2（2）：161–167.

[2] 王乐乐，李莉，张斌，等.中国油气储运技术现状及发展趋势[J].油气储运，2021，40（9）：961-972.

[3] 隋永莉.油气管道环焊缝焊接技术现状及发展趋势[J].电焊机，2020，50（9）：53-59.

[4] 赵赏鑫.油气长输管道工程自动焊施工的技术准备要点[J].油气储运，2021，40（12）：1409-1415.

[5] 陆阳，邵强，隋永莉，等.大管径、高钢级天然气管道环焊缝焊接技术[J].天然气工业，2020，40（9）：114-122.

[6] 隋永莉，王鹏宇.中俄东线天然气管道黑河—长岭段环焊缝焊接工艺[J].油气储运，2020，39（9）：961-970.

[7] 隋永莉.新一代大输量管道建设环焊缝自动焊工艺研究与技术进展[J].焊管，2019，41（7）：83-89.

[8] 易斐宁，杨叠，王鹏宇，等.含根焊裂纹X80管道焊接接头应变能力数值模拟[J].油气储运，2022，41（4）：411-417.

[9] 赵福臣，宋晓丽，王勇.海底管道铺设系统升级改造及工程应用[J].海洋工程装备与技术，2020，7（2）：73-78.

[10] 楼岱莹，王海，王玉铮，等.浅海管道敷设中的水平定向钻穿越[J].油气储运，2017，36（4）：455-460.

[11] 操秀英.中国首次深水犁式挖沟机海试成功[N].科技日报，2022-02-10（1）.

[12] 赵甜.国际深水S-lay铺管船托管架使用分析[J].工程技术研究，2022，7（13）：97-99.

[13] 真华.深海轻型J型海底管道铺设系统填补国内空白[N].中国船舶报，2021-01-15（7）.

[14] 倪明晨，聂霞，刘克建，等.海洋石油201船新旧首节托管架对比[J].中国海洋平台，2022，37（3）：76-81.

[15] 尹刚，朱勤健，滕媛媛.基于AQWA的铺管船托管架运动响应分析[J].船舶工程，2022，44（增刊1）：613-617.

[16] 张向阳，郭园园.国外深海多功能开沟机技术现状及进展[J].电子世界，2021（6）：83-86.

牵头专家：张文伟

参编作者：隋永莉　杨云兰　刘月芳　吴益泉　刘全利　朱言顺
　　　　　　吉玲康　张国庆　喻斌　李苗　裴娜　余志峰
　　　　　　张振永　王成　于永志　刘佳　崔少东　左雷彬
　　　　　　周晓东　杨叠　张毅　谢留义　王超　樊继欣
　　　　　　刘艳辉　陈涛　张腾

第四篇

原油管道流动改性输送

易凝高黏原油管道输送是中国处于国际领先地位的技术领域。中国所产原油的易凝高黏特性、原油来源多元化与劣质化现实，以及"双碳"背景下原油管道低输量运行趋势，对原油管道安全、高效、灵活运行提出更高的要求。通过各种化学、物理方法及其组合改善原油流动性（即原油改性），是破解易凝高黏原油输送难题的关键举措。原油改性方法包括化学改性（使用降凝剂等）、物理改性（电场、磁场处理等），以及化学－物理综合改性等。其中，化学降凝剂是目前主流的原油改性方法，近年来相关研究主要集中在微纳米复合降凝剂、聚合物降凝剂与原油组分作用机理方面。基于原油电流变效应的电场改性是一种新兴的原油改性方法，目前国际上尚处于机理研究和中试、工业化试验阶段。在电场改性机理研究方面，基于国家自然科学基金的持续支持，中国已超越美国，处于国际领先地位。但在工业级电场处理装置研发方面，美国能源部、商务部及企业均给予大力支持，一直处于领跑位置。磁处理具有一定的防蜡作用和降黏作用，但机理尚未明确，目前主要用于油井和集输管道防蜡，近年来相关研究主要集中在机理探究、装置研发、磁场参数优化等方面。原油改性技术的发展均面临各自的技术瓶颈，发展不快，其重要原因是对各种改性方法的机理认识不够透彻。而原油中蜡、胶质、沥青质等主要组分的相互作用机理，则是破解各种改性方法机理难题、突破技术瓶颈的基础和关键。综合多种化学－物理原理的改性方法，应是未来发展的重要方向。

1 发展现状

中国所产原油 80% 以上为易凝高黏原油，原油劣质化是目前和未来的趋势；页岩油和部分凝析油也具有高凝点特性。国际上，新发现的油田大多也生产易凝高黏原油。此外，在"双碳"背景下，石油消费达峰后，原油的角色将逐步向化工原料转变，原油管道低输量运行或以可再生能源为主体的电力供应峰谷电价等引发的管道间歇运行，将成为未来原油管道运行的趋势。因此，原油管道低输量及间歇运行流动保障，将是碳中和背景下油气储运学科面临的主要任务之一[1]。

近 20 年来，易凝高黏原油输送技术日益成为全球石油工业和学术界的研究热点。除了具有传统优势的中国之外，美国（麻省理工学院、普林斯顿大学、密西根大学、塔尔萨大学等世界一流高校和一些大石油公司的研究院）以及挪威、法国、俄罗斯、巴西、印度、哈萨克斯坦、马来西亚等众多国家都有企业研究机构和高校开展这方面的研究。现任国际流变学会主席 Paulo 在这一领域相当活跃。2023 年 5 月于加拿大温哥华召开的"第八届泛太平洋流变学会议"设立了 Rheologyin the Oil and Gasindustry（油气工业中的流变学）分组会，作为会议的 13 个分组会之一。这在国际主流流变学大会上属首次，体现了国际上对流变学在油气工业中重要作用的共识。

目前，国内外与原油管道输送相关的研究内容主要有原油流变特性（特别是胶凝原油的结构特性和本构模型）及其机理（原油中蜡、胶质沥青质等关键组分的相互作用）、原油改性方法（包括降凝剂化学改性、电/磁场作用下的物理改性等）、原油管道蜡沉积机理及模型、胶凝原油管道停输再启动、原油管道清管、原油管道流动保障评价方法等。

在易凝高黏原油管道输送工程技术方面，中国处于国际领先地位，主要标志为：①加热输送安全、优化运行的大规模工业化应用。②降凝剂改性输送已在中国大规模工业化应用。③多品种原油降凝剂改性顺序输送、间歇输送、冷热油交替输送等技术在乌鄯兰原油管道的综合运用，保障了油源复杂、物性多变的西部能源战略通道原油干线安全、高效、灵活运行。④原油管道流动保障评价理论和方法体系的建立，并纳入行业标准。在国外，高凝原油输送一般都通过掺混、降凝剂改性等方法，将原油倾点降至地温以下，否则采用电伴热方法，将管输原油维持在一个较高温度（一般高于析蜡点）；在加热站对原油进行加热后输送的方式，在西方管道公司及其主导的项目中是不被接受的。在原油管道相关的其他研究方面，如原油流变性与本构模型、蜡沉积机理与模型、化学改性机理及改性剂产品、电场等新型改性方法研究等方面，国内外的研究各有千秋。

原油改性是破解易凝高黏原油输送难题的治本"药方"。原油改性方法包括传统的热处理改性、化学降凝剂改性、磁场处理改性以及新兴的电场改性等。热处理改性方法由于其调控手段有限，效果很大程度上取决于原油组成，目前已不作为主流技术加以研究和单独应用。

本报告主要针对化学降凝剂改性、电场及磁场物理改性方法进行总结与展望。

2 研究进展

2.1 化学降凝剂改性

化学降凝剂改性是目前主要的原油改性技术。微纳米复合降凝剂是近年来的研究热点，原中国石油管道科技中心最早研制出纳米复合降凝剂并成功实现工业化应用[2]。此后，国内外学者利用多种有机改性纳米材料（SiO_2、黏土、碳材料、Fe_3O_4 等）[3-7]，通过物理共混技术（溶液 / 熔融共混）将纳米材料杂化于聚合物降凝剂机体中，制备出多种纳米复合降凝剂；中国学者首先提出基于蜡晶成核模板理论的纳米复合降凝剂作用机理[3-4]，获得国内外同行广泛认可[3-16]。2018 年以来，国内外学者开发了更为先进的表面接枝法纳米复合降凝剂制备新技术[8-13]，并将杂化材料的尺度从纳米级扩展至亚微米、微米级，发展并完善了微纳米复合降凝剂理论体系[14-15]。但是，在基础研究成果向产品转化、纳米降凝剂对不同原油的适应性等方面，还需进一步提升。

长期以来，聚合物降凝剂一直是原油降凝剂产品的主要类型。近 20 年来，国内外学者揭示了聚合物降凝剂通过成核、吸附、共晶等作用参与原油析蜡过程并改变蜡结晶习性[16]，进而显著提高含蜡原油低温流动性的作用机理；通过引入活性基团、改变单体配比、调控烷基链长度与密度等传统方法研制了多种不同分子结构的聚合物降凝剂；提出增强降凝剂 – 非烃类组分（胶质、沥青质）间的相互作用可提高降凝剂作用效果的假说。2018 年以来，Yao 等[17-21]首次发现聚合物降凝剂与沥青质可协同大幅降低含蜡油凝点，其机理是降凝剂对沥青质具有分散作用，从而形成降凝剂 / 沥青质复合颗粒。该复合颗粒可通过蜡晶成核模板作用进一步改善蜡结晶习性，体现出显著的协同降凝效果。上述研究揭示了聚合物降凝剂 – 沥青质的协同作用机理，丰富了聚合物降凝剂的理论体系，对研发新型高效降凝剂具有指导意义。

2.1.1 表面接枝法纳米复合降凝剂制备新技术

通过物理共混技术，国内外学者将多种有机改性纳米材料杂化于聚合物降凝剂机体中，制备出多种纳米复合降凝剂。在物理共混所制备的纳米复合降凝剂中，纳米材料与降凝剂分子主要通过氢键、极性引力等物理作用相互结合，由于结合力较弱，两者易产生相分离，这制约了纳米复合降凝剂的作用性能。2018 年以来，国内外学者开发了表面接枝法微纳米复合降凝剂制备新技术[8-13]。印度理工学院采用改进 hummers 法制备了表面含羟基、羧酸活性基团的氧化石墨烯（GO）[8, 9]；然后通过丙烯腈与羟基之间的化学反应在 GO 表面引入乙烯基团，得到含乙烯基 GO（VGO）；最后，将 VGO 和反应单体 2- 乙基丙烯酸己酯（2-EHA）、甲基丙烯酸甲酯（MMA）分散溶解于甲苯中，通过原位聚合反应得到 P（2-EHA）–GO 与 PMMA–GO 两种聚合物接枝型复合降凝剂。研究发现，两种复合降凝剂以亚微米尺度分散于油相中，能够通过蜡成核模板作用进一步降低印度含蜡原油的凝点和黏度；当含 GO 质量分数为 1% 时，复合降凝剂的作用效果最佳，加剂量为 750×10^{-6}（质量分数）时，在聚合物降凝剂作用效果的基础上凝点可进一步降低 3~6℃。埃及石油研究院通过酯化反应将含可反应双键的油酸（OL）接枝于 GO 表面，得到 OL 改性的 GO（OL–GO）[10]；然后将 OL–GO 和反应单体丙烯酸十八酯（ODA）、乙烯基新癸酸（VND）分散溶解于甲苯中，通过原位聚合反应得到 PODA–co–VND（1∶1）/OL–GO 接枝型复合降凝剂。研究发现，复合降凝剂能够通过蜡成核模板作用进一步改善埃及含蜡原油流变性；随着 OL–GO 质量分数增大（0.1%~0.5%），复合降凝剂的作用效果逐渐提高；当 OL–GO 质量分数为 0.5% 时，复合降凝剂可在聚合物降凝剂作用效果的基础上进一步降低凝点 18℃。此外，埃及石油研究院还通过离子交换法将三辛基 –（4– 乙烯基苄基）鏻（VTOP）阳离子插层于斑脱土（BT）片层间，在有机改性黏土的同时引入可聚合的乙烯基团[11]；然后将 VTOP–BT 和反应单体 ODA、1– 乙烯基十二酸（VL）分散溶解于甲苯中，通过原位聚合反应得到 VTOP–BT–PODA–VL 接枝型复合降凝剂。研究发现，复合降凝剂能够通过蜡成核模板作用进一步改善埃及含蜡原油流变性；VTOP–BT 质量分数为 1% 时，复合降凝剂的作用效果最佳，加剂量 500×10^{-6}（质量分数）时，在聚合物降凝剂作用效果的基础上凝点可进一步降低 12℃。在国内，西南石油大学[12]将含可聚合乙烯基团的硅烷偶联剂 KH–570 接枝于纳米 SiO_2 表面，然后将改性 SiO_2 和反应单体分散溶解于甲苯中，通过原位聚合反应得到一种接枝型复合降凝剂。研究表明，复合降凝剂对塔里木高凝稠油具有较好的降凝减黏效果。东北石油大学首先通过醇解反应在聚乙烯 – 醋酸乙烯酯（EVA）引入一定量的醇羟基（EVAL），然后利用 GO 表面羧酸基团与 EVAL 羟基之间的酯化反应，得到接枝型复合降凝剂 EVAL–GO[13]。研究表明，复合降凝剂对大庆原油具有较好的降凝效果，可在聚合物降凝剂作用效果的基础上进一步降低凝点 2℃。

相比物理共混制备技术，表面接枝制备技术实现了聚合物降凝剂在纳米材料表面的化学键连，这阻碍了降凝剂从材料表面的脱附，显著提高了复合降凝剂在油相中的分散稳定性和时效性。然而，受到表面双键密度低和空间位阻作用的制约，纳米材料表面降凝剂的接枝密度通常较低，并且只有部分降凝剂接枝于表面，仍有大量未接枝降凝剂存在。因此，如何有效实现降凝剂分子在纳米材料表面的高密度接枝成为尚待解决的关键问题。

总的来看，在纳米复合降凝剂的表面接枝制备技术研究方面，国内外处于同等研究水平。

2.1.2 微纳米复合降凝剂理论进展

深入揭示纳米复合加降凝剂的作用机理，是开发高效复合降凝剂的关键。2015—2016 年，在国家自然科学基金项目 "球状纳米 SiO_2 对聚丙烯酸酯类含蜡原油降凝剂性能调控机理研究"（51204202）的支持下，中国石油大学（华东）与挪威科技大学合作[3-4]，通过溶液共混制备了基于纳米 SiO_2 和有机改性纳米黏土的两种复合降凝剂，发现两种纳米材料的引入均能提高聚丙烯酸十八酯（POA）降凝剂的作用效果，并首先提出基于蜡晶成核模板理论的纳米复合降凝剂作用机理：两种复合降凝剂均能以亚微米、微米级复合颗粒的形式分散于油相中，该复合颗粒能够起到蜡结晶模板作用，使含蜡原油中析出的蜡晶转变为尺寸更大、结构更紧凑的蜡晶絮凝体，进而改善 POA 降凝剂的作用性能[4]（图 4-1）。

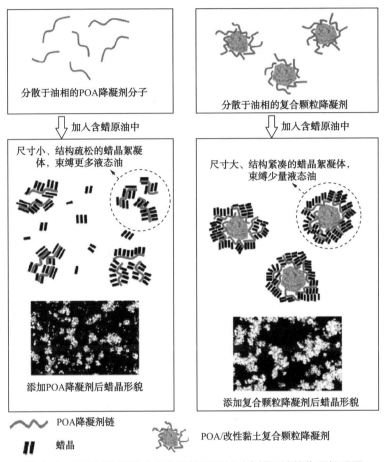

图 4-1　POA/ 改性黏土复合颗粒降凝剂对含蜡原油的作用机理图

为进一步明确亚微米、微米级材料是否可用于制备复合降凝剂，以及材料表面聚合物降凝剂的吸附量对复合降凝剂性能的影响，2018 年以来，在国家自然科学基金项目"表面可控接枝聚合物降凝剂分子的复合 PSQ 微球对蜡油体系析蜡特性与流变行为的调控机理研究"（51774311）的支持下，基于聚有机倍半硅氧烷微球（PSQ）独特的无机 / 有机杂化结构、良好的油相分散性以及规则球状形貌等优势，中国石油大学（华东）以 PSQ 微球和聚乙烯 – 醋酸乙烯酯（EVA）

降凝剂为研究对象，首先制备了粒径为 0.2~20μm 的聚甲基硅倍半氧烷（PMSQ）微球和聚氨基－甲基硅倍半氧烷（PAMSQ）微球；然后配制 PSQ 微球－EVA 降凝剂—正十二烷混合液（EVA 质量分数为 5%，PSQ 质量分数为 0.25%），通过 EVA 分子的原位吸附形成复合降凝剂；最后，通过离心分离－干燥－热失重实验分析 EVA 在 PSQ 微球表面的吸附量变化，明确了 EVA 吸附量与复合降凝剂性能的相关性[14, 15]。研究表明：微球的油分散性良好，能够以单个微球的形式分散于油相中；微球表面存在羟基、氨基等极性基团，能够吸附 EVA 分子而形成微米、亚微米级的复合降凝剂；该复合降凝剂可通过蜡晶成核模板作用进一步改善析出蜡晶的形貌与结构，从而进一步提高 EVA 降凝剂的作用性能（图 4-2）；氨基基团的引入促进 EVA 分子在微球表面的吸附，增强了复合降凝剂的作用性能，从而进一步提高蜡晶絮凝体的尺寸和紧凑性；当微球粒径约 2μm 时，所形成的复合降凝剂作用效果最佳。

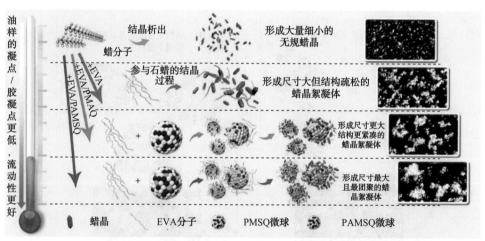

图 4-2　PSQ 微球与 EVA 降凝剂协同改善含蜡原油低温流变性的作用机理图

上述研究将杂化材料的尺度从纳米级扩展至亚微米、微米级，明确了降凝剂分子吸附量与复合降凝剂性能之间的相关性，发展并完善了微纳米复合降凝剂理论体系。然而，当前对微纳米复合降凝剂的理论认知仍不足，如文献 [16] 报道纳米复合降凝剂可进一步降低含蜡原油的凝点，这难以用成核模板理论来阐述。因此，在后续研究中还需结合含蜡油的基本组成和分子工程特征，进一步揭示微纳米复合降凝剂的作用机理。

总的来看，在微纳米复合降凝剂的理论研究方面，中国处于领先研究水平。

2.1.3　聚合物降凝剂理论进展

深入揭示聚合物降凝剂的作用机理，是开发高效降凝剂的关键。降凝剂是化学合成的均聚物或共聚物，其分子链中一般含有能够与石蜡分子发生作用的非极性长链烷基（不低于 C_{18}）和能够影响蜡晶生长、分散的极性基团（酯基、酸酐基团、酰胺基团等）。目前一般认为，聚合物降凝剂的作用机理[16]为：降凝剂主要通过共晶作用参与原油析蜡过程，一方面能够通过增溶作用抑制析蜡；另一方面能够显著改善析出蜡晶的形貌与结构，使其难以形成网络结构，进而大幅提高含蜡原油低温流动性。许多研究表明，聚合物降凝剂分子中的烷基链长度与原油中蜡的碳数分布相匹配，这样才能起到良好的降凝效果[16]。沥青质是原油中分子量最大、极性最强的稠合芳环系非烃类物质，沥青质不溶于原油，常以缔合胶粒的形式分散于原油中，而与沥青质相比分子量较小、极性较弱的胶质起到沥青质分散剂的作用。沥青质是原油中的天然降凝剂，可通过成核、共晶作用参与析蜡过程，进而改善析出蜡晶的形貌、结构以及原油的低温流变性；含蜡原油的热处理效应是在高温下使沥青质充分分散游离，进而激活沥青质的降凝剂功能。因此，沥青质将显著影响聚合物降凝剂的作用效果。

2018 年以来，在国家自然科学基金（51774311）以及国家管网研究总院揭榜挂帅项目"基于原油关键组分分子工程特征的新型降凝剂研发"的支持下，中国石油大学（华东）[17-19]以组成简单的模拟蜡油为研究对象，将正戊烷沥青质量分数高达 29.8%、胶质质量分数仅为 5.1% 的塔河稠油直接添加至模拟蜡油中，考察了胶质稳定的沥青质（质量分数为 0.01%~3%）和 EVA 降凝剂（质量分数 100×10^{-6}）对模拟蜡油流变性的协同影响。研究表明：少量脱沥青质油的加入对模拟蜡油基本没有降凝效果，也不能显著提高 EVA 的作用效果，这表明胶质对模拟蜡油流变性和 EVA 作用性能的影响有限；单独的 EVA 或沥青质对模拟蜡油的降凝效果仅有 3~6℃，但两者的协同降凝效果非常显著，蜡油含蜡质量分数为 10%~15% 时，凝点降幅可达 40℃以上；提高 EVA 的极性（VA 质量分数 12%~33%）能够促进 EVA 与沥青质的相互作用，进而提高两者的协同效果，但极性过强（VA 质量分数 40%）导致 EVA 油溶性变差，协同效果下降；沥青质稳定性实验与分子动力学模拟结果证明，EVA 分子能够吸附于沥青质胶粒表面，形成降凝剂 – 沥青质复合颗粒并起到稳定沥青质的作用；EVA– 沥青质复合颗粒能够通过成核、共晶作用参与蜡油析蜡过程，显著改善析出蜡晶的形貌与结构（图 4-3），进而大幅提高模拟蜡油的低温流动性。之后，中国石油大学（华东）[20]合成了聚丙烯酸十八酯（POA）、丙烯酸十八酯 – 马来酸酐共聚物（POA–MA）、含氨基苯侧链基团的 POA–MA–AN 和含氨基萘侧链基团的 POA–MA–NA 四种梳状聚合物降凝剂，发现对于不含沥青质的模拟蜡油，POA 的降凝效果最好；而对于含沥青质的模拟原油，4 种降凝剂的作用效果均大幅提高，体现出显著的协同降凝效果，其中 POA–MA–AN 的降凝效果最佳；沥青质稳定性实验与分子动力学模拟结果证明，POA–MA–AN 与沥青质的相互作用能最高，对沥青质胶粒的分散稳定性最强，因而所形成的 POA–MA–AN– 沥青质复合颗粒的流变改善效果最理想。中国石油大学（华东）[21]还通过正戊烷沉淀从塔河稠油中提取沥青质并将其细分为四种不同极性的沥青质亚组分，考察了沥青质亚组分与 EVA 降凝剂对模拟蜡油流变性的协同改善效果。研究表明：极性最弱的沥青质亚组分与 EVA 之间的协同效果最佳，原因是极性最弱的沥青质亚组分在油相中分散性最好、固 / 油界面积最大，这增强了沥青质 – 降凝剂 – 石蜡分子之间的相互作用，进而表现出最佳的流变改善效果。此外，巴西里约热内卢联邦大学将正庚烷沉淀的沥青质分散于不同溶剂组成的模拟蜡油中，考察了沥青质聚集状态对蜡油析蜡特性和 EVA 降凝剂作用效果的影响。研究表明，沥青质与 EVA 降凝剂可协同降低模拟蜡油的低温黏度。

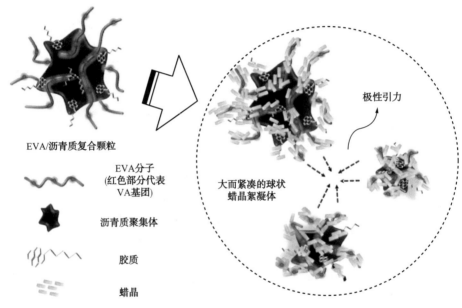

图 4-3　EVA 降凝剂与沥青质对模拟蜡油流变性的协同改善机理图

上述研究较好地阐释了聚合物降凝剂 – 沥青质的协同作用机理，丰富了聚合物降凝剂的理论体系，对指导新型高效降凝剂的研发具有重要意义。然而，含蜡原油中通常含有一定的胶质，且胶质含量一般高于甚至远高于沥青质，胶质对沥青质的分散胶溶作用必将对降凝剂 – 沥青质协同作用产生影响；同时，在采油过程中，常添加少量沥青质分散剂以抑制其在油藏、井筒和管道中沉积，沥青质分散剂的引入也会影响降凝剂 – 沥青质的协同作用效果。因此，在后续研究中还需结合蜡、胶质、沥青质等关键组分以及聚合物降凝剂、沥青质分散剂等化学添加剂的分子工程特征，进一步揭示聚合物降凝剂的作用机理。

总的来看，在聚合物降凝剂的理论研究方面，中国处于领先研究水平。

2.1.4 降凝剂应用进展

自 1969 年首次成功应用于欧洲的莱茵—鹿特丹原油管道以来，降凝剂已在国内外多条输油管道得到成功应用。近 20 年来，中国研发生产的 GY 系列、BEM 系列等多种降凝剂已成功应用于大庆原油、长庆原油、胜利原油以及南阳原油等高蜡油的输送管道，取得较好的经济效益。

近年来，国家管网研究总院研发的新型纳米复合降凝剂已成功应用于中国东北、西北等原油管道的投产和冬季运行。现场应用表明：相比传统聚合物降凝剂，纳米复合降凝剂的作用效果有一定提升，同时低成本纳米材料的引入降低了降凝剂的加剂成本，保障了管道的投产和经济安全运行。

近年来，降凝剂在国外的典型应用案例为非洲的乍得原油外输管道。由于乍得原油高含蜡、高胶质沥青质的组成特性和倾点测量中 45℃重温热处理等问题，传统 EVA 系列降凝剂对乍得原油的感受性很差，难以满足现场对原油倾点降至 24℃以下的要求。美国 Bake、荷兰 Shell 以及法国 Arkema 等公司先后开发了不同的改性梳状降凝剂，在加剂量质量分数为 1800×10^{-6} 条件下，满足现场对倾点的要求。中国中油科新化工有限责任公司研发的 KS-10 系列降凝剂也达到同等水平，并成功应用于乍得原油外输管道。

2.2 高压电场改性

电场改性是一种新兴的原油改性方法，该方法的基本原理是原油的电流变效应（与电加热根本不同）：通过对原油施加一定强度的高压电场（大于 0.2kV/mm）作用数秒至 1min 量级的时间，可产生降低黏度和屈服应力的效果。对于某些含蜡原油，凝点附近的黏度可降低 80% 以上[22-24]，屈服应力下降率可达 90%[25-26]，而其能耗只需相同降黏幅度时加热能耗的 1%[27-28]。

该方法最早由美国 Temple 大学 Tao 等[22-28] 于 2006 年提出，2011—2012 年，美国能源部和商务部资助了电场改性技术中试[29]，目前正在进行更大规模的试验（研发处理能力 $1200m^3/h$ 的处理器并用于生产管道），但公开报道显示，处理器产品尚未成熟。多国研究人员[30-33] 经过 10 余年以室内研究为主的探索，目前对原油电场改性宏观规律的认识已基本清楚，机理研究正在不断深化。

在国家自然科学基金重点项目、面上项目的持续支持下，2016 年起，中国石油大学（北京）对原油电场改性开展了系统的基础研究，较全面地掌握了原油电流变效应的规律和主要影响因素，在国际上首次发现了胶凝原油的电流变效应，进而提出蜡晶的界面极化是原油电场改性的机理，纠正了该方法原创者的机理解释错误。依据界面极化机理，可以定性解释目前已观察到的原油电流变现象，实现了基础研究上对国际同行的超越。目前，电场改性中试研究已列入2022年管网集团公司揭榜挂帅项目；在国家自然科学基金面上项目支持下，机理研究正在持续深化。目前，国内在电场改性、原油电流变效应基础研究方面已反超美国，但工业试验方面滞后于美国。2022年，国家管网集团公司已立项进行中试研究，重点是研发原油电场改性中试装置，通过中试摸索其工业应用效果和方法，为现场工业性试验打下基础。

2.2.1 原油电场改性效果及其规律

综合国内外现有研究成果，目前对原油电场改性规律具有以下认识：

（1）原油流变性对高压电场（大于 0.2kV/mm）响应迅速，对静置的液态原油施加电场作用数秒至数分钟[26-35]，或使原油流经高压电场区域[23, 27]，均可取得即时降黏效果。电场处理可显著削弱含蜡原油的胶凝结构（包括经电场作用的液态原油冷却后的胶凝结构，以及胶凝原油施加电场作用后的胶凝结构），屈服应力、黏弹性模量、表观黏度大幅下降，低温流动性显著改善[26]。对某些原油，在凝点温度附近的降黏率可达80%，屈服应力下降率达90%。但降低凝点的效果不显著。

（2）撤销电场后，原油黏度、屈服应力等逐渐回升。经处理的液态油静置状态下约24h后改性效果基本消失[36]；因原油组成不同，流动剪切对电场改性效果具有增强或削弱的相反作用；胶凝原油的电场改性效果可维持更长时间；经电场处理的原油加热至溶蜡点后，电场改性效果完全丧失[36]。

（3）电场改性效果与电场强度、电场作用温度、原油组分等内外因素密切相关：电场作用强度高，改性效果好、改性效果稳定性好；蜡晶颗粒与胶质、沥青质共存，是电场改性的必要条件[37]。

（4）不同原油的电场改性效果差异较大[38]。对于胶质、沥青质含量较低（质量分数小于5%）的含蜡原油，电场降黏效果随析蜡量增大呈现先升高后降低的趋势；对于胶质、沥青质含量在10%左右的含蜡油，在析蜡点到凝点以下10℃的温度区间内，电场降黏效果随析蜡量增大单调上升；而对于胶质、沥青质含量（质量分数）在15%以上的原油，在析蜡点到凝点温度附近，均无明显的电场降黏效果。

（5）电场处理对原油降凝作用不明显，但电场与降凝剂综合作用，可获得比这两种方法单独作用更好的改性效果[39]。

2.2.2 原油电场改性机理

电场改性的物理原理是原油的电流变效应。所谓电流变效应，是指材料在电场作用下在极短时间内发生流变性的改变。但是，一般材料的电流变效应与电场作用同步，即电场作用时表现出流变性改变，而电场撤销后流变性随之恢复。原油电流变效应的一个突出特点，是电场撤销后流变性的改变仍可维持数小时乃至数天[26, 36]，这也是原油电流变效应工程应用的依托所在。迄今为止，关于原油产生电流变效应的机理，已提出颗粒聚集状态与微观形貌改变，以及蜡晶界面极化两类机理说。

2.2.2.1　颗粒聚集状态和微观形貌变化说

早期研究主要关注了电场作用后蜡晶形貌和聚集状态的变化。原油电场改性方法的首创者 Tao 等[23]认为，电场改性的主要机理包括以下 3 点：一是在电场作用下，原油中的颗粒沿流动方向聚集并呈链状排列；二是颗粒的多分散性增加，即粒度分布变宽；三是颗粒变大。

Tao 等认为，在电场处理前，原油中的悬浮颗粒随机分布，黏度呈现各向同性状态；在施加电场后，悬浮颗粒被极化产生诱导偶极，使原油中的悬浮颗粒沿电场方向（即流动方向）聚集成短链状排列[23, 24, 28, 32, 40]。这导致黏度各向异性[40]，沿电场方向黏度降低，可以降低流动阻力，而垂直于电场方向黏度上升，起到抑制紊流的作用[24, 32]。其主要论据是通过小角度中子散射实验发现，在未经电场处理的油样中，颗粒向各个方向均有散射，表现为圆形散射图，而施加电场作用后，散射图变为椭圆形[40]，表明油样中的颗粒表现出一致的散射角度，据此说明原油中的悬浮颗粒沿电场方向聚集排列成短链。但是，"颗粒链状排列、抑制紊流"的机制，不能解释胶凝原油的电流变效应，包括经电场处理的液态原油冷却胶凝后表现出的结构弱化效应[4]及已胶凝原油经电场作用后的结构弱化效应[5]。对于胶凝原油，其中的蜡晶颗粒已经相互连结，形成具有一定强度的海绵状网络结构，蜡晶自身已不再是可自由运动的颗粒，因此谈不上在电场作用下聚集成链，更谈不上抑制紊流。其实，在 Tao 等的 0.56mm 细管实验中，流态也不是紊流（根据其论文所提供的黏度数据，雷诺数不到 300）。

蜡晶颗粒聚集增大，虽然在定性上可对原油电流变效应进行逻辑合理的解释。但是，根据悬浮液流变学理论进行简单的定量分析发现，这也不可能是电场作用后原油黏度大幅下降的主要原因。在原油电场改性研究所涉及的温度范围内，蜡晶颗粒质量分数一般不超过 5%，而电场改性的降黏率可达 70% 甚至更高。将如此大幅的黏度下降归因于占体系质量分数不到 5% 的颗粒粒度和形貌变化，无疑夸大了蜡晶颗粒形貌的作用，与悬浮体系流变学的常识不符。

2.2.2.2　蜡晶颗粒界面极化

中国石油大学（北京）张劲军教授团队基于对电场作用前后原油阻抗谱的变化，提出并论证了界面极化是含蜡油表现出电流变效应的关键原因[41, 42]。所谓界面极化，即电场作用下原油中的带电胶粒（沥青质、胶质）积聚于蜡晶表面，从而增大了蜡晶间的静电斥力，削弱了蜡晶间的范德华引力，宏观上表现为原油低温流动性改善；撤销电场后，积聚在蜡晶表面的带电胶粒逐渐扩散回到体相，原油黏度也逐渐恢复至电场作用前的状态。实验也证明了电场降黏率与阻抗增加率之间具有良好的正相关性。根据界面极化机理，含蜡油体系的电流变效应机制可分为 3 个主要过程：①在电场作用下，胶质、沥青质从体相向蜡晶颗粒运移；②胶质、沥青质在蜡晶颗粒表面积聚；③在撤销电场后，胶质、沥青质从蜡晶颗粒表面向体相扩散（图 4-4）。

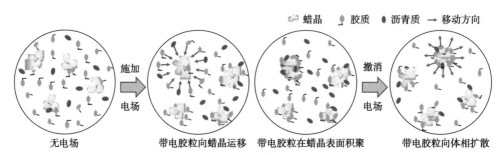

图 4-4　与电场作用相关的含蜡油带电胶粒状态示意图

　　界面极化机理可以定性解释如电场降黏、对液态油进行电场作用可降低其胶凝后的结构强度、对胶凝油电场的作用可降低其结构强度等这些目前已观察到的含蜡油体系的电流变现象。但是，界面极化说尚不能定量解释不同含蜡油电流变效应的差异。因此，界面极化说只是为揭示含蜡油体系电场效应的机理指明了方向，含蜡原油电场改性的理论体系尚未完全建立起来。

2.2.3　原油电场改性现场试验及电场处理器研发

　　2011—2012 年，美国 QS Energy 公司在美国能源部落基山油田测试中心一条长 7.219km、内径 14.163cm 的环道进行了电场处理试验[32]。电场处理装置安装在泵的下游，通过容积泵将原油泵送至装置的顶部。然后，原油在重力作用下，流经处理器垂直管内的网状电极。在实验温度（12.1℃）下，原油的初始黏度为 81.6MPa·s，密度为 0.8459g/cm^3。对于未经处理原油，管道压力损失为 0.107MPa/km。对油样加 0.23kV/mm 的电场后，降至 0.0641MPa/km。利用压降反算，原油黏度从 81.6MPa·s 降至 48.95MPa·s，降黏率约 40%。开启电场处理器后，泵功率由 14.2kW 逐步降至 8.9kW，而电场处理装置的能耗不到 100W。用另外一种密度为 850kg/m^3 的原油进行电场改性效果时效性试验，电场处理装置持续运行 6h，使环道内所有油样都得到处理，电场处理前原油黏度为 118.60MPa·s，处理后原油黏度降至 51.80MPa·s，降幅为 56.12%，关闭电场处理装置后，监测环道内流动改性原油的黏度，发现该降黏效果约可维持 11h。

　　电场处理器是电场改性的核心技术。目前，中国石油大学（北京）已具备静态、动态等几款不同类型的实验室小型处理器，小型的中试处理器研发在国家管网集团公司项目的支持下正在进行。

目前美国在这方面处于引领地位。QS Energy 公司与 Temple 大学合作，正在研发大型的处理系统，称为 AOT（图 4-5、图 4-6）。容器尺寸为 10.06m×2.44m×2.44m，质量约 20t。一个标准 AOT 装置的设计处理量 1200m³/h，还可多个并行安装，以满足大处理量需求。2018 年 12 月，该公司在美国南部的一条原油管道上安装了 AOT 设备。2019 年 6 月，在通电测试中发现 AOT 装置在高电压运行时不能正常工作。此后由于经费原因，研发工作陷入停顿状态，2021 年 7 月重新启动。2022 年 8 月，已完成新组件的测试，解决了之前的电弧、电流过载等一些问题，AOT 已能够在 40kV 电源输出情况下稳定工作。

图 4-5　单个标准 AOT 装置实物图

图 4-6　并联的 4 个标准 AOT 装置实物图

2.3　磁场改性

磁处理是用一定强度和形式的磁场对原油进行处理，影响蜡晶的成核、生长过程，进而影响原油组分之间的相互作用，改变蜡晶析出、减缓沉积，产生防蜡及一定的降黏减阻作用[43-49]。目前磁处理主要用于防蜡。磁防蜡技术起源于 20 世纪 60 年代的前苏联，以美国为代表的西方国家紧随其后将磁防蜡技术应用于油田生产中。中国自 20 世纪 80 年代开始磁防蜡研究，并先后应用于大庆、玉门、辽河、新疆等油田的油井和集输管道。近年来，磁处理降黏研究再度引起学术界的兴趣。由于磁场条件、原油类型的不同，含蜡原油经磁场处理后表现出不同的降黏效果，部分含蜡油降黏效果可达 13.29%~26.88%[43]，而有些原油经磁场处理后黏度非但没有降低，反而出现增黏现象。目前磁处理研究主要包括基础科学性研究、技术性问题研究、装置研发 3 个方面。在磁处理机理研究、磁处理装置研发、磁场参数优化等方面都有较活跃的研究，国内外大致在同一水平上。

2.3.1 基础科学性研究

由于磁场条件的不一致、原油组分的复杂性，磁场防蜡降黏效果差异很大，其根本原因是磁场作用的机理认识不清，目前机理解释主要集中在磁场对石蜡结晶与沥青质的作用方面，主要有以下4种代表性观点。

（1）磁致胶体效应：含蜡原油中的胶体经历着由"旧相"到"新相"的过程，这一相变过程能够发生的条件是突破能量位垒。经磁场作用后，能量位垒被克服，使得相变得以发生，促进了胶体形成，形成的胶体作为蜡晶的核心，促进微晶蜡长大形成大颗粒，从而破坏蜡晶的网状结构，达到磁处理防蜡的目的。

（2）磁场使分子取向排列：蜡晶分子是一种抗磁性分子，磁场使抗磁性分子的平面垂直于磁场方向取向排列，磁处理可改变其流动状态，使得大部分蜡晶分子在油流内部有序流动，减小了流动摩擦，提高了原油的流动性。

（3）磁场使胶质网络解体：随着管流温度的降低，蜡分子不断析出形成蜡晶，蜡晶与胶质沥青质等相互作用形成空间网状结构，这些网状结构将液态烃包裹其中，增加了含蜡原油的黏滞性，降低了其流动性，磁场使得蜡晶形成的网状结构遭到破坏，包裹其中的液态烃流出，从而提高了含蜡原油的流动性[50]。

（4）"磁致色散作用增强"理论：分子间的色散作用在均匀磁场作用下增强，蜡晶颗粒间的范德华力引力势能也相应地增强，蜡晶颗粒更易聚结，并释放出吸附的液态轻馏分油，形成的蜡晶颗粒悬浮于原油中，防止了其网络化。最终原油中的石蜡数量减少，并且游离态轻馏分油浓度增加，原油的黏度随游离态轻馏分油浓度的增加而降低。

近年来，关于磁场对沥青质的作用，国内外学者进行了若干实验与理论的探究，该方面的研究较分散，未形成系统性共识，研究还处于试验摸索阶段。Parlov Vuković 等[51, 52]采用核磁共振（Nuclearmagnetic Resonance，NMR）实验方法以及分子模拟，探究了有无磁场条件下沥青质的聚集问题，发现在外加磁场下，沥青质聚集体的扩散系数显著增加，沥青质聚集体解离为较轻的分子，原油表观黏度下降。Manuel Roa 等[53]发现施加电场可以分离原始石油中高达46%的沥青质，进一步施加磁场可加大沥青质的分离程度，进一步增大原油降黏率。Mateus 等[54]使用流变仪，针对稠油受磁场的影响进行了测试，发现均匀静磁场条件使得稠油黏稠程度增加，但交变磁场可以起到降黏作用。

2.3.2 技术性问题研究

近年来国内外研究人员采用流变仪、偏光显微镜以及分子动力学模拟等方法，研究了磁处理温度、磁处理时间、磁场频率、磁场强度、磁场波形、磁场作用方向、原油组成差异对原油防蜡降黏的影响。

（1）合适的磁场处理温度可显著提升含蜡原油磁处理效果。原油体系中蜡以分子形式存在，磁处理温度过高则会导致分子热运动加剧，蜡分子无序运动增强，难以形成有序排布，磁场对蜡的作用不明显，影响处理效果。处理温度过低则会导致蜡晶形成三维结构，磁场对蜡晶颗粒生长、取向的影响受到抑制，影响处理效果[55]。

（2）选择合适的磁处理时间以达到最佳处理效果。研究发现，磁场在一定的磁处理时间范围内具有降低原油黏度的效果，且在一定的时间范围内，随着处理时间的延长，降黏效果增强，但进一步延长处理时间会降低降黏效果[56]。推测其原因，是随着处理时间的增长，已与运动方向相同的原油分子间继续按照磁饱和作用方向重新团聚，分子间作用力增强，导致黏度升高[57]。

（3）对于交变磁场，存在磁场频率和磁场强度的优化组合问题，最优组合机理与方法还需进一步研究。研究发现，在一定磁场强度范围内，含蜡原油的降黏率随着磁场强度的增大而升高，但磁场强度达到一定值后，降黏率随磁场强度的增大而减小[58]。Chen等[59]试图通过分子动力学模拟解释磁场强度的影响，认为在含蜡原油模型上施加低强磁场，可使蜡分子的扩散系数增加，因此具有降黏效果；而施加强磁场时，扩散系数减小，同时分子堆积形成一个更紧密的结构，降黏效果减弱。此外，降黏率会随磁场频率增加，但经历峰值后，降黏率会逐渐下降。

（4）关于原油流动方向和磁场方向的关系对原油磁处理效果的影响，目前尚无一致的认识。国外有研究发现，当原油流动方向与磁场平行时，其降黏效果略优于垂直方向[60]。而另有研究者持相反观点，认为如果使高含蜡原油沿垂直磁场方向流过变频磁场，降黏效果将更为明显。

（5）原油是复杂烃类和非烃类组成的混合物，原油组成对磁场降黏防蜡效果影响显著。Tao等[56]发现磁场对轻质石蜡基原油的降黏效果要优于沥青基原油，推测主要原因是沥青质分子对磁场作用不敏感。Gonçalves等[33]认为原油中存在含环状结构的石蜡分子是引起降黏防蜡效果差异的主要原因，当石蜡分子含有环状结构时，含蜡原油对磁场的敏感性较强，因此降黏效果较好。

2.3.3 磁处理装置

磁处理装置目前主要应用于油田的油井和集输管道防蜡。由于机理尚不清晰，目前相关研究主要是对20世纪80年代设备进行完善，包括安装结构、智能监控、维护难易程度的改善等。

根据磁场产生方式，磁处理装置可分为永磁式与电磁式。永磁式装置目前主要侧重于磁场结构研究，目前现场应用的永磁式装置以图4-7所示的结构为主。

为改善磁场结构，研究人员设计了 Halbach 磁场结构[61]，该结构由充磁方向连续变化的磁块构成环形结构（亦称"磁魔环"），可在其中心的空腔内产生均匀磁场，且单位重量磁材料产生的磁感应强度最高，可适应更大的油管横截面（图 4-8）。理论上，Halbach 永磁魔环具有以下优点：主磁场为横向，漏磁很小；结构简单、紧凑，构造鲁棒性强；生产工艺简单，加工成本较低。但该结构目前尚未进行实验验证，只是处于仿真验证阶段。

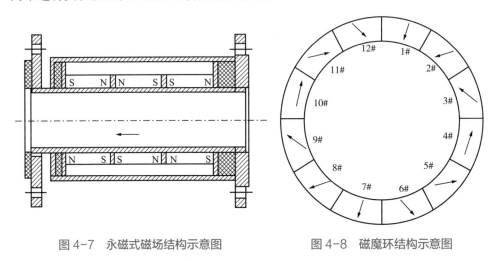

图 4-7　永磁式磁场结构示意图　　　　图 4-8　磁魔环结构示意图

2.3.4　磁防蜡与降黏技术应用

目前，美国在磁处理防蜡技术方面总体处于引领地位。据《化工管理》期刊 2017 年论文报道，中国石化东北油气分公司进行磁防蜡工艺实验，实验井所产原油含蜡质量分数为 13.7%，含胶质 20.94%，凝点 23℃；加装磁处理装置后该井清蜡周期延长 2 倍，月节约清蜡剂 0.05 t，单井年节约费用 2.5×10^4 元。据《内蒙古石油化工》期刊论文报道，2014 年胜利油田滨南采油厂选取磁处理前后 6 口井的原油（55℃），在管道模拟装置上进行循环试验，磁处理后的平均防蜡率为 64.53%，平均降黏率为 47.6%。据《化学工程与装备》期刊论文报道，2019 年大庆油田第三采油厂部分油井在安装强磁防蜡器后，洗井周期由 30 天延长至 150 天。另据网络报道，2023 年大庆油田采油七厂应用涡流声磁防蜡增油器的两口先导试验井，平均单井清蜡周期由 55 天延长至 211 天。

综上所述，含蜡原油磁处理主要应用于油井和小口径集输管道，在防蜡方面具有一定效果，但近年来技术进展不大。磁处理降黏的学术研究近年来比较活跃，但现有实验室研究显示，其降黏效果差异较大，多数研究停留在处理效果及其影响因素这些较为表层的状态。

3 发展趋势与展望

原油改性是解决易凝高黏原油管道输送流动保障问题的根本出路，也一直是该领域国内外不断求索的技术方向。作为原油改性方法和改性技术进步的基础，对原油流变性机理的深刻认识是关键中的关键。然而，众所周知，原油组分非常复杂。例如，蜡和胶质、沥青质都是一类物质的统称；不同的蜡分子，其分子结构甚至化合物类型都有显著差异，而对胶质和沥青质的认识，目前主要还是停留在分子团簇的类型和所含基团的状态，还谈不上对整体分子结构的明确认知。即使对原油关键组分的分子结构有了清楚的认知，在原油的复杂组成以及不同化学/物理场等叠加的环境下，蜡、胶质、沥青质等关键组分的相互作用，是比分子表征更加困难的问题。掌握了这些关键组分的相互作用机制，才可向针对导致流动性变差的关键环节开展攻关。

近年来，国内外原油改性技术突破不大，很重要的一个原因是对原油流变性机理缺乏透彻的认知。目前这方面的认识，大量停留在基于若干碎片化实验现象的推理和假说之上，缺乏实证，甚至有些流行多年的说法在逻辑上存在错误。由于没有真正找到原油改性的"命门"，因此实际上缺乏精准定位的攻关目标，故改性方法和改性技术的研究从根本上并未摆脱"试错"的局面。因此，对原油流变性机理的基础研究亟待加强和提升。

在主要改性技术研究方面，具体的关键问题和解决思路分述如下：

（1）化学降凝剂改性。在微纳米复合降凝剂方面，表面接枝是更先进的复合降凝剂制备技术，但由于在无机微纳米材料表面引入活性反应基团（如双键）的密度低，导致微纳米材料表面降凝剂的接枝密度低，复合降凝剂作用效果受到限制，这成为制约高效复合降凝剂开发的卡脖子问题。有机高分子微纳米材料是材料科学的研究热点之一，此类材料表面的活性基团种类多样、密度高且易于调控，已在生物医药领域得到广泛应用[62]。在未来的工作中，通过在有机高分子微球表面引入高密度的活性反应基团，有可能制备出高密度接枝型微纳米复合降凝剂，从而进一步提高复合降凝剂的作用性能。在聚合物降凝剂方面，原油组成十分复杂，其中蜡组分和非烃类组分（胶质、沥青质）是影响原油流变性和聚合物降凝剂作用性能的关键组分。由于关键组分组成的复杂性以及降凝剂分子结构的多样性，目前仍未能有效建立原油关键组分－降凝剂作用性能之间的相关性，这成为制约新型高效降凝剂开发的卡脖子问题。未来，可基于原油关键组分的分子工程特征，开展原油关键组分－降凝剂作用性能之间的相关性研究，揭示原油关键组分对降凝剂作用性能的影响，并在此基础上开展基于分子工程的降凝剂分子设计，开发新型高效聚合物降凝剂。

（2）高压电场改性。高压电场改性技术尚不够成熟，尚未有大规模的工业应用，技术上主要表现为工业级的电场处理器开发尚未取得完全成功；另外，现有国内外研究表明，该技术对不同原油的适应性差异较大，改性效果的稳定性有待进一步提高。界面极化说虽然可以定性解释目前已观察到的原油电流变行为，但定量上仍不能解释不同原油电场改性效果差异明显的问题。因此，机理研究需要进一步深化、量化。原油的电场改性机理，实质上是电场环境下原油中关键组分的相互作用机理，因此对原油电场改性机理的认识，有助于对原油胶凝机理与其他改性方法机理认识的提升。在处理器研发方面，有效电场处理器的研发，不仅有赖于对电场改性机理、改性效果及其影响因素的充分掌握，也需要丰富的高压电场装置的研发和制造经验。虽然中国在电场改性技术的基础研究方面已处于领先地位，但工业试验滞后于美国。因此，在掌握原理和主要技术指标影响因素的情况下，应加大投入力度，推进中试装置研发和现场试验，解决工业应用中存在的问题，及时将实验室研究成果转化为生产力。

（3）磁场改性。目前关于磁处理的机理尚处于探索阶段，不同原油不同磁处理方式下效果差异较大，且缺乏对长距离输油管道适用性的深入研究和实践。因此，未来研究应该侧重于：①对基础科学问题进行深入探究，建立系统性的微观机理与宏观表现之间的定量关系，明确磁场防蜡降黏效果及作用机理；②多学科融合，油气储运、化学工程、电气电子工程各学科取长补短，集中优势力量开展攻关；③探索磁处理与电场改性、化学改性等方法的综合应用的效果。

（4）综合改性。基于每一种技术原理的改性方法都会有其局限性。因此，除了沿着单一原理的路径继续探索，还应探索多技术原理的协同作用效果，或在原油胶凝机理取得深入认识的基础上提出基于全新技术原理的颠覆性方法。综合改性的概念并不限于几种改性方法的综合运用，而应该是基于原油各关键组分的作用机理，有针对性地将某些技术手段嵌入主体改性过程中（现有的改性方法或新原理的改性方法），从而有针对性地攻克阻碍改性效果提升的"堡垒"，大幅提升原油改性效果。这应该是未来原油改性技术的重要发展方向。

从科学探索方法论上讲，各种原油改性技术的发展，既有赖于机理认识取得大的突破，也需要及时将机理研究成果及时、有效地转化为应用技术。两者既并行不悖，但在某些关键节点上，技术的提升往往需要基础研究的突破去指明方向。本质上讲，原油改性其实是改变了原油中蜡、胶质、沥青质等影响原油低温流变性的关键组分之间的相互作用。例如，降凝剂改性是在化学剂环境下蜡、胶质、沥青质的相互作用，电场／磁场改性则是电场／磁场环境下三者的相互作用。科学探索中，不同的环境条件可以触发研究对象不同的反应，从而有助于从不同视角获得对研究对象的认识。因此，对不同的原油改性方法机理的研究具有触类旁通的作用，即从某种改性方法机理研究中获得新认识，可对其他改性方法的研究产生启发。

从科技创新策略上讲，基础研究的突破需要新的体制机制的支持。首先，需要以问题为导向，敢于碰硬，不断深挖和咬紧制约技术发展的关键问题。论文导向的"基础研究"对解决关键核心问题帮助不大，同时，需要有甘愿坐冷板凳、有志于科学探索的多学科精干队伍持之以恒的协同努力，以及有关部门的稳定支持。

参考文献

[1] 黄维和，宫敬，王军.碳中和愿景下油气储运学科的任务 [J]. 油气储运，2022，41（6）：607–613.

[2] Wang F，Zhang D m，Ding Y F，et al. The effect of nanohybridmaterials on the pour–point and viscosity depressing of waxy crude oil[J]. Chinese Science Bulletin，2011，56（1）：14–17.

[3] Yang F，Paso K，Norrman J，et al. Hydrophilic nanoparticles facilitate waxinhibition[J]. Energy & Fuels，2015，29（3）：1368–1374.

[4] Yao B，Li C X，Yang F，et al. Organically modified nano–clay facilitates pour point depressing activity of polyoctadecylacrylate[J]. Fuel，2016，166：96–105.

[5] Li N，Mao G L，Liu Y. Effect of the evaluation and mechanism analysis of a novel nanohybrid pour point depressant on facilitating flow properties of crude oil[J]. Energy & Fuels，2018，32（10）：10563–10570.

[6] Yu H L，Sun Z N，Jing G L，et al. Effect of amagnetic nanocomposite pour point depressant on the structural properties of Daqing waxy crude oil[J]. Energy & Fuels，2019，33（7）：6069–6075.

[7] Jia X L，Fu M M，Xing X Y，et al. Submicron carbon–based hybrid nano–pour–point depressant with outstanding pour point depressant and excellent viscosity depressant[J]. Arabian Journal of Chemistry，2022，15（10）：104157.

[8] Sharma R，Deka B，Mahto V，et al.Investigation into the flow assurance of waxy crude oil by application of graphene–based novel nanocomposite pour point depressants[J]. Energy & Fuels，2019，33（12）：12330–12345.

[9] Sharma R，Mahto V，Vuthaluru H. Synthesis of PMMA/modified graphene oxide nanocomposite pour point depressant and its effect on the flow properties of Indian waxy crude oil[J]. Fuel，2019，235：1245–1259.

[10] Mahmoud T，Betiha M A. Poly（octadecyl acrylate—co—vinyl neodecanoate）/oleic acid–

modified nano-graphene oxide as a pour point depressant and an enhancer of waxy oil transportation[J]. Energy & Fuels, 2021, 35（7）: 6101-6112.

[11] Betiha M A, Mahmoud T, Al-sabagh A M. Effects of 4-vinylbenzyl trioctylphosphonium-bentonite containing poly（octadecylacrylate-co-1-vinyldodecanoate）pour point depressants on the cold flow characteristics of waxy crude oil[J]. Fuel, 2020, 282: 118817.

[12] Mao J C, Kang Z, Yang X J, et al. Synthesis and performance evaluation of a nanocomposite pour—point depressant and viscosity reducer for high-pour-point heavy oil[J]. Energy & Fuels, 2020, 34（7）: 7965-7973.

[13] Liu Y, Sun Z N, Jing G L, et al. Synthesis of chemical grafting pour point depressant EVAL-GO and its effect on the rheological properties of Daqing crude oil[J]. Fuel Processing Technology, 2021, 223: 107000.

[14] Yang F, Yao B, Li C X, et al. Performance improvement of the ethylene-vinyl acetate copolymer（EVA）pour point depressant by small dosages of the polymethylsilsesquioxane（PMSQ）microsphere: An experimental study[J]. Fuel, 2017, 207: 204-213.

[15] Yao B, Li C X, Zhang X P, et al. Performance improvement of the ethylene—vinyl acetate copolymer（EVA）pour point depressant by small dosage of the amino-functionalized polymethylsilsesquioxane（PAMSQ）microsphere[J]. Fuel, 2018, 220: 167-176.

[16] Yao B, Li C X, Yang F, et al. Advancesin and perspectives on strategies for improving the flowability of waxy oils[J]. Energy & Fuels, 2022, 36（15）: 7987-8025.

[17] Yao B, Li C X, Yang F, et al. Ethylene-vinyl acetate copolymer and resin-stabilized asphaltenes synergistically improve the flow behavior ofmodel waxy oils. 1. Effect of wax content and the synergisticmechanism[J]. Energy & Fuels, 2018, 32（2）: 1567-1578.

[18] Yao B, Li C X, Yang F, et al. Ethylene-vinyl acetate copolymer and resin-stabilized asphaltenes synergistically improve the flow behavior ofmodel waxy oils. 2. Effect of asphaltene content[J]. Energy & Fuels, 2018, 32（5）: 5834-5845.

[19] Yao B, Li C X, Mu Z H, et al. Ethylene-vinyl acetate copolymer（EVA）and resin-stabilized asphaltenes synergistically improve the flow behavior ofmodel waxy oils. 3. Effect of vinyl acetate content[J]. Energy & Fuels, 2018, 32（8）: 8374-8382.

[20] Zhang X P, Yang F, Yao B, et al. Synergistic effect of asphaltenes and octadecyl acrylate-maleic anhydride copolymersmodified by aromatic pendants on the flow behavior ofmodel waxy oils[J]. Fuel, 2020, 260: 116381.

[21] Yao B, Chen W, Li C X, et al. Polar asphaltenes facilitate the flow improving performance of polyethylene-vinyl acetate[J]. Fuel Processing Technology, 2020, 207: 106481.

[22] Tao R, Xu X. Reducing the viscosity of crude oil by pulsed electric ormagnetic field[J]. Energy & Fuels, 2006, 20（5）: 2046-2051.

[23] Tao R，Tang H. Reducing viscosity of paraffin base crude oil with electric field for oil production and transportation[J]. Fuel，2014，118：69–72.

[24] Du E，Zhao Q，Xiao Y，et al. Electric field suppressed turbulence and reduced viscosity of asphaltene base crude oil sample[J]. Fuel，2018，220：358–362.

[25] Li H Y，Wang X Y，Ma C B，et al. Effect of electrical treatment on structural behaviors of gelled waxy crude oil[J]. Fuel，2019，253：647–661.

[26] Huang Q，Li H Y，Xie Y W，et al. Electrorheological behaviors of waxy crude oil gel[J]. Journal of Rheology，2021，65（2）：103–112.

[27] Ma C B，Lu Y D，Chen C H，et al. Electrical treatment of waxy crude oil to improve its cold flowability[J].industrial & Engineering Chemistry Research，2017，56（38）：10920–10928.

[28] TAO R. Electrorheology for efficient energy production and conservation[J]. Journal of Intelligent Material Systems and Structures，2011，22（15）：1667–1671.

[29] Homayuni F，Hamidi A A，Vatani A，et al. Viscosity reduction of heavy and extra heavy crude oils by pulsed electric field[J]. Petroleum Science and Technology，2011，29（19）：2052–2060.

[30] Ibrahim R I，Oudah M K，Hassan A F. Viscosity reduction for flowability enhancementin Iraqi crude oil pipelines using novel capacitor and locally prepared nanosilica[J]. Journal of Petroleum Science and Engineering，2017，156：356–365.

[31] Jain A，Seth J R，Juvekar V A，et al. Remarkable decrease in the viscosity of waxy crude oil under an electric field[J]. Soft Matter，2020，16（47）：10657–10666.

[32] Tao R，Gu G Q. Suppressing turbulence and enhancing liquid suspension flow in pipelines with electrorheology[J]. Physical Review E，2015，91（1）：012304.

[33] Gonçalves J L，Bombard A J，Soares D A W，et al. Study of the factors responsible for the rheology change of a Brazilian crude oil undermagnetic fields[J]. Energy & Fuels，2011，25（8）：3537–3543.

[34] D'Avila F G，Silva C M F，Steckel L，et al.Influence of asphaltene aggregation state on the wax crystallization process and the efficiency of EVA as a wax crystalmodifier：a study using model systems[J]. Energy & Fuels，2020，34（4）：4095–4105.

[35] Ma C B，Zhang J J，Feng K，et al.Influence of asphaltenes on the performance of electrical treatment of waxy oils[J]. Journal of Petroleum Science and Engineering，2019，180：31–40.

[36] Li H Y，Li Z X，Xie Y W，et al. Impacts of shear and thermal histories on the stability of waxy crude oil flowability improvement by electric treatments[J]. Journal of Petroleum Science and Engineering，2021，204：108764.

[37] 张劲军，李鸿英，黄骞，等.原油电场改性技术研究进展[J].油气储运，2021，40（11）：1201–1209.

[38] 李鸿英，黄骞，周希骥，等.原油组成对电场改性效果的影响[J].油气储运，2022，41

（10）：1189–1194.

[39] Xie Y W，Zhang J J，Ma C B，et al. Combined treatment of electrical and ethylene–vinyl acetate copolymer（EVA）to improve the cold flowability of waxy crude oils[J]. Fuel，2020，267：117161.

[40] Tao R，Du E，Tang H，et al. Neutron scattering studies of crude oil viscosity reduction with electric field[J]. Fuel，2014，134：493–498.

[41] Chen C H，Zhang J J，Xie Y W，et al. An investigation to the mechanism of the electrorheological behaviors of waxy oils[J]. Chemical Engineering Science，2021，239：116646.

[42] 李鸿英，黄骞，陈朝辉，等 . 原油电场改性机理研究进展与展望 [J]. 油气储运，2022，41（11）：1250–1259.

[43] Jiang C，Guo L Y，Li Y Z，et al.Magnetic field effect on apparent viscosity reducing of different crude oils at low temperature[J]. Colloids and Surfaces A：Physicochemical and Engineering Aspects，2021，629：127372.

[44] Tung N P，Van V，Long B Q K，et al. Studying the mechanism of magnetic field influence on paraffin crude oil viscosity and wax deposition reductions[C]. Jakarta：SPE Asia Pacific Oil and Gas Conference and Exhibition，2001：SPE–68749–MS.

[45] Jing J Q，Shi W，Wang Q，et al. Viscosity–reduction mechanism of waxy crude oilin low–intensitymagnetic field[J]. Energy Sources，Part A：Recovery，Utilization，and Environmental Effects，2022，44（2）：5080–5093.

[46] Chow R，Sawatzky R，Henry D，et al. Precipitation of wax from crude oil under the influence of amagnetic field[J]. Journal of Canadian Petroleum Technology，2000，39（6）：56–61.

[47] Huang H R，Wang W，Peng Z H，et al. Synergistic effect of magnetic field and nanocomposite pour point depressant on the yield stress of waxy model oil[J]. Petroleum Science，2020，17（3）：838–848.

[48] Boytsova A A，Kondrasheva N K. Changes in the properties of heavy oil from Yarega oilfield under the action of magnetic fields and microwave radiation[J]. Theoretical Foundations of Chemical Engineering，2016，50（5）：831–835.

[49] Pandey D，Pandey D B，Suyal S. Viscosity alteration of paraffin based crude oil using pulsatedmagnetic field[C]. Online：78th EAGE Conference and Exhibition 2016，2016：1–5.

[50] 韩松 . 石克原油结蜡及磁防蜡研究 [D]. 北京：中国石油大学（北京），2020.

[51] Vuković J P，Novak P，Jednačak T，et al.Magnetic field influence on asphaltene aggregation monitored by diffusion NMR spectroscopy：Is aggregation reversible at highmagnetic fields?[J]. Journal of Dispersion Science and Technology，2020，41（2）：179–187.

[52] Khalaf M H，Mansoori G A，Yong C W.magnetic treatment of petroleum and its relation with asphaltene aggregation onset（an atomistic investigation）[J]. Journal of Petroleum Science and

Engineering，2019，176：926-933.

[53] Roa M，Cruz-Duarte J M，Correa R. Study of an asphaltene electrodeposition strategy for Colombian extra-heavy crude oils boosted by the simultaneous effects of an external magnetic field and ferromagnetic composites[J]. Fuel，2021，287：119440.

[54] Contreras-Mateus M D，López-López M T，Ariza-León E，et al. Rheological implications of the inclusion of ferrofluids and the presence of uniform magnetic field on heavy and extra-heavy crude oils[J]. Fuel，2021，285：119184.

[55] Felicia L J，Philip J. Effect of hydrophilic silica nanoparticles on the magnetorheological properties of ferrofluids：a study using opto—magnetorheometer[J]. Langmuir，2015，31（11）：3343-3353.

[56] Tao R，Xu X. Viscosity reduction in liquid suspensions by electric ormagnetic fields[J]. International Journal of modern Physics B，2005，19（7/9）：1283-1289.

[57] 黄伟莉，王锦涛，王彩娇，等.磁场降低高酸原油黏度的实验研究[J].广东石油化工学院学报，2016，26（4）：10-13.

[58] 王升，康云，白永强.高粘原油磁防蜡和降粘的量子解释[J].油气储运，2012，31（8）：629-632.

[59] Chen X J，Hou L，Li W C，et al.Molecular dynamics simulation of magnetic field influence on waxy crude oil[J]. Journal ofmolecular Liquids，2018，249：1052-1059.

[60] Evans J L，Jr. Apparatus and technique for the evaluation of magnetic conditioning as ameans of retarding wax deposition in petroleum pipelines[D]. Gainesville：University of Florida，1998.

[61] 廖艳飞，王晓东，那贤昭.油井磁防蜡技术中的 Halbach 型磁场的设计[J].中国科学院大学学报，2016，33（6）：753-757.

[62] 中国化工学会，马光辉，等.高分子微球和微囊[M].北京：化学工业出版社，2021：1-56.

牵头专家：张劲军

参编作者：杨　飞　李鸿英　王　玮　刘朝阳

第五篇

成品油管输介质质量控制

成品油管道是衔接成品油生产与消费的核心环节。截至 2021 年，国内成品油管道总里程已达 $2.91 \times 10^4 \text{km}$[1]。国家管网集团的成立将加快形成油气管道"全国一张网"，推动成品油管道的互联互通，强化"市场、管网、用户"的"X+1+X"发展战略的实施，多油源"共用"成品油管网系统势在必行。成品油管网将承接更多公共服务，内部输送的油品种类将更加丰富，顺序输送过程中不同型号油品、不同厂商相同型号油品间的混油现象将更加频繁。准确预判管输批次混油信息、把控管输质量指标动态变化规律、减少管输介质质量指标损失是成品油管道管输介质质量控制领域中的重要课题。

近年来该领域科研人员开展了大量的研究工作，不断完善成品油质量标准规范，研发高精度管输混油检测设备，建立管输混油高效计算方法，丰富管输混油控制与管理方法。总体而言，国内在管输混油计算方法研究方面处于国际领先地位，在管输混油检测设备、管输混油控制与管理方面需追赶国际先进水平，在成品油质量标准规范方面，国内外各具特色。

1 发展现状与技术进展

1.1 成品油质量指标规范

成品油质量指标是管道运营企业与上下游用户交接油品的关键因素。国家管网集团公司成立后，成品油管网系统必然会被多油源共用；加之"双碳"战略的稳步推进，使得油品质量指标要求趋严，上下游协调空间趋窄。梳理中国的油品质量指标及检测标准，明晰国内外标准异同，对提高成品油管网顺序输送工艺管理水平具有重要意义。

1.1.1 成品油质量指标标准

不同油品重点关注的质量指标存在差异。汽油主要考察抗爆性、馏程、蒸发性等，其中终馏点是汽油最为敏感的质量指标，GB 17930—2016《车用汽油》规定 90#、93# 汽油终馏点不大于 205℃。柴油质量指标包括硫含量、十六烷值（CN）、闪点、运动黏度等，其中闭口闪点是柴油最为敏感的质量指标，GB 19147—2016《车用柴油》规定柴油闪点不小于 55℃，管道运行中要求柴油闪点不小于 58℃。航煤质量指标包括密度、馏程、色度、冰点、实际胶质、电导率等，其中电导率是航煤最为敏感的质量指标。GB 6537—2018《3 号喷气燃料》

规定了航煤电导率的合格范围是 50~600 pS/m，航煤电导率衰减程度受储存时间及运输方式影响，一般通过添加抗静电剂控制航煤电导率。

国际能源署（International Energy Agency，IEA）统计数据显示，2019 年全球 CO_2 排放量为 $330 \times 10^8 t$，主要源于煤、石油、天然气等一次性能源的使用，其中石油与天然气产品的 CO_2 排放量达到 $182 \times 10^8 t$，占比 55%。中国要实现"双碳"战略目标，油气行业势必成为减排主体[2-3]。自 2023 年 7 月 1 日起，中国在全国范围内实行国 VI B 标准。总结 GB 18352.6—2016《轻型汽车污染物排放限值及测量方法（中国第六阶段）》、GB 17691—2018《重型柴油车污染物排放限值及测量方法（中国第六阶段）》可知，从 2018 年国 V 标准到 2020 年国 VI A 标准，再到 2023 年国 VI B 标准的实施，油品质量指标不断提高（表 5-1、表 5-2，国 V、国 VI 标准主要关注汽油、柴油污染排放，未涉及航煤），油品品质不断提升，主要体现在油品排放限值上（表 5-3、表 5-4，其中 CO 为一氧化碳，THC 为碳氢化合物，NMHC 为非甲烷烃，NO_x 为氮氧化物，N_2O 为氧化二氮，PM 为颗粒物质量，PN 为粒子数量）。

表 5-1　国 V、国 VI 标准汽油质量指标变化对比表

标准	50% 的蒸发温度 /℃	终馏点 /℃	苯体积分数	烯烃体积分数
国 V	90~120	180~205	不大于 1.0%	不大于 25%
国 VI A	90~105	190~200	不大于 0.8%	10%~15%
国 VI B				

表 5-2　国 V、国 VI 标准柴油质量指标变化对比表

标准	多环芳香烃质量分数	闭口闪点 /℃	硫含量 / (mg/kg)
国 V	不大于 11%	不小于 55	不大于 350
国 VI A	不大于 4%	不小于 55	不大于 10
国 VI B			

表 5-3　国 V、国 VI 标准汽油排放限值对比表

标准	CO/ (mg/km)	THC/ (mg/km)	NMHC/ (mg/km)	NO_x/ (mg/km)	N_2O/ (mg/km)	PM/ (mg/km)	PN/ (10^{11} 个 /km)
国 V	1000	100	68	60	—	4.5	—
国 VI A	700	100	68	60	20	4.5	6
国 VI B	500	50	35	35	20	3.0	6

表 5-4　国Ⅴ标准与国Ⅵ标准柴油排放限值对比表

标准	CO/(mg/km)	THC/(mg/km)	NMHC/(mg/km)	NO$_x$/(mg/km)	N$_2$O/(mg/km)	PM/(mg/km)	PN/(10^{11}个/km)
国Ⅴ	500	—	—	180	—	4.5	—
国Ⅵ A	700	100	68	60	20	4.5	6
国Ⅵ B	500	50	35	35	20	3.0	6

　　国Ⅵ A 标准是从国Ⅴ标准到国Ⅵ B 标准的一个过渡阶段，国Ⅵ B 标准在各项指标要求上全面升级，具体表现在 THC、NO$_x$ 的排放限值分别增加了 49%、42%，PM 排放限值收紧了 33%，引入 PN 的限制要求，增加了 N$_2$O 污染物排放限值，并统一了汽油与柴油的限值，对提升油品品质、提高油品清洁度具有积极意义。此外，国Ⅵ标准的制定改变了以往等效转换欧洲排放标准的方式，从数值上相比欧Ⅵ的标准更高（表 5-5），且更符合中国的实际情况。

表 5-5　欧标与国标汽柴油排放限值对比表

标准		CO/(mg/km)	NMHC/(mg/km)	NO$_x$/(mg/km)	PM/(mg/km)
欧标	欧Ⅴ	1000	68	60	5.0
	欧Ⅵ	1000	68	60	4.5
国标	国Ⅵ A	700	68	60	4.5
	国Ⅵ B	500	35	35	3.0

1.1.2　成品油质量指标检测标准

　　现行 GB 19147—2016《车用柴油》、GB 17930—2016《车用汽油》及 GB 18351—2017《车用乙醇汽油（E10）》规定的检测项目通常需基于实验室化验测试，项目检测周期长，不利于成品油产品快速流通。

　　2019 至 2022 年，中国开展了现场快速检测方法研究及检测标准制定工作，相继颁布了多项地方标准：山东省颁布了 DB37/T 3635—2019《车用汽油快速筛查技术规范》、DB37/T 3636—2019《车用汽油快速检测方法 近红外光谱法》、DB37/T 3637—2019《车用柴油快速筛查技术规范》、DB37/T 3638—2019《车用柴油快速检测方法 近红外光谱法》、DB37/T 3639—2019《车用乙醇汽油（E10）快速筛查技术规范》、DB37/T3640—2019《车用乙醇汽油（E10）快速检测方法近红外光谱法》；河北省颁布了 DB13/T 5383—2021《车用乙醇汽油（E10）快速筛查技术规范》、DB13/T 53832—2021《车用柴油快速筛查技术规范》；天津市颁布了 DB12/T 1108—2021《车用乙醇汽油（E10）快速筛查技术规范》、DB12/T

1109—2021《车用柴油快速筛查技术规范》；山西省颁布了DB14/T 2481—2022《车用汽油快速筛查技术规范》、DB14/T 2482—2022《车用柴油快速筛查技术规范》。各地标准采纳的快速检测方法较为相似，均借助近红外光谱法或中红外光谱法获取定标样品的光谱特征数据，基于偏最小二乘算法建立定标样品与质量指标间映射关系，结合待测样品光谱检测数据可实现质量指标的快速测定。与传统检测方法相比，上述方法可同步分析待测样本的多个质量指标数据，并迅速判断油品是否合格。各标准均规定了定标样本数量、模型维护周期、异常样本识别方法及样本检测环境，以避免定标偏离与测量环境干扰误导检测结果。此外，各标准对检测结果的重复性与准确性也有一定要求，但尚缺乏快速检测标准与现有国家标准仲裁法的对比研究[4]。

中国质量检验协会（China Association for Qualityinspection，CAQI）在总结各地方标准后，颁布了3项团体标准：T/CAQI 232—2021《车用汽油快速筛查技术规范》、T/CAQI 233—2021《车用柴油快速筛查技术规范》、T/CAQI 234—2021《车用乙醇汽油（E10）快速筛查技术规范》。相比地方标准，团体标准考察的油品质量指标覆盖面更大，适用范围更广。然而中国尚未出台有关行业标准乃至国家标准，有待整理现有各项标准后形成面向全国大管网的统一规范。

1.2 成品油管输混油检测设备

高精度混油检测设备是准确判断混油界面到站时间、精准感知混油界面信息的基础。顺序输送混油检测方法主要包括：基于油品物理特性的检测方法，如密度计检测法、光学界面检测法、超声波界面检测法及射线法等；基于记号物质的检测方法，如气体记号法、荧光记号法等。由于记号物添加量不易掌控且可能影响油品质量，因此基于记号物质的检测方法在中国成品油管道上的实际应用较少，以下介绍一些常用的基于油品物理特性的检测方法。

1.2.1 密度计检测法

密度计检测法是当前成品油管道混油界面检测最常用、最直接的方法，其工作原理是基于顺序输送相邻批次油品密度差异信息检测混油界面。目前国内成品油管道常用的密度计检测法主要分为玻璃浮式密度计检测法、振动管检测法，后者具有温度控制精确、黏度自动校正等优势，使用比例逐年上升[5]。

2021年，中国计量大学研制了基于振动管原理的密度测量系统，该系统基于振动管的交变电流实现振动激励，能克服传统振动管密度计管重心发生偏移的弊端[6]。同年，哈尔滨工业大学研制了一套基于谐振式密度测量原理的管输介质密度在线检测系统，检测精度可达 $\pm 0.5 kg/m^{3}$ [7]。

1.2.2　光学界面检测法

当前后油品密度相近时，可基于油品间透明度与折射率的差异，借助光学界面检测仪检测混油。目前中国应用在成品油管道上的光学界面检测仪以进口产品为主，相对成熟的在役产品有 KAM Control 油品界面智能检测仪、FuelCheck 油品界面智能检测仪。中国成品油管道内普遍杂质含量较高，FuelCheck 油品界面智能检测仪对油品杂质敏感程度低，因此更适用于中国的成品油管道。

2020 年国家管网集团华南分公司对原有的光学界面检测方法进行了改进，突破了光纤探头研制、高精度红外激光信号传输、精密光学透镜及恒温控制等多项关键技术，成功研制出中国首套油品界面智能检测仪，并在昆明昆东站、深圳妈湾站开展应用。经 200 多天在线测试，证明该界面智能检测仪能明显区分相差较小的信号，其中 92# 与 98# 两种汽油之间的信号差值可达到 20%，有效解决了相似油品界面检测难题[8]。

1.2.3　其他方法

超声波流量计灵敏性高、信号稳定，能迅速感知密度的微小变化，应用于兰郑长成品油管道，实现了流量精确测量、混油界面精准检测[9]。超声波流量计的识别精度与密度计检测法的测量结果相当，与光学界面检测仪相比更稳定准确。但超声波流量计安装难度大、运维成本高、测量过程易受干扰，目前还未广泛应用于中国成品油管道[10]。

随着检测精度需求的提升与人工智能技术的发展，通过提取放射性检测器测量信号的关键特征，结合神经网络算法检测石油产品信息的方法逐渐成为研究热点。该方法成本低、精度高[11]，但放射性检测器对人员、环境均存在一定危害，目前在中国成品油管道上尚未见其应用案例。

荧光剂检测法通常将荧光剂溶于有机溶剂中，通过连续检测管输介质荧光强度变化来检测混油界面。美国帕兰特逊管道公司早在 1972 年就将其投入使用[12]，但受制于荧光剂污染及运行成本问题，目前中国成品油管道尚未使用[13]。

电容法基于成品油介电常数较稳定的特性，通过测量电容器两极之间成品油介电强度检测混油界面，该技术在美国西得克萨斯海湾原油管道与劳莱尔成品油管道均有应用[14]。电容法的操作方法简单、成本较低，但测量过程易受环境温度影响，检测准确度不高，工程应用范围受限[15]。

1.3　成品油管输混油计算方法

随着成品油管网互联互通和规模的进一步扩大，多点多用户格局成必然趋势，管网油品输送计划的精准制定、在线批次管理等问题均面临重大挑战。为促进管网保质、保量、准时、准点为上游生产商与下游市场提供优质服务，实现混油长度数据的精准预测、混油浓度分布信息的高效表征、混油界面位置信息的准确跟踪以及油品质量指标在线监测势在必行。

1.3.1 混油长度计算

混油长度直接影响成品油管道输送效益，是工程现场重点关注的核心指标。现有模型如 Taylor 公式 [16] 忽略了黏性边界层与紊流核心区的对流传质效应，计算精度受限；Austin-Palfrey 混油计算公式 [17] 求解参数少、便于估算，但计算结果通常与实际值存在较大偏差；机器学习描述复杂问题的能力强，可深度挖掘海量混油数据，但因未考虑混油过程机理，导致其易受过拟合现象困扰，模型泛化能力存疑。2022 年，Yuan 等 [18] 在引入局部建模算法的基础上，结合物理认知优选了表征管内流动状态的运行雷诺数作为关键特征变量，据此辨识不同管输混油发展过程差异并建立相应局部预测模型。同时，借助 Austin-Palfrey 公式重构原始特征变量以提升模型的非线性拟合能力，最终建立了机理 – 数据双驱动的混油长度预测模型。工程测试表明，相比直接采用局部建模算法，基于物理认知优选关键特征变量能有效提升模型表征能力；与 Austin-Palfrey 公式相比，所建机理 – 数据双驱动的混油长度预测模型的预测误差降低超过 30%，且当样本观测值受到噪声干扰时，模型仍能准确描述混油段长度发展规律。研究成果可为成品油管网运行优化提供参考。

1.3.2 混油浓度分布表征

成品油管道顺序输送过程中，混油浓度分布数据是现场开展油品批次切割工作的重要支撑数据。混油浓度分布曲线通常呈明显拖尾特点，而传统一维对流 – 扩散方程假定曲线为对称分布，表征准确性受限。现有高维混油浓度分布数理模型考虑了管道径向速度差异，可以描述有限长度混油形成与发展过程。但高维数理模型复杂度高、计算时效性弱，难以应用于长达数百公里的成品油管道实时仿真 [19]。

成品油管道顺序输送过程的精准数字孪生依赖于管输混油浓度分布的实时快速仿真。陆世平 [20] 在传统一维混油模型的基础上，基于紊流扩散与边界层理论，将管内流动简化为层流边界层区和紊流核心区，同时考虑混油浓度拖尾现象主要由二者间的对流传质所致，最终建立了"新一维"混油浓度演化模型。该方法突破了传统混油模型浓度对称分布假设，同时大幅提高了仿真速度，已在国家管网集团华南分公司在役成品油管道上应用，针对空间跨度超过 200km 的某实际运行成品油管道，在配置为 i5-11500 双核处理器，运行内存 8G 的常规计算平台上开展混油浓度计算测试，模型平均计算时长低于 1min，且计算结果可有效表征混油非对称分布特点。研究成果克服了现有仿真方法计算效率低、现场应用难度大等瓶颈，为成品油管道管输混油浓度分布仿真提供了新的理论支撑。在此基础上，形成了具有自主知识产权的混油浓度在线预测软件包，自主研发了成品油管道顺序输送混油浓度分布预测软件[21]，具备连入油气管道数据采集与监视控制系统（SCADA）数据接口、数据查询、混油浓度在线预测及可视化功能。实现了工业软件国产化的同时，切实推进了成品油管网运维过程的数字孪生工作，对指导现场油品批次切割工艺具有重要意义。

1.3.3　混油界面在线追踪

精准跟踪顺序输送过程中油品批次界面位置，及时预判界面到站时间，可以辅助现场人员掌握管网批次输送状态并预先制定响应措施。现场一般基于密度计、光学界面仪等检测界面到站信息，而批次界面跟踪系统主要依赖注入和分输站的流量监测数据，实时计算混油界面位置并预测到站时间，但人工操作与流量监测过程中常见的噪声干扰、仪器本身的测量误差等均会导致界面定位、到站时间预估出现偏差。

王现中等[22]发展了融合历史数据的时变流量数据修正方法并应用于华南成品管道混油批次界面跟踪任务，冯亮等[23]采用数据驱动建模方法表征沿线高程起伏对界面追踪的影响。上述方法因未考虑长距离输送过程中温度变化引起的油品体积变化，其预测精度均有待提升。沈瑞灏[24]以茂昆线管段为例，分析了沿线温度分布对批次到站时间的影响机制，并建立了考虑温度修正的批次在线跟踪方法。研究结果表明，考虑了温度影响的批次跟踪方法具备更好的预测精度，到站时间最大预测误差从 21.54min 降至 7.08min。梁永图等[25]开发了批次界面跟踪软件与在线密度计检测信息相结合的批次界面在线跟踪系统，该系统具有自动校准跟踪误差、自动修正模型系数功能，经过现场应用验证效果显著，证明采用在线跟踪技术是保证批次界面跟踪精确性的有效手段。国家管网集团油气调控中心的研究人员[26]指出有必要开发具备拓展性好、功能丰富、人机交互界面友好等特点的集成化软件，助力混油接收方案的精准制定与油品批次切割工作的顺利进行。

1.4　成品油管输混油控制优化

1.4.1　油品质量指标在线监测

成品油管道油品质量指标在线监测是精准制定油品批次切割工艺、优化管网批次管理的重要前提。因影响因素众多，尚未实现基于硬传感器直接监测管输油品质量指标。近年来，中国学者以管输混油浓度分布与油品质量指标数学映射为纽带，借助混油浓度分布实时预测信息，开展了管输油品质量指标间接监测方法研究。汤东东[27]基于Gamma概率分布函数与卡方分布函数，结合兰成渝成品油管道实际混油浓度曲线数据建立混油浓度分布预测模型，并基于C原子数分布的混油质量指标修正三参数伽马分布（Three Parameter Gamma，TPG）计算模型，建立了混油浓度分布信息与柴油闪点、汽油终馏点之间的映射关系，进而在线求解混油段油品质量指标变化规律。韩东[28]基于混油浓度曲线前3/4段数据，结合Logistic函数外延预测剩余混油浓度分布信息，并以煤油色度值、柴油硫含量值为预测目标，采用最小二乘回归算法，结合实验数据建立了基于混油浓度分布信息的航煤质量指标在线预测模型，同时开发了管输混油质量指标分布测算软件，并在中国石化海南成品油管道开展了应用测试，对现场切割方案的改进有一定的指导意义。郭祎等[29]在其开发的批次界面跟踪系统中添加了批次质量预测、批次间混油段浓度与密度分布预测等功能，可以进行信息预测、修正、自选跟踪点，为用户操作管道提供了数据支撑。上述研究中均采用S型拟合曲线外延预测混油浓度分布，建模过程不涉及机理推导，泛化推广能力有待检验。此外，纯数据驱动建模方法必须等待监测设备获取足额数据后才可提供混油浓度分布预测信息，导致油品质量指标监测范围受限。综上，建立不同油品质量指标检测数据库、研发混油浓度分布信息高效表征方法、混油浓度分布与质量指标数学关联的精准建模工作势在必行。

1.4.2　管输混油控制方法

通过设定合理的批次顺序、增大管道输送流量、改进工艺设计等方法可以减少混油的产生。若产生的混油不容易处理或质量损失较大，可以采用物理隔离的输送方式控制沿程混油的发展。物理隔离包括隔离器、隔离液。因隔离器输送工艺流程复杂，不利于输油过程密闭性与连续性，近年来未见实际应用。隔离液主要应用于混油难以处理或混油经济损失大的场景，且要求其与所隔离油品具有良好的相容性[30]。如中国镇杭成品油管道[31]采用低硫航空煤油作为航空煤油与车用柴油的隔离介质，顺序输送过程产生的低硫混油可直接回掺至车用柴油罐。针对成品油管道可能面临的多品种、小批次的输送需求。

除减少沿程混油外，还可通过优化中间站流程来减少站间混油，准确表征站内组件对混油发展的影响机制是开展站场布局优化工作的前提。蔡泓均[32]基于数值模拟提出盲管会明显加剧混油浓度拖尾分布效应，并提出了考虑站间混油的混油长度计算公式。目前尚未见关于站内设施对混油浓度分布影响的工程化表征方法研究的报道。

1.5 国内外发展对比

世界各国在成品油管道运营模式上存在较大差异，主要分为 3 类[33]：①以美国为代表的市场主导型。该模式下管道运输与销售相互独立，管道输送油源多，品种丰富。管输服务公司一般采用"分储分输"，即将不同牌号、不同来源油品分批进行存储运输的精细化管理方式，如美国科洛尼尔成品油管道可同时输运成百批次不同油品。该模式可有效控制每个批次内油品质量指标与物性参数，有利于保证油品质量，满足用户多元需求，同时也要求管道首站、末站、分输站等站场具备充沛的多油品存储与处理能力。②以俄罗斯为代表的国家主导型。该模式管输服务对象为相对固定的大宗用户，且油品来源于固定炼油厂，油品质量较稳定。油品管理以牌号为主，根据各炼厂产品特点在指标细节上有所区分，不同来源油品需按质量指标差别进行分类储存，编制输油计划时以差别最小相邻输送。该模式运营灵活性虽不及市场化模式，但可提高相邻批次油品间的允许掺混量，便于混油处理。③国家管网集团建立之前，以中国为代表的企业附属型。中国石油、中国石化的成品油管道只能接收自家炼厂来油，涉及油品种类少，且首站储罐分类少，难以对多来源油品分别储存，因此多采用"同储同输"的油品管理模式。该模式工艺流程简单、管道附属设施需求少，但对于多油源、多用户、多品种、小批次的油品输送需求适应性差，油品质量保障手段不足。

国家管网集团成立以来，中国成品油管道正处于从企业附属型迈向市场主导型的转变期，未来成品油管网服务对象将从大型国企拓宽至地方炼厂、外企及其他需求客户，油源及油品种类将更加丰富，油品质量指标控制将更为严苛。国内外成品油管道运行呈现不同特点，使得管道管理运行技术存在一定差异，主要体现在以下 4 点。

1.5.1 成品油质量指标规范

在油品质量指标方面，更新至国Ⅵ标准后中国油品的质量指标与环保标准均得到大幅提升，且实现了与欧盟、美国等国际油品标准接轨。美国成品油质量监管体系较为完备[34]，为汽油、柴油均制定了明确的质量标准，如美国材料与试验协会制定了逐步降低汽油硫含量至"零水平"的汽油质量标准 ASTM D4814—2021《汽车火花点火发动机燃料标准规范》以及将柴油质量标准划分为 7 个等级的 ASTM D975—2021《柴油标准规范》。美国各州基于自身制定规范，对不同种类油品质量进行检测，方法更具灵活性。

在油品质量指标检测方面，美国材料与试验学会颁布的 ASTM D5845—2021

《红外光谱法测定汽油中甲基叔丁基醚、叔丁基乙醚、叔戊基甲醚、二异丙醚、甲醇、乙醇和叔丁醇的标准测试方法》同样采用红外光谱技术实现汽油产品中醇类物质的快速测定，但中国标准明确提出需基于马氏距离筛除异常样本，同时定标模型的样品应具有代表性，覆盖不同牌号、不同生产企业具有代表性的油品，能够覆盖使用该模型预测样品中遇到的样品特性，且总体定标样品集样品数不少于 500 个，以保障定标模型的可靠性。

1.5.2 成品油管输混油检测设备

中国在油品界面智能检测仪研发上取得了一定进展，市场上已涌现出不少国产高精度密度计，有效提升了中国长输管道油品界面检测的技术水平。但国外公司出产设备精度更高，在现场应用更为普遍，如 Emerson 7835 型在线密度计检测精度可达 $\pm 0.1 \text{kg/m}^3$。国外在智能化方面也更具竞争力，产品拥有数据恢复、在线诊断、自动校准等功能，通过追踪设备服役状态并采集诊断数据，可不断提升设备监测精度。国产密度计在准确度与智能化方面，仍需追赶国际先进产品。受温压变化、硬件老化等因素影响，现场混油检测设备普遍存在零点漂移现象，同批次油品在不同站场检测数据存在差异。Gordon 等 [35] 基于现场数据，结合机器学习算法建立了温度补偿模型，可缓解零点漂移造成的误差。Douwe 等 [36] 提出通过优化电路拓扑结构，可抑制设备零点发生漂移现象。Li 等 [37] 提出结合人工智能算法提高静态条件下零点漂移的稳定性及动态流速的精度，可有效降低零点漂移导致的测量误差。罗凡等 [38] 通过分析振动管各阶振动模态的幅频、相频特性，建立了传感器的初始相位模型，为准确追踪设备零点提供了理论依据。

1.5.3 成品油管输混油计算方法

在混油长度计算方面，中国提出的机理 – 数据双驱建模方法预测精度更高，适用性更好。国外主要采用硬件传感器检测混油界面信息，其管道运行仿真软件 [39, 40]（PipeFlow、SPS 等）一般采用 Austin–Palfrey 公式计算或通过内插获得混油段长度，应用范围受限。

在混油浓度表征方面，中国开展了面向工程应用的高效表征方法，研究并形成了配套的成品油管道管输混油浓度分布在线仿真软件包，仿真技术与软件应用能力处于行业领先水平。

在混油界面追踪方面，国外批次规划与计算产品较为丰富，如 Emerson 公司的 Pipeline scheduler & optimizer 产品，用于模拟液体管道压降；SAP 公司的 Cargo oil transportation 软件，可及时访问管道的准确信息并优化输送策略；ARC 公司的 Pipeline scheduling solutions with Digital Technologies 方案，可有效解决管道调度问题。

Milano 等[41]研究了人工操作、动态行为、仪表测量、系统误差及液柱分离等因素对混油界面追踪的影响。中国也有学者[22-26]探讨时变流量、高程起伏及温度等因素对混油界面移运速度的影响机制及表征方法，研制的计算软件包已应用于实际运行管道。但现有批次界面跟踪软件需依赖操作人员的经验修正误差，自动化程度低，跟踪精度不稳定，且各管道对油品批次、界面的定义存在差异，跟踪点与跟踪精度的判别方式也不一致，不能完全适应新模式下油品质量控制的需要。此外，中国尚未建立管路沿线温度变化、高程起伏、盲管、停输等因素对混油界面信息影响机制的高效表征方法，相关领域需要开展更深入的攻关。

1.5.4　成品油管输混油控制优化

在油品质量指标在线监测方面，国外基于机器学习算法建立了管输介质组分的在线预测方法[42]。还有研究通过构建硫含量波动幅度、频率值与管输油品质量指标的数学关联，基于硫含量监测数据实现油品质量指标的实时估算[43]。但上述直接预测油品质量指标的方法尚未见现场应用报道。近年来，中国基于管输混油浓度 – 质量指标数学关联，结合混油浓度分布实时预测数据间接监测质量指标的研究思路，初步形成了管输介质质量指标在线监测方法的研究框架，并初步开展了现场应用研究[27]。但部分关键技术仍有提升空间，如管输混油浓度分布实时仿真速度、混油浓度 – 质量指标映射关系的描述能力均有待加强，质量指标检测数据库也有待丰富。

在成品油管输混油控制方面，美国成品油管道公司均为独立企业，全面负责自身业务，权 – 责一体有助于成品油管道灵活运营与保障油品质量。如美国克洛尼尔成品油管道规定，相邻批次油品物性相差较大，或托运方对油品质量要求较高，不允许与其他油源油品混输时，需在批次间添加隔离液进行隔离输送[44, 45]。俄罗斯 Transnefteproduct 公司采用干线分公司自主调控的方式，不同干线输油计划、运行控制、油品注入与分输、批次界面检测、混油接收等完全由各干线分公司自主完成。俄罗斯成品油管道企业标准 CO06-16-003-2004《AK 燃油管输有限公司成品油管道顺序输送燃油规程》规定，汽油 – 汽油排序应基于相邻油品辛烷值差异最小原则，柴油 – 柴油排序应基于相邻油品闪点差异最小原则，当柴油闪点偏差相同时则按照硫含量差异最小原则开展批次排序工作[46]。这种方式使相邻批次油品之间的允许掺混量较大，便于混油处理，有利于保障油品质量。国家管网集团成立后尚未出台成品油管道调控变更方案，原属中国石化的成品油管道沿用分区调控模式，原属中国石油的跨省成品油管道由国家管网集团油气调控中心控制运行（一级调控），省内成品油管道由地区公司运行操作（二级调控）。管理层级较复杂，使得油品质量保障难度较高。中国的油品一般不考虑油源差异，依据牌号区分油品，且柴油为统一型号，因此顺序输送期间不涉及柴油 – 柴油排序，汽油 – 汽油排序方法也相对简单。

在成品油管输混油处理方面，美国科洛尼尔管道混油下载量很少，基本就地消化。俄罗斯成品油管道一般采用四段乃至五段切割法处理混油段，结合掺混法处理混油，还可在相邻批次间注入隔离液，方便接收站开展两段切割混油工作，避免混油下载。中国成品油管道末站普遍设置两台混油罐，对不同牌号汽油批次采用两段切割，对汽油 – 柴油批次采用三段切割。为减少末站混油下载量，有的管道在沿线站场下载部分混油。混油处理采用储罐掺混、在线掺混、蒸馏分离及返厂回炼等方式。在实际操作中，因为末站混油罐少，不能对混油进行多段分割，增加了混油处理难度；有的管道末站没有储油罐，不能采用油罐掺混工艺，为了保证外输油品质量只能加大混油下载量；在线掺混与蒸馏分离能力有限，因此有些管道产生的混油以返厂回炼为主。

2   发展趋势与对策

国家管网集团成立后，成品油管道由企业附属型的产运销一体化模式转变为"X+1+X"市场化运营模式，新模式下管道将向所有输油需求用户全面开放。上游多油源多注入、下游多分输、网络化等新特征驱动多批次、小批量的成品油输送需求成为常态化，混油问题日益凸显，管网上下游对油品质量指标要求更加严苛。如何提高混油界面仿真精度、控制混油发展、保障油品质量，为客户与市场提供优质服务，未来的研究重点需聚焦于以下 4 个方面。

2.1   成品油质量指标规范统一化

现有油品快速检测方法尚未形成全国统一规范，其适用范围与注意事项也有待明晰。应深植"全国一张网"思想，整合现有地方、企业、团体标准，梳理差异，形成国家层面上统一适用的标准，建立要素齐全、规则统一、可靠性高的全国性油品质量指标及监测标准体系框架，为保障上下游产品顺利交接夯实基础。

2.2   成品油管输混油检测设备国产化

当前中国成品油管道应用的混油检测设备多依赖进口，运维成本高；混油检测设备服役期间会测量获得海量数据，但数据未充分利用，造成"数据沉睡"困境。未来应在加强国产设备稳定性的基础上，加快设备智能化建设步伐，建立自主研发体系，增强国产设备的市场竞争力；丰富成品油管道混油检测方法，建立多元化检测体系，不同混油界面检测方法相互印证，提升检测结果可信度；强化国产设备普及率，掌握现场管理数据自主权，建立大型成品油管网混油检测数据库，深度融合人工智能、大数据等前沿技术，利用数据驱动建模方法提取关键特征，基于评估结果在线优化设备检测结果，提升顺序输送混油界面检测精度。针对零点漂移问题，应有机融合硬件优化与智能算法，在强化设备电路设计的同时，开发强鲁棒的信号处理与数据分析算法，建立仪表零点的准确追踪与监测数据的智能修正方法，实现小流量、强噪声等复杂工况条件下对管输油品物性参数的精准监测。

2.3 成品油管输混油计算方法在线化

在线仿真应与 SCADA 实时交互，获得在线运行数据，结合仿真模型实现对管道不同工况过程的连续、实时模拟。目前存在的问题有：现有混油界面信息仿真方法未能与现场数据实现深度互融，表征精度有待提高；目前已开展了管路沿线温度分布、盲管、过站、高程起伏及停输等工况对混油浓度分布及混油界面运移速度影响机制的初步探讨，但仍缺乏相应的高效表征方法；现有管输油品质量指标监测方法通常基于混油浓度分布预测信息，间接监测混油质量指标，计算速度与准度均有待提升。未来应融合现场运行数据，寻求混油界面信息计算结果的在线自适应修正；借助机器学习算法探索管路沿线温度分布、盲管、过站、高程起伏及停输等工况对混油浓度分布、混油界面运移速度影响的工程化表征方法，形成混油界面信息高效、高精度、高分辨率的"三高"预测方法。

2.4 成品油管输混油控制与管理精细化

在成品油管输介质质量指标在线监测方面，应探究混油质量指标与混油浓度分布信息的准确数学关联，实现管输介质质量指标的高效监测。已有学者基于近红外光谱法建立了成品油流通过程中质量指标快速检测技术[47]，近期也有学者[48-50]结合近红外光谱技术与机器学习算法，建立了油品炼制过程中质量指标的实时监测方法。未来可借鉴现有研究成果，开展基于近红外光谱法的管输介质质量指标在线监测方法的研究，为指导现场油品批次切割、优化批次管理奠定基础。

在成品油管道运行调度方面，需基于顺序输送混油质量指标在线监测方法，建立多变量、多约束、多目标且含多层嵌套控制方程的"四多"成品油管网优化模型，并开发相应高效、快速、准确的求解方法，以寻求最优运行方案。

在成品油管输混油控制方面，未来应聚焦高效物理隔离及处理系统的研发工作，丰富控制沿程混油的措施；发展站场内组件对混油浓度分布影响机制的工程化表征方法，指导站场布局设计并控制局部混油；提高管道运行与油库管理水平，完善现场操作规范和特殊工况的响应机制。"双碳"背景下，传统燃料类成品油消费市场即将达峰，未来还可能会有甲醇、液氨等氢能液相载体与成品油共用管道问题，须探索甲醇、液氨等新型能源载体与传统成品油顺序输送的工艺设计、管输热力水力特性、液体混合规律、混合液处理方案等问题。

在成品油管输混油处理方面，现有混油切割、掺混工艺常根据操作人员经验开展，可能造成混油切割量偏大、未充分运用油品质量指标裕量等情况。未来应着力发展高精尖传感测量技术与油品质量指标在线监测方法；科学看待管输油品质量指标衰减，实施"管道–储罐"一体化管理，以终端储罐存储油品质量为目标，建立油品质量指标裕量与允许混油浓度数据库，结合管输混油浓度分布数学模型，形成油品批次切割智能决策方法，确保储罐油品质量达标；同时，应完善管道附属配套设施建设，适应多品种、小批次储存需要，增设油品进出渠道，方便为更多用户服务。

基于现场感知数据，结合机理建模方法与大数据分析算法，构建功能齐全、求解高效的成品油管输介质质量控制软件是支撑成品油管道智能化运营管理的重要基础，对保障管输介质质量、确保上下游产品顺利交接具有重要意义。当前各管道对油品批次、界面的定义存在差异，界面跟踪点选择方法及精度判别方式等也不一致，与新模式下油品质量控制需求相左；现有软件开发项目多为考虑特定成品油管段运行特点进行的个性化定制，然而不同管段间运行逻辑相似度大、共性服务多，"点"式软件设计造成较多重复建设；成品油管道管输混油界面追踪、质量指标在线监测、批次切割、混油处理等工艺间关联程度高，针对特定任务单独开发软件，不同软件间的数据接口壁垒导致数据无法共享，业务不能共治，孤岛效应明显，从而影响决策速度及有效性。未来应针对成品油管道管输介质质量控制问题，统一油品批次界面管理、混油浓度曲线提取等专业术语概念；沉淀共性，将多层业务需求解耦成数据库管理模块、数理模型管理模块、模型求解算法运行模块、数据流交互共享模块、可视化模块、网络通信模块与远程调控模块，为管网管理人员提供批次界面、混油分布、油品质量等全面信息，实现批次界面信息透明化跟踪；引进中台技术统一管理，将"点"式功能包集成为架构清晰、覆盖面广的"面"式运行平台，消除不同业务间的信息共享瓶颈；打造感知能力强、仿真控制一体化的成品油管输介质质量控制软件平台（图5-1），为实现成品油管网提质增效提供技术支撑。

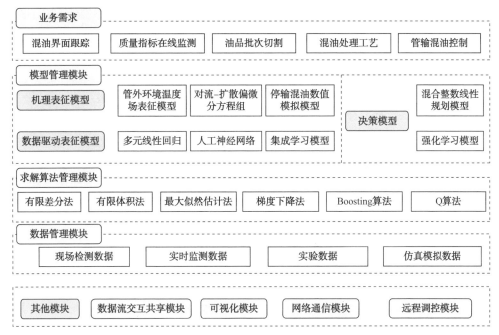

图 5-1　成品油管道管输介质质量控制软件平台框架图

混油是成品油管道顺序输送的特有问题，如何减少混油是成品油管输面临的重大难题。通过总结、对比近年来国内外在成品油质量标准规范、混油检测设备、混油计算方法及混油控制优化方面的相关研究发现，中国在管输混油计算方法研究方面处于国际领先地位，在混油检测设备研发与混油控制管理方面仍需追赶国外先进技术水平。未来，成品油管输质量控制的研究重点应着力于统一油品质量标准规范、国产混油检测设备的研发、在线混油计算及混油控制精细化管理。

参考文献

[1] 丁建林，张对红. 能源安全战略下中国管道输送技术发展与展望 [J]. 油气储运，2022，41（6）：632-639.

[2] 马冠晓. "双碳"背景下国有石油销售企业应对挑战发展路径探索 [J]. 国际石油经济，2022，30（10）：106-112.

[3] 程晓龙，刘垂祥，况新亮，等. "碳中和"背景下的中国成品油消费现状及未来发展分析 [J]. 化工管理，2022（10）：11-13.

[4] 王硕，段卫宇，纪博睿，等. 影响成品油现场快速检测结果准确性的因素探讨 [J]. 中国标准化，2023（1）：203-207.

[5] 史清刚，丁仕兵，邹雯雯，等.玻璃浮式密度计和U形振动管测定油品密度的对比 [J].石油化工应用，2022，41（10）：106–111.

[6] 魏传喆，潘江，宋夏红，等.一种直接驱动式振动管密度测量装置的研制 [J].计量学报，2021，42（10）：1294–1298.

[7] 徐宸.管道液体密度在线监测系统研究 [D].哈尔滨：哈尔滨工业大学，2021.

[8] 田中山，董珊珊，杨昌群，等.一种基于光学界面检测仪的界面检测方法：CN2021104853 17.9[P].2021–08–03.

[9] 李朝伟.基于SCADA的成品油界面检测方法探讨 [J].石油化工自动化，2019，55（3）：98–100.

[10] 张弦.外夹式超声波流量计的安装和注意事项 [J].品牌与标准化，2019（5）：64–66.

[11] Roshani G H，Muhammad ali P J，Mohammed S，et al. Simulation study of utilizing X—ray tube inmonitoring systems of liquid petroleum products[J]. Processes，2021，9（5）：828.

[12] 武振明，惠立，魏忠忠.浅析顺序输送混油界面的检测方法 [J].石化技术，2016，23（11）：66，53.

[13] 于涛，于瑶，魏亮.成品油管道界面检测及混油量控制研究 [J].天然气与石油，2013，31（5）：5–8.

[14] 李继明，李磊，马宏宇，等.国外成品油管道运行技术先进性探讨 [J].石油化工自动化，2018，54（4）：1–5，16.

[15] 吴烨.成品油管道输送中混油界面的检测方法探讨 [J].石化技术，2018，25（11）：308–308.

[16] Taylor G I. The dispersion of matter in turbulent flow through a pipe[J]. Proceedings of the Royal Society of London. Series A.mathematical and Physical Sciences，1954，223（1155）：446–468.

[17] Austin J E，Palfrey J R.mixing of miscible but dissimilar liquids in serial flow in a pipeline[J]. Proceedings of theinstitution of mechanical Engineers，1963，178（1）：377–389.

[18] Yuan Z Y，Chen L，Liu G，et al. Physics–informed student's tmixture regression model applied to predict mixed oil length[J]. Journal of Pipeline Science and Engineering，2023，3（1）：100105.

[19] Wang Y，Wang B Y，Liu Y，et al. Study on asymmetry concentration of mixed oil in products pipeline[J]. Energies，2020，13（23）：6398.

[20] 陆世平.成品油管道顺序输送混油界面在线化预测应用研究 [D].青岛：中国石油大学（华东），2022.

[21] 中国石油大学（华东）.基于机理 – 数据融合的成品油混油在线监测与智能计算软件：2023SR0554041[CP].2023–05–22.

[22] 王现中，左志恒，张万，等.一种混油界面位置追踪方法、装置、电子设备及介质：CN20 2211209792.4[P].2023–01–13.

[23] 冯亮，梁俊，李旺，等.油品顺序输送方法、混油界面跟踪方法及装置：CN202111105330.

3[P].2022-12-20.

[24] 沈瑞灏.成品油管道批次位置跟踪及溯源研究 [D]. 北京：中国石油大学（北京），2021.

[25] 梁永图，郑坚钦，杜渐，等.基于实时数据的成品油管道批次跟踪方法、系统及设备：CN 202111460804.6[P].2022-03-08.

[26] 于阳，沈亮，李君，等.成品油管道批次跟踪软件的开发与应用 [J]. 石油工业技术监督，2020，36（1）：49-54.

[27] 汤东东.成品油管道混油浓度在线预测及基于质量指标的切割方法研究 [D]. 北京：中国石油大学（北京），2019.

[28] 韩东.顺序输送管道中航煤质量指标变化规律研究 [D]. 北京：中国石油大学（北京），2020.

[29] 郭祎，于达，宋进舟，等.国家管网体制下成品油管道批次界面跟踪技术 [J]. 油气储运，2023，42（6）：601-611.

[30] Sadaf M.interface management during transportation of products through multi-product petroleum pipelines without kerosene plug[J]. Journal of the institution of Engineers（India）：Series C，2019，100（3）：587-590.

[31] 张小媚，夏艳波，刘竞.成品油管道分输航煤质量控制浅析 [J]. 中国储运，2023（3）：115-116.

[32] 蔡泓均.成品油管道拖尾油形成机理研究 [D]. 成都：西南石油大学，2018.

[33] 宫敬，于达.国家管网公司旗下成品油管道运营模式探讨 [J]. 辽宁石油化工大学学报，2020，40（4）：87-91.

[34] 张震，李文涛，焦益龙，等.美国成品油行业监管模式及运行机制 [J]. 国际石油经济，2017，25（5）：67-76.

[35] Lindsay G，Glen N，Hay J，et al. Coriolis meter density errors induced by ambient air and fluid temperature differentials[J]. Flow Measurement and Instrumentation，2020，73：101754.

[36] Van Willigen D M，Van Neer P L M J，Massaad J，et al. An algorithm to minimize the zero-flow error in transit-time ultrasonic flowmeters[J]. IEEE Transactions on Instrumentation and Measurement，2021，70：1-9.

[37] Li L，Hu Y，Dong J，et al. A novel differential time-of-flight algorithm for high-precision ultrasonic gas flow measurement[J]. Journal of Instrumentation，2022，17（5）：P05019.

[38] 罗凡，甘蓉，赵普俊，等.科里奥利质量流量计传感器零点模型研究及应用 [J]. 仪器仪表学报，2021，42（8）：15-23.

[39] 李欣泽.成品油管道的混油长度计算方法 [J]. 油气储运，2015，34（5）：497-499.

[40] 孙健飞，梁永图.成品油管道顺序输送混油模型研究进展 [J]. 油气储运，2019，38（5）：496-502.

[41] milano G，Goyal N，Basnett D. Tracking batches accurately in amulti-Product pipeline with large elevation changes and prominent slack flow[C]. Calgary：2018 12th International Pipeline

Conference，2018：V003T04A026.

[42] Tereshchenko S N，Osipov A L，Moiseeva E D. Prediction of the composition of the wide light hydrocarbon fraction by methods of machine learning in pipeline transportation[J]. Optoelectronics Instrumentation and Data Processing，2022，58（1）：85–90.

[43] Lyapin A Y，Dubovoy E S，Shmatkov A A，et al. Principles of oil flow quality management in the system of main pipelines[J]. Science & Technologies：Oil and Oil Products Pipeline Transportation，2020，10（5）：499–505.

[44] 王大鹏 . 科洛尼尔管道油品质量管理经验与启示 [J]. 油气储运，2018，37（3）：291–294.

[45] 梁严，郭海涛，周淑慧，等 . 美国成品油管道公平开放现状及启示 [J]. 油气储运，2019，38（6）：609–616.

[46] 代晓东，王余宝，李晶淼，等 . 中俄成品油管道运行技术对比研究 [J]. 天然气与石油，2018，36（2）：1–6.

[47] 仇士磊，夏攀登，郑金凤 . 一种成品油质量快速检测方法：CN201910358718.0[P]. 2019–08–06.

[48] He K X，Zhongm Y，Li Z，et al. Near–infrared spectroscopy for the concurrent quality prediction and status monitoring of gasoline blending[J]. Control Engineering Practice，2020，101：104478.

[49] Wang K，He K X，Du W L，et al. Novel adaptive sample space expansion approach of NIR model for in–situ measurement of gasoline octane numberin online gasoline blending processes[J]. Chemical Engineering Science，2021，242：116672.

[50] Tian Y，You X Y，Huang X H. SDAE–BP based octane number soft sensor using near–infrared spectroscopy in gasoline blending process[J]. Symmetry，2018，10（12）：770.

牵头专家：刘　刚

参编作者：邵铁民　于　达　闫　锋　陈　雷　杨　文
　　　　　王玉彬　袁子云　李　苗　张雪琴

第六篇

天然气产供储运销系统运营决策

天然气产业链涵盖天然气产供储运销体系，包括上游天然气资源勘探开发、中游储存运输与国内外贸易、下游终端用户市场3个主要组成部分。其中，储运环节是天然气产业链及油气储运行业的重要组成部分，是沟通产业链上、下游的纽带，为实现国内外天然气贸易提供了基础设施保障，对全产业链健康运行和可持续发展以及油气储运行业发展具有重要意义。

北美和欧洲是世界上天然气产业发展最成熟、产业链最完善的地区，在天然气产供储运销体系相关理论、产业链体制机制、产业链运行管理与调控、天然气能量计量、调峰分析与决策等方面的研究与应用处于国际领先水平。中国对天然气产供储运销体系的研究起步较晚，在借鉴国外相关研究成果基础上，针对中国天然气产业发展的特点开展了技术、经济及运营管理等方面的研究。2018—2022年，随着中国天然气行业向 X+1+X 体制过渡，国内相关单位开展了天然气管网公平开放制度与规则设计、公平开放天然气管网物流调配优化准则与模型、天然气用户特性、天然气需求预测、天然气市场运行与营销策略仿真、天然气销售决策分析与优化、天然气供应链优化、天然气供应链运行风险预警等方面的研究，部分成果达到国际先进水平。

在实现"双碳"目标和能源转型的大背景下，中国天然气消费量尚有很大增长空间，天然气产供储运销系统运营决策技术将具有以下发展趋势：天然气管网公平开放的技术规则趋于完善；天然气体积计量向能量计量转换；掺氢天然气进入管网及其配套设施；形成天然气智慧管网；多目标决策与优化；时变性与不确定性条件下的天然气产业链运营决策。相应地，X+1+X 体制下天然气产供储运销系统运营决策尚待解决的主要技术问题有：公平开放天然气管网物流优化；供气调峰、可靠性与风险预警；天然气上载与下载的日指定优化；公平确定合同运输路径的原则与方法；天然气需求预测；基于掺混计算的多气源管网天然气热值跟踪；掺氢输送的经济性。

1　储运在天然气产业链中的作用与地位

从天然气由生产到消费的物流过程看，天然气产业链或供应链由上游气源、中游输送和下游配送与利用三大环节构成。而从天然气交易的商务角度看，天然气销售也是产业链的重要环节，通常将其归入下游范畴。

在整个产业链中，天然气储运的主要业务范围对应中游输送环节。作为连接上游和下游的纽带，其任务是从上游各类气源接收天然气并将其运输到下游接收门站。该环节最常用的运输方式是输气管道，但在某些特定条件下可以将天然气转化为 LNG、CNG，然后以水运、公路、铁路等方式运输。目前，利用大型 LNG 船进行远洋运输是规模仅次于输气管道的天然气运输方式，对促进天然气国际贸易发挥了重要作用。小载货量的 LNG 与 CNG 公路、铁路或水运主要适用于小运量场景。与输气管道相比，这些基于车船的天然气运输方式在运量、运距及运输地点等方面具有较大灵活性，而且有时更经济，可作为管道运输的有益补充。在某些情况下，天然气在中游输送环节可能会经历多种运输方式的接力输送。在天然气产业链上游环节，与储运技术相关的业务对应各类气源的天然气在进入中游环节之前的矿场或厂区集输和处理。天然气处理是指脱除其中的水、重烃（相对甲烷而言）、二氧化碳、硫及固体杂质，其主要目的是使进入产业链中、下游的净化天然气（也称商品天然气）的气质满足输配和使用的技术要求。在下游环节，城镇区域或大型用气企业内部的天然气输配也属于储运技术覆盖的范围。

从保障供气角度看，实现天然气供需平衡是产业链正常运转面临的一个关键问题，其包括两个层面。第一个层面是较长周期（一年或更长时间）天然气资源与需求的总量平衡，第二个层面是在某时段内（一年或更短时间）使天然气供应量满足需求量随时间的变化。与天然气储运技术密切相关的是第二个层面，即供气调峰问题，其源于天然气需求量随时间的波动。在天然气产业链中，上游气源的供气能力和中游的输送能力往往是与下游的单位时间平均用气量（平均用气流量）基本匹配的，而下游单位时间的实际用气需求量（实际需要的用气流量）往往是随时间变化的，包括季节性波动、日波动及小时波动等，因而上游和中游向下游提供的天然气流量与下游要求的用气流量往往存在差异，而所谓天然气供应链的调峰问题即如何弥补该差异。对应描述用气量波动的不同时间单元（季节、日、小时），相应的调峰问题通常称为季调峰、日调峰及小时调峰。由于用气流量需求往往时刻处于变化状态，在供需平衡问题所涉时间范围内，对应不同时间单元的调峰问题往往是同时出现的，因此需要统筹考虑季调峰、日调峰及小时调峰问题。

解决调峰问题的措施大多基于储气，储气方式主要包括地下储气库、LNG储罐、储气罐和输气管道的站间管段等。除站间管段外，用于调峰的储气设施大多靠近天然气消费区，一方面是为了使中游环节的输气管网尽可能维持平稳、高效和经济运行；另一方面是为了使储气设施中的天然气在用气高峰时能尽快进入下游配送和用气系统。与其他储气设施相比，地下储气库具有容量大、输入（注气）输出（采气）流量大、经济性好、安全可靠等优点，可用于解决长时段、用气需求大幅波动的供需平衡问题，是季调峰的最佳方式。LNG 因能量密度大而在储气调峰方面具有独特优势，其储存设施选址比较灵活且建设周期短，用于调峰的 LNG 资源的获取途径和调配方式比较灵活机动。LNG 调峰有两种基本方式：

一是直接将基本负荷型天然气液化厂生产的 LNG 作为上游气源引入供气管网系统；二是通过气态和液态双向转换实现天然气的高效、经济储存。第一种方式主要是通过设置于沿海的大型 LNG 接收站来实现，这些接收站的基本功能是接收、储存、气化作为上游气源的 LNG，由 LNG 气化得到的天然气被注入输气管网。LNG 接收站通常拥有较大的储存与气化能力，且可以在大范围内调节气化器输出的天然气流量，因而其可以同时担当供气系统的常规气源和调峰气源的角色。除大型 LNG 接收站外，还可通过规模较小的 LNG 站实现第一种调峰方式。这种 LNG 站也具有 LNG 的接收、储存及气化功能，其接收的 LNG 可能来自大型 LNG 接收站（此时可将 LNG 站称为 LNG 卫星站），也可能直接来自基本负荷型天然气液化厂，而 LNG 的运输方式通常为公路运输。第二种方式仅仅是以 LNG 的形式储存输气管网输送的一部分天然气。当下游用气需求不足以消纳来自上中游的供气量时，将多余气量液化并以 LNG 的形式储存于罐中；此后，当来自上中游的供气量不足以满足下游用气需求时，通过气化装置将储存的 LNG 还原为气态并重新注入输气管网。这种方式需要设置一种兼具天然气液化、LNG 储存及气化装置的 LNG 站，也叫调峰型天然气液化厂。天然气的可压缩性强，输气管道站间管段中的天然气管存量随压力而变化，表明站间管段在具有输气功能的同时还具有储气功能，其可通过压力变化为实现天然气供需平衡发挥一定作用。每个站间管段的储气能力等于其管存量的最大允许变化幅度，而后者与站间管段的最大允许压力变化范围正相关。为了维持输气管道正常运行，站间管段的最大允许压力变化范围不会太大，因而站间管段储气只适合于解决小时调峰或日调峰这类短期调峰问题。此外，如果一个输气管段一直要维持满负荷运行状态，则其储气能力为 0，因而不能发挥调峰作用。

除了基于储气的调峰措施外，还可从上游气源和下游用户配置的角度采取调峰措施。供气系统的气源配置包括时间和空间两个维度，即根据用户的地理位置和用气量随时间的变化规律选择气源并确定各气源的供气计划。在供气计划期内，合理选择气源并优化各气源的供气计划将有助于解决调峰问题。然而，合理的气源配置必须与中游输送环节的天然气物流优化相结合才能充分发挥调峰作用。从这个角度看，实现输气管道（网）互联互通也是一种调峰措施，其增大了天然气资源统一调配的空间范围和灵活性。下游用户配置是一种针对需求侧的调峰措施，其基本思路是根据不可中断用户的用气量随时间变化规律合理配置一些可中断用户。所谓可中断用户是指不必保证连续供气的用户，其只在产业链下游处于用气低谷时使用天然气，可对下游用气需求量的波动起到削峰填谷作用。

可见，储运业务涉及天然气产业链的每个环节，覆盖了全产业链的天然气物流，且几乎包揽了整个中游输送环节，对保障产业链平稳、可靠、安全、高效、经济运行具有重要作用。

2 天然气产供储运销系统发展概况

2.1 国外天然气产业链运行机制

自 20 世纪 80 年代开始，为了促进天然气产业市场化，美国政府在天然气行业推行放松管制（Deregulation）和业务拆分（Unbundle）政策，这些政策也对其他一些市场经济国家的天然气产业发展和天然气产业链体制改革发挥了示范作用。所谓放松管制是指政府放松对天然气定价等方面的管制，例如放开井口气价。所谓业务拆分是指将原来由管道公司捆绑运营的天然气输送业务与销售业务拆分为两项各自独立的业务，从而使管道公司成为只从事天然气输送业务的单纯运输企业。拆分后的管道公司按照公平开放原则向天然气运营主体或用户（可统称为货主或托运商；相对于管道资产的所有者和运营者，也称为第三方）提供天然气运输服务，并基于相关政策法规向托运商收取管输费。目前，美国及欧洲大多数天然气产业发达国家已先后实行中游输送与上下游业务分离的体制。虽然这些国家的天然气产业政策不尽相同，但都具有天然气资源交易完全市场化、输气管网向托运商公平开放的共同特征。作为一类具有资产专用性的运输设施，天然气管道具有较强的自然垄断性，因而这些国家都将天然气管网设施作为政府对天然气产业链进行监管的重点。监管的目的一方面是让天然气市场的交易主体能够以合理价格获得管道公司提供的天然气运输服务，另一方面是保障管道公司通过收取管输费获得合理的投资回报。

天然气管网是一个复杂的流体网络系统，在公平开放条件下，为保证管网正常运行，管道公司需根据其所运营管网的具体情况，在天然气气质以及上载（注入）和下载（分输）条件（包括时间、地点、流量、压力、温度以及上载气量与下载气量的平衡控制等）等方面对托运商提出要求，并制定相应的技术规定。此外，管道公司还需根据相关法律法规对托运商的资质等商务方面的准入条件作出具体规定[1-7]。为了向托运商提供法律意义上公平的运输服务，管道公司应根据相关法律法规对托运商的运输服务申请做出合理安排。当管网运输能力（也称为输送能力或管输能力）不足以满足托运商的需求时，管道公司还需按照基于公平原则制定的拥塞管理机制为申请运输服务的托运商分配运输能力[7]。

在实行天然气管网公平开放的国家，管输费收取规则可能因管网覆盖的地域大小等因素而异，但基本原则都是维持管道资产的收益率处于本国的合理水平。美国采用基于运量、运输距离及单位周转量费率的收费模式，而欧洲天然气管网覆盖的国家则大多采用"进口/出口（Entry/Exit）"收费模式。后者的基本原则是基于管网中天然气的上载量和下载量分别向托运商收取管输费，而不考虑天然气在管网中的运输距离。在分别采用这两种管输费模式的同时，美国和一些欧洲国家采用二部制价格形成机制。按这种机制确定的管输费由预订费与使用费两部分组成。预订费是基于托运商向管道公司预订的管道输送能力（简称运能）或上载、下载能力确定的，主要体现管道公司的固定运营成本；使用费则是根据实际发生的运输周转量或上载量、下载量确定的费用，体现管道输送过程的运行成本。

许多天然气产业链市场化程度高的国家都依托输气管网设置了天然气交易中心（Trading Hub，也可称为交易枢纽），其具有物理和商务两个层面的含义，且物理层面是支撑商业层面的基础。从物理层面看，交易中心对应输气管网中天然气交接的节点，包括上载点、下载点及中转点。根据交易中心与管网中天然气实际交接点的对应关系，可将其分为节点型（也称为实体型）和区域型（也称为虚拟型）。一个节点型交易中心只对应一个实际交接点，其通常位于输气管网中某些汇聚管道数目较多、转运能力与储气能力较大的节点。一个区域型交易中心对应一个管网的所有交接点或该管网覆盖的运输服务范围。设置区域型交易中心的前提通常是其所对应的管网采用"进口/出口"管输收费模式，由于这种模式不考虑天然气在管网内的运距，因而管网中所有交接点的天然气价格具有直接可比性或基于同一评价标准的竞争性。从商务层面看，交易中心是基于物理层面对应的天然气交接点集中开展天然气交易的商务场所或平台，目前已实现网络化和数字化。在交易中心集中交易，各交易方都有充分的选择机会，优化了天然气市场的资源配置效率，而且健全了天然气价格形成机制，可通过众多交易主体的价格博弈在交易中心内形成公认的指导价。自20世纪末以来，随着天然气产业链市场化程度的提高，美国和欧洲相继出现基于天然气交易的金融衍生品，一些商品交易所推出天然气期货，而交易中心对应的交接点即作为期货和期权的实物交割地点。从天然气管网运行的技术角度看，交易中心为平衡管网的上载和下载气量提供了方便，英国的NBP（National Balance Point）交易中心最初是为平衡管网气量而建立的。目前世界上的天然气交易中心主要分布在美国和欧洲，其中美国24个，主要分布在得克萨斯州和路易斯安那州；英国、法国、德国、荷兰、比利时等天然气产业链市场化程度高的欧洲国家一般有1~2个。美国的交易中心均为节点型，其中1988年成立的Henry Hub是全球第一个、也是交易量和国际影响力最大的天然气交易中心，其形成的天然气指导价是世界天然气贸易价格的重要参考。欧洲的交易中心大多为区域型，其中最具影响力的是英国的NBP和荷兰的TTF（Dutch Title Transfer Facility）。NBP成立于1996年，是欧洲第一个天然气交易中心。TTF成立于2003年，近年来发展很快，已取代NBP成为欧洲交易量和影响力最大的交易中心，形成的天然气指导价已成为欧洲乃至世界天然气市场的重要参考。

2.2 国内天然气产业链运行机制

中国天然气产业链曾长期实行上中下游一体化体制，除下游天然气配送和利用环节外，上游气源、中游输送以及天然气批发（大宗销售）业务基本上由国内三大石油公司控制并实施一体化运营，整个产业链的市场化程度较低。近十几年来，随着中国天然气消费量、产量、进口量及天然气管网等储运基础设施的迅速发展，天然气产业链市场化改革逐步推进[8]。中共中央、国务院 2017 年发布的《关于深化石油天然气体制改革的若干意见》对中国天然气供应链的改革与发展具有里程碑意义，该文件明确了中国油气体制改革的目标是"放开两头，管住中间"，即形成"上游油气资源多主体多渠道供应、中间统一管网高效集输、下游销售市场充分竞争的'X+1+X'油气市场体系"。该体系中的两个"X"分别表示上游油气资源供应和下游油气销售的多主体性，是油气产业市场化的重要标志。2015 年、2017 年相继建立的上海和重庆两个石油天然气交易中心为更好地发挥两个"X"的市场主体作用提供了平台。对应"中间管住"的"1"代表国家石油天然气管网集团公司（简称国家管网公司）的油气管网，即所谓"全国一张网"。2020 年 10 月 1 日，国家管网公司全面接管中国的主干输气管网，标志着中国天然气产业正式开始实施"X+1+X"体制。

国家管网公司是对天然气托运商公平开放的管道运输企业，是中国主干天然气管道"全国一张网"的所有者和运营者，这意味着中国天然气产业链的中游输送环节同时存在自然垄断和行政垄断。为了规范处于垄断地位的国家管网公司的运营行为，保障天然气托运商和终端用户的正当权益，同时为保障国家管网公司获得合理投资回报提供法规支持，国家发改委发布了一系列法规性文件。2019年 5 月 24 日，发布了《油气管网设施公平开放监管办法》，其中确定了中国油气长输管网第三方准入制度的基本框架。2021 年 7 月 15 日，发布了《天然气管网设施运行调度与应急保供管理办法（试行）（征求意见稿）》。2023 年 2 月 15 日，国家能源局发布了《天然气管网设施托运商准入办法（征求意见稿）》。2016 年10 月 9 日和 2021 年 6 月 7 日，先后发布了两版《天然气管道运输价格管理办法（暂行）》和《天然气管道运输定价成本监审办法（暂行）》。这两版文件均明确规定跨省天然气管道的管输费实行政府定价，定价的基本原则是"准许成本加合理收益"。合理收益也叫准许收益，管道运输企业的年准许收益等于其有效资产与准许收益率的乘积。两版文件均规定基于税后全投资（有效资产）的准许收益率为 8%。国务院价格主管部门负责实施管输价格监管，监管周期为 3 年。在每个监管周期开始前，国务院价格主管部门基于管道运输企业过去一年的有效资产和运营状况核算其年度准许总收入和年度总周转量，在此基础上核算该年度的单位周转量管输费率，并以此作为未来 3 年的管输费率。为激励管输企业充分利用管网的输气能力，在核算年度总周转量时按每条管道的负荷率不低于 75% 考虑。2016 年版管输价格文件规定以管道公司作为核定管输费率的对象，而 2021 版则规定按地理区域核定管输费率。根据中国天然气市场结构和管道分布情况，以宁夏中卫、河北永清、贵州贵阳等管道关键节点为主要分界点，将主干输气管道划入西北、西南、东北及中东部 4 个定价区域（简称价区），同一价区内管道采用同一个管输费率。

2.3 与天然气产业链相关的运营决策优化

天然气产业链相关市场主体的运营效益与其运营决策密切相关[9]。因此，世界上许多天然气产业发达国家开展了天然气产业链相关运营决策优化的研究与应用，其中既有针对上中下游一体化运营的，也有针对产业链一部分环节的，其优化目标大多为成本最低或利润最大。

Ulstein 等针对以某海上气田为气源的天然气供应系统，对包括采气、集输处理、输送、销售等环节的全链条规划方案进行了优化研究。Selot 等针对以气田为气源的天然气供应系统进行了上、中、下游一体化运营优化研究。IHS Energy 公司基于线性规划开发了多气源天然气购销与管道输送一体化运营优化软件 GULP，其可以优化气源采购方案、管网流量分配方案以及对天然气用户的供气量分配方案。Energy Exemplar 公司基于线性规划和混合整数线性规划开发了 PLEXOS 软件，其 7.5 以后版本具有天然气、电力、再生能源、水力发电、热电等能源系统优化功能。德国 Cologne 大学基于线性规划开发了欧洲天然气管网流量分配优化模型 TIGER。

21 世纪以来，中国天然气产业发展迅速，而中国石油天然气集团公司（以下简称中国石油）在全产业链中一直居于主导地位。国家管网集团成立时，中国石油的天然气管网长度、输送能力、输气量、运输周转量以及天然气销售量均处于国际同类企业领先地位。与其市场地位相适应，中国石油在天然气产业链运营决策优化研究与应用方面也居国内领先水平，相关研究成果对提高其天然气业务的经济效益、巩固其在国内天然气产业的竞争优势和主导地位发挥了重要作用。针对中国石油在天然气方面的业务需求，中国石油规划总院二十余年持续开展天然气产运储销系统优化研究，其中的标志性成果包括 2004 年推出的《中国石油天然气产运销平衡模型》、2010 年推出的适用于年度计划的《天然气产运销一体化优化软件》以及 2016 年推出的适用于月度计划的《天然气管网运销规划优化软件》。这些成果在中石油生产计划部门获得成功应用，大幅减少了计划编制的时间和人力消耗，提升了计划编制质量和中石油的天然气产业链上经济效益。鉴于中石油在"X+1+X"体制下天然气业务模式和流程的变化，该院针对新体制、新模式及新流程，于2019年、2022年相继推出基于管输业务外包的《天然气价值链优化系统》和《天然气供应链仿真模拟与优化分析软件》。与英国IHS公司的GULP、挪威国家石油公司的GassOpt等国外同类软件相比，中石油的天然气产业链优化软件在供气系统规模（气源数目、天然气批发业务客户数目、依托的天然气管网的规模等）、求解速度、软件架构、功能配置、可扩展性、易用性与灵活性等方面均占优势。

3 天然气产供储运销系统决策技术研究与应用

3.1 天然气需求预测

天然气需求预测是天然气产业链平稳、高效、经济运行的重要基础。中国石油规划总院研究团队针对中石油在天然气产业链运营方面的多种业务需求，将大数据、人工智能、支持向量机等新技术与传统预测方法融合，构建了适用于不同管理层级及其市场范围以及某些特殊时段的短期天然气日需求量预测模型体系。该体系目前有16个预测模型，其中包括IEEMD-SVR-SVR组合预测模型、基于Elman神经网络的短期负荷预测模型、PSO-SVR组合预测模型、基于残差修正的BP-MNN短期负荷预测模型等10个智能预测模型。无论是中国石油总部针对其占有的国内天然气市场、还是其下属地区销售公司针对所辖市场区域（大区、省、重点城市等）进行天然气需求预测，都可从该体系中选择相应的预测模型。从时间维度看，该体系还专门设置了针对采暖－非采暖更替期、重大节假日期间及短期用气高峰期等特殊时段的预测模型。

2017年以来，上述模型体系在中石油总部及下属各级天然气销售公司得到广泛应用，预测结果准确度满足业务需求，为中石油的天然气产业链运营决策提供了重要基础信息。预测值与实际值的对比结果表明：总部与区域市场的平均预测误差分别在3%、4%以内；当预测周期分别为月、周时，总部的平均预测误差分别为2.7%、1.9%；近3年采暖－非采暖更替期的平均预测误差为4.7%，国庆、春节等节假期的平均预测误差为3.4%，用气高月期间周预测平均误差小于1.8%。

除日用气量预测外，研究团队还建立了 6 个考虑天然气消费量与分行业 GDP 增长率关联性的季度需求量预测模型，可用于总部整体预测天然气季度需求量。

3.2 天然气供应系统规划与计划优化

中国石油规划总院研究团队多年来致力于天然气供应系统规划优化技术研究，其中既有针对中石油企业层面的，也有针对国家宏观层面的，研究成果为制定中石油的天然气销售系统规划、运营计划以及全国天然气供气系统中长期规划提供了高效决策工具和有力的技术支撑。

针对中石油的天然气销售业务发展要求，研究团队开发了涉及 7 个层级（业务链系统优化、运销规划优化、销售规划优化、分省分管道优化、分省优化、分区域概要优化、资源销售概要优化）、包含 15 个优化模块、具有 68 项功能的天然气供应系统规划计划优化系统。从企业管理层级维度看，该系统适用于中石油总部、天然气销售公司及其各级地区公司的发展规划与运营计划优化。从时间维度看，该系统既适用于以年、月为时间颗粒度（单位）的发展规划优化，也适用于以月为时间颗粒度的年度运营计划优化，还适用于以日为时间颗粒度的用气高峰月供气保障计划优化。基于中石油各级天然气业务管理机构的多元化业务目标，该系统的优化模块设置了针对完整的天然气供应链、运销环节及单纯销售环节的系列优化目标。在应用该系统时，可根据制定规划或计划的目的以及要制定的规划或计划类型、性质和特点选择合适的优化目标。

2017 年以来，该系统主要用于编制中石油的天然气业务总体规划、储运设施规划、调峰规划及分省天然气业务规划。此外，还被应用于产运销平衡分析、管网能力瓶颈分析等专题研究，为《2018—2025 年天然气产运销平衡分析》《2019—2025 年天然气储运设施规划》《天然气资源配置成本分析》《储气库效益评价研究》《分省天然气业务规划》等多个课题提供了研究工具。

作为天然气产业链的重要组成部分，以 LNG 为业务对象的天然气液态供应链发展迅速，中石油的 LNG 业务在其天然气业务板块中也已占有相当大比例。为了提高中石油整个天然气业务板块的经济效益，研究团队开发了以总体经济效益最大化为目标的多气源、多用户、多省份（覆盖全国 32 个省级行政区）、多运输方式（公路、水路和铁路运输）液态供应链规划与年度计划优化系统。由于中石油的液态供应链系统包括的气源节点、销售节点及路网节点数目很大，为减少优化过程的计算量，对供应链各环节中涉及非线性关系的成本项进行线性化处理，使得该优化系统处理的问题被简化为大规模线性规划问题，并采用投影梯度法（相对于传统的单纯形法，也可称之为内点法）求解。该系统目前设定的各类节点数目的上限分别为：500 个气源节点、100000 个路网节点、2000 个销售节点，预计可满足 2050 年前中石油的天然气液态供应链发展规模的要求。

该优化系统已应用于中石油的天然气销售系统总体规划、分省天然气销售系统规划、LNG 接收站发展规划及运营计划编制、LNG 市场销售方案优化、LNG 资源配置方案优化、LNG 公路槽车运输方案优化以及天然气燃料车船发展规划中，为中石油的 LNG 业务乃至整个天然气业务板块的运营和发展提供了重要技术支撑。

应国家有关政府部门要求，研究团队还开展了"X+1+X"体制下全国天然气产供储销系统总体规划研究，主要包括全国天然气资源与市场布局和结构规划、天然气储运系统布局及储运设施建设时序规划、天然气物流规划与瓶颈分析、天然气供应极端情景分析等内容。该项研究立足国家宏观层面，基于全国天然气长输管道一张网并统筹考虑国内三大石油公司的天然气储运设施，以全社会用气成本最低为目标，建立了全国天然气产供储销系统总体规划方案优化的大规模混合整数线性规划数学模型。针对该系统的数学描述中涉及的一些非线性关系式，在建模过程中对其进行了自适应分段线性化处理。采用一种改进的分支定界法求解该模型，并开发了相应的总体规划方案优化与分析软件。该软件最多可容纳 1000 个气源节点、20000 个管网节点以及 100000 个用户节点，可满足中国天然气产业 2050 年以前发展规模的要求。

3.3) 基于 X+1+X 体制的天然气产供储运销系统运营决策优化

中石油的天然气业务规模大、种类全、覆盖地域广、涉及的设施与相关方多，在其天然气产业链运营过程中会涉及不同层级、不同维度、不同环节、不同颗粒度的多种类型决策优化问题。鉴于这些问题具有类似的逻辑结构，为便于研究成果推广应用，同时避免研究过程中的重复工作，研究团队构建了天然气产业链运营决策优化问题解决方案通用框架（图 6-1）。该框架的核心是一个混合整数规划模型框架，其决策变量、目标函数及约束条件的配置方案巧妙地兼顾了上述多种决策优化问题的需要，具有很强的灵活性。在基于该框架解决天然气产业链运营过程中实际遇到的某个决策优化问题时，只需根据该问题的具体条件和特点，对通用模型框架中的决策变量、目标函数以及约束条件进行定制化处理即可得到该具体问题的数学模型，例如图 6-1 中的优化模型 1、优化模型 2、……、优化模型 n 即表示通过定制获得的具体问题的数学模型。基于通用框架的模型定制过程可能需要对决策变量进行选择与合并、对目标函数各累加项进行选择与合并、对多个约束条件进行选择与合并、对同一个约束条件中多个同类项进行选择与合并等操作。针对一个具体的运营决策优化问题，在定制其数学模型时通常需要综合采用多种操作。虽然针对每个具体问题定制的数学模型各异，但都属于结构相似的混合整数规划问题，因而可用同一种优化算法求解，为相应的优化软件开发提供了便利，可在很大程度上减少软件开发的工作量。

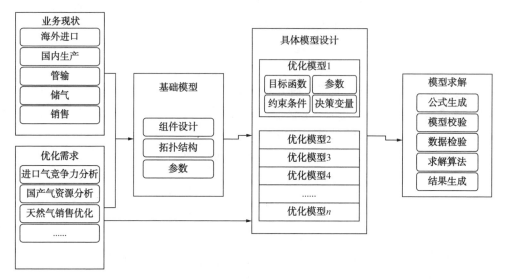

图 6-1　天然气产业链运营决策优化问题解决方案通用框架逻辑图

在中石油总部层面，其运营天然气业务的目标是全产业链总体经济效益最大化，相应的目标函数具有如下结构：$R=R_g-C_{ps}-C_{pe}-F_{pt}-C_{sp}-C_{LNG}+B_o$，其中，$R$ 为产业链总收益；R_g 为天然气销售收入；C_{ps} 为产气生产成本；C_{pe} 为外购气采购成本；F_{pt} 为管输费；C_{sp} 为储气库注采气费用；C_{LNG} 为 LNG 接收站处理费用；B_o 为其他效益。

该目标函数结构几乎囊括了天然气产业链运营的所有相关费用项，因此可作为上述其他类型产业链运营决策优化问题的目标函数框架，原则上通过对该框架中各费用项的取舍即可得到每个具体问题的目标函数。在针对具体问题定制的数学模型中，以上目标函数框架中每一项费用可能需要展开为多个同类项，例如"自产气生产成本"是中石油下属多个天然气产地（油气田、煤层气田等）外输商品天然气的生产成本之和，因此，在定制具体问题的目标函数时，还需确定以上框架中每个费用项的展开形式。由于每个具体问题在某些方面的颗粒度不同，例如在中石油总部层面进行全产业链整体优化时，一个气田的多个产气区块可合并为一个天然气产地，而在中石油下属某地区天然气销售公司运营方案优化时，可能需要将这几个区块分别作为独立的天然气产地，因此，在定制一个非整体优化问题的数学模型时，其目标函数对上述目标函数框架中某些项的展开式可能比整体优化问题包含更多同类项。

混合整数规划模型框架几乎囊括了天然气产业链运营决策优化问题可能涉及的各类约束条件，其中主要包括天然气产运储销系统（包括天然气长输管网及与之相连的工艺设施）的节点流量平衡、节点的允许压力范围、中石油下属产气企业的供气量区间、国外进口气源的供气量区间、国内采购气源的供气量区间、管输能力、天然气用户的销量区间、储气库注/采气量区间等线性约束条件。此外，还包括输气管段的流量与其起点、终点压力的关系，这是一类反映气体流动规律的非线性约束。在为一个具体问题定制约束条件时，只需根据该问题的实际情况对模型框架中的约束条件进行取舍或合并，有时还需要对由此确定的某些约束条件中的一些同类项进行取舍或合并。若定制的数学模型不包含反映输气管段流动规律的非线性约束，则该模型属于线性混合整数规划模型，否则属于非线性混合整数规划模型。

中石油的天然气供应系统规模庞大且拓扑结构复杂，针对该系统提出某些产业链运营决策优化问题时，往往会因人的判断能力有限或疏忽而出现已知条件不协调的情况，例如对某个天然气用户的销售量下限大于可为该用户供气的管道的输送能力上限，此时问题的数学模型将不存在可行解。为便于诊断优化模型无可行解的原因，在采用的优化算法中引入罚函数法的理念。其基本思路是对气源供气能力、管输能力、客户用气量等方面的不等式约束条件做松弛处理，即适当放松这些约束条件，从而使原本可能无可行解的数学模型转化为有可行解的新模型，并可用求解原模型的算法获得新模型的最优解。对每个不等式约束做松弛处理的方式是在原约束中引入一个非负人工变量，例如在某个气源供气能力约束中增加一个表示该气源供气能力虚拟增量的人工变量，并在目标函数中添加对应该人工变量的惩罚项，其目的是使在新模型的最优解中人工变量的值尽可能接近于 0。若新模型最优解中某人工变量的值大于 0，则表明相应的约束条件是导致原模型无可行解的原因之一，需要对该约束涉及的常数项（例如气源的供气能力上限）进行适当调整，从而为调整问题的已知条件、重新提出存在可行解和最优解的新问题提供依据。这种人工变量为重构已知条件协调的新问题起到了指明方向的作用。虽然这种对约束条件起松弛作用的人工变量在形式上类似于将不等式约束化为等式约束的松弛变量，但却具有与松弛变量完全不同的内涵或背景意义。

基于上述解决方案通用框架和数学模型定制技术，研究团队针对中石油的天然气业务需求开发了天然气产业链运营决策优化系统（图 6-2）。该系统是一个可以利用 GIS 组件进行图形化建模的 B/S 结构网络化软件，其基本功能是天然气产业链运营计划优化，包括年度计划、季度计划、月度计划及冬季（采暖期）计划优化，其中冬季计划优化充分考虑了采暖期内的供气调峰要求。

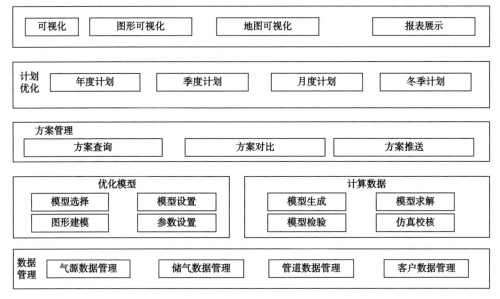

图 6-2　天然气产业链运营决策优化系统的功能架构图

　　该系统的开发工作采取前后端分离方式（图 6-3）。前端开发在网页浏览器上进行，分别使用 Angular.js 和 Echarts 作为交互操作功能和带地图的图形化展示功能的开发工具。后端采用 .Net 开发天然气业务逻辑处理和 Web 服务功能，采用 Python 并调用优化问题求解器 Gurobi 开发优化模型求解模块，采用 SQL Server 和 MySQL 作为数据管理工具。为便于该系统开发、维护、扩展和调整，基于微服务架构和 Docker 容器技术搭建了统一的 PaaS 云平台。

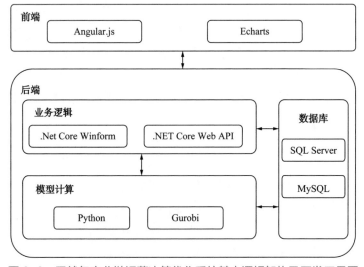

图 6-3　天然气产业链运营决策优化系统基本逻辑架构及开发工具图

自 2020 年以来，该系统已在中石油的生产运营管理部、天然气销售分公司及其下属地区公司逐步推广应用，涉及内容包括天然气产业链相关的各种运营计划优化、效益测算、业务问题专题分析等，为中石油的天然气业务提质增效以及数字化、智能化转型提供了强有力的技术支撑。实际应用表明，该系统在可靠性、健壮性、通用性、灵活性、易用性、界面友好性、可扩展性、可维护性以及运行速度等方面均满足中石油的天然气产业链运营决策的需求。

4 发展趋势及关键技术问题

在当前及未来一段时期内，中国天然气产业链运营相关储运技术的发展趋势主要体现在以下方面：

（1）天然气管网公平开放的技术规则趋于完善。既满足公平开放原则、又保证安全运行与存量合同履约的输气管网天然气上载（输入）与下载（输出）的技术规则体系逐步趋于完善。

（2）天然气体积计量向能量计量转换。对多托运商、多气源、多交接点的公平开放天然气管网，所有贸易交接点的计量方式逐步由体积计量转换为能量（发热量）计量，以保证多气源天然气混合输送条件下贸易交接计量的公平性。

（3）掺氢天然气进入天然气管网及其配套设施。随着双碳能源转型过程的持续推进，作为无碳能源的氢能将在能源体系中逐渐发挥重要作用，现有及新建的某些天然气管道将逐步实现天然气掺氢输送，与这些管道配套的地下储气库将适应掺氢天然气储存。

（4）形成天然气智慧管网。基于传统工程技术与大数据、人工智能、物联网、移动互联网、云计算等新技术的深度融合，构建天然气智慧管网，为公平开放天然气管网安全、可靠、高效、经济运行乃至整个天然气产业链健康运转提供数字化和智能化支撑。

（5）多目标决策与优化。与天然气产业链相关的运营决策问题往往同时涉及多个目标，且其中某些目标很可能是相互冲突的。由于求解多目标优化问题的难度远大于同等规模的单目标优化问题，以往的运营决策优化研究大多针对单目标优化问题。为获得兼顾各个目标的合理运营方案，近年来国内外已陆续针对某些多目标决策问题开展了优化方法研究，预计未来将进一步加大对多目标决策优化方法研究的深度、广度。

（6）动态性与不确定性条件下天然气产业链的运营决策。天然气产业链的实际运转过程是动态的，且往往涉及多方面的不确定因素。以往在研究产业链运营决策问题时，出于简化问题的目的，较少考虑产业链的动态性及相关因素的不确定性。为了使决策方案更贴合实际情况、可操作性更强且实施效果更佳，未来的产业链运营决策研究将更全面、更深入、更系统地考虑产业链运转的动态性及天然气供给侧和需求侧、管网可靠性及产业链外部环境（气候、社会、经济、政治、外交、战争等方面）等相关不确定性因素的影响。

基于天然气产业链运营视角，中国天然气储运领域主要存在以下尚待解决的关键技术问题：

（1）公平开放天然气管网物流优化。在中国油气行业实行"X+1+X"体制后，形成了规模巨大、拓扑结构复杂的天然气管道全国一张网，并且国家管网公司对全国一张网的经营目标不同于上中下游一体化体制下天然气管网的经营目标，随着公平开放管网准入的托运商和承接的托运业务越来越多，制定管网天然气流向与流量分配方案的难度越来越大，且方案优化的难度更大。为提高方案编制人员的工作效率、维护管网运输服务公平性、提高管网运营的经济效益、促进天然气运输过程节能减排，需要系统深入地研究基于全国一张网的天然气物流规划问题，在此基础上开发国家管网天然气物流规划软件，并将其作为国家管网公司正在构建的智慧管网的核心构件之一。鉴于管网物流方案的可行性与管网工艺运行方案密切相关，应根据管网运营的实际业务需求，针对不同时间尺度、不同时间颗粒度开展物流优化研究，并按时间尺度和颗粒度大小妥善处理物流方案与工艺运行方案的关联性，从而既保证物流优化方案符合管网运营的业务需求，又避免过多涉及工艺运行方案导致物流优化问题难以求解。

（2）X+1+X体制下的供气调峰、可靠性与风险预警。供气风险是指对下游用户供气出现断供或供不应求情况的可能性，通常用气高峰期的供气风险最大，应作为供气可靠性研究的重点关注时段，可见供气可靠性与供气调峰、供气风险预警密切相关。在"X+1+X"体制下，管网供气调峰与供气可靠性的背景条件不同于天然气产业上中下游一体化时的情况。此时，对下游天然气用户的供气调峰能力与供气可靠性不仅取决于上游气源系统、中游运输系统、下游销售系统各自的情况，还取决于上游天然气生产商或进口商、下游天然气销售商与中游天然气运输商的三方协调配合情况以及运输商提供服务的公平性，其中供应商或生产商（或进口商）与运输商之间存在托运与承运的关系。供气调峰与供气可靠性研究应区分时间尺度，针对不同时间尺度应分别确定适当的研究目的、目标和内容，并相应采用与之适应的研究方法。

（3）托运商上载与下载天然气的日指定优化。虽然中石油等一些涉足天然气经营的企业已开展"X+1+X"体制下天然气产业链运营决策优化研究，但时间颗粒度大多还没有细化到日。日指定（Daily Nomination）是目前国家管网公司制定天然气管网物流计划与工艺运行方案时必须考虑的外部约束条件，是指托运商预先向国家管网公司申请的未来某时段（例如一周）每天向管网上载（输入）和从管网下载（输出）的天然气量。从国家管网公司的角度，需要基于天然气托运合同与管网运行的技术状态审批托运商的日指定申请。从托运商角度，为了实现天然气采购、运输、储存与销售的平衡并达到最佳经济效益，需要基于天然气托运合同和天然气购销合同进行日指定优化。

（4）公平确定合同运输路径的原则与方法。根据中国公平开放天然气管道的现行管输收费规则，托运商与承运商（国家管网集团）签订天然气运输合同时涉及的一项重要内容是确定合同运输路径。对托运商委托的每一笔天然气运输业务，所谓合同运输路径是指托运商与承运商约定的将天然气从上载点运输到下载点经历的路径，其直接影响托运商向承运商支付的管输费。目前国家管网公司制定天然气物流方案的原则是全管网统一调配，不刻意区分和追踪各个托运商委托输送的具体天然气货物，即忽略进入管网的天然气的身份属性（归属哪个托运商，来自哪个气源），只保证按托运合同要求在下载点足量交付达到气质要求的天然气。一方面，根据这个原则，对于某笔天然气运输业务，托运商下载的天然气不一定是其上载到管网的天然气，此时不存在该笔业务托运的那些天然气从上载点到下载点的实际运输路径。另一方面，按照中国现行的《天然气管道运输价格管理办法（暂行）》，在计算每笔天然气运输业务的管输费时必须考虑运输路径及相应的运输距离。于是，针对那些不存在实际运输路径的天然气运输业务引入合同运输路径的概念。然而，鉴于现行有关法规均未明确规定合同运输路径的确定原则与方法，目前国家管网公司与托运商在签订天然气管输合同时采用双方协商的办法确定合同运输路径，但协商结果未必令双方满意。为此，需基于对合同双方公平合理的理念，对确定合同运输路径的具体原则和方法进行系统研究。

（5）天然气需求预测。天然气需求预测结果是天然气产业链运营优化、天然气管网工艺运行方案（特别是调峰方案）优化、供气可靠性分析与评价以及供气风险预警等环节的重要基础数据。在天然气需求预测方面，现有预测方法和软件预测结果的准确性仍不能完全满足中国天然气产业链运营的业务需求。为此，需要基于中国天然气市场与天然气产业链的特点，针对不同的时间尺度（短期、中长期、采暖期、年、月等）、时间颗粒度（年、月、日、小时等）以及超前时间长度（做预测的时间与被预测时段起点的距离）开展需求预测研究，分别确定合理的、能满足业务需求的预测准确度要求，并建立相应的预测方法，在此基础上开发天然气需求预测软件系统。鉴于需求预测涉及大量不确定性因素，为使预测结果客观地反映实际情况，一方面可根据预测对象的特点建立因果关系法与大数据技术融合的预测方法；另一方面用概率分布形式的预测结果取代传统的确定性预测结果，可为天然气产业链运营不确定性决策方法和模型提供基础数据。

（6）基于掺混计算的多气源管网天然气热值跟踪。公平开放天然气管网接收来自多种气源的天然气，虽然这些不同来源的天然气都满足管输气质要求，但其各自的组成和热值通常存在差异。为保证天然气贸易交接计量对交接双方的公平性，国家发改委 2019 年 5 月发布的《油气管网设施公平开放监管办法》明确要求天然气管网设施运营企业在 2021 年 5 月底以前完成天然气能量计量体系建设，预计不久以后将采用能量（发热量）计量进行天然气贸易交接。届时，天然气管网的所有贸易交接点通常都设置天然气热值（单位标准体积天然气的发热量）测定装置，但对某些小规模贸易交接点，为了节省能量计量装置的投资和运行维护成本，也可不设热值测定装置，而采用多气源天然气掺混计算的方法确定这些下载点的天然气组成（用各种组分的摩尔分数表示），进而根据天然气的摩尔分数计算其热值。这种掺混计算要从管网的各个上载点开始，循着管网中各条管道的天然气流向，以递推模式依次对每个天然气交汇点进行掺混计算，从而确定交汇点及下载点的天然气组成和热值，这种方法可称之为基于掺混计算的多气源管网天然气热值跟踪。除了直接应用于某些小规模下载点的天然气能量计量外，在基于能量计量交接方式进行公平开放天然气管网的物流优化时，需要采用热值跟踪的思路列出反映每个节点处天然气能量（发热量）- 流量平衡关系的约束条件。

（7）掺氢输送的经济性。利用输气管道进行天然气掺氢输送是一种值得期待的氢气运输方式，其可行性主要取决于其安全性与经济性。目前对掺氢输送的研究主要集中于安全性，而安全性的焦点是关于经济性的研究有待加强。掺氢输送经济性研究的内容主要包括掺氢比的经济上限、最远经济运距、与纯氢气输送的经济性对比、与携氢甲醇管输的经济性对比、与携氢液氨管输的经济性对比、与输电的经济性对比等。掺氢输送与输电的经济性对比背景：氢气是通过电解水制取的，可将制取氢气的电输送到氢气消费地后再通过电解水制取氢气。

参考文献

[1] 郭海涛，赵忠德，周淑慧，等 . 天然气储运设施第三方准入机制及其关键技术要素 [J]. 国际石油经济，2016，24（6）：12-18.

[2] 吕淼 . 美国天然气管网基础设施运营与监管经验 [J]. 能源，2019（7）：65-69.

[3] 吕淼 . 欧洲天然气管网基础设施运营与监管 [J]. 能源，2019（9）：66-71.

[4] 吕淼 . 美国天然气交易中心建设简析 [J]. 能源，2019（7）：72-76.

[5] 吕淼. 英国天然气交易中心启示 [J]. 能源，2018（5）：79–82.

[6] 段言志，史宇峰，何润民，等. 欧洲天然气交易市场的特点与启示 [J]. 天然气工业，2015，35（5）：116–123.

[7] 徐斌. 制度如何促进市场发展：来自美国天然气管道运输产业的经验 [J]. 中国石油大学学报（社会科学版），2021，37（5）：17–23.

[8] 孙慧，杨雷，都兴恺. 中国天然气产业链优化的思路与建议 [J]. 油气与新能源，2023，35（1）：1–7，16.

[9] 赵延芳，刘定智，赵俊. 天然气产运销优化模型的设计与实践 [J]. 油气储运，2016，35（12）：1319–1324.

牵头专家： 吴长春

编写人员： 刘定智　王德俊　郭海涛　刘朝阳

第七篇

非常规介质输送与储存

实现"双碳"战略是助力中国能源结构转型和绿色低碳可持续发展的必由之路。"双碳"战略可以通过新能源替代和碳捕集、利用、封存（Carbon Capture, Utilization and Storage, CCUS）两种主要方式实现。以此为契机，CO_2 储运技术、氢能储运技术、液烃管输技术及浆体管输等技术在近年来受到了广泛重视。为与常规的天然气及原油等管输介质相区分，上述技术中涉及的 CO_2、H_2、液烃及浆体等被统称为非常规管道输送介质（简称非常规介质），非常规介质输送与储存技术的发展将是"双碳"背景下油气储运学科面临的主要任务之一。

CCUS 是实现"双碳"战略的关键技术 [1]。CO_2 管道输送是 CCUS 技术的纽带，CO_2 在管道中的输送形式以气态、超临界态和密相为主，其中超临界输送与密相输送具有较好的经济优势。目前，中国的 CO_2 管道工程发展相对滞后，以短距离气态或液态运输为主，规模小且尚无成熟的长距离输送管道，整体尚处于中试阶段 [2]。需要根据自身特点，推动工业规模超临界 CO_2 管道输送工程实践，研究形成适合中国国情的 CO_2 管输理论、设计、建设、运行系列化技术体系。

氢能利用可以减少对传统化石能源的依赖，实现能源转型 [3]，是油气储运学科的战略性研究方向。目前，氢能主要以掺氢天然气或纯氢的形式通过现有天然气管网输送 [4]，也有研究关注于将氢以液氨、甲醇等非常规流体形式进行输送。当前，在役的输氢管道基本均为纯氢管道，天然气长输管道掺氢输送尚处于示范阶段，利用现在天然气管网系统掺氢输送是全球各国竞相研究和示范的热点。同时，以地下储氢技术为代表的氢能储存技术也得到了广泛关注。

轻烃作为典型的非常规液体管输介质，其管输技术在近年来得到了广泛关注。目前，轻烃管输流动保障、轻烃管道顺序输送及油田轻烃输送管道安全距离已成为轻烃管输领域的三大研究热点。

浆体管输作为第五大固体物料输送方式，主要用于矿浆、泥沙及煤浆等非常规介质的输送。油气储运行业中较有前景的浆体管道输送技术主要为煤浆及水合物浆管输技术。目前，浆体管输在中国已得到了跨行业、长距离、多流态、多种类的全方位应用，但仍需向大口径、大落差、高浓度及自动智能化等方向发展。

综上，随着中国能源生产和消费进一步灵活多样，非常规介质已成为管网输配的重要对象，利用和拓展现有管网功能进行多种介质融合输送、发展新的多介质输送是管道行业未来发展的技术方向。基于此背景，本部分综述了背景下油气储运行业面临的非常规介质储运问题，介绍了各种非常规介质储运的关键技术，总结了目前研究的不足之处，并对未来研究提出了展望。

1 发展现状及研究进展

1.1 CO_2 储运

1.1.1 CO_2 管道建设

CCUS 技术是实现缓解气候变化目标不可或缺的关键性技术，CO_2 输送是减少温室气体排放的重要环节[5-8]，是实现碳中和的托底技术，在 CCUS 产业链中具有重要的纽带作用[9]。目前已付诸实践的输送方式主要有罐车输送、轮船输送与管道输送。中国 CO_2 捕集源与封存区域空间错位特征显著，跨地域的长距离 CO_2 管道输送具有安全、环保、经济等优势，是目前国际上进行大规模长距离碳运输的最经济有效的方式，具有较大的潜在市场需求。目前，中国已建成 4 条 CO_2 管道，总长约 100km，主要为集输管道、气相输送，尚无大输量、长距离超临界 CO_2 管道（表 7-1）。同时，国内尚未形成核心技术及标准体系，不足以支撑中国大规模 CCUS 应用。

表 7-1　国内代表性 CO_2 管道信息表

项目名称	位置	状态	长度 /km	直径 /mm	输量 /（10^6t/a）	设计压力 /MPa	相态
齐鲁石化 CO_2 管道	胜利油田	待建	114.5	300	100	12	密相
胜利电厂 CO_2 管道	胜利油田	待建	30	300	200	12	超临界
大庆石化 CO_2 管道	大庆油田	待建	7/111	300	160	15.0	超临界
吉林油田 CO_2 管道	吉林油田	待建	113/128	450/400	430/330	14.5	超临界
长深 4—黑 59 CO_2 管道	吉林油田	2009 年建成	8	150	50	6.4	气态
榆树林液态 CO_2 管道	大庆油田	2009 年建成	5~6	200	7	2.5	气态

1.1.2 CO_2 管道输送

CO_2 运输对其配套基础设施设计、建设、运营等过程均有较高要求。与天然气等其他气体相比，CO_2 具有鲜明的特点：① CO_2 属于酸性气体，在其自化石燃料电厂、工业部门排放烟 / 废气中捕集而富集的过程中，水蒸气、H_2S、SO_x 等酸性气体难以完全去除，酸性气体与水蒸气反应生成酸，将腐蚀管道 / 罐体壁。

② CO_2 捕集获得的气体中含有 CO、H_2S、H_2 等杂质，多元杂质的存在会改变 CO_2 的物性与输运性质，将对管道运营风险评估、裂缝扩展、腐蚀等产生巨大影响。③ CO_2 密度比空气大，一旦泄漏会聚集在低洼地带，达到一定浓度后将对人体和动植物造成危害。④由于超临界态 CO_2 具有特殊的理化特征，其输送与天然气输送具有诸多差异，面临着诸多技术挑战。因此，CO_2 管输工艺、安全评价、材料与设备、完整性等方面均是国际上的研究热点。

在输送相态方面，CO_2 管道输送与天然气管道输送存在较大差别[10]。油气管道输送相态较为稳定，输送过程中不会出现跨相态输送。CO_2 跨相态输送时密度会发生较大变化，尤其是气相与液相相互变化时，密度会发生阶跃式变化，宏观表现为相变，管输中需尽量避免出现该工况[11]。CO_2 管道输送的相态包括气相、液相、密相和超临界相，不同相态的 CO_2 管道输送工艺流程及成本不同（图 7-1）[12]。气相 CO_2 输送时，CO_2 在管道内始终保持气相状态，输送压力一般低于 4.0MPa，介质体积庞大，因此所需管径较大，过程中通过压缩机升高输送压力[13]。然而对于 CO_2 气井而言，采出的气体多处于超临界状态，因此在 CO_2 进入管道之前，需要对其进行节流变相降压[14]，使其满足管输要求。与此同时，在输送过程中对 CO_2 气体进行增压时，增压趋势不能过于明显，即压力不能过高，以免超过其临界压力，使 CO_2 相态发生改变[15]，进入超临界状态。

随着国家对能源结构的调整与油气资源消费能力变化，油气管输基础设施将出现富余，为节省 CO_2 管道建设投资成本，需要对现有油气管道改输 CO_2 的适应性进行评估。由于气相 CO_2 输送技术对于管道和设备的承压能力要求不高，使得在役管道改输气相 CO_2 成为可能。然而，由于 CO_2 物性和相特性复杂，还具有腐蚀性[16]，因此需要针对在役管道的管材、设备等进行适应性评估，建立相应适应性评估流程和定量风险评价技术。

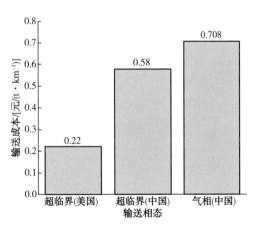

图 7-1　不同相态 CO_2 输送成本对比图

1.1.2.1　管输工艺

CO_2 超临界/密相输送时，起始阶段一般为超临界态，压力多在 8.3MPa 以上[17]，在输送过程中，温度逐渐降至环境温度，管内 CO_2 转变为密相[18]。超临界状态下的流体同时具有气体与液体的某些属性，如气体的低黏度、高扩散系数以及液体的高密度，且对许多物质具有很强的溶解能力，扩散性能也比其他状态下更好，压力、温度对其影响极大[19]。需要注意的是，在超临界 CO_2 输送过程中，由于温度和压力的变化，可能会有杂质从 CO_2 中析出。超临界／密相输送以其实用性与优于其他任何方式的经济性而得到快速发展，并很快得到了实际应用[20]。

1.1.2.2　材料与设备

通常，CO_2 管材的选择应符合 CO_2 流体性质、输送过程温度和压力及外部环境等的指标要求。当 CO_2 流含水量较低时，可选择碳锰钢作为管材；当 CO_2 流中含有游离水或考虑腐蚀时，则可选择耐腐蚀合金作为管材。如选择非金属材料，其应具有耐 CO_2 腐蚀性能，以免在服役中发生分解和硬化，同时应具备抗快速升压、减压、降温的能力。

CO_2 输送管道关键设备、仪表的选用与天然气管道存在差异，由于超临界 CO_2 是一种"萃取剂"，对部分密封材料具有溶胀作用，影响密封性能，需对各类阀门、仪表等适应性进行试验验证，提出超临界 CO_2 管道的仪器仪表及设备选型方法。目前，国内已具备高压动力循环用压缩机的研发能力，有必要进一步推进 CO_2 核心增压设备的国产化。

1.1.2.3　泄漏与泄放

相比于天然气，CO_2 具有更强的节流效应，CO_2 放空或泄漏时，局部温度可能降至 –78.9℃，在此温度下将产生干冰，诱发管道脆性断裂，因此准确预测放空或泄漏过程的温降对于 CO_2 管道设计中的管材选择及安全泄放方案制定具有重要意义。中国石油大学（华东）李玉星教授团队[21]基于节流效应原理，考虑杂质对 CO_2 节流过程的影响，建立了 CO_2 管道不同相态节流特性算法模型，该模型计算的节流效应系数与实测值平均相对误差为 7.72%，可满足工程应用。

高压 CO_2 管道泄放开始时，由于阀前后压差过大，极易生成干冰堵塞放空管路。高压 CO_2 管道放空中采用多级节流泄放，可以减少节流阀前后压降和温降，若同时采取加热措施，则可有效控制干冰生成，达到安全泄放的目的。中国石油大学（华东）李玉星教授团队[22]采取在不产生干冰的前提下用最少加热量尽快泄放压力的方式（即不产生干冰、加热量尽量少、节流级数尽量少），给出了不同相态 CO_2 放空的最小加热量计算方法及节流级数的选择方法，形成了 CO_2 安全放空技术。

CO_2 管道在运行过程中，可能会由于冲刷、腐蚀等因素发生破裂而引起 CO_2 泄漏，泄漏过程中管内介质减压波传播速度与管道裂纹扩展速度决定了管道裂纹止裂或是持续扩展。CO_2 减压波传播特性计算模型主要有 GASDECOM、DECOM、PipeTech 等[23-25]，不同模型的区别在于其所使用状态方程及数值算法的准确性与稳定性。中国石油大学（华东）李玉星教授团队[26]建立了一个考虑 CO_2 泄漏过程相态变化的减压波预测模型，对比模型计算结果与实验数据，计算误差在 ±10% 以内，可实现对泄漏过程管内减压波传播的准确预测。

CO_2 泄漏过程具有相变、维持高压等特点，使得 CO_2 管道止裂比天然气管道更加困难。天然气等气体管道通常使用 Battelle 双曲线法（BTCM）进行管材止裂计算。然而，由于高压超临界 CO_2 泄漏跨相态减压过程维持高压力平台，使得 BTCM 对于 CO_2 管道止裂不保守，通常需结合全尺寸爆破试验进行修正。中国石油大学（华东）李玉星教授团队[27]结合含杂质 CO_2 减压波预测模型及 BTCM 改进模型，建立了超临界 CO_2 管道止裂韧性模型，该模型计算速度快且具有较高精度。此外，DNVGL-RP-F104 标准中基于现有的 CO_2 全尺寸止裂爆破试验结果提出了一套评价验收流程，通过对比评价点和止裂极限估计标准图进行管道止裂评价。

1.1.2.4　安全与完整性管理

CO_2 管道泄漏需通过合适的安全监测以进行有效评估与预警。目前，陆地 CO_2 管道的完整性往往通过目视监测进行评估。相对于油气管道，CO_2 管道内检测的实施更具挑战性。超临界 CO_2 是一种非常强的有机溶剂，可溶解扩散到检测工具的所有弹性体（如电缆、传感器、密封件）内，检测器在高压运行结束后会出现膨胀减压效应，导致材料快速老化，随着溶解度与溶剂化能力的增加，RGD 效应、溶胀与相关的机械性能损失及浸出的风险将愈发增大。跨地域的长距离超临界/密相 CO_2 管道需要在管输工艺、管材及设备适应性、输送安全及关键标准等方面着力攻关，以期保障 CO_2 管道输送安全性与经济性。

国内在 CO_2 管道安全与完整性管理方面，特别是关于高后果区识别与风险评价技术的研究与标准制定尚处于起步阶段，当前主要借鉴油气管道相关规范要求，在国外文献与研究基础上进行。在风险评价方法方面，遵循风险评估的基本方法，同时结合现有的危险气体（如天然气、H_2S 等）泄漏事故风险评估方法，建立了一套适合超临界 CO_2 管道的泄漏扩散定量风险评估方法；在高后果区识别方面，SH/T 3202—2018《二氧化碳输送管道工程设计标准》规定了高后果区的识别方法。国内的其他一些文献提出，对于类似高后果区的人口密集型区域，建议通过定量安全分析进一步核实阀室间距设置的合理性，同时要特别考虑地形、风速和障碍物的影响。通过对国内某平原管道泄漏进行定量分析，结果表明最危险工况发生在静风管道破裂时。此外，气相输送管道在人口密集区的影响低于高压超临界管道的影响。

在安全监管方面，美国 CO_2 管道由联邦和州政府共同监管：管道监管权属于美国运输部地面运输委员会，受美国运输部管道和危险物品材料安全委员会（PHMSA）的联邦安全法规制约，PHMSA 直接负责监管所有洲际管道的安全；州内管道由所属州政府监管，州政府同时负责监管 CO_2 输送管道的开发和运营。

1.1.2.5　标准与规范

目前 CO_2 管道多借鉴天然气管道设计及输送经验，尚无统一的 CO_2 管道输送行业标准。国际上 CO_2 管道的运行管理主要遵照美国联邦法规 49-CFR 195

《有害液体管道运输》及 ASME B31.4—2019《液态烃和其他液体管道输送系统》、BS EN 14161—2011《石油和天然气工业 管道输送系统》、CAS-Z662-7《油气管道系统》等标准规范。2010 年，挪威船级社制定了 DNV-RP-J202《CO_2 管道设计和操作》，最新修订于 2021 年[28]。中国 CO_2 管道输送工艺标准规范相对缺乏，中国石化石油工程设计有限公司编制了中国首个行业标准 SH/T 3202—2018[29]，然而，该标准相关条款需结合示范工程加以修订和完善。

超临界态 CO_2 的密度接近于液体而流动性接近于气体，兼有气体与液体的双重特性，其水力计算方程与气、液态有显著差异。目前，国际上针对水平、稳态流动超临界 CO_2 管道，推荐应用以平均密度、平均温度进行计算的水力方程[30]。然而，由于 CO_2 物性参数对温度敏感，尤其在临近临界区域时将产生突变，管输过程中必须考虑物性参数的变化。中国石油大学（华东）[31]考虑 CO_2 密度在管输过程中的变化，推导了超临界 CO_2 管道输送稳态水力计算模型，该模型与目前国外管道设计常用超临界水力学模型计算结果进行对比，平均计算误差在 ±10% 以内，远小于国外推荐模型的平均计算误差 26.5%，具有一定工程应用价值。

综上，目前中国长距离、大规模 CO_2 管道输送技术还未成熟，在 CO_2 管输理论、输送工艺、安全技术、韧性止裂、风险评价及标准体系等方面仍存在关键难题亟待解决。

1.1.3　CO_2 地下储存

CO_2 地下储存技术是将从集中排放源（发电厂、钢铁厂等）得到的废气进行净化处理后得到的纯净 CO_2[32]通过管道输送至隔离场地，调整压力后注入地下深处的技术，是减少温室气体排放，实现"双碳"目标的重要举措[33]。

地层条件下，CO_2 处于超临界状态，具有高密度、低黏度、与原油混溶性强、抽提作用强、易于液化的特点，是一种优越的驱油剂。出于经济方面的考虑，CO_2 地下储存优先考虑将 CO_2 以超临界态注入耗竭的油田和煤层之中[34]，以提高石油和煤层气（甲烷）的采收率，该做法已在世界范围得到广泛认同及应用。

注采技术作为 CO_2 驱油技术的关键组成环节，起着承上启下的作用[35]。CO_2 注入井的设计与其他注气井类似，大部分井下组件均需具有强的耐压性和耐腐蚀性。水平井常被用于 CO_2 封存项目，可以提高 CO_2 的注入速率，减少项目所需的注入井数目。加拿大 Weyburn 项目即采用水平 CO_2 注入井，有效地提高了原油采收率与 CO_2 封存效率。CO_2 封存项目中注入井的数量取决于诸多因素，包括注入井的总注入速率、地层渗透率、地层厚度、最大注入压力及注入井分布的最大占地面积。通常，高渗透率地层达到相同注入要求时所需的注入井数量比低渗透率地层少。挪威 Sleipner 项目中，目标 CO_2 封存地层具有较高的渗透率，因此仅需 1 口井便可以达到 $100 \times 10^4 t/a$ 的 CO_2 注入量；阿尔及利亚 In Salah 项目的地层渗透率较低，需要 3 口长水平井才能达到相同的 CO_2 注入量。为避免 CO_2 泄漏与注入井发生故障，需对注入井进行定期维护，维护措施包括定期对注入井进行井筒完整性检查、定期维护防喷器、在可疑井安装额外的防喷器、增强工作人员的意识、制定应急计划等。

天然气地下储气库需要用垫层气来保持储层压力、防止水体侵入、保证储气库工作的稳定性，垫层气量一般占储气库总量的 30%~70%。以 CO_2 作为储气库垫层气既可实现 CO_2 的地质埋存，又可提高天然气采收率，节约资金。但是，以 CO_2 作垫层气存在诸多难题，如存在复杂的驱油、驱气机理及渗流扩散耦合现象等。随着储气库运行后多次循环注采，储气库储层压力、流体饱和度等参数会发生周期性变化，流体渗流能力不断变化，作垫层气的 CO_2 与天然气的混气问题将不可避免，因此需对采用 CO_2 作储库垫层气进行适应性评价，目前国内外尚未有用 CO_2 作储气库垫层气的工程实践。通过研究 CO_2 与天然气的性质，国外有学者讨论了利用 CO_2 作为储气库垫层气的可行性，为 CO_2 作垫层气的实施奠定了理论基础。国内部分学者[36, 37]则通过相关理论及实验研究，阐述了地下储存 CO_2 有关地质环境问题、经济预算与可能产生的风险，得出中国地下储存 CO_2 可行的结论。同时，国内相关学者[38]对 CO_2 替代垫层气的比例与注采井的位置、注采量等可行性数据进行了分析，填补了储气系统的理论空白。此外，国内学者[39-40]还建立了三维气相渗流模型、对流扩散模型及储气库机理模型，模拟 CO_2 和天然气的混合问题，对中国采用 CO_2 作垫层气提供了宝贵的理论建议。

1.2 氢能储运

氢能具有灵活高效、清洁低碳、应用广泛的突出优势，可以一定程度缓解油气资源渐趋枯竭而导致的能源紧张问题，是未来最具发展潜力的二次能源，是落实"双碳"目标的有力支撑，是未来国家能源体系的重要组成部分。氢的储运是氢能利用的重要环节，安全高效的氢能储运技术是氢能大规模商业化发展的前提[41, 42]。目前，氢能储运从氢的相态分类，可以分为气态储运及液态储运。其中，气态输运依靠纯氢管道及掺氢天然气管道，储存则主要依靠地下储库；液体储运主要通过低温液氢及有机液体实现。

1.2.1 氢气储运

1.2.1.1 纯氢管道输送关键

近年来，中国氢能产量及增速稳步提升（图 7-2），《氢能产业发展中长期规划（2021—2035 年）》强调"开展掺氢天然气管道、纯氢管道等试点示范"，纯氢及掺氢天然气管道是解决氢能大规模安全高效低成本输送的重点方向。中国氢能联盟预计，2050年氢能管输规模将达到 $3\,500\times10^4t/a$ 左右，约占全国氢需求量的二分之一。

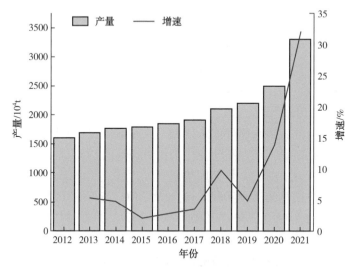

图7-2　2012—2021年中国氢能产量及增速示意图

氢气具有分子量小、渗透性好、扩散性强、易燃易爆等特点，在管道输送过程中，要重点考虑管道在氢环境中的相容性、适应性与完整性。管道材料、焊缝及设备长期工作在临氢环境下，其力学性能将发生劣化，从而增大管道失效风险[43-44]。此外，管道输送氢气的一个重要特征是管输流量大，需要大流量压缩机、氢气计量设备、仪表等来匹配运行。

目前，全球范围内氢气输送管道总里程已超过4600km，典型的示范工程如美国墨西哥湾沿岸纯氢管道，其里程超1000km，设计压力达6MPa。欧美国家的氢气长输管道建设及输氢技术已较为成熟，其应用的材料主要包括碳钢、低合金钢、不锈钢以及 API 5L X 系列管线钢[45]，已形成了比较健全的标准体系，对氢气输送管道的设计、施工、运行、维护等均有明确规定，同时正在开展输氢管材、阻氢涂层、设备等方面的研究。欧洲规划建设的法—西—葡氢气管道年输量达到 200×10^4t，通过大口径/高强度钢管在高压下安全输送氢气为规模化输氢提供了技术与经济上可行的解决方案。经过多年工程实践，ASME B31.12 和 CGA5.6 推荐使用不高于 X52 钢级的管道输送氢气，法液空公司 Freeport-Texas 原油改输氢气管道的部分管段为小口径（355mm）X60 管道。2021 年，SNAM 公司与希腊 Corinth 管厂签订了 440km 的抗氢管采购合同，材质为 L415mE（X60），管外径 660mm，目前已经完成研制并通过了实验室测试。

由于氢气长输管道昂贵的建设成本，改造现有油气管道用于输送纯氢气受到了研究人员广泛关注[46, 47]。欧美国家在氢气泄漏导致设备设施老化、改造管道中的氢污染、管道运行历史未知条件下的材料氢脆风险评估等方面开展了相关研究工作[48-50]。2019年，世界上第一条由天然气管道改造而成的氢气管道在Dow Benelux与Yara之间投入使用。20世纪90年代，法液空公司将两条原油管道成功改造为输氢管道，管道改输均经过了清管、内检测、清洗、静水压力测试等4个流程[51-53]。浙江大学郑津洋院士团队研究了纯氢环境下的管材相容性，表明氢气会造成管线钢的力学性能及断裂韧性下降；中国石油大学（华东）李玉星教授团队研究了纯氢与掺氢天然气管道的输送工艺及节流特性，建立了三段式节流系数预测新方法；中国科学技术大学陆守香教授团队揭示了纯氢管道的火焰传播动力学和爆轰传播动力学规律。综合来看，由于氢气易燃易爆且易造成金属材料脆化的性质，管道改造技术的可行性仍需进一步的评估。

氢能运输的效率与安全是制约氢能产业发展的瓶颈，围绕纯氢管道输送过程中"管材与焊接相容性""工艺设备适用性""安全运行完整性""试验平台示范性"等关键环节，仍存在尚未解决的瓶颈问题：①多因素耦合作用下氢的解离、吸附、吸收、扩散过程不清晰，导致氢促损伤机制不明确，缺乏相容性评价指标。②高压、大流速下氢气的热物性改变导致工艺与设备适应性需明确。③多场耦合下事故特征复杂导致演化规律难预测、完整性管理困难。④目前的管道实验平台不能解决"最后一公里"，缺乏结果验证可靠性。针对上述问题，需开展以下研究：①临氢环境下管材及焊缝的氢促失效机理及相容性评价。②管输工艺仿真体系建设及工艺调整适应性。③揭示纯氢天然气管道泄漏、积聚、燃爆特征演化规律，攻克线路与站场一体化安全防护技术，确保氢能输送安全可控。④建立规模化的中试及工业试验基地，构建氢能管道输送技术和标准体系，探索在役管道输氢适应性整体评价方法，全面支撑氢气管道设计、建设和运行。

1.2.1.2 天然气管道掺氢输送技术

掺氢天然气又称混氢天然气或氢烷。天然气掺氢输送在减少碳排放的同时，还可以避免大范围建设氢气管道，成本低且高效，有望成为氢能大规模应用的有效途径[54]。

在天然气中掺混不同比例的氢气，会得到不同的燃烧与性能指数，因此，掺氢比会对管道输送工况及燃气终端用户等造成较大影响。进入21世纪，欧洲国家相继开展天然气掺氢技术研究并实施示范项目，掺氢比例为2%~20%（图7-3），如欧盟Naturalhy项目、荷兰Sustainable Amelan项目、德国DVG项目、法国GRHYD项目、英国Hydeploy项目等[55-59]。2019年，中国在北京市朝阳区实施首个电解制氢掺入天然气示范项目，已建中高压（大于6MPa）长输管道掺氢示范项目30km，掺氢比例达10%，正在开展高压（10MPa）长输管道30%混氢输送技术研究（表7-2）。与此同时，国内针对陕京管道系统及西一线开展掺氢输送适用性前期研究，明确了掺氢3%~5%输送的可行性。

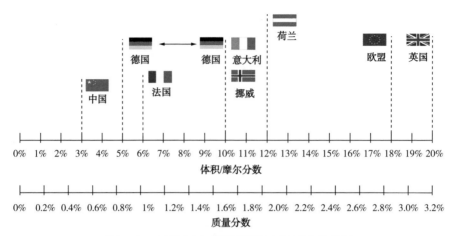

图 7-3 主要国家与国际组织掺氢比研究概况图

表 7-2 国内典型掺氢管道示范项目概况表

项目名称	项目概况	掺氢比/%
广东海底掺氢管道项目	中国首条掺氢海底管道，全长 55km，管径 610mm，管材 L415M，设计年输氢量 $40 \times 10^8 m^3$，设计压力 4MPa	20
朝阳天然气掺氢示范项目	国内首个电解水制氢天然气掺氢项目	10
张家口天然气掺氢关键技术研发及应用示范项目	预计每年可产氢气 1000t，部分氢气与燃气管网掺混用于燃气与 HCNG 汽车	—
干线掺氢项目	国内主干线（陕煤线）首次掺氢可行性论证，全长 97km，管径 323.9mm，管材 L360Q 无缝钢管，钢管等级 X65，设计压力 4MPa	5
宁夏天然气掺氢降碳示范化工程	中国首个省级掺氢综合实验平台，管径 219.1mm，设计压力 4.5MPa，试验流量 1200~3000m³/h	3~25

国外研究表明，天然气掺氢对降低 CO_2 的排放具有一定效果，但会影响流体密度和速度，可掺入氢气的最大体积分数约为 6%，现役天然气管道掺氢输送最大安全输送距离受掺氢比与管道内径影响。国内对不同掺氢比下的燃气互换性进行了评估，结果表明天然气管道供应系统最大掺氢体积分数不应超过 27%。近年来，业界针对掺氢天然气管道输送工况及燃气使用性能等开展了大量研究，但多数研究结果不具普适性，结论也不一致，掺氢天然气在大规模商业应用之前，尚需开展大量研究工作。

输气管道及连接位置对氢气的适应性是决定能否掺氢与掺氢比例的重要因素。适应性评价技术指针对目前管道状态，确定管材及连接处与氢气浓度、输送压力等之间的相互关系，进而分析得到当添加不同浓度的氢气时，管材及连接处是否能够适应或需要采取的相应措施。现场经验表明，管道失效经常发生在连接处，如焊缝（环焊缝/螺旋焊缝）及非金属管道熔接处等。

受氢气与天然气性质差异的影响，天然气管道掺氢输送在管输气体流动特性、设备仪表选型、工艺设计流程等方面与天然气管道均有不同。国内外已开展的众多掺氢天然气示范项目均涉及氢环境下管输水力、热力流动特性与计量、增压等设备的适应性研究[60-63]，但尚未形成符合中国实际情况的天然气管网系统设备掺氢比例范围数据库。此外，受各天然气掺氢项目在实验场地、技术实现、具体运行等方面差异的影响，相关成果与结论多为规律性分析，而管道与管网运行范围越大、设备越多、运行工况越苛刻，对掺氢比的上限要求越严格，目前对于掺氢输送工艺及设备仪表适应性评价尚未有统一的定量结论。

近年来，国内外天然气掺氢相关技术项目逐渐展开，为控制掺氢比稳定性，相关项目均采用天然气随动掺氢技术。天然气随动掺氢技术是一种根据采集系统采集参数，通过控制系统发出控制信号，调节掺混工艺中流经调节阀的单一流体或多种流体混合物的流动，从而实现精准控制天然气掺氢比的掺氢工艺，在国内朝阳天然气掺氢示范项目中运行良好、精度可靠。针对提氢技术，膜分离与变压吸附技术结合的混合分离系统被认为是从掺氢天然气中分离提纯出高纯度氢气的有效方法。膜分离与变压吸附技术利用混合气体各组分渗透性不同、吸附材料对气体各组分吸附能力不同的性质，通过特殊的薄膜，以膜两侧压力差与吸附压力作为驱动力分离气体，具有周期短、循环寿命长、纯度高的优势，但在掺氢天然气氢含量较低时，膜分离与变压吸附技术均存在过程控制难度大的问题。

天然气管道的安全与维护技术已经较为成熟，但掺入氢气后，气体的物理性质与燃烧特性发生了变化，管道失效概率及管道失效后事故的严重程度也有所增加。国内外对于掺氢天然气管道的安全评价研究较多，但有关不同掺氢比例掺氢天然气管道失效后果的研究较少，现有的火焰监测器难以察觉氢火焰燃烧时产生的淡蓝色火焰，气体泄漏装置对掺氢天然气不敏感[64, 65]。因此，掺氢天然气管线的安全评价技术仍然具有很大的研究空间。

综上，在明确氢气与天然气差异性的基础上，针对掺氢天然气管道，仍需进一步揭示 X60 及以上钢制管材的氢致损伤机理，建立复杂气质高压环境下管材及焊缝耐氢性评价体系，明确在役管道掺氢边界；揭示管道中氢气与天然气非均匀分布传质规律，建立掺氢天然气管道水热力与组分双向耦合数理模型，研发规模化均匀掺氢技术，保障输送过程平稳高效；构建掺氢管道输送技术和标准体系，全面支撑掺氢管道设计、建设和运行。

1.2.1.3 氢气地下储存技术

储氢技术根据氢气相态不同可以分为气态储氢、液态储氢、固态储氢[66]。地下储氢是重要的气态储氢方式，其借助地下结构进行氢气的长时间储存。根据地下结构不同，储氢库可分为盐穴储氢库、枯竭油气藏储氢库以及含水层储氢库（表 7-3）[67]。其中，盐穴与枯竭油气藏地质结构被认为更适合用作储氢库[68]。

表 7-3 各类地下储氢库主要参数指标表

类型	分布	作业压力 /MPa	深度 /m	工作气占比 /%
盐穴	含盐沉积盆地	3~21	300~1800	大于 70
枯竭油气藏	含油气沉积盆地	1.5~28.5	300~2700	5~60
含水层	所有沉积盆地	3~31.5	400~2300	20~50

理论上，氢气的地下存储方式与天然气相似，但受氢气分子黏度低、扩散系数大、容易渗入材料、可能会与岩石及微生物发生反应等特性影响，地下储氢技术的大规模应用仍需攻克各方面的技术瓶颈。经过总结，氢气地下储存技术面临的主要问题包括：储层和相关盖层的地质完整性、地下化学反应、井筒完整性、氢气采出纯度以及材料耐久性问题。

氢气在高温高压环境中极易渗入钢材，使材料发生氢脆，力学性能降低，给井筒管道及压缩机带来运行风险；在氢气压力大幅度波动下，井筒中的非金属密封件也可能发生快速减压失效，丧失密封能力，造成气体泄漏。特别地，在枯竭油气藏储氢库中，库中可能含有剩余天然气和 H_2S，影响库中气体的纯度。H_2S 还会加剧金属材料的腐蚀，并会导致氢原子向材料内渗入，加剧金属材料的氢脆及氢脆腐蚀耦合行为，致使材料力学性能劣化。此外，氢气可能与储盖层的矿物、微生物发生反应，破坏储盖层的完整性，影响储盖层的渗透率与孔隙度；当氢压超过储氢库储盖层的毛细管阈值压力时，水会从盖层中排出，使气体通过盖层，发生气体泄漏损失。综上，未来需针对以下内容进行进一步研究：①结合盖层密封性、渗透性评价、断层发育、孔隙度、矿物成分、地层水性质、微生物、压力、温度等影响因素建立氢气地下储存地质适应性评价方法。②明确注、关、采 3 个阶段中不同流体介质的渗流规律及氢气的分布规律。③评价井筒材料对临氢环境的适应性。

1.2.2 氢能液态储运

1.2.2.1 液氢储运

液态储氢技术可以分为低温液态储氢技术和液态有机物储氢技术[69-70]。低温液态储氢技术旨在通过加压、降温将氢气液化，然后将液化氢气储存在低温绝热容器当中。该方法能耗高，且对容器的保温性要求较高，使其难以大规模应用。

目前全球液氢产能达到 485t/d[71]。美国（18 套装置，总产能 326t/d）与加拿大（5 套装置，总产能 81t/d）的液氢产能占据了全球液氢总产能的 80% 以上。

中国具备液氢生产能力的文昌基地、西昌基地与航天 101 所均服务于航天火箭发射领域。在民用液氢领域，由 101 所承建的国内首座民用市场液氢工厂（产能 0.5t/d）和研发的具有自主知识产权基于氦膨胀制冷循环的国产吨级氢液化工厂（产能 2t/d）已分别于 2020 年 4 月和 2021 年 9 月成功投产，将中国的液氢产能提升至 6t/d，但与发达国家的液氢产能规模仍有较大差距。

液氢的发展首先要解决的问题是液氢的大规模生产，然而氢气液化是一个高能耗、低效率的过程（图 7-4），且液氢储存容器以及氢气液化设备结构复杂，加工成本高，对相关设备的保冷措施要求高。理想状态下，氢气液化耗能为 3.92kW·h/kg，目前氢气液化主要通过液氮冷却和压缩氢气膨胀实现，耗能为 13~15kW·h/kg，几乎是氢气燃烧所产生低热值的一半[72]，而氮气的液化耗能仅为 0.207kW·h/kg，因此设法降低氢气液化耗能至关重要。通过大规模设备可以将氢气液化能耗降低到 5~8kW·h/kg，除此之外，调整工艺也是一个有效方法，如欧盟的 IDEALHY 项目使用 He-Ne 布雷顿法制备液氢，能耗为 6.4kW·h/kg。

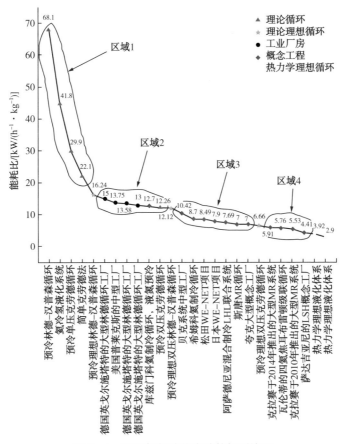

图 7-4　不同氢气液化方法能耗对比图

另外，发达国家正通过创新氢气液化流程、提高设备工艺效率的方法，提高氢气液化装置的效率并降低能耗。比较不同氢气液化流程的能耗差异（表7-4），可见LNG冷能预冷循环的单位能耗最低，为4kW·h/kg[73]。但有学者认为该液化过程只能用于由LNG制成的氢气，且工厂需位于海港附近[74]。与此同时，一些采用高性能换热器、膨胀机与新型混合制冷剂的氢气液化创新概念流程的能耗最低已至4.41kW·h/kg。由于混合制冷剂的温度曲线与氢气吻合得更好，混合制冷剂制冷将是近年氢气液化工艺流程主要的发展方向，如何优化混合冷剂的配比等工艺参数、提高氢气液化效率是目前国内外研究的热点。

表7-4　不同氢气液化工艺系统性能参数表

氢液化工艺系统	理论能耗/（kW·h/kg）	效率/%
氦预冷循环	10.85~13.58	34.60~40.17
氮预冷循环	8.73	44.60
J-B预冷循环	5.00~8.49	47.10~60.70
混合制冷剂预冷循环	4.41~7.69	39.50~60.00
LNG冷能预冷循环	4.00~9.80	41.40
级联循环	6.47	45.50

由于氢气分子的两个原子核自旋方向不同，氢气分子存在两种自旋异构体。氢气液化过程中，随着温度的降低，正氢会通过正－仲态转化变成仲氢[75]。由于正－仲转化放出的热量大于氢气的气化潜热，液氢产品必须以仲氢的形式存在，相关规定要求仲氢含量必须大于95%，否则会造成液氢蒸发损失，导致液氢无法长时间稳定储存。因此，需在氢气液化流程中添加正－仲氢转化环节，使用催化剂加速氢的正－仲转化，以保证最终得到合格的液氢产品。目前国内对正－仲氢转化催化剂的研究已经取得一定成绩，北京航天试验技术研究所自制的正－仲转化催化剂性能已达到国际先进水平[76]，但正－仲氢转化催化效率的提高依旧是氢液化流程中的一大挑战[77-79]。

1.2.2.2　有机液体储氢及输送技术

液体有机氢载体储氢技术利用不饱和碳氢化合物与其对应的饱和烃之间的一对可逆加脱氢反应实现氢的储存与释放，具有质量储氢密度高、可利用现有石化设施进行储运等优势，避免了物理储运氢能时所需要的高压、低温等苛刻条件。早在1975年，Sultan和Shaw提出了利用有机液体作为储氢载体的设想[80]。随着石油及其液体产品储运系统的高速发展和日臻成熟，其成为储氢有机液体运输的首选。储氢有机液体（"氢油"）管道运输技术涉及3个环节（图7-5）：①通过有机液体与氢气的加成反应实现氢能的常温常压液态储存。②储氢有机液体的管道输送。③储氢有机液体到达用户终端后借助催化剂实现氢能的释放与利用。

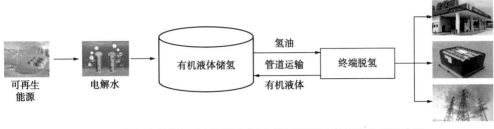

图 7-5 有机液体储氢及其管道运输在氢能利用环节枢纽作用示意图

储氢有机液体可以像石油一样实现长距离管道运输，因而可降低氢能规模利用储运成本[81]。通常，性能优良的有机液体储氢介质不仅需要具有高沸点（大于300℃）、高储氢密度（国际能源署规定标准为质量储氢率大于 5%，体积储氢率大于 40kg/m³）、低放氢温度等技术参数优势，还需具备低成本、低毒性及与当前燃料基础设施高兼容性等商业优势。目前国内外研究较多的有机储氢载体有环己烷、甲基环己烷、四氢化萘、二苄基甲苯、N-乙基咔唑与二甲基吲哚等（表 7-5）[82]。其中，咔唑与吲哚等杂环类储氢载体虽具有放氢温度低的优势，但其常温下为固态，运输不便，价格相对昂贵。环己烷、甲基环己烷、二苄基甲苯等多环芳烃类有机液体氢载体在常温下呈液态，毒性低，价格便宜且方便运输，具备作为优良氢载体的潜力，但仍存在放氢温度高、循环储氢效率低等缺陷。要突破和解决上述技术难点，关键在于理性设计低温高选择性脱氢催化剂，提升脱氢反应活性和选择性。现有很多有机载体的自身性能均存在一定局限性，未来还需要开发新型有机载体或将不同的储氢方式进行结合，从而提高"氢油"的输送能力。

表 7-5 常用有机液体储氢材料及其性能参数表

介质	熔点 /℃	沸点 /℃	质量储氢能力 /%	体积储氢能力 /%	脱氢温度 /℃	常温状态
环己烷	6.5	80.74	7.19	55.9	300~320	液态
甲基环己烷	−126.6	100.9	6.18	47.4	300~350	液态
顺式 - 十氢化萘	−42.98	195.82	7.29	64.38	300~400	液态
反式 - 十氢化萘	−30.38	187.31	7.29	62.93	300~400	液态
咔唑	76	6.7	6.7	52.17	150~170	液态
乙基咔唑	−84.5	5.8	5.8	—	170~200	液态
十氢萘	−30.4	185.5	7.3	65.4	320~340	液态
甲醇	−97.8	64.8	12.50	—	—	液态
八氢 1，2 - 二甲基吲哚	小于 −15	大于 260.5	5.76	—	—	170~200	—

2020 年 4 月，日本 AHEAD 项目首次实现了跨洋输送"氢油"，从文莱向日本输送第一批氢气，用于日本燃气涡轮机发电。该项目采用千代田公司的 SPERA 技

术，将甲基环己烷作为储氢载体，并且在找到高效催化剂的条件下成功示范运行416 天。该项目可实现每年 210 t 的氢气运输量，是全球首次实现的"氢油"远距离运输。

德国 Hydrogenious Technologies 公司一直致力于开发储氢和运输技术，其拥有独特的有机液态储氢（LOHC）技术。LOHC 为液态，以其为载体，可实现氢气在常温环境条件下运输和储存。含氢 LOHC 使用苄基甲苯作为载体介质，通过氢化过程化学添加氢气。Hydrogenious Technologies 公司正在德国多马根建造世界上最大的 LOHC 工厂，计划于 2023 年投产。

中国自 2016 年提出《能源技术革命创新行动计划》后，积极开展氢能源的相关研究。随着有机液体储氢技术的广泛传播及国外发达国家 LOHC 技术的不断发展，中国也先后成立了研究有机液体储氢技术的相关企业。2016 年 9 月，以"常温常压液态储氢"核心技术为支撑的第一代氢燃料电池客车"泰歌号"验证了有机液体储氢技术用于燃料电池汽车的可行性。中国五环与氢阳能源于 2017年结成战略合作伙伴，双方围绕常温常压有机液态储氢材料技术开展了诸多工作，全球首套年产 1000t 常温常压有机液态储氢材料试验装置和加氢/脱氢催化剂生产线已建成投产，首套中型储油加氢（"氢油"）试验装置正在积极建设中，配套的加氢和脱氢成套设备制造工厂也正在积极筹建中。中国船舶重工集团公司第七一八研究所等 20 多家研究院所围绕氢能制备、运输、储存和应用进行研究，完整的氢能产业链为未来中船重工集团在氢能领域实现大规模发展奠定了基础。

为了研究储氢有机液体管道运输的可行性，需要对其储氢前后的物理性质进行测试并与现行管输液体介质进行比较。选取苯为储氢用有机液体，在储氢质量分数为 7.2% 的条件下，储氢后有机液体的闪点、熔点、沸点均有所降低，且与现行管输液体介质汽油、柴油物性指标差距较大（表 7-6），因此，储氢有机液体进入现有石油及其液体产品管道储运系统时，需要考虑其性质变化带来的影响。

表 7-6　有机液体储氢前后与常规管输液体介质主要物性指标表

能源材料	闪点 /℃	熔点 /℃	沸点 /℃
汽油	−50~−20	小于 −60	30~205
柴油	大于 45	−50~10	180~370
苯（储氢前）	186	−10	330~350
苯（储氢后）	150	−40	300~320

在适合作为有机液体储氢载体的材料中，甲醇是目前在理论上和实际应用中均具有管道运输可行性的有机液体储氢载体。目前，甲醇管道输送技术在世界范围内已成功应用，国内外均有甲醇长距离输送管道正在运行，管道里程约

5000km（表 7-7）。甲醇腐蚀性很小，管道不需要内防腐，且具有输送过程中不需要保温设施等优势，因此，甲醇输送管道有新建管道与改输管道两种来源。加拿大充分利用了在役管道资源，原油、LPG 管道改输甲醇均获成功。已有甲醇输送管道的运行实际显示，甲醇属于易输送的介质，且在输送过程中具有较高的安全性[75]。

表 7-7　国内外甲醇管道基本情况表

国家	管道名称	输送介质	管道全长 /km	甲醇输送能力 / (10^4t/a)
加拿大	埃德蒙顿—达巴纳比管道	原油改输甲醇	1146	146
	Cochin 管道	LPG 改输甲醇	3000	146
中国	银川—张家港管道	甲醇	2656.2	2500
	鄂尔多斯—唐山管道	甲醇、二甲醚	1000	600
	图克首站—蒙大末站管道	MTO、甲醇	52	100
	榆天化甲醇库—企业铁路转运站管道	甲醇	18	5.138

随着储氢技术的迅速发展，氨作为一种高效、安全的氢能载体逐渐受到国际社会的高度关注。以氨为储氢载体的"氨 – 氢"管输技术为氢能储运模式的创新发展注入了新活力[83, 84]。以液氨为储氢载体的长距离管道输送技术已经在全球范围内实现工程应用。目前，世界上长输液氨管道主要分布在美国和俄罗斯，美国液氨管道总里程接近 5000km，俄罗斯液氨管道总里程约 2400km。中国液氨管道起步较晚且总里程较短，目前仅有总里程不超过 200km 的液氨管道（表 7-8）[85]。

表 7-8　世界范围内液氨输送管道情况统计表

管道名称	总里程 /km	管径 /mm	设计输量 / (10^4t/a)
海湾中央管道系统	3057	250/200/150	200
中美管道系统	1754	200/150	91.5
坦帕湾管道系统	134	150	145
托里亚蒂—敖德萨管道系统	2424	350	250
秦皇岛液氨管道	82.5	80/100/125	10.5
金源化工液氨管道	29.0	125	6.0
开阳化工液氨管道	21.5	200	50.0
云天化液氨管道	28.7	255	28.5

在常温下，液氨的沸点随压力升高而升高，因此常温下液氨必须在有一定压力的管道内输送。液氨管道输送时，必须保证管道中任何一点的压力均高于液氨在输送温度下的饱和蒸气压，否则液氨会在管道中气化形成气塞，大大降低管道的流通能力。

2020年，中国成品油销量为 33100×10^4t，随着国家双碳战略的提出以及新能源汽车的发展，成品油销量逐年下降，预计到2060年将降至 5000×10^4t，这与当前国家管网集团2021年所辖成品油管道里程 2.68×10^4km、管输能力 $2 \times 10^8t/a$ 形成鲜明对比。与此同时，氢气年需求量有望增至 1×10^8t 左右，管道输送将成为促进氢能规模化应用的重要手段。未来成品油管道用于有机储氢液体的输送具有较好的前景与可行性，甚至可以探索成品油、甲醇、液氨或其他储氢有机液体的混合批次输送。

有机液体储氢的主要危险在于氢气本身的危险性、管输过程中有机液体对管壁的腐蚀性及管输出现泄漏时有机液体的毒性。关于氢气本身危险性研究主要包含氢气的泄漏、扩散、燃烧和爆炸，研究清楚氢气本身的危险性行为是实现氢能安全运输研究的重要基础。中国石油大学（华东）李玉星教授团队针对氢气的地下扩散、喷射火热辐射、爆炸冲击波等进行试验研究，得到诸多有益结论。

由于甲醇对管材设施的腐蚀性较小[86, 87]，腐蚀性研究主要针对液氨管道输送。通常情况下，输送纯净液氨的管道不易发生应力腐蚀开裂，但若液氨中含有氧气、氮气等杂质，管材发生应力腐蚀开裂的可能性将增加。此外，管材发生应力腐蚀开裂的影响与含水量密切相关，如果可以精确地控制液氨输送过程中水含量，使之小于0.2%，则可以有效降低管材发生应力腐蚀开裂的概率。

目前，针对"氢油"的物化性质，学界已经进行了较为广泛的实验室研究，但"氢油"管道输送尚未实现广泛应用。其原因一方面是氢气与有机液体的掺入机理、脱除特性、流动规律、储存规律等尚未清晰；另一方面是"氢油"对管材的影响机制尚不明确。"氢油"生产、储运、处理的关键技术还需进一步研究。综上，目前液态有机物储氢距离大规模商业化还存在下列难题有待解决：①建立"氢油"管内流动的水热力与组分双向耦合模型，开发适用于复杂拓扑管网的管输工艺设计及运行仿真体系，优化确定安全输送压力及输量阈值，实现混油头追踪与切割以及混油量计算。②明确"氢油"－管材耦合作用下的管材失效机制，阐明氢气从有机液体中的析出规律，建立基于材料－载荷－环境多场耦合作用下管输系统在氢油环境中的典型服役性能数据库，提出相容性评价方法。③明确"氢油"储罐储存的分层规律，测量"氢油"储存的蒸发速率以及蒸发损耗，实现"氢油"在储罐中安全储存。总之，未来设计"氢油"管道时需采用模拟和实验相结合的方法，根据已有的成品油管道输送系统对"氢油"输送系统进行适应性改造，进而形成成熟的"氢油"管道系统。

1.3 轻烃管道输送

轻烃是油田生产的主要出矿产品之一，也是重要的石油化工原料，主要由乙烷、液化石油气和稳定轻烃组成[88]。目前，油田轻烃运输主要采用管道输送方式，成本低、安全、可靠。为保障轻烃管道的安全运行，研究明晰轻烃管输流动保障、轻烃管道顺序输送[89]、油田轻烃输送管道安全距离[90]等3个问题至关重要。

针对轻烃管输流动保障，在冬季气温较低时，C_1~C_4轻烃类输送管道若含有水分，易发生冻堵，严重威胁装置生产和管道运行，为保证轻烃管道的流动保障问题，需提出有效措施预防轻烃管道冻堵。

针对轻烃管道顺序输送，油气田轻烃管网系统目前采用间歇混合输送的方式将原稳烃、浅冷烃、深冷烃混合输送至下游，存在管网压力偏高且波动大、管输轻烃质量差、外输泵能消耗大、管网运行操作难度大等问题。为此，借鉴成品油管道顺序输送原理，提出了顺序输送时应遵循的原则：①所有站场采取集中注入方式进行轻烃注入作业。②应尽量避免各站场同时注入轻烃，而是采取相邻站场相继注入的方式，以确保管道稳定运行。③各站场注入轻烃时应避开混烃段。④各站场注入轻烃管网时，必须满足各注入支线的管输能力及外输泵的工作流量要求。⑤输送的油品物理、化学性质相近。⑥不允许在同一时间内输送两种油品。⑦输送相邻油品的相对密度差大于0.01。目前国内尚无顺序输送轻烃的应用案例[91]，大庆油田有限责任公司天然气分公司提出了基于顺序输送的轻烃单输方式，利用SPS管道瞬时模拟软件建立线路进行了水力模拟，验证了该方式的可行性。

针对油田轻烃输送管道安全距离，目前，轻烃输送管道通常以埋地敷设方式建设，采用防腐层加阴极保护的防腐形式。按技术规范要求，当阴极保护采用牺牲阳极方式时，一般情况下阳极埋设位置应距管道3~5m；若采取外加电流方式，其深埋式地床与被保护管道通常需要有50m以上的间距。

轻烃输送管道的技术攻关重点主要有3条：①针对目前的液相乙烷输送管道，国内外尚未形成设计标准与规范，对于液相乙烷管道的最优管径设计研究鲜见于报道，其设计主要参考天然气、石油制品输送管道的相关标准。②轻烃管网系统目前采用原稳烃、浅冷烃、深冷烃混合、间歇输送方式运行，导致存在管网压力偏高且波动大、管输轻烃质量差、外输泵能耗大等问题，目前有学者借鉴成品油管道顺序输送原理，提出轻烃管网顺序输送方案的设想，方案的可行性有待进一步验证。③注意管道运行时出现的安全事故，丘陵或山区铺设管道时遇到翻越点情况也需要引起重视，翻越点的存在不仅直接影响到线路起始点的压力，而且在翻越点之后的管道中易形成不满流。不满流的出现既浪费能量，又可能在液速突然变化时增大水击压力，此外，不满流如出现在顺序输送的管路上，则会增大混油量。

1.4 浆体管道输送

不同于传统油气管道，浆体管道内的输送介质主要为固液两相。因此，固体物料的粒度、浆体的制备及浆体的安全输送等成为了影响浆体管输技术发展的关键性问题[92]。目前，浆体管输技术主要应用于矿产冶金领域矿浆及泥沙的输送，在油气储运行业的应用则相对较少，较为具有前景的油气储运行业浆体管道输送技术主要为煤浆及水合物浆管输技术。近年来，国内以清华大学、北京有色冶金设计研究总院、长沙矿冶研究院、长沙冶金设计研究院、煤炭科学研究总院唐山分院、中煤武汉设计研究院、中国石油大学（华东）、中国石油大学（北京）等为代表的相关科研及工程设计单位对浆体管输技术开展了深入研究（表7-9、表7-10）[93]。中国浆体管道已开启跨行业、长距离、多流态、多种类的全方位应用发展[94]。

表7-9　国内代表性浆体管输实验室概况表

机构名称	管道直径/mm	管道长度/m	主要设备	主要仪表
长沙矿冶研究院 浆体管道输送实验室	44~255	60~104	砂泵	流量计、密度计、差压计
北京有色冶金设计研究总院 浆体管道实验室	80~203	80~450	砂泵	流量计、密度计、差压计
武汉水利电力学院泥沙研究室 浆体和三相流实验装置爱	98~196	150	砂泵	流量计、浓度计、差压计
清华大学泥沙研究室 浆体管道实验装置	51~205	70~90	砂泵	电磁流量计、密度计、差压计
煤炭科学研究总院唐山分院 管道运输研究所实验室	44~306	1 430	柱塞泵 隔膜泵	流量计、密度计、差压计、温度传感器
长沙矿山研究院 管道实验室	13~200	50	砂泵	流量计、密度计、差压计、温度传感器
中国石油大学（华东） 水合物浆管道输送实验室	25	24	离心泵	流量计、差压计、温度/压力传感器
中国石油大学（北京） 水合物浆管道输送实验室	25	20	离心泵	流量计、差压计、温度/压力传感器

表7-10　国内代表性长距离矿浆管道概况表

名称	运距/km	运量/（10⁴t/a）	管径/mm
陕西神渭输煤管道	730	1000	323.9~610
贵州瓮福磷精矿（二期）	46	350	355.6

名称	运距/km	运量/（10^4t/a）	管径/mm
昆钢大红山铁精矿（一期）	171	230	244.5
包钢白云鄂博铁精矿	145	350	356
攀钢新白马铁精矿	97	300	273.1
宝钢梅山山景铁尾矿	38	65	245
中冶瑞木（巴布亚新几内亚）红土镍矿	135	380	630

浆体输送技术涉及水力学、泥沙运动力学、多相流体力学及流变学等基础理论，还与管材、腐蚀、冲蚀、第三方破坏及泄漏等管道本质安全和管道完整性管理技术密切相关。临界流速与摩阻损失是浆体管输技术中的两大关键参数。近年来，国内外学者通过经验拟合、机器学习及人工神经网络等方法对浆体管道的临界流速及摩阻进行了建模分析与量化预测，但在普适性、计算精度及模型敏感性等方面仍有待改进[95-98]。固体物料对管道的磨蚀及腐蚀是浆体管输过程中面临的关键性问题。目前，多数浆体输送管道采用增加酸碱中和剂、增大管道壁厚年设计磨蚀余量或采用昂贵的耐磨复合管等方式应对浆体磨蚀及腐蚀危害[99-101]。部分学者还基于理论和实验对浆体管道的磨蚀及腐蚀开展了性能评价和风险分析[102-106]。浆体管道与常规油气管道的重要区别在于固体物料更易导致管道堵塞，同时，管道泄漏也是造成管道堵塞的重要原因之一。因此，近年来的相关研究主要集中在泄漏和堵塞的预控预警技术、事故点的检测定位技术、事故的应急预案与处理技术等方面[107-110]。此外，加速流和水击现象也是影响浆体管道安全运行的常见危害。目前相关防治措施和设施复杂多样，造价成本、使用效果相差悬殊，对管道控制系统和安全运营管理提出了很高的要求[111]。管材是浆体管输工程的重要组成部分，材质优劣将直接影响管道运行安全和投资成本。然而，目前中国还未启动浆体管道专用钢管的研制和批量生产，执行的标准规范中，钢管选材主要依据GB/T 9711—2017《石油天然气工业管线输送系统用钢管》和API SPEC 5L《管线钢管规范》[112]。钢管类型则主要为无缝钢管、直缝高频电阻焊管、直缝埋弧焊管及螺旋缝埋弧焊管。

煤浆作为典型的浆体，其管输技术的发展历程具有一定代表性。煤浆管输技术的实验研究始于1881年，世界上第一条工业煤浆管道则为1914年投入应用的英国泰晤士河畔煤浆管道。随后，美国分别于1957年与1970年建成使用了世界上第一条长距离煤浆管道——固本俄亥俄州煤浆管道及目前运行时间最长的煤浆管道——黑迈萨煤浆管道。其中，黑迈萨管道管径457mm，运距440km，运量500×10^4t/a，稳定运行时间达35年。中国第一条煤浆输送管道为陕西神渭管道，同时也是目前世界上规模最大的煤浆管道。该煤浆管道管径610mm，运距727km，运量达 1000×10^4t/a，于2019年竣工，2020年开始投入使用。神渭煤浆管道项目总投资约百亿元，北起神木市，途经榆林、延安、渭南、西安4市18个县（区），由北至南纵贯黄土高原，翻山越岭直达关中平原，将陕煤集团榆神矿区优质煤炭输送至关中煤化工基地。神渭煤浆管道项目以管输煤浆制备系统、管输煤浆输送系统、管输煤浆脱水制清洁煤系统、高浓度环保水煤浆制备系统、水处理系统及储装运系统"六大系统"组成，包含设备11000余台（套），地面场站8座，干线平均站距120km，支线平均站距70km，单泵站最长输送距离136km，最大落差1180m。煤浆制备技术方面，神渭煤浆管道将煤浆的平均粒度由0.31mm增大到了0.37mm，采用"中浓度脱水 + 超细研磨制浆"三峰级配提浓工艺，煤浆浓度最高可达67.1%。煤浆输送技术方面，研发了长距离输煤管道系统多泵并联相位角消振技术与5级泵站串联同步技术，开发了煤浆管道水击超前保护及大落差加速流防治技术。同时，通过研究形成煤浆管道测堵与测漏技术，攻克了不同浓度下高落差管输煤浆的安全输送难题，在管道遭到第三方破坏导致管道泄漏情况下，成功解决了站间管道浆体失水后多次硬堵塞有效疏通的难题。此外，神渭煤浆管道项目还建立了运维风险数据库，创建了多台多场景系统可视平台，有效提升了协同决策效率。

除常规的矿浆、泥沙及煤浆外，水合物浆作为一种特殊浆体，由于其在气体储运、流动保障及潜热输送等领域具有良好的应用潜质，已愈发受到学者及工业界人士的关注。目前，关于水合物浆管道输送的研究主要集中在水合物浆的流变性、流动特性及堵塞特性等方面，近年来的研究表明：非天然气形成的水合物浆一般呈现出剪切稀释特性[113]，天然气水合物浆则通常具有剪切稀释特性及触变性[114]，国内外学者根据自身研究分别建立了相应的水合物浆黏度模型[115]。影响水合物浆流动特性的主要因素包括水合物浓度[116]、颗粒粒径大小及分布，水合物颗粒的碰撞、聚集[117]、破碎及沉积等流动行为[118]，部分学者建立了用于描述水合物浆流动特性的相关模型[119, 120]，水合物颗粒间或水合物颗粒与水滴间的聚集、水合物颗粒 / 聚集体大量聚集阻塞流通截面、水合物管壁膜生长、水合物管壁黏附、水合物管壁沉积层脱落、水合物着床沉积以及油水相分离等为水合物管道堵塞的主要机理。

综上，与传统油气管道相比，矿浆等浆体输送管道通常没有火灾、爆炸、低温冻伤、高温烫伤等危险，不会造成大范围的人员伤害，但仍存在磨蚀、腐蚀、堵塞、泄漏及水击等风险。因此，对浆体输送管道进行管道完整性管理具有必要性和迫切性。中煤科工集团武汉设计研究院的相关学者[121]结合煤浆管道的特点对煤浆输送管道的完整性管理进行了初步的探讨，可为浆体管道的完整性管理提供借鉴。

2 与国外差距分析

2.1 CO₂储运

2.1.1 CO₂管道建设情况

目前，中国尚无超临界 CO_2 长输管道建成投产，尚未形成核心技术及标准体系，不足以支撑大规模 CCUS 应用。国外 CO_2 长输管道输送始于 20 世纪 60 年代，根据美国运输部网站数据，美国建有 CO_2 管道 8288km，80% 为超临界输送，其中美国最长的超临界 CO_2 管道 Cortez，全长 808km，管径 762mm，压力 13.8MPa，年输量 $1\,930 \times 10^4$t（表 7-11）。国内已建成 4 条 CO_2 管道，总长约 100km，主要为集输管道气相输送，尚无大输量、长距离超临界 CO_2 管道（表 7-12）。国外虽已积累了大量 CO_2 管道建设运行经验，但是否适用于中国国情还需深入研究。

表 7-11　国外代表性 CO_2 管道概况表

项目名称	国家	状态	长度/km	直径/mm	输量/（Mt/a）	陆上/海上	储存形式
CO₂ Slurry	加拿大	计划	—	—	—	陆上	EOR
Quest	加拿大	计划	84	324	1.2	陆上	盐水层
Alberta Trunk Line	加拿大	计划	240	406	15	陆上	—
Weyburn	加拿大/美国	运行	330	305~356	2	陆上	EOR
Saskpower Boundary Dam	加拿大	计划	66	—	1.2	陆上	EOR
Beaver Creek	加拿大	运行	76	457	—	陆上	EOR
Monell	美国	运行	52.6	203	1.6	陆上	EOR
Bairoil	美国	运行	258	—	23	陆上	—
Salt Creek	美国	运行	201	—	4.3	陆上	EOR
Sheep Mountain	美国	运行	656	610	11	陆上	CO₂枢纽
Slaughter	美国	运行	56	305	2.6	陆上	EOR
Cortez	美国	运行	808	762	24	陆上	CO₂枢纽
Central Basin	美国	运行	278	406	11.5	陆上	CO₂枢纽

续表

项目名称	国家	状态	长度/km	直径/mm	输量/（Mt/a）	陆上/海上	储存形式
Canyon Reef Carriers	美国	运行	354	324~420	—	陆上	—
Choctaw（NEJD）	美国	运行	294	508	7	陆上	EOR
Decatur	美国	运行	1.9	—	1.1	陆上	盐水层
Snøhvit	挪威	运行	153	203	0.7	海陆	盐水层
Peterhead	英国	计划	116	—	10	海陆	枯竭油气藏
White Rose	英国	计划	165	—	20	海陆	盐水层
ROAD	荷兰	计划	25	450	5	海陆	枯竭油气藏
OCAP	荷兰	运行	97	—	0.4	陆上	温室
Lacq	法国	运行	27	203~305	0.06	陆上	枯竭油气藏
Rhourde Nouss—Quartzites	阿尔及利亚	计划	30	—	0.5	陆上	枯竭油气藏
Gorgon	澳大利亚	计划	84	269~319	4	陆上	砂岩地层

表7-12　国内外 CO_2 管道信息对比表

地区	管道总里程	输送相态	管径/mm	钢级	压力/MPa	输量/（10^4t/a）	气源	产业成熟度	运营管理模式	标准法规及监管
北美	约10000km	以超临界态为主	750	X70	20.4	1930	自然（80%）+人工（20%）	规模化商业阶段，管道输送成本0.22元/（t·km）	专业化管输公司提供服务或油田企业管理	没有专门的 CO_2 管道输送标准，将 CO_2 管道作为油气管道标准的涵盖部分，有成体系的法规49CFR195，美国交通运输部监管
中国	约90km（已建）+116km（拟建）	以气相为主	300	X52	12	100	油田采出气	工程示范阶段，管道输送成本0.63元/（t·km）（以国内某示范工程测算）	油田企业管理	有专门的 CO_2 管道输送标准SH3202，但没有成体系的法规，监管部门尚不明确

2.1.2　CO_2 管道输送

目前，国外超临界 CO_2 管道整体技术体系较完备，管道建设主要采标油气管道标准，但关键技术对中国封锁。在役管道改输气相 CO_2 方面，国内尚无相关成功案例，国外文献中有部分报道讨论了利用在役管道改输 CO_2 的经济性，但未见相关适应性评估的方法和技术细节。目前国内外针对 CO_2 条件下钢的腐蚀行为，主要研究不同条件下的腐蚀速率，腐蚀产物膜的结构、形貌及组成，电化学行为等，在 CO_2 管输过程的相态控制、节流低温以及泄漏扩散等方面尚缺乏系统性研究，具有一定局限性[18]。

目前，在管输工艺方面，与国外相比，国内已在含杂质 CO_2 相特性、水力热力计算、管输经济性、管输安全性以及管输标准等方面具备了一定的技术实力，积累了部分成果。然而，迄今为止尚无超临界 CO_2 管道投产运行，相关模型和方法亟需工业规模示范工程的验证与修正。

在材料与设备方面，国外 DNVGL-RP-F104 标准中基于现有的 CO_2 全尺寸止裂爆破试验结果提出了一套管道止裂评价验收流程。国内则缺乏 CO_2 输送管道的管材选择关键指标、选择方法及标准规范。此外，目前国际上开展的 CO_2 管道全尺寸爆破相关试验次数偏少，管材夏比冲击吸收能量（小于 250 J）、管径（小于 16in，大于 36in）的试验数据较为缺乏。中国于 2023 年 5 月 17 日开展了国内首次 CO_2 管道全尺寸爆破试验，对止裂器材料选择、受力分析及结构优化的研究有待进一步深入。

在泄漏与泄放方面，国内外专家学者针对 CO_2 节流特性、CO_2 减压波传播特性及 CO_2 管道止裂韧性均建立了精度较高的计算模型，国内外研究大致处于同一水平。

在标准与规范方面，国内外尚未形成统一的 CO_2 管道输送行业标准且国内 CO_2 管道输送工艺标准规范相对缺乏。中国石化石油工程设计有限公司虽编制了中国首个行业标准 SH/T 3202—2018，但该标准相关条款仍需结合示范工程加以修订、完善。

2.1.3　CO_2 地下储存

目前，CO_2 地下储存已在国外得到了一定发展，尤其是在利用 CO_2 进行提高采收率方面，超临界 CO_2 注采技术已经得到大量应用[33]。在中国，CO_2 地下储存技术尚处于起步阶段，已有一些示范工程和小规模的 CO_2 注采技术工程实践，在解决注采过程中存在的一系列问题方面取得了一定的技术进步，但技术尚未成熟。在采用 CO_2 作为储库垫层气的适应性评价技术方面，国内外均停留于理论分析、数值模拟与实验研究阶段，尚未进行正规的工程实践应用[28]。

2.2 氢能储运

2.2.1 氢气储运

相比于国外，中国纯氢输送管道建设比较缓慢，现有纯氢输送管道总里程仅约 400km（表 7-13），均以炼油化工用氢为目的。目前，国内已建成纯氢管道普遍采用低钢级管线钢（20 号钢、L245N 等），以中低压力（不超过 4MPa）运行，输量小，管材成本居高不下，设计、运维、试验方法尚未形成标准体系。中国石化正在布局建设乌兰察布到北京燕山石化的纯氢管道，长约 360km，年输送量为 10×10^4 t，管材仍选用低钢级管线钢。与国外相比，研制适用于大口径（直径大于 500mm）、高钢级管道（X60 以上）的抗氢管材，降低建设成本迫在眉睫。从技术储备和输氢业务发展需求分析，当前国内的输送技术远远不能满足未来中国大规模输氢的需求。

表 7-13　国内已建成纯氢管道统计表

管道名称	管材	长度 /km	管径 /mm
扬子—仪征氢气管道工程	20 号石油裂化钢管	40.4	325
巴陵—长岭氢气管道工程	20 号无缝钢管	42	406
济源—洛阳氢气管道工程	L245 无缝钢管	25	508
定州—高碑店氢气管道	L245 钢管	164.7	508

氢气地下存储技术方面，自 20 世纪 70 年代，发达国家即开始对地下储氢库展开研究，目前国外盐穴储氢库、枯竭油气藏储氢库及含水层储氢库均有示范项目正在运营（表 7-14）。盐穴储氢库方面，美国现有 Clemens、Spindletop、Moss Bluss 等 3 个盐穴储氢库实际运行，英国现有 Teesside 盐穴储氢库实际运行，其储氢能力均在 25GW·h 以上。枯竭油气藏储氢库在近 10 年开始发展，奥地利的 Underground Sun Storage 储氢库项目成功在枯竭油气藏中储存掺氢比 10% 的掺氢天然气。含水层储氢库方面，德国 Ketzin、捷克 Lobodice、法国 Beynes 等储氢库项目在地下含水层中储存掺氢比 10%~50% 的含氢煤气。中国对地下储氢库的研究较晚，目前尚无运营中的储氢库，储氢库研究与现场试验项目几乎空白。

表 7-14　世界地下储氢项目概况表

工程名称	类型	氢气含量 /%	运行条件	深度 /m	体积 /10^4m³	状态
Teesside	盐层	95	4.5MPa	365	21	运行
Clemens	盐丘	95	7~13.7MPa	1000	58	运行

工程名称	类型	氢气含量/%	运行条件	深度/m	体积/10⁴m³	状态
Moss Bluff	盐丘	—	5.5~15.2MPa	1200	56.6	运行
Spindletop	盐丘	95	6.8~20.2MPa	1340	90.6	运行
Kiel	盐穴	60	8~10MPa	—	3.2	关闭
Ketzin	含水层	62	—	200~250	—	运行
Beynes	含水层	50	—	430	33000	运行
Lolodice	含水层	50	9MPa/34℃	430	—	运行
Diadema	含水层	10	1MPa/50℃	600	—	—
Underground Sun Storage	枯竭油气藏	10	7.8MPa/40℃	1000	—	运行

2.2.2 氢能液态储运

中国液氢技术起步较晚，与国外存在较大差距，由于氢液化冷箱等关键设备及技术发展滞后，2021 年 9 月之前，国内航天领域的氢液化设备全部被国外公司垄断[81]。大型氢液化核心设备受到国外相关贸易政策管制，限制设备出口并禁止技术交流。科技部 2020 年"可再生能源与氢能技术"国家重点研发计划申报指南指出，中国亟需研制液化能力不低于 5t/d 且氢气液化能耗不高于 13kW·h/kg 的单套装备。该指标与国外主流大型氢液化装置性能基本一致，可尽快缩短中国产品成本、质量、制造水平与发达国家的差距。同时，"十四五"国家重点研发计划"氢能技术"等 18 个重点专项 2021 年度项目申报指南指出，要针对液氢规模化、致密化储运所需的低温液化系统核心装备进行研制，包括氢液化流程及氢膨胀机组参数优化与动态仿真技术、高效低温氢膨胀机设计方法、大型高效低温氢气换热器设计方法与制造工艺和可靠性、高效正 – 仲氢转化催化剂材料及转化器设计等内容，以期到 2025 年，中国氢能技术研发水平进入国际先进行列，关键产业链技术自主可控。

2.3 轻烃管道输送

目前，国内外已成功应用轻烃管道输送技术的管道里程约 1200km（表 7-15）。相较于国外，中国轻烃管输技术起步较晚，管道总里程及设计数量均远低于国外。轻烃管输流动保障、轻烃管道顺序输送、油田轻烃输送管道安全距离等问题的解决及相关标准规范的制定能有效促进中国轻烃管输技术的发展。

表 7-15 国内外轻烃输送管道典型技术指标表

国家	名称	年份	总长度 /km	管径 /mm	设计输量 /（$10^4t/a$）
美国	Mariner West 轻烃管道	2013	643	254	367.38
	Vantage 管道	2014	643.74	254	339.12
	Utopia East	2018	434.52	508	400
中国	轻烃管道	2015	410.9	76~219	77

2.4 浆体管道输送

浆体管输技术最早应用于美国，澳大利亚、巴西等国的浆体管输技术也十分成熟。相较于国外，中国浆体管输技术起步较晚。近年来，中国已建成多条矿浆输送管道，针对常规固体物料均质流和拟均质流工况下的水力、流变及沉降特性研究取得了丰硕成果。然而，在粗颗粒、高浓度和非均质工况下的理论及实验研究仍需进一步开展。同时，中国对浆体管道泄漏、堵塞、加速流 / 水击及腐蚀 /冲蚀等的安全控制技术研究尚存不足，破碎设备、泵及阀门等装备的设计加工工艺也与发达国家存在一定差距。此外，浆体管输工程建设相关的法律及标准体系还很不完整，有待进一步改进、完善[121]。

3 发展趋势与对策

2030 年碳达峰后，常规油气资源消费将逐年递减，而氢能、二氧化碳、氨、甲醇等新能源消费将日趋增长。"双碳"战略背景下，需大力发展常规油气与新能源在大型复杂管网的融合输配技术，最大限度发挥油气基础设施在中国能源转型中的作用，实现能源传输格局重塑，服务国家重大需求。对于各项非常规介质的输送，仍有大量问题亟待解决。

3.1 CO_2 储运

超临界态 CO_2 的密度接近于液体而流动性接近于气体，兼有气体与液体的双重特性，水力计算方程与气、液态有明显差异。目前，管输 CO_2 稳态流动计算模型研究已较为成熟，然而瞬态过程的危害性更大，涉及启停输、水击及泄漏等瞬态输送过程的水力热力计算研究较为匮乏，缺乏瞬态水力热力计算模型。目前常用 CO_2 管输工艺计算软件主要有 PIPEPHASE、SPS、OLGA 等，其工艺计算数据库均基于油气管道，相关工艺计算模型缺乏 CO_2 管道实验数据验证，国内外尚无专门的超临界 CO_2 管道输送工艺仿真及优化软件。

CO_2 泄漏过程涉及相变，具有维持高压的特点，使得 CO_2 管道止裂要比天然气管道更加困难。除了依靠管道自身韧性止裂，工程上还常采用不同结构的止裂器。目前国际上开展的 CO_2 管道全尺寸爆破相关试验次数偏少，相关试验数据较为缺乏，对止裂器材料选择、受力分析及结构优化的研究也有待进一步深入。利用在役管道输送 CO_2 可有效节省建设投资，然而关于在役管道输送 CO_2 的关键要素分析、不同规格管材输送 CO_2 的适应性及设备适应性分析较少，缺乏技术指标要求、控制措施及在役管道输送 CO_2 适应性评估方法。

由于 CO_2 的焦耳 – 汤姆逊系数较大、节流效应较强，CO_2 管道在泄放过程中会形成局部低温并产生干冰，容易导致管道发生脆性断裂，暴露在周边环境的人存在冻伤风险。中国碳汇多分布于人口密集区域，CO_2 管道及其放空作业需同时考虑对管道、人员及环境的影响，亟需建立适用于 CO_2 管道的安全放空作业标准及方法。除泄放过程本身可能带来的上述危害外，CO_2 在泄放后的扩散过程也可能引发一系列风险。虽然 CO_2 本身无毒且不易燃易爆，但泄放产生的大量 CO_2 进入空气中会对人体健康产生严重威胁。此外，管输 CO_2 流体中可能含有 H_2S 等对人体有害的杂质及 H_2 等易燃易爆的杂质。因此，需要建立 CO_2 管道放空安全操作规程、配置泄漏监测系统，还需建立成熟的 CO_2 泄漏扩散定量风险评价技术，以此确定泄漏扩散发生后的影响半径及安全距离等。

中国长距离、大规模 CO_2 管道输送技术还未成熟，针对超临界 / 密相 CO_2 输送技术存在的问题提出了以下解决方案：①建立复杂输送工况管道内 CO_2 相态转化预测及瞬态响应模型，明确 CO_2 管道的瞬态输送安全技术边界。②揭示 CO_2 管道泄漏过程管内流体与管道本体的耦合作用机制，建立高精度含杂质超临界 / 密相 CO_2 管道减压波预测模型。③发展超临界 / 密相 CO_2 管道止裂韧性模型，形成韧性止裂技术体系。④揭示 CO_2 管道泄放过程相变及泄放影响区域管材失效机制，发展 CO_2 泄放射流、扩散特性研究及计算方法，建立 CO_2 管输泄漏潜在影响半径计算方法，发展 CO_2 管道定量风险评价和安全泄放技术。

3.2 氢气储运

在氢能气态输送方面，综合纯氢管道与天然气掺氢管道，中国在管道总里程、单段管道里程、管道运行压力、掺氢比等方面与国外差距明显，在管材评价、管输工艺、安全运行、平台验证等环节尚未建立适合中国国情的技术与标准体系。

在管材评价方面，欧美日韩等发达国家获得了不同类型管线钢、焊缝、非金属管材、密封圈等在不同压力等级纯氢/掺氢环境下的氢脆与氢损伤数据，结果表明输送压力从中低压升至高压后，各种材料的氢脆/氢损伤风险均显著增加，中国研究人员也得到了类似的研究成果。总体而言，该领域还存在以下问题亟需解决：首先，缺乏氢促失效的测试手段；其次，高压纯氢/掺氢对管材及其焊接的相容性、性能与损伤影响规律的研究比较匮乏；第三，亟需建立相关的材料和工艺选用标准和规范。因此，亟需针对管材和焊缝的氢脆和氢损伤搭建新的试验平台，开展在高压环境气氛下的多尺度多场耦合原位实验研究，揭示其本征机制，支撑抗氢新材料、新工艺的研发，创建能满足产业需要的标准和规范。

在管输工艺方面，欧美国家已颁布 ASME B31.12 等纯氢管道设计运行标准，中国尚缺乏相关自主的标准规范。天然气掺氢输送中氢气体积分数大多为0~20%，发达国家正开展管道输送示范研究，解决天然气与高压大流量氢气的均匀掺混、低掺氢比下氢气的高纯度分离、管道和关键设备（压缩机、流量计、调压阀）适应性等输送工艺瓶颈问题。目前国内的氢气管网系统工艺设计及运行仿真主要采用国外商业软件，"卡脖子"问题已经显现。

在安全运行方面，氢促失效增大了管道、焊缝/连接及关键设备的失效频率，氢气流速快、爆炸范围宽、失效后果严重，氢气管输系统面临较大风险，完整性管理极具挑战性。在此方面，德国燃料研究所评估了加氢对掺氢天然气泄漏爆炸范围的影响，美国天然气技术研究院提出了掺氢天然气管道定量风险评估方法，中国科学技术大学、北京理工大学研究了氢气和氢气/甲烷预混爆炸特性。目前，国外对纯氢/掺氢管道系统安全事故及完整性管理研究深入，形成了完整性管理体系，而国内在此方面尚处起步阶段，仍存在事故特征演化规律不清、失效后果难预测、防护效果差等问题。

在科技试验平台方面，国外依托上述工程管道建设了典型的科技试验平台，国内大部分针对纯氢/掺氢天然气管道的研究尚停留在实验室阶段。总体上，中国对纯氢与掺氢管道系统的设计、运维等主要参考国外标准规范，没有形成标准体系，尚未建成先进的纯氢与掺氢管输科技试验平台。

在氢能储存方面，地下储氢是最为理想的选择，然而地下储氢技术也面临着因氢的易扩散性导致的地质、渗流、注采、材料等方面的挑战。

综上，针对氢气管道及储气库储运关键技术，未来需探索管道中氢气与天然气非均匀分布传质规律，建立纯氢与掺氢天然气管道水热力与组分双向耦合数理模型，开发适用于复杂拓扑管网的工艺仿真软件；研究纯氢/掺氢天然气渗/泄漏与积聚、燃烧、爆炸事故特征演化规律，开发纯氢/掺氢天然气泄漏源反演预测软件；研发氢气探测器，建立全域多物理场监测的氢气管道状态感知体系；研制可连续调节随动流量掺氢设备及分离提纯设备。同时，积极研发不同类型的液态储氢技术，形成高密度、轻量化、低成本、多元化的氢能储运体系。液态储氢技术存在成本高、易挥发、运行安全隐患大等问题，还需向着低成本、低挥发、良好绝热性能的方向发展。有机液态储氢技术目前的瓶颈是开发高效、稳定、廉价的脱氢催化剂，降低副产物的生成，减少贵金属催化剂的使用，降低成本，提高催化剂的可循环利用性。在液氨管输技术中，需建立、完善相应的技术研究体系，采用广泛的实验及仿真模拟等方法开展液氨管输工艺验证与探究，考虑液氨与油气基础物性及管输工艺的差异性，完善液氨管输工艺技术，指导长距离、大规模液氨管输系统建设运行，从管材、设备、安全、防腐等方面评估在役油气管道改输液氨的适用性，从而提高油气管网利用率。

3.3 轻烃管道输送

非常规液体储运能够拓宽油气管网利用边界，推动油气输运全产业链升级与再造。发展油气管网多介质灵活输运技术，建成常规油气和新能源融合的大型复杂管网输配系统，有助于形成氢气、二氧化碳、液氨、甲醇等多介质联合输送成套技术与装备，进而打造多介质能源输运新范式，构建能源多元供应体系，提高多场景下能源安全供应保障水平。

针对多品种液体介质顺序输送技术，开展以下研究：围绕多品种液体介质顺序输送技术，研究原油、成品油与醇、氨等化工产品互溶介质间紊流传质规律，建立不同种类液体顺序输送的界面混合表征模型；研究互溶介质核心质量指标与混合浓度的对应关系，确定微溶介质混合后可能引发的质量指标变化；研发液体管网多节点、多介质高频注入与分输状态下批次界面、质量指标的精准动态在线追踪技术；开发适用于 SCADA 系统的管网批次界面与质量指标在线追踪软件；明确"氢油"储罐储存的分层规律；测量"氢油"储存的蒸发速率以及蒸发损耗；实现"氢油"在储罐中安全储存。总之，未来设计"氢油"管道时需采用模拟和实验相结合的方法，根据已有的成品油管道输送系统对"氢油"输送进行适应性改造，进而形成成熟的"氢油"管道系统。

3.4 浆体管道输送

目前，浆体管道已在中国工业领域跨行业、多介质得到了广泛应用。然而，总体来看，中国浆体管道工程仍存在以下困难及挑战：首端破碎与终端粗颗粒成型之间存在矛盾、浆体制备技术复杂、高浓度浆体管输难度大、管道运行面临的安全问题多等。未来，浆体管输技术应向大口径、高压力、高钢级、多介质和智能化的方向发展，研发耐磨抗腐蚀的新型表面涂层材料，提升浆体管道系统配套设备设计加工工艺，普及 4S 技术和 SCADA 系统在浆体管道的应用，推进浆体管网数字化建设。

参考文献

[1] 张贤，李阳，马乔，等. 中国碳捕集利用与封存技术发展研究 [J]. 中国工程科学，2021，23（6）：70-80.

[2] 黄维和，宫敬，王军. 碳中和愿景下油气储运学科的任务 [J]. 油气储运，2022，41（6）：607-613.

[3] 陆佳敏，徐俊辉，王卫东，等. 大规模地下储氢技术研究展望 [J]. 储能科学与技术，2022，11（11）：3699-3707.

[4] 陈洪波，杨来. "双碳"目标和能源安全下中国油气资源开发利用的战略选择 [J]. 城市与环境研究，2022（3）：56-69.

[5] 周新媛，唐国强，赵连增，等. 二氧化碳封存现状及经济性初探 [J]. 油气与新能源，2022，34（6）：20—28，49.

[6] 胡其会，李玉星，张建，等. "双碳"战略下中国 CCUS 技术现状及发展建议 [J]. 油气储运，2022，41（4）：361-371.

[7] Yuan S，Ma D S，Li J S，et al. Progress and prospects of carbon dioxide capture，EOR-utilization and storage industrialization[J]. Petroleum Exploration and Development，2022，49（4）：955-962.

[8] 邹才能，吴松涛，杨智，等. 碳中和战略背景下建设碳工业体系的进展、挑战及意义 [J]. 石油勘探与开发，2023，50（1）：190-205.

[9] 张帆，林志坚，方飞. 国内外碳捕集技术发展现状分析 [J]. 能源化工，2022，43（5）：13-19.

[10] 李玉星，滕霖，王武昌，等. 不同相态管输 CO_2 的节流放空实验 [J]. 天然气工业，2016，36（10）：126-136.

[11] 狄国佳. 二氧化碳的管输工艺研究 [J]. 化工设计通讯，2016，42（6）：64，76.

[12] 吕家兴，侯磊，吴守志，等. 含气体杂质超临界 CO_2 管道输送特性研究 [J]. 天然气化工（C1 化学与化工），2020，45（5）：77-82.

[13] 吴全，沈珏新，杜小均，等. 超临界二氧化碳输送中的增压问题分析 [J]. 油气与新能源，2022，34（4）：68-74.

[14] 李杰，高嘉喜，崔铭伟，等. 腐蚀对管输 CO_2 压力损失影响分析 [J]. 表面技术，2016，45（8）：45-49.

[15] 马砺，范新丽，邢园园，等. 液态 CO_2 管道输送注入端相变特性试验研究 [J]. 安全与环境学报，2022，22（2）：763-769.

[16] 姚晓，冯玉军，李颖川. 国内外气田开发中管内 CO_2 腐蚀研究进展 [J]. 油气储运，1996，15（2）：12-18，63-64.

[17] Li K Y, Zeng YM. Long—term corrosion and stress corrosion cracking of X65 steel in H_2O—saturated supercritical CO_2 with SO_2 and O_2 impurities[J]. Construction and Building Materials, 2023, 362 : 129746.

[18] 李凯旋，刘斌，尚文博，等. 管道输送含杂质 CO_2 的影响因素分析 [J]. 天然气化工（C1 化学与化工），2022，47（3）：94-100.

[19] 吕家兴，侯磊，王玉江，等. 起伏地区超临界 CO_2 管道输送特性及管输工艺参数经济性研究 [J]. 天然气化工（C1 化学与化工），2021，46（1）：121-127.

[20] 盖晓鹏，李和清，路遥军，等. 超临界 – 密相 CO_2 管输特性模拟计算研究 [J]. 油气田地面工程，2020，39（11）：22-27.

[21] Ehsan MM, Awais M, Lee S, et al. Potential prospects of supercritical CO_2 power cycles for commercialisation : applicability, research status, and advancement[J]. Renewable and Sustainable Energy Reviews, 2023, 172 : 113044.

[22] Mwesigye A, Yilmaz İ H. Thermal and thermodynamic optimization of the performance of a large aperture width parabolic trough solar collector using gaseous and supercritical CO_2 as heat transfer fluids[J]. Thermal Science and Engineering Progress, 2023, 37 : 101543.

[23] 陈兵，房启超，白世星. 含杂质超临界 CO_2 输送管道的停输影响因素 [J]. 天然气化工（C1 化学与化工），2020，45（3）：84-89.

[24] 晏伟. 管输二氧化碳泄漏放空模拟 [D]. 青岛：中国石油大学（华东），2013.

[25] 刘晴晴，叶佳璐. 浅析二氧化碳捕集储存技术研究进展 [J]. 当代化工研究，2021（18）：160-161.

[26] 赵中玲. 煤层储存 CO_2 能力的地应力响应特征 [J]. 煤矿安全，2021，52（8）：28-32，38.

[27] 靖晶. CO_2 储存过程多因素影响的数值模拟研究——以鄂尔多斯盆地石千峰组为例 [D]. 武汉：中国地质大学，2021.

[28] 刘志坚，史建公，张毅. 二氧化碳储存技术研究进展 [J]. 中外能源，2017，22（3）：1-9.

[29] 李俊，张双蕾，李亮，等. 二氧化碳储存技术 [J]. 天然气与石油，2011，29（2）：15-17，4.

[30] 李冠颖，郭俊志，谢其泰，等. 二氧化碳储存环境对油井水泥性质影响之研究 [J]. 岩土力学，2011，32（S2）：346-350.

[31] 孙枢，赵文智，张宝民，等. 塔里木盆地轮东 1 井奥陶系洞穴沉积物的发现与意义 [J]. 中国科学：地球科学，2013，43（3）：414-422.

[32] 谭羽非. 天然气地下储气库混气问题的数值求解方法 [J]. 天然气工业，2003，23（2）：102-105.

[33] 周雪梅，段永刚，何玉发，等. 深水气井测试流动保障研究 [J]. 石油天然气学报，2014，36（5）：149-152.

[34] 胡书勇，李勇凯，王梓蔚，等 . 枯竭油气藏型储气库用 CO_2 作垫层气的研究现状与展望 [J]. 油气储运，2016，35（2）：130-139.

[35] 胡书勇，柳波，李勇凯，等 . CO_2 作垫层气时储气库敏感性参数分析 [J]. 天然气与石油，2019，37（1）：51-55，62.

[36] 毛宗强 . 氢能知识系列讲座（4）将氢气输送给用户 [J]. 太阳能，2007（4）：18-20.

[37] Dietzel W，Atrens A，Barnoush A. 8-Mechanics ofmodern testmethods and quantitative-accelerated testing for hydrogen embrittlement[M]//Gangloff R P，Somerday B P. Gaseous Hydrogen Embrittlement of Materials in Energy Technologies. Cambridge：Woodhead Publishing，2012：237-273.

[38] Woodtli J，Kieselbach R. Damage due to hydrogen embrittlement and stress corrosion cracking[J]. Engineering Failure Analysis，2000，7（6）：427-450.

[39] Zhao Wm，Zhang Tm，Zhao Y J，et al. Hydrogen permeation and embrittlement susceptibility of X80 welded joint under high—pressure coal gas environment[J]. Corrosion Science，2016，111：84-97.

[40] Stalheim D，Boggess T，Bromley D，et al. Continued microstructure and mechanical property performance evaluation of commercial grade API pipeline steels in high pressure gaseous hydrogen[C]. Calgary：2012 9th international Pipeline Conference，2012：275-283.

[41] Khatib Zadeh Davani R，Miresmaeili R，Soltanmohammadi M. Effect of thermomechanical parameters on mechanical properties of basemetal and heat affected zone of X65 pipeline steel weld in the presence of hydrogen[J].materials Science and Engineering：A，2018，718：135-146.

[42] Park G T，Koh S U，Jung H G，et al. Effect of microstructure on the hydrogen trapping efficiency and hydrogen induced cracking of linepipe steel[J]. Corrosion Science，2008，50（7）：1865-1871.

[43] Chan S L I. Hydrogen trapping ability of steels with different microstructures[J]. Journal of the Chinese Institute of Engineers，1999，22（1）：43-53.

[44] San Marchi C，Somerday B P. Technical reference on hydrogen compatibility of materials：high-alloy ferritic steels：duplex stainless steels（code 1600）：SAND2012-7321[R]//SAN MARCHI C，SOMERDAY B P. Technical Reference on Hydrogen Compatibility of Materials. Albuquerque：Sandia National Laboratories，2012：1600-1-1600-14.

[45] 张体明，王勇，赵卫民，等 . 模拟煤制气环境下 X80 管线钢及 HAZ 的氢脆敏感性 [J]. 焊接学报，2015，36（9）：43-46.

[46] 郑津洋，刘自亮，花争立，等 . 氢安全研究现状及面临的挑战 [J]. 安全与环境学报，2020，20（1）：106-115.

[47] 杨静，王晓霖，李遵照，等 . 氢气长距离管输技术现状与探讨 [J]. 压力容器，2021，38

（2）：80–86.

[48] 刘自亮，熊思江，郑津洋，等 . 氢气管道与天然气管道的对比分析 [J]. 压力容器，2020，37（2）：56–63.

[49] Nathan P. Using natural gas transmission pipeline costs to estimate hydrogen pipeline costs：UCD-ITS-RR-04-35[R]. Davis：University of California，Davis，2004：15-38.

[50] 任若轩，游双矫，朱新宇，等 . 天然气掺氢输送技术发展现状及前景 [J]. 油气与新能源，2021，33（4）：26–32.

[51] 李敬法，苏越，张衡，等 . 掺氢天然气管道输送研究进展 [J]. 天然气工业，2021，41（4）：137–152.

[52] 尚娟，鲁仰辉，郑津洋，等 . 掺氢天然气管道输送研究进展和挑战 [J]. 化工进展，2021，40（10）：5499–5505.

[53] 谢萍，伍奕，李长俊，等 . 混氢天然气管道输送技术研究进展 [J]. 油气储运，2021，40（4）：361–370.

[54] 宋鹏飞，单彤文，李又武，等 . 天然气管道掺入氢气的影响及技术可行性分析 [J]. 现代化工，2020，40（7）：5–10.

[55] 赵永志，张鑫，郑津洋，等 . 掺氢天然气管道输送安全技术 [J]. 化工机械，2016，43（1）：1–7.

[56] Tabkhi F，Azzaro-Pantel C，Pibouleau L，et al. A mathematical framework for modelling and evaluating natural gas pipeline networks under hydrogen injection[J].international Journal of Hydrogen Energy，2008，33（21）：6222-6231.

[57] Guandalini G，Colbertaldo P，Campanari S. Dynamic modeling of natural gas quality within transport pipelines in presence of hydrogen injections[J]. Applied Energy，2017，185（Part 2）：1712-1723.

[58] 王玮，王秋岩，邓海全，等 . 天然气管道输送混氢天然气的可行性 [J]. 天然气工业，2020，40（3）：130–136.

[59] 吴嫦 . 天然气掺混氢气使用的可行性研究 [D]. 重庆：重庆大学，2018.

[60] Wilkening H，Baraldi D. CFD modelling of accidental hydrogen release from pipelines[J]. international Journal of Hydrogen Energy，2007，32（13）：2206-2215.

[61] Lowesmith B J，Hankinson G. Large scale high pressure jet fires involving natural gas and natural gas/hydrogen mixtures[J]. Process Safety and Environmental Protection，2012，90（2）：108-120.

[62] 梁飞 .Ti-V 基宽温储氢合金研究及储氢系统研制 [D]. 合肥：中国科学技术大学，2021.

[63] 周庆凡，张俊法 . 地下储氢技术研究综述 [J]. 油气与新能源，2022，34（4）：1-6.

[64] 付盼，罗森，夏焱，等 . 氢气地下存储技术现状及难点研究 [J]. 中国井矿盐，2020，51（6）：19–23.

[65] 袁胜楠，张龙龙，赵宁，等 . 液态有机物储氢技术发展历程与问题分析 [J]. 太阳能，2022（9）：5-14.

[66] 薛景文，于鹏飞，张彦康，等 . 液态有机氢载体储氢系统脱氢反应器研究进展 [J]. 热力发电，2022，51（11）：1-10.

[67] 张振扬，解辉 . 氢能利用——液氢的制、储、运技术现状及分析 [J]. 可再生能源，2023，41（3）：298-305.

[68] 李星国 . 氢气制备和储运的状况与发展 [J]. 科学通报，2022，67（4/5）：425-436.

[69] Aasadnia M，Mehrpooya M. Large-scale liquid hydrogen production Methods and approaches：a review[J]. Applied Energy，2018，212：57-83.

[70] 殷靓，巨永林 . 氢液化流程设计和优化方法研究进展 [J]. 制冷学报，2020，41（3）：1-10.

[71] Krasae-In S，Stang J H，Neksa P. Development of large-scale hydrogen liquefaction processes from 1898 to 2009[J].international Journal of Hydrogen Energy，2010，35（10）：4524-4533.

[72] 杨晓阳，杨昌乐 . 正仲氢转化催化剂性能研究 [J]. 化学推进剂与高分子材料，2018，16（3）：79-82.

[73] Cardella U，Decker L，Klein H. Roadmap to economically viable hydrogen liquefaction[J]. international Journal of Hydrogen Energy，2017，42（19）：13329-13338.

[74] 佚名 . 中国首套吨级氢液化系统研制成功 今后中国运载火箭将可用国产液氢作为燃料 [J]. 上海节能，2021（9）：929.

[75] 刘红梅，徐向亚，张蓝溪，等 . 储氢材料的研究进展 [J]. 石油化工，2021，50（10）：1101-1107.

[76] 杨英，沈显超 . 甲醇长输管道可行性论证 [J]. 当代化工研究，2018（9）：173-174.

[77] 许万剑，丁毅，师红旗，等 . 甲醇输送管道开裂失效分析 [J]. 热加工工艺，2011，40（11）：189-190.

[78] 陈果，何立东，韩万富，等 . 甲醇输送管道的振动分析及阻尼减振技术 [J]. 噪声与振动控制，2013，33（3）：65-68，83.

[79] 滕霖，尹鹏博，聂超飞，等 . "氨—氢"绿色能源路线及液氨储运技术研究进展 [J]. 油气储运，2022，41（10）：1115-1129.

[80] Seo Y，Han S. Economic evaluation of an ammonia—fueled ammonia carrier depending onmethods of ammonia fuel storage[J]. Energies，2021，14（24）：8326.

[81] Dolan R H，Anderson J E，Wallington T J. Outlook for ammonia as a sustainable transportation fuel[J]. Sustainable Energy & Fuels，2021，5（19）：4830-4841.

[82] 时婷，肖仁杰，杨信林，等 . 液氨制冷系统安全替代技术研究进展 [J]. 广东化工，2020，47（20）：51-52，50.

[83] 冯继伟 . 液氨存储与输送安全管理技术探讨 [J]. 化工管理，2018（27）：144-145.

[84] 张东华，贺瑞萱 . 轻烃回收工艺技术发展现状 [J]. 广州化工，2014，42（8）：22-25.

[85] 李越.基于顺序输送的轻烃管网系统运行方式研究[J].科技与企业，2014（2）：147-147，149.

[86] 戴仲.油田轻烃输送管道安全距离探讨[J].石油规划设计，2017，28（2）：17-20，24.

[87] 梁永图，张妮，姜夏雪，等.轻烃管网顺序输送的可行性研究[J].天然气工业，2014，34（4）：121-124.

[88] 张杰，曾云.浆体管道安全输送技术研究现状与发展趋势[J].化工矿物与加工，2021，50（12）：24-29，36.

[89] 陈光国，夏建新.中国矿浆管道输送技术水平与挑战[J].矿冶工程，2015，35（2）：29-32，37.

[90] 吴湘福.矿浆管道输送技术的发展与展望[J].金属矿山，2000（6）：1-7，17.

[91] 张新生，贺凯璐.基于SSA-CNN的长距离矿浆管道临界流速预测[J].安全与环境学报，2022，22（5）：2524-2531.

[92] 许振良，蔡荣宦，武日权，等.矿浆管道输送临界流速试验研究[J].洁净煤技术，2018，24（3）：139-143.

[93] Osra F A. A laboratory study of solid-water mixture flow head losses through pipelines at different slopes and solid concentrations[J]. South African Journal of Chemical Engineering, 2020, 33 : 29-34.

[94] 吴优，曹斌，夏建新.基于滑移效应的水煤浆膏体管道输送阻力计算[J].水利水运工程学报，2018（6）：70-76.

[95] Liu L, Fang Z Y, Wu Y P, et al. Experimental investigation of solid—liquidTWo—phase flow in cemented rock-tailings backfill using Electrical Resistance Tomography[J]. Construction and Building Materials, 2018, 175 : 267-276.

[96] Sarker N R, Breakey D E S, Islam M A, et al. Performance and hydrodynamics analysis of a Toroid Wear Tester to predict erosion in slurry pipelines[J]. Wear, 2020, 450/451 : 203068.

[97] Calderón-Hernández J W, Sinatora A, De Melo H G, et al. Hydraulic convey of iron ore slurry : pipeline wear and ore particle degradation in function of pumping time[J]. Wear, 2020, 450/451 : 203272.

[98] Singh G. A review on erosion wear of different types of slurry pump impeller materials[J].materials Today : Proceedings, 2021, 37（Part 2）: 2298-2301.

[99] 王石，汤艺，冯萧.基于改进PCA与有序多分类Logistic的充填管道磨损风险评估[J].黄金科学技术，2019，27（5）：740-746.

[100] 王恩杰，赵国彦，吴浩，等.充填管道磨损变权-模糊风险评估模型[J].中国安全科学学报，2018，28（3）：149-154.

[101] 王秋晨.管道内浆体冲蚀机理及预测研究[D].北京：中国石油大学（北京），2021.

[102] Wang Q C, Huang Q Y, Sun X, et al. Experimental and numerical evaluation of the effect of

particle size on slurry erosion prediction[J]. Journal of Energy Resources Technology，2021，143（7）：073101.

[103] mattioli G G，Martins A H，De Freitas Cunha lins V，et al. Evaluation of internal corrosion in a Brazilian iron ore slurry pipeline based on the characterization of scales and tubercles[J]. REM—International Engineering Journal，2018，71（2）：203–208.

[104] 王鑫洋 . 基于虚拟声波的非均匀矿浆输送管道泄漏检测及定位方法 [D]. 北京：北京化工大学，2021.

[105] 蓬世豪，丁旺，薛雷平 . 利用 CFD-DEM 研究颗粒形状对浆体管道输运过程中阻塞问题的影响 [J]. 水动力学研究与进展 A 辑，2021，36（4）：499–506.

[106] 杨静宗 . 铁精矿浆输送管道的堵塞故障识别方法研究 [D]. 昆明：昆明理工大学，2018.

[107] 王浩 . 矸石粉煤灰充填料浆管道输送不稳定流及其影响研究 [D]. 北京：中国矿业大学（北京），2019.

[108] 陈光国 . 中国长距离浆体管道输送系统的应用概况与展望 [J]. 金属矿山，2015（5）：153–157.

[109] 杨蕊 . 天然气水合物浆液管输流动特性研究 [D]. 抚顺：辽宁石油化工大学，2020.

[110] Liu Z X，Liu W G，Lang C，et al. Viscosity investigation on metastable hydrate suspension in oil—dominated systems[J]. Chemical Engineering Science，2021，238：116608.

[111] 陈玉川，史博会，李文庆，等 . 水合物浆液非牛顿特性与黏度模型研究进展 [J]. 化工进展，2019，38（6）：2682–2696.

[112] 刘佳，梁德青，李君慧，等 . 油水体系水合物浆液流动保障研究进展 [J]. 化工进展，2023，42（4）：1739–1759.

[113] Liu Z M，Li Y X，Wang W C，et al.investigation into the formation，blockage and dissociation of cyclopentane hydrate in a visual flow loop[J]. Fuel，2022，307：121730.

[114] Marques D C，Bassani C L，Kakitani C，et al.mapping wall deposition trends of gas hydrates：I. Gas—water—hydrate systems[J].industrial & Engineering Chemistry Research，2022，61（5）：2333–2345.

[115] Song G C，Li Y X，Wang W C，et al Numerical simulation of hydrate slurry flow behavior in oil—water systems based on hydrate agglomeration modelling[J]. Journal of Petroleum Science and Engineering，2018，169：393–404.

[116] Liu J，Ning M，Dong T，et al. Numerical study on flow characteristics of hydrate slurry liquid-solid two—phase flow considering the adhesion between particles[J]. Journal of Natural Gas Science and Engineering，2022，99：104410.

[117] Wang Y，Koh C A，White J，et al. Hydrate formation management simulations with anti-agglomerants and thermodynamic inhibitors in a subsea tieback[J]. Fuel，2019，252：458–468.

[118] Hu Q H，Yin B Z，Wang W C，et al. Four–layer model of hydrate slurry flow in pipes considering

rheological properties[J]. Journal of Natural Gas Science and Engineering，2022，105：104646.

[119] 宋光春，李玉星，王武昌，等 . 油气管道水合物堵塞机理研究进展 [J]. 化工进展，2018，37（7）：2473-2481.

[120] 甘正旺 . 长距离管道输煤项目完整性管理探讨 [J]. 煤炭工程，2020，52（5）：14-17.

[121] 肖违 . 浆体管道输送安全运行的探讨 [J]. 中国设备工程，2021（11）：58-59.

牵头专家：李玉星

参编作者：刘翠伟　胡其会　张对红　苗　青　闫　峰　彭世垚

　　　　　　支树洁　欧阳欣　孙云峰　宋光春　张　腾

第八篇

油气集输与处理

油气集输与处理是油气储运工程学科的一个分支，是将油气井采出物进行收集、输送和处理，生产出符合特定质量、安全、环保和卫生等标准要求的油、气、烃、水和排放物，并输送到指定位置的过程中所有工艺、设备和设施的总称。油气集输与处理是油气田开发的重要组成部分，是生产合格油气产品的最终环节。

国内油田开采项目周期不断增长，大部分油田已处于高含水期的开发阶段，这给油气集输处理工艺带来更为严格的要求，如何针对高含水特点的原油进行集输工艺的改良，是目前有待解决的重要问题。油气集输处理工艺中，技术水平相对较高的是油气水多相混输技术。在油田开采过程中，油气水多相混输技术与电热技术配合使用能发挥更好的作用，不仅可以优化油气集输处理工艺，而且能够减少油田项目投资。油气水多相混输技术是油气集输领域一项很有发展前景的技术。

中国天然气消费量的快速增长，对气田集输工艺、处理装置大型化提出新的挑战。天然气集输与处理需要围绕提高集输效率、降低集输成本的目标，在实践中探索解决方案并不断优化，需要考虑的关键因素包括：首先，要考虑天然气开采的产品战略，天然气开采工程方案设计，天然气的物理化学性质以及战略经济性；其次，要进行集输工艺的考虑，确保工艺流程的密闭性从而有效地确保损失可控，对于天然气开采过程中的液化石天然气、原油、稳定轻烃等产品也应该尽可能地加强利用；再次，需要科学、有效、合理地利用天然气自身及流体内部的压力，让天然气达到集输工艺需要的压力标准，确保集输半径的科学性与合理性，避免中途转接情况，从而降低能源消耗；最后，还需要有效控制温度，避免过度的热能消耗且尽可能地简化工艺系统。

近年来，油气集输与处理领域在基础研究、非常规油气集输、三次采油地面工程、采出液处理、天然气净化、地面工程标准化建设、模块化建造和数字化建设等方面取得了长足进步。总体来说，目前国内油气集输领域达到了国际先进水平，部分技术达到了国际领先水平。

1　发展现状与研究进展

在稠油油田方面，形成了火驱开发地面成套技术、蒸汽吞吐密闭集输技术；在油田采出液处理方面，研发了高频脉冲油水分离技术、高矿化度含油污水生物降解处理技术、压裂返排液电氧化处理技术；在油砂开发方面，研发了油砂水洗分离技术和沥青油脱水技术；在天然气净化方面，形成了氧化吸收尾气处理技术、复配溶剂有机硫脱除技术、国产载银吸附剂脱汞技术；在天然气提氦方面，形成了深冷提氦、低温联产提氦、BOG 提氦、粗氦精制、气氦储运等关键技术；在天然气凝液回收方面，形成单套规模 $1500 \times 10^4 m^3/d$ 乙烷回收技术；在非常规气田集输方面，形成了"一站多井、井间串接、低压集气"的地面工程低成本建设模式；在关键设备方面，完成了压缩机组、输油泵、大口径阀门等关键设备的国产化研制。

1.1 稠油油田集输处理

1.1.1 稠油火驱开发地面成套技术

火驱开发地面成套技术是一种重要的热力采油技术，与传统热采工艺相比，该技术面临大排量高压注气系统调控难度大、火驱采出液起泡乳化严重、采出气组分复杂等一系列生产难题。近年来，为了有效支撑火驱开发地面成套技术的开发，地面工程在注气、原油脱水、伴生气处理等方面进行了相关研究，取得了突破。在注气方面，创新了"离心机 + 活塞机"组合注气模式，不仅提高了注气系统稳定性，使机组效率 ≥ 87%，而且使投资降低 30%；在采出液脱水方面，揭示了火驱采出液起泡机理，研制了集消泡、脱水、泥砂清洗功能于一体的破乳剂，使脱水时间缩短 47%、药剂成本降低 25%；在采出气处理方面，根据火驱复杂酸性采出气 CO_2 与 H_2S 含量高、烃类含量低、气量波动大的特点，创新了"蓄热氧化 + 余热锅炉 + 石灰石 / 石膏法"脱硫工艺，使吨硫处理成本降低 90% 以上。

1.1.2 稠油蒸汽吞吐开发地面成套技术

蒸汽吞吐是周期性地向油井中注入一定量的蒸汽，通过焖井后开井采油的一种开采方式。近年来，通过不断的研究及创新，在蒸汽注入、采出液集输与处理方面实现了技术突破，进一步完善了成套的稠油蒸汽吞吐开发地面技术。

1.1.2.1 蒸汽注入

形成了完备的蒸汽发生、输送、计量、分配及保温等成套技术。在蒸汽注入系统方面，形成了从常规高压注汽（17MPa）到超临界注汽（35MPa）的大范围应用；在注汽锅炉热效率方面，形成了成套注汽锅炉提效技术，通过改造现有注汽锅炉，提高了锅炉热效率；在注汽管线保温方面，从传统的保温材料转变为新型气凝胶保温材料与传统保温材料组合的模式，可以有效减少散热损失，提高热注系统综合热效率。

1.1.2.2 采出液集输

采出液集输系统开展了高含水期以降低集输温度、减少掺液量、扩大冷输范围等为核心内容的研究与技术创新，形成了适应高含水期稠油地面集输的串接集油、稠油不加热集输技术。在集输流程上将传统的"双管掺液、井口加热、单井进站计量"稠油集输流程优化为"井场计量、串接集油、冷输进站"流程。在布站模式上取消计量站，将部分接转站降级合并，原有的三级布站优化为二级布站，增大了集油半径。在高含水稠油冷输方面，通过分析高含水期稠油特性、制定高含水稠油集输界限、开展高含水稠油冷输机理研究和现场试验、优化简化高含水稠油地面集输工艺，实现集输系统节能降耗 20% 以上。

1.1.2.3 采出液分离及脱水处理

目前稠油脱水处理普遍采用传统的大罐两段热化学沉降脱水工艺，部分联合站辅以大罐低温预脱水工艺。近年来，持续对稠油脱水新工艺、新技术进行探索，创新了不加药电脱水工艺技术，形成两段密闭电脱水工艺，研发了电脱水工艺橇装装置。

1.2 非常规油田集输处理

1.2.1 油砂水洗分离

形成了油砂浆化技术、油砂气浮选分离技术、洗砂液回用及尾砂无害化技术和油砂水洗分离深化技术。与油砂常规水洗除油过程相比，气浮除油过程具有较高的油、砂分离效率；与单独水洗过程相比，在相同试验条件下，水洗处理时间可以减少一个数量级，却可以达到相同的除油率（92%）。

1.2.2 致密油压裂返排液处理

形成了以电化学处理技术为核心的致密油压裂返排液处理技术，通过曝气和电絮凝处理工艺，出水可复配压裂液或进一步过滤后回注。若压裂返排液无法完全回用，需要达标外排，则电絮凝出水经电化学氧化处理，再通过 MBR（Membrane Bio-Reactor）微生物处理后出水可以达到外排标准。

1.3 天然气集输

1.3.1 低压气田集输

针对苏里格气田单座井丛产气量很高、井丛压力与产量变化大、水平井递减率高、压力下降较快、后续建产频繁的特点，长庆工程设计有限公司自主开发了苏里格气田致密气水平井大井丛集气技术。采用双管双压集气方式，能够有效减小管径，降低管线及站场改扩建投资，便于管线后期运行管理；为适应预留煤炭开发区及沙地柏保护带的需要，形成"工、王"字形井组串接技术；建立地面系统布站新方式，突破集气半径限制，最长达到 12km。

2021 年，《东胜气田高效集输及数字化管控关键技术》中的定型低压集输模式、含水气藏差异集输技术、地面优快部署建设方法、全流程信息数字化管控体系等四项技术经鉴定整体达到国际先进水平。

1.3.2　高酸性气田集输

高酸性气田原料气中高含 H_2S、CO_2、Cl^- 等酸性介质，且 H_2S 含量高于 5%。技术难点是防腐、防毒、防水合物堵塞及硫沉积堵塞等问题。目前国内具备含 H_2S 20%、含 CO_2 35% 的大型高酸性气田工程设计能力，逐渐形成了一套技术先进、功能完善、成熟可靠的高酸性气田集输工程技术，主要包括：高酸性气田集输系统技术，水合物防治技术，高酸性气田集输工艺过程安全技术，高酸性气田含硫污水闪蒸脱硫、密闭输送、回注地层处理技术，高酸性气田腐蚀防护措施，高酸性气田元素硫防治技术，酸性天然气回注技术。

1.3.3　页岩气集输技术

页岩气开发具有压力和产能递减速率快、开采寿命长、大型集中滚动开发、进入增压开采周期短、介质复杂等不同于常规天然气的显著特征，其地面工程建设难点体现在建设成本高、建设周期长、系统适应性差等方面，亟待解决地面工艺技术及地面装备的低成本、高适应性问题。

"十三五"初期迎来了页岩气大发展的契机，规模上产阶段需要地面工程又快又好地有序建设，在页岩气生产特点不太清晰的背景下，通过工程项目实践，国内项目得到不断完善和提升，并揭示了页岩气长期和瞬时生产特点，形成了页岩气高适应性、低成本、绿色环保的地面工程全套工艺技术，主要包括以"标准化"为核心的页岩气地面工程建设模式、抗压力干扰的地面工程总体布局、以"搬迁重复利用"为核心的低成本技术、自主研发的高效除砂技术、低成本脱水工艺技术、含砂环境冲蚀机理及解决方案、页岩气腐蚀防护技术、水资源重复利用各重点环节关键技术等。

1.3.4　煤层气集输

在煤层气集输技术领域建立了"井口计量、井间串接、低压集气、逐级增压、集中处理"的工艺模式，整套工艺以低产、低压为出发点，以低成本为落脚点，简称"三低"集输模式。形成了低压集气工艺设计方法、系统优化技术、采气管网湿气排水技术、粉煤灰防治技术、采出水处理技术、数字及仿真技术等 6 项配套技术。该成果已实现工业化复制，相关配套技术在国内煤层气行业得到广泛应用，单井地面工程综合投资降低 30%、建设周期缩短 30%。

1.3.5　气田防腐及管材应用

气田防腐技术涉及内防腐和外防腐。内防腐方面已形成缓蚀剂防腐、腐蚀监测与检测等特色技术，包括具体工况腐蚀性分析、缓蚀剂筛选评价、缓蚀剂加注工艺、在线内腐蚀监测与检测成套工艺技术，目前已自主研发了各类环保型缓蚀剂产品，并成功应用于酸性油气田项目。外防腐方面已形成以交直流干扰防护、区域性阴极保护、管道强制阴极保护与牺牲阳极保护为主的复杂环境外腐蚀控制特色技术。

气田管材应用技术可以为地面集输系统用材料避免出现腐蚀及开裂情况提供系统解决方案。该技术建立了酸性气田地面工程材料应用标准体系，包括材料选择、订货技术条件、施工检验要求等全部材料标准，能提供包括碳钢、耐蚀合金材料、双金属复合材料、非金属材料的工程应用技术。已形成中石油集团公司"高含 Cl^-、CO_2 湿气输送管材选择技术""高含硫化氢气田材料腐蚀评价与工程应用技术"等专有技术。该技术已在国内外气田成功应用，实践证明该技术先进、安全可靠。

1.4　天然气处理

1.4.1　脱硫脱碳

CPP1–B 形高效复合脱硫溶剂所使用的有机硫脱除技术集成了国产溶剂与自主专利工艺，为国内自主研发的无需与其他工艺串联使用、可一次性深度脱除原料气超高含量有机硫的技术。该技术与常规 MDEA（methyldiethanolamine）脱硫装置基本一致，工艺流程简单、一次性投资较低；重沸器蒸汽负荷较小，整体能耗较低、操作简单、运行稳定。该有机硫脱除技术的应用打破了国外大型工程公司在深度脱除原料气超高含量有机硫领域的垄断。

1.4.2　硫黄回收及处理

CPO2 煤化工硫黄回收技术是针对煤化工行业酸气中 H2S 浓度较低等特点研发的以富氧克劳斯工艺 + 低温克劳斯工艺为核心，集成预洗甲醇技术、酸气预热分流技术及酸气自适应调节等技术的综合工艺。煤化工硫黄回收技术的应用，突

破了国内 H_2S 含量很低的贫酸气处理技术瓶颈，进一步促进了中国在硫黄回收领域的长远发展。

1.4.3 尾气处理

CPO 氧化吸收尾气处理技术是将尾气中各种形态的硫转化为 SO_2，并通过溶剂吸收处理 SO_2 的工艺。该技术集成了国产溶剂与自主专利工艺技术，属于酸性气田天然气尾气净化处理的关键配套技术，能够有效解决现有天然气净化厂尾气治理的实际生产问题。

CPO 氧化吸收尾气处理技术首次在西南油气田天然气净化总厂万州分厂产品气质量升级与尾气治理改造工程进行了运用，于 2022 年 11 月 2 日实现了一次性投产成功，装置运行平稳，实现尾气 SO_2 实际排放浓度小于 $200mg/m^3$，远低于国家标准 $800mg/m^3$ 的排放要求。

1.4.4 轻烃回收

轻烃回收是指从天然气中回收含 C_2^+ 的烃类混合物的过程。近 5 年来，国内以回收 C_2^+ 的轻烃回收技术得到迅速发展，投产运行的最大单线规模达到 $1500 \times 10^4 m^3/d$。中国石油工程建设有限公司西南分公司承担设计的塔里木油田乙烷回收工程采用自主知识产权"丙烷预冷 + 膨胀机制冷 + 双回流"技术，可实现乙烷收率超过 95%，处理规模达到 $100 \times 10^8 m^3/a$，于 2021 年 8 月建成投产，装置运行稳定，乙烷产品检测合格，标志着中国首套 $100 \times 10^8 m^3/a$ 天然气乙烷回收工艺成功实现科技成果有形化，乙烷收率和能耗均达到国际先进水平，对于丰富中国石油能源工业的产品结构链、带动下游相关产业建设、促进南疆经济社会发展具有重大现实意义 [1]。

长庆油田上古天然气处理总厂作为目前国内大型的天然气乙烷回收工厂，采用了长庆油田自主知识产权、国际先进的"冷剂制冷 + 膨胀制冷 + 双气过冷 + 低温精馏"乙烷回收处理主体工艺技术，年处理天然气 $200 \times 10^8 m^3$，年生产乙烷 $105 \times 10^4 t$、液化石油气 $45 \times 10^4 t$ 以及稳定轻烃，标志着中国天然气开发完成了从规模型向效益型发展的转变，同时也实现了中国石油在陕产业链高质量闭环发展 [2]。

新疆油田克拉美丽采气一厂是中国首次采用 RSV（Recycle Split Vapor）深冷凝液回收工艺，且乙烷收率达到 95% 的气田，截至 2021 年 9 月，该气田已累计产气超 $100 \times 10^8 m^3$[3]。新疆油田采油二厂 81 号联合处理站是中国陆上油田总体规模最大、一次性建成规模最大的联合站，于 2021 年 12 月 27 日成功投产。该处理站采用"丙烷预冷 + 膨胀机制冷 + 双回流"工艺技术，每年将新增乙烷、液化石油气及稳定轻烃产量 4.3 万吨，对助推新疆"双高"油藏稳产、"环玛湖"

油藏上产、保障中国石油供给安全具有重大的战略意义[4]。2020 年 5 月，玛河气田增压及深冷提效项目工程按期投产，该工程采用 RSV 深冷凝液回收工艺，乙烷收率大于 95%，是中国首个具备生产液态乙烷深冷装置的工程[5]。

1.4.5 天然气脱汞

CPHg 天然气可再生脱汞技术集成了国产载银吸附剂与自主专利工艺，是中国自主研发的与分子筛脱水工艺组合，实现天然气脱水脱汞的工艺。该技术能够实现产品气脱水脱汞合格，水露点低于 $-100℃$ 以下，汞含量低于 $10ng/m^3$，能够满足商品气的指标要求。

2018 年，在塔里木油田大北处理站建设投运一套基于该技术的可再生脱汞装置，其与脱水分子筛分别装填于两个塔中，采用干气再生工艺实现产品气脱水脱汞合格，水露点低于 $-20℃$，汞含量低于 $10ng/m^3$。

1.5 天然气提氦及储运

1.5.1 天然气提氦

从天然气中提取氦气的主要技术有深冷提氦、低温联产提氦和蒸发气（BOG）提氦等。

深冷提氦技术操作弹性低、设备投资和能耗较高，但是产品纯度、收率较高，是目前应用最广泛的天然气提氦方法，约 90% 的氦气是通过深冷法提取的[6]。深冷提氦技术通常设置单台或两台低温精馏塔，采用混合冷剂制冷、氮气冷剂制冷、膨胀制冷中的一种或多种制冷方式为系统提供冷量，将原料气中氦气体积分数从千分之一左右提浓至氦气浓度不低于 50% 的粗氦气，回收率不低于 90%[7, 8]。

低温联产提氦技术是在深冷提氦技术的基础上，将深冷提氦工艺与乙烷回收工艺、轻烃回收工艺、天然气液化工艺高度集成，从含氦天然气中提取氦气过程中可以联产乙烷、液化石油气、稳定轻烃以及 LNG 等一种或多种产品，实现产品多样化，提高经济效益。天然气液化联产提氦工艺技术在中国石油塔里木油田塔西南天然气综合利用工程中应用，该工程采用"天然气副产品 + 液化天然气"低温联产提氦建设方案，日处理天然气达 $120 \times 10^8 m^3$，是中国已建流程最长、工艺最复杂、温度最低的天然气综合利用工程。2022 年 12 月 30 日，塔西南天然气综合利用工程核心工艺装置在新疆喀什地区疏附县建成投产，生产出合格产品，技术工艺指标达到国际先进水平，在卡脖子技术问题上实现重大突破，打破了国外技术封锁和垄断，有力地促进了中国天然气综合利用业务快速发展及相关技术进步，还标志着中国规模提取天然气中高价值产品迈入新阶段[9]。

LNG-BOG 提氦装置利用闪蒸、深冷、膜分离、PSA 及其组合方法，从 LNG 储罐气化产生的蒸发气体中获得高纯氦。中科富海依托中国科学院理化技术研究所大型低温制冷技术研制出中国首套液化天然气闪蒸汽（LNG-BOG）低温提氦装置，打通 BOG 提氦联调全流程，自主研制的基于高速氦气轴承透平膨胀机及内纯化关键技术的氦液化器可靠性高，实现了大型低温装备全国产化，打破国外技术壁垒[10]。瑞华能源集团有限公司在甘肃庆阳的常温法 BOG 提氦项目，采用国内首创的膜分离技术在常温条件下对 BOG 气体当中的氦气进行提纯。中国石油研发的"膜法提浓 + 深冷分离"贫氦天然气提取粗氦技术，已具备工业化应用条件[11]。中国石化北京化工研究院自主研发的高效深度脱氢和膜法氦气分离等关键技术，实现了从工艺开发到工业应用技术的创新和突破[12]。

1.5.2 粗氦精制

粗氦精制技术是可将粗氦气杂质脱除，生产工艺氦、纯氦、高纯氦、超纯氦等产品的技术。粗氦精制技术通常设置粗氦脱氢装置、变压吸附装置、低温吸附装置。粗氦脱氢装置通常采用多级催化氧化法，通过注入空气或氧气将粗氦中的氢气在贵金属催化剂作用下氧化为水蒸气[13]。变压吸附装置是利用粗氦中各组分在固体吸附剂表面上吸附能力的差异实现氦气提纯，经过提浓后的粗氦气直接进入由多个吸附罐构成的变压吸附装置脱除氮气、氧气、甲烷等杂质[14]。低温吸附装置主要脱除粗氦中的氖气，采用活性炭吸附杂质，粗氦气经过液氮预冷分离后，低温气相进入活性炭吸附器进行杂质吸附，能够获得高纯氦气（纯度 ≥ 99.999%），液相进入回收器降压闪蒸出溶解的氦气，送至氦气回收气囊。

1.5.3 气氦储运

中国氦气消费量中气氦与液氦消费量分别占比 70% 和 30%。气氦运输成本约为液氦的 4 倍，适用于短距离分销；规模大且距离氦气消费市场较远（超过 1000km）的提氦厂，宜采用液氦形式进行产品储运。中国气氦运输历史发展较早，用于压缩氦气产品的高压气体隔膜式压缩机和高压气瓶技术也较为成熟，已实现国产化。高压气氦储运是将装置生产的纯氦经高压隔膜式压缩机压缩至 20~25MPa 后进入现场高压储罐存储，再利用充车设施将高压氦气转存至气瓶拖车或管束拖车运输，其中管束拖车（包括长管车氦气、管束车氦气、槽车氦气）是较为常见的存储运输方式。冰轮环境技术股份有限公司已突破了氢气液化的大型氦气压缩机关键技术，研发的新型高效氦气螺杆压缩机入选第一批能源领域首台重大技术装备项目，样机整体性能达到国际先进水平，容积效率、等温效率等主要技术指标均处于国际领先水平，填补了国内空白。

1.6 关键设备国产化

1.6.1 压缩机组

1.6.1.1 6000kW 注气压缩机组

6000kW 地下储气库注气压缩机组的设计与制造技术极具挑战性，长期以来均依赖进口，价格昂贵、交货周期长，受制于人。成都压缩机分公司历经 8 年不懈努力，攻克了大型地下储气库压缩机功率高、转速高、排压高、运行工况多、系统多、专业性强的"三高二多一专"等卡脖子难题，实现国内首台 6000kW 地下储气库注气压缩机组研制成功，打破国外垄断，填补国内空白，购置成本降低 30%，制造周期缩短 50%，已推广应用 50 余台，整体达到国际先进水平，在中亚进口气减供、西气东输管道因自然灾害中断等突发事件中发挥了应急保障关键作用，获评改革开放 40 周年机械工业杰出产品、2022 年中国石油自主创新重要产品，引领中国高速往复压缩机技术的发展。

产品的成功研制使中国成为继美国之后第二个能够自主设计制造大功率注气压缩机的国家，丰富了"中国制造 2025"内涵，推动了中国大型油气高端装备制造业快速发展，对国家天然气调峰及能源储备安全具有战略意义。

1.6.1.2 深井超深井注气增产高压压缩机组

目前，中国 39% 剩余石油和 57% 剩余天然气资源分布在地表 4000m 以下的深层，陆上深层成为中国能源战略的重要接替领域。随着油气勘探开发工作不断向深部地层扩展，油气整体开采对深层超深层气藏排水采气工艺、注气增产压力等级提出了更高要求。

成都压缩机分公司项目团队攻克高压往复压缩机气缸设计制造、高压集成橇装技术与厂内模拟负荷试验技术，形成深井超深井排水采气、注气增产 35MPa、40MPa、50MPa、70MPa 系列化高压压缩机产品，同比进口购置成本降低 30%，周期缩短 50%，累计节约采购费用逾人民币 1 亿元，在油气田推广应用 30 余台，在塔里木东河提升油气采收率 30%，吐哈葡北提升油气采收率 25%，为中国深层气藏排水采气、注气增产提供关键装备和服务保障，助推中国在深地油气勘探开发领域的相关技术跻身世界前列。产品作为深井超深井注气增产关键装备获评 2022 年度中国石油和化学工业联合会科技进步特等奖。

1.6.1.3 超临界二氧化碳压缩机

超临界二氧化碳压缩机组是二氧化碳驱油的核心动设备，中国油田开展 CCUS 二氧化碳驱油的压缩机全部采用进口。成都压缩机分公司采取成橇技术引进的方式，总结形成了选材、二氧化碳相态控制、气体流速限制等关键成橇技术，成橇制造出大庆海拉尔油田贝 14 注入站用超临界二氧化碳压缩机，通过现场工业性试验证明，机组现场使用效果较好，振动小、噪声低，各项技术指标完全达到了设计要求。机组可用于（3~10）× $10^4 Nm^3/a$ 的超临界二氧化碳注入驱油，可产生良好的经济效益、技术效益及社会效益。

根据《关于推进中国石油天然气集团公司装备制造业务自主创新重大技术装备推广应用的实施意见》和中国石油 2018 年自主创新重大技术装备推广应用计划，成都压缩机分公司开展了超临界二氧化碳压缩机组的推广应用工作。同年，依托"福山油田莲 4 凝析气藏与莲 21 高含 CO_2 气藏协同开发先导试验工程"项目，自主设计制造出三台 DGY315 超临界二氧化碳压缩机组，并进行了现场连续 72 小时负荷试验并投入正常运行，获得福山油田用户的一致好评，有力地支撑了 CCUS 二氧化碳驱油技术的发展，助力"双碳"目标实现，技术效益和社会效益显著。研制的超临界二氧化碳压缩机组结构紧凑、效率高、可靠性高，性能接近或达到国外同类机组的水平。该机组的成功研制填补国内空白，成本降低 20%，获评 2022 年中国石油自主创新重要产品。二氧化碳驱油技术不仅适用于常规油藏，而且适用于低渗、特低渗透油藏，对于后者可以明显提高原油采收率，市场应用前景广阔。

1.6.2 泵 类

近年来，在国家有关部门高度重视和支持下，辽宁恒星泵业有限公司、沈鼓石化泵有限公司、上海阿波罗机械股份有限公司、大连深蓝泵业有限公司、浙江佳力泵业有限公司作为油气管道关键设备——管道输油泵的国产化厂家开展了相关研究工作。在用户单位和制造厂家的共同努力下，长输管道输油泵国产化取得了重大突破和明显成效，目前产品已广泛应用于庆铁四线、仪长复线、中俄二线、铁大线、鞍大线、抚锦线、青东线等输油管线，国产化产品结构满足API610 标准 BB1（带导叶）、BB3，可全面替代输油管线的给油泵和输油主泵进口产品。辽宁恒星目前正在进行 BB3 结构的双工况多级水平中开泵研制，该产品一旦研制成功，将会使管道输油泵机组在近远期输量不同工况下均可实现高效运行，而且节能效果显著。

中国建成 LNG 接收站、液化厂装置中，LNG 罐内潜液泵、LNG 高压潜液泵绝大部分采用进口 Nikkiso、Ebara 等国外产品，其生产供应也基本由美国和日本等少数发达国家所垄断。中国相关的研究工作已经开展十来年，LNG 潜液泵国产化工作已经取得很大进展。2015 年，中国石化组织中国石化天然气分公司、洛阳工程公司、大连深蓝泵业有限公司、杭州新亚公司联合攻关，开展对 LNG低温潜液泵相关技术的研发，现已完成了 LNG 低温潜液泵的相关系列化设计，在中国石化青岛 LNG、北海 LNG、天津 LNG 的项目中成功使用，中国已经具备

LNG 全系列低温潜液泵设计与生产制造能力。2019 年，上海阿波罗机械股份有限公司（简称上海阿波罗）也进行了 LNG 低温泵的研制，产品指标达到国际同类产品水平。

1.6.3 大口径阀门

国产化 48″ 及以上规格全焊接球阀先后应用于陕京四线、中卫靖边联络线、中俄东线北段等国家重点管道项目，大规格球阀国产化技术日渐成熟并得到验证，其关键的阀座、球体、密封件实现了国内制造，核心的大厚壁（120mm 以上）免热处理焊接技术也得以应用。2019 年，中国首次研发的世界目前最大的 56″ CL900Lb 全焊接油气输送管道球阀产品批量应用于中俄东线管道工程北段，这是中国重大天然气管道工程首次大范围使用国内制造产品，开创了国际项目的先河，形成了重大装备的程式化要求，齐全的理论验证及尽量接近实际应用的测试环境模拟，最大限度地减少了实际应用风险，保障了国内制造的高水准和可靠性。实践证明：该阀门经受住了高寒地区严苛的环境考验，保障了管道工程的安全，产品达到了国际先进水平。

目前，大规格、高磅级适应新能源输送工况的球阀是一个重点研发方向，H_2 及 CO_2 管道输送用大口径阀门的研究成为了热点。

2 国内外发展对比

在以下几个方面存在不足或与国际先进水平有较大差距：油田后期高含水区的腐蚀控制及材料选择、超稠油热能综合利用；在气田集输处理方面，膜分离、超重力吸收净化技术、超重力脱水、高含汞气田的高效经济湿气脱汞技术和可再生型脱汞技术等专项技术。

2.1 原油集输与处理

2.1.1 SAGD 开发地面工程

蒸汽辅助重力泄油（Steam Assisted Gravity Drainage，SAGD）开发地面工程目前形成了高温密闭集输工艺技术、高温密闭脱水技术、热能综合利用技术、高干度蒸汽供给技术、高干度蒸汽等干度分配计量及调节工艺技术、大型注汽锅炉集中建站工艺技术、大口径注汽管线长距离输送技术、高温高压湿蒸汽汽水分离工艺技术等技术系列。

中国 SAGD 开发地面工程形成了集油气集输、原油脱水、注汽等生产设施为一体的 SAGD 工业区，实现了技术水平先进化、生产管理系统化、数据采集自动化，总体建设标准达到国际领先水平。

2.1.2　稠油火驱开发地面工程

新疆油田首次采用大型离心压缩机 + 往复式压缩机组合的注气工艺，目前已实现工业化，机组效率高于目前国内外常用的"多级往复机"和"螺杆机 + 往复机"组合模式，具备推广条件。火驱采出气处理工艺，国外油田硫化氢含量较低，多采用直接排放的方式进行环保处置，烃类未回收利用；新疆油田采用直接氧化法脱硫、热氧化脱烃、CO_2 捕集回收工艺，进行火驱采出气的达标处理和资源化利用。

2.1.3　超稠油热能综合利用

热能综合利用技术制约着超稠油、油砂等非常规资源的规模开发，作为 SAGD 工业化开发的典范，加拿大等国家也仅是在系统中增设了大量的空冷设备来满足热能平衡的需要，并没有真正意义上实现热能的梯级利用与综合利用。中国各热采油田对于热能综合利用均较重视，例如新疆油田针对余热利用和热能平衡问题，采用锅炉给水提温、余热蒸发除盐、有机朗肯循环等方式进行余热的回收和综合利用，热能利用率同比提高 20%。中国油田在超稠油热能综合利用方面处于国际先进水平。

2.1.4　稠油设备大型化、高效化、集成化

在国外，加拿大是稠油处理技术最发达的国家之一，其处理技术与设备先进程度居世界前列，配套地面处理设备一体化技术也较为成熟，以"模块化、橇装化、高效化"为特点，形成一系列大型一体化处理装置，高效油水分离处理器单套处理规模可达 8000t/d。中国稠油处理集输工艺与国外相近，但单台设备处理能力较弱，稠油一体化处理装置单套处理规模仅有 1600t/d，且功能集成程度较低，多为单一功能设备。近年来，辽河油田现场应用电脱水装置，单台处理规模达到 1500t/d，可由含水为 40%~50% 降至 3% 以下，而小规模的稠油脱水采用电脱水橇装装置，可由含水为 40%~90% 降至 1.5% 以下。小型电脱水橇装设备，可实现一站式脱水，具有功能齐全、占地小等优点。相关处理技术和设备将对油田开发后期、联合站降级更迭、边远区块以橇代站的新型建设布局起到有力支撑的作用。

2.1.5 非常规油气田地面集输处理

结合非常规油气田开发产量递减快、建产后稳产难度大等特点，地面工程通过简化集输布站工艺，采用一体化自动轮井计量装置及单井计量装置两种计量方式，可以缩短集输工艺流程，提高集输管网适应性，实现非常规油气田大范围气量、液量计量。

针对致密油采出液中含有大量的胍胶压裂返排液、乳化严重、常规脱水装置效果差等问题，形成了"热化学+电化学"高效密闭处理工艺技术，可解决原油脱水难问题，一段脱水含水质量分数低于10%，处理后净化油含水质量分数不超过0.3%，可实现全流程密闭处理。

对标国外同类油田，集输、脱水、返排液处理等各项指标均达到国际先进水平。

2.2 **天然气集输**

2.2.1 高酸性气田集输

经过多年的科技创新和技术积累，中国形成了具有专业特色的高酸性气田集输技术和具有自主知识产权的高酸性气田地面集输工程技术，包括高酸性气田开发地面工程高压集气、气液混输、干气输送、系统优化、安全环保、酸气回注等技术，具备含 H_2S 20%、含 CO_2 35% 的大型高酸性气田工程设计能力，特别是在"六高"气田（高压、高温、高产、高含 H_2S、高含 CO_2、高含 Cl^-）集输技术方面处于国际先进水平。

近年来，中国随着316L、825等耐蚀材料成功应用，集输工程技术本质安全设计水平和设备设施安全可靠性已大幅提高，但相较于国外，仍有进一步优化、简化空间；国外借助先进可靠的 HIPPS 技术和多相流量计设备的应用，集输站场流程更加简化，放空点和潜在泄漏点更少。此外，高含硫气田存在的硫沉积问题和预测、解堵技术，仍是目前国内外高含硫气田开发共同面临的技术难点和研究方向。近年来，国内外均对硫沉积形成机理和预测、解堵技术做了大量的专题研究，通过优化工艺流程和设备选择，已大幅减少了硫沉积对生产运行的影响。但随着气田开发进入中后期，硫沉积问题仍然严峻，当前采用的解堵技术为停产后的临时浸泡解堵。后续研究和发展方向为实现不停产在线解堵技术。

2.2.2 高酸性气田防腐

高酸性气田防腐技术主要涉及材料腐蚀评价试验技术、内腐蚀控制技术、外腐蚀控制技术三方面，在工程方面获得广泛应用，已成为中国石油天然气集团有限公司技术利器之一。腐蚀性气田防腐技术与国际接轨，并结合工程应用实际情况不断完善，整体水平处于国际先进行列。

2.3 天然气处理

天然气处理方面，全面掌握了天然气脱硫脱碳技术、脱水脱汞技术、脱烃及凝液回收技术、凝析油处理技术、硫黄回收技术、尾气处理技术，在中小规模天然气处理装置建设中积累了相当成熟的工程实践经验，能自行独立完成高含 H_2S 气田、高含 CO_2 气田、高压气田、中高含硫整装凝析气田、特大型"六高"整装气田的天然气净化处理工程设计，整体技术位于国际先进行列。

2.3.1 脱硫脱碳

脱硫脱碳工艺的整体技术达到国际先进水平，形成了以醇胺法脱硫脱碳、复合溶剂法深度脱除有机硫、活化 MDEA 法脱碳为主的特色技术，能够满足原料气 H_2S 含量最高为 15%（体积分数）、原料气 CO_2 含量最高为 30%（体积分数）、有机硫含量最高为 $1200mg/m^3$ 的处理需求，能够满足大、中、小型（单线规模 $10 \times 10^4 \sim 1500 \times 10^4 m^3/d$）全系列天然气处理需求。在常规的胺法和干法脱硫方面，与国外在工艺技术上基本没有差距；在高含二氧化碳的脱除方面，已完全掌握脱碳工艺以及复配型 MDEA 脱碳溶剂；在深度脱除有机硫方面，集成了国产溶剂与自主专利工艺的高效复合脱硫溶剂有机硫脱除技术已在国内外的大型工程应用，效果较好。国外已将膜分离技术成熟应用于天然气净化领域，但中国仍在探索，膜材料的性能尚不理想，膜反应器的制作缺乏经验。石化行业已将超重力吸收成熟应用于天然气净化领域，中国尚未进行该领域的探索。

2.3.2 硫黄回收

硫黄回收工艺整体技术达到国际领先水平，形成了以常规克劳斯工艺、低温克劳斯工艺、CPS 硫黄回收工艺、富氧克劳斯工艺为主的特色技术，低温克劳斯工艺的硫黄回收率 ≥ 99.0%；CPS 硫黄回收工艺的硫黄回收率 ≥ 99.4%；能够满足大、中、小型（单线规模 10~1500t/d）不同系列硫黄回收需求。中国与国外在克劳斯衍生类工艺技术上基本没有差距，多种技术已在国内外的大型工程应用，效果较好。用于处理贫酸气和扩大处理规模非常有效的富氧（纯氧）克劳斯技术，中国已进行了初步探索，且在内蒙古新能源有限公司稳定轻烃项目中进行了成功应用，但对于可实现装置大型化、减少投资、降低能耗方面的中高浓度酸气的富氧（纯氧）克劳斯技术，尚未展开科技研发。

2.3.3 尾气处理

尾气处理工艺整体技术达到国际领先水平，形成了以还原吸收类技术、氧化吸收类技术、碱洗类技术为主的特色技术，并形成自主专利技术，能够满足大、中、小型（单线规模 10~1500t/d）不同系列尾气处理需求。还原吸收类技术、氧化吸收类技术已在西南油气田等国内诸多天然气净化厂成熟安全地运用，碱洗类技术在国内诸多炼厂广泛运用。中国与国外在工艺技术及与之相配套的复合溶剂性能方面基本没有差距，但在尽可能增强装置节能降耗方面，中国尚未进行实质性的优化和完善，对于液相氧化还原类尾气处理技术也尚未掌握。

2.3.4 轻烃回收

国外轻烃回收技术自 20 世纪初开始工业应用，主要以回收 C_3^+ 组成为主，20 世纪 60 年代随着美国将透平膨胀机用于天然气轻烃回收，开启了以 C_2^+ 组分为主的轻烃回收技术研发，轻烃回收技术也全面开启低温深度回收时代。经过几十年的发展，国外轻烃回收技术非常成熟，目前在建的天然气轻烃回收装置单线规模达到 $2200 \times 10^4 m^3/d^{[15]}$。

中国轻烃回收技术经过近 5 年的发展，已经形成了冷剂制冷和膨胀机制冷为主的低温分离轻烃回收技术，能够满足大、中、小型（单线规模 $100 \times 10^4 \sim 1800 \times 10^4 m^3/d$）天然气回收轻烃的需求，并已成功应用于塔里木油田天然气乙烷回收工程、长庆油田上古天然气处理总厂、克拉美丽深冷提效工程、采油二厂81 号天然气处理站深冷提效工程、玛河气田增压及深冷提效项目工程，乙烷回收率可达到 95% 以上，丙烷回收率达到 99% 以上，能耗达到国际先进水平。

2.3.5 天然气脱汞

天然气脱汞工艺整体技术达到国际先进水平，形成以低温分离工艺脱汞技术、湿式化学反应吸附法、干式化学反应吸附法为主的特色技术[16]，具有自主专利，能够满足大、中、小型不同系列天然气脱汞的需求。低温分离法通常与脱水脱烃工艺结合使用，可同时实现脱水脱烃脱汞功能，且已在多个含汞油气田进行了应用；集成了国产载银吸附剂与自主专利工艺的高含汞气田天然气可再生脱汞技术，已在塔里木油田的大北天然气处理厂应用，效果良好，能满足商品气对汞含量的控制要求。高含汞气田的高效经济湿气脱汞技术是在天然气处理设施最前端进行脱汞，脱汞剂用量大，但能最大限度地避免在脱碳、脱水、脱烃等单元中的聚集，减少汞的二次污染，有利于保护人员健康，该技术已在青海油田东坪脱水站进行相关试验。

2.3.6 水处理

中国已掌握气田水处理技术、天然气厂污水处理技术、压裂返排液处理技术、污水零排放处理技术以及含汞、含醇等特殊污水处理技术。其中，天然气气田开发污水零排放技术形成了具有自主知识产权的成套技术，包括污水处理工艺、蒸发结晶装置橇装化、模块化成套技术，安岳气田磨溪区块龙王庙净化厂工程采用"污水常规处理工艺＋电渗析＋蒸发结晶"组合工艺，可实现特大型气田污水零排放。

2.3.7 脱 水

形成了以三甘醇（TEG）脱水和分子筛脱水为主的特色技术，产品气水露点低于 $-10℃$，能够满足大、中、小型（单线规模 $10 \times 10^4 \sim 1500 \times 10^4 m^3/d$）全系列三甘醇脱水处理需求。脱水工艺的整体技术，处于国际先进行列。对于常规的 TEG 脱水工艺和分子筛脱水工艺，中国与国外在工艺技术上基本没有差距。膜分离与超音速脱水技术在国外已经成熟应用，而中国均未实现工业应用。国外工程公司已将超重力吸收成熟应用于天然气净化领域，而中国尚未掌握超重力脱水技术。

2.4 大型化、模块化发展

近年来，从模块化的总体策划、全专业协同模块化设计、专利专有技术与模块化整合、模块总体布局、模块安全评估、钢结构优化设计、模块的运输安全防护、模块的精细化与深度设计以及通过材料管理系统的开发与应用等方面，开展了深入的研究，形成了覆盖从天然气产出、集输到处理全过程的模块化解决方案。在实现设计、采购、建造数字化协同建设新模式等方面已达到国际先进水平。

国际上大型天然气处理装置单套处理规模一般在 $800 \times 10^4 m^3/d$ 以上，最大可达约 $3000 \times 10^4 m^3/d$。中国依托国内、中亚、中东、非洲和澳大利亚等市场积累的模块化工程经验，在装置大型化方面急速追赶，取得了长足进步，在建的相国寺储气库扩容工程中单套脱水模块化装置处理量已达到 $1000 \times 10^4 m^3/d$。但在设备优化及选型，工厂总体布局及模块化方案策划，大型整装模块的设计、装卸及运输，单列装置处理量、建造及安装等方面，与德希尼布、林德、福陆、现代等国际工程公司技术存在差距。

3 发展趋势及对策

"十四五"期间，油气田面临双碳目标实现和企业绿色转型的巨大压力，油气集输与处理领域应集中力量，在低碳环保、业务拓展及资源利用等方面取得新突破：油气田生产模式变革、提高电气化率，与绿色能源特征的匹配技术；CCUS领域高浓度二氧化碳捕集技术和二氧化碳输送技术；煤炭地下气化领域气体净化提纯、水处理技术；高含硫气田复杂水体低成本提溴、锂技术；中低压双管集输管网充分利用地层能量技术；深层煤层气增压模式多样化技术；氢气液化和液氢储运技术与装备等方面；基于全生命周期的数字化油气田解决方案，满足环保要求的油田采出水密闭短流程处理及回用关键技术，非常规油气开发中废液、废砂无害化处理技术。

3.1 油气田生产模式变革

针对油气田地面工程再电气化过程中需要提升电气化率和提升绿电占比的难题，亟需探索高效电气化的工艺流程重构机制，构建匹配风光资源不稳定性的新型绿色生产模式，提升多种用能终端的新能源利用率，降低油气生产能耗和碳排放量。

3.1.1 提高电气化率

上游用能是以天然气为主的热耗，热耗占比85%左右，而电耗仅占15%。提升非化石能源消费比重、电能占终端用能比重，需要实现能源从天然气到电的转型。直接利用网电加热，生产成本和碳排放均会增加。绿电成本虽低，但无法单独满足生产用能需求。因此，简单地以"电加热"替代"天然气加热"在经济上并不可行，为经济高效地提高电气化率，需对地面系统进行流程再造。未来可从三方面开展工作：一是开发基于高效电气化的工艺流程重构技术，如针对集输流程，以大幅降低集输温度和能耗为目标，研究由"集中加热"的双管流程变革为"井口或井下电加热、串接集油"的单管流程。二是推广热泵等"倍增器"技术，利用空气、土壤等自然冷热源、余热及地热，以更少的电力换取更多热能。三是突破电强化高效处理技术及设备，如针对原油处理流程，突破电磁辐射降黏、高频电场聚结多能耦合的脱水机理，研究以电能替代热能的高效油水处理工艺；针对天然气处理流程，攻关电强化天然气脱水、脱烃、脱碳脱酸工艺和设备，大力探索膜分离和变压吸附、等离子体等以电为主的新技术；针对污水处理流程，研究应用电催化氧化采出水处理技术，通过强化相界面微观电热反应条件，提高固液传质效果，实现低温条件下破胶降黏。目前，电能在油气集输及处理中的深度应用尚待研究，而大功率高效电加热器等关键设备及运行控制技术还不成熟，因此，急需攻关高效再电气化油气生产流程再造机理和技术难题，攻克形成集输系统电气化再造技术和电强化油气水高效处理技术，以支撑油气田油气生产流程深度再电气化改造。

3.1.2　与绿色能源特征匹配

新能源不稳定、不连续，而油气田要求供能稳定可靠。风光的固有特性无法改变，这就需要改变油气田生产系统自身特点。一是生产方式从连续、均匀向间歇、变工况运行转变，通过变工况采油、注水、注气和稠油注汽等技术手段，提升与新能源特性的匹配度，增加绿电消纳。然而，生产模式变为大范围、多系统的非稳定、变工况，会带来许多新问题新风险：非稳态工况管道流动保障、生产设施抗负荷冲击、注采与地面油气水系统全密闭变工况联动控制、系统可预测性与可操作性降低带来的风险等。以上问题需从微观机理出发，油藏、井筒、地面等多专业协同，揭示非稳态运行边界条件和本质安全机制、控制理论、采收率及开发效果的变化规律，攻克复杂系统非稳态运行机理及控制理论等一系列科学问题，攻关变工况生产运行可靠性及安全保障技术等一系列关键技术难题，形成运行及保障关键技术。二是建立多能互补分布式能源供给体系。在油气田区域内，打造融合风、光、热、储、氢多能的分布式清洁能源供应体系，提高油气生产清洁能源占比，建立综合能源智慧管控系统，促进协同优化与高效配置。为构建油气与新能源相适应的生产系统，促进供能侧协同优化与消费侧高效配置，需研究建立新能源与油气生产协同运行理论体系，形成多能互补协同优化及智能控制关键技术，实现非稳态油气生产以及与新能源融合的油气生产全系统模拟优化。

3.2）非常规气田开发

3.2.1　中低压双管集输管网充分利用地层能量技术

针对气井生产初期压力高、压力衰减快的特点，采用中低压双管集气。在滚动开发模式下，新井充分利用地层能量进行中压集输，老井低压集输并增压后进入外输管网。在中低压集输模式下，开展引射增压试验，根据实际应用效果，尽量延后压缩机的使用时间。采用中低压集输，不仅可有效地降低运行能耗，而且提高了系统压力匹配度与可靠度，加强保障管网运作连续，还增强了系统的灵活性，减轻不同层系间、不同投产时间的生产井对管网压力系统的影响[17]。

3.2.2 深层煤层气增压模式多样化

由于煤层气井众多，井间生产状态差异较大，通过运用引射技术，可以在接收高压气源的同时接收低压气源，实现压力自平衡。针对深煤层低压井，可采取滚动开发、气举/增压一体化、气液混输抽吸增压技术等多种技术组合使用，实现采出气的集输。

在深层煤层气的集输中，配套同步回转排水采气技术，管辅混输技术，致密气、煤层气合采气的输送技术，固相颗粒分离去除和运输管网增压等井口增压分离技术，保障深煤层井产出气顺利进入管网[18]。

3.2.3 非常规油气开发中废液、废砂无害化处理

页岩气气田压裂返排液处理将向着智能、绿色、高效、低成本、资源化等方向发展，需进一步解决处理过程固废、水中稀有元素资源化的问题。主要研究方向包括：①钙离子、钡离子分步提取、制造工业级产品，解决现有工艺产生的沉淀污泥作为固废处置的现状问题；②在现有工程运行中发现，页岩气压裂返排液含有大量碘离子，浓度达到约 40mg/L，而碘是重要的工业原料，在达标外排工艺中嵌入碘元素回收工艺将大幅提升工程的经济效益；③进一步解决有价元素在提取过程中被有机污染物干扰的问题。

3.3 气体净化提纯

3.3.1 有机硫脱除

GB 17820—2018《天然气》对总硫和 H_2S 两项指标的控制要求较为严格，并指出未来总硫控制指标为 $8mg/m^3$。目前，中国有机硫脱除技术和尾气处理技术尚不成熟，需开展相关研究：①天然气脱除有机硫的新型高效溶剂及配套工艺包研发；②高含有机硫（硫含量 $>100mg/m^3$）天然气组合精脱技术研究；③核心有机硫脱除溶剂性能监测与管控技术研究；④总硫含量降至 $8mg/m^3$ 以下的天然气脱硫技术储备。

3.3.2 含硫气田尾气达标排放处理

拟发布的《陆上石油天然气开采工业污染物排放标准》的相关指标比现行标准的指标更加严格，环保排放要求日益严苛，为应对今后可能更为严格的排放指标，需提前开展相应技术研究：①含硫尾气超低含量达标排放技术；②低含硫（高碳硫比）、大规模含硫尾气固体吸附脱除技术。

3.3.3 天然气脱蜡脱汞

针对大北、克深等含蜡含汞气田，开展以下研究：①进行脱蜡工艺优化，优选溶蜡剂和分离器结构，提升气液分离效果和液体回收率，减少液烃损失；②研发前置脱汞技术，减少汞对下游设备的二次污染；③研究汞对金属材料的渗透机理，开发防汞渗透涂层，避免检修过程中汞逸出对人员造成伤害的情况发生。

3.3.4 基于膜分离的天然气处理

基于膜分离的天然气处理新技术主要包括 CO_2 提浓、气田水提浓、含氦天然气提浓 3 种。针对不同 CO_2 含量，可采用膜分离 + 活化 MDEA 脱碳技术、膜分离 + 胺法的联合脱碳工艺、膜分离回收 CO_2，均可将 CO_2 含量提浓至 90％以上，满足回注驱油的要求。含盐污水、压力返排液等气田水提浓时，一般采用蒸发结晶脱盐，以期实现零排放或达标外排。脱盐之前应用膜分离技术进行处理，可大幅降低脱盐装置规模及能耗。天然气提氦方面，研发多级膜 + 变压吸附常温提氦工艺，细化膜法、优化深冷提氦装置的工艺流程和运行参数，以期降低成本与能耗[19]。

3.4 高含硫气田复杂水体低成本提溴、锂技术

气田采出水具有高硫化氢、镁锂比高的特点，也含有其他阳离子，总矿化度高，如钙、镁、钡、锶、钠、钾浓度均较高。目前，提锂工艺主要有沉淀、萃取、膜分离、吸附等，在解决采出水环境问题的同时，获取高附加值工业产品，具备经济、环保双重意义。高含硫气田复杂水体提锂、溴技术主要包括以下方面：①研究气田水中硫化氢、有机物、悬浮物、油类等杂质对提锂、提溴的影响，采用可控化预处理工艺，形成针对复杂气田水体系锂、溴有价元素梯级提取预处理工艺技术。②采用适用于高镁锂比环境的锂吸附剂，优化离子筛吸附剂动态吸附 / 解吸工艺参数，提高系统锂回收率，形成一种适用于气田采出低锂（低于 100mg/L）高钙镁体系吸附提锂技术。③研究有机物、硫离子对溴氧化率、提溴纯度的影响，确定吸收塔填料运行等参数；通过对现有空气吹脱工艺提溴的强化优化，以更低的成本实现气田水中较低溴含量的回收；形成一种新型微气泡传质强化吹出与气态膜提溴相结合的气田水提溴技术。

3.5 氦气液化和液氦储运技术与装备

在氦气液化领域，中国科学院理化技术研究所依托"液氦到超流氦温区大型低温制冷系统研制"项目取得了一系列核心技术突破，包括大型低温制冷系

统整机设计体系构建及控制技术、系列化气体轴承氦透平膨胀机技术、大型超流氦负压换热器技术、大型高效氦气喷油螺杆压缩机技术、高稳定性离心式冷压缩机技术、大型复杂低温制冷系统集成与调试技术等，标志着中国具备了研制液氦温度4.2K（–269℃）千瓦级、超流氦温度2K（–271℃）百瓦级大型低温制冷装备的能力。2022年1月，500W@4.5K氦制冷机调试成功，为中国环流器二号M装置（HL-2M）托卡马克装置低温系统提供全面支撑；目前正在集成研制1000W@4.5K氦制装置，未来将应用于液化天然气BOG提氦与液氦联产项目，为解决未来国家战略氦资源提供重要支撑。

在天然气提氦及氦液化领域，四川空分设备（集团）有限责任公司研制出中国首套140 L/h工业级氦液化成套装置，开发了集成高压氦气超低温纯化的氦液化成套技术，实现了高压高纯氦气与液氦联产，氦产品纯度和提取率达到国际领先水平。依托已投运的工业级氦液化成套装置，四川空分设备（集团）有限责任公司同步建成了大型工业级超低温试验平台，着手研发更大规模的工业级氦液化成套装置，同时深入开展超低温领域核心技术的相关实验研究、技术开发及关键技术验证。

在液氦储运领域，中国石油工程建设有限公司华北分公司正在开展120m³大容量液氦储罐的设计、建造及施工技术的研发，对储罐绝热结构、绝热材料和支撑结构等方面进行改良，采用有限元分析等手段进行优化模拟计算，并改造建造场地，开展建造工装研发和焊接工艺研究，力争早日实现大容量液氦储罐设计与建造的国产化。

参考文献

[1] 尹奎.中国石油工程建设有限公司西南分公司填补国内大型天然气乙烷回收技术空白[J].天然气与石油，2021，39（4）：7.

[2] 徐佳，田超，刘永明.长庆油田上古天然气处理总厂全力保障乙烷制乙烯项目供应链稳定[EB/OL].（2021-08-17）[2023-10-05].https://gas.in-en.com/html/gas-3622238.shtml.

[3] 吴铎思，李瑞清.克拉美丽采气一厂"温暖"全疆[EB/OL].（2021-09-22）[2023-10-05]. https://baijiahao.baidu.com/s?id=1711598886399743114&wfr=spider&for=pc.

[4] 中油新疆工程."超级工程"81号联合处理站建设工程进油投产成功[EB/OL].（2021-12-28）[2023-10-05]. https://mp.weixin.qq.com/s/W_2yV0tTpZU2iKmv3fchQA.

[5] 界面新闻.国内首个液态乙烷天然气深冷装置投产[EB/OL].（2020-06-03）[2023-10-05]. https://baijiahao.baidu.com/s?id=1668453692930135995&wfr=spider&for=pc&qq-pf-to=pcqq.c2c.

[6] 李长俊，张财功，贾文龙，等.天然气提氦技术开发进展[J].天然气化工（C1化学与化

工），2020，45（4）：108–116.

[7] 周璇，王科，蒲黎明，等 . 一种可切换天然气两塔提氦装置：CN202021132589.8[P].2021–01–05.

[8] 王科，韩淑怡，李莹珂，等 . 一种天然气单塔深冷提氦装置：CN202021757087.4[P].2021–01–05.

[9] 吴铎思 . 中国规模提取天然气中高价值产品迈入新阶段 [EB/OL]. （2022–12–31）[2023–10–05]. https://baijiahao.baidu.com/s?id=1753708151175372102&wfr=spider&for=pc.

[10] 李东周，耿明月，朱世慧 . 首台国产 BOG 提氦装置通过鉴定 [N]. 中国化工报，2020–10–28（7B）.

[11] 张哲，王春燕，王秋晨，等 . 浅谈中国氦气供应链技术壁垒与发展方向 [J]. 油气与新能源，2022，34（2）：14–19.

[12] 操秀英 . 中国石化氦气提纯技术获重大突破 [N]. 科技日报，2022–12–01（4）.

[13] 李均方，张瑞春，何伟 . 变压吸附在粗氦纯化工艺中的流程优化研究 [J]. 石油与天然气化工，2022，51（3）：47–55.

[14] 丁天 . 膜分离与变压吸附组合工艺在天然气提氦中的应用初探 [J]. 科学技术创新，2021（15）：7–8.

[15] 张浪 . 俄罗斯阿穆尔天然气加工厂项目启动投产 [EB/OL]. （2021–06–10）[2023–10–05]. https://baijiahao.baidu.com/s?id=1702157916143412824&wfr=spider&for=pc.

[16] 汤林，李剑，班兴安，等 . 天然气脱汞技术 [M]. 北京：科学出版社，2021.

[17] 颜筱函，高杰，马晶，等 . 多压力体系气田单阀双管集输工艺可行性研究 [J]. 管道技术与设备，2017（5）：43–47.

[18] 程超，陶占盛，郝建，等 . 沁水盆地煤层气地面集输系统现状及其优化展望 [J]. 能源与节能，2021（11）：126–127，149.

[19] 汤林，熊新强，云庆 . 中国石油油气田地面工程技术进展及发展方向 [J]. 油气储运，2022，41（6）：640–656.

牵头专家：张卫兵

参编作者：张朝阳　张　建　王旭锋　郭艳林　戚亚明　云　庆
　　　　　周庆林　肖　强　姜春明　王　强　韩文超

第九篇

地下油气储库

地下油气储库是油气储运行业的稳压器，也是油气储运行业安全平稳运行的护身符。地下油气储库可细分为地下储气库和地下储油库。

地下储气库是利用深部地层空间储存天然气的重大基础设施，在天然气季节调峰、应急保供、优化管道运行、战略储备等方面具有不可替代的作用。中国天然气主要产地普遍远离消费中心，需要通过天然气长输管道连通产地和消费中心。而天然气长输管道受跨越地表条件的影响较大，且存在市场需求不均衡导致季节输差大等缺陷，可利用地下储气库的应急保供和削峰填谷功能得以弥补。地下储气库在中国天然气"产、供、储、销"产业链中"稳定器"和"调节器"作用相比欧美国家更加突出，加大地下储气库建设力度势在必行，这不仅是提升调峰与应急保供能力的现实需要，也是确保中国天然气产业高质量发展的必然要求。

地下储油库是利用地下空间储存石油的重要基础设施，通常深埋于地下上百米，具有经济、安全、环保等优点，主要用于战略储备。地下储油库按建造方式与储存空间的差异可分为地下盐穴储油库与地下岩洞储油库。地下盐穴储油库是通过水溶深部盐层建造地下盐洞用于储存石油，盐岩良好的封闭性可以确保石油不会渗漏。美国、法国、德国、加拿大等国家已建成规模较大的地下盐穴储油库，在国家石油战略储备中发挥了重要作用。地下岩洞储油库是在稳定地下水位线以下人工开挖洞室，利用自然水幕或人工水幕孔注水使洞室周围岩体裂隙均充满水，实现水封，阻止石油和气体泄漏。瑞典、芬兰、挪威、韩国、中国、新加坡、沙特、法国等已建成规模较大的地下水封储油洞库。近年中国启动建设的国家战略石油储备库主要为地下岩洞储油库。目前，外部环境复杂多变，加大地下储油库建设力度是确保国家石油安全的重要举措和必然要求。

地下油气储库作为油气储运行业的重要组成部分，其建库理论、选址评价技术、设计及建造技术、安全运行技术的发展对确保国家油气安全意义重大。高水平建设和运行地下油气储库是确保中国油气储运行业健康发展的必然要求。

1 国内外现状

1.1 地下储气库

1.1.1 国外建库理论及技术能够满足地质条件优越目标的建库需求

1915 年加拿大首次在安大略省的 WELLAND 气田进行储气实验，1916 年美国在纽约布法罗附近的枯竭气田 ZOAR 利用气层建设地下储气库，经过 100 余年的发展，国外天然气全产业链发达国家和地区的储气库呈现以气藏型储气库为主，油藏型、盐穴型及含水层型储气库多元化发展的格局。从国外建库发展历程可以看出，国外以构造相对简单、储层中高渗透性、盖层封闭性好、盐丘为主的厚盐层等建立油气藏型和盐穴型储气库评价设计方法，有效指导了欧美发达国家百年储气库建设与高效运营[1]。

以美国为代表的北美地区储气库工作气量大，储气库数量多，建库目标总体具有构造简单、埋藏浅、物性好的特征，储气库建设与运行配套技术系列及规范标准成熟配套；以法国、德国、意大利等为代表的欧洲地区，受地质条件制约，建库目标多为盐丘及完整的含水构造，盐穴、含水层储气库建设与运行配套技术系列及规范标准成熟配套；俄罗斯主要以大型完整的含油气构造为建库目标，技术系列及规范标准成熟配套。总之，构造相对简单、储层渗透性良好、盖层封闭性能良好的气藏、油藏和含水层构造其建库理论与技术方法成熟，厚盐层盐丘建库理论及技术也能满足建库需求。

1.1.2 国内已形成复杂气藏和层状盐岩建库理论及技术体系

中国地下储气库建库区地质条件普遍复杂（建库目标构造复杂、埋藏较深、物性较差），国外成熟的建库理论与技术方法不能完全适应中国建库需求。中国以复杂气藏与层状盐岩为建库目标，已建成30余座储气库，形成了具有国际先进水平的复杂气藏和层状盐岩建库理论及技术体系，其中复杂地质体动态密封理论、储气库分区动用设计方法、储气库高温超深固井技术等达到国际领先水平。

复杂气藏建库理论及技术体系主要包括：开发中后期构造破碎气藏建库选址圈闭密封性评价技术，以非均质水侵储集层有效库容量设计为核心的建库关键指标设计方法，超深超低压地层和交变载荷工况的安全钻井、高质量固井技术以及高压大流量地面注采工程优化技术。经过20多年的创新发展，创造了"断裂系统最复杂、埋藏最深、运行压力最高、井底压差最大"等多项建库世界纪录，使中国成为复杂地质条件气藏型储气库理论和技术的引领者[2]。

复杂层状盐岩建库理论及技术体系主要以大量实验和模拟为基础，通过持续攻关，不断深化了对复杂多夹层条件下盐岩溶蚀规律、成腔控制机理、复杂流态大型不规则腔体卤水浓度场和速度场的分布规律的认识，为复杂层状盐岩建库奠定了理论基础。通过港华金坛等盐穴储气库的设计与建设实践，形成了以选址评价（关键技术包括高精度三维地震解释、含盐地层岩性识别等），造腔设计与控制（造腔设计关键技术包括造腔数值模拟、造腔物理模拟等，造腔形态控制关键技术为通过优化造腔工艺参数控制造腔形态，夹层垮塌控制关键技术为增大夹层腾空跨度、实现夹层快速垮塌），稳定性评价及库容参数设计（岩石力学实验测试技术、稳定性评价数值模拟技术、库容参数设计技术），老腔筛选及利用（老腔筛选技术、老腔评价技术、老腔改造技术）为主体的盐穴储气库建库评价技术序列[3]。

1.1.3 国内油藏和水层型储气库建设处于起步阶段

2021 年 4 月 15 日，中国首个注水油藏改建储气库项目在冀东油田堡古 2 平台正式开工，标志着中国油藏改建储气库正式启动。2022 年 12 月 7 日，南堡 1-29 储气库开始采气，标志着中国第一座油藏型储气库进入试采期。但总体看来，南堡 1-29 储气库尚处于先导试验阶段，建库理论及技术尚处于摸索阶段。国外已建成并投入运行的油藏型储气库超过 40 座，其中超过 80% 位于美国，以美国为代表的国外枯竭油藏改建储气库相关的建库理论及技术较为成熟[4]。鉴于中国目前油藏改建储气库理论及技术处于起步阶段，有必要借鉴美国油藏改建储气库的经验，提升中国油藏改建储气库理论及技术水平。

目前，中国含水层型储气库基本处于建库前期评价阶段。世界上第一座含水层储气库（Doe Run Upper 储气库）始建于 1946 年。全球已建成的含水层型储气库已超过 80 座，主要分布在美国、法国、俄罗斯、德国，普遍具有储层埋藏浅（小于 1000m 约占 85%）、孔隙度大（大于 15% 的占 90% 以上）、渗透率高（大于 $500 \times 10^{-3} \mu m^2$ 的占 85%，$50 \times 10^{-3} \sim 500 \times 10^{-3} \mu m^2$ 的占 10%）的特点。含水层型储气库工作气量和调峰能力最大的当属俄罗斯的卡西莫夫（Kasimovs-koe）储气库，工作气量达 $120 \times 10^8 m^3$，最大日调峰能力 $1.3 \times 10^8 m^3$[5, 6]。中国含水层建库地质条件（圈闭类型、储层埋深、储层孔渗性）远比国外复杂[7]，国外成熟的含水层型储气库建库理论及技术远不能满足国内含水层型储气库建设的需要。

1.1.4 天然气驱油与储气库协同建设试验初见成效

天然气驱油与储气库协同建设思路为：向适合建库的油藏顶部注入天然气，依靠重力作用将油藏高部位的油水从低部位驱替出来，逐步形成次生气顶并成为储气空间。天然气驱油与储气库协同建设既可大幅提高原油采收率，同时注入油层的天然气在油藏高部位储集形成次生气顶并不断扩大，使得油藏逐步转变为气藏，最终建成油藏型储气库。2018 年，为了适应天然气生产调节、应急响应、冬季保供以及战略储备需求，提出天然气驱油与储气库协同建设新机制。2020 年，中国石油筛选了 4 个油藏（塔里木油田 DH 油藏、塔里木油田 TZ 油藏、辽河油田 XG 油藏、吐哈油田 PB 油藏）开展天然气驱与储气库协同建设试验，不仅有效提高了原油采收率，也初步形成了一定的调峰能力[8, 9]。

1.2 地下石油储库

1.2.1 国外地下石油储库建库理论及技术相当成熟

利用地下盐穴储油的思想起源于德国，1916 年德国人提出在盐岩中建造地下油库的设想，1945 年美国人将这种设想变为现实 [10]。盐穴储油库已成为很多国家石油战略储备库的重要类型，其主要优势是克服了地面储油库在建造成本、安全性及库容量等方面的不足。20 世纪 60 年代末，国外开始大规模建设地下盐穴储油库，1968 年法国在马赛开始建设 Manosque 盐穴储油（气）库，随后德国在北部威廉港附近、美国在墨西哥湾沿岸地区相继建设大批盐穴储油库 [11, 12]，基本形成盐丘建设盐穴储油库系列技术。美国利用得克萨斯州和路易斯安那州墨西哥湾沿岸得天独厚的地下盐丘，建成 5 个石油战略储备基地，可储备 75×10^8 桶原油；德国、法国、俄罗斯、加拿大、墨西哥以及摩洛哥等国家也利用地下盐丘建成盐穴储油库；美国在得克萨斯州建成 250 个盐穴储库，用于储存 NGL、LPG [13]。

利用地下岩洞建设储油库起源于瑞典。1930 年，瑞典将石油产品储存在地下离壁的钢罐内。1939 年，瑞典将石油产品储存在利用地下水密封的地下混凝土罐内。20 世纪 60—70 年代，地下水封石洞油库建设进入大发展时期，每年建设几百万立方米地下油库，储存原油、石油产品、LPG 及重质燃料油等 [14]。目前，全球已建造 200 多处地下水封洞库，主要分布在法国、德国、挪威、瑞典、芬兰、韩国、日本等。

国外已建成的地下储油库主要有盐穴储油库、地下岩洞储油库、废弃矿洞储油库。上述 3 类地下储油库建设技术成熟，形成从地下储油库选址、基础设计、详细设计、施工、运行与退役的全套地下石油储库建库理论及技术体系。但出于商业保密等原因，未公开发布过配套的技术标准和规范。

1.2.2　国内已形成大型地下岩洞储油库建库理论及技术体系

20 世纪 70 年代，中国启动地下水封石洞油库研究与建造，当时主要是基于战备考虑，先后在浙江象山和山东黄岛分别成功建成一座 $4 \times 10^4 m^3$ 柴油成品油库与一座 $15 \times 10^4 m^3$ 原油库 [14]。

21 世纪初，随着国家石油战略储备中长期规划的启动，中国开始建设大型地下水封洞库。早期启动建设的大型地下水封洞库缺乏必要的技术标准和建设标准，直接进入工程实践阶段，诸多基础应用理论和工程实用经验上都还很薄弱，而且受限于国外技术的封锁 [15]。经过 20 年的持续发展和技术攻关，已形成大型地下岩洞储油库建库理论及技术体系，总体达到国际先进水平。掌握了从项目选址、各阶段勘察与设计、施工与运营的关键技术；多项地下水封洞库国标和行业标准已颁布并实施；多本地下水封洞库专著公开出版发行。由于中国大型地下水封洞库的建设启动较晚，加之案例相对较少，对于复杂库址建库技术、洞库退役技术等积累不足，有待于进一步研发与完善。

1.2.3　国内盐穴储油库研究处于建设论证阶段

经过多年的探索和研究，中国在层状盐岩储油库研究方面已取得较多成果 [16]。

2009 年，国内开始论证建设盐穴储油库，2017 年国家能源储备中心推进金坛和淮安盐穴储油库的建设论证工作，认为金坛盐矿可将 33 个盐穴（老腔）改造成库容量 $500 \times 10^4 m^3$ 的原油储备库，淮安（楚州）盐矿可将 40 个盐穴（老腔）改造成库容量 $500 \times 10^4 m^3$ 的原油储备库[13]。目前，国内盐穴储油库项目多处于预可研或可研阶段，尚无建成盐穴储油库的实例，缺乏建设盐穴储油库的经验。

2 地下储气库主要理论与技术创新

2.1 复杂气藏型储气库选址与设计

2.1.1 储气地质体动态密封理论创新发展

地下储气地质体是指因地下储气注采过程而导致的地应力改变、岩石形变位移、流体流动扩散、压力（水动力）变化所波及的全部物质与空间的集合体。针对复杂断块油气藏储气库注采过程中，高低压频繁快速变化可能带来的储气地质体密封性破坏，创建了储气地质体动态密封理论，研制了断层盖层高速注采动态密封性试验模拟装置，建立了以盖层动态突破、交变疲劳，断层柔性连接、剪切滑移为核心的动态密封理论体系，提出盖层突破压力、累计塑性变形、剪切安全指数、断层正应力、断层滑移指数 5 项关键指标，实现了选址评价由静态定性到动态定量的根本转变[2, 17]。既为复杂断块断层密封性选址的定量评价建立了可靠的判断评价指标体系，也为储气注采过程的安全控制提供了理论指导，大大降低了储气库全生命周期天然气通过断层与盖层泄漏的风险。

2.1.2 高速注采不稳定渗流理论创新

针对复杂非均质储层与复杂流体条件，研制了气水互驱、非均质储层高速注采空间差异动用注采智能模拟系统。通过大量实验模拟研究，首次发现复杂储层高速注采具有多轮相渗滞后、分区差异动用的渗流特征，揭示了储气空间利用率与储层渗流能力降低的内在机理，奠定了复杂非均质储气库库容设计理论基础。

基于储气库高速注采存在明显的流体分区和差异动用特征，创建了考虑毛管捕集、凝析相变、塑性损伤等多因素库容预测模型，改变了以动态储量为库容的传统做法，库容设计符合率由 74% 增至 94%。

建立了适用于注采渗流能力、流体性质周期变化的注采井 IPR 方程和理论图版；创新形成有限时率高速不稳定流注采井网设计新模式，单井注采气能力较传统设计方法提高 20% 以上。

储气库高速注采不稳定渗流理论与模型的建立有效提高了储气库的注采运行效率，大幅增强了储气库注采能力。

2.2 复杂深层储气库钻完井

创新复杂气藏型储气库防漏堵漏技术，解决了深层枯竭低压气藏建库钻井一次堵漏成功率低的突出难题，一次堵漏成功率由 40% 提升至 80% 以上。枯竭气藏地层压力系数普遍偏低，地层压力系数甚至可低至 0.1（相国寺），在钻井过程中极易造成储层污染、泥浆漏失，严重影响储层建库效率和单井注采能力。为此，研制了高强度膨胀防漏堵漏剂和井下交联堵漏剂，抗温能力从 100℃ 提升至 150℃ 以上，承压能力提高 3MPa 以上，主要性能指标显著优于常规堵漏材料；针对华北苏桥、文 23 等枯竭气藏建库地质特点和需求，创新适用于超低压地层的一次施工、分段挤注的防漏堵漏施工工艺，在苏桥、文 23、吐哈等储气库成功应用，一次堵漏成功率由 40% 提高至 80% 以上，建井周期缩短 15% 以上，成本降低 11%。相国寺、辽河、大港、华北、新疆等一批低压枯竭气藏顺利改建储气库，均离不开超低压储层钻井防漏堵漏技术。

创新大流量交变载荷注采管柱优选与完井优化设计方法，井筒注采能力提高 50%。在摸清注采管柱螺纹密封面微犁沟磨损失效机理的基础上，建立接头压缩效率等 5 项气密封螺纹接头分级选用指标体系，创新形成"强度 + 密封"注采管柱优化设计方法和选用标准，指导大庆、吐哈等全部新建库注采管柱优选。针对常规冲蚀流量计算保守问题，建立复杂工况下临界冲蚀模拟方法，基于大量实验，首创了多因素（不同流动介质、材质、含水率等）冲蚀系数图版，突破了传统设计对管柱注采能力的约束。呼图壁、相国寺、苏 4 储气库在不改变管柱的条件下，井筒注采能力可提高 50%。基于建立的高强度交变载荷和塑性变形的出砂压差预测模型和实验方法，开发了注采井完井优化设计软件，最大限度发挥地层短期高速采气能力。利用注采井完井优化设计软件优化设计，使呼图壁储气库单井日调峰能力增加 $10 \times 10^4 m^3$ 以上。

2.3 复杂盐层建腔理论及工程技术

以国内不同岩性层状盐岩为对象，建立多因素水溶速率预测图版，创新形成基于神经网络的多场耦合水溶速率预测模型，预测精度 90% 以上；以板壳力学为基础、盐岩水溶软化力学特征为依据，建立厚夹层垮塌预测数学模型，矿场应用预测精度 80% 以上[18, 19]。

研制地面配套注氮橇装装置和井下气液界面检测工具，创新氮气阻溶界面控制工艺，形成一套以氮气阻溶与反循环造腔为主的复杂层状盐岩造腔技术，单井造腔速度提高 28.9%，造腔成本降低 10.6%。

针对传统注气排卤效率低、易结晶、不压井起排卤管风险高等问题，研发新型封隔器等注气排卤一体化管柱，降低环空内气体和管内卤水摩阻，使得注气排卤速度由 100m³/h 提升至 150m³/h，大幅缩短了建库周期，降低了安全风险，提高了注气排卤经济性和安全性。已开展了 3 井次注气排卤试验，单井次可节约经济成本 150×10^4 元。

建立了盐穴连通老腔残渣气驱动用实验模拟方法。研发残渣压实气驱大型模拟装置，解决了残渣空隙率与可利用空隙体积难以定量预测的难题，研究发现气驱残渣可提高储气体积 10% 以上，且流动阻力小、渗流能力强，为残渣空间高效利用提供了理论依据。首创"两注一排"残渣空隙空间利用新工艺。"两注"为两口对井注气，"一排"为在残渣低部位钻一口排卤井。打破了传统工艺仅利用洞穴储气局限性，可充分依靠气液势能，最大化利用连通老腔残渣空隙体积储气，大幅提升老腔利用效率。

江汉黄场盐穴储气库建腔层段埋深超过 2000m，夹层厚度 4.2~7.0m，平均 4.8m，夹层数量较多，约 3~7 个，导致夹层垮塌控制与造腔形态控制难。针对江汉黄场盐穴储气库建库过程中夹层垮塌控制和腔体形态控制难等挑战，通过开展技术攻关，初步形成针对深层、多夹层的盐穴储气库建库关键技术系列[20]。

腔体设计与稳定性评价技术：针对深层、厚多夹层的特点，开展了盐腔形态论证、腔体形态参数优化设计、运行压力优化以及腔体变形程度、蠕变率、稳定性等研究攻关，形成深层、厚多夹层盐穴储气库腔体设计与稳定性评价技术。综合考虑江汉黄场盐穴储气库运行的经济性、压缩机组的安全性及压力预测结果，确定最高运行压力 32MPa，并根据腔体的变形量、塑性区、体积收缩率、等效应变分析，优化了盐穴腔体。

高强度注采膏盐地层钻完井技术：结合江汉黄场盐穴储气库高温高压、埋深大的地层特点，优化井身结构、钻完井液体系，形成适应高强度注采膏盐地层钻完井工艺技术。井身结构采用直井井型、表层套管 + 生产套管、先期裸眼完井方式。针对不同开次的地层特征，分别采用不同类型钻井液体系，采用塑性饱和盐水水泥浆体系，提高水泥环韧性和承受交变载荷能力。

多夹层垮塌控制与腔体形态控制技术：通过开展夹层垮塌模式实验，确定在溶滴夹层初期，垮塌模式为分层剥离后的局部冒落垮塌；在溶滴夹层后期，垮塌模式为整体失稳。基于垮塌模式和夹层垮塌力学分析以及夹层垮塌试验数据校正，建立多夹层垮塌控制流程方法。研发一套耐高温高压的井下油水界面监测仪器，满足深层盐穴要求。通过开展现场声呐测试作业，实时监测腔体形态，为腔体控制提供技术依据。

2.4 油藏型地下储气库建库理论及工程技术

2018 年，中国石油为了适应天然气生产调节、应急响应、冬季保供与战略储备需求，提出天然气驱油与储气库协同建设新机制。2020 年，中国石油筛选了 4 个油藏（塔里木油田 DH 油藏、塔里木油田 TZ 油藏、辽河油田 XG 油藏、吐哈油田 PB 油藏）开展天然气驱与储气库协同建设试验。地下储气库与天然气驱油协同建设包括驱油阶段、协同阶段和储气库阶段。驱油阶段主要任务是通过顶部注入天然气提高油藏采收率，协同阶段主要任务是提高油藏采收率与储气库扩容，储气库阶段主要任务是储气库注气、采气调峰保供。建库关键技术包括气窜防控、干预混相、井筒安全和地面集输与流体分离等技术。对于明确适合协同型储气库建设的油藏，应先建库、再驱油，以储气库的标准进行方案设计和建设，减少注采井数和边底水侵入，有利于降低建库投资和建库难度，提高储气库的安全性和整体效益。

2021 年，冀东油田启动了南堡 1–29 和堡古 2 储气库先导试验项目。南堡 1–29 储气库是中国首个注水油藏改建储气库项目，冀东油田联合中国石油科研院所，结合油藏改建储气库的技术难点，针对地质气藏、老井处理、钻完井工程、注采工程、地面工程展开五大专题技术攻关，攻克了油藏建库关键瓶颈问题，初步形成油藏建库关键技术系列，为高效完成可行性研究、先导试验方案与前期评价提供了技术支撑[21]。

3 地下储油库主要理论与技术创新

3.1 特殊地层地下岩洞储油库勘察与设计

（1）创新三维渗透张量矩阵的理论分析与各项异性渗透系数的理论计算，解决了砂岩地下岩洞储油库渗透性确定的难题，为地下洞库选址范围的拓展提供重要技术支撑[22]。

砂岩为层状岩体，岩体呈现各向异性的渗透特性，砂岩岩体的渗透系数需要充分考虑这一特性。确定砂岩的渗透系数是在砂岩岩体中建设地下水封洞库的重要环节。在砂岩岩体建设水封石油洞库的关键问题之一是如何便捷、准确地确定砂岩的各向异性渗透系数。通过对三维渗透张量矩阵的分析，利用空间几何原理推导渗透张量到标量数值转换的等效渗透系数计算公式，并结合常规压水试验数据，对张量矩阵渗透系数的计算结果进行修正。同时，提出采用钻孔超声波成像综合测试系统获取节理、裂隙的几何要素，作为张量矩阵计算的输入数据，将渗透张量矩阵和常规压水试验相结合，最终建立岩体各向异性渗透系数的确定方法。采用上述方法对云南楚雄洞库选址工程的砂岩区域进行了现场应用，得到砂岩岩体的各向异性渗透系数主值和方向。

（2）创新砂岩韵律层理的水封模拟计算和水封设计技术，解决了韵律层理影响水封效果的难题，为砂岩区地下储油洞库水封设计及选址提供理论及技术支持[23]。

随着国家战略储备规模的不断扩大，中国块状结晶岩体的可选范围受诸多因素限制，突破砂岩区地下水封洞库建设技术可以大大拓展地下洞库选址适用范围。为探究在砂岩区建库的可行性以西南某砂岩区建造地下水封洞库选址为背景，采用 FEFLOW 软件建立渗流场数值模型，设定 2~3 条厚度约 3m 的厚层泥岩，针对水平层理、倾斜 10° 层理、倾斜 50° 层理 3 种工况开展仿真模拟，研究砂岩特定的韵律层理对洞库水封的影响。同时，放大低渗透性泥岩对砂岩洞库的影响效果，并针对性调整模型，以达到良好的水封效果。主要得到以下结论：①在水平层理工况中，设定的水幕巷道与储油洞室之间的厚层泥岩使全部水平水幕孔失去补水功能，地下水仅在两条厚层泥岩之间流动。针对该问题，可通过在厚层泥岩与储油洞室之间设置水平水幕孔来改善水封环境。②在倾斜 10° 层理和倾斜 50° 层理工况中，泥岩层分别隔绝了周边地下水对其上部和下部区域的补给，部分水平水幕孔失去设置意义。针对该问题，可通过设置垂直水幕或斜向水幕系统改善水封环境。③厚层泥岩对于水平层理、倾斜 10°层理、倾斜 50° 层理的影响依次减小。在砂岩洞库设计过程中，应针对性设计水幕孔，并尽可能多地穿越泥岩层，以减弱低渗透性泥岩对砂岩洞库水封环境的破坏程度。针对该问题，可通过下移水平水幕系统、在特定区域补设垂直水幕或设置斜向水幕系统等实现水力联系畅通，进而达到稳定水封效果的目的。④借助针对性工程地质勘探手段，辅以理论公式、数值模拟等手段，优化调整相关设计方案，可确保整个地下洞库的水封效果，实现在砂岩区建设地下水封洞库的目的。建议在后续地下库的选址过程中将砂岩区与块状结晶岩体一并考虑，扩大选址范围。

3.2 复杂环境地下岩洞储油库建设

海岛相比于内陆具有更好的水力条件，且可作为港口，便于油品运输。以某海岛地下水封油库为依托，基于流固耦合理论，采用有限元数值模拟方法对海岛环境建造地下水封洞库的围岩稳定性和水封可靠性进行研究[24]。结果表明：海岛地下洞库开挖后洞室围岩中的应力产生重分布现象，应力均小于库址区岩体的抗压与抗拉强度，且围岩变形量较小，可满足围岩稳定性要求；海岛地下洞室的开挖会破坏库址区的地下渗流场，在不设置水幕系统情况下，地下洞库上方会形成明显的降落漏斗，部分洞室顶部发生疏干现象，无法满足水封可靠性要求；在设置水幕系统的条件下，地下水位低于初始条件，但可以在地下洞库上方形成较大厚度的稳定地下水覆盖层，满足水封可靠性要求。

为防止海水入侵引起 Cl⁻ 浓度升高，影响地下水封石油洞库的使用寿命，以某地下水封石油洞库建设工程为依托，开展了海水入侵评价与控制方法研究，建立了研究区地下水封洞库三维数值模型，分析了无水幕系统、水平水幕系统、水平和竖直双水幕系统条件下 Cl⁻ 浓度场、水封性、涌水量规律[25]。研究表明：为确保地下水封石油洞库工程不受海水入侵的影响，只设置水平水幕系统达不到完全抑制海水入侵洞室，需在水平水幕系统的基础上增设竖直水幕系统，才能达到完全抑制海水入侵洞室的效果；水平水幕系统条件下，除最外两侧洞室地下水位略有下降，中间洞室地下水位上升至 0m 处。增设竖直水幕后，会提高洞室两侧区域的地下水位，地下水位可基本恢复至初始地下水位，两种条件下均能够保证洞室的水封性，但库区无水幕系统条件下，地下水位将不满足水封要求；在无水幕系统、水平水幕系统、水平和竖直双水幕系统 3 种工况下，洞室稳定总涌水量分别约为 868.88m³/d，3045.48m³/d，3776.14m³/d，并且竖直水幕对洞室总涌水量的贡献远小于水平水幕。

3.3 地下岩洞储油库的水封储存理论与关键技术

（1）创建水封效率评价方法，促使水封设计理论由安全为主上升为安全与效率兼顾[26, 27]。

为保障地下水封石油洞库安全与经济地运行，在水封性评价中同时考虑水封安全裕量 A 和洞库渗水量 Q，建立水封效率量化指标 I_e。当洞库长度 L 与特征时间 t 取定值时，在不同的地下水总水头和渗水量工况下，I_e 值越大，表明单位渗水量所能提供的水封安全程度越高，水封效率越高。

地下水封石油洞库水封效率评价方法的主要步骤为：采用数值计算、解析解或现场监测获得地下水封石油洞库的渗流场；获得洞库渗水量 Q、水封安全裕量 A 以及水封效率量化指标 I_e；对比不同水幕系统参数条件下的水封效率量化指标 I_e，选择 I_e 值最大的水幕系统参数作为设计、优化方案。基于中国某地下水封石油洞库开展水封效率工程应用分析，通过优化水幕系统参数，使得洞库既满足水封安全性，又降低了洞库的渗水量。

（2）创新各向异性渗透系数下水封可靠性评价方法，定量评价渗透性不确定性引起的水封性不确定性[28]。

开展考虑非均质各向异性渗透系数场条件下的地下水封洞库液化石油气储库水封可靠性分析，建立了水封失效概率方程；基于随机场方法，计算现场压水试验渗透系数数据的均值、方差及自相关函数来刻画库区的渗透系数，采用一阶矩阵方法分析水封洞库的可靠性；采用有限单元数值模型程序生成非均质各向异性渗透系数场，开展不同水幕系统设计条件下的水封可靠性研究。

目前，地下水封洞库的水封可靠性分析与应用仍不广泛，为此可在已有水封可靠度的研究基础上结合地下水封洞库的特点及其关键问题引入、改进及发展新方法，促进水封可靠度理论在地下水封洞库设计中的应用。

（3）创建基于运行期监测数据的水幕水位动态优化方法[29]，提升洞库的运行效率。

地下水封洞库水封性监测内容主要包括降水量、储存压力、水幕水位、地下水位及地下水压力。其中，降水量根据气象数据确定，储存压力根据安装在储油管道上的压力计确定，地下水水位根据布置在库址区周边或库址区内的水位监测井确定，水幕水位与地下水压力主要根据埋设在洞库围岩中的渗压计确定。

依托黄岛地下水封洞库现场水封性监测结果，提出一种基于运行期地下水监测的水封洞库水封性评价方法。采用相关性和互相关性的统计分析方法，得到如下结论：①地下水压力与降水不存在相关性，明确了人工水封的必要性；②地下水压力与水幕水位、储存压力的相关性受空间位置影响；③地下水压力对水位变化响应速度受围岩地质条件影响。同时，其采用多元线性回归模型，建立水幕水位与地下水压力之间的关系，由此根据地下水压力监测可对水幕水位进行动态调整。

（4）创建涌水量理论计算、数值模拟、渗流控制与注浆设计的关联方法[30]，有效解决了同类工程普遍存在的涌水量超标而难以验收投产的难题。

洞室涌水量预测长期以来一直是困扰洞库建设与运营的一大难题，且施工过程中涌水量预测未能与注浆封堵有效结合，容易造成施工期间注浆费用超标、洞库验收困难等问题，严重影响地下洞库的设计、施工及运营。

以中国某大型地下水封洞库为例，利用渗流场模拟软件 FEFLOW 模拟未经注浆封堵的洞库运营期状态，数值模拟计算得到整个库区运营期涌水量为 $10115m^3/d$，而经验公式计算值为 $9400m^3/d$，考虑到两者的计算过程，推荐采用数值模拟结果，即涌水量推荐值为 $10115m^3/d$。按照相关标准规定，需通过注浆设计将储油洞室的涌水量从 $10115m^3/d$ 降至 $1000m^3/d$，等同于将整个库区的平均渗透系数从 $1.1 \times 10^{-5}cm/s$ 降至 $1.09 \times 10^{-6}cm/s$，整个洞库需要开展全断面预注浆止水设计。按照注浆典型图推算，总注浆延米数约 $61.78 \times 10^4 m$，总注浆量约 $3.6 \times 10^4 t$，从而有针对性地指导注浆设计。该研究首次将涌水量计算与渗流控制相关联，可准确估算预注浆工程量，指导施工组织设计，有效解决了同类工程普遍存在的涌水量超标而难以验收投产的难题。

目前，国外地下水封洞库运营期的涌水量少则数千立方米，多则上万立方米（新加坡裕廊岛地下洞库），运营期间污水经处理后可循环使用。中国地下洞库对涌水量和污水处理具有强制要求，导致增加了数亿元的注浆费用，并且延长了洞库的建设周期。据调研，中国已经完工的二期地下储备库皆存在注浆费用超标、涌水量超标制约竣工验收等情况，因此建议行业内专家和同行考虑该问题，以期为全面推进地下水封储油洞库项目的建设提供参考。

3.4 地下岩洞储油库理论与工程技术

现有地下水封洞库水封性评价理论多引自瑞典、挪威等北欧国家经验，但不同地区地质条件不同，因此理论的适应性存在差异。现有水封性评价理论未考虑不同水幕系统设计方案下渗水量规模、储存介质气相控制压力等因素影响，导致部分项目渗水量过大、水封效率不高，因此亟需提出具有广泛适用性的水封性评价理论与方法[15, 26]。在水封性评价理论与方法方面，需创建具有广泛适用性的水封性评价指标，综合反映不同条件下水封安全性与建设运行成本影响；进一步探索水封效率指标内涵，建立水封效率与工程设计参数之间关系，提出不同工况下适宜的水封效率范围及相应设计方法。

地下水封洞库水封性调控的关键点在于渗水量控制，而洞库围岩主要通过裂隙网络导水，一方面裂隙网络中浆液扩散情况复杂，缺少成熟的注浆方案设计方法；另一方面注浆量与注浆效果关系难以确定，注浆效果与注浆成本之间缺少理论依据与实践经验。在注浆降渗理论方面，建议开展裂隙网络中浆液扩散与封堵机理研究，提出相应的数值分析方法；在注浆降渗技术方面，建议依据水文地质特征，提出不同水文地质条件下注浆方案与注浆效果评价标准，开展现场试验，提出典型水文地质条件下注浆效果与注浆成本关系。

随着地下水封洞库建设规模不断增大，目前已显现一些新的技术挑战：在滨海地区建设地下水封洞库面临的海水入侵评价与控制问题、内陆洞库最低设计水位确定方法、洞库扩建对运行洞库影响评估等。在复杂条件下建库，针对滨海地下水封洞库海水入侵评价与控制，建议研发相应参数现场测定系统和方法，协同利用水幕系统与注浆帷幕系统，对海水入侵进行控制；在内陆地下水封洞库建设中，结合洞库区所处水文地质条件，根据历史水文地质数据，开展地下渗流场不确定性分析，提出建议设计稳定地下水位；在洞库扩建过程中，开展洞库地下水渗流场与稳定性相互作用机制分析，进而采取相应的工程措施保障新建与已建洞库运行安全。

3.5 地下盐穴储油库理论认识及稳定性评价方法

施锡林、尉欣星、杨春和等在中国科学院院刊发表了《中国盐穴型战略石油储备库建设的问题及对策》。通过调研国外盐穴储油现状，揭示了中国战略石油储备存在的问题，分析了中国盐穴储油的技术、资源和交通等优势条件，提出中国建设盐穴型战略石油储备的建议。研究表明，中国石油输运管道发达、盐穴储油技术储备充足、工程经验丰富，且建库所需的盐矿地质资源充足，可在短期内建成大规模盐穴型战略石油储备库[11]。

王同涛等的发明专利《盐穴储油库稳定性评价方法》具有如下有益效果：适用于盐穴储油库的稳定性评价；评价步骤简单、评价指标明确、可操作性强，可实现对盐穴储油库稳定性定量评价，优化运行参数以提高盐穴储油库的稳定性，同时还可根据稳定性评价结果给出合理的措施来预防或消除盐穴储油库可能发生的失稳破坏。

4 结论与展望

4.1 卡脖子问题与破解对策

（1）目前微地震耐温压强密封三分量检波器芯等受制于人，需联合攻关自主研发，尽早实现微地震监测系统全面国产化。微地震监测系统是地下储气库风险管控的核心关键装备，目前仅法国和英国的少数公司掌握相关技术，配套仪器和软件采购价格昂贵。耐温压强密封高灵敏度三分量检波器芯体目前国内尚无制造能力，多源数据实时融合风险征兆自动提取技术国内尚不掌握。为摆脱微地震耐温压强密封三分量检波器芯体制造受制于人的现状，尽快实现微地震监测系统装置国产化及破解多源数据实时融合风险征兆自动提取技术瓶颈，需依托东方物探，并联合国内相关专业高水平团队的研究和设计力量，密切协作、自主研发，全面实现微地震监测系统全面国产化。

（2）地下岩洞油库水封性多因素联合高效调控体系不健全，需联合攻关自主研发，尽早实现建库技术全面自主化。目前，水封洞库工程建设存在渗水量难控制、对洞库水力密封条件关注度不够以及水封性调控方法不成熟等问题，且国内洞库渗控标准较水利、水电等地下工程严格近1个数量级。由于对渗水量控制要求较高，目前已建和在建的水封洞库工程普遍存在渗水量控制难度大的问题。除渗水量控制外，地下水封洞库还需全过程维持高外水压以保障水力密封性。水封准则所采纳的临界垂直水力梯度取 0 还是 1，对洞室埋深、水幕系统设计有重大影响，采用不同准则会得出完全不同的设计结果。高效的洞库水封性调控，应基于多种手段联合调控，在保障洞库水力密封性的前提下，实现项目建设、运营直至废弃的全生命周期成本最低、效益最大，但目前国内尚未攻克并建立地下洞库水封性多因素联合高效调控体系。为突破国外跨国公司对中国的技术封锁，全面实现建库技术的自主化，需依托国内洞库建设经验最丰富、技术积累最全面的中国石油天然气管道工程有限公司开展技术攻关，并联合东北大学等国内高等院校相关专业高水平团队的研究和设计力量，密切协作、自主研发，创造出基于迭代寻优的多因素联合调控策略，并在国内洞库工程中进行工业应用，为后续洞库工程高效建设与安全运营提供理论和技术支撑。

（3）目前复杂地质条件含水层建库关键技术尚不成熟，需通过持续攻关形成适合中国含水层型建库目标的技术系列。中国含水层型储气库基本处于建库前期评价阶段。中国含水层建库地质条件（圈闭类型、储层埋深、储层孔渗性）远比国外复杂，国外成熟的含水层型储气库建库理论及技术远不能满足国内含水层型储气库建设的需要。为推进中国含水层型储气库的建设，需重点攻关含水构造圈闭优选评价技术、中低孔渗性注采优化技术等，推进复杂地质条件含水层建库关键技术的发展。

4.2) 未来研究方向

（1）地下储气库研究需完善升级气藏建库技术，应对因建库资源劣质化带来的新的技术难题；持续攻关深层复杂层状盐岩和连通老腔建库技术，拓展盐穴储气库建库新领域；加强油藏、水层建库的技术攻关，满足油藏、水层改建储气库的基本技术需求；发展智能化储气库体系建设，实现对储气库全生命周期建设、安全运行、实时监测的智能管控。

（2）地下储油库研究需完善内陆区、滨海区等复杂环境中地下石洞储油库的建库技术，缩小与世界先进水平的差距；发展和完善砂岩、灰岩等非块状结晶岩体中地下石洞储油库的建库技术，拓展地下石洞储油库的选址范围；加强水封性评价理论与方法、注浆降渗理论与技术、水封性多因素联合高效调控体系等关键技术攻关，尽早实现建库技术全面自主化；以采盐老腔为重点研究目标，研究不适宜改建储气库的老腔改建储油库的可行性；探索废弃矿坑改建地下储油库的技术，拓展地下储油库的建库领域。

（3）适应地下储库储存介质多样化需求，探索储能、储二氧化碳等理论与工程技术，拓展地下储库的新功能。

（4）地下储气库建库资源劣质化的趋势明显，复杂低渗气藏、复杂油藏、复杂含水层、高杂质盐层在未来建库资源中占比越来越大，重点研发适应上述复杂地质条件的高效低成本建库工程技术是未来储气库建设的必然要求。需重点研发的技术包括复杂低渗气藏孔隙空间高效利用、复杂低渗储层大幅度提高单井产能的钻完井工艺以及保持地质体完整性的储层改造工艺技术、复杂油藏建库的气顶快速形成控制与提高采收率技术、复杂断块提高储气库注采压力的配套工艺技术与监测技术、含水层储气库库址评价与注采控制工艺、高杂质盐层大规模造腔工艺技术等。

（5）储气库数字化转型、智能化发展是新形势下的必然要求，建立储气库地质体、井筒和地面系统一体化数字孪生体，通过数字化进行动态仿真模拟，实现对储气库全生命周期智能管控也是未来的发展趋势。中国地下水封储油库建库地质条件复杂，优质库址资源缺乏，发展复杂建库地质条件和特定环境下的库址优选评价、渗水量调控及封堵技术，以满足复杂地质条件下建设和运行地下水封储油库的需求。采盐老腔基本可以满足地下储油库的密封要求，具备改建地下储油库的基本条件，是未来地下储油库建设的重要目标。

参考文献

[1] 魏欢，郑得文，张刚雄，等.国外地下储气库建设布局的经验与启示[C].福州：2018年全国天然气学术年会，2018：549–555.

[2] 马新华，郑得文，申瑞臣，等.中国复杂地质条件气藏型储气库建库关键技术与实践[J].石油勘探与开发，2018，45（3）：489–499.

[3] 完颜祺琪，丁国生，赵岩，等.盐穴型地下储气库建库评价关键技术及其应用[J].天然气工业，2018，38（5）：111–117.

[4] 马新华，丁国生，等.中国天然气地下储气库[M].北京：石油工业出版社，2018：页码范围缺失.

[5] 邱小松，郑雅丽，叶颖，等.含水层储气库库址筛选及关键指标评价方法——以苏北盆地白驹含水层为例[J].中国石油勘探，2021，26（5）：140–148.

[6] 丁国生，王皆明，郑得文.含水层地下储气库[M].北京：石油工业出版社，2014：1–192.

[7] 李健，廖成锐，杨志伟，等.含水构造储气库选址与评价初探[J].中国石油大学胜利学院学报，2022，36（3）：66–70.

[8] 江同文，王锦芳，王正茂，等.地下储气库与天然气驱油协同建设实践与认识[J].天然气工业，2021，41（9）：66–74.

[9] 江同文，王正茂，王锦芳. 天然气顶部重力驱油储气一体化建库技术 [J]. 石油勘探与开发，2021，48（5）：1061–1068.

[10] 洪开荣. 地下水封能源洞库修建技术的发展与应用 [J]. 隧道建设，2014，34（3）：188–197.

[11] 施锡林，尉欣星，杨春和，等. 中国盐穴型战略石油储备库建设的问题及对策 [J]. 中国科学院院刊，2023，38（1）：99–111.

[12] 井岗，何俊，陈加松，等. 淮安盐穴储油库潜力分析 [J]. 油气储运，2017，36（8）：875–882.

[13] 袁光杰，夏焱，金根泰，等. 国内外地下储库现状及工程技术发展趋势 [J]. 石油钻探技术，2017，45（4）：8–14.

[14] 高飞. 国内外地下水封洞库发展浅析 [J]. 科技资讯，2010（24）：55.

[15] 秦之勇，高锡敏. 中国水封石洞油库研究现状及思考 [J]. 长江科学院院报，2019，36（5）：141–148.

[16] 张楠. 层状盐岩储油库围岩力学和渗透特性及安全评价研究 [D]. 重庆：重庆大学，2019.

[17] 丁国生，魏欢. 中国地下储气库建设 20 年回顾与展望 [J]. 油气储运，2020，39（1）：25–31.

[18] 完颜祺琪，安国印，李康，等. 盐穴储气库技术现状及发展方向 [J]. 石油钻采工艺，2020，42（4）：444–448.

[19] 杨春和，贺涛，王同涛. 层状盐岩地层油气储库建造技术研发进展 [J]. 油气储运，2022，41（6）：614–624.

[20] 曾大乾，张广权，张俊法，等. 中石化地下储气库建设成就与发展展望 [J]. 天然气工业，2021，41（9）：125–134.

[21] 杨军，高雲. 开始采气！中国首座海上储气库报到！[EB/OL].（2022-12-08）[2023-10-05]. https：//baijiahao.baidu.com/s?id=1751657404291292212&wfr=spider&for=pc.

[22] 崔少东，郭书太，代云清. 砂岩地下水封洞库各向异性渗透系数确定方法及应用 [J]. 现代隧道技术，2019，56（2）：65–69.

[23] 李印，陈雪见，姜俊浩. 砂岩韵律层理对地下水封洞库水封效果的影响 [J]. 油气储运，2022，41（2）：192–199，240.

[24] 彭振华，张彬，李玉涛，等. 海岛地下水封洞库围岩稳定性及水封可靠性研究 [J]. 地下空间与工程学报，2020，16（6）：1875–1881.

[25] 乔丽苹，王小倩，王者超，等. 某地下水封石油洞库海水入侵评价与控制方法研究 [J]. 岩土工程学报，2021，43（7）：1338–1344.

[26] 王者超，张彬，乔丽苹，等. 中国地下水封储存理论与关键技术研究进展 [J]. 油气储运，2022，41（9）：995–1003.

[27] Liu H，Qiao L P，Wang S H，et al. Quantifying the containment efficiency of underground water-sealed oil storage caverns：method and case study[J]. Tunnelling and Underground Space Technology，2021，110：103797.

[28] Gao X，Yan E C，Yeh T C J，et al. Reliability analysis of hydrologic containment of underground

storage of liquefied petroleum gas[J]. Tunnelling and Underground Space Technology，2018，79：12–26.

[29] Wang Z C，Li W，Li Z，et al. Groundwater response to oil storage in large–scale rock caverns with a water curtain system：site monitoring and statistical analysis[J]. Tunnelling and Underground Space Technology，2020，99：103363.

[30] 李印，陈雪见，姜俊浩. 大型地下水封洞库运营期涌水量计算与注浆设计 [J]. 油气储运，2022，41（7）：847–851，858.

牵头专家：郑得文

参编作者：丁国生　完颜祺琪　李东旭

张文伟　崔少东　刘朝阳

第十篇

液化天然气

天然气属于清洁能源，在一次能源中占比逐年攀升。据《BP 世界能源统计年鉴》[1]统计，2021 年天然气全球需求增长 5.3%，在一次能源中的占比达 24.4%。中国天然气消费量稳居世界第三，近年供应缺口持续扩大，2021 年对外依存度高达 45%，天然气进口量约为 $1675 \times 10^8 m^3$，其中液化天然气（LNG）进口量占比近 64%，成为世界最大 LNG 进口国，占 2021 年全球 LNG 需求增长量的近 60%。据《中国天然气发展报告（2022）》[2]统计，2021 年中国 LNG 进口量 $1089 \times 10^8 m^3$，同比增长了 18.3%。天然气液化后体积缩小至 600 倍以下，实现了长距离的远洋运输，LNG 产品已被广泛用于发电、化工原料、新型汽车燃料、民用燃料等领域，LNG 产业对油气储运行业的发展至关重要。总体而言，目前国内 LNG 技术达到了国际先进水平，大型 LNG 储罐设计建造技术已达到国际领先水平。

1 研究现状

2018—2022 年期间，中国在 LNG 技术领域经历跨越式发展的基础上又取得了进一步的创新发展，具体包括大型天然气液化工艺技术，LNG 接收站设计建造与智能化运维技术，超大型 LNG 储罐设计建造技术，LNG 运输船、FLNG、FSRU、LNG 加注船设计建造技术、超大型 LNG 储罐设计建造技术、LNG 冷能利用技术、关键装备及低温材料制造技术。

1.1 大型天然气液化工艺技术

国际上基荷型 LNG 工厂建设总体呈现大型化发展趋势，单线最大生产能力为 $780 \times 10^4 t/a$[3]。采用国内技术已建成投产的 LNG 工厂最大生产能力为 $120 \times 10^4 t/a$，大型天然气液化工艺技术已具备单系列 $550 \times 10^4 t/a$ 的生产能力，但尚未有工程应用实例。中国石油于 2019 年开展了单系列 $800 \times 10^4 t/a$ 级超大型天然气液化成套技术科技攻关，完成了工艺技术开发及配套核心设备制造方案研制，具体包括工艺流程开发、数值模型建立与模拟计算、工艺包设计、核心设备设计制造方案，能耗、天然气液化率等工艺技术指标均达到了国际先进水平。

1.2 LNG 接收站设计建造与智能化运维

蒸发气（BOG）回收处理是 LNG 接收站设计建造的核心技术。结合国内

LNG 接收站的功能定位特征，BOG 回收处理技术呈现出多元化发展态势，BOG 再冷凝、BOG 压缩外输以及两者集成工艺为主流技术，配套的新型结构再冷凝器的研制与应用也取得了良好的效果，相比国外传统的以填料为主的再冷凝器技术运行更加稳定可靠。中国石化开发了微界面错流接触管道式再冷凝器，并在中国石化天津 LNG 接收站首次应用，运行效果良好。

随着数字化与智能化技术的发展进步，其在 LNG 接收站工程设计、建造及运维方面也获得了突破性应用，中国 LNG 接收站的工程设计普遍采用了数字化设计和交付，建造工程中普遍采用了智能采购、智慧工地等先进技术，在运维管理方面结合数字化设计探索建立数字孪生体，实现了智能巡检、核心设备一键启停、设备运行状态在线监测与维检修智能预测、站场安全及应急响应联动等智能化应用，并积极开展全站智能化运维技术的研究及应用。

1.3　LNG 运输船、FLNG、FSRU、LNG 加注船设计建造

中国船舶集团旗下具备大型 LNG 运输船建造能力的船企有 3 家：沪东中华、江南造船、大船重工。截至 2022 年底，中国船舶集团总计建造交付了 30 艘 NO96 和 12 艘 MARK Ⅲ 大型 LNG 运输船，船容覆盖范围为 $8 \times 10^4 \sim 18 \times 10^4 m^3$，并具备了大型 LNG 运输船自主设计与建造能力。中国船企在 LNG 造船技术方面与国际领先的韩国船企相比发展起步晚近 20 年，目前仍处于跟跑阶段。2022 年，中国船企在世界 LNG 造船市场占有率增长至 30% 左右，各项指标亟需进一步提升，以提高中国船企在世界 LNG 造船市场的竞争力及占有率。

FLNG 已完成液化工艺开发和实验验证研究，目前正处于关键设备样机研制与试验阶段。

FSRU 的设计建造基本被韩国、新加坡所垄断，2017 年以来中国多家船企陆续建造和交付了船容为 $2.5 \times 10^4 \sim 17.4 \times 10^4 m^3$ 的 FSRU 总计 4 艘，FSRU 的设计制造趋于稳定，并且已具备各型 FSRU 的设计及建造能力，但在 LNG 货舱围护系统、再气化系统核心设备紧凑型 LNG 气化器等国产配套技术方面仍需深入研发。

LNG 加注船属于新兴市场，但已被韩国船厂所垄断，已交付的 LNG 加注船基本上都由韩国建造。依据货物维护系统类型进行分类，LNG 加注船可分为薄膜型、C 型两种 LNG 加注船。2020 年沪东中华交付了全球最大的 $1.86 \times 10^4 m^3$ 薄膜型 LNG 加注船。2021 年 12 月南通中集太平洋海洋工程有限公司交付了全球最大的 C 型 LNG 加注船，船容为 $2.0 \times 10^4 m^3$。2022 年大连船舶交付了中国首次自主设计建造的 C 型 LNG 加注船，船容为 $8\,500 m^3$。中国船厂已具备了自主设计建造 C 型 LNG 加注船的能力，正积极研发自主知识产权的薄膜型 LNG 加注船。

1.4 超大型 LNG 储罐设计建造

国际上 $16 \times 10^4 m^3$ 及以上的大型 LNG 储罐以混凝土外罐 +9%Ni 钢内罐组成的全容罐（简称 FCCR 储罐）为主，中国已建成投产运行的 $16 \times 10^4 m^3$ 及以上大型 LNG 储罐 90 余座，在建的有 60 余座。中国大型 LNG 储罐设计建造技术已处于国际领先水平，在储罐型式多样化方面也取得了创新进展。2022 年 11 月中国投产了首座 $2.9 \times 10^4 m^3$ 薄膜罐，目前由中国石化、中国海油在建的多座有效容积为 $27 \times 10^4 m^3$ 的 FCCR 储罐均已完成升顶，将于 2023 年底建成投产；北京燃气集团在建 8 座有效容积为 $22 \times 10^4 m^3$ 的薄膜罐，其中 2 座已经建成，将于 2023 年 9 月投产，以上储罐均为同类型全球最大罐容 LNG 储罐[4]。

1.5 LNG 冷能利用

日本建成投产 32 座 LNG 接收站，多为连续稳定气化外输的基荷型接收站，并先后建成了 27 套独立的 LNG 冷能利用装置，约有 20% 的 LNG 冷能得到了利用（约 70% 用于发电、30% 用于民用），处于 LNG 冷能利用领先水平。日本 LNG 冷能除与发电厂配合使用外，还有空气分离装置、制取干冰装置、深度冷冻仓库、低温朗肯循环独立发电装置及梯级利用等。中国冷能利用技术开发及项目建设发展迅速，在普遍采用再冷凝工艺回收 LNG 冷能用于接收站 BOG 液化的基础上，已成功开发了自主知识产权的冷能空分、冷能发电、轻烃分离等技术。部分 LNG 接收站相继建设了冷能空分、轻烃分离、低温粉碎、冷能发电等独立的 LNG 冷能利用装置，并且关键设备实现了国产化，技术指标达到了国际先进水平，同时中国有多座接收站开展了冷能综合利用产业园区规划方面的尝试，为 LNG 冷能的梯级利用打下了坚实的基础。截至 2022 年底，中国已建成投产 24 座 LNG 接收站，有 5 座接收站建设了冷能空分项目，1 座接收站建设了轻烃回收项目，3 座接收站正在建设冷能发电项目。国家管网集团自主研发了单级朗肯循环混合工质冷能发电工艺技术，并采用全部国产化设备，冷能利用能力按照 200t/h 进行设计，平均发电功率预计可以达到 3000~4000kW，工程应用示范性项目预计 2024 年投产。

1.6 关键装备及低温材料制造

大型天然气液化装置中使用的冷剂压缩机、驱动燃气透平、离心式 BOG 压缩机、绕管式换热器等核心设备均由国外供货商垄断，中国石油、中国海油等多家制造厂开展了联合攻关，形成了适合单系列 800×10^4t/a LNG 产能的设备制造方案，但尚未有实际工程应用和制造业绩，与国外差距较大。

中国 LNG 接收站中的关键设备及低温材料国产化近几年有了突破性进展，实现了 LNG 罐内潜液泵、高压外输潜液泵、开架式气化器、浸没燃烧式气化器、中间介质气化器、长轴立式海水泵的全面国产化，多家制造厂拥有技术及其制造能力，并且单台处理能力达到国际最大。单台处理能力为 2 400m³/h 装船潜液泵也完成了国产化研制，即将投入运行。多家制造厂研制完成了 DN400 的 LNG 卸料臂成套技术，配套了与 LNG 运输船自动对接技术，并实现了工程应用，应用效果良好，整体技术达到国际先进水平。同时开发完成了国际最大 DN500LNG卸船臂的研制工作，具备了设计制造能力。往复式低温 BOG 压缩机的处理能力也提升至 12t/h，多家制造厂拥有立式迷宫、卧式对置平衡型压缩机的设计制造技术，并实现了工程应用。

2 理论及技术创新成果

2.1 大型天然气液化工艺

2018 年以来，中国在天然气液化工艺流程、冷剂配方与工艺方案等方面取得了长足进步，国内多家单位已自主开发出混合冷剂制冷、膨胀制冷、级联制冷等多种天然气液化技术，并在大型天然气液化工艺中取得了明显的进步。2019年，中国石油开展了 800×10^4t 级超大型 LNG 成套技术研究，开发了"丙烷预冷 + 混合冷剂液化 + 混合冷剂过冷"三循环天然气液化工艺技术，并形成单线规模800×10^4t/a 天然气液化工艺包，主要理论及技术创新成果为：采用 3 个制冷循环（丙烷预冷循环系统、WMR 制冷循环系统、CMR 制冷循环系统），单列天然气液化规模达到 $600 \times 10^4 \sim 800 \times 10^4$t/a；WMR、CMR 及 LNG 节流膨胀选用等熵膨胀的液力透平膨胀机回收能量发电，制冷效率更高，综合能耗降低；3 个制冷循环的冷剂系统调节手段丰富，温位匹配度高，操作灵活，原料适应性好。研发出了单线规模 3 400 $\times 10^4$m³/d 的"膨胀机制冷 + 双回流"天然气凝液深度回收工艺，乙烷回收率不低于 95%，丙烷回收率不低于 99%。开发研制了适用于单线规模800×10^4t/a 天然气液化装置的丙烷压缩机、混合冷剂压缩机、离心式低温 BOG压缩机、驱动燃气轮机、绕管式换热器等关键设备的国产化制造方案，具备了采用国内技术和装备建设大型天然气液化装置的能力。

上述创新成果已应用于中国积极跟踪的海外 LNG 工程中，如坦桑尼亚 1000×10^4t/a LNG 工厂设计、俄罗斯波罗的海 1000×10^4t/a LNG 项目设计、北极 LNG2 项目替代方案等。天然气乙烷回收工艺研究成果已应用于国内单线最大的塔里木 100×10^8m³/a 乙烷回收工厂，该项目已于 2021 年投产。研制的绕管换热器已于 2021 年 11 月应用于内蒙古亨东 60×10^4m³/d LNG 工厂。膨胀机已应用于冀东油田神木乙烷回收工程中，并于 2023 年 5 月投产。

2.2 LNG 接收站及再气化

2018 年以来，中国 LNG 接收站及再气化技术已趋于成熟，支撑了一大批 LNG 接收站的新建及扩建工程，在高效 BOG 再冷凝器、智能运维技术及数字孪生方面取得了明显的技术创新和进步，主要体现在以下几个方面。

2.2.1 高效 BOG 再冷凝设备

中国石化工程建设有限公司联合江苏中圣高科技产业有限公司共同开发出新型高效再冷凝器，建立了微气泡冷凝多相流场模型，模拟研究了 BOG 气泡在 LNG 中的冷凝变化规律，获得了不同直径气泡的冷凝速率；搭建了空气 – 水、蒸汽 – 水可视化试验系统以及氮气 – 液氮再冷凝试验系统，建立了理论计算与试验相互验证的评价方法；开发了气液错流微界面直接接触混合的 BOG 再冷凝技术，研制了微孔式气液预混与旋流强化混合集成的高效 BOG 再冷凝成套设备。新型高效再冷凝器与外输高压泵关联度低，不受高压泵启停的影响。

所开发的新型高效 BOG 再冷凝器具有体积小、冷凝效率高、安装方便、易于操作控制、运行稳定、维修方便等优点。与传统的单壳单罐、双壳双罐的塔式再冷凝器相比，新型高效 BOG 再冷凝器体积减小了 92%，重量减少了 81%，BOG 再冷凝回收效果好，操作液气比为 6.6，一次再冷凝效率高达 100%，比填料塔式再冷凝器冷凝效率提高了 32%。

高效 BOG 再冷凝成套设备分别于 2018 年 3 月、2022 年 10 月在中国石化天津 LNG 接收站一期、二期项目投入使用，运行情况均良好。中国石化正在建设的舟山 LNG 接收站中也将会采用高效 BOG 再冷凝设备。

2.2.2 LNG 接收站智能运维及数字孪生技术

随着物联网、云计算、大数据、人工智能等新技术的发展应用，中国石油、中国石化、中国海油及国家管网集团纷纷提出了智能 LNG 接收站的概念，大力推广信息化技术，借助自动化与智能化的手段，实现管理水平的全面提升。中国多家 LNG 接收站开发和应用了智能接收站运维技术，主要包含智能化运维平台、数字孪生体、核心设备自动化运行、智能巡检及接收站安全管理等内容，均达到了国际先进水平。

2.2.2.1 LNG 接收站智能运维

2019 年国家管网集团大连 LNG 接收站完成了自控系统国产化改造，完善了工控安全体系建设，打破数据壁垒，实现了生产数据实时安全共享。2020 年大连 LNG 接收站安装上线"双重预防"系统，落地实施智能巡检、智能装车、泄漏监测、设备智能诊断、三维可视平台系统。中国石油智能化建设的亮点在于对管网数字孪生体的搭建，通过孪生体模型、全面感知的物联网系统实现对物理实体运行现状的监测以及对其未来发展趋势的模拟预测，从而实现数据由零散分布向统一共享、信息系统由孤立分散向融合互联、风险管控由被动向主动、资源调配由局部优化向整体优化、运行管理由人为主导向系统智能的"五大转变"。

中国石化青岛 LNG 接收站建立了智能运营管理平台 3.0 版本，包括生产管理、设备管理、HSE 管理、综合管理 4 大主要功能模块共 132 种功能，实现了 LNG 接收站主要业务信息化。

此外，5G 技术在 LNG 接收站中的应用也取得了明显进步，基于 5G 专网高带宽、低延时、广连接、高可靠性的特点及 LNG 接收站安全管控痛点和需求，国家管网集团研究探索 5G 创新应用在接收站的落地应用方式，流程、数据、IT 一体化推进，5G 一网多用，搭建安全作业管理平台，AI 智能分析、大数据分析、知识沉淀等多技术融合，实现风险作业过程全线上操作、全过程监管、全态势感知、全流程智能管控。实现再冷凝器液位、压力、流量的全自动运行目标，达到在调节 BOG 压缩机负荷、启停机，加减生产外输量负荷及启停生产线时，再冷凝器的压力控制精度在 10kPa 内、液位控制精度在 100mm、液气比和流量在设计范围内，其自动控制精度及工况运行的平稳性国内领先。LNG 槽车智能化充装系统可在同一平台上进行信息整合管理，探索管理由线下向线上转移，智能槽车橇整体充装效率提升 15% 以上，提升调度、管控、统计等综合控制能力，实现槽车区从传统管理模式向数字化、智能化的迈进。槽车挂轨机器人安全管控技术利用挂轨机器人来加强槽车区的泄漏监测及作业安全管理，与原有火气监测系统形成了立体交叉全覆盖的实时监管空间。挂轨机器人配置有专用行走机构、高清摄像头、红外热成像探头、激光可燃气探头等关键部件，其应用契合了"工业互联网 + 安全生产"的核心要求，达到了快速感知、实时监测、智能识别、联动处置的效果，推动槽车现场操作与管控业务向数字化、智能化转型升级。

国家管网集团广西北海 LNG 接收站联合中国石油管道局工程有限公司维抢修分公司，制作低温管道在线开孔工具，并使用试验管段进行带压开孔、焊接三通、下封堵、断管、焊接低温配对法兰等试验，是在国内首次顺利使用该技术，实现了在线更换在役过火 DN50 低温不锈钢管道。

国家管网集团多方多维度优化措施并举，减少"海洋石油301"在防城港LNG卸船产生的BOG放空损耗量。通过在装船期间持续回收返气，降低舱压和货温，卸船期间降低接收储罐操作压力，降低卸船期间的放空损耗，以上操作优化措施明显降低了"海洋石油301"在防城港LNG卸船时的BOG损耗，每艘船平均降低放空损耗85t，具有良好的经济效益。

国家管网集团（福建）应急维修有限责任公司依托国家重点研发项目，联合开发了接收站LNG泄漏事故应急VR训练系统，建立了LNG接收站全场景三维模型，能够完整表达LNG接收站的运行环境与逻辑关系，并且对高压泵法兰、槽车阀门、储罐阀门可能发生泄漏事故的关键部件或位置的上下游连接部分进行外观及内部结构建模。构建了LNG泄漏应急处置综合训练与考核系统，可模拟事故发生时的状态，受训人员可以在不同的虚拟仿真场景中进行应急处置训练，掌握泄漏事故发生前后对设备的操作方法，通过建立带有虚拟场景、多角色演练与考核数字化课件的电化教学系统，受训人员能够完成多角色协同或单人的演练和考核。开发了一套应急抢修用管道包覆装置，可实现在线不停输堵漏，即对阀门、法兰、管道等泄漏部位进行带压密封，工作压力可达到8MPa。

2021年12月，国家管网集团广东大鹏LNG项目顺利完成了国内首次LNG船舶夜航靠离泊作业，这意味着中国已具备全时段LNG船舶靠离泊作业能力，实现了LNG船舶夜航靠泊作业，可大幅缩短LNG船舶接卸时间，有效提高码头周转率、天然气接卸及时率，进一步增强LNG港区船舶通航能力，更好地确保供暖季天然气的稳定供应，对促进港口经济的进一步发展起到重要作用。2022年11月国家管网集团粤东LNG项目也实现首次LNG船舶夜航靠泊作业，为将来逐步实现常态化LNG船舶夜航进出港积累了宝贵经验。2023年1月中国石油唐山LNG接收站也实现了首次Q-Max型LNG运输船的夜航离泊，标志着该接收站码头实现了LNG船舶24h全天候离泊的历史性突破。

2.2.2.2 大型LNG储罐在线维修

2020年11月2日，国家管网集团北海LNG接收站有效工作容积为$16 \times 10^4 m^3$的$2^\#$储罐罐前平台上的管道在改造施工过程中发生泄漏着火事故，导致储罐外罐、出料管道、管架等损坏，经评估无法实现清空罐内LNG后维修。在检测、设计、施工及运营等各方共同努力下，制定和实施了LNG储罐带液在线维修方案，2022年7月储罐维修顺利完成，工艺流程恢复正常，随后完成卸料作业，投入正常使用。同时将带压开孔加装阀门技术应用至$-140℃$、DN50的低温不锈钢BOG管道。本次维修实现了大型LNG混凝土全容储罐过火后的在线修复，形成了一系列关键技术及一整套作业指导文件。

2.2.2.3 数字孪生建设

国外LNG接收站的智能技术更多强调的是以工艺机理模型为核心结合数据

驱动的数字孪生技术，对接收站全生命周期的生产运行进行管控，通过生产过程实时优化、工艺知识积累与迭代，实现场站级全工况先进模型控制与实时优化，实现卡边操作、优化 BOG 控制，提高转运量与转运效率、降低高能耗外输及自动优化排产。国内数字孪生体的构建及应用中更多依托数字化交付数据以及生产运维数据，数据形成缺乏热力学机理模型的驱动内核，对安全实施"卡边操作"存在挑战，在未来数字孪生建设中，需增加热力学机理模型的驱动内核，以实现真正的数字孪生。

2.3 LNG 运输船、FSRU、LNG 加注船及模块化建造

2.3.1 LNG 运输船

目前中国 LNG 运输船自主研发迭代发展基本实现了产品与国际市场的完全同步。2022 年沪东中华造船集团有限公司（简称沪东中华）自主研发设计了第五代长恒系列 LNG 船，融合最新的技术和设计理念，突破了双艉鳍线型水动力优化、液货处理系统传热传质分析等多项关键技术，与第四代船型相比，快速性提升 8%，空船重量下降 570t，结构部件数减少 4%，装载率提高到 98.5%，达到与国际船型总体相当的水平，与韩国并跑，市场占有率提升到 30%，形成了强劲的国际竞争力。其中 NO.96 Super+ 新型围护系统实现全球首制，在 NO.96 系列 LNG 船上再次超越韩国船企，走在世界前列。在高效建造方面，该公司突破了船坞内 LNG 船分总段高效建造技术，甲板低温管模块、甲板集管模块、货物机械室模块的高完整性建造技术，码头上围护系统安装平台研制技术，围护系统预冷试验技术，以及 LNG 船试航的常规试航与气体试航合并试验技术；在建造工艺技术方面，该公司突破了 LNG 船总段高效建造、总段快速搭载、围护系统安装平台模块扩大化等技术，实现了船坞周期缩短 15 天。此外，该公司还突破了 LNG 船甲板低温管快速建造、坞内压载舱强度试验、货物机械室模块化建造、泵塔模块完整性安装、液穹区域综合一体化单元设计等技术，提升了液货驳运系统与液货围护系统的建造效率，实现了码头占用周期缩短 3 个月。

在 LNG 运输船方面与韩国船企相比，中国船企还存在以下 3 个方面的差距：①在 LNG 船产能与建造周期上，中国与韩国还有一定差距，韩国三大船企均具备年产 15~20 艘大型 LNG 船的产能，而中国单一船企的 LNG 船年产能尚不足 10艘。②自主关键技术及液货围护系统尚未全面突破，卡脖子问题突出。其中，低温流体传质传热控制、再液化系统设计等关键技术尚未完全掌握，多项核心技术依赖欧美引进，存在卡脖子风险；薄膜液货围护系统专利技术依赖法国 GTT 公司，专利费高。③关键材料设备国产化率低，首台套国产化设备应用难度大，供

应链饱受掣肘，尤其突出的是 5 大系统（LNG 存储系统、LNG 输送与转驳系统、LNG 再液化系统、蒸发气处理及利用系统、中控及安保监测系统）中的特种材料设备严重依赖欧美及日韩进口；国产殷瓦钢性能指标满足 GTT 公司要求，能满足 ABS、LR、CCS 等国际主流船级社的要求，但尚未实现首台套装船应用，亟需落实核心系统与关键设备材料研制成果的示范应用。

2.3.2 FSRU

2021 年 7 月由沪东中华成功交付的 $17.4 \times 10^4 m^3$ 的 LNG-FSRU 是中国造船企业首次设计、建造的大型 LNG-FSRU，完全由沪东中华自主设计，实现了中国与国际市场最新装备同步，同年 11 月该项目二号船交付。该船型尺度充分考虑了全球 100 多个主要 LNG 接收站的兼容性，综合性能达到国际先进水平，打破了韩国对 FSRU 产品的垄断，主要创新点包括：①国际上首次提出了将再气化模块布置于艏部 1 号货舱两旁斜坡区域的方案，解决艏部线型兼容 LNG 运输船快速性、甲板视线盲区范围最小化、再气化模块与上层建筑生活区远离的布置难题，实现了功能强大、快速性好、通用性强的首制 FSRU 船型研制。②创新设计顶部与底部组合式注入及舱内循环系统，选择优化的注入位置或形成舱内小循环，促进舱内的新、老液体融合，防止引发 LNG 翻滚事故。③首次应用双重舱压设定技术及多元化的闪蒸气处理方案，可为动态航行、静态靠泊分别提供最佳的舱压控制范围。④创新设计了闪蒸气平行处理系统，可完全覆盖再气化外输与船对船过驳作业同时开展时闪蒸气的处理，实现极端工况下的安全运行。⑤创新设计了开式循环、闭式循环、混合式串联加热循环 3 种功能模式的再气化加热系统，使 FSRU 具备了可在不同海域灵活选择高效加热模式进行作业的能力，实现了FSRU 在全球各大海域均能节能、环保的高效运行。⑥创新设计了混合式 LNG 再气化加热系统，该系统具有经济性好、换热效率高、环境适应能力强等优点，能在全球绝大部分海域全年全天候进行再气化作业，实现最优的能量利用。

此外，上海利策科技股份有限公司联合众多企校单位完成了中国首个自主设计建造的 FSRU 再气化模块样机研制及测试，此模块采用开式循环模式、绕管式气化器，可适用于 7℃ 以上海域，但尚未实现工程应用。中国海油 2021 年立项开展了 FSRU 再气化模块的工程样机研制，研发的再气化模块气化能力为 180t/h，外输压力为 6.1~9.1MPa，温度为 0℃ 以上，设备国产化率 90% 以上，并计划在珠海 LNG 完成工程化应用，现已完成相关模块的设计，正在开展模块设备的采办工作。

作为 LNG 船的衍生产品，LNG-FSRU 当前亟需解决的问题主要包括两个方面：①自主关键技术及系统尚未全面突破，卡脖子问题突出。②关键材料设备国产化率低，首台套应用难度大，供应链饱受掣肘。2018 年至今，全球共成交 3

艘 FSRU 新建订单和 9 艘改装订单，受目前国际形势影响，全球 FSRU 已出现严重短缺，预计未来老旧 LNG 船改装为 FSRU 项目将有所增加，2023—2024 年将有 17 艘 FSRU 新建 / 改装订单成交。

2.3.3　LNG 加注船

中国建造了全球首个应用 MARK III FLEX 薄膜型液货围护系统的 LNG 加注船，货舱容量达到 $1.86 \times 10^4 m^3$，日蒸发率低至 0.18%，突破了薄膜型液舱承受晃荡冲击载荷的限制，可实现任意液位的装载运行；创新采用了将 LNG 深度冷却后返回舱内喷淋的舱压控制技术，可实现 400~1600m³/h 快速加注，加注容量可覆盖 600~18000m³；设计了可实现冷舱、惰化、加注、升温、驱气置换等全流程一体化功能的加注系统，具备为 LNG 动力船初始化、加注补给、残液回收、进坞检修等全流程的服务能力；操纵性能优异，采用全回转推进器搭配艏侧推的高机动性推进系统，能在 6 级海况下横向行进，实现自主靠离泊，填补了中国 LNG 加注船船型空白，综合技术达到国内领先、国际先进水平。主要创新点包括动态液货舱压力控制、全流程加注系统设计、液货舱无装载限制、高兼容性双加注集管平台设计、双燃料动力推进系统设计等技术。

此外，2022 年 11 月 15 日，"海洋石油 301"加注功能改造完工并正式投入使用，成为中国首艘 LNG 运输加注船，其加注功能改造增加了气体燃烧装置、船对船加注系统、再液化装置等关键设备及配套安保系统、消防系统、自动化系统、船体舾装等，船容为 30000m³，设计加注能力达 1650m³/h，是全球最大液化天然气运输加注船。其中，液化天然气加注系统、燃气燃烧装置等多项技术为中国首创技术。

LNG 加注船作为 LNG 运输及加注领域的新兴事物，存在以下小型 LNG 加注船特有的问题：①船岸兼容性问题。小型加注船与 LNG 接收站往往存在靠泊垫、登船梯、系泊等船岸兼容问题。此外，当前中国长江沿线也在规划建设内河 LNG 接收站，由于内河码头不同季节水位变化非常大，拟在内河运营的 LNG 加注船还需要在开发设计阶段对高低潮位的船岸兼容性进行提前设计及布局，甚至可能存在某些潮位靠泊受限无法避免的情况。②船船兼容性问题。随着 LNG 动力船的快速发展，LNG 加注船与 LNG 动力船的船船兼容问题也需引起重视。随着越来越多的船型采用 LNG 动力系统驱动，LNG 加注站位置并未采用统一的标准，短期内 LNG 加注船可以与设计对标的 LNG 动力船匹配，但长期来看，LNG 加注船必将由"点对点"加注模式向"点对多"加注模式转变。由于受注船并未采用统一的加注站位置标准，当前已经投入运营的 LNG 加注船的船船兼容性能必然大大受限，进而影响其市场前景及营运周期。③中国内河 LNG 船法规不健全，国内放开 LNG 船舶进江的政策已经清晰，使 LNG 加注船灵活开展支线 LNG

运输业务甚至内河 LNG 加注业务成为可能，但是相关的法规目前还不够清楚明确，导致 LNG 加注船开展长江内的相关运营仍存在很多不确定性。

随着燃油成本上升，法规、碳税逐步生效，节能环保船型的需求将进一步加大，LNG 动力船市场发展空间仍然较大。国际清洁交通委员会（Theinternational Council on Clean Transportation，ICCT）预测，根据船舶燃料消耗的趋势，2019—2030 年期间，作为船用动力燃料的 LNG 需求将增长 3 倍，LNG 动力船需求增长将带动 LNG 燃料加注需求增长，随着更多 LNG 动力船投放市场，LNG 相关加注基础设施也将快速发展，LNG 加注船市场规模将进一步扩大。LNG 加注船在未来的发展中将会更多地关注其与加注对象的兼容性、加注效率的提升以及营运范围的拓展，旨在降低船东和运营商的资本支出（CAPEX）和运营支出（OPEX），提高营运的灵活性。与加注对象的兼容性体现在尽可能兼容更多的 LNG 动力船型，通过引入新型舷外碰垫系统、动力定位技术、新型加注系统等创新型设计，使其兼容能力最大化，在满足计划内受注对象兼容性的同时，保证对计划外的受注对象也有足够的兼容性，提高 LNG 加注船整个寿命周期的运营能力。

2.3.4 模块化建造

自 2014 年亚马尔 LNG 项目模块全部在中国建造以来，国内的海洋石油工程（青岛）有限公司、博迈克、蓬莱巨涛、惠生海工、中远海运重工及武船麦克蒙德等海工场地在天然气液化工厂的模块化建造技术方面有了长足的进步，最大模块重量由约 6000t 提升至约 10000t。中国先后承接了北极 II 项目、加拿大 LNG 项目的核心模块建造，解决了大型管节点复杂结构的设计、超大型设备安装、复杂端部型材的切割、承重管节点的制造、模块装船等大型模块建造的技术难题，在大型橇块安装精度控制、焊接质量等方面均取得了较大技术突破。

2.4 大型 LNG 储罐设计建造

2022 年，中国石化、中国海油及北京燃气集团在建的多座 $27 \times 10^4 m^3$ FCCR 储罐和 $22 \times 10^4 m^3$ 薄膜罐完成升顶，标志着中国超大型 LNG 储罐的设计建造与项目管理技术达到世界一流水平，攻克了大跨度薄壳结构稳定分析、超高剪力墙抗震设计、桩顶柔性约束承载力计算、9%Ni 钢厚板自动焊接、不锈钢薄膜自动焊接及检测等难题，为中国大规模、批量化建设 LNG 储罐积累了丰富经验[4]。

2.4.1 FCCR 储罐设计

2.4.1.1 储罐设计建造数字化

相比于国内外设计常用的储罐二维计算方法，三维有限元全模型数值模拟技术逐渐推广，全模型中兼顾使用了流固耦合分析技术，可全面分析内外罐及基础的耦合工况，能更好地模拟储罐的真实情况，是目前世界上储罐有限元计算技术的最高水平[5, 6]。

2.4.1.2 超大型储罐设计建造

相较于目前成熟的 $16 \times 10^4 m^3$ LNG 储罐技术，超大容积 LNG 全容储罐在设计与施工上面临大跨度结构、地震稳定性等技术难点。以福建 $16 \times 10^4 m^3$ LNG 储罐、中国海油江苏盐城绿能港一期扩建 $27 \times 10^4 m^3$ LNG 储罐的设计方案为例进行对比，LNG 储罐的内罐直径、高度由 $16 \times 10^4 m^3$ 的 80m、35.65m 分别增加到 $27 \times 10^4 m^3$ 储罐的 92m、44.88m。由于超大容积储罐荷载增大，内罐壁厚也由 $16 \times 10^4 m^3$ 储罐的 26.1mm 增加到 $27 \times 10^4 m^3$ 储罐的 35.2mm。随着储罐容积增大，其直径变得更大，由此带来储罐顶部支撑结构受力及稳定性难度进一步加大，同时对罐壁底部的厚壁 9%Ni 钢板焊接难度、更大重量的罐顶自动顶升等技术的要求也更高。

2.4.1.3 储罐温度监控

应用分布式光纤测温系统（Distributed Temperature Sensing，DTS），针对 LNG 储罐的温度场、环隙空间 LNG 泄漏与珍珠岩沉降进行连续监测，可克服常规电阻式温度测量方式敷设点数有限、大量电缆安装集成困难、使用寿命较短等缺点，实现对储罐服役过程中的温度高效监控。与常规方式相比，DTS 具有单点温度监测成本低、长期免维护、使用寿命长、工程安装方便、工作中不受电磁干扰、数据可靠、报警能力强大等优势。

2.4.2 薄膜罐设计建造

2022 年 11 月，河北河间 LNG 项目投产了首座 $2.9 \times 10^4 m^3$ LNG 薄膜罐。同年，天津北燃南港 LNG 项目 $22 \times 10^4 m^3$ 薄膜罐基本建造完成，预计 2023 年投产。上述工程中的薄膜罐内罐与绝热材料均采用法国 GTT 公司技术，预应力混凝土外罐、储罐基础、工程设计及施工等均采用国内技术，与 FCCR 储罐外罐技术相似。

混凝土外罐由承台、罐壁及罐顶组成，内侧设置一层涂层衬里，阻隔产品蒸发气与空气及其中的水蒸气，承台下部可根据地质、气候条件设置为电加热或架空结构。混凝土外罐需考虑在保温及物料重力荷载、操作过程中的活载、充水荷载、风荷载、地震荷载、温度荷载（正常操作和泄漏事故）、爆炸荷载、冲击荷载及火灾荷载等工况下能够正常工作。FCCR 储罐与薄膜罐混凝土外罐均为次容器，两种罐型的设计理念、设计方法、计算模型及荷载工况都是相同的，最主要差异在于混凝土外罐罐壁受到 LNG 液体压力作用时的工况不同。薄膜罐的液体压力对混凝土罐壁作用发生在正常操作工况与大泄漏工况，而 FCCR 储罐液体压力对外罐罐壁直接作用仅发生在大泄漏工况。在这两种工况下，液体压力对罐壁作用的荷载组合值系数是不同的，正常操作工况下液体压力的组合值系数为 1.3，而大泄漏工况下液体对罐壁作用的组合值系数为1.0。因此，在两种LNG储罐混凝土外罐的设计过程中，针对不同的受力特点制定了不同的预应力方案，以确保储罐的安全运行。由于薄膜罐预应力要多于FCCR储罐，在发生大泄漏时，薄膜罐混凝土外罐的安全性要高于FCCR储罐。此外，薄膜罐的绝热层结构也与FCCR储罐不同，薄膜本身不能承受LNG的荷载，需要硬质结构的复合绝热材料作为支撑，并通过绝热材料将LNG的荷载传递至预应力混凝土外罐上。同时薄膜内罐与混凝土外罐之间的绝热空间是封闭的，储罐运行期间需要充氮并保持微正压，并额外提供氮气及其压力保护设施。

与薄膜罐密切相关的主要施工技术包括防潮层涂覆、测量划线、复合绝热板粘接、次屏蔽膜粘接及不锈钢薄膜焊接等，通过薄膜罐的建设实践，国内多家施工单位已经完全掌握了上述技术，并实现了工业化应用。

目前中国的薄膜内罐技术仍处于研发阶段，中国石油、中国海油、中国石化、国家管网集团、沪东中华等多家公司已在薄膜罐设计、建造的关键技术方面展开技术攻关，但尚无自主研发LNG薄膜罐的工程业绩，与GTT、KOGAS等国际知名公司存在较大差距。未来国内薄膜罐在设计、制造、施工等方面仍需继续研发，并进行相关试验验证，国产薄膜技术也是未来国内LNG储罐发展的重要方向之一[7]。

2.4.3　LNG储罐施工

2.4.3.1　内罐壁板纵焊缝全自动焊接

已建成投产和在建的LNG储罐，其内罐立缝主要采用焊条电弧焊（Shieldedmetal Arc Welding，SMAW）工艺，其焊接效率低、焊接质量人为因素影响大。国家管网集团漳州LNG项目的LNG储罐内壁板立缝焊接施工中成功应用了钨极氩弧焊（Tungsteninert Gas，TIG）自动焊接技术，采用交流焊接工艺，完成了6层120道焊缝焊接，钢板厚度为10~20.3mm，板宽为3.29m，解决了9%Ni钢焊接电弧磁偏吹问题；采用自动振动送丝和热丝，实现对焊接熔池的高频搅拌，提高了焊接接头低温韧性及强度；采用钟摆式焊接方式，解决了9%Ni钢U形窄坡口易出现侧壁未熔合问题。该技术有效提高了焊接效率，降低了劳动强度，稳定提高了焊缝质量，一次焊接合格率达到99.55%，同时改善了焊接作业环境，在LNG储罐9%Ni内罐壁板纵焊缝焊接施工中具有很大的推广应用价值。

2.4.3.2　LNG接收站施工焊缝无损检测

目前，国内外普遍采用双胶片技术对储罐罐壁焊缝多向异性进行检测，该检测技术需要经过洗片、底片烘干、底片整理等过程，对底片黑度、对比度等参数要求严苛，不但检测效率低下，而且时间较长，直接影响总工期。LNG接收站工艺管道焊接无损检测一般采用工业射线照相检测技术，但在高压厚壁不锈钢管线上具有一些明显的局限性，如平面缺陷不敏感；透照厚度较大时，曝光时间长，不能及时提供检测结果反馈，对人体健康也存在安全隐患。国家管网集团天津 LNG 二期项目首次成功应用了新型无损检测技术，即采用数字射线成像（Digital Radiography，DR）技术、相控阵超声波检测（Phased Array Ultrasonic Testing，PAUT）技术分别应用于 9%Ni 钢内罐壁板、不锈钢管线焊接。利用数字成像器件（数字探测器）与计算机技术实现射线检测，代替胶片获得数字图像，克服了胶片照相存在环境污染的问题，大大提高了检测效率；数字成像系统还具有更好的适应性，对于厚度变化范围大的被检工件，可以实现一次透照成像，在保证焊缝检测质量的前提下尽可能地提高检测效率。天津 LNG 二期项目 4# 储罐采用该技术进行检测，DR 检测片位 6 895 张，发现不合格 70 张，裂纹、条形、圆形缺陷均得到有效检出，并与传统双胶片技术进行了对比，检出率基本相当。经过天津 LNG 二期项目现场实际检测，采用 PAUT 技术对直径 219~610mm、壁厚 15~38mm 不锈钢管道的检测结果表明，焊口检测合格率超过 98%，能达到减少辐射、降低风险、安全环保、提升检测速度、提升缺陷检出率的效果，从而提升管道质量，节省工期。

2.4.3.3　超大容积 LNG 全容储罐全生命周期应力监测、健康评估

由于超大容积 LNG 全容储罐的混凝土浇筑面积变大，为监测混凝土开裂情况，在储罐施工建设阶段可通过布置应力监测系统对其进行全生命周期应力监测、健康评估[8]。通过采集与分析储罐承台、墙体、穹顶在施工全过程及水压试验阶段的应力、应变数据，可直观地了解储罐在各工况下的结构受力情况，同时对现役 LNG 储罐进行外罐结构检测及储罐耐久性评估，从而提出储罐延寿建议[9]。该技术可为评估储罐实际使用寿命提供重要依据，并极大节省储罐保养、维护等方面的费用。

2.5　LNG 冷能利用

国内冷能利用技术主要应用于冷能空分项目，如中国石油江苏如东 LNG 接收站、唐山 LNG 接收站、宁波 LNG 接收站、广东珠海 LNG 接收站、福建 LNG 接收站等与国内空分企业合作建设冷能空分项目均已投产，中国冷能空分工艺技术已越发成熟、能耗逐渐降低、关键设备建造技术越来越可靠，近年来国内 LNG 冷能利用技术创新主要集中在冷能发电与冷热能平衡利用方面。

2.5.1　冷能发电

常用的冷能发电工艺有直接膨胀法、朗肯循环法、联合循环法及布雷顿循环法等，应用最多的是朗肯循环法，各国学者针对朗肯循环的研究大都停留在单级

朗肯循环，理论创新较少。上海洋山港LNG接收站与浙江宁波LNG接收站的冷能发电项目均采用单级朗肯循环，循环工质均为丙烷；舟山LNG接收站冷能发电装置采用了双级朗肯循环，循环工质为丙烷和乙烯。中国各大院校、研究机构等在朗肯循环基础上进行了创新，如国家能源集团采用双级朗肯循环并在两级朗肯循环之间设置回热换热器，进而降低㶲损，可提高发电效率30%~40%[10]。国家管网集团粤东LNG接收站冷能发电装置采用单级朗肯循环混合工质发电工艺路线，混合工质采用甲烷、乙烯、丙烷等有机工质，冷能发电LNG冷能利用能力按照200t/h进行设计，预计2024年投产。此外，中国石化工程建设有限公司开发LNG气化规模为350t/h的安全高效LNG冷能发电及制冷集成技术，可实现LNG气化、冷能发电、制冷等多功能独立或并行运行；开发了新型换热、发电设备技术，研制了LNG冷能发电及制冷成套装备。同时，中国石化创新开发了热电厂废热利用与LNG接收站气化发电耦合技术以及深冷发电、浅冷制冷的冷能梯级高效利用集成技术，并研制了具有自学习、自适应功能的智能控制系统，可实现变流量、变组分、变温度等复杂多变工况下冷能发电及制冷装置的安全平稳运行。

冷能发电项目主要换热设备为分体式中间介质气化器和管壳换热器，均已基本实现了国产化，其设计、制造达到国际先进水平。发电设备透平膨胀机主要进口品牌为GE新比隆、法国CRYOSTAR、美国ADC、瑞典阿特拉斯等，国产品牌核心部件目前依然需要进口，透平主要形式有3种：螺杆膨胀机、向心式透平、轴流式透平。新奥舟山LNG冷能发电项目采用的是螺杆膨胀机；上海洋山港LNG和浙江LNG接收站冷能发电项目均采用了向心式透平膨胀机。除了大流量、大功率以及高温条件下的膨胀机采用轴流式之外，绝大多数透平膨胀机采用高转速的向心径流式，对于目前已经实施的技术路线采用单循环冷能发电系统而言，其整体装机功率较小，因此向心径流式透平是较好的选择，国内冷能发电透平设计制造方面与国外存在一定的差距。国家能源集团采用双级朗肯循环，发电系统循环工质流量也较单循环更大，采用轴流式透平更加具有优势。轴流式透平在大流量、大功率以及中间多级抽气布置方面具有不可替代的优势，同时国内大型轴流式透平在设计、加工方面都具有非常成熟的经验。结合朗肯双循环发电系统，可以采用轴流式透平中间抽气式结构实现两个循环共用一个透平[11]，降低投资费用，是未来冷能发电关键设备的发展路线。冷能发电的循环工质除采用丙烷外，采用非易燃易爆氟利昂或混合工质也是未来的一种工艺选择[12]。

2.5.2 冷热能平衡利用

冷热能平衡利用技术是通过需要热能对产品进行气化的LNG接收站与需要冷能对工艺生产进行降温的工厂（热电厂、钢厂、化工厂）进行联合运行，从而实现产业区内相关工厂冷热能平衡利用的技术。中国石化的天津 LNG 接收站三期项目与天津南港乙烯项目的冷热能平衡利用正在施工建设阶段，预计 2024 年初投产运行。冷热能互换站通过中间冷媒介质实现 LNG 接收站内冷能与南港乙烯项目热能之间的冷热互供，达到节能降耗、节省投资的目的。

现阶段国内 LNG 冷能利用还存在诸多问题：①利用方式较为单一、冷能回收率较低；② LNG 接收站规划、设计及建设与冷能利用不同步，远期实施冷能利用项目时可能造成预留用地、配管空间不足等问题；③冷能用户用冷需求与 LNG 接收站运行负荷不匹配。未来应因地制宜，合理利用 LNG 冷能，结合周边化工装置和市场发展需求，实现冷能与化工产业一体化综合利用，进一步提高冷能利用率。基于国内 LNG 冷能发展现状，结合 LNG 冷能利用技术研究成果，未来要开发安全、高效的冷能利用关键核心设备。LNG 冷能利用将向着集成化、能源综合优化利用方面发展。通过深度研究冷能利用方式，开发具有高效率、高附加值的 LNG 冷能利用技术，促进冷能产业实现全面性、多元化的发展，逐步打造"从高到低"的 LNG 冷能梯级利用产业格局，实现多领域生产与冷能资源利用的深度联合，从而提高能源综合利用效率。

2.6 关键装备及低温材料制造

2.6.1 冷剂压缩机

大型天然气液化装置冷剂压缩机选用的是离心压缩机。国内采用沈阳鼓风机集团股份有限公司（以下简称沈鼓集团）MCL 离心压缩机（适用压力不大于 4.0MPa），已生产的最大机型为 3MCL1506，叶轮直径为 1500mm，级数为 6 级，已投运 LNG 装置最大生产能力为 120×10^4t/a[13]。国外大型冷剂压缩机的供应商主要为 GE、西门子，受各自拥有燃气轮机功率范围的影响，国外大型、超大型 LNG 装置中 GE 的冷剂压缩机组业绩最多，几乎处于垄断地位。所投运的冷剂压缩机中，最大型号为 MCL1805，叶轮直径为 1800mm，应用于卡塔尔 780×10^4t/a LNG 装置[14]。目前，中国压缩机水平与国外仍存在一定差距，对于超大型 LNG 装置所用的压缩机，国内还需进一步研发。中国依托"800×10^4t 级超大型 LNG 成套技术"开展了大型离心式冷剂压缩机国产化研发，包括离心式压缩机组方案优化设计、离心式压缩机不同驱动方式的驱动机比选、冷剂压缩机结构优化设计等研究，开发了适用于 800×10^4t/a LNG 装置的离心压缩机（丙烷压缩机、WMR 压缩机、CMR 压缩机）制造方案，各压缩机设计上满足相关标准与规范要求，通过系列关键技术研究及压缩机整体设计攻关，形成了压缩机设计制造图，推动了离心压缩机国产化技术的发展进程。

2.6.2　燃气轮机

用作驱动的国产燃气轮机功率较小，由七〇三研究所自主研制、中船重工龙江广瀚燃气轮机有限公司生产的 25MW 燃气轮机机组已完成出厂试验及平台调试，于 2019 年 4 月应用于中国海油 PL19–3 新增平台，标志着中等功率双燃料燃气轮机实现了国产化。随着燃气轮机技术全面引进与合作，目前上海电气集团已完全掌握了小 F 级、E 级、F 级燃气轮机完整的研发、设计、制造及服务技术，并具备自主创新、优化改进的技术实力。正在执行的本溪钢铁（集团）有限责任公司（以下简称本钢）CCPP 燃机项目采用 AE94.2KS 燃气轮机（发电用、单轴结构）作为压缩机的驱动装置，其配置为 AE94.2KS（输出功率 180MW、单轴结构、额定转速 3000r/min）+ 汽机 + 锅炉 + 发电机 + 煤压机（46MW，4220r/min）[15]。国外从事大功率机械驱动用燃气轮机生产制造与研发的企业主要为 GE、西门子、三菱日立。其中 GE 公司用于机械驱动的燃气轮机功率覆盖范围最全，大型航改型燃气轮机包括：PGT25+、PGT25+G4、LM6000、LM9000、LMS100，功率等级覆盖 30~110MW；工业重型燃气轮机包括：MS5002E、MS6001B、MS7001EA、MS9001E，功率等级覆盖 30~130MW，最大功率达 571MW[16]。近年来国产燃气轮机研制水平得到了极大提升，与国际先进水平差距正在逐步缩小。中国依托"800 × 10⁴t 级超大型 LNG 成套技术"开展了燃气轮机研究：采用 4 台压缩机进行燃气轮机与负载压缩机的匹配分析，选出了最优运行方案；对发电用 E64.3A 机组的控制策略进行了升级优化，提高了运行的稳定性；研发了 2 套轴系布置方案。本钢项目采取类似轴系布置，已于 2022 年 3 月成功投运，验证了轴系计算的可靠性。上海电气集团以发电用 AE64.3 燃气轮机为基础，研发出了适用于冷剂压缩机的 80MW 级机械驱动用燃气轮机，并研制了 80MW 等级单轴燃机直接驱动压缩机的整套动力设备集成控制方法，形成了燃气轮机制造图，燃机的性能指标达到国内领先、国际先进水平。

2.6.3　BOG 低温离心压缩机

对于大型 LNG 装置 BOG 压缩机一般采用低温离心式压缩机。国外公司在 BOG 压缩机的设计、制造、试验及检验方面已技术成熟、安全可靠，在国际上拥有广泛的使用业绩和长期的安全操作经验[17]。对于大型 LNG 装置所用的低温离心式 BOG 压缩机，中国还需进一步研发。中国石油联合沈鼓集团开展了低温 BOG 离心压缩机研究，采用的离心式压缩机组为 MCL526+2BCL529，双缸串联形式，压缩机组轴功率为 5000kW，变频电机驱动。该项目组研发出了适用于进气温度 –160℃、额定功率为 5800kW 的单轴离心式 BOG 压缩机组，并针对低温 BOG 机组进行了低温材料的选择及加工工艺的开发，确认了低温材料国产化的可行性，解决了 BOG 离心压缩机组服役温度低至 −163℃长周期安全运行的难题，推动了大型天然气液化装置国产化的进程。

2.6.4 换热器

美国空气化工产品公司 APCI 是 LNG 领域绕管式换热器最大的供货商，可制造直径 5m、长度 55m、重量 450t 及以下的缠绕管式换热器[18]。中国绕管式换热器多应用在大型煤化工低温甲醇洗装置、低温高压临氢系统、加氢裂化装置等化工领域，生产制造能力与国际水平相当。国内生产制造单位已经初步具备了开发大型 LNG 绕管式换热器的能力，在 LNG 气化、天然气预处理上也有部分业绩，但受市场需求限制，用作液化装置的主低温换热器暂无业绩[20]。中国石油开展了大型绕管式换热器国产化研发，研制出了适用于 800×10^4t 级天然气液化装置的大型绕管式换热器，直径不小于 5.4m，换热面积不小于 $50000 m^3$；完成了大型 LNG 绕管式换热器传热与流动关键技术研究，开发了专用热力计算软件，软件的正确性经过 $60 \times 10^4 m^3$/d LNG 绕管式换热器样机的工程试验验证，计算值与现场数值高度一致；完成了国内首台 $60 \times 10^4 m^3$/d LNG 绕管式换热器工程样机研制，样机于 2021年 11 月 28 日在内蒙古亨东天然气液化装置中一次性开车成功，并经过 72h 以上满负荷连续稳定运行，各项技术指标达到设计要求，正式投入工业运行[21]，于 2022 年 1 月通过中国通用机械工业协会科技成果鉴定[22]。该样机的成功研制和工业应用示范标志着中国基本掌握了具有自主知识产权的 LNG 绕管式换热器关键核心技术。此外，在国内中海石油气电集团联合开封空分集团完成了 $30 \times 10^4 m^3$/d 处理规模的海洋晃动工况小型绕管式换热器样机示范应用，设备设计制造标准满足中国船级社要求，适用于海上 FLNG 项目，该绕管换热器的工业化测试已于 2021 年依托德州天然气液化项目完成静态低温测试和晃动工况运行试验。

板翅式换热器具有传热效率高、结构紧凑、重量较轻等优点，已被中小型天然气液化装置广泛采用，在国外大型液化装置的预冷部分也有应用。中国的板翅式换热器设计、制造水平已很成熟，目前可实现的最大设计压力为 13.7MPa。

中海石油气电集团于 2019 年开展海洋油气领域用微通道高效紧凑换热器（PCHE）的国产化技术攻关，针对海洋平台特定工艺条件，完成了 PCHE 热工设计专用软件开发，能够实现大尺寸钛合金板片的蚀刻和扩散连接，形成了 PCHE 专业设计、制造及检验成套技术。PCHE 工程样机已于 2020 年底完成了海洋石油平台的工业化测试，产品已用于中国首个海上大型深水自营气田——陵水 17-2 气田项目，该气田已于 2021 年正式投产。

2.6.5 LNG 液力透平

LNG 液力透平是大型天然气液化装置的核心设备，代表着大型天然气液化装置的先进性，用于取代液化装置产品 J–T 阀门，可提升液化装置 LNG 产能 3%~5%，降低 BOG 压缩机功耗 50%，并可以副产电能，目前已被国外先进大型天然气液化装置广泛应用。在国家工信部的资助下，中海石油气电集团联合大连深蓝泵业及上海交通大学完成了可用于 FLNG 的液力透平样机的设计制造和工业化示范应用。目前，国内具备 $260 \times 10^4 t/a$ LNG 产能设备的研发和制造能力，但缺乏百万吨级液化装置的工业应用业绩。

2.6.6　LNG 串靠卸料系统

2020 年中国海油依托集团公司关键技术核心攻关项目开展了 DN200 的 LNG 低温软管输送系统研制与工业化测试，成功研制出 50m 悬跨式软管 LNG 过驳加注系统和 100m 漂浮式 LNG 浮式传输系统样机，配套的快速连接和脱离接头（Quick Connectiong & Disconnection Coupling，QCDC）、紧急修正系统（Emergency Revise System，ERS）及防坠落系统也全部完成了国产化研制，并于 2022 年 7 月实现了国内首套 DN200 的 LNG 低温软管输送系统海上总成性能测试，各项技术指标均满足相关标准规范要求，标志着中国具备了 LNG 软管输送系统成套国产化技术能力，可满足 LNG 加注输送的需求。但距离 FLNG 用串靠大 DN400 及以上口径的输送系统还有一定距离，需要进一步研究开发大口径的软管结构及低温疲劳特性，为 FLNG 用串靠输送系统的国产化提供技术保障。

2.6.7　卸料臂

LNG 卸料臂是 LNG 接收站、天然气液化厂连接 LNG 船舶与陆上 LNG 管线的重要设施，国际上生产 LNG 卸料臂的厂家屈指可数，目前全球制造该产品的公司主要有法国 FMC、日本 NIIGATA、德国 SVT、英国 EMCO 等。产品供货基本被欧日厂家垄断，设备供货、维护费用高，供货周期长。与输油臂相比，LNG 卸料臂设计、制造及检验的主要难点在于材料深冷处理、旋转接头设计与低温动态试验、紧急脱离装置设计及其可靠性、快速连接接头可靠性等。卸料臂的安装工艺已实现了国产化，国内具有大型 LNG 卸料臂技术储备和制造能力的厂家主要有连云港远洋流体装卸设备有限公司、江苏长隆石化装备有限公司、连云港杰瑞自动化有限公司等，另外上海冠卓海洋工程有限公司也开展了相关研制工作。

2022 年 1 月连云港杰瑞自动化有限公司生产的全球首台具备自动对接功能的 LNG 卸料臂在天津 LNG 接收站正式投用。该设备已经顺利完成了国产卸料臂首船接卸工作，实现了该装备在国内实船应用零的突破，攻克了低温情况下管线系统旋转动态密封及紧急情况下管线安全脱离等低温储运技术难点，突破了低温旋转接头动态密封、主动紧急脱离等关键核心技术，成功研制了大口径低温旋转接头、ERS 紧急脱离装置等核心部件及 DN400 的 LNG 智能装卸系统整机，装备性能达到国际主流产品水平，实现了装备的自主可控。此外，该项目还全球首创开发出自动对接功能，首次将数字孪生、大数据分析、空间视觉定位等信息化技术应用于 LNG 液货装卸领域，创新性地开发了 3D 实时智能管控、基于视觉的自动对接等功能，并大幅提升了产品的自动化和智能化水平。

连云港远洋流体装卸设备有限公司已有多台国产最大尺寸（DN500）输油臂的供货业绩，拥有旋转接头试验台、超低温深冷处理装置、脱缆钩拉力试验机等装置和先进的材料检验、探伤设备，在国内同行业中具有较强技术实力。该公司为国内外用户提供了多台套低温卸船臂，其中国内嘉兴平湖 LNG 项目的 DN400LNG 卸船臂已投产运行，国家管网集团龙口南山 LNG 接收站与温州华港 LNG 接收站的 DN400LNG 卸船臂正在制造中。

江苏长隆石化装备有限公司为国内外用户提供了多台套低温 LNG、LPG 卸船臂：①为中国海油滨海 LNG 接收站项目供货的 1 台 DN400 的卸船臂自 2022 年 9 月投产以来，已经顺利完成卸船 17 次，运行效果良好，而且该项目是用长隆的液压和电控系统来控制德国 SVT 卸料臂，完全实现了国产化融合；②为国家管网集团福建漳州 LNG 接收站和潮州华瀛 LNG 接收站供应的 5 台 DN400LNG 卸船臂已经在现场安装完毕，进入调试开车过程；③为淮南矿业与中国海油合作建设的安徽芜湖 LNG 接收站提供的 3 台 DN300LNG 卸料臂正在制造中；④综合目前全球各家卸料臂制造厂的优势技术研发而成的新一代卸料臂于 2021 年在马来西亚巴生港低温储罐接收站项目投产（2 台 DN400、2 台 DN250 的 LPG 卸料臂），目前一直在平稳运行中。

2.6.8 其 他

往复式低温 BOG 压缩机、低温球阀、低温泄放安全阀、大口径常温球阀、LNG 在线取样探头等产品均已通过中机联组织的国产化鉴定，总体达到国际先进水平。低温球阀、大口径常温球阀安装至天津 LNG 接收站现场，储罐用低温泄放安全阀在北海 LNG 接收站储罐现场应用并完成工业性现场验收。国家管网集团天津 LNG 与浙江强盛压缩机制造有限公司合作研制的 12t/h 卧式对称平衡式低温 BOG 压缩机组，具备一键启停功能。国家管网集团深圳 LNG 应用国产化槽车在线取样系统，采用一体化真空绝热取样气化探头，经过现场测试和第三方 SGS 见证，性能指标满足 ISO 8943—2007《冷冻轻质烃液.液化天然气的取样.连续法和间歇法》标准要求，已完成工业性现场验收工作。国家管网集团大连 LNG 公司与上海阿波罗开展了 LNG 大功率高扬程一体化潜液泵关键技术研究与工程应用，成功研制出国产化高压 LNG 潜液泵（含潜液电机），并获得 2022 年度机械工业科学技术一等奖。大连深蓝泵业生产的 LNG 高压潜液泵，其电机端盖、电机壳体、出口段、内筒体等大型零件已经全系列应用锻造技术，而进口设备仍然沿用铸造技术或焊接成型技术；该公司还成功研制了 LNG 船用潜液泵，并获得了中国船级社认证。虽然中国接收站的国产化工作取得了一定成效，但面临的"硬骨头"仍然不少：在役 LNG 接收站关键设备中存量进口设备占比仍然偏高；国外设备核心备件采购费用占年度维修费用仍然较高；存量进口设备在备品备件采购、技术服务等方面受到较大制约；推进在役进口设备备件国产化替代工作任务依然艰巨繁重。

中国石油、中国石化、中国海油、国家管网集团正在对暂未国产化设备开展国产化研究，包括低温调节阀、取样分析系统、船岸连接系统、震动监测系统、储罐罐表系统、储罐保冷弹性毡、低温质量流量计、超大口径超声波流量计、色谱分析仪、各类分析仪器、9%Ni 钢焊材等，并对已投用的国产化设备的使用效果进行评价，分析差距与不足，由点到面不断摸索积累设备优化经验。

3 技术挑战与发展趋势

3.1 技术挑战

2018 年以来，中国在大型天然气液化工艺、LNG 储罐设计建造、FLNG 设计建造、LNG 接收站设计建造、LNG 运输船、LNG 冷能利用、LNG 装备及低温材料等方面均取得了较大的创新发展，获得了广泛的工业化应用，取得了良好的应用效果，但是要实现 LNG 技术完全自主并走向国际市场，仍存在巨大的技术挑战：①技术开发、工程设计、设备制造、运行管理等过程中普遍使用的商业软件基本上都由国外公司提供，虽然国内也有公司积极开发此类工程软件，但是达到实际应用尚需时日。②国内工程公司尚未独立承揽过采用自主技术建造的大型天然气液化装置、大型 LNG 运输船、大型 FLNG、大型 FSRU 等工程设计，工程经验积累不足。③大型压缩机组、大功率驱动型燃气轮机、大型绕管式换热器、大口径高压力低温阀门等设备的设计制造能力尚需提升，同时工业化应用经验尚需积累，且上述国产化设备中的仪表、电气设备、部分关键零部件尚需进口。④有关数字化和智能化的应用尚缺乏统一的标准规范，理念与认知急需达成行业统一共识。

3.2 未来研究思路

对照制约 LNG 技术发展的挑战因素，需要进一步打开研究思路，积极开展研究工作，尽早取得突破：①加大工程软件的开发与研究力度，此项技术属于基础性研究内容，同时也是油气储运行业普遍使用的工程软件，若有国内技术替代，将会为 LNG 领域数字化、智能化发展奠定更加坚实的基础。②加大工艺技术工程应用力度，以进一步检验、优化工艺技术，积累更多的大型 LNG 工程、LNG 运输船、FLNG 设施等的设计建造经验，为走向国际市场奠定基础。③大力推广国产化设备的工程应用，全面带动国内设备走向国际市场，实现产学研用的有机良性循环，真正提升国家在液化天然气领域的话语权，确保能源安全。④持续开展超大型 LNG 储罐设计建造技术的优化与提升，积极开展薄膜罐技术研制，并尽快实现自主技术的工程化应用。⑤统一数字化、智能化技术在 LNG 工程中的应用标准，达成统一的 LNG 站场数字孪生体概念共识并建立统一标准，力争实现此项技术应用达到国际领先。⑥开展国内工程设计标准的英文版研究及其同步工作，推进国内标准的国际认可度，为国内工艺技术、核心设备与材料、LNG 工程设计与建造全面走向国际市场提供有效支持。

3.3 发展趋势

结合天然气资源气质条件、项目建设地点、建设方式及投资方的不同，天然气液化工艺技术的发展趋势为多元化，一方面追求工艺技术优化、液化能耗降低及单系列产能大型化，另一方面也要考虑对项目建设地点、陆基或 FLNG 建设方式及投资方的更好适应性。

随着数字化、智能化技术的发展，LNG 站场工程设计、建造及运行将朝着全面应用数字化设计、智能化建造与运维方向发展，同时大型天然气液化装置和 FLNG 设施的建造将更多采用模块化方式实施，此外远程云端设计思路和工具也会逐步进入 LNG 工程设计领域。

LNG 运输船未来将朝着船容大型化、通用化方向发展，采用双燃料低速机推进系统、低蒸发率薄膜围护系统。FLNG 技术呈现多元化发展趋势，结合已经投产 FLNG 的运行情况，未来会更加关注运行的安全可靠性及稳定性。同时，俄罗斯北极 LNG-2 项目采用混凝土基础结构的岸边式 FLNG 设计建造技术也是未来 FLNG 技术的一个发展方向。FSRU 技术将继续采用老旧 LNG 运输船改装与新建 FSRU 船只相结合，更多关注 FSRU 兼顾 LNG 运输船的功能，以获得更好的适应性。LNG 加注船设计建造技术在未来的发展中将会更多地关注其与加注对象的兼容性、加注效率的提升以及营运范围的拓展等方面，旨在降低船东与运营商的 CAPEX、OPEX，提高营运的灵活性。

LNG 储罐的设计建造技术未来将朝着大型化、多元化的趋势发展，对于大型 LNG 项目来说，罐型以 FCCR 与薄膜罐为主，罐容以大型与超大型为主；对于小型 LNG 项目来说，单容罐、双金属壁全容罐也会占有一席之地。从储罐的安装方式来说，在现有地上为主的基础上，将逐步出现更多的地下、半地下及下沉式安装方式。

LNG 接收站冷能利用技术将朝着多元化方向发展，针对不同的 LNG 接收站周边环境与气化外输条件，在依据市场情况采用普适性的冷能空分基础上，冷能发电技术发展迅速，同时与周边产业结合采用梯级冷能利用技术也是未来的一个发展趋势。

随着国内更多 LNG 接收站项目的建成投产，国产化设备应用很快替代了进口设备，国产化设备、材料将逐步朝着优化提升核心设备材料，全面覆盖 LNG 接收站用设备、低温材料、仪表、电气设施，以及逐步研制适用于大型天然气液化装置与 FLNG 关键设备的技术等方向进发，并且国内设备、材料有望出口至国外，应用到国外的 LNG 项目中。

参考文献

[1] BP 中国 . BP 世界能源统计年鉴：报告编号缺失 [R]. 北京：BP 中国，2022：29–36.

[2] 国家能源局石油天然气司，国务院发展研究中心资源与环境政策研究所，自然资源部油气资源战略研究中心 . 中国天然气发展报告（2022）[M]. 北京：石油工业出版社，2022：1–20.

[3] 林畅，白改玲，王红，等 . 大型天然气液化技术与装置建设现状与发展 [J]. 化工进展，2014（11）：2916–2922.

[4] 张超，单彤文，付子航，等 . 中国海油"CGTank®"大型 LNG 储罐技术体系与工程化应用 [J]. 天然气工业，2015，35（9）：95–100.

[5] 张超 . 超大型 LNG 储罐顶梁框架及衬板结构体系的设计算法 [J]. 天然气工业，2017，37（11）：106–111.

[6] 高辉 . 基于简化计算方法的 LNG 储罐隔震支座优化布置 [J]. 特种结构，2022，39（4）：67–72.

[7] 张丹，许佳伟，明红芳，等 . LNG 薄膜罐技术发展现状及其在国内推广的前景 [J]. 化工管理，2021（5）：9–10.

[8] 张云峰，李腾飞，滕振超 . LNG 储罐研究现状及展望 [J]. 当代化工，2021，50（7）：1662–1666.

[9] 程旭东，韩明一，彭文山，等 . LNG 储罐外罐施工期间的温度应力及裂缝分布 [J]. 天然气工业，2014，34（9）：107–112.

[10] 青岛中稷龙源能源科技有限公司 . 一种 LNG 冷能综合利用系统：CN202020252479.9[P]. 2021–01–01.

[11] 青岛中稷龙源能源科技有限公司 . 基于压力分布的中间抽汽式液化天然气冷能发电系统：

CN202022440992.3[P]. 2021-06-18.

[12] 青岛中稷龙源能源科技有限公司 . 一种混合工质的 LNG 冷能发电和综合利用系统及方法：CN201911344885.6[P]. 2020-02-28.

[13] 王学军，葛丽玲，谭佳健 . 中国离心压缩机的发展历程及未来技术发展方向 [J]. 风机技术，2015，57（3）：65-77.

[14] 范吉全，叶林，常亮，等 . 天然气液化装置冷剂压缩机驱动机选择概论 [J]. 天然气与石油，2020，38（2）：44-53.

[15] 唐敏，胡耀宇，朱芳，等 . AE94.2 燃气轮机在上庄电厂的灵活性运行研究 [J]. 热力透平，2020，49（3）：175-178，233.

[16] 刘帅，刘玉春 . 重型燃气轮机发展现状及展望 [J]. 电站系统工程，2018，34（5）：61-63.

[17] 肖峰，欧周华，盖永庆 .LNG 装置低温 BOG 压缩机 [J]. 石油科技论坛，2016，35（S1）：148-150，251-252.

[18] 高东斌，姜立宝 . 绕管式换热器在连续重整装置中的大型化应用 [J]. 广州化工，2019，47（2）：107-110.

[19] 中国通用机械工业协会 . 川空 "60 万方 LNG 绕管式换热器国产化研制及工业应用示范" 科技成果通过鉴定 [EB/OL].（2022-01-10）[2023-08-25].https：//www.teqi123.com/infov.php/infov.php?id=36858.

牵头专家： 白改玲　张　超

参编作者： 贾保印　安小霞　林　畅　蒲黎明　王　科　李莹珂

肖　立　许佳伟　陈锐莹　花亦怀　扬　帆　李恩道

秦　锋　杨　亮　李凤奇　赵　睿　王同吉　张　健

柴　帅　宋　炜　杨春华　段　斌　杨天亮　魏光华

王海东　李柏松　郭　祥　夏秀占　成永强　姜　超

张　苏　刘　洋　徐洪涛　张云卫　刘正荣　张琳智

朱小丹　余　伟　刘粤龙　余晓峰　梁　勇　张雪琴

第十一篇

管网仿真与运行优化

随着第四次工业革命的到来，仿真与优化逐渐成为工业系统智能化的基础。油气储运管网涵盖上游地面多相流、中游单相原油/成品油/天然气、下游城市配气管网，其仿真内容略有不同，但应用的基础理论都是采用流体力学的连续性方程、动量方程及能量方程建立的微分方程，并耦合相应的状态方程与管网系统边界特征，采取数值分析方法对管道进行模拟。油气管网的优化内容会由于目标不同而相差较大，不过无论是何目标，其仿真都是优化的基础。本篇总结了上游集输管网、中游油气管网及下游燃气管网仿真技术；介绍了仿真软件国产化、数字仿真技术的研究情况，说明中国正朝这两方面发力，未来要实现技术自主可控；阐明了管道优化运行及控制、集输管网优化运行的成果；论述了中国离线与在线仿真应用相关核心技术的整体化水平、专业化工具的完善程度，以及工业软件的整体国产化进程。此外，油气管网运行优化当前正向着"多拓扑结构、多参数融合、全局高效算法、智能优化"的方向发展；提出了天然气管网可靠性数据库的建立、天然气管网运行状态快速模拟方法、适用于可靠性计算的天然气管网高效水力仿真算法、可靠性技术应用落地及可靠性增强技术的研发方向；给出了燃气管网在稳态/瞬态仿真技术、运行优化平台设计、在线仿真系统构建以及相关实际应用的发展方向。

近年来，随着全球主要经济体能源改革的不断发展，传统产业的转型升级与高质量发展正在被加速推进。按照当前的普遍认识，以工业发展特点划分，利用信息化技术促进产业变革的工业4.0（智能化时代）已经到来，并形成了一系列具有代表性的理论技术体系。如信息镜像模型（Information Mirroring Model，IMM）、数字孪生（Digital TWins，DT）、信息 – 物理系统（Cyber-Physical System，CPS）等，类似的概念也先后被列入《德国 2020 高技术战略报告》《中国制造 2025》等国家政府工业化战略文件中。这些技术都有一个基本的含义就是"利用数据的仿真过程"，此处的"数据"包括实体物理数据、传感数据、历史数据等，"仿真过程"则指对学科知识、物理变量及物理模型（涉及不同尺度、维度、概率）等的计算过程。通过在软件化定义的虚拟空间中反映所代表的实体结构或物质的生命周期运行过程，从而对实体的设计、分析及运行进行改进。

1 国内外研究现状

截至 2022 年底，中国油气长输管道总里程达到 $16.5 \times 10^4 \text{km}$，其中原油、成品油、天然气、城市燃气管道分别为 $3.1 \times 10^4 km$、$3.2 \times 10^4 km$、$10.2 \times 10^4 km$、$10.5 \times 10^4 km$。随着勘探开发力度的加剧，油气田集输管道里程也在不断增长，仅中国石油就有 $35.6 \times 10^4 km$，基本形成了纵横交错的多相集输局域网和全国性长距离油气输送与供应网络。面对日益大型化、复杂化的油气管网系统，迫切需要先进的监测、分析及调度管理技术和手段，支撑日益复杂的运营管理、数字化转型及未来双碳目标的需求。

油气管网仿真技术作为支持运营管理决策的核心技术，能够实现管网规划设计、操作人员培训、运行状况预测、异常设备维护决策等功能，对保障管网安全、平稳、高效运行具有重要意义，同时也为管网智能调控、在线优化、安全预警等智能化发展奠定了基础。

1.1 油气管网仿真

国外油气管网仿真技术起源于 20 世纪 60 年代初，发展于 20 世纪 70 年代，进入 80 年代后逐渐实现商业化与工业化。经过 40 多年的技术发展与工业化应用，目前已经形成以 SynerGEE（德国 GL 公司，并购 SPS 水力引擎）、ATMOS SIM（英国 ATMOS 公司）、TGNET/TLNET（英国 ESI 公司）、GREEG（美国 GREEG 公司）为代表的国际通用商业仿真软件产品，广泛应用于全球油气管网，约占 90% 的市场份额，对于油气管网输送业务发展与管理水平提高发挥了重要作用。目前，国外管网仿真模型的基础研究已相当成熟和完善，可以适应流体特征复杂、外部环境多变、内部节点特性多变的油气管网仿真系统，可以实现各种结构管网系统静动态水力热力分布、动态变化过程流程、设备操作与控制的模拟。

国内油气管网仿真技术起步于 20 世纪 80 年代，各石油类高校在油气管道、管网仿真理论基础方面的研究均取得了不错的进展，部分高校开发了相应的应用软件。21 世纪初，中国石油开始组织实施油气管道仿真软件国产化工作，并发布了油气单相、多相输送管网仿真的国产化软件[1-3]。

总体而言，国外油气管网仿真技术已经形成具有一定垄断趋势的商用软件，且正在朝着与数字模型耦合的方向发展。国内油气管网仿真软件近年来虽然取得了一些成果，但在软件稳定性、计算性能、通用性上与国外软件仍存在差距。国内基本是以软件应用为主，从各大石油院校、管道设计院到管道运行公司，逐渐形成了管道设计、工艺过程仿真与调度培训、试运投产模拟、运行方案优化、管道逻辑保护、调节阀 PID 参数整定等相关技术的应用系统，但均未达到商业软件级别，而且都是科研成果的局部应用。目前，中国正在进行新一轮的油气管网仿真软件国产化研制。

1.1.1　上游油气田生产管网

随着油气田数字化、智能化的发展，以前主要用于管道设计与流动安全分析的多相流软件在上游油气生产管网研究中日益受到关注[2]。油气田生产运行与管理系统越来越多地采用各类仿真软件进行生产预测、参数调整等，以实现生产运行过程及时预警、紧急状态自动保护。油气田生产管网的仿真是指在管网流动拓扑关系的基础上，计算管网流体物性分布、管道输压与积液诊断预警、产气/液量动态变化等重要生产指标，预测气体集输管道中天然气水合物、油田集输管网中蜡的生成，支持管网实时监控、优化生产、生产预警等应用。目前，上游油气田生产管网的仿真软件应用还不是很广泛，一般是离线应用，且主要为国外几款主流的多相流软件。在线系统主要是以多相流动相态计算、水热力模拟为基础的虚拟计量与流动管理系统，且主要用于国内外的海上油气田。

1.1.2　中游长距离输运管网

随着管道的日益网络化与输送介质的多样化，管网的运行状态日益复杂，控制决策和运行方案的制定难度越来越大。通过对管道在各种工况下的热力、水力及设备运行状态进行计算机仿真，可以为管道设计、运行管理及操作人员培训提供有效帮助。特别是天然气管网，其拓扑结构愈加复杂，管网运行中的流向调整、区域调配、负荷波动、储气调峰、机组匹配等调控难度日益增加，仅依靠调度员主观经验和临场决策难以应对复杂的运行工况。因此，油气管网仿真软件在管道行业中有着非常重要的应用，是辅助进行油气管道设计、运行管理及异常设备维护决策等工作的重要工具。

随着国内长距离油气管网的快速发展，对管网仿真技术的应用也在不断深入。国家管网集团对标国际一流，引进了多款世界主流仿真软件，建立了离线、在线、稳态、动态等仿真技术应用体系，并利用在线仿真系统实时计算能力，开展了管网运营相关的周转量、管输费、管输收益等辅助分析计算，同时将仿真数据向第三方数据应用平台共享，进一步扩大了仿真技术应用范围。鉴于中国管网运行与国外不尽相同，国外仿真软件的部分功能在国内并不适用，也一定程度上限制了仿真技术的应用。总体而言，由于采用了与国外同款仿真软件，国内仿真应用基本达到了国外同等水平，但受软件所限，国内仿真技术应用尚难以引领管网仿真技术的发展趋势。

在油气管网调度技术应用方面，国内外管道公司多是以集中调控为主，运用SCADA、通信、远程控制等技术，实现站场无人值守、区域巡护、远程操作等功能，调控技术趋于成熟、稳定。比较特殊的是中国的天然气管网集中调控与国外有较大区别，是由一个调控中心集中调控全国的主干管网，且调度指挥的管网规模是最大的，而国外一个调控中心一般仅管辖公司所属的管道，管网规模相对较小。因此，中国天然气管网调度难度更大，调度水平与国外还有一定差距，但近年来国内调度技术不断创新、突破，也取得了较大进展，形成了具有中国特色的调度模式。

1.1.3 下游燃气输配管网

目前国内城市燃气运营企业大多已建立完善的 GIS、SCADA、气量管理、巡查巡检管理等信息化系统，基本实现了燃气管网基础数据、监测数据及运营数据的采集。在管网运营智慧化发展的进程中，燃气管网仿真技术作为支持运营管理决策的核心技术，利用有限的监测数据模拟真实系统的运行状况，可实现对现有下游燃气管网输配能力的评估、运行状况预测、新管道规划设计及管网管理等，受到国家和行业的普遍关注。

目前国内的燃气管网模拟软件仿真计算结果与主体功能已达到国外同类离线仿真软件的水平，但是在软件稳定性、计算性能、通用性上与国外软件仍存在差距。

1.2 油气管网优化

早在 20 世纪 60 年代，国外就已经开始了对油气输送管网优化问题的理论研究。目前，国外发达国家已经具备较为完备的用于油气管网规划与运行的水力计算软件，基本实现了油气管网规划与运行的优化。国内关于油气管网的相关优化研究起步较晚，但随着中国油气管网事业的迅猛发展，相关的理论及应用研究也在短时间内大量涌现。

（1）天然气管道。国内综合运用管道仿真、运行优化及数据分析等多项技术，逐渐形成了一套在管网规划层面进行"规划管网适应性分析"的定期核算优化，在管网运行计划层面进行"月方案优化、周预测控制及日平衡调整"3级优化管理，在日常操作层面进行"气源优化、销售优化、流向优化、机组优化、管存优化、压力优化"6大管网优化控制的调控运行优化管理的技术创新体系，指导了天然气管网高效运行，节约运行能耗成本数亿元。

（2）原油管道。由于不同原油的物性不同，有些原油需要加剂或加热处理，再管输至炼厂。在输送多种油品的情况下，国内通过不断试验各种油品组合后的黏度、凝点等流动特性，利用仿真软件与运行优化技术模型来优化配置不同输量工况下输油泵的组合方式，逐渐形成了加剂加热、综合热处理等原油管道运行优化技术，结合原油物性及掺混比例，部分原油管道已经实现了常温输送，长输原油管道的整体能耗成本大幅降低。

（3）成品油管道。成品油管道的特点在于不同油品的顺序输送，在两种油品之间的界面会形成一段混油，从而影响油品的质量。国内通过不断摸索各个炼厂成品油质量潜力，利用仿真软件与运行优化技术模型来优化配置不同输量工况下输油泵的组合方式，逐渐形成了成品油管道运行优化技术以及混油段优化切割技术，减少了混油量，降低了成品油管道能耗成本，提高了管输油品的效益。

（4）燃气管网。燃气管网优化目前主要集中在管网布局优化、供气方案优化调度两个方面，国内外提出了众多的管网优化方法，以成本和效益为目标函数，以管网安全供气为约束条件，采用遗传算法、神经网络等智能算法对具体的燃气管网布局、供气方案进行优化[4]，以期为燃气管网布局规划阶段的风险损失成本、总成本分析提供有效支撑，同时也可以协助管网改造。

（5）油气集输管网。油气集输管网系统优化分为管网拓扑布局优化、系统参数优化两大内容。管网拓扑布局优化是在已知布站方式、管网形态及工艺流程的基础上，对站场的数量、位置以及不同级单元之间的拓扑连接关系进行优化，常以管长最短或管网造价最低为目标函数，其作为一类混合整数非线性规划问题，随着空间维度、约束条件的增加，使得求解困难，对算法的要求越来越高。近年来，针对智能算法求解结果不稳定、易早熟、收敛性差及易陷入局部最优解等缺陷，中国学者提出了混合遗传模拟退火算法[5]、粒子群–烟花算法[6]等多种新型智能优化算法。用一种算法的优点去弥补另一种算法的不足，以此得到的新型混合智能优化算法收敛速度快、鲁棒性强、计算精度高[7]，可以找到全局最优或近全局最优解。油气集输系统参数优化是在管网拓扑结构参数已知的前提下开展的其他属性参数的优化设计，包括管道基础参数、管道运行参数等，以此实现油气集输系统在生产过程中的节能降耗。由于油气集输过程中油、气、水三相混合输运的物理过程复杂，导致其优化建模和求解困难。

1.3　油气管道可靠性

目前，在油气储运领域主要开展的是天然气管网系统可靠性技术研究。通过建立管网系统及设备单元可靠性计算模型，形成天然气管网系统可靠性评价方法，识别系统可靠性薄弱环节，给出可靠性增强判定，从而为保障管网系统的安全运行提供技术支撑与决策支持。

2019 年 12 月 9 日国家管网集团正式成立，推动形成了上游油气资源多主体多渠道供应、中间统一管网高效集输、下游销售市场充分竞争的"X+1+X"新局面[8]，油气管网互联互通水平大幅度提升。在此背景下，基于单一或少数管道的传统运行管理方法难以满足"全国一张网"[9]模式下的管网实际生产需求。因此，研究复杂、开放的天然气管网系统可靠性评价与管理成为必须解决的问题。

通过引入系统工程理论，建立全生命周期、可度量的天然气管网系统可靠性评价指标与管理体系，从系统层面对管网保持本质安全与供气安全的能力进行评估，可以解决单元可靠性增强问题，同时解决区域间资源的优化调配、供需平衡、管网配置、优化运行等问题。不仅如此，将系统可靠性与经济性相结合，建立耦合系统可靠性与经济效益的管网系统综合评价指标体系，可以实现天然气管网从单目标管理到多目标管理的跨越。因此，需要针对天然气管网的系统特征，建立天然气管网系统可靠性计算与评价方法，为系统可靠性理论发展、工程应用提供技术支撑，从而更好地保障天然气管网的本质安全和供气安全。

当前关于天然气管网可靠性的研究，主要聚焦于可靠性指标体系、单元可靠性计算方法、系统可靠性评价方法3个方面[10]。

1.3.1 可靠性指标体系

基于天然气管网可靠性内涵和定义，已有研究主要从管网完成安全承载任务、规定输送任务两方面提出天然气管网可靠性指标体系。表征管网完成安全承载任务能力的评价指标更多应用于单元层面，而系统层面则是对管网平均水平的量化，包括单元或系统的失效率、维修率（包括维修速度）、可靠度（保持正常运行的能力）、可用度（处于正常工作状态的能力）。表征管网完成规定输送任务能力的可靠性指标主要是系统层面，从气量、时间、频率、概率等维度对其进行表征。天然气管网可靠性可以由多个评价指标进行表征，这些指标均反映管网可靠性在不同方面的属性，且在不同阶段、不同时期各指标重要性均有差异，如何对这些指标进行综合考虑，确定各指标的权重，以满足实际工程需求，是天然气管网可靠性指标研究存在的难题。

1.3.2 单元可靠性计算方法

天然气管网包含两类单元：一类是天然气管道，其结构相对简单、失效机理较为明确，主要是基于历史失效数据分析、失效机理研究的两类方法对其可靠性进行计算；另一类是压缩机组、分离器、过滤器、阀门等设备，其失效机理复杂，单纯采用单一失效判据很难对其全面描述，当前主要是基于失效数据分析的方法对其可靠性进行计算。除此之外，有学者提出采用性能退化数据对设备单元可靠性进行计算。相对于失效数据，设备的性能退化数据更易获得且包含更多可靠性信息，通过所建的如压缩机效率退化模型、过滤器流通性退化模型等性能退化模型可以获得设备的性能退化过程和失效规律，但在管网关键设备中应用较少。

1.3.3 系统可靠性评价方法

天然气管网作为天然气产业链中的关键环节，是一个复杂、开放系统，管网完成规定输气任务的能力受上游资源供应能力、管网自身运行状态、下游用户需求能力 3 方面耦合影响。实际工程中，气源供给与用户需求受诸多因素影响，是时序随机波动的，管网运行状态受单元随机失效和维修活动影响，亦具有不确定性。因此，对于天然气管网系统可靠性研究需要解决两个问题，一是如何对上游资源供应能力、管网自身运行状态、下游用户需求能力 3 方面不确定性进行量化分析；二是如何计算耦合上、中、下游不确定性和管网水力、热力特征的管输气量，且其计算过程高度复杂。其原因有二：①系统中单元、子系统众多，资源、需求点也多，各个单元、子系统的运行状态以及资源、需求气量的变化均会对天然气管网供气量产生影响，这些影响在数千公里长的管道中相互作用，具有耦合性和不确定性。②天然气具有可压缩性，系统对各类不确定性作用的反馈响应存在严重滞后，这种滞后又很难采用简单的数学方法进行描述。然而，当前天然气管网可靠性研究对于管网系统特性以及外界不确定性因素叠加作用的影响均未充分考虑，且仅从供气流量出发，未考虑供气压力的作用。

2　最新进展

2.1　油气管道及管网仿真

目前长距离油气管道及管网仿真理论已经成熟，国外商业仿真软件基本成型，可以用于油气长输管道和中小型管网。近年来，油气管网仿真理论层面并未有明显突破，但随着信息技术的发展和算力的进步，仿真技术目前聚焦于实际应用效果的提升，以适应更加智能化的应用场景。输油管道这几年应用进展不大，但天然气管网的应用方面有一定进展。

以意大利天然气管网公司 SNAM 为代表的世界一流管网公司，在天然气需求预测与运行优化方面取得了良好的效果和进展。为了提升天然气需求预测的准确度，SNAM 公司开发了一套基于神经网络的大数据自我学习天然气需求预测模型，将日历、天气数据、SCADA 数据、天然气发电数据、天然气计划安排、天然气日指定及公司办公数据等大量数据输入机器学习模型，即可对未来几天的天然气需求实现自动预测。机器学习模型分为总模型、SCADA 模型、完整模型、电气模型、相似模型及自回归模型，每种模型都会采集相应的数据进行计算、整合，并形成最终的预测结果。运行优化方面，国外天然气管网公司建立了以管网运行能耗为目标的稳态优化模型和压缩机监测优化分析平台。能耗优化模拟的目标是获取最佳压气站运行方案和机组配置，最大限度降低能耗，并且调度员可以修改压缩机启停与阀门开关状态、气源气质与分输气量变化等条件参数，方便针对不同调整计划寻找最优运行方案。压缩机监测优化平台与 SCADA 历史数据库及仿真系统三者连接，仿真系统基于 SCADA 历史数据进行模拟计算，得到一系列的数据分析结果，如压缩机当前配置和最优配置，以及不同配置下压缩机的压头、体积流量、涡轮率、效率及能耗等参数，最终形成模拟报告供技术人员分析优化。

中国依托国外商业软件，建立了离线、在线仿真系统，对全国主干管道和联络线实现 100% 全覆盖，天然气管网仿真技术已应用到调控运行的各个环节，有力支持了管网安全、平稳、精准、高效运行，显著提升了天然气"全国一张网"的运行管理水平。一方面，离线仿真技术为管网适应性分析、运行优化、方案编制、操作培训、管存管理、输气能力测算等方面提供了强有力保障；另一方面，在线仿真系统可实现管网实时模拟、自动前景预测、手动工艺预测、气质组分 /气源跟踪、压缩机运行参数在线监测等功能，辅助运行调度人员分析管网水力工况、预测管网未来短期工况、在线调整优化管网短期运行、进行应急调整与方案编制，从而保障天然气管网系统安全高效运行。

仿真技术的应用能够帮助调度人员解决流向调整、区域调配、储气调峰、机组匹配、节能减排、优化运行等调控运行难题。国内长距离油气管道及管网仿真技术的主要应用包括：①应用离线仿真技术开展管网运行系统分析。将调控运行与管道规划建设有机结合，分析管网运行瓶颈，及时提出管道建设、站场改造及系统优化建议。②应用管网仿真技术辅助调度员操作培训。开发了离线培训系统，为调度员提供虚拟的油气管道对象，可进行管线浏览、流程切换、设备操控及报警查看等，开展正常、异常工况模拟操作，帮助调度员深刻了解管内流体变化过程，掌握调控运行操作原理，丰富操作经验。③应用在线仿真实时模拟技术对管网运行工况进行实时状态重构，以建立"全国一张网"的数字模型，进而提供管网当前运行工况的全息数据，包括 SCADA 系统不便检测或未检测的数据，帮助操作人员充分掌握管网运行状态。目前，在线仿真系统已实现将模拟仿真数据向"天然气管网生产运行数据应用平台""天然气管道管理平台"等第三方应用系统传输，成为"数字化平台"和"数据湖"的数据源之一，以助力油气储运行业数字化转型。④应用在线仿真技术实现趋势预测、辅助计量管理及气源供给调控。

2.2 燃气管网仿真

在燃气管网仿真机理方面，针对日益复杂的管网结构和用户用气多样性要求，大型仿真数学模型的求解算法研究得到广泛关注，具体包括以下3方面：①解决大型方程组的求解难题[11]。为提高求解效率，引入稀疏矩阵技术以减少存储量，基于方程余量归一原则对矩阵进行预处理，进而采用共轭梯度法求解。②处理管网仿真时间步长和空间步长的约束。利用显示法求解时，可采用自适应算法[12]，根据管网内天然气流动变化的剧烈程度划分网格。③保障求解的稳定性，可将水力系统与热力系统分开求解。还有一些新型算法，如采用网络元法对不同配比下的气源进行管网水力计算，可实现管网实时模拟，用于日常供气计划、应急计划的制定；借助于深度学习方法，即利用工作运行压力、燃气负荷的实时数据开发形成数据驱动的预测方法，用于估计未来燃气的负荷量，并结合机器学习和数据驱动技术实现对中压管网的泄漏监测。

在燃气管网仿真应用方面，国外发达国家的燃气公司都已具备较为完备的用于天然气管网规划与运行的水力计算软件，基本实现了实时仿真优化。以日本东京燃气管道有限公司为例，其主要支撑软件为 Bentley 公司的 Microstation、Gregg Engineering 公司的 Pipeline Simulation 与 WinFlow，在定量分析进气／分输、管存与压力、能耗、管道输量趋势的基础上实现规划方案的自动优选。

国内城市燃气企业大多已具备高压在线仿真的数据条件，基本可以实现高压管网的在线仿真及相关功能，但目前应用相对较少。受限于中低压管网监测点少、用户数量多、实时用气数据少等问题，目前国内大规模中低压管网在线仿真的应用更是寥寥无几。北京燃气公司应用管网仿真技术校正 GIS 系统管网属性数据及拓扑关系，实现了管网仿真系统与 SCADA 监控系统实时数据库的连接，将其应用在分区管理风险分析上，预估管网分区管理后"子网"中可能存在的工况安全隐患，及时做好工况调整方案或者整改措施。深圳燃气公司基于 Synergi Gas 管网仿真系统对燃气管网进行动态分析与监控管理，包括对管网作业的分析，即评估作业过程中改变管网供气结构对输配能力的影响和风险；气源、管网应急工况下的工况分析，可为失效模式下的供气保障方案提供决策支持。

2.3 集输管网仿真

准确可靠的多相流动仿真理论能够为集输管网流动安全保障与管理系统提供更加丰富的功能，从而与工业生产形成良性循环，相互取长补短，并提高效率，因此多相流动的研究一直备受关注。研究多相流动的手段从早期的纯实验研究，到基于数据拟合的纯经验模型；再到结合流体力学基础理论，发展出半理论模型；再到最近的完全依赖理论分析与计算机技术，进行数值模拟。目前，集输管网仿真技术已经在海上油气田水下生产系统、陆上气田井场集输生产系统等多个平台得到了实际应用。

2.3.1 海上油气田水下生产系统

水下生产系统主要是利用水下的井口、跨接管、管汇等水下集输处理设备及操作控制系统，将地面或平台上的处理设施部分或全部置于相对稳定的海底，在降低总投资成本的同时，也使得生产平台免受台风、波浪、航船等复杂条件影响，因此，被广泛应用于海上深水油气田及边际油气田开发。虚拟计量系统（Virtualmetering System，VMS）[13]是多相流仿真技术在油气田水下生产系统中工程应用的直接体现，是利用气田现有仪表和计算机技术，配合实时通信技术，基于生产系统流动过程进行气井流量计算[6]。

目前，含虚拟计量的集输管道在线生产流动管理系统已经在国外多个油气田得到应用。在国内，"十一五"期间，中国研发出了气田 VMS，并在 2013 年成功应用于海上 LH19–5 气田，为气田的开发运营节省了大量投资费用。基于油气相态物性及气井生产过程流动跟踪预测技术的最新研究成果，中国又自主研发了 VMS2.0 系统。该系统的核心计算模块，不仅具有流体物性和流动计算功能，同时具备对实时数据进行异常处理、噪声滤波等模块。另外，还可通过方程的联立和变量的切换，实现正向和反向模拟，从而得到井筒流动机理计算模型、油嘴流动机理计算模型、流入动态关系（Inflow Performance Relationship，IPR）计算模型及跨节点组合模型等多种流量计算方法。

2.3.2 陆上气田井场集输生产系统

随着中国陆上油气田的不断开发，资源的劣质化更加凸显，依靠数字化、信息化等新技术，改进传统生产管理模式，施行精益化生产，提高油气田效益及管理水平已成为当前陆上油气田开发生产的一项重要需求。

在此背景下，依靠多相流仿真技术，基于计算机技术、油气生产系统流动过程跟踪预测技术，对陆上采用高压双节流工艺生产的气井提出了气田数字化计量系统（Digital Measurement System，DMS）架构，并结合现场需求研发了水合物预测与抑制剂优化、管道积液与腐蚀速率预测等功能模块。该系统根据气质组分、井筒结构、采气树配置、节流阀（油嘴）参数、主要测量仪表配置等资料，建立了相应的工艺基础计算模型，通过处理站的控制系统获取现场仪表采集的温度、压力、油嘴开度等实时参数，进行在线计算。

2.4 油气管网仿真软件国产化

在管道仿真技术研究方面，国内起步于 20 世纪 80 年代初，各石油类高校在流程模拟理论基础方面的研究均取得了不错的进展，部分高校开发了流程模拟类的软件应用。总体而言，近年来国内模拟仿真软件虽然取得了一些成果，但由于没有成熟的商业运作、软件更新迭代慢等原因，始终未能立足于市场，未形成足够有竞争力的产品。由于应用范围小，软件缺少不同场景及运行工况数据的持续输入，也导致软件没有足够的运行数据支撑其测试、改进、迭代。

国家管网集团已经启动新的天然气管网仿真软件国产化项目，其目标是拥有完全自主产权的核心数值求解算法，并开发一套天然气管网仿真引擎，可满足天然气管网稳态与动态计算需求，实现对天然气管网的仿真分析。该软件包括稳态模拟、瞬态模拟、在线实时模拟、自动前景预测、手动工艺预测、气质组分 / 气源跟踪、压缩机运行参数在线监测、扩展计算等功能，所建立的仿真模型必须同时适用于离线和在线仿真。天然气管网在线仿真[14]是由 SCADA 实时数据驱动的自动动态仿真，其边界控制条件是由 SCADA 实时数据提供的，即在设定的数据刷新周期或动态仿真时间层（步长），以 SCADA 实时数据更新模型中所确定的边界控制参数，进而完成该时间层的仿真分析，逐层迭代，实现长期持续动态仿真。目前，大型天然气管网离线和在线仿真软件雏形已基本形成，并亮相于2023 年中国国际管道大会。

2.5 天然气管网系统可靠性

天然气管网系统可靠性[15]研究近年来取得了 4 个方面的进展：①完善了天然气管网可靠性计算模型。在已有天然气管网系统可靠性计算模型的基础上，考虑了上游资源供应能力不确定性、天然气用户用气特征与需求不确定性、地下储气库注采气特征[16]及 LNG 接收站液化能力。另外，开展了天然气管网用户满意度的研究，提出了用户满意度评价指标和计算模型，进一步完善和丰富了天然气管网系统可靠性的内涵。②提高了可靠性计算模型输入数据的准确性。在天然气管网关键单元可靠性参数计算中，基于大量材料、载荷及缺陷数据[17]，采用大数据方法获取其概率特征，并结合失效与退化机理、数据模型，考虑设备运行工况，对单元可靠性进行计算，获取更加准确的可靠性参数计算结果。在天然气用户需求预测中，采用机器学习算法，进一步提高需求预测精度。③提高了天然气管网系统可靠性计算速度。针对天然气管网系统可靠性计算速度慢的问题，开展了蒙特卡洛抽样改进算法研究，以提高抽样效率，其中代表性改进算法有交叉熵[18, 19]、拉丁超立方[20, 21]、基于重要度抽样[22]等，显著地提高了计算效率。另外，在天然气管网供气可靠性计算中，将管网各状态供气量计算转化为考虑管网水热力特征的优化问题，克服了天然气管网供气量计算中采用传统仿真方法时可靠度计算速度慢、难以应用于现场的难题。④考虑了天然气管网与其他能源系统的耦合。在"碳中和"目标下，需要构建能源互联网，建立清洁低碳安全高效的智慧能源体系，使得各能源品种有机融合，从而进一步优化、完善能源生产体系与能源消费结构。天然气具有低碳、高效、灵活等特点，是可再生能源的长期伙伴，目前已开展了综合能源系统背景下天然气管网供气可靠性评价方法研究。

2.6 数字仿真

在工业互联网的数据功能实现中，数字孪生[23]已经成为关键支撑，通过资产的数据采集、集成、分析及优化来满足业务需求，形成物理世界资产对象与数字空间业务应用的虚实映射，最终支撑各类业务应用的开发与实现。基于数字孪生所构建的虚实交互闭环优化系统，可实现对物理世界更加精准的预测分析与优化控制，最终驱动形成具备自学习、自决策、自使用能力的新型智能化生产方式。

（1）工程设计。目前已建成具有行业特色的数字化设计平台[24]，全面实现了云端部署，从而达到统一标准、统一管理、统一储存的目的。通过数字化设计平台实现多专业协同设计，在三维模型中集成管道本体及周边环境信息，形成全生命周期的源头数据。具体内容包括：固化数字设计流程，完成数字设计标准化；建立设计数据库，统一数据标准、成果形式及质量标准，实现标准设计数字化；针对管道业务进行数字设计模块库的拓展；推广数字设计云平台部署，将标准设计与数字设计相结合，有力推动设计手段的变革，为实现三维、多数据源、多专业协作、全过程数字化的管道设计奠定基础。

（2）调度优化。通过物理实体管道系统与管道数字孪生体进行交互融合及相互映射，实现物理实体管道系统对管道数字孪生体数据的实时反馈，使管道数字孪生体通过高度集成虚拟模型进行管网运行状态仿真分析与智能调度决策，形成虚拟模型与实体模型的协同工作机制，达到二者的优化匹配和高效运作，从而实现管网的动态迭代和持续优化[4]。

（3）故障监测。根据实体设备的 SCADA 系统、设备监测系统、运行历史等数据，对数字孪生体加以更新，进行集成多学科、多物理量的仿真模拟分析，实现可靠性安全评估及基于故障案例库的诊断，对设备的健康状况进行评估，给出维修维护策略，制定维修维护作业计划。实体设备完成维修维护作业后，将相关数据、信息反馈给数字孪生体进行更新，从而保证物理设备的安全高效运行。

（4）完整性管理。采集运行监测、巡检维修等数据建立管网完整性数据库，基于管网可靠性模型，实现管道动态定量风险评估，形成完备的站场完整性体系。通过应用智能物联设备、智能远传仪表等新技术对管道完整性、设备故障诊断作出及时有效的评价和判断，及时发现潜在风险及隐患，并快速提供处置建议，为管网安全平稳运行提供重要支持。

2.7 管道优化运行及控制

针对确定条件下的成品油管道运行优化问题[25]，传统的离散时间模型假设时间发生在时间段的边界上，简化了变量间的非线性耦合关系，但在时间间隔较大时与真实情况有一定差距。因此，连续时间模型得到广泛关注，包括基于全局事件的模型、基于基本单元事件的模型。基于全局事件的模型将任务的开始、结束看作事件点，各单元内同一任务的事件点处于时间轴的相同位置；基于基本单元事件的模型只将任务的开始看作事件点，各单元内同一任务的事件点处于时间轴的不同位置。尽管连续时间模型结构较为复杂，但省略了大量无用的时间间隔，规模大大减小，求解更为方便。

由于受到环境、市场等不确定性因素影响，成品油管道运行与供应的统计学规律高度复杂。在时刻变化且高度不确定的运行环境与供需态势下，传统的定额配给模式难以灵活应对政策调整、需求异常波动、供应链中断及多变的运行环境等因素带来的潜在风险。因此，不确定性因素下的成品油管道运行优化研究得到广泛关注。不确定性条件下的优化研究方法有 5 种：随机规划法[26]、模糊规划法[27]、鲁棒优化法[28]、敏感性分析法[29]、参数规划法[30]。目前，基于场景的随机规划法得到了大量的应用，用来处理参数的不确定性，从而帮助决策者分析风险。

输气管道运行优化方面[31]多为改进优化算法，以便更加快速、有效地求解优化模型。动态规划是求解输气管道运行优化问题最常用的方法[32]，由于管道自身的特点，其运行优化问题可以转化为多阶段决策问题，而动态规划正是求解多阶段决策问题的经典算法，原则上可以获得全局最优解，而且可以灵活地处理各种约束条件。将非线性问题转化为线性规划问题是另一种常用方法，采用线性化处理原问题的好处是计算速度通常较快，合适的初始值还能进一步提高计算效率、缩短计算时间，但是由于该问题是非凸的，如果初始值选择不当，该算法就很容易陷在较差的局部最优解中。

真正实现管道系统的优化运行控制，必须研究较为准确的管道参数并建立较为精确的管道物理模型，对管道进行状态估计以得到全线实时运行数据，有助于指导工作人员较好地调控管道。更为关键的是基于反问题分析方法，以 SCADA 系统为依托，建立过渡过程最优控制模型，从理论上求解最优控制模型，给出不同过渡过程的调节控制方案，可为管道安全经济运行提供理论依据和技术保障。

受仪表测量精度、仪表老化、通信延迟、数据库故障等多种不确定因素的影响，实际工业过程的测量数据往往存在缺失、异常、误同步等问题，难以直接应用于站场系统状态估计输入及模型构建过程，需要对仪表数据进行预处理。目前工业系统缺失数据补充方法的研究从均值替换法、回归填补法、最大期望估计法、热卡填充法等基于简单的统计模型方法向多重替代法、全信息极大似然法等现代统计方法发展。异常数据的检测则是利用历史数据的统计规律进行异常数据识别。

在状态估计方面，融合瞬态流动机理模型与数据驱方法进行状态估计[30]，从而进一步提升传统流动机理模型对实际站场及管道系统非稳态运行过程中工艺参数估计的准确性，进而建立适用于系统动态控制的状态估计模型及仿真平台。在控制优化方面，应用反问题分析方法建立了管道最优控制的二层递阶模型，求解开环最优化问题。受需求波动、环境变化等因素影响，开环最优控制可能无法达到期望的效果，此时可采用模型预测控制，基于预测模型在指定时域内求解开环最优控制问题，获得控制律，并利用实际数据进行反馈校正，从而提高系统控制精度和鲁棒性。

2.8 集输管网优化运行

油气田集输管网系统优化的实质是在满足工艺、工程及设备等约束的同时，考虑经济性与安全性，确定管网的连接结构、管道路径、管道参数、滚动开发新井连接方案、运行方案等，从而将管网投资及运行成本降到最低。油气田集输管网系统优化分为管网拓扑布局优化和系统参数优化。管网系统优化求解方法包括分级优化求解[34]、整体求解[35]。分级优化求解是将管网优化问题分为布局和参数两个子问题进行求解，寻求各自的最优解，工程适应性强，但容易陷入局部最优解。随着遗传算法、蚁群算法、模拟退火算法、粒子群算法、禁忌搜索算法等[33]方法在管网优化问题中的应用，集输系统拓扑布局优化由局部最优解向全局最优解迈进。基于智能算法的整体优化求解方法将井口分组、站址位置、站址连接及管径选择全部考虑在内[35]，但是在求解规模较大的问题时，可能出现早熟及稳定性差的问题[37]。

在优化目标方面，由单目标向多目标转变，寻找帕累托最优解[38]。在数学模型方面，简化目标函数和约束条件，使用分段线性化技术将非凸目标函数转变为凸函数。在算法方面，现有的算法是在传统算法的基础上加以改进，对于动态规划，将新型的强化学习算法与传统算法结合求解。为解决高度非凸非线性的等式约束这一复杂问题，可结合启发式算法和混合整数非线性规划算法。由于输气管网优化问题整数变量的存在和模型的非线性、非凸性特点，直接求解混合整数非线性规划模型的难度较大，且计算效率较低，将非线性约束条件简化为线性约束条件，随后采用线性规划算法进行求解，可降低模型求解的难度，提高计算效率。

由于问题规模庞大、结构复杂，通用的管网优化引擎必须兼顾计算效率、结果最优性等各方面的问题，关键是针对优化问题的特点选择合适的简化方法与优化算法。线性化、条件松弛等预处理技术的引入能够有效地对原问题进行简化，成熟的商业求解器能够在保证计算速度的基础上得到全局／局部最优解。对于非通用的定制管网优化引擎，在各管道流量已知的前提下，动态规划法能够保证得到问题的全局最优解，但是在流量优化层面需要进一步提高，采用二级递阶的方式优化流量会大大增加计算成本，导致计算缓慢。目前常用的管网运行优化算法包括动态规划、广义简约梯度法、线性化技术、智能优化方法等。

3 问题与展望

3.1 长输和集输管网

中国油气管网系统日趋复杂和大型化，离线和在线仿真应用需求旺盛，相关核心技术整体化水平、专业化工具的完善程度、工业软件的整体国产化生态仍有较大提升空间。长输和集输管网存在以下技术瓶颈：①超大规模非线性稀疏方程组的稳定高效求解方法；②全要素油气管网快速准确模拟及元件动态仿真技术；③水热力及相态计算的准确性、与数据模型的耦合、仿真边界确定等问题；④工业控制方法、设备动态特性、操作控制经验软件化、工艺运行知识等融入仿真软件；⑤在线仿真精度数据容错纠错及自动校准技术；⑥具备"可拓展性、先进性、健壮性"的工业级仿真引擎、仿真平台的建设与应用技术；⑦具有可持续发展的技术团队建设及有效的商业转化模式。

油气管网运行仿真与优化存在以下难点：管道之间高度互联互通，拓扑结构复杂，数学表征困难；各类运行工艺与管道调度、水热力条件紧密耦合的优化问题求解困难；运行受供需和工况影响，对方案鲁棒性要求较高。管网运行优化技术对实现管道"互联互通、衔接高效"和"安全为本、供应平稳"具有重大意义，应大力开发高效的国产化软件，并着力提升软件智能化程度。数据波动带来的管道运行风险不可忽略，应合理运用随机规划、模糊规划、鲁棒优化、敏感性分析、参数规划等方法综合研究，制定出经济性、安全性及鲁棒性更好的管道运行调度计划，给出流动安全预警和方案。

当前，油气管网运行优化正向着"多拓扑结构、多参数融合、全局高效算法[7]、智能优化"的方向发展。在优化模型上表现为：①拓扑布局优化从单一管网形式向多管网形态拓展，当前以常见的多级星状、多级星-树状等管网形态居多，而针对多级枝状、环状以及其交叉之后更加复杂网络形态的优化数学模型还有待进一步研究[35]。②管网参数优化从单参数向多参数优化转变，考虑管网水力特性、压缩机特性曲线等更多工艺约束，模型维度和非线性程度更加复杂。③分级优化建模策略所得的优化结果仅仅是局部最优解，难以保证最终结果为全局最优解；对于布局优化、参数优化及两者之间的优化都从分级优化向整体优化转变。在求解算法上表现为：①全局最优算法开发正在从传统优化算法向智能算法、多种算法混合的方向发展，应用智能算法求解管网优化数学模型可以实现多点搜索，从而增加解的最优性。但是由于智能算法不依赖于拓扑优化问题本身严格的数学性质，搜索时具有随机性、概率性，多数智能算法均存在求解结果不稳定、易早熟、收敛性差等弊端。为解决智能算法随机性、概率性带来的缺陷，优化算法朝着收敛速度快、精度高、多算法混合的新型智能全局优化算法方向迈进。②与人工智能结合，引入人工智能和大数据技术，根据大数据挖掘与牵引的驱动规律，结合人工智能弥补最优化数学模型表征与求解方面的不足，或是利用强化学习，不断发展、完善油气网络系统最优化理论方法。这是未来在求解算法上的研究方向，也是与时代发展相结合的具有希望与潜力的研究领域。

运行优化求解器使用需求较大，但实际应用仍存在一定困难：①在考虑费用或者能耗情况时，因存在电价波峰、波谷等差异造成目标函数优化结果波动较大，需要频繁调整运行设备，可能对运行安全造成影响。②管道生产在空间和时间上高度耦合，因此优化方案将为所有站点和整个时间表制定完整的操作计划，但系统运营管理者可能需要对其进行临时调整以应对设备问题或一些意外事件，此时解决方案的最优性甚至可行性都不复存在。

未来油气管网仿真优化技术涉及流体力学、热力学、化学、机械工程、材料学、自动控制、系统工程、运筹学等多个学科，虽然机理模型能够描述油气管网生产运行过程中的参数变化，但是微分方程无法对管网系统各个边界和约束进行描述，而且一些边界的时变性、规律性等也没有合适的机理模型。管网实际生产过程中产生的大数据又需要与人工智能理论、各学科的理论模型相结合，以保证油气管网安全、可靠、高效地运行。因此，在智能管道建设中需要机理模型与数据模型有机耦合[39]，解决机理模型由于方程建立过程中的均质、弹性设定所带来的预测偏差、不收敛等问题。同时，因为数据模型来自于物理实体，所以耦合模型的预测结果可控、预测过程受实际参数约束，决策方案可信可执行。

3.2 天然气管网可靠性

当前天然气管网可靠性存在以下研究难点：①单元可靠性研究是天然气管网

系统随机过程模拟以及系统可靠性计算与评价的基础，难以获取可靠的单元可靠度数据；②天然气管网系统状态空间庞大、运行状态具有时变性和非线性特征，难以快速、准确模拟管网运行状态演化过程；③管网系统可靠性研究需要发展时变、高维、非线性方程组的快速高效求解方法与理论，对随机、时变的内外部条件下管网供气量进行快速计算；④确定天然气管网系统目标可靠度是提升管网安全高效运行水平的前提和基础，目前天然气管网系统可靠性研究多集中于可靠性指标、可靠度计算方法，关于系统目标可靠度如何设定的研究较少。

针对上述研究不足，应分别加强天然气管网可靠性数据库的建立、天然气管网运行状态快速模拟方法、适用于可靠性计算的天然气管网高效水力仿真算法、可靠性技术应用落地与可靠性增强技术的研发。

3.3 燃气管网

对于管网拓扑结构的日益庞大和运行模式的日趋复杂，城市燃气管网的仿真优化存在着多重难题：①燃气管网仿真方面。大型复杂燃气管网在线仿真问题，目前较为成熟的管网模拟仿真软件都是基于图论，将复杂管网转化为基环系数矩阵方程，理论明确且解法成熟，已在工程中得到了广泛应用。但随着中国燃气管网结构多源环状、节点繁多等特点日益突出，用户对气质、气量需求逐渐多样化，传统方法在计算精度、计算时长上存在着较大的局限性。②燃气管网优化方面。大型复杂燃气管网优化调度主要是管网布局优化以及压缩机、储气库的优化。燃气管网优化涉及多种非凸约束和非线性目标、目前的优化算法及方案很难保证最优性或良好的性能。主要难点在于环状供气管网拓扑结构复杂、气体流向不确定、输量分配多变。动态规划算法能够有效求解单根管道的运行优化问题，却解决不了环状管网的优化问题；非线性规划算法一般能够得到问题的全局最优解，但计算难度大，求解时间长；而其他算法无法给出真正意义上的全局最优解，甚至无法得到可行解。针对上述不足，未来应在以下5个方面做出更大的努力。

（1）在燃气管网仿真方面：①建立适用于任意拓扑结构的管网仿真模型，并在数学模型中加入组分跟踪，以保障供气安全。②开发高效、稳健、准确的仿真算法，以适应结构更为复杂的管网。③对在线仿真展开研究。通过在线仿真技术的研究及应用，可以对管道 SCADA 系统采集的大量实时数据进行分析、处理、诊断、决策，了解虚拟管网系统当前运行状态，预判可能出现的运行与操作风险，诊断异常工况及事故，从而促进天然气管道系统运行管理的智能化。

（2）在燃气管网优化方面：①简化输气管网的拓扑结构和运行工况，使得模型适用于任意拓扑结构的大规模复杂管网。②改进现有的算法，将机器学习与传统算法相结合，针对燃气管网规划设计、改造、调度运行等优化需求，开发多目标的燃气管网优化方法。③现有的优化数学模型是基于稳态优化，但实际运行中，用气量的波动可能会导致管网瞬时最优气量分配及运行方案发生改变，后续可针对非稳态工况运行方案优化问题展开研究。

（3）在线仿真及优化系统平台的建设。结合燃气管网运行需求，构建在线仿真及优化平台，基于运营管理、气量调度等业务需要拓展平台功能，如监测预警、优化分配等。在线仿真系统还可以基于应急指挥的需求开发泄漏点分析与定位、管存量分析、应急方案优化等功能；基于计量结算需求开发气质与热值在线监测、预警功能；基于岗位培训需求开发虚拟场景化的调度培训模块，发挥对城市燃气运营管理的决策支持、优化指导作用。

（4）仿真技术在燃气泄漏预警方面的应用。燃气管网结构更复杂、压力监测设施也更少，因此实际运营管控难度大。管网仿真分析应结合机器学习与数据驱动技术，从而实现中压管网的泄漏监测。利用管网仿真模拟泄漏发生时周边管网节点压力的变化，获取大量的标签数据，同时考虑管网拓扑结构，对燃气管网的空间特征、压力数据的时序特征进行建模分析与模型训练，研发泄漏监测预警模型，可用于中低压管网泄漏监测预警。

（5）燃气管网气质跟踪与能量计量。基于管网仿真技术，开展复杂管网气质追踪模型的构建与求解、（虚拟）能量计量技术研究[40]，满足用户需求。

参考文献

[1] 郑建国. 大型天然气管网仿真计算引擎的研究与实现 [D]. 成都：西南石油大学，2012.

[2] 康琦，吴海浩，张若晨，等. 面向智能油田的集输管网工艺模拟软件研制 [J]. 油气储运，2021，40（3）：277-286.

[3] Song C Y，Li Y X，Meng L，et al. Development and verification of themodified dynamicTWo-fluidmodel GOPS[J]. AIP Conference Proceedings，2013，1547（1）：684-699.

[4] 刘青，关鸿鹏，张应辉，等. 面向大型燃气管网的智能调控系统架构设计与实现 [J]. 城市燃气，2021（2）：11-17.

[5] 魏立新. 基于智能计算的油田地面管网优化技术研究 [D]. 大庆：东北石油大学，2005.

[6] 陈双庆，刘扬，魏立新，等. 障碍条件下气田集输管网整体布局优化设计 [J]. 化工机械，2018，45（1）：57-64.

[7] 张振兴. 油气田地面集输系统拓扑布局优化研究进展 [J]. 山东化工，2022，51（2）：64-66，70.

[8] 王亮，焦中良，王博，等. 油气"全国一张网"物理架构体系初步探讨 [J]. 中国能源，2022，44（10）：32-39.

[9] 王宇，张旭，王朝金. 中国油气管道发展浅析 [J]. 化工矿产地质，2022，44（4）：342-349.

[10] Su H，Zhang J J，Zio E，et al. Anintegrated systemicmethod for supply reliability assessment of natural gas pipeline networks[J]. Applied Energy，2018，209：489–501.

[11] 王鹏，童睿康，蒋若兰，等 . 天然气管道瞬态仿真研究综述 [J]. 科学技术与工程，2021，21（17）：6959–6970.

[12] 王鹏 . 复杂天然气管网快速准确稳健仿真方法研究及应用 [D]. 北京：中国石油大学（北京），2016.

[13] 吴海浩，王智，宫敬，等 . 虚拟流量计系统的研制及应用 [J]. 中国海上油气，2015，27（3）：154–158.

[14] 王寿喜，邓传忠，陈传胜，等 . 天然气管网在线仿真理论与实践 [J]. 油气储运，2022，41（3）：241–255.

[15] 池立勋，郝迎鹏，郑龙烨，等 . 综合能源系统下天然气管网供气可靠性评价方法综述 [J]. 油气与新能源，2023，35（1）：51–60.

[16] 虞维超，薛鲁宁，黄维和，等 . 储气库可靠性一体化分析方法研究 [J]. 石油科学通报，2017，2（1）：102–105，111–114，106–110.

[17] Rimkevicius S，Kaliatka A，Valincius，et al. Development of approach for reliability assessment of pipeline network systems[J]. Applied Energy，2012，94：22–33.

[18] Echard B，Gayton N，Lemairem，et al. A combined Importance Sampling and Kriging reliabilitymethod for small failure probabilities with time–demanding numericalmodels[J]. Reliability Engineering & System Safety，2013，111：232–240.

[19] Papaioannou I，Papadimitriou C，Straub D. Sequential importance sampling for structural reliability analysis[J]. Structural Safety，2016，62：66–75.

[20] Shieldsm D，Zhang J X. The generalization of Latin hypercube sampling[J]. Reliability Engineering & System Safety，2016，148：96–108.

[21] Shu Z，Jirutitijaroen P. Latin hypercube sampling techniques for power systems reliability analysis with renewable energy sources[J]. IEEE Transactions on Power Systems，2011，26（4）：2066–2073.

[22] Gonzá lez–Fern á ndez R A，Leite Da Silva Am，Resende L C，et al. Composite systems reliability evaluation based onmonte Carlo simulation and cross–entropymethods[J]. IEEE Transactions on Power Systems，2013，28（4）：4598–4606.

[23] 陶飞，张贺，戚庆林，等 . 数字孪生十问：分析与思考 [J]. 计算机集成制造系统，2020，26（1）：1–17.

[24] 姚爽 . 大数据技术背景下石油数字化平台设计 [J]. 电子技术与软件工程，2022（10）：259–262.

[25] 沈允 . 成品油管道运行优化的研究进展 [J]. 化工管理，2021（7）：152–154，181.

[26] 骆雲鹏 . 一类不确定概率分布下的随机规划算法及应用研究 [D]. 保定：华北电力大学，2021.

[27] 赵冬梅，殷加状．考虑源荷双侧不确定性的模糊随机机会约束优先目标规划调度模型 [J]．电工技术学报，2018，33（5）：1076–1085.

[28] MORADI S，MIRHASSANI S A. Robust scheduling formulti–product pipelines under demand uncertainty[J]. Theinternational Journal of Advancedmanufacturing Technology，2016，87（9）：2541–2549.

[29] 蔡毅，邢岩，胡丹．敏感性分析综述 [J]．北京师范大学学报（自然科学版），2008，44（1）：9–16.

[30] 王宣定，吴文传，刘镭，等．基于多参数规划的有源配电网分布式光伏容量评估方法 [J]．电力系统自动化，2018，42（24）：20–26.

[31] 王宁．长距离输气管道运行优化研究 [D]．兰州：兰州交通大学，2019.

[32] 杜生平，陈相均，郝郁，等．基于动态规划算法的输气管道稳态运行优化技术 [J]．石油石化节能，2022，12（5）：14–16，8.

[33] 王丹．深水天然气生产系统反问题与最优估计研究 [D]．北京：中国石油大学（北京），2020.

[34] 罗叶新，张宗杰，王喜，等．油田地面集输系统布局优化模型 [J]．油气储运，2014，33（9）：1004–1009.

[35] 梁永图，张浩然，马晶，等．油气田集输管网系统优化研究进展 [J]．油气储运，2016，35（7）：685–690.

[36] 王洪元，卜莹，潘操．基于遗传蚁群算法的气田集输管网优化方法 [J]．计算机与应用化学，2012，29（12）：1495–1498.

[37] 冷吉辉，廖柯熹，徐明军，等．气田加密部署及井网优化研究进展 [J]．辽宁石油化工大学学报，2020，40（1）：39–42.

[38] Demissie A，Zhu W H，Belachew C T. Amulti–objective optimizationmodel for gas pipeline operations[J]. Computers & Chemical Engineering，2017，100：94–103.

[39] Yin X，Wen K，Huang W H，et al. A high–accuracy online transient simulation framework of natural gas pipeline network byintegrating physics–based and data–drivenmethods[J]. Applied Energy，2023，333：120615.

[40] 黄维和，常宏岗，李姗姗，等．基于运行仿真的多气源环状管网能量计量方法研究 [J]．石油与天然气化工，2022，51（5）：117–123.

牵头专家：宫　敬

参编作者：徐　波　许玉磊　侯本权
　　　　　虞维超　王武昌　张雪琴

第十二篇

全生命周期完整性管理

近 5 年来，基于理念提升和技术水平的不断进步，世界各国完整性管理标准相继更新升级。中国基于管道全生命周期完整性管理推广实践经验，先后牵头制定完整性管理、完整性评价及管道延寿国际标准，实现了从追赶到引领的跨越式发展，以标准"走出去"带动技术、装备、服务"走出去"，为"一带一路"沿线国家油气管道的安全运行提供了重要借鉴，代表中国管道行业在国际舞台发出了"中国声音"。在技术创新方面，建立了以管道线路、设备设施等实物资产的结构完整、功能可靠、状态受控为管理目标，以风险与可靠性管理技术为核心，涵盖设计完整性、技术完整性、维护完整性的全生命周期完整性管理体系；基于多维数据建立动态风险评价模型，解决了风险决策中数据全面性、客观性、及时性的问题；为控制裂纹失效事件的发生，国内外管道协会、各运营公司均开展了裂纹失效规律及机理分析工作，并制定了有针对性的风险管控措施。在管道修复方面，焊接修复工艺、角焊缝无损检测、非焊接修复及无损检测、自动焊智能化、修复效果评估等均有突破性进展；随着云计算、大数据、物联网、移动应用、人工智能等技术的广泛采用，国内外能源企业在开展数字化转型的同时，管道完整性管理技术及方法也发生了创新性转变，特别是在多维数据分析与机器学习、区块链与数据共享安全、北斗与数据传输等方面成果颇丰[1-7]。

随着管道完整性管理的深化应用及多学科的技术融合，未来 5 年，中国各大企业将不断基于"材料基因工程"助力构建"平安管道"、依托"工业互联网 +"助力构建"发展管道"、探索"退役管道再利用"助力构建"绿色管道"，努力实现习近平总书记提出的"四个革命、一个合作"能源安全新战略。

1 国内外现状

自 21 世纪以来，管道管理模式发生了重大变化，管道完整性管理逐渐成为全球管道行业预防事故发生、实现事前预控的重要手段，在油气资源稳定供应和能源安全中发挥了重要的支撑保障作用。随着管道完整性管理的技术推广及应用，完整性管理理念、流程及相关技术逐渐应用于油气站场设备设施、海底管道、集输管道、城镇燃气管道、储气库、LPG 及 LNG 接收站等。

未来较长一段时间，全球油气管道系统仍将保持较快速度发展，同时将面临以下挑战：①油气储运设施安全隐患存量多、风险高、治理难度大；②企业安全文化、理念、标准及行动不统一；③资产规模从量变到质变，信息化支撑仍需加强；④技术难题缺少有效的解决办法，制约了管道本质安全的提升。因此，完整性管理技术创新与应用在油气储运基础设施大发展的过程中仍将发挥极其重要的作用[8-16]。

1.1　国内外管道失效情况

根据美国管道和危险材料安全管理局（Pipeline and Hazardous Materials Safety Administration，PHMSA）公布的统计数据，2018—2022年导致美国陆上气体管道失效排名前3位的原因分别是开挖损伤、管材或焊缝材料失效、腐蚀（图12-1），导致美国陆上液体管道失效排名前3位的原因分别是腐蚀、管材或焊缝材料失效、设备失效（图12-2）。

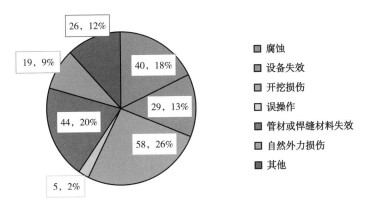

图 12-1　2018—2022 年美国陆上气体管道失效原因占比统计图

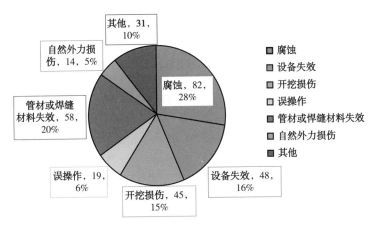

图 12-2　2018—2022 年美国陆上液体管道失效原因占比统计图

欧洲天然气管道事故数据组（European Gas pipeline Incident data Group，EGIG）公布的气体管道事故报告中[17]，2010—2019年导致管道失效排名前3位的分别是外部入侵、腐蚀、施工缺陷/材料失效（与土壤移动并列第3），其统计结果与美国气体管道类似。

中国管道完整性管理经过 20 多年的发展历程，已经在管理范式上实现了质的飞跃。近 3 年（2020—2022 年），按照国资委"对标世界一流"管理提升行动要求，中国各管道企业针对自身风险，持续与国际一流管道运营公司开展对标，通过引进、消化、吸收及再创新，构建了全生命周期管道完整性管理体系，整体盈利能力、综合实力再上新台阶，长输管道失效频率总体与美国、欧洲的平均水平相当[18-26]（图 12-3）。

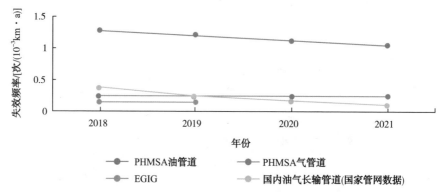

图 12-3　2018—2021 年国内外管道失效率（5 年移动平均失效率）对比图

1.2 国内外技术研究热点

根据 2018—2022 年世界管道研究热点"风向标"——国际管道研究协会（Pipeline Research Council International，PRCI）的项目分布情况（图 12-4），完整性与检测仍居第一位。此外，设计 / 材料与建设、腐蚀等研究领域也与完整性管理密切相关，监控 / 运行与操作、海底管道与地下储气库的项目数量也增长较快。①完整性与检测包含 21 个研究方向，热度排名前 5 的分别是内检测提升与新技术、机械损伤的检测与辨别、机械损伤关键特征定义、完整性管理、电阻焊与直焊缝管道完整性。②设计 / 材料与建设包含 35 个研究方向，热度排名前 5 的分别是管道修复、基于应变的设计与评价、结构完整性、焊接、地质灾害管理。③腐蚀包含 10 个研究方向，热度排名前 5 的分别是裂纹管理、数据智能与管理、外部腐蚀管理、腐蚀缺陷的结构意义、AC/DC 干扰 – 监测与缓解。④监控 / 运行与操作包含 14 个研究方向，热度排名前 5 的分别是路由自动监测、基于卫星技术的路由监控、液体管道小泄漏检测、泄漏检测、路由监测与损害预防。⑤海底管道包含 8 个研究方向，热度排名前 5 的分别是海底管道完整性管理、海上管道设计、海底管道检测技术、设计、海底管道材料。

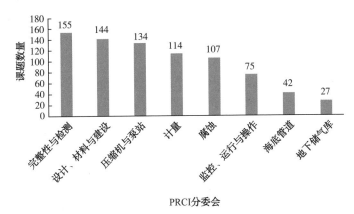

图 12-4　PRCI 项目分布图

中国近 5 年基于已有完整性管理技术成果，开展了大量深层次、拓领域的研究与应用，主要包括管道失效与灾害控制、关键设备自主可控、智慧管网与能源互联、管网可靠性与仿真优化等创新性技术研究。此外，还在 LNG、超临界 / 密相 CO_2 管道、纯氢 / 掺氢管道输送等方面开展了相关基础及应用研究[27–33]。

1.3　管道完整性管理核心标准

（1）2019 年，美国石油学会发布了第 3 版 API 推荐规程 API RP 1160—2019《危险液体管道的系统完整性管理》，该规范提供了建立安全管道运行的流程，包括对潜在风险的稳健评估和系统建立，以实现在日常运行中安全、可持续的风险管控。该标准的第 3 版结合了管道力学的最新行业经验，同时采用了严格的管道安全操作方法，这将帮助管道运营商建立一个安全、现代、全面的完整性管理系统。

（2）2022 年，新版 ASME B31.8S—2022《天然气管道系统完整性管理》发布，主要变更包括对潜在影响区域要求部分和非强制性附录 A 的更新。ASME B31.8S 涵盖了陆上用含铁材料建造的天然气管道，主要包括管道、阀门、管道附件、压缩机组、计量站、调节站、输送站、支架及装配组件。该标准发布的原则、流程及方法适用于整个天然气管道系统。

（3）2019 年，加拿大标准协会发布了第 8 版标准 CSA Z662—2019《油气管道系统》。最新版标准包含了对能源行业的广泛影响以及新的要求，从而确定了与 2015 年版本相比的 18 个重大变化。对运营商和影响管道系统具有重要意义的关键变化主要包括：①等级位置。CSA Z662—2019 的变化是增加了 2 类建筑的 120 人入住门槛；同时，增加了低蒸气压（Low Vapour Pressure，LVP）标准等，这项规定导致该标准发生重大变化。②指定地理区域（Designated Geographical Area，DGA）。DGA 是 CSA Z662—2019 引入的一个新概念，即管道泄漏可能产生严重后果的水体，这对于 LVP 液体管道（不包括淡水）的运营商特别重要。③凹痕评估标准。CSA Z662—2019 中的更改提供了将凹痕视为缺陷的指导，增加了操作员在确定凹痕修复时需要识别潜在压力循环疲劳的影响。④记录保留。CSA Z662—2019 还引入了一项新要求，规定所有设计文件与记录必须在管道系统的使用寿命内保存；此外，还需保留工程评估、附录 N（管道系统完整性管理计划指南）等。

（4）2022 年，欧洲标准化委员会颁布的 EN 17649—2022《天然气基础设施 安全管理系统和管道完整性管理系统 功能要求》，规定了最大工作压力超过 16bar（1bar=100kPa）管道完整性管理系统的开发和实施要求。该标准替代 EN 15399—2018《天然气基础设施—最大工作压力达 16bar（含 16bar）的天然气网络安全管理系统》和 EN 16348—2013《天然气基础设施—天然气输送基础设施的安全管理系统和天然气输送管道的管道完整性管理系统 – 功能要求》。

（5）BS PD8010-4—2017《管道系统 第 4 部分：陆地和海底管道 完整性管理实施规程与实践》近 5 年无更新。

（6）AS 2885.3—2022《天然气和液体石油管道操作和维护》规定了高压石油管道的操作与维护要求，并为管理其操作的合格人员和组织提供了重要原则、实践及指南，本次为第 4 版修订。

（7）GB 32167—2022《油气输送管道完整性管理规范》已经于 2016 年 3 月正式实施，标志着中国油气管道完整性管理正式进入全面推广应用阶段。2016 年 10 月，国家发改委、能源局、国资委、质检总局、安监总局五部委联合发文，要求管道企业按照 GB 32167—2022 的规定，全面推行油气管道完整性管理。2022 年，该标准的修订版本正式报批，主要技术变化如下：①增加了管道停用与废弃的要求，对停用管道的完整性管理、废弃管道的处置提出了规范性要求；②修订了输油管道高后果区中环境敏感类的分级说明；③修改了输气管道高后果区特定场所的识别与分级准则；④删除了不适用于强制性要求的技术内容；⑤调整了规范性引用文件。

2　主要理论与技术创新

2.1　资产完整性管理体系

2.1.1　国　外

国际上，管道完整性管理模式理念先进、技术相对成熟，多年来应用效果显著。在其全面推广实施后，部分管道企业将完整性管理的理念推广到站场设备设施管理中，提出站场完整性管理的概念；同时，有较大规模的管网公司将预防为主的完整性管理理念与资产管理理念相结合，以资产管理要素为核心，借鉴电力、化工等行业资产完整性管理经验，提出油气管道资产完整性管理的模式与方法，以达到预防事故、提升油气管道管理水平的目的。

资产完整性管理是指以管道线路、设备设施等实物资产的结构完整、功能可靠、状态受控为管理目标，以风险与可靠性管理技术为核心，在资产全生命周期对影响资产安全可靠运行的各种因素进行持续识别、评价及控制，将风险控制在合理、可接受的范围内的管理活动。

美国和加拿大政府及管道行业在管道线路完整性管理中获得较多成功经验，并逐渐将其引入设备设施的完整性管理，以全面降低意外泄漏风险，逐步发展为资产完整性管理，形成了较多的管理标准和指南，颁布了一系列资产完整性的监管要求。PRCI 发布了《设备完整性管理程序指南》，对象包括阀门、储罐、压缩机、泵、管道附件以及预制组件。加拿大能源管道协会发布了《设备完整性管理程序推荐规程》，提出了设备管理的相关建议。

由此，基本形成了以"安全 – 效能 – 成本"三角模型中的以安全为主要出发点，以管道完整性管理、预防为主的设备设施可靠性管理等作为资产管理的主要方法，涵盖设计完整性、技术完整性、维护完整性的全生命周期完整性管理体系。

2.1.2　国　内

根据完整性管理各阶段技术特点，中国建立了管道全生命周期"564"完整性管理工作流程体系，并在实际应用中持续改进完善。

（1）创新提出了管道建设期完整性管理的"5 步工作流程"，包括数据采集与整合、高后果区识别、风险评价、完整性评价、风险削减与维修，其将完整性管理要求落实到管道可行性研究、设计、采购、施工、投产等各个环节，并应用于中俄原油管道二线、中俄东线天然气管道等跨国能源通道建设中，着力提升管道的本质安全。

（2）提出了管道运行期完整性管理的"6 步工作流程"，包括数据采集与整合、高后果区识别、风险评价、完整性评价、维修与维护、效能评价，其将完整性管理要求贯穿融入管道运行、维护、应急抢修等各个运行环节，科学研判管道失效风险，超前识别，及时发现并治理隐患，确保管道风险可控、受控，最大限度减少与预防事故发生。

（3）提出了管道废弃期的完整性管理的"4 步工作流程"，包括管道判废、封存管道风险评价、封存管道维护管理、报废管道处置，其形成了配套的理论、技术及标准体系，科学封存管道近 4000km，实现了管道管理安全性与经济性的统筹兼顾与最优匹配。2021年9月国家财政部印发《企业产品成本核算制度—油气管网行业》（财会〔2021〕21号），明确了确定固定资产成本时应当考虑预计弃置费用因素，管道报废弃置相关工作首次明确了0费用保障，管道完整性管理真正覆盖了全生命周期。

2.2 动态风险评价

油气管道高后果区、高/较高风险段是管控的重点，每年一次的风险评价周期较长，难以及时反映风险变化规划，需要动态掌握其风险管控情况，针对重点区域管道会持续开展动态风险管控措施，且这些区域安装了多种动态监测装置。管道风险是动态变化的，静态风险难以实时反映管道风险的变化情况，需要结合管道检测、监测、维护等多源数据，建立动态风险评价和分级技术手段，实时掌握重点区域管道风险变化情况。

2.2.1 国 外

近年来，各个国家将加强数据在风险评价中的应用作为研究热点。2017年3月，PHMSA在Houston组织了管道风险评价专家会议，将会议主题设定为"数据"，重点围绕数据集成及其在风险评价工作中的应用开展了研讨，对风险数据集成应用、行业实践和机会、使用GIS系统的数据集成与改进的风险建模、风险模型中的数据不确定性、基于数据的西南天然气公司相对风险模型应用、基于数据的风险相关决策等主题开展了讨论，将挖掘数据价值、深入推进管道风险评价模型研究及应用作为下一阶段的研究重点。自2019年起，PHMSA开展了基于数据与人工智能技术的管道风险评价的研究工作，启动了"数据收集、标准化和整合方法，以增强决策的风险评估工具""利用人工智能建模与决策进行管道风险管理""动态地质灾害风险与决策支持平台"3项科研项目，并均取得了阶段性进展，但尚未形成成熟技术成果。

国外其他大型管道企业也开展了动态风险评估技术研究与应用，如哥伦比亚管道集团（Columbia Pipeline Group）通过多年的研究，建立了动态风险评价系统，并与完整性系统相集成。哥伦比亚管道集团的动态风险评估系统每天更新风险结果，采集数据的方式更加简便，数据范围更广，能够实现动态、主动、深入的风险评估与跟踪，可进行风险主动报告与提示，并突出显示新出现或正在变化的风险。

2.2.2 国 内

国家管网集团在已有的半定量风险评价模型基础上，结合中俄东线智能化建设运行的需求，开展了动态风险评价技术探索，重点开展了中俄东线管道6项监测数据接口的开发工作，验证了基于监测数据开展动态风险评估的可行性。中国石化开展了油气管道动态风险评价技术的研究工作，并取得了重要进展。2018年中国石化公布了专利"一种油气管道动态风险评估方法及装置"，提出了实时获取管道风险因素集的方法，研发了主观赋权法、客观赋权法、动态集成权重法的综合动态失效概率的计算方法。建立了包括实时风险因素集获取模块、动态集成权重获取模块、风险等级获取模块等功能模块的管道动态风险评价系统，初步实现了管道动态风险评估方法与系统的构建。

在城市燃气管网方面，多家单位开展了动态风险评价技术的研究工作。提出了在指标和时间多维度开展燃气管网运行风险动态评估，利用理想矩阵法建立了燃气管道运行动态风险评价的矩阵相近性关联分析模型，动态反映城市燃气管道运行动态风险变化情况。在市政管道方面，同济大学研发了 BP 神经网络爆管动态风险评估模型；佛山市水业集团针对供水管道研发了管道动态风险预警地图系统，对供水管道动态风险进行量化可视化表达。

在相关行业方面，中国特种设备检测研究院组织研发了承压设备动态风险评估系统，包括动态风险监控模块、数据存储模块、失效模式及损伤机理判别模块、动态风险评估模块、动态风险辅助分析模块、动态风险 GIS 展示模块。浙江省"十三五"期间建立了危险化学品生产企业动态风险分析模型，对浙江省1156 家危险化学品企业实施风险动态风险分级与监控。

国内外管道行业及相关行业已开展了基于数据的动态风险评估技术研究工作，并取得阶段性进展，主要解决以下瓶颈问题：①基于多维数据优化评价模型，解决风险决策中数据全面性、客观性及及时性的问题。②规范化收集与处理风险评价数据，将多个数据流融合形成基于风险的决策。③建立数据接口，将监测数据纳入评价模型，解决实时动态风险评估问题。④采用人工智能、大数据技术建立管道风险评价模型，提升评价结果的准确度。

2.3　管道裂纹失效及管控

油气输送管道在运营过程中会出现与裂纹相关的管道失效问题，虽然事故率较低，但是失效后果极为严重。因此，需要系统分析，并制定出合理的解决方案。

2.3.1　国　外

2020 年 3 月，PRCI 执行代表大会批准将裂纹管理作为战略性先导研究，并由哥伦布工程机械公司开展 MAT-8-3 "管道裂纹失效原因及研究差距分析"，其研究成果如下：

（1）与直径较小的管道相比，直径大于 22in（1in=2.54cm）的管道更易发生裂纹失效；与其他管道制造商、其他直焊缝类型相比，AO 史密斯公司闪光焊缝管、Youngstown 板材与管材公司电阻焊缝管更易出现与裂纹相关的失效事故。

（2）在其收集的 128 例失效事件中，59 例事件（占比 46%）裂纹位于直焊缝处，47 例事件（占比 37%）裂纹位于母材或母材靠近配件位置，15 例事件（占比 12%）裂纹位于环焊缝，3 例事件（占比 2%）的裂纹位于配件焊缝或配件母材（配件不包含直焊缝或环焊缝），其余 4 例事件（占比 3%）的裂缝位置未知或未报告。可见，裂纹最常发生在直焊缝处或母材位置，环焊缝处通常较少。由于内部压力导致周向（环向）应力至少是纵向应力的 2 倍，因此上述结论仍在预想范围内。即使存在严重缺陷的环焊缝，仅有单独的内部压力通常也不会引起失效，必须施加外部载荷。

（3）59 例裂纹位于直焊缝，35 例裂纹（占比 59%）位于电阻焊处，13 例裂纹（占比 22%）位于双面埋弧焊处，8 例裂纹（占比 14%）位于闪光焊缝，1 例裂纹（占比 2%）位于单面埋弧焊处，其余 2 例裂纹（占比 3%）位于未知的焊接类型处。这些数据表明，电阻焊直焊缝最易发生裂纹相关失效，其次为双面埋弧焊以及闪光焊。

（4）69 例事件（占比 54%）发生破裂，44 例事件（占比 34%）发生（气体或液体）泄漏，9 例事件（占比 7%）为表面裂纹（未穿透裂纹）；1 例事件为表面裂纹，通过打磨处理后开始泄漏；1 例导致爆炸，无法确定外观；4 例裂纹外观未知或未报告。

（5）90 例事件（占比 70%）在投入使用期间发现裂纹，17 例事件（占比 13%）在内检测期间发现裂纹，12 例事件（占比 9%）在水压试验期间发现裂纹，其余 9（占比 8%）例事件分别在气密试验、维修期间、钢管制造、开挖过程中发现裂纹，或者发生裂纹时期未知或未报告。近年来，清管和内检测设备已得到进一步升级，其功能更加适应以前无法开展清管工作的管道（如安装了发射器/接收器或双直径清管器）。越来越多的管道运营商主要考虑到成本问题，倾向于尽可能进行内检测。由于水压试验对管道正常运行的影响更大，且面临水压试验用水被污染的风险，因此一般不再开展水压试验。

（6）上述事件中，天然气管道的 36 个失效案例最常见的开裂原因为应力腐蚀开裂（14 例）和氢影响（8 例），均为环境开裂机制。此外，发现了疲劳及焊接等问题；在液体管道的 87 个案例中，最常见的开裂原因是各种形式的疲劳和长焊缝问题，其中尤其是钩状裂纹、未熔合的缺陷。

根据上述统计结果，PRCI 得出了与裂纹相关的管道失效问题的关键事项，其优先级排序如下：①敏感性，包括氢致开裂、近中性 pH 值应力腐蚀开裂、选择性腐蚀等；②裂纹管理，包括施工质量、管理不足等；③裂纹检查，包括内检测信号判读、水压试验问题、裂纹萌生或扩展、焊缝几何形状等；④评估与补救，包括评估修复的数据质量和方法等。

2.3.2 国 内

2020 年 7 月，国家管网集团针对高强钢输气管道应用过程中出现的问题，组织开展了高等级钢管道可靠性评估因素识别与评估体系研究。结合环焊缝质量风险排查中发现的问题，从冶金、制板、制管、设计、施工、检验等多方面进行测试、分析及研究工作，形成的阶段性成果主要包括：

（1）收集整理 2016 年以来的 78 份高钢级管道环焊缝失效分析报告，根据断口观察结果确定含有裂纹的焊口 48 道，对裂纹分布规律进行了分析。结果表明环焊缝裂纹形成于建设期，属于一次或多次过载扩展形成，裂纹在焊接后回填前形成的占比为 50% 左右。未发现断面的疲劳条带、疲劳弧线等特征，可见运营期裂纹未发生扩展。

（2）通过对在役管道环焊缝材料性能的测试分析及统计，发现在役管道存在较多实际意义上的低强匹配情况。低强匹配环焊缝在吊装、试压及其他非预期远端小应变载荷作用后，预变形引起焊缝明显的应变集中，可能导致韧脆转变温度的升高，引起塑性失效或因塑性失效引发韧性劣化，导致断裂失效。

（3）提出了 X80 管线钢化学成分精准化调控与铌钒新成分体系钢两种方案。精准化调控方案已在攀钢完成工业验证，据此研制的管径 1219mm、壁厚 22mm 的钢管已完成新产品鉴定；铌钒新成分体系钢已在攀钢、首钢完成工业验证，开展了环焊工艺适应性评价，并在西气东输四线吐鲁番—中卫段输气管线工程中进行了应用。

（4）开展了管道组对下沟过程、预应变影响、脆弱性评估体系、失效断裂反演、环境敏感性、数字化环焊缝建设等研究，深入分析了错边、变壁厚、过渡角等结构不连续特征可能对应力集中的影响，并进行了焊材成分优化与焊接工艺模拟。

2.4 管道维抢修

2.4.1 焊接修复工艺

在国外，B 形套筒的焊接工艺主要为低氢焊条手工焊。随着焊接技术的发展，近年来 PRCI 开始研究自动焊工艺，探索了 X80、X100 及 X120 钢级的 FCAW 和 GMAW 自动焊焊接工艺，对焊接工艺的研究重点从烧穿、氢致开裂、焊接效率等方面进行综合评价。在焊接工艺的现场适用性方面，系统研究了湿度、焊材保存情况、电流电压、表面标记等对冷裂敏感性的影响。

在国内，B形套筒的焊接工艺主要为手工焊，随着近年来自动焊技术的发展，也开始研发B形套筒的组合自动焊工艺。其中，手工焊工艺占80%以上，自动焊工艺目前的试验量和涵盖范围仍非常有限。此外，自动焊工艺的现场适用性尚需开展系统研究。

2.4.2 角焊缝无损检测

在国外，PRCI技术手册中提到可采用磁粉、超声检测方式检测B形套筒焊缝，但尚无具体的实施方式，ASME PPC-2—2021《压力容器建造》也是类似情况。对于如何利用相控阵技术检测具有复杂结构的角焊缝，国外诸多专家、学者进行了大量研究。但未见该技术在B形套筒角焊缝检测中的应用。B形套筒角焊缝缺陷的无损检测尺寸容限尚未进行系统的研究。

在国内，常用角焊缝无损检测方法为磁粉、渗透+超声（包括相控阵）；检测时机一般为取消原有的打底以及层间磁粉检测，焊后、焊后24h、焊后48h各进行一次磁粉、超声相控阵检测。超声相控阵检测尚无专用对比试块，因此检出率、可靠度均不高。此外，缺少适用于B形套筒角焊缝无损检测的相关标准。

2.4.3 非焊接修复

在国外，纤维增强复合材料修复管道缺陷方面有着长期的技术积累，典型的修复技术ClockSpring是中国最早引进使用的技术。美国应力工程服务公司/Tulsa大学在玻璃纤维/碳纤维复合材料修复方面的研究成果已被收入ASME PCC-2—2011《压力设备和管道的修理》。澳大利亚昆士兰大学、巴西石油技术研发中心等在纤维增强复合材料的力学性能、修复效果方面均开展了大量研究工作。

在国内，西南交通大学经试验验证纤维增强复合材料和钢质环氧套筒的抗轴向力分别为母材的25%、32%，远低于B形套筒的90%（管径219mm）。西气东输开展了大量的纤维增强复合材料修复体积型缺陷的极限破坏试验研究，取得了复合材料修复非环焊缝缺陷的效果。北方管道公司研发了复合钢质内衬修复技术，并对比研究了钢质环氧套筒在极限四点弯状态下的载荷分担比例。

2.4.4 非焊接修复的无损检测

在国外，为了开展复合材料无损检测，DOPPLER公司开发了全自动相控阵检测衬塑管道脱粘技术；IMPERIUM开发了超声数字相机检测设备，但未见工程应用报道。在钢质环氧钢套筒无损检测方面，国外暂未查询到相关文献及技术信息。

在国内，部分管道公司尝试用玻璃纤维/碳纤维树脂复合材料修复环焊缝缺陷。航空系统的研究院采用超声相控阵和喷水C扫描技术检测复合材料的缺陷。中国石油天然气集团公司管材研究所正在开展基于微波技术的非接触检测研究；国家管网集团北方管道公司对复合材料、环氧套筒、B形套筒抗轴向应用能力进行了评价，结果表明，钢质环氧套筒的轴向载荷承担能力略高于玻璃纤维/碳纤维树脂复合材料，但均远低于B形套筒抗轴向应用能力。中国石油天然气管道科学研究院有限公司采用体波方法检测环氧套筒的树脂充盈度，识别的6处缺陷中有3处树脂–套筒界面未充满。

2.4.5 抢修自动焊智能化

在国外，美国CRC公司P–600自动焊设备配有焊缝自动跟踪功能，可完成垂直和水平两个维度的焊炬跟踪。法国Serimax公司SATURNAX 07双焊炬全自动焊接设备配有干伸自动跟踪功能。韩国现代重工研制的双丝管道焊接机器人采用摆动电弧传感技术改进移动平均线算法，采用恒流方式保持焊接过程弧长恒定。日本新日铁住金株式会社针对高频75 Hz，通过检测电弧改变确定焊枪的位置，并通过大量数据建立焊接模型。比利时Welding公司萤火虫自动焊设备通过预先设置程序，实现焊接参数控制。

在国内，自动焊设备包括中国石油天然气管道科学研究院有限公司CPP900系列、成都熊谷加世电器有限公司A系列、洛阳德平科技股份有限公司ZDP系列、电王精密电器（北京）有限公司DW–EW–I系列。其中推广效果和工程应用较好的主要是中国石油管道局研究院研制的CPP900–W1N单焊炬管道自动焊设备，其采用药芯焊丝气保护焊工艺，已在中俄东线、西气东输三线等天然气管道工程中广泛应用。成都熊谷加世电器有限公司研制的A–305、A–300X管道自动焊设备采用药芯焊丝气保护焊工艺，在中俄天然气管道、蒙西煤制外输管道等工程中进行了应用。目前，以上两款设备均需人工实时监视和遥控操作，尤其是当焊枪存在偏离焊缝时需及时纠偏，对操作人员人为影响较大。同时，针对椭圆度、斜口、间隙不均、错边等不规则坡口，不能实时获取焊缝坡口间隙、角度、深度等参数，无法实现多层多道焊接。

2.4.6 环向缺陷修复效果评估

PRCI、BMT公司、ExxonMobil公司等都开展了B形套筒修复效果的评价工作。美国通过173组全尺寸拉伸试验数据验证了新型的拉伸应变容量模型，并根据全尺寸拉伸基础数据，基于应变设计评估设置了安全系数。该研究还对比了全尺寸拉伸与弯曲两种试验方法，认为全尺寸拉伸试验方法在试验容量与测试结果方面都优于全尺寸弯曲试验。美国天然气研究协会对该修复材料分别开展了短期和长期应力破坏试验，主要包括树脂的剪切强度试验以及普通缺陷、环向缺陷、轴向缺陷、含划痕凹陷的爆破试验，对 Clock Spring 的长期使用性能进行了评价。

在标准方面，ASME PCC-2—2021 和 PRCI 管道修复手册中认为钢质环氧套筒不适用于环焊缝缺陷修复。PRCI 通过有限元分析了套筒内部缺陷对修复载荷传递的影响。ASME PCC-2 和 PRCI 焊接修复手册均指出，B 形套筒可用于修复内压、拉伸、弯曲载荷，并作为永久修复方式。

2.5 管道废弃处置

油气管道典型的废弃处置方式为管道拆除或就地弃置。其中，管道拆除处置方式能够彻底消除管道的安全和环境隐患，但涉及征地、开挖等，处置成本较高，且部分管段因环保要求难以采用该方式，如定向钻大埋深段、水下管段、河堤下管段、周边建筑物密集段等；管道就地废弃处置方式是目前国际上应用最为广泛的方式，但其存在管道腐蚀后塌方、河堤管涌、地下水串流等问题，通常采用注浆、隔断等措施即可消减埋地废弃管道可能引发的安全和环境影响，具有成本适中、对环境的破坏小等特点。对于长输油气管道，单一的废弃方式并不科学，往往采用拆除与就地弃置的组合形式。

当前，针对陆上油气管道废弃问题，国际上还缺乏普遍认可的做法。整体而言，北美地区相关研究及实践较多，特别是加拿大和美国。加拿大是目前公布有关陆上油气管道废弃相关资料最为全面的国家，其有关讨论与研究长达 35 年之久，在油气管道废弃监管、废弃方式选择、废弃过程中必要的处理环节、废弃后的维护与再利用、管道废弃基金设立与管理方面均已形成较为完善的做法，并且仍在深入研究。

中国相关研究起步晚，但发展迅速，目前在废弃管道关键处置技术方面与国外差距小，部分技术具有一定优势，但技术的全面性有待提升，同时在管道废弃后再利用相关的监管和管理方面与国外差距较大。今后 5~10 年是中国提升管道废弃管理水平的重要时期，一方面"八三"管道退役提供了工程实践，也为相关科研提供了资料及数据；另一方面，中国尚未面临大规模油气管道废弃问题，有足够的时间全方位弥补短板，从而为应对未来常态化的废弃管道处置业务奠定坚实基础。

2.6 管道完整性评价

管道完整性评价是管道完整性管理的核心环节，近年来国内外高压力、大口径、高钢级管道的不断发展，对高钢级管道的缺陷完整性评价技术提出了挑战。

在管道完整性评价技术方面，腐蚀（体积型）缺陷、凹陷、焊缝缺陷（包括裂纹型和平面型）的评价方法一直是主要研究热点，美国的管道安全相关法规联邦法规第 192 部分《天然气及其他气体管道输送：最低联邦安全标准》及 Part 195《危险液体管道输送》均对这些不同类型的缺陷评价进行了规定；国际上有影响的相关行业协会、研究组织也提出了具体的评价标准、方法，如 ASME B31G—2012《腐蚀管道剩余强度确定手册》、API 579-1—2021《适用性评价》、BS 7910—2019《含缺陷金属结构可接受性评价指南》、DNV RP F101—2019《腐蚀管道》等，但这些标准大多是基于中、低钢级管道的试验数据发展而来的，针对 X70、X80 等高钢级管道的适用性有待进一步验证。2008 年以来，PRCI 通过高强钢腐蚀严重性评价、管道金属损失缺陷腐蚀模型误差评价等科研项目，对目前的腐蚀缺陷评价方法应用于 X80 及更高钢级的管道的适用性开展了少量的试验验证研究。在环焊缝缺陷评价方面，可靠性能源系统中心、Exxonmobil 等基于裂纹驱动力、应变能力等方法，分别建立了老旧管道和高钢级管道的评价方法，但还未涵盖 OD 1422mm、X80 管道，对焊缝低匹配等因素也考虑不足。

目前，中国在役的 X80 钢级管道里程居世界首位，但对于管道缺陷评价技术的研究起步相对较晚。相关的评价方法标准早期均为参考较早的国外标准成果制定，缺乏针对国产 X80 高钢级管道缺陷完整性评价的系统研究。因此，从"十三五"开始，中国设立"油气长输管道及储运设施检验评价与安全保障技术"国家重点研发计划，开展 X80 高钢级管道、大型原油储罐、站场储运设施的完整性评价技术研究，发展油气管道及储运设施的在线力学性能测试技术，形成具有特色的 X80 高钢级管道等储运设施的完整性评价及工程应用的成套技术，提升中国油气长输管道及储运系统的安全保障技术水平。在 X80 管道完整性评价及缺陷增长预测方法研究方面取得了以下成果：

（1）提出了基于 LPC-1 的 X80 管道腐蚀缺陷理论评价与有限元模拟两种方法，满足了腐蚀缺陷批量化与个性化评价的需求。将评价结果与爆破实验数据进行对比，发现二者一致性较高。

（2）通过深入分析 X80 管道腐蚀影响因素，建立了管道腐蚀的贝叶斯网络结构；参照经典理论、国际先进实践成果及专家经验，构建了贝叶斯网络节点的条件概率表，形成了基于贝叶斯网络的内、外腐蚀缺陷增长预测模型；提出了腐蚀影响因素的管道分段方法，并计算出各段管道的腐蚀增长速率，提高了评价的精细化水平。

（3）经过理论分析与有限元仿真分析，提出了 X80 管道不同类型划痕、凹陷及含划痕凹陷的适用性评价方法。

（4）形成了复杂载荷条件下的 X80 管道环焊缝缺陷评价方法，并验证了评价方法的有效性，同时可预测管道疲劳循环次数。

针对高钢级管道环焊缝缺陷失效问题，国家管网集团从 2021 年开始设立了"揭榜挂帅"重大科研专项"高钢级管道环焊缝失效机理研究""高钢级管道缺陷检测评价技术研究"，针对高钢级管道环焊缝的失效机理、失效反演、脆弱性评估、裂纹内检测、应力应变内检测、全生命周期智能评价等方面开展研究。

2.7 数据管理

数据管理的概念是伴随 20 世纪 80 年代数据随机存储技术和数据库技术的使用，计算机系统中的数据可以方便地存储和访问而提出的。2015 年，国际数据管理协会在《DAMA 数据管理知识体系指南》中将其扩展为 11 个管理职能，主要包括数据治理、数据架构、数据建模与设计、数据安全、数据存储与操作、数据集成与互操作性、元数据管理、数据质量管理等。数据管理是数据资源获取、控制、价值提升等活动的集合，其通过规划、控制与提供数据与信息资产职能，包括开发、执行及监督有关数据的计划、政策、方案、项目、流程、方法及程序，以获取、控制、保护、交付数据及提高数据与信息的资产价值。

在管道完整性管理中，各个业务流程均以数据为依据，数据的采集、整合、应用到发布贯穿于全生命周期完整性管理链条中，数据的质量直接制约完整性管理中各项评价工作的准确性。GB 32167—2015《油气输送管道完整性管理规范》明确数据采集是完整性管理循环的第一步，数据采集与整合工作应从设计期开始，并在完整性管理全过程中持续进行，从国家层面体现了数据管理对于管道完整性的重要程度，即数据管理是管道完整性管理的基石。经过研究实践，国家管网集团资产完整性管理形成了管道线路、输油气站场、LNG 等多个专题、12000余个数据属性的数据采集与整合的技术标准，通过资产完整性管理系统实现了对管网集团超过 9×10^4 km 管道、120×10^4 余台套设备、800 余项数据实体要素、600×10^4 余条数据的规范采集与集约化管理。

随着云计算、大数据、物联网、移动应用、人工智能等技术的广泛采用，国际能源企业（如意大利国家天然气公司、荷兰皇家壳牌公司、北美 TC 能源公司、加拿大 Enbridge 公司、马来西亚石油公司）和国内能源企业（如国家管网集团、国家电网、中国石油、中国石化、中国海油等）在开展数字化转型的同时，管道完整性管理技术及方法也发生了创新性转变。

（1）工业互联网。管道工业互联网未来的应用目标是基于物联网技术，将感应器嵌入油气管道、设备设施、环境敏感点、管道检测设备及维抢修机具中，将油气管网与现有的信息网整合起来，利用能力强大的云计算资源，对系统内的人员、管道、设备设施实施实时管理与控制。通过对实时、精确的传感数据进行动态分析，实现风险预控与工艺优化，确保管道安全、高效运行。

（2）资产一体化管控。基于完整性数据管理的资产一体化管控，已成为企业精细化管理的发展趋势，主要包括：①从设计、建设、运行、维护、维修到报废的全设备、全周期的数据管理；②从局部风险控制提升到以系统可靠性为中心的系统化、定量化数据管理模式，实现从一个设备单元到整个管网系统的风险、可靠性的可视与可控；③从设备设施日常数据管理拓展到全系统、全过程、全费用的分析，实现资源的整体优化配置。在数据标准化应用的基础上，集成不同的管道资产管理系统，建立数据与流程的运营管理一体化平台，实现多类数据的共享与业务的深度协同。

（3）动态风险分析。由于资产的性能需求以及运行环境的变化，管道完整性风险在全生命周期中不断改变，运营企业希望通过信息技术从资产中获取更多的信息，了解管道运行变化和动态风险状况，在动态环境中做出正确的决策，有计划地实施监测，降低管道风险。

（4）多维数据分析与机器学习。随着管道完整性数据量的骤增，传统的商业智能工具分析结构和历史数据已不能满足完整性管理的需求。通过多维数据分析与机器学习技术，利用传感器、设备及其他资产数据，打破信息化的具体业务活动边界，多维度地深入分析数据价值，并结合具体业务需求进行数据挖掘，为资产状态、风险的预测、规范性分析方案的制定提供支持，推动资产完整性与性能提升。

（5）区块链与数据共享安全。在管道企业内部各部门之间、企业与企业之间、企业与政府之间推动数据共享、开放、市场化利用的过程中，存在数据不敢共享、不愿开放、不知如何共享等难题。依靠区块链中的分布式账本、密码学技术、智能合约等技术，实现了管道共享数据上链，有效保护了数据在存储、传输过程中的安全，同时也实现了数据流动，切实发挥了数据价值。

（6）北斗与数据传输。由于管道多位于远离城市的郊区及偏远地带，使用北斗系统的短报文、定位与授时服务功能，可解决空间定位可靠性低、传统有线网络与无线网络覆盖范围差、建设成本高等问题，满足管道检测与监测的精准定位、安全定位、数据及时回传等现场需求，实现安全、可靠的管道测量监控及数据传输。

在新一代信息技术及"工业互联网＋安全生产"行动计划的指导下，研究涵盖设计、施工、运行全生命周期的数字化管理、网络化协同及智能化管控等技术，构建大统一、全资产、全生命周期的数据管理技术体系、管理体系、标准体系及数字化平台，建设新型资产完整性管理系统生态圈，以不断迭代升级的方式为实现油气管网资产安全高效运行及发展提供保障。

3 研究思路及发展趋势

3.1 完整性管理

随着完整性管理的深化应用及多学科的技术融合，未来5年需要在多个方向开展进一步研究，主要包括基于周边环境动态演化的穿越管道失效预测及防控、穿越段管道环焊缝定量风险评价、基于多源监测数据的管道异常事件识别、管道腐蚀控制综合监测探头、复杂环境下管道长距离光纤安全监测预警的工业化应用性能提升、基于磁各向异性原理的管道本体应力监测等技术。

3.2 管道维抢修

随着油气管道大口径、高压力、高钢级管道陆续投产应用，传统的维抢修技术的不足日渐明显，主要表现在：大口径管道焊接量剧增，作业时间长，焊接质量控制难度大；复合材料、环氧套筒等非焊接修复技术、无损检测技术存在空白，且非焊接修复技术适用条件不明确等。大口径、高压力、高钢级管道维抢修自动焊接、智能焊接将是未来发展趋势，需要攻关的主要瓶颈如下：

（1）在役管道焊接修复及无损检测技术。在B形套筒角焊缝无损检测技术及工艺规程方面，建立角焊缝缺陷定量与分级方法、角焊缝临界尺寸适用性评价方法，提升油气管道在役焊接修复施工质量。

（2）在役管道非焊接修复及检测技术。针对非焊接修复结构抗轴向应力能力差的问题，研制出具有良好抗弯、抗拉、密封性能的新型非焊接修复技术及施工工艺流程；通过复合材料典型缺陷回波特征辨识技术、非频散导波压电传感器开发以及空腔缺陷辨识技术的适用性研究，形成能够识别复合材料典型缺陷的无损检测方法和钢质环氧套筒树脂填充裕度的检测方法，制定相应的无损检测标准，填补非焊修复无损检测技术的空白。

（3）在役管道抢修全自动焊智能化技术。针对在役管道抢修作业，通过开展不规则对接坡口多层多道焊接激光视觉等技术研究、全位置自动焊坡口自适应及运动轨迹控制技术研究、全自动焊接设备及焊接工艺智能优化，实现焊缝实时跟踪、焊机运动轨迹调整及焊接工艺参数协同控制、不规则对接坡口多层多道智能焊接，提升在役管道换管全自动焊智能化水平。针对在役管道加装B形套筒焊接工况，开展模块化多轴联动管道焊接机器人结构的改进，开发闭环控制系统升级、焊接路径规划算法及管道自动焊接工艺数据库，制定一套用于在役管道 B 形套筒工况的全位置自动外焊技术解决方案。对于不等壁厚、大错边环焊缝缺陷、弯管对接环焊缝、斜接、褶皱、屈曲等大变形管道缺陷等，界定异型套筒修复褶皱缺陷的适用范围，开展非常规（异形）套筒结构设计，通过套筒选材及配套热加工工艺研究，研制出套筒新产品，并制定焊接工艺及检测方法，提高套筒修复的适用范围。

（4）在役管道环向缺陷修复效果评估技术。结合理论分析、有限元仿真及试验测试，研究不同类型环向缺陷极限承载能力的评估方法；基于需修复缺陷的安全度、服役载荷等因素，分析环向缺陷不同修复方法的适用性，形成不同方式修复效果的定量评估方法。

3.3 老龄管道废弃处置

未来 15~25 年，中国油气管道废弃问题将逐渐显现，并会朝着政府严格监管、企业规范管理、废弃技术日趋专业化及全面化的方向发展。为了推动管道废弃业务的发展，中国正在从以下 4 个方面开展突破研究：

（1）制定国家层面的管道判废标准或文件，规范管道退役流程、废弃管道风险评价以及价值评估方法，明确废弃管道的原则与责任，制定废弃管道土地再利用准则，建立管道的废弃管理机制、资产转让及再利用等规章制度。

（2）形成废弃管道残留物的现场测试方法，研发环保清洗剂、清洗工程危废减量技术，开发废弃管道专用处置设备与工艺，建立废弃管道再利用检测与评价方法，推动废弃管道的清洗、注浆、隔断等无害化处置技术的深化发展以及专业技术装备的形成。

（3）选取典型工程进行长期跟踪监测，通过现场的真实反馈，进一步指导技术研究方向调整，并促进法规、标准的完善；加强科研课题与现有老旧/退役管道处置工程的结合，通过理论和实践的结合促进人才队伍的成长，进而推动管道废弃专业化公司和评估机构的形成。

3.4 高强钢管道失效机理及评价

（1）构建"成分－组织－工艺－性能"定量关系模型。基于国内外已有的合金成分作用机理、组织演变规律、工艺控制理论、力学性能影响规律等研究成果，深入研究"成分－组织－工艺－性能"的定性关系模型，基于系统工程的理念，构建"成分－组织－工艺－性能"的定量关系模型，为系统工程全局优化与全生命周期失效控制提供理论基础。

（2）探索材料与环焊缝性能分散性机理及控制技术研究。针对高钢级管材与环焊缝性能分散威胁管道服役安全的问题，通过环焊缝可靠性计算方法，明确材料性能分散对环焊缝服役可靠性的影响及分散性控制要求，揭示管材和环焊缝关键力学性能分散性的影响因素，阐明其影响机理，在综合考虑国内管材生产与制造能力、焊接施工能力现状的基础上，提出管道材料性能分散性控制要求，降低多来源管材性能分散性，形成管道系统性能分散性控制理论与方法。

（3）基于系统工程的理念突破失效反演理论和技术。深入挖掘管道失效统计数据规律，进一步分析管道失效断裂机制，基于断裂力学理论与数值模拟方法解析裂纹尖端应力应变场及断裂行为，建立基于断口三维信息的断裂参量的反推数学物理模型，综合定性失效分析机制与定量失效模拟的方法，构建失效反演理论及模型。

3.5 拓展完整性管理领域

（1）基于"材料基因工程"助力构建"平安管道"。基于"材料基因工程"，能够快速研究出更可靠的环焊缝结构材料和工艺，规避已知环焊缝脆弱性，明确材料基因要求，包括管道用钢、焊丝等材料的组分、组织，以及冶炼、轧制和焊接工艺的要求等，用于新建管道工程，彻底避免环焊缝脆弱因素增量的产生。

（2）依托"工业互联网+"助力构建"发展管道"。开展"工业互联网+安全生产"试点应用，借力推进数字智能化转型，构建快速感知、实时监测、超前预警、联动处置及系统评估5种新型能力，夯实企业安全基础、提升安全管理绩效，助力管道高质量发展。开展数字赋能，构建全生命周期完整性管理信息平台。通过移动互联网、物联网、区块链、AR等数字化工具，重构物理世界。基于微服务架构设计路线，构建数据采集、基础设施、平台、业务应用与展示各层级应用功能，通过系统构架层次化，实现不同层级的应用"解耦"，更好地满足整性管理多业务应用、多流程交互、多系统集成、多数据汇聚的需求。

（3）探索"退役管道再利用"助力构建"绿色管道"。与新建管道相比，对已建管道进行适当改造、再利用，具有降低成本的巨大潜力，对于氢气和CO_2输送管道，可以降低53%~82%成本。此外，管道还可作为液氨、甲醇等氢载体的大规模输送手段，为氨 – 氢融合、液态阳光等新能源战略提供有力支撑。在清洁能源弃电消纳与终端氢气基础设施不完善、产业领域单一、发展规划不明晰的背景下，新建专用管道一次性投资大、运营成本高、经济性差，退役管道再利用模式也有望成为解决这一难题的方案。

4　结束语

目前，科技创新蓬勃发展，利用高新技术提前识别与研究可能出现的管道隐患或失效模式，才能确保油气管道安全运营。提升失效分析理论与水平，是管道完整性管理发展的重要方向。环焊缝失效是高强钢管道当前重点关注的"灰犀牛"风险，随着事故调查和失效分析工作的深入，对高钢级管道环焊缝失效机理的认知不断深入。将设计、制管、施工及运行等全生命周期各阶段定性的影响规律定量化，提出明确技术指标及可接受边界，细化完善标准规范，并指导工程实践落地应用。

在管道事故状态下，自动化的快速截断能力对于控制事态发展至关重要。在管道安全运行状态下，全面提升管道的智能感知能力与信息化水平，则是建设智慧管道的重要内容。但管道伴行光缆的设施质量、施工质量参差不齐，尚不能为数据传输提供完全可靠、有效的通道，管道周边的传感技术门类多、数据结构不一，多源异构数据整合难度大，部分技术误报率、漏报率高，目前仍处于探索和试用阶段。国家应急管理部关于"工业互联网＋安全生产"工作的整体部署，也对管道自动化、信息化水平提出了更高要求。

在"双碳"战略目标的推动下，氢能成为构建以清洁能源为主的多元能源供应体系的重要载体，正进入快速发展期。国内外正聚焦于利用油气长输管道开展纯氢、掺氢输送，但在管道本体氢脆敏感性分析、材质脆化及氢致裂纹在线检测技术等方面仍有诸多瓶颈问题，需要继续加强技术攻关和储备。

参考文献

[1] 张菁，郭红军，袁金雷，等.浅谈油气田企业设备设施完整性管理体系建设[J].中国设备工程，2022（7）：86-90.

[2] 冯庆善.基于大数据条件下的管道风险评估方法思考[J].油气储运，2014，33（5）：457-461.

[3] 傅丽玉，陆歌皓，吴义明，等.区块链技术的研究及其发展综述[J].计算机科学，2022，49（增刊1）：447-461，666.

[4] 王巨洪，张世斌，王新，等.中俄东线智能管道数据可视化探索与实践[J].油气储运，2020，39（2）：169-175.

[5] 冯庆善. 油气管道事故特征与量化的理论研究 [J]. 油气储运，2017，36（4）：369–374.

[6] 刘双印，雷墨鹥兮，王璐，等. 区块链关键技术及存在问题研究综述 [J]. 计算机工程与应用，2022，58（3）：66–82.

[7] 燕冰川，冯庆善，张宏，等. 脆弱性评价方法及其在油气管道行业的应用 [J]. 油气储运，2023，42（6）：612–623.

[8] Moyer L，Hedlund M. Creating an effective assetintegrity program[J]. Process Safety Progress，2019，38（2）：e12008.

[9] 吴志平，陈振华，戴联双，等. 油气管道腐蚀检测技术发展现状与思考 [J]. 油气储运，2020，39（8）：851–860.

[10] 冯庆善. 高钢级管道环焊接头强度匹配的探讨与思考 [J]. 油气储运，2022，41（11）：1235–1249.

[11] 戴联双，考青鹏，杨辉，等. 高强度钢管道环焊缝隐患治理措施研究 [J]. 石油管材与仪器，2020，6（2）：32–37.

[12] 姜昌亮. 中俄东线天然气管道工程管理与技术创新 [J]. 油气储运，2020，39（2）：121–129.

[13] Sheikhalishahi M，Karimi M，Raghebi R. Combinatorial optimization of petrochemical plants by assetintegrity management indicators[J]. Process Safety and Environmental Protection，2019，127：321–328.

[14] 燕冰川. 高强钢管道环焊缝风险排查技术浅析 [J]. 石油管材与仪器，2020，6（2）：46–48，52.

[15] Tadjiev D. Dynamic flexible riser ancillary equipment—North Sea asset integrity management experience and lessons learned[J]. Journal of Offshore Mechanics and Arctic Engineering，2021，143（3）：034501.

[16] Maguire D，Fish R. Leverage digitalization for asset integrity management[J]. Plant Engineering，2019，73（6）：51–53.

[17] European Gas Pipeline incident Data Group. 11th report of the European gas pipel ineincident data group（period 1970–2019）：VA 20.0432[R]. Groningen：EGIG，2020：1–56.

[18] 何旭鵾，刘庆亮. 管道完整性管理标准的对比分析与启示 [J]. 标准科学，2022（2）：78–82.

[19] He X J，Liu Q L. Comparative analysis of standards for pipeline integrity management and Enlightenment[J]. Standard Science，2022（2）：78–82.

[20] 侯丽娜，李远朋，闫伟，等. 油气田管道及站场完整性管理体系构建及融合方法 [J]. 油气田地面工程，2021，40（3）：63–69.

[21] 王振声，陈朋超，王巨洪. 中俄东线天然气管道智能化关键技术创新与思考 [J]. 油气储运，2020，39（7）：730–739.

[22] 晏祥省，黄彪，吕华鹏. 油气管道完整性管理方法与技术要点分析 [J]. 石化技术，2022，29（8）：174–176.

[23] 董绍华，袁士义，张来斌，等.长输油气管道安全与完整性管理技术发展战略研究[J].石油科学通报，2022，7（3）：435-446.

[24] 郑雅丽，邱小松，赖欣，等.盐穴储气库地质体完整性管理体系[J].油气储运，2022，41（9）：1021-1028.

[25] 郑洪龙，程万洲.油气管道站场完整性管理[M].北京：石油工业出版社，2018：21-60.

[26] 郭保玲，乔佳，董久樟，等.美国城市燃气管道完整性管理体系与成效[J].煤气与热力，2021，41（1）：B36-B39，B46.

[27] 玄文博，王婷，戴联双，等.油气管道类裂纹缺陷涡流内检测的可行性[J].油气储运，2021，40（12）：1384-1389，1440.

[28] 燕冰川，富宽，张海亮，等.环焊缝裂纹型缺陷漏磁内检测牵拉试验研究[J].油气田地面工程，2023，42（4）：69-75.

[29] 沙胜义，项小强，伍晓勇，等.输油管道环焊缝超声波内检测信号识别[J].油气储运，2018，37（7）：757-761.

[30] 张博文.输油气站场完整性管理与关键技术应用[J].全面腐蚀控制，2022，36（9）：32-33.

[31] 张强，杨玉锋，张学鹏，等.超临界二氧化碳管道完整性管理技术发展现状与挑战[J].油气储运，2023，42（2）：152-160.

[32] 佚名.数据工业化是工业 4.0 时代智慧工厂的核心动力[J].智慧工厂，2019（2）：18-19.

[33] 陈昊胜.浅谈中国工业 4.0 生产模式的猜想[J].艺术科技，2018，31（12）：212.

牵头专家：冯庆善

参编作者：燕冰川　王　婷　冯文兴　李荣光　戴联双

陈　健　荆宏远　郭　磊　李在蓉

第十三篇

长输油气管道检监测与评价

长输油气管道具有点多、线长、覆盖地域广、运行环境复杂多变的特点，各种人为活动、地质灾害及其引发的次生灾害严重威胁管道运行安全，开展长输油气管道的检测、监测及评价，对于保障油气管道安全运行、支撑能源安全有着重要意义。目前，中国在长输油气管道检测、监测及评价技术领域处于国际先进水平。依据资产对象和业务流程，长输油气管道检测、监测及评价技术可分为管道本体检测技术、线路环境监测技术及适用性评价技术。管道本体检测技术是通过内部、外部检测方法，对管道本体安全状态进行检测与分析的技术，近年来该技术的研究与发展主要集中于高精度传感器研发、多传感器融合算法开发及综合内检测设备研制等方面，形成了微小缺陷阵列集成传感器、多源数据融合分析算法、多物理场磁电复合超高清综合内检测装备等系列成果。线路环境监测技术是利用多种传感器监测管道线路环境状态，根据环境状态变化分析管道安全状态的技术，近年来该技术的研究与发展主要集中于微弱信号探测、特征信号提取及威胁事件精准识别等方面，形成了与 SCADA 系统深度融合的高精度液体管道泄漏监测技术、威胁事件光纤综合感知技术、地质灾害多维一体监测技术等系列成果。适用性评价技术是对含缺陷管道剩余强度、剩余寿命、缺陷成因及发展趋势等进行定量评估的技术，近年来该技术的研究与发展主要集中于信号特征识别、判定及分级评价等方面，形成了基于应变的凹陷完整性评价、基于贝叶斯的内外腐蚀缺陷增长预测模型等系列成果。在"双碳"战略下，油气管道作为现代运输体系的重要基础设施，需要加快适应低碳转型、多能融合、灵活输运、智慧互联的新要求，检测、监测及评价技术也随之向着更加精准、更加可靠、更加综合以及更加智能等方向发展，实现从"测得到"向"测得精与稳"转变，从功能检测、监测及评价向智能检测、监测以及感知转变，从感知向认知、决策转变。

1 发展现状及国内外对比

1.1 本体检测

油气管道长期在复杂环境下运行，管道本体在制造、施工及运行期间受到人为活动、运输介质、土壤等外部因素影响，易出现各种内外壁本体缺陷，缺陷形式包括制造缺陷、焊缝缺陷、划痕、裂纹、凹陷及椭圆变形等。特别是高钢级管道，在管周环境附加载荷作用下，即使焊缝微小缺陷也可能诱发耦合效应而失效。本体缺陷在一定条件下会引起管道穿孔或破裂产生泄漏，对生态环境、社会生产及生活造成严重影响，因此，需定期对管道本体缺陷进行内外检测。

1.1.1 内检测

目前，管道本体缺陷内检测主要依赖无损检测的电磁、超声、涡流等技术[1, 2]。国际上已掌握包括管道普通金属损失缺陷、几何变形、轴向应变等内检测技术。以美国 Baker Hughes、德国 Rosen 为代表的检测服务商，具备检测管径 168~1422mm、缺陷长度、缺陷宽度 40mm×40mm 以上、缺陷深度 $5\%t$~$13\%t$（t 为管道壁厚）的普通体积型缺陷及开口宽度达 0.5mm 以上的部分平面型缺陷能力，检出率达 80%~90%。对于环焊缝缺陷的检测，国外公司目前只能检出环焊缝开口宽度为 0.5mm 以上的缺陷，不能区分缺陷类型且尺寸量化准确率不高[3]。此外，国外公司不向中国出售内检测设备，仅提供不包含原始数据的检测商业服务，检测费用高达 3×10^4~5×10^4 元 /km。

中国管道内检测技术起步较晚，国家管网集团、中油管道检测技术有限责任公司、中国特种设备检测研究院、中国石油管道局检测公司、清华大学、沈阳工业大学等承担了主要的研发工作。通过多年的发展，中国的管道检测公司已初步掌握了漏磁和几何内检测技术，并成功应用于油气管道的内检测[4-5]。如中国石油管道局检测公司已研制了 6~48in 各种口径系列漏磁检测器，开发的三轴漏磁内检测器已成功应用于国内油气管道。沈阳工业大学与中国石油西部管道公司联合研制了 40in 以内的各种口径漏磁检测器[6]，并开发了基于弱磁技术的管道应力检测器。中国海油与中国航天科工第三研究院联合研制了漏磁内检测器，成功攻克了内外缺陷识别综合传感器、大行程磁路浮动检测机构、低功耗数据处理及存储系统等关键技术难题，研制出适用于海底油气管道的漏磁内检测器。国家管网集团也相继开发了 6~48in 各种口径系列漏磁检测器、盗油支管检测器、投产前管道检测器等专用检测器，相关研究成果亮相国家"十三五"科技成就展，并已投入现场应用。但中国目前能检测的最大管径为 1219mm，对于 1422mm 及以上超大口径管道的各项内检测技术还处于研究阶段，检测精度较低。此外，对于管径 1219mm 以下、环焊缝开口宽度 1mm 以下缺陷的检测均不敏感，在传感技术、识别算法上与国外存在一定差距[7]。

1.1.2 外检测

管道外检测是指在不开挖或最小开挖量的条件下，对埋地管道进行缺陷检测或泄漏定位的方法，主要包括直接评价及地面检测技术，也可称为地面非开挖检测技术。管道外检测技术的优点与缺点都非常突出，适用于局部管段的在线快速扫查，不受管输压力、温度及介质属性的影响，不影响管道正常运行，但检测精度低、量化困难，不能全面反映管道本体的缺陷状况，并容易受外界环境干扰因素的影响，这也是制约管道外检测技术发展的一个关键因素。

直接评价是由美国防腐蚀工程师协会（National Association of Corrosion Engineer，NACE）发展起来的，自 2000 年之后，中国引进了直接评价的系列标准，逐步建立了一套方法体系，主要包括外腐蚀直接评价（External Corrosion Direct Assessment，ECDA）、内腐蚀直接评价（Internal Corrosion Direct Assessment，ICDA）、应力腐蚀开裂直接评价（Stress Corrosion Crack Direct Assessment，SCCDA）等。直接评价分为预评价、间接检测与评价、直接检测与评价、后评价 4 个阶段，其主要是面向管道的腐蚀检测与评价，并非直接检测管道本体的缺陷。该评价方法通过检测发现管道上腐蚀活性相关性指标，如防腐层完整性、阴极保护有效性、杂散电流干扰、环境腐蚀性、局部水沉积段、应力腐蚀开裂敏感性指标等；随后，在检测与评价的基础上开展局部开挖检测及验证，以确定管道本体腐蚀缺陷的真实情况，评估直接评价的有效性。目前，中国的 ECDA 应用最为成熟，且与国外技术水平相当；在 ICDA 方面，中国的研究和应用起步较晚，在腐蚀预测模型发展方面落后于国外；在 SCCDA 方面，最新调查研究表明中国长输管道的 SCC 风险整体处于较低水平，尚未在国内得到应用发展。

除此之外，21 世纪初，针对油气管道管体缺陷的地面非开挖检测技术逐步开展工程应用，如瞬变电磁技术（Transient Electromagnetic Method，TEM）、磁力层析检测技术（Magnetic Tomography Method，MTM）、超声导波检测技术、No-pig 检测技术等。这些技术的原理各不相同，对检测条件要求不高，在局部管段缺陷的快速扫查上具有优势，但若用于管道的大范围检测，其效率又不及内检测，优势不明显，且易受环境的干扰影响，检测效果差异较大。因此，上述地面检测技术在长输管道上的应用十分有限，在干扰较小的油田集输管道上应用较多。TEM 技术、MTM 技术因为易受电磁干扰影响，目前主要用于油田管道的缺陷检测中，部分工程应用中的检测准确率超过了 85%。超声导波检测技术有英国 TWI（The Welding institute）的压电式超声导波与美国 SwRI（Southwest Research institute）的磁致伸缩超声导波两大技术流派。目前，中国实现了磁致伸缩超声导波设备国产化，并已投入了工程应用。超声导波技术是一种快速扫查手段，主要用于站场管道检测，理想条件下可识别的最小缺陷为管道截面的 3%，单侧检测长度可达 100m。但实际工程中，由于管道制管条件、外防腐层、土壤等因素的影响，难以达到理想水平，且特征信号的识别对检测人员经验、水平要求较高。因此，该技术与国外原厂家还存在较明显的差距。

1.2 环境监测

随着"全国一张网"的加速形成，油气管网覆盖地域更广、公众关注度更高、社会影响面更大，管道安全风险更加突出。环境威胁事件具有时空随机性、分布广域性、发生隐蔽性、后果灾难性等特征，实现减灾增效与安全发展的挑战巨大，需对管道泄漏、第三方威胁、地质灾害等进行实时在线监测，实现对风险的主动管控。

1.2.1 管道泄漏监测

油气管道泄漏监测技术研究起步早，国外自20世纪70年代末即开始相关技术研究，20世纪80年代末进入实用阶段，形成了负压波法、声波法、流量平衡法、模型法等技术（表11-1）。如美国 Acoustic System INC（ASI）公司的声波法已出现20多年，在美国、澳大利亚等22条压力管道工程上得到应用，效果较好。随着光纤技术的发展，光纤传感技术开始应用于油气管道安全监测中，尤其是分布式光纤传感技术，因其可获得测量信息在空间和时间上连续分布的特点，应用研究最多。日本安腾公司基于BOTDR（Brillouin Optical Time-Domain Reflectometry）的产品已在 Shell 公司石油管道进行初步试验，但存在性价比低、检测灵敏度低、可检测管道距离短、无法实时监控等缺点。澳大利亚 FFT（Future Fibre Technologies）公司开发出了基于模态分布调制干涉技术的油气管道检测系统（FFT Secure PipeTM），已成功应用于美国 New York Gas Group、印度尼西亚 GulfResources Ltd 的长输管道，取得了较好的效果。

表 11-1 国外油气管道泄漏监测技术应用效果统计表

生产厂家	技术原理	应用效果
美国 ASI 公司	次声波法、流量平衡法	在美国、澳大利亚等22个压力管道工程得到应用，效果较好
日本安腾公司	基于 BOTDR 技术的分布式光纤技术	性价比低、检测灵敏度低、检测距离短，不能实现实时监控
澳大利亚 FFT 公司	基于模态分布调制干涉技术	成功应用于美国 New York Gas Group、印度尼西亚 GulfResources Ltd 长输管道，取得理想效果，但成本较高
瑞士 Omnisens 公司	基于散射式的光纤传感技术	已应用于长距离管道项目，监测里程超过100km，效果良好，但成本较高
德国科降公司	瞬态模型法	定位精度在0.1%以内，输油管道实际应用较少
英国 Atmos 公司	质量平衡法、负压波	检测准确度达80%，可检测到小于1%的管道泄漏流量，无法与 SCADA 系统数据融合
奥地利贝加莱公司	负压波法、音波法	可以检测微小泄漏量，但封装性强、开放性差

中国油气管道泄漏监测技术研究起步略晚，但也形成了负压波法、声波法、流量平衡法等主流泄漏监测方法，技术指标与国外同类技术相当，可实现管输量1%以上泄漏的检测，定位精度达到100m。对国家管网集团油气调控中心管理的

一级调控输油管道进行梳理，可提供泄漏监测技术的单位多达 12 家（表 11-2）。但是天然气管道泄漏监测技术未能得到大量应用，仅有国家管网集团研究总院与西部管道分别开发了声波法泄漏监测技术，在大沈线、西气东输二线玛纳斯—乌鲁木齐段进行了工业性应用，可检测最小泄漏孔径 6.4mm，取得了较好效果，验证了声波法在天然气管道泄漏监测方面的可行性，但尚未达到实际生产对性能指标的要求。

表 11-2　国家管网集团油气管道泄漏监测技术应用情况统计表

管道所属公司	管道名称	设备厂家	监测方法
西南管道公司	兰郑长部分、兰成渝管道、安保线、安蒙线、安曲线、兰成、中缅管道等	国家管网集团研究总院、Telvent	负压波法 + 音波法
西部管道公司	乌鄯兰原油管道、阿独乌原油管道、克乌成品油管道（703）、克乌复成品油管道、独乌成品油管道等	中加诚信、北京科锐星	负压波法 + 音波法
北方管道公司	兰郑长管道、漠大双线、东北管网、长呼线、石兰线、惠银线、惠银线、呼包鄂、吉长线等	国家管网集团研究总院、沈阳惠东	负压波法 + 流量平衡法
华东分公司	浙苏管道、苏南管道、苏北管道、甬台温管道、福建管道、绍杭管道等	沈阳派搏林	负压波法 + 流量平衡法
华南分公司	湛北管道、西南管道北线、西南管道南线	中加诚信、沈阳派搏林、天津精仪	负压波法 + 流量平衡法
华中分公司	武信管道、荆襄管道、长郴管道、九赣管道、安亳管道等	沈阳派搏林、天津精仪、北京昊科航、北京寰宇声望	负压波法
华北分公司	鲁皖一期管道、鲁皖二期管道、洛驻管道、石太管道、南武管道等	沈阳派搏林	负压波法
东部储运公司	仪长线、仪长复线、日仪线、洪荆线、钟荆线、魏荆线、曹津线、东黄复线、东临复线、鲁宁线、黄青炼线、湛北线	中加诚信、天津精仪	负压波法

1.2.2　管道地质灾害防护

根据欧洲天然气管道事故数据组织第 10 次报告，2007—2016 年地质灾害引起的管道损坏约占管道事故总数的 15%[8]，引起的管道损坏造成的财产损失成本仅低于第三方损坏造成的成本 [9]。21 世纪以来，由于地质灾害事件的随机性、难以预测性，基于风险的管道地质灾害管理逐渐成为国外管道地质灾害防护的主流手段：首先，需发现灾害风险；其次，需明确该风险对管道的威胁程度；最后，再根据威胁程度实施相应的风险减缓措施，也就是在管道全生命周期内通过周期性地开展风险识别、评价及控制工作，不断降低管道地质灾害风险直至可接受水平。因此，大力发展长输油气管道地质灾害风险管理，提高管道地质灾害防护水平，是避免或减少管道事故发生、保障管道安全运行的重要保证。因此，风险的识别、评价及控制是其关键。

（1）在风险识别方面，中国以地面调查为主，并结合资料收集分析、卫星遥感图像判译[10]、无人机航空摄影测量[11]、岩土工程勘察、管道惯性测绘内检测等技术方法。在实施地面调查前，先开展卫星遥感图像判译、无人机航空摄影测量等，圈绘地质灾害体并辨识其周围地质环境特征，准确率因地区差异介于50%~70%。国外已普遍采用无人机航空摄影测量、激光雷达、卫星遥感等先进技术，并辅以地面核验开展天空地一体化灾害调查识别，基本实现了区域范围内重大隐患的早期识别，且识别准确率也有了较大提高。

（2）在风险评价方面，国内外均开发了基于指标评分法的半定量风险评价模型，评价结果是管道建设及运营单位开展地质灾害防治的重要依据。其中，国家管网集团开发的基于指标评分法的半定量评价模型[12]，能够综合考虑灾害的易发性、管道的易损性以及管道失效后果，适用于滑坡、冻土、水毁等7类15种常见管道地质灾害，可给出灾害隐患点的风险指数、等级及排序结果，积累了大量数据与实践经验。该方法已纳入 SY/T 6828—2017《油气管道地质灾害风险管理技术规范》、ISO 20074–2019《陆上管道地质灾害风险管理》核心条款，也是 GB/T 40702—2021《油气管道地质灾害防护技术规范》推荐性风险评价方法。加拿大 BGC Engineering 公司、意大利 SNAM 公司等起步较早，开发了相应的评价模型及系统，但在适用的灾害种类、数量、指标体系涵盖范围以及管道实际应用里程方面均不及中国。

（3）在风险控制方面，中国常规的监测技术，如地基地表位移监测、裂缝监测、深部位移监测、降雨量监测、土壤墒情监测等较为成熟，已与国外技术水平持平，但天基 InSAR、空基 LiDAR 等技术应用方面稍显滞后。目前，监测数据利用率低，各监测指标之间的相互作用机制尚不明确，单一监测参数指标国内外无较大差异，通常情况下灾害体变形监测精度优于5mm，且管体应力变化监测精度可达0.2MPa。对于管道地质灾害工程防护技术，国内外均遵循"管道本体保护"原则，采用避让、主动治理及被动防护的相关措施及方法。在国外，更侧重于研发应用能够削弱土体移动影响或环境作用的地上/地下柔性结构、土工材料、管沟回填材料等被动防护措施[13]。在国内，则侧重于主动消除/削弱地质灾害隐患的措施[14-16]，采取合理的综合治理方案和有效的治理工程措施，控制技术相对较为成熟，在2010年前，多参考引用地矿、水利、交通运输、工民建等国内标准；在2010年后，随着管道建设、运营快速发展，以 SY/T 4126—2013《油气输送管道线路工程水工保护施工规范》、SY/T 6793—2018《油气输送管道线路工程水工保护设计规范》、SY/T 6828—2017《油气管道地质灾害风险管理技术规范》、SY/T 7040—2021《油气输送管道工程地质灾害防治设计规范》、GB/T 40702—2021《油气管道地质灾害防护技术规范》为代表的油气行业国内标准的发布实施，逐渐建立起了管道地质灾害防治技术标准体系。

1.2.3　管道光纤预警

中国管网全球跨越纬度最广、沿线人口密度最大、自然地理及社会环境最为复杂。近 10 年来，中国城镇化进程快速推进，早期建设管道安全边界被突破，新建管道可用安全路由被不断压缩，管道沿线高后果区由 5% 增至 15%。为此，亟需研发可实时监测第三方威胁的实时在线技术，实现管道与环境相互影响的交互感知、和谐共生。

目前，管道光纤安全预警技术是长输油气管道分布式多地形全天候实时监测的最佳技防手段，适用于管道第三方威胁事件的监测预警。该技术的特点是环境适用性广、不受天气影响、监测距离长、传感器本质安全，且便于与其他监测技术相互融合。光纤预警技术的推广应用，在很大程度上可改变管道安全的管理方式，将传统的事后报警记录变成事前监测预防，在确保管道安全的同时，还可降低管道安全保护人员的劳动强度，是管网数字化、智能化的核心技术手段及效果的体现。

管道光纤安全预警技术从 20 世纪初开始兴起，经过 20 余年的发展，技术不断更新，相应的设备也不断升级。研发及应用该技术的典型代表，国外主要有英国的 OptaSense 公司、澳大利亚的 Future Fiber Technology（FFT）公司；国内开展研究较早的有国家管网集团研究总院、中国石油天然气管道通信电力工程有限公司等行业内科研机构，同时还有天津大学、电子科技大学等高校，上海波汇、青岛澳邦、华为技术有限公司等在设备商业化方面具有一定的影响力。

目前，管道光纤预警的主流技术主要有相位敏感型光时域反射技术（Phase-sensitive Optical Time-domain Reflectometer，Φ-OTDR）和分布式光纤声波传感技术（Distributed Fiber Acoustic Sensing，DAS）。前者光路结构简单，解调容易，易实现长距离监测，但灵敏度低；后者光路结构复杂，但灵敏度相对较高。

根据国内外技术指标对比结果，国外技术指标整体上有一定的优势，但这也与国外管道铺设的自然环境及人文环境相对简单有一定的关系。总体上，仅就监控设备硬件而言，该技术领域国内外的差距并不十分明显。

1.3　适用性评价

管道适用性评价是对含缺陷管道的剩余强度、剩余寿命、缺陷成因及发展趋势等进行定量评估，其建立于力学、材料及统计分析等理论与实践经验基础上，通过对管道缺陷成因、可接受程度、缺陷增长及失效进行定量评估，最终形成管道缺陷的维修维护建议。适用性评价包括对多元管道检测数据综合分析、缺陷剩余强度评价、缺陷剩余寿命预测以及维修维护措施等技术。

目前，针对中、低等级管线钢管道的适用性评价技术已发展较为成熟完善，现场应用效果较好。但高强钢、大口径管道缺陷特别是焊缝缺陷的适用性评价技术，仍然是当前国际上面临的主要技术难题。

（1）在几何变形缺陷评价研究方面，中国基本上与国外保持同步，但在复杂凹陷的精细化评价方面还存在一定差距。管道几何变形缺陷包括凹陷、屈曲等变形缺陷，其中凹陷是最常见的管道变形缺陷。管道凹陷的评价方法主要包括基于凹陷深度、凹陷应变的评价。美国、加拿大等都较早发布了凹陷的深度及应变评价标准，如 ASME B31.4—2022《液体和浆体管道输送系统》、ASME B31.8—2022《输气和配气管道系统》、CSA Z662-19《油气管道系统》等。同时，中国也发布了相关的标准，主要有 SY/T 6996—2014《钢质油气管道凹陷评价方法》、SY/T 6477—2017《含缺陷油气输送管道剩余强度评价方法》等[17-21]。目前，在凹陷的评价研究方面，中国基本上与国外保持同步，但在凹陷精细化评价方面与国外还存在一定的差距，如凹陷回弹与回圆行为、凹陷与焊缝以及其他缺陷相关性对失效行为的影响、基于应变的凹陷精细评价研究方面。此外，机器学习用于凹陷评估也是国外近年来研究的热点[22-24]。在管道屈曲评价方面，国外相关标准 CSA Z662-19、DNV-ST-F101：2021《海底管道线系统》等给出了管道局部屈曲的临界应变估算公式[19, 25]；国内也开展了管道屈曲的适用性评价研究[26, 27]，但现有管道缺陷评价标准较少涉及管道屈曲的应变及应力定量评价方法。

（2）在金属损失缺陷评价方面，中国主要技术标准评价模型参考了国外研究成果，整体技术研究及应用方面与国外基本保持同步。金属损失缺陷是管道最常见、数量最多的缺陷类型，主要包括腐蚀、划痕、制造缺陷等。管道金属损失缺陷评价技术相对成熟，国内外已经发布了系列标准，并不断更新升级。国外标准主要有 ASME B31G—2017《腐蚀管道剩余强度手册》、DNV-RP-F101：2019《腐蚀管道》、API 579-1/ASME FFS-1—2021《适用性评价》、BS 7910—2019《金属结构缺陷可接受性评价方法指南》等，国内相关标准主要有 GB/T 19624—2019《在用含缺陷压力容器安全评定》、GB/T 30582—2014《基于风险的埋地钢质管道外损伤检验与评价》、SY/T 6151—2022《钢质管道金属损失缺陷评价方法》、SY/T 6477—2017《含缺陷油气输送管道剩余强度评价方法》、SY/T 10048—2016《腐蚀管道评估推荐作法》等[21, 28-34]。金属损失缺陷评价方法的主要差异体现在缺陷处鼓胀因子、材料流变应力以及缺陷在管道壁厚方向的投影面积等，不同评价方法的取值导致缺陷评价结果、评价方法保守性的差异[35]。目前，在金属损失的评价研究方面，国内基本上与国外处于同一水平，但在缺陷的评价模型改进完善方面以及缺陷的增长预测研究方面与还存在一定差距。

（3）在裂纹及类裂纹缺陷评价方面，中国主要技术标准评价模型参考了国外研究成果，但针对 X80 钢级管道开展了特定材料的失效评估曲线研究[21]。对于裂纹及类裂纹缺陷评价，除需考虑缺陷塑性失效外，还要考虑裂纹缺陷可能引起的断裂失效。常见的管道裂纹、类裂纹缺陷包括管体裂纹和焊缝处的平面型缺陷等。在周期性载荷作用下，还需考虑管道剩余寿命评估。国内外通常采用失效评估方法对管道裂纹缺陷的可接受性进行定量评价。失效评估图（Failure Assessment Diagram，FAD）方法是以弹塑性断裂力学为基础，失效评估图上有两条分界线：一条是失效评价曲线（Failure Assessment Curve，FAC），为脆性断裂评定准则；另一条是以 $L_r=L_{r, \max}$（其中，L_r 为施加的载荷与屈服强度的比率，$L_{r, \max}$ 为 L_r 的允许极限值）作为截止线，是塑性破坏的评定准则。FAD 方法最早由英国中央电力局的《含缺陷结构完整性评价（R6）》标准提出，国外主要标准有 API 579-1/ASME FFS-1—2021《适用性评价》、BS 7910—2019《金属结构缺陷可接受性评价方法指南》，国内主要标准有 GB/T 19624—2019《在用含缺陷压力容器安全评定》、SY/T 6477—2017《含缺陷油气输送管道剩余强度评价方法》。然而，国内在管道裂纹评价研究方面与国外还存在一定的差距[21, 30-32]。

（4）焊缝缺陷识别、分级与评价技术。基于漏磁内检测的焊缝异常识别与分级技术，利用管道缺陷处漏磁场的分布规律，国内结合缺陷开挖验证经验，提出了管道环焊缝和螺旋焊缝异常信号的识别分类模型。基于焊缝缺陷的识别分类结果，综合分析缺陷尺寸、载荷、材料力学性能等因素，给出焊缝异常严重程度的定性或定量分级结果。根据焊缝异常信号的识别分析结果，分别对体积型和平面型焊缝缺陷进行定量评价，判定焊缝缺陷是否需要维护修复。在焊缝缺陷特征识别方面，国内最早开展了基于漏磁内检测的螺旋焊缝缺陷与环焊缝缺陷的识别、判定及分级技术的研究，提出了螺旋焊缝缺陷与环焊缝缺陷的识别、判定与分级方法，基本解决了老管道的螺旋焊缝缺陷与高钢级管道环焊缝的识别、判定及分级难题[36, 37]。国内外在高钢级管道环焊缝评价方面，特别是在热影响区软化影响、焊缝弱匹配影响、焊缝根部缺口效应影响及合并规则、材料性能指标选取、基于应变评价等方面都开展了大量的研究工作，处于同一研究水平[38, 39]。

2 研究进展

2.1 本体检测

2.1.1 管道内检测

根据管道缺陷及其他检测需要，油气管道内检测的主要检测方法分为 3 类。

针对凹坑、褶皱、椭圆变形等管道本体的几何缺陷，管道内检测主要通过使用声呐、激光或全圆周机械式探臂对管道的几何外形进行检测[40]；对于腐蚀、机械损伤、裂纹等管道的金属损失缺陷，主要使用漏磁、超声、电磁涡流等技术进行检测；针对管道的中心线测绘、位移、弯曲应变，则主要通过惯性导航测绘技术进行检测。此外，针对应力腐蚀开裂、气体管道裂纹检测、微小泄漏等其他特殊情况，开发了专用的电磁超声、磁记忆、声波等管道内检测技术[3]。

2.1.1.1 几何变形内检测

变形内检测技术主要用于检测管道因外力引起的几何变形，确定变形具体位置，采用机械装置或磁力感应原理检测出凹陷、椭圆变形等内径的几何变化以及其他影响管道内径的几何异常现象。

典型的几何内检测器运行规范要求提供大于 2% 管道外径及以上的管道几何变形。近年来，欧阳熙等[42]设计了一种新型的几何变形检测器，该检测器充分吸收了油气管道常用的皮碗结构形式特点，对密封支撑皮碗的结构进行了重新设计，将油管道常用的蝶形皮碗第一道腰线角度开大，同时在腰线部位以上仿制成天然气管道常用的半球形皮碗，加大了皮碗与管壁的摩擦力，可同时适用于油气管道。将该设备应用于中缅管道，成功采集了大量的管道变形信息，尤其是穿跨或跨越管段，为管道更换提供了有力的技术支撑。Rosen 等公司开发了高精度的变形内检测器，在机械臂上封装了电磁涡流传感器，机械臂的转动会触发角度传感器记录管道的较大变形；电磁涡流传感器会进一步测量局部的微小变形，从而提高了检测精度，较适用于焊缝处的管道变形检测。该检测器在 80% 的置信度时，尺寸量化精度可达 0.8mm。国家管网集团研发了基于红外测距的非接触式几何变形单元和装备，已在中俄东线管道投产前检测时得到了工业应用。

2.1.1.2 管道金属损失及裂纹内检测

管道金属损失缺陷和裂纹缺陷是造成管道失效的主要原因。根据管道内检测设备所携带的部件检测方法不同，管道金属损失及裂纹内检测分为漏磁技术（Magnetic Flux Leakage，MFL）、超声技术（Ultrasonic Testing，UT）、涡流技术（Eddy Current Testing，ECT）、电磁超声技术（Electromagnetic Acoustic Testing，EMAT）等。

（1）漏磁内检测技术。漏磁检测技术是目前应用最为普遍的管道检测技术，可用于油气管道的缺陷检测，能检出管道内外体积型缺陷，发展时间最久、应用广泛[43]。该技术的原理是：待检管道磁化后产生磁场，存在缺陷的部位会形成漏磁场，传感器采集漏磁场信号，经系统分析处理后得到缺陷信息。漏磁检测技术因其对管道内环境要求不高、无需耦合、适用范围广、价格低廉等优点，是目前应用最广泛也是最成熟的技术。对体积型缺陷的漏磁检测相对成熟，国内外检测技术水平也大体相当，但对裂纹等平面型缺陷则难以检出。近 5 年来，基于漏磁技术的检测装备向着更小缺陷、更大口径发展，同时对缺陷的准确量化和功能综合化也是研究重点，但国内外差别不大。

环焊缝缺陷是管道内检测的世界性难题，当前基于漏磁内检测技术，国内高校及企业开展了大量的研究工作。从 2020 年开始，国家管网集团在高钢级管道焊缝缺陷内检测技术上持续开展技术研究，目前已研制出针对 1219mm 口径的内检测器。该检测器搭载 MagEC 超高清磁电复合探头、高清机械式几何变形检测器以及差分式电磁涡流传感器的磁电综合内检测技术，针对环焊缝缺陷，对于直径大于 3mm 的针孔类缺陷检出率达到 90%；对于开口宽度大于 0.5mm、长度大于 24mm、深度达到 $50\%t$（t 为管道壁厚）的裂纹缺陷，检出率达到 80%；此外，对于开口宽度大于 0.3mm 的管道环焊缝内表面根部类裂纹也有一定检出能力，2023 年完成了中俄东线天然气管道的示范应用，并正在结合《中俄管道重大风险防控与安全保障关键技术》开发口径 1422mm 的综合内检测装备。清华大学 2017—2020 年提出了电磁控阵的内检测方法与高速检测的技术方案，实现了油气管道大尺度金属损失与小尺度裂纹同时高速、高清、随流检测，大尺度金属损失与小尺度的裂纹缺陷可以同时检测，金属损失检测范围为缺陷长度不大于 $\pm 5mm$、宽度不大于 $\pm 5mm$、深度不大于 $\pm 10\%t$；裂纹检测长度不大于 $\pm 10mm$、深度不大于 $\pm 10\%t$，置信度超过 90%，2020 年在大沈线开展了工业示范。

德国 ROSEN 公司研制了 ROCORRMFL–AULTRA 超高清漏磁内检测器，在传感器通道数量、间隔距离、设备的采集频率等参数上进行了升级，分辨率达到周向 1.6mm、轴向 1mm，能够对开口 0.5mm 以上的类裂纹进行检测。Baker Huges（GE PII）开发了 MagneScan SHRP- 四代漏磁检测器、TranScan TFI- 环向漏磁检测器、MagneScan HR- 高清轴向漏磁检测器等 [44-45]，这些检测器能集成漏磁、几何变形和 IMU，具备三轴传感器、1.5D（D 为管径）通过能力、大壁厚适应能力，具备开口 0.5mm 以上类裂纹检测能力。2022 年，Ou 等 [46] 提出了一种新的罐形磁化结构提升漏磁信号，当对罐形结构进行磁化时，试件中的磁感线分布更集中，磁化效率比传统 U 形结构更高，因此能够产生更强的漏磁场。同时，在构件的边缘进行检测时，罐形结构漏磁信号的一致性更好。

（2）超声检测技术。超声检测技术由探头发出超声波进入管道内，通过接收的回波判断缺陷状况。常规超声检测时需使用液体耦合剂，石油可作为一种良好的耦合剂，因此该技术在液体油管道中得到广泛应用 [47]。但对于天然气管道，由于无液体作为耦合剂，常规的超声内检测方法应用困难，需发展新的超声技术，如日本 NKK 公司的干耦合超声技术、电磁超声技术。相对其他检测技术，超声波具有更强的穿透性，可检测管道内外腐蚀缺陷的形状与体积、焊缝裂纹，具有检测速度快、精度高的优点。该技术的局限性是对于管道表面清洁度要求很高，无法应用于管壁结蜡严重或油品杂质较多的输油管道，且缺陷判别与量化表征严重依赖操作人员的经验[48]。

ROSEN 公司研制的超声波内检测器已应用于石油管道检测服务中，具备管道壁厚和裂纹定量检测的能力，当检测数据可信度为 90% 时，管道壁厚变化检测精度达到 0.2mm。中国对超声波管道内检测技术的研究相对较晚，内检测装备研制成功和进入成熟应用的报道较少[49-52]。沙胜义等[50]2018 年利用超声波内检测技术对某输油管道环焊缝的缺陷进行检测，并通过多次室内牵引试验和现场开挖验证，证明超声波检测技术可以较好地检测出平面型缺陷；同时，可以排除体积型缺陷的影响因素，可与漏磁内检测技术互补，更好地检测多种缺陷类型。李振北等[52]2022 年研制了一种管径 813mm 的压电超声管道腐蚀检测器，开展了管道水环道驱动试验，检测器准确识别和量化了缺陷管段上的一般金属损失、坑状、轴向与周向凹沟、针孔、轴向与周向凹槽等金属损失等缺陷，且能够与里程信息相对应。

（3）涡流内检测。涡流内检测技术通过激励线圈对被检测管道进行交变磁化，在管道内表面产生涡流场，从而激发出含有管壁缺陷信息的二次涡流磁场，通过提取该信号实现管道内壁缺陷的检测与识别[51]。涡流检测技术对材料的导电性、渗透性、缺陷形状敏感，且具有非接触性、设备轻便、功耗低、检测速度快等优点，已广泛应用于裂纹检测，弥补了传统漏磁检测通过性差、易卡堵、缺陷形貌反映不准确、检测速度慢、超声检测存在表面盲区、无法应用于输气管道的缺点[53]。

ROSEN 公司研制的 RoCorr IEC 涡流内检测器、RoMat DMG 漏磁与涡流复合内检测器等已较成熟。但中国发展相对较慢[54-57]，2020 年研制了一种适用于管径 1 219mm 的长输管道内变形涡流检测设备，并进行了整机牵拉试验、西气东输三线工业试验验证，其检测变形精度误差不大于 5%，耐压达到 15MPa，里程精度误差为 5‰，检测准确度不小于 85%，运行速度不大于 5m/s，连续作业距离不小于 100km。2022 年，研制了一种基于涡流原理的防打孔盗油专用管道内检测器，该设备能有效识别打孔盗油信号和内壁金属损失信号，已在多条输油管道进行工程应用。

2.1.1.3　管道应力内检测

由于长输管道距离长、途经复杂地理环境较多，易受到地震、滑坡及人为开挖扰动等，造成管道发生变形或位置变化，进而产生弯曲应变。近年来，管道因位移产生管道应变，进而导致管道开裂及失效的事故时有发生。为了检测管道附加应力应变，中国一般采取的方法是在管道上粘贴应变片或采用 IMU（Inertial Measurement Unit）检测弯曲应变，通过使用应变检测仪来对管道由于外力所产生的应变进行监测，采集并分析管道的应变数据。但采用该方法时需对管道选点开挖，仅能对管道的局部区域进行应变检测，无法开展有效、全面的长距离油气管道应变检测与评价，具有很大的局限性[53]。

（1）管道弯曲应变。近年来，国外检测公司通过使用 IMU 来测量管道中心线位置信息外，将中心线数据继续进行挖掘，估算管道整体所承受的变形和应变状态，为管道位移及应变检测提供了一种全新的方法，并通过长期的检测与监测来识别、控制管道位移及弯曲应变所带来的风险[54, 55]。通过多年的研究和发展，国外检测公司在该方面已取得初步的成果，实现了管道弯曲应变的计算、位移及弯曲特征识别，并成功运用于国外油气管道的应变检测，为地质灾害区油气管道运行提供了更为安全的保障。

GE PII 公司研制了 IMU 惯性测绘仪，由三轴漏磁检测仪、测径仪以及惯性导航单元在线检测仪等组成，能够定量、定性识别管道缺陷，并能够检测管道应变及位移变化，已应用于国内外多条管道[56]。贝克休斯公司研发了 GEOPIG 管道中心线内检测器对油气管道开展了应变检测，通过使用 GEOPIG 的惯性导航数据进而计算弯曲应变，以便能够识别由斜坡不稳定性、隆起或新建工程影响引起的潜在的管道移动。国外 Nowsco 公司开发的管道中心线内检测器已成功应用于陆上和海底油气管道的测绘与监控，管道变形的应用包含永冻土下沉、地表滑移屈曲、油气田沉降、管道交叉、海底管道的跨度等相关的监控，以及凹陷监测、温度和压力模拟、管道焊缝错边、弯头、新建管道平面和高程变化检测、管道地理信息系统数据采集等[57]。ROSEN 公司研发了 ROGEO XYZ 在线高精度管道线路测绘及应变分析仪，该仪器搭载了 IMU 高精度惯性测绘单元，能够提供高精度应变分析及精确的中心点数据。通过多次牵引试验对管道弯曲应变进行了对比分析和重复性试验，识别出由于环境因素等诱发的管道弯曲变形，验证了其实验设备和方法的有效性。

在国内，国家管网集团率先开展了基于高精度惯性导航的管道弯曲应变内检测，达到了国际先进水平。根据埋地油气管道的特点提出了基于内检测的中心线测绘方案，深入分析了 IMU、IMU/OD 以及 IMU/Marker 点等解算方案的特点，提出了一种基于多传感器融合的前向滤波加后向平滑解算方案方法，并研制了适合埋地长输油气管道专用的管道中心线内检测器。在此基础上，2022 年针对管道内检测时地面 Marker 点损坏或未触发的现场实际问题，提出了基于管道环焊缝信息的新旧管道不同的中心线测绘解决方案；针对内检测器在实际运行中因防止驱动皮碗偏磨而产生的中心线螺旋误差，深入分析了管道中心线内检测时螺旋误差的产生机理，研究了适用于工程应用的简化模型，进而提出了螺旋误差的标定方案和补偿方法[58]；针对长输油气管道弯曲应变问题，基于内检测中心线的管道弯曲应变计算方法进行了推导，提出了利用三次样条插值方法对管道弯曲应变计算结果进行拟合处理的方法，消除了由于检测时振动、焊缝及其他因素导致的噪声，并进一步对管道凹坑缺陷信息进行了特征量化研究。该成果建立了多传感数据融合的正反双向联合滤波管道地理坐标解算方法、管道弯曲应变解析及修正算法，中心线定位误差小于1m，准确识别弯曲应变变化量不小于0.02%的偏移管段，是中国首次研发的高精度激光惯性导航内检测装备，保证了非常规管道附加应力应变全域检测和管网重要基础设施坐标自主可控，使国内外处于同等研究水平。

（2）管道轴向应力检测。管道的轴向应力检测一直是内检测难题，尚处于研究阶段，主要研究方向为利用磁致伸缩效应、剩磁条件下磁阻检测、弱磁强磁耦合检测等试验轴向应力检测的可行性[59]。德国ROSEN公司最先提出和研制了一种强弱磁耦合检测方法及内检测器，用以检测管道缺陷及应力集中区。该检测器由高磁场检测器、低磁场检测器及钳臂组成，高磁场磁化器磁化管壁，检测缺陷的漏磁信号，可对缺陷定位；低磁场磁化器磁化管壁，用以检测缺陷与应力复合信号，判断缺陷处是否存在应力；钳臂紧贴管壁，用于检测缺陷轮廓和分辨内外壁缺陷[60]。该检测手段结合了漏磁检测与弱磁检测的优点，侧重点不仅在于缺陷或应力的定位和判别，还在于缺陷处应力水平的评估。

交流电磁场应力测量法是基于交流电磁场检测技术衍生的一种新型应力评价技术。国外（如GE PII公司）提出了基于磁致伸缩原理的交变电磁应力内检测技术，在中缅管道进行了应用，但并不能精准地定量检测。中国在该方向正处于起步阶段，已能对轴向应力开展定性检测，并可按照风险程度进行半定量排序，基本与国外处于同一水平。

（3）非常规内检测。由于油气管道建设期的设计不合理、施工质量等问题，中国还存在大量非常规油气管道，包括多变径、大变形、小尺寸弯头、斜接等结构或特征；长输管道还存在输送压力低、流量小等问题，无法采用常规的内检测手段对管道进行全面检测和探知管道当前的本体状态。

非常规检测技术的研究目前主要集中在国外的部分高校与机构，包括美国土尔萨大学、加拿大音谷公司、美国Pure公司及德国ROSEN等。土尔萨大学针对低成本内检测技术进行了一系列研究，内容包括两个方面：一是将微型传感器搭载在传统清管器上进行相应检测，探索新型传感器的应用；二是设计了可在管内自由漂浮的小型检测仪器，连续测量管道内部的温度、压力以及其他数据。该研究探索了将其他领域的传感器应用到管道内检测的可行性，如用于人体检查的某些传感器，单个传感器即可同时采集多项数据，包括温度、压力、加速度。将这些传感器搭载到了传统清管器上以及全新设计的自由漂浮结构中，并进行了相关试验。结果表明，微型传感器在检测管道弯头、壁厚变化、全线温度与压力分布数据等方面存在较大潜力。

加拿大音谷公司推出了Pipers®自由漂浮传感器，可用于小尺寸管道的内检测。该传感器采用球形外形，直径仅有1.5in，可在管道内随着流体自由漂浮，最小能够通过 2in 的管道，可检测管道介质的泄漏量、沿线压力、几何缺陷、外部金属支管等，检测工作时间最长达 24h。Pure 公司推出的 SmartBall® 是一种自由漂浮的内检测仪器，能够检测管道介质的泄漏量、管体气孔、测绘管道线路图。SmartBall 内检测仪器具有以下特点：集成高灵敏度声学传感器，用以定位微小泄漏与气孔，单次部署就能够覆盖长距离检测，运行过程中可活跃跟踪，能测绘地下管道的位置。该检测器可运行在 150mm 及以上口径的管道中，最大承受压力 3.4MPa，在运行过程中，智能球跟随管道内输送介质游动，提供最长 24h 的数据采集[61]。

在国内，天津大学也开展了类似的研究，提出一种球形的管道内检测仪器[35]，在管道中依靠介质的前后压力差推动前进。该检测器搭载多个传感器，记录沿途信号，从终点处将检测仪器取出对信号进行分析，从而确定泄漏是否发生且对泄漏点进行定位。目前，该技术仍存在一定的不足：检测仪器在管道中有时会剧烈振动，且很难恢复至稳定状态；没有稳定可靠的跟踪定位装置。

上述检测技术及设备智能替代内检测的部分检测功能，但由于设备体积受限只能集成低精度的传感器，不能对非常规管道的状态进行全面检测[62]。此外，"高通过性"检测仪器是用于不能通过常规内检测仪器的管道的工具[63]，如短径管、斜弯管、变径管、闸阀、旋塞阀、T 形三通以及无内检测仪器收发球筒的管道。"高通过性"检测仪器还用于流量不足无法驱动内检测仪器的工况，在控制速度下自动推进，可安装多种检测工具。

2.1.1.4 装备与应用

管道内检测仪器主要有漏磁型、超声型、涡流型及射线型等。在油气管道检测中，广泛应用的是漏磁型管道内检测仪器，占设备总量的 90% 以上[48, 53, 54]。目前，国际领先的内检测仪器主要有两家企业：Baker Huges 的 MagneScan 漏磁型管道内检测仪器用于检测 6~56in 的管道，目前已成为使用最广泛的管道内检测仪器之一；ROSEN 的高清晰度漏磁检测仪器，其结构紧凑，在口径较大的情况下，仅安装一个检测节，便于发射和接收。以 Bake Huges 为代表，正在研发第 5 代超高清漏磁管道智能检测仪器，可以检测直径为 3mm 以上的针孔。以 Rosen 为代表，已开发可以适应非常规管道检测的内检测仪器，其变形能力能够达到 55%。

中国管道内检测仪器的研究起步较晚，近年来许多高校在无损检测原理及特征识别方面做了大量研究工作，如清华大学黄松岭团队在漏磁原理方面的研究[64-66]，东北大学张化光团队在完整性数据专家分析软件方面的研究。在工程化应用方面，开展设备研发的有中国石油管道局、沈阳工业大学、国家管网集团、中国特种设备检测研究院、沈阳仪表科学研究院、中国航天科工第三研究院等。国内常规管道设备检测性能可以检测直径 5mm 以上针孔，其常规漏磁检测仪器变形能力达到 15%。但在产品鲁棒性、检出率、置信度上与国外研制的设备有较大差距。在非常规管道检测的内检测仪器方面，国内报道较少，未见相关厂家的技术指标参数。

（1）投产前综合内检测器。国家管网集团研发的投产前综合内检测器，可检测管道几何变形、环焊缝数量、管道里程等信息，适用于直径 457~813mm 范围内的管道，搭载的电子系统功耗超低，并使用高耐磨皮碗、双直板皮碗与钢刷配合，确保长距离密封、且支撑与耐磨同时兼顾。2017 年以来，直径 813mm 投产前综合内检测器在鞍大线、漠大二线、日濮洛等管道投产前进行了应用，累计检测管道里程约 4000km，发现多处变形缺陷、黑口等，保障了新建管道的施工质量。第二代投产前综合内检测器应用于锦郑线 457~660mm 共 4 个不同管径管道检测，2018 年在锦郑线投产前内检测完成了 88 次检测器发送，累计检测里程约 1300km，基本完成了现场具备检测条件的全部干线管道检测，克服了时间紧、任务重等诸多困难，圆满完成了工作任务。

为了对管径为 1422mm 的中俄东线天然气管道实施投产前测径验收，降低检测器动力源成本，根据工程现场各施工段条件及空压机工况，国家管网集团在原有投产前内检测技术基础上，设计开发了大口径管道聚氨酯测径内检测器。该检测器是首台采用聚氨酯泡沫结构的 1422mm 测径内检测器，成功应用于中俄东线天然气管道北段（黑河—五大连池）、中段（长岭—永清）的投产前检测。

（2）双励磁场管道内检测器。田野等[67]基于漏磁内检测器的结构，提出了不同励磁强度的两节磁化内检测器在管道内检测的应用方法。双励磁场管道内检测器由两节构成，前后采用万向节相连，前一节为漏磁内检测器，对管壁采取饱和磁化时进行缺陷检测；后一节为弱磁内检测器，励磁强度低于管材磁化曲线的近饱和磁化强度，用于应力检测。两节检测器励磁方向均为轴向励磁，前一节为漏磁内检测器，对管壁采取饱和磁化时进行缺陷检测；后一节为弱磁内检测器，励磁强度低于管材磁化曲线的近饱和磁化强度，用于应力检测。

双励磁场管道内检测器选取了西气东输二线天然气管道工程管径 1219mm 的管段进行了实际应用，通过试验及实际工程检测结果对应力检测的有效性进行了验证，对比了磁记忆、矫顽力检测管道应力的有效性。应用结果表明：双励磁场管道内检测器能够有效地进行长输油气管道的在线检测，通过一次检测得到管道的体积缺陷与应力损伤信息；体积缺陷可以通过漏磁检测进行识别，应力异常可以通过弱磁检测进行识别；当进行管壁应力验证时，矫顽力检测与双磁场应力内检测方法的结果有较高的一致性。磁记忆检测能够识别管道防腐层剥除后未打磨前的管道原始应力分布，检测结果与双磁场应力内检测方法有较好的一致性。

（3）大口径自动力投产前内检测装备。针对管径为 1422mm 的中俄东线天然气管道投产前检测，2020 年国家管网集团研制了一种能够长距离自动行走的管道内检测器，搭载有高清摄像头、激光测径传感器、小型 IMU 等检测传感器，可在管道投产前完成摄像、测径、中心线测绘及金属缺失等检测，能够大大降低检测难度、节省动力源及检测费用[68]。

该内检测器可加装和配备执行检测所需的工具或传感器，能够按照需求提供各种高质量数据，主要功能包括：适用于投产前管道检测，能够自主提供动力在管道内前进；行进速度可按检测需求进行调整，具备一定的爬坡能力；续航能力不小于 50km；加装高清摄像装置，能够全圆周地对管道内壁、环焊缝进行高清拍照，观测管道内部情况；加装惯性导航单元，对管道中心线进行测绘，对管道中心线进行定位；加装激光或红外测距传感器，测量管道内部尺寸及变形情况。

自动力内检测器已在中俄东线天然气管道工程上多个管段开展了实际应用，对检测管段内拍摄了视频，直观地验证了管道内部的干燥情况；拍摄了部分管段的管道内壁高清图像，检查了管壁表面状态，对管道工程的顺利推进产生了积极作用。

（4）盗油阀门及内部金属缺失专用检测器。输油管道打孔盗油风险较高，部分管道在建设期即被安装盗油阀门，由于受到输量、清管条件（清洁程度）及检测成本等因素制约，不能多次进行常规内检测。国家管网集团陈朋超等[69]2019年发布了基于永磁扰动检测的管道支管专项内检测器，具有低成本、无清管要求、定位准确、检测方便且可以随时发送的优点。管道支管专项内检测器的检测原理是基于永磁扰动原理：将永磁体靠近待检测铁磁构件，建立磁相互作用场，该构件上的不连续突变会使磁作用场产生磁扰动并反馈至永磁体；捕获永磁体的磁扰动变化，便可获得铁磁构件上与之对应的不连续信息[70]。管道支管专项内检测器已在多条输油管道上进行了现场应用，检测器完整采集了全线里程及焊缝信息，永磁扰动探头采集数据完整、无断点。通过对检测数据进行分析，应用检测信号定位技术，现场开挖确认了多处管道缺陷，经过及时修复，有效降低了管道风险。

自 2017 年 8 月试验成功以来，已完成了 219~813mm 近 10 个口径的盗油内检测器研发，不但在国家管网集团内部进行实际应用，同时将该技术推广至其他公司，累计检测管道超过 8000km，检出新增盗油阀门和已修复盗油阀门 400 余个，为油气管道的安全生产运行提供了有效手段。

（5）小曲率半径低压力输气管道内检测器。2023 年，徐春风等[71]研制了一种适用于油田小曲率半径低压天然气集输管道的漏磁内检测器。改造后的漏磁内检测器由动力节和励磁检测节组成，两节之间用万向节连接。改造后的漏磁内检测器优化了动力节结构，将硬质聚氨酯导向盘同位置更换为导向钢刷，在保证不降低导向作用的同时，减少了启动时的静摩擦力，既可降低漏磁内检测器启动时的加速度、运行速度，又可减小设备损坏的可能性。同时，励磁检测节减小了永磁体的体积，降低了漏磁内检测器的整体质量，适用于低压输气管道检测，可满足高清漏磁内检测的磁化需要。

将改造后的内检测器应用于某油田低压输气管道，结果表明：与原有的输气管道漏磁内检测器相比，改造后的内检测器在弯头处的启动压差降低约40%，内检测器最大运行速度由11m/s降至6.8m/s，95%检测里程控速在5m/s以下，并且可以准确获取管道内、外壁缺陷数据。小曲率半径低压力输气管道内检测器的研制与应用，弥补了输气管道内检测器的技术短板，可有效提升了管道本质安全水平[72]。

（6）多传感磁电复合管道综合状态内检测装备。国家管网集团近年来已研发不同口径的传感磁电复合管道综合状态检测设备，是在三轴高清漏磁内检测技术的基础上，将电磁涡流、几何变形、残余、附加应力、温度及压力等检测技术进行高度集成，形成一种全新的可选择综合型内检测设备，更好地为管体及环焊缝的体积型缺陷、平面型缺陷进行有效检测评价。通过多种传感器的高度融合与集成，实现对管道金属损失型缺陷、内表面开口型类裂纹、管道内部积水、阴极保护电位、管道轴向应力等本体状态的检测。2019年，在中国石化大理—楚雄管段，采用直径273mm磁电复合内检测器进行现场检测，结果证明检测器结构完好、检测数据完整有效。2020年，在石兰线石空—沙坡头管段、红湾—景泰管段，再次利用直径457mm磁电复合内检测器进行现场检测，结果证明检测器结构完好、检测数据完整有效。两次检测均发现该管道存在多处腐蚀缺陷，并进行了现场开挖，验证了检测结果的准确性。

国家管网集团针对高钢级管道环焊缝缺陷、应力应变检测等难题，研发了口径为1016mm的超高清磁电复合内检测器。该检测器集成了金属损失、几何变形、应力应变等检测技术，开发了多维感知、周向无缝的DSM（Defect Stress and Material）多物理场超高清管道综合内检测装备，可实现类裂纹、针孔、应力等复杂缺陷的检测。该检测器达到了超高清级别，周向传感芯片无间距全覆盖，由机械载体部分与电气部分组成：机械载体分为漏磁节和多功能节；电子系统支持5kHz采样频率，支持轴向采样间距为1mm，可满足3024路漏磁通道、168路涡流通道、3路里程轮通道、80路几何通道，以及集成在采集电路板上的姿态传感器及温度传感器信号等的同时采集。基于漏磁及脉冲涡流检测原理，开发了V形MagEC超高清磁电复合传感器，内部集成了12个三轴超高清漏磁传感器、2个脉冲涡流传感器，其中12个三轴超高清漏磁传感器交错布置，实现了环向管壁的全覆盖。

多传感磁电复合内检测器可实时检测并记录金属管体上的各类缺陷，主要包括大面积腐蚀、机械损伤、内外部缺陷、焊缝异常、划痕、打孔盗油点等管道异常缺陷信息。同时，还可检测套管、补丁、阀门、三通等管道附件信息，造成管道内径变化的管道附件、管道长度、阀门、三通、环焊缝、弯头等信息。通过后期数据分析处理，可以确定管道异常缺陷信息及相关管道附件的精确位置和尺寸。

（7）新一代超高清亚毫米级管道内检测器。董绍华等[73]通过理论分析、建模仿真、设备研制、现场应用等，自主研发了新一代超高清管道漏磁内检测器。该检测器的探头通道间距 0.6mm、轴向采样间距 1mm，可满足海量数据存储与采集要求，信号数据采集量增加 15 倍，并将漏磁检测、变形检测及定位检测集成到同一台检测器上，可一次性检测出各类缺陷，同时对齐腐蚀、变形以及环焊缝缺陷数据。该检测器开发了基于深度学习的智能化识别分析软件，建立了 BP 神经网络深度学习模型，实现了缺陷的一体化识别，提高了小孔腐蚀的可检测能力，可有效识别面积小于 $1t \times 1t$（t 为管道壁厚）的缺陷。该检测器搭载 T 字形亚毫米级间距霍尔探头，可实现单个探头各通道间距达 0.6mm。将相邻的两个 T 字形探头正反交错设置，使得探头在检测器中心轴的径向上形成内外两排的排布方式。与现有技术的单排设计相比，此设计方式布置的探头个数明显增多，排布更加紧凑，相邻两个探头的间隙达到最小，有助于检测出管道内部针孔型小缺陷，大幅度提高了检测精度。同时，相邻的两个探头沿检测器中心轴的径向保留一定距离，保证检测器在管道内运行时探头具有一定的活动空间，减少因管壁的挤压对探测机构造成的损坏。探头支撑部位设置多个弹性部件，每个探测单元通过一个连接机构与检测器的中心轴连接。弹簧可提供一定的缓冲力度，提高了连接机构的柔和性，使检测器过焊道时更加平稳，降低了探测机构受撞击时的强度，延长了检测器的使用寿命。2020 年 2 月，新一代超高清亚毫米级管道内检测器在中国石化某输油管道进行了应用。管道全长 105.5km，常规壁厚 6.4mm，管径 323mm，设计压力 9.5MPa。该检测器初步解决了当前三轴高清漏磁内检测器无法精确描述和量化小孔腐蚀缺陷、环焊缝缺陷的突出问题，对于打破国外技术垄断具有重大意义。

2.1.2　管道外检测

2.1.2.1　直接评价

（1）外腐蚀直接评价（ECDA）。ECDA 的实施往往受地面状况的影响较大，在穿越段、土壤导电性差或易形成电流屏蔽的特殊地段，以及一些电磁干扰较强的管道途经区域，ECDA 的有效性会显著降低。2013 年，PRCI（Pipeline Research Council International）开展了一项 ECDA 应用效果的调查研究，主要是总结 ECDA 开展 10 年来的应用效果及存在的不足，并探讨改进措施。结果表明，10 年来，ECDA 在外腐蚀控制方面的有效性还不高、流程复杂、工作效率低，在工业领域的认可度尚不明确。因此，ECDA 技术的有效性、适用性还需进一步提升，尤其在腐蚀活性点的识别上，其准确率不高。目前，大量开挖的防腐层破损点金属表面并无明显的腐蚀痕迹，主要原因是评价准则过于笼统、无量化指标。因此，在 NACE SP0502—2010《管道外腐蚀直接评价方法》、SY/T 0087.1—2018《钢质管道及储罐腐蚀评价标准　第 1 部分：埋地钢质管道外腐蚀直接评价》中，将原来的单一指标评价改为综合指标评价，将土壤腐蚀性、防腐层破损程度、阴极保护水平、杂散电流干扰程度等指标进行组合，以综合评估外腐蚀风险，确定开挖调查的优先级[73]。综合评估指标体系的建立在一定程度上可避免单一评价指标造成评价结果的片面性。目前，该评估体系已投入工程应用，应用效果还待观察。

近 5 年来，在外腐蚀检测方面的研究进展主要集中在一些位于外检测盲区的特殊管段，如河流穿越段管道的腐蚀检测与评价。天津嘉信技术工程公司自主研发的河流穿越段管道外腐蚀检测系统 River-ROV，结合潜水和声呐设备，实现了对穿越段管道的定位、埋深测量、阴极保护电位测量及防腐层破损点的定位功能。目前，该设备已在西气东输、广东省网的多条穿越段管道上进行应用，效果良好。River-ROV 的研发为穿越段管道的腐蚀检测与评价提供了有效的解决方案[74, 75]。此外，国家管网集团研究总院自主研发了一套河流穿越段管道防腐层性能在线检测与评价装置，利用穿越段两端的电流测试桩，基于时钟同步信号的相关性，成功提取了在役管道穿越段管道中电流信号与电位信号，用于测量和计算穿越段管道防腐层的绝缘电阻率，计算结果重现性超过 75%[76]。该装置的成功研制，为在役管道穿越段防腐层性能检测与评价的难题提供了解决方案。

（2）内腐蚀直接评价（ICDA）。ICDA 主要通过流体力学模型计算给出可能的内腐蚀风险点，再结合腐蚀预测模型分析其发展趋势。常用的流体分析软件包括 Fluent、OLGA、ANSYS、PipePhase 等，依据管道走向、流体状态，预测水或腐蚀性介质易沉积的位置，结合现场开挖进行验证并利用腐蚀预测模型进行内腐蚀情况的检测和预测，包括临界倾角计算、多相流分层模型、内腐蚀发展预测模型等。对于不同运行工况的管道，上述计算与预测模型并不是唯一的，通常不具有普遍适用性。北美地区的一些管道运营公司往往结合所辖管道的实际情况，开发有针对性的计算模型或软件，可以重复使用和持续修正。NACE 先后发布了 NACE SP0208—2008《液体石油管道的内部腐蚀直接评估方法》、NACE SP0206—2016《干气管道内腐蚀直接评价标准》、NACE SP0116—2016《管道多相流内部腐蚀直接评估》、NACE SP 0110—2018《管道的湿气内部腐蚀直接评估方法》等标准，关于内腐蚀预测的模型有 60 多种，表明内腐蚀直接评价的复杂性。国外在内腐蚀直接评价和内腐蚀预测方面在持续开展研究，PRCI 自 2007 年开始主要资助了 8 项与管道内腐蚀相关的研究项目。NACE 自 2006 年来，先后发布了 4 个有关 ICDA 的标准。在各种 ICDA 评估模型中，天然气干线管道内腐蚀预测模型较为成熟，在国外已有较多的成功应用案例，但液体管道、多相流管道的腐蚀分析模型因介质情况复杂，成功应用案例较少，目前大都处于探索阶段。在国内，中国石油、中国石化、中国海油针对输气管道、液体管道、多相流管道的ICDA均开展过应用研究。

目前，制约ICDA的主要因素包括：①流场计算和腐蚀预测模型方面的研究仍在探索和提升阶段，特别是液体管道、多相流管道计算参数繁多，不同模型对不同管道的适用性各不相同；②现有计算软件或模型在长距离管道流体计算分析方面精度不高，计算能力有限。国家管网集团北方管道有限公司在2009—2019年持续开展了长输油气管道内腐蚀评价和控制技术方面的研究，发现管道内腐蚀受输送介质、管材、管道高程、输送工艺的影响，还涉及建设期、投产期的内腐蚀问题等。正是由于影响因素众多，导致计算精度和预测准确性均不高。

近年来，中国在ICDA应用方面开展了大量的工作，计算方法和模型则不限于标准推荐的做法。中国石油大学（华东）曹学文等[77]以中国东海某海底管道的实际运行工况为基础，建立了NorsokM506内腐蚀预测模型，利用流体动力学理论模拟分析了管道内腐蚀状况，发现ICDA能够准确预测管道内腐蚀状态与风险，可为无法开展内检测的海底管道提供有效的内腐蚀评估方案；同时，流体的动力学参数对腐蚀速率影响较大，选取合适的内腐蚀预测模型及管道运行参数非常重要。中国石油大学（北京）、西南石油大学、辽宁石油化工大学等高校也开展了大量应用研究，在临界倾角改进算法、临界长度算法、油品携水能力评估等方面开展研究与应用。在内腐蚀预测方面，神经网络、灰色关联度、贝叶斯网络模型等方法也都有应用，旨在提升ICDA的精度和有效性[78-81]。随着内检测技术的发展和提升，内腐蚀直接评价结果的验证越来越直观和方便，可以在实现多轮次的数据对齐后直接进行内腐蚀风险的识别和腐蚀速率的计算，也可有效验证内腐蚀预测模型的精度。国家管网集团研究总院、安科工程技术研究院（北京）有限公司从内检测数据着手，结合管道运行工况数据，开展了管道内腐蚀特征和风险识别，基本掌握了沉积水、油析水、试压水残留导致的管道内腐蚀特征，发现主要原因是长输管道的输送介质含腐蚀性介质成分较低，其与管道内部残留的水有关。

（3）应力腐蚀开裂直接评价（SCCDA）。应力腐蚀开裂（SCC）是材料在应力与腐蚀环境共同作用下产生的以裂纹生长和脆性断裂为特征的一种环境敏感断裂形式，油气长输管道以外壁应力腐蚀开裂为主，裂纹常以群落的方式集中出现在某一区域，裂纹群内可能存在几十到几百个相互平行的微小裂纹[82-84]。在美国路易斯安那州Natchitoches输气管道1965年3月发生第一起SCC事故之后，国外埋地管道发生了大量的应力腐蚀开裂事故，对管道安全构成了严重威胁，国外的研究机构和管道运营商对此开展了应力腐蚀开裂机理、风险识别、内外检测及风险减缓等研究，也制定了 SCCDA 标准。在 SCC 风险识别方面，北美地区（如加拿大能源管道协会、PRCI 及 NACE 等）给出了相应的标准及指导手册，研究机构、管道运营商在大量实验研究、事故案例的基础上，建立了较多的 SCC 风险识别模型，并开展了实际应用。

2020 年前后，随着大量高钢级、大口径管道的设计和投用，中国石油大学（华东）、中国科学院金属研究所、中国石油工程材料研究院及北京科技大学等中国的高校及科研机构，在 SCC 敏感性识别、开裂机理、SCC 萌生条件及 SCC 裂纹扩展规律等方面开展了大量理论和实验研究。在研究过程中，明确了高 pH 环境中的 SCC 开裂机理为阳极溶解机理，给出了多种近中性 pH 环境下的 SCC 开裂机制，探索了微生物腐蚀、杂散电流干扰腐蚀作用下的应力腐蚀开裂机理，获得了多种作用机制下管线钢在不同土壤模拟液条件下的 SCC 萌生条件、影响因素及规律，并在裂纹扩展规律方面也取得了较多的室内实验数据。

截至 2021 年底，国家管网集团研究总院最新的调查研究结果表明：中国高压力天然气管道服役时间短、管道整体运行压力较低、外腐蚀控制措施较为完善，3PE 涂层发生外腐蚀较少，埋地管道应力腐蚀开裂案例很少，开裂原因主要为材料、焊缝质量不合格或机械损伤导致。由于目前 SCC 案例少，国内在应力腐蚀开裂高风险管段识别、减缓技术方面的研究及应用较少，仍处于储备研究阶段[85]。

2.1.2.2 地面检测

（1）瞬变电磁技术。1951 年，加拿大物理学家 Wait 首先提出瞬变电磁技术原理，可用于地下矿体探测、地质勘探及埋地管道检测。中国自 20 世纪 70 年代开始研究瞬变电磁检测技术，已成功研制出可用于埋地钢质管道检测的装置。该技术原理为：利用施加脉冲电流的发射线圈在埋地管道周围激励磁场，脉冲电流的瞬间变化会引起磁场变化，变化的磁场在埋地管道上激励出一种随时间衰减的"涡流"，由衰变"涡流"激励出随时间衰减的磁场又会在接收线圈中感应出电动势，感应电动势的大小与电阻率、磁导率相关。当管道无缺陷时，电阻率、磁导率处于均匀状态；当管道有缺陷时，缺陷截面则会引起电导率、磁导率的变化，感应电动势的大小随之变化。早在 1980 年，国外首次将瞬变电磁法应用于地下铁磁性管道检测当中，并尝试计算管道壁厚。李永年等[86]对瞬变电磁法在管道壁厚检测中的应用开展了研究，并成功开发出了国内首台用于埋地钢质管道检测的瞬变电磁装置。国内部分高校及研究机构也通过理论与实际相结合的方式，对瞬变电磁法检测管道腐蚀进行了大量研究，为瞬变电磁法检测热力管道腐蚀提供了基础。

在"十三五"期间，国家重点研发计划和国家自然科学基金课题一直在开展关于瞬变电磁技术（Transient Electromagnetic Method，TEM）的提升与装置改进工作。张春梅[87]利用 ANSYS 有限元仿真软件，建立了埋地金属管道瞬变电磁检测数值仿真模型，分别在笛卡尔坐标系与单对数坐标系下对感应电压信号进行了有关管道壁厚特征量的提取。结果表明：单对数坐标系下的感应电压信号曲线线性段的管道壁厚与缺陷相关特征量函数关系明显，将其用于腐蚀程度的评价更加便捷。同时，基于 ANSYS 仿真模型分别研究了不同土壤电阻率、管道埋深、管道内径以及管道覆盖层厚度对壁厚估计公式的影响，发现管道埋深、管径对壁厚反演结果影响较大，由此提出了含管道埋深、内径参数矫正的管道壁厚估计公式。

在 TEM 装置提升方面，杨勇等[88]利用遗传算法设计出具有磁场信号聚焦效果的线圈阵列，将磁场信号聚焦在半径约 0.7m 的圆形区域内。试验结果表明：该技术可实现信号聚焦区域内管道剩余平均壁厚的有效检测，且检测所得壁厚数据与超声波测厚数据的误差小于 5%。

郝延松针对埋地管道瞬变电磁检测信号弱的特点，对接收探头装置进行改进，加入磁芯显著增强了弱磁信号，从而提高了检测精度。在分析瞬变电磁信号噪声特点时，对原始信号进行异常点剔除、一次场分离及平滑滤波等数据预处理，检测信号的质量也得到了改善[89]。

（2）磁力层析技术（Magnetic Tomography Method，MTM）。1994 年，俄罗斯 Doubov 首次提出金属磁记忆概念，即铁磁性金属构件因受载荷与地磁场共同作用，在应力与变形集中区域发生具有磁致伸缩性质的磁畴组织定向和不可逆的重新取向。这种状态的变化是不可逆的，在载荷消除后不仅会保留，且与最大作用应力有关，可"记忆"金属构件表面微观缺陷或应力集中的位置，即所谓的磁记忆效应[90-92]，MTM 技术正是基于金属磁记忆效应来实现缺陷检测与定位。该技术对应力集中缺陷较敏感，但受外界电磁干扰影响较大。自 2002 年 MTM 检测设备首次商业化应用以来，目前已发展至第二代产品，并在埋地钢质管道实现了应用，主要应用于俄罗斯。中国自 2010 年来，也逐步开展了该国产化装备的开发与工程应用。

2019 年，国家管网集团北方管道有限责任公司开展了基于 MTM 技术定位管道环焊缝的试验，即利用环焊缝处的应力集中或结构上不连续引起的磁场变化来定位管道环焊缝位置。试验结果表明：定位准确率仅为 50%，主要原因是易受外界电磁干扰影响，导致检测效果误差较大。

近年来，非接触磁应力技术已应用于管道环焊缝定位中。丁疆强等[93]通过开挖验证以及缺陷焊缝的无损探伤，表明环焊缝的定位偏差小于 1.5m 的占比为 90%。李春雨等[94]将非接触式磁应力检测技术应用于磁场干扰相对较少的青海油田集输管道，结果表明：当管道本体缺陷损伤程度较小时，磁应力检测结果准确率可达 90% 以上；当管道整体腐蚀较严重，存在泄漏点或极严重的缺陷时，磁应力检测会低估其严重程度，导致严重壁厚损失缺陷无法检出或检测结果不准确。廖柯熹等[95]基于中缅长输管道开挖管段的非接触磁应力检测数据，研究了管道磁感应强度随提离高度变化的规律，拟合得到了管道本体、环焊缝处磁梯度模量与检测高度的量化关系公式。采用该公式对提离高度进行归一化处理后，磁感应强度数据与实测数据对比误差小于 10%。拟合公式主要针对不同埋深管道的磁梯度模量数据进行归一化处理，可以解决非接触磁应力检测结果偏差较大的问题。

从应用情况来看，MTM 检测技术用于管道缺陷检测或环焊缝定位具有可行性，但可靠性水平尚未形成一致的认识，其应用效果也需根据具体的工况条件来确定。

（3）超声导波技术。超声导波可在不开挖或局部开挖条件下，在较长管段上实现"点"对"线"的快速扫查，定位整个管段的内、外壁缺陷，识别出法兰、焊缝、支管等特征，但无法精确测量缺陷深度及面积等，需局部开挖，并配合采用其他无损检测技术实施缺陷定量测量。目前，主要用于局部管段内、外壁缺陷的快速扫查。对于地上管段，超声导波理论上可检测上百米的管段，但由于受管道制管条件、防腐层以及一些固有的支吊架结构的影响，单侧最大长度很难突破70m；对于埋地管段，由于受土壤应力的影响，单侧检测长度一般仅为 5~25m[96~98]。目前，超声导波技术主要应用于站场工艺管道、套管穿越段管道的检测，并已纳入国家标准推荐的检测技术。

2.2 环境监测

2.2.1 管道泄漏监测

管道泄漏监测技术是通过监测管道内部参数（如压力、流量等）或管道外部参数（如油气浓度、振动、温度等）的变化，来确定管道是否存在泄漏并定位泄漏点的技术。该技术涉及多学科、多领域技术，近年来的研究热点集中于泄漏监测系统开发、模型建立、算法优化、软硬件协同及各种监测技术的互相结合。

分布式光纤泄漏监测技术自出现起一直是研究热点，具有抗电磁干扰能力强、鲁棒性强、安全、快速、定位精度高等优点，按照技术原理可以分为散射式、干涉式[99]。散射式光纤传感技术是近几年的研究重点，其利用光传输过程中的瑞利散射、布里渊散射及拉曼散射现象，监测管道泄漏引起的振动、温度变化，Zaman D 等[100]基于瑞利散射的管道泄漏监测技术，能将泄漏识别准确率提升至 96.7%。国家管网集团研究总院利用 Design Modeler（DM）软件，建立了三维声场与温度场计算模型，得到了管道泄漏点 10m 范围内声场、温度场的分布规律及影响范围，设计出利用单根光纤同时探测相干瑞利散射相位变化及布里渊散射频移的原型样机，有望具备利用一根光纤实现泄漏多参量（振动、温度）的融合监测能力。

传统的负压波法、声波法、流量平衡法等技术尽管在系统结构组成方面变化不大，但数据处理算法的改进及多技术的联合应用仍受到国内外的重视，不断涌现出新的方法。郝永梅等[101]提出了一种改进的总体局域均值分解（Ensemble Local Mean Decomposition，ELMD）与多尺度熵的管道泄漏信号识别方法，进一步提高了泄漏信号的识别率。王芳等[102]利用小波变换对压力信号进行降噪处理，提高了负压波法对于微小泄漏与缓慢泄漏的灵敏度、定位精度，能够对干扰工况、环境噪声起到降噪和突出特征的效果。肖雯雯等[103]将声波法与负压波法泄漏监测技术进行优化组合，可对最小3mm孔径的泄漏点进行可靠监测和定位，大幅提高了监测定位精度。

实时模型法作为一种传统的泄漏监测方法，建立了管道瞬变流的水力热力模型，输入流量、压力、密度、黏度等参数求解模型所描述的管内流场，当计算值与实测值偏差超过阈值时，可判断发生泄漏[104]。该方法性能指标取决于采集信号的数量、模型精度及计算机求解速度，只适用于较大渗漏的监测。但随着管道采样数据数量与质量的提高，以及计算机运算能力的提升，该方法重新受到关注。佟淑娇等[105]基于VPL（Visual Pipeline）开发了输油管道实时泄漏监测系统，其定位精度高，对微小泄漏监测定位效果显著。2021年以来，国家管网集团的油气调控中心、研究总院、东部储运有限公司等正在开展"融合SCADA系统数据的液体管道泄漏综合监测系统研发与应用"的研究工作，拟将实时模型法、负压波法、动态压力波法等进行融合，解决模型法灵敏度低、负压波与动态压力波法受管输操作干扰大的问题，提升泄漏监测技术的各项性能指标。

2.2.2 管道地质灾害防护

针对管道系统的地质灾害防灾减灾需求，中国逐步建立了集风险识别、评价、监测、检测、预警及防治为一体的风险管理系列支持技术。建立了管道地质灾害风险管理、监测预警及效能评价系统，可对滑坡、水毁等7类15种常见灾害进行动态管理，并提出早期识别、智能预警及综合防治措施。已制定了SY/T 6828—2017《油气管道地质灾害风险管理技术规范》、GB/T 40702—2021《油气管道地质灾害防护技术规范》、ISO 20074—2019《陆上管道地质灾害风险管理规范》等标准，在管道地质灾害风险管理技术领域处于国际先进水平，实现了该研究领域在国际、国家及行业标准体系中的全覆盖。

2.2.2.1 管道地质灾害风险调查识别

为了应对极端气象条件下高隐蔽性、大随机性的地质灾害隐患精准识别和隐患治早治小的需求，天空地一体化的灾害识别技术手段逐渐得到研究及应用。近年来，基于星载平台（高分辨率光学＋合成孔径雷达干涉测量技术）、航空平台（机载激光雷达测量技术＋无人机摄影测量）、地面平台（斜坡地表和内部观测）

的"天空地"一体化多源立体观测体系在地质灾害的早期识别中发挥了巨大作用。

在国内，多基于形变普查、形态详查、形势核查共同组成的"三查"技术体系，制定不同地区管道地质灾害早期识别工作方案，并结合山区管道地物变化特征，建立崩塌、滑坡、泥石流等典型灾害案例库，开发突发与区域群发地质灾害的高精度识别模型。天空地一体化技术在中缅管道、中贵线的黄土高原、秦巴山区、云贵高原及横断山脉等典型研究区逐步开展应用。国外作为天基和空基技术的发源地，在 InSAR 和机载 LiDAR 方面不断取得新的突破，并解决实际应用中出现的问题。如为了解决山区地形导致的几何畸变，提出了融合升降轨 MT–InSAR 形变监测方法，其利用实地 DEM（Digital Elevation Model）数据与 SAR（Synthetic Aperture Radar）成像几何参数划分影像中叠掩区、阴影区的范围，并将几何畸变细分为主动区（影像中产生几何畸变的斜坡区）与被动区（影像中被主动区重叠或遮挡的区域）。为了解决植被覆盖导致的 SAR 图像空间失相关问题，提出了通过建立光学遥感数据获取 NDVI（Normalized Difference Vegetation Index）与不同波段 SAR 数据的相干性之间的函数模型；为解决单一平台或轨道的 InSAR 结果无法准确获取地表变形体（如滑坡）多维精准形变问题，提出了融合多平台或轨道的 InSAR 数据重建地表真实三维形变方法。在空基机载 LiDAR 技术应用提升方面，提出了利用 LiDAR 数据与 IMU 数据进行对比验证的方法，能够精准识别地质灾害易发区土体移动类灾害隐患点。

2.2.2.2 管道地质灾害风险评价

对于管道地质灾害风险评价，管土相互作用模型是研究的难点与热点。管土相互作用模型是基于土体运动与管土相互作用推导出轴向应变需求，管土模型大致分为解析模型[106–112]、土弹簧模型、非线性接触模型 3 类。一般情况下，解析模型用于工程的初级阶段评估筛选相关问题；土弹簧模型用于长尺度的管土相互作用；非线性接触模型用于短尺度的管土相互作用，也可用于土弹簧分析确定的高应变区域，CEL（Coupled Eulerian–Lagrangian）、ALE（Arbitrary Lagrangian–Eulerian）及 SPH（Smoothed Particle Hydrodynamics）可以模拟大尺度的地面运动情形下的管土相互作用。

目前，解析模型一般常见于针对既有理论解析的优化和改进，"十三五"重点研发计划开展了"管土耦合作用下灾害时变规律研究"，提出数据驱动的管土耦合时变分析方法，即采用动态时间规整技术，利用管体应变监测数据，智能辨识管周土体物力学参数，推演出整个滑坡区管体受力分布状态，实现管体与土体的耦合，该管土耦合模型实质上仍属于解析模型的特例优化。在实际工程中，常用简化模型分析管土间的相互作用关系，即弹性地基梁模型（解析模型的一种）与土弹簧模型，国内外开展了大量相关研究工作，研究成果也相对较丰富，但线弹、弹塑性假设以及约束与边界条件的简化也往往容易造成结果可靠性高低各异。

工程应用上通常利用土弹簧模型，该模型考虑了轴向、横向（水平）及垂直3个方向上的管土相互作用，可以很好地用于评估埋地管道的地质灾害风险。美国土木工程师协会（American Society of Civil Engineers，ASCE）[113]、美国生命线联盟（American Lifelines Alliance，ALA）[114]已将该模型作为指导方针；中国则将其作为活动断层埋地管道管土相互作用模拟的推荐方法列入国家标准[115]，在管道抗震设防设计中得到了广泛应用，同时应用在较多土体移动作用下管道的安全分析工作。但土弹簧模型存在以下限制：①土弹簧的方向不会随着管道的变形而改变，当管道存在旋转或大变形发生时，土弹簧模型不再适用；②土弹簧模型很难计算管梁单元的椭圆化和屈曲过程。

近年来，非线性接触模型成为国内外研究的热点，现阶段使用最为广泛的管土非线性模型分别为AB模型[116]、RQ模型[117]，二者以大量的试验结果为基础而建立。AB模型主要从大比尺模型试验发展而来；RQ模型是利用大量离心机试验数据分析拟合得到，并参考了全尺寸现场试验结果，后续众多研究对该模型进行了改进[118-120]。关于非线性接触模型，典型的创新成果有全连续介质模型、离散元方法（Discrete Element Method，DEM）模型。全连续介质模型将土壤作为连续介质，并将管道作为壳体或固体结构，根据土壤单元类型的不同，全连续介质模型可分为固体连续介质模型[121]、耦合欧拉–拉格朗日模型（Coupled Eulerian–Lagrangian，CEL）/任意拉格朗日–欧拉（Arbitrary Lagrangian–Eulerian，ALE）模型[122]、光滑粒子水动力（Smoothed Particle Hydrodynamics，SPH）模型[123]3类，其中固体连续介质模型近年来广泛应用于穿越各种地质灾害区域的埋地管道力学响应的模拟，包括山体滑坡、沉陷带及断层。DEM模型是利用土壤颗粒与管道外壳或固体结构构建的数值模型，并对颗粒特性、颗粒间响应参数（如颗粒模量、颗粒密度、摩擦角、阻尼系数、滚动刚度、剪切刚度、最大阻力矩因子等）进行定义，通过模拟一系列土壤类型校准土壤的体积响应，利用DEM模型提取沿管道分布的应变[124]。

近年来，国外建立了较多的管道地质灾害物理试验装置或平台（表11-3），主要研究埋地管道受力机理、验证埋地管道受到外力及变形的理论公式，根据模拟试验结果提出了埋地管道响应的计算公式。

表11-3　国外典型埋地管道地质灾害物理试验装置性能对比表

建设机构	尺寸（长×宽×高）	箱壁结构	加载方式	最大作用载荷	适用管道规格
加拿大女王大学皇家军事学院岩土研究中心	7.3m×4.5m×4.6m	支撑两侧无变形，开口端有变形，侧壁无处理	油缸整体加载	9.77MPa（油缸压力）	管径小于1.5m
加拿大西安大略大学	2m×2m×1.6m	箱壁无变形，侧壁无处理	油缸+气囊	1MPa（油缸压力）	管径小于0.3m

续表

建设机构	尺寸（长×宽×高）	箱壁结构	加载方式	最大作用载荷	适用管道规格
美国犹他州立大学	16m×8m×3m	支撑两侧无变形，开口端无变形，侧壁无处理	油缸+卡车	200t（油缸推力）	管径小于1.3m
美国路易斯安那大学	6.1m×6.1m×3.4m	四侧支撑，箱壁无变形，侧壁无处理	油缸整体加载	200t（油缸推力）	—

意大利 Rina 咨询公司材料开发中心设计了滑坡/断层大型物理模拟试验装置，利用该装置开展了 4 次大规模试验，主要研究特殊"滑坡/断层"装置中管土相互作用的复杂情况。该装置由两个固定的混凝土箱、一个中间的滑动箱组成，全长 25m，其中埋有直径 219mm、壁厚 5.56mm 的 L450（X65）钢管。在试验期间，中央土箱由两个液压执行器沿垂直于管轴的方向拉并在轨道上滑动，而其他两个土箱保持固定。每个执行器可以施加的最大力为 400t，行程超过 5m。当管道横向上出现变形时，其两端可以自由轴向平移，同时防止端部发生旋转、垂直及横向位移。PRCI、美国深基础研究院、美国岩石力学协会、岩土工程与环境岩土工程专家协会、地基基础工程师专家协会、美国国家岩土工程实验基地、加拿大岩土工程学会等研究机构也开展了相应试验。

2.2.2.3　管道地质灾害风险控制

得益于无线通信、微机电传感、集成芯片、人工智能、大数据等新型产业技术的兴起，各类监测技术飞速发展，并在监测预警中得到了广泛应用[125-133]，多应用于滑坡、崩塌、泥石流、采空区塌陷等土体移动类灾害。监测技术手段具有以下特点：①常规监测方法日趋成熟，设备精度及性能都具有极高水平，目前地质灾害的位移监测方法均可进行毫米级监测。②监测方法多样化、三维立体化，由于采用了多种有效方法对比校核，以及从空中、地面到灾害体深部的立体化监测网络，使得综合判别能力加强，促进了地质灾害评价、预测能力的提高。③新技术的应用，随着现代科学技术的发展和学科间的相互渗透，合成孔径干涉雷达（InSAR）、地面三维激光扫描、分布式光纤/电缆传感、光纤光栅、激光雷达、航空摄影测量等技术相继不同程度地应用于地质灾害的监测中。与常规地质灾害监测技术相比，这些新技术具有多路复用分布式、长距离、实时性、精度高、长期耐用等特点，通过合理的布设，可以方便地对目标体的各个部位进行监测，具有很好的技术应用前景。④低成本、普适型、多参量、高精度、自动化、实时化特点已成为现实，以微机电和智能芯片为基础的智能传感器成为监测传感端的发展热点与趋势。⑤天空地一体化多物理场、多参量融合监测应用越来越广泛。经过多年现场应用和技术升级，已形成了集灾害风险分析、仪器监测、数据远程传输、成果展示为一体的综合技术。随着电子技术、通信技术、光学、计算机、人工智能等技术的发展，管道地质灾害监测的信息化和智能化水平正在逐步提高。

"十三五"以来，借助高精度传感器、数据采集传输装置以及智能预警软件，实现对滑坡、采空区、冻土和洪水等常见地质灾害的远程在线监测与预警，具备多指标联合监测和多阈值综合预警能力，可对灾害体地表位移、深部位移、管体竖向位移、管体应力、管–土耦合应力等多项指标进行多位一体在线监测，并提出了基于管体可接受应力（应变）阈值、土体年变形量、变形速率的综合预警方法，解决了单指标预警不确定性的难题。近年来的研究及应用方向为：①在预警模型优化提升方面，如建立滑坡变形与管体变形之间的定量关系，基于经验方法与智能方法建立管体形变与坡体位移协同的综合精确预警模型。区域地质灾害预警方面，开发基于动态降雨量（前期有效降雨量、当日降雨量、未来3天降雨量）、地质条件、水文环境、地形地貌等本底因子的区域高精度易发性评价模型，结合自然断点法，开发基于雨量、灾害潜势度、地质环境指数的高精度区域地质灾害精细预报模型。②研制低成本、普适型、多参量、高精度的智能传感器及采集器等硬件，尤以微机电和智能芯片为基础的智能传感器成为监测传感端的发展热点与趋势。针对管体应力–应变、位移、温度，灾害体应变、位移、管土相互作用力及灾害诱发因素难以综合感知、统一管理的问题，研发了综合采集差阻类传感器、振弦类传感器、电压电流类传感器、MEMS类传感器等不同类型数据并可自组网进行数据传输的采集装置。设计研制了大量程应变传感器及其解调设备样机，通过了第三方大量程检测和全尺寸管道钢管实物应变测量精度检测测试，最大测量精度达0.99%FS、分辨率达0.02489%/mm、量程达37435.84$\mu\varepsilon$。③天空地一体化多物理场、多参量的融合监测应用。④开发高层级自然与地质灾害数字信息化管理平台，打通了与地矿、水利、气象等行业公共信息资源的互联互通，充分借助地矿、水利、气象等行业公共信息资源，提高了地质灾害单体和区域预警预报的准确率。

国外管道运营公司在地震、洪水对管道的危害预警方面取得了较多成果，如美国地质调查局（United States Geological Survey，USGS）国家地震信息中心开发了"ShakeMap"图形软件系统来确定地震地面运动的分布和强度，对跨区域的长输油气管道进行自动地震监测，并配备一个地震数据库，描述、记录管道沿线以及管道设施的地质灾害脆弱性，能够评估对管道系统的威胁，向管道控制人员建议关闭的必要性，并根据为该路线计算的地动分布及强度，按优先顺序指导震后检查。依托美国国家地震信息中心（National Earthquakeinformation Center，NEIC）地震数据和后处理数据能力，为管道系统建立一个虚拟地震监测系统（Virtual Seismicmonitoring System，VSMS），但无需安装和维护专门的仪器、网络。NEIC地震服务器可以连续监测，以获得与特定区域内管道系统相关的地震通知。VSMS可以使用基于网络的工具，快速通知管道人员，并通过互联网或公司专用网络向授权用户传播地震报告及相关信息。对于超过指定震级的事件，VSMS可以制作震后报告，供管道运营中心与从事震后应急响应、维护的专业人员使用。

2.2.2.4 工程治理

中国仍较多沿用常规地质灾害防治方法，在山区设防标准提升、区域化防治措施优化及后评价（效能评价）方面取得一定进展，新型的生态防护技术和物理化学结构改良技术得到应用。国外较多公司开发了可实现泥沙回淤、抗冲刷的功效的柔性管道保护方法，如英国 SeaMark Systems 公司推出的填充式，即用沥青碎石料填充人造纤维编织袋铺盖在需要保护的管道上，以隔绝水流的冲刷。管道抗震设防措施方面也取得了较多成果：①采用低摩擦涂层或保护性材料包裹管道，使用光滑、坚硬、低摩擦的涂层，减少土壤轴向摩擦载荷。②用土工合成材料衬砌倾斜的沟壁，在梯形沟壁上铺设两层土工合成材料减少水平土壤负荷，可产生低摩擦的破坏面，代替在回填土中形成的对数螺旋式破坏面。③采用土工泡沫替代管沟回填土，可有效地减少正常作用于管道上的上覆岩层应力，从而减少轴向摩擦力。土工泡沫是一种硬质蜂窝状塑料泡沫，由发泡聚苯乙烯或挤塑聚苯乙烯组成。挤塑聚苯乙烯土工泡沫被用作包裹管道的柔性材料，以隔离管道与土壤。当永久地面位移移动引起断层偏移时，挤塑聚苯乙烯土工泡沫产生比土壤和管道更多的压缩变形，因此，管道的变形区域在增大，发挥了缓冲管道变形的作用，在挤塑聚苯乙烯土工泡沫缓冲作用下的管道损伤远低于普通管道。使用土工泡沫需注意保持适当的平衡，既要限制管道对地面运动的约束，又要提供足够的约束，以防止直管的上浮屈曲和管道弯头处因工作负荷而产生的过度弯曲应力。④在管道周围使用强度可控的土工泡沫或蜂窝状混凝土，以此限制对管壁施加的横向负荷，可以改善管道的反应，允许管道以更渐进的方式弯曲，以适应强加的地面位移。

2.2.3 管道光纤安全预警

2.2.3.1 管道专用光缆

传统的光纤预警技术采用的是与管道同沟敷设的伴行通信光缆，为了保证通信性能，通信光缆在设计时采用充填油膏的方式避免外界环境变化导致光缆形变，大大降低了光缆感知周边环境的灵敏度。因此，通信光缆并非管道光纤安全预警技术的最佳选择。国家管网集团研究总院开展了管道专用光缆结构研究，目前已取得了初步进展。

2.2.3.2 新型传感技术

（1）DAS技术。近年来，为了提升光纤预警的准确性，在强度解调的 Φ-OTDR 基础上，围绕提高系统灵敏度、拓宽频响范围，研发了基于 DAS 的管道光纤安全预警系统。该系统可定量还原外界振动/声波信息，更适用于需要高灵敏、大容量、高效率传感的油气勘探、水声探测、管道安全等应用场景[134]。与Φ–OTDR 相比，DAS 技术在灵敏度方面有了提升，但其传感距离仍有待增加，实现低噪声的分布式光放大以提升信噪比具有较大挑战。此外，DAS 技术在复杂环境噪声下微弱信号的检测识别算法是另一个难点。

（2）基于瑞利散射的光频域反射技术（Optical Frequency Domain Reflectometry, OFDR）。基于 OFDR 原理的光纤预警新技术，是目前的研究热点之一。OFDR 系统中采用线性扫频的激光作为光源来实现相干检测，将光纤中后向散射光的位置信息映射为拍频信号的频率，因此空间分辨能力不受探测器带宽和探测脉冲持续时间的限制，且 OFDR 具有较高的信噪比，尤其适用于空间分辨率在亚毫米至分米级的应用中。OFDR 技术经过几十年的发展，其基本原理已经得到了深入研究，并开发了一些商业产品。目前，限制该技术推广的主要瓶颈在于对扫频光源的要求较高且信号处理较难优化，具体表现为：①基于稳频激光与外调制方式的扫频光源的波长调谐范围较小，高阶边带调制、非线性效应扩频等技术实现复杂，且调制范围仍然很难超过几个纳米；②基于电流直接调制的半导体激光器能够以低成本实现数 GHz 至数十 GHz 的调谐范围，但相位噪声与扫频非线性特性较差；③实时相位噪声补偿算法及信号分析均需大量的数据运算，算法的优化及专用处理电路的开发还需加强[135]。

（3）光纤光栅阵列技术。光纤光栅阵列是其采用拉丝塔在线刻写光纤光栅，利用波分与时分混合复用的方式对海量传感信号进行解调，有机结合了传统分立式光纤光栅传感与分布式光纤传感各自的优势，是实现大容量、高精度、高密度、长距离、高可靠性光纤传感网络的有效途径。目前，武汉理工大学研发的光纤光栅阵列最长监测距离可达 30km，空间分辨率可达 10m。

（4）光纤综合感知技术。光纤综合感知技术创新性地融合了相位敏感型光时域反射技术与分布式布里渊光时域反射技术，仅占用单根光纤，即可感知管道沿线振动、温度/应力环境参数，可及时发现第三方破坏事件和地质灾害隐患，实现对管道安全风险的管控。该技术的监测距离可达 40km，空间分辨率小于 20m，温度灵敏度为 1℃，应变灵敏度为 $25\mu\varepsilon$。该技术最大的优势在于：通过多个参数的同时、同步监测，基于多个参数之间的关联逻辑，可识别更多类型的威胁事件，并可提升识别的准确度。今后，该技术在增大监测距离及信噪比提升方面还需开展进一步工作。

2.2.3.3 算法优化

管道光纤安全预警系统的应用效果不但取决于传感介质和传感技术，识别算法也至关重要。目前，识别算法大致分为两类[136]：一类是以支持向量机（Support Vectormachine, SVM）[137-138]、K– 近邻算法（K–nearest Neighbor Algorithm, KNN）[139]为代表的算法，其将信号的特征向量作为算法输入，其分类准确度对特征提取的依赖程度较高，模型相对简单，算法复杂度低，适用于训练样本较少、事件类型简单且特征明显的应用场景。另一类是基于深度学习的算法，面对大批量样本的多分类问题时通常具有更出色的表现，神经网络通过对大批量训练样本的学习与误差反向传播，实现对模型参数的更新与特征的提取，使模型收敛于最优状态。天津大学对于基于 Φ-OTDR 原理的光纤预警系统，提出了以长短期记忆网络（Long and Short Timememory，LSTM）与卷积神经网络（Convolutional Neural Network，CNN）为主要框架的深度学习网络，获得了不错的效果 [140]。

随着管道光纤安全预警技术的发展，监测距离不断增加、空间分辨率不断提高，数据量随之几何式增长。管道光纤安全预警算法的核心技术问题可归结为海量数据处理、智能识别问题、小样本问题，清华大学提出了 PSEW_Tsinghua 模型，针对 DVS 原理的光纤预警系统，其事件识别准确率可达 95% 以上，同时其模型大小仅为 AlexNet 的 1/13、VGG19 的 1/28。

2.3 适用性评价

2.3.1 凹陷适用性评价

美国石油学会发布了 API RP 1183—2020《管道凹陷评价与管理》[141]，该推荐做法给出了凹陷完整性管理流程、数据收集、特征识别表征、适用性评价、现场开挖、减缓与修复等相关内容。中国开展了凹陷回弹与回圆的影响、高强钢高风险凹陷筛选准则以及基于应变的凹陷工程适用性评价方法研究。国家管网集团北方管道有限责任公司的科研课题"在役管道凹陷适用性评价与响应准则深化研究"模拟并验证了钢管类型、管径、壁厚、压头类型、压头尺寸、螺距、凹陷深度、内压等对凹陷回弹、回圆的影响，拟合给出了不同类型管道凹陷的回弹、回圆系数模型。通过试验验证该模型准确可靠，形成了凹陷成型 – 回弹 – 回圆全过程模拟分析与试验验证方法，制定了一套综合考虑载荷、不同焊缝的相关性、受约束程度等多因素的管道凹陷响应准则，并用于指导 SY/T 6996—2014《钢质油气管道凹陷评价方法》的修订。国家重点研发计划课题"油气管道及储运设施安全风险评价技术研究"结合行业实践，提出了高强钢高风险凹陷筛选准则和基于应变的凹陷工程适用性评价方法，开发了基于应变的凹陷完整性评价软件，可导入凹陷内、外检测形貌数据，计算各应变分量及等效应变。

但国内外凹陷评价方法未定量考虑管道内外部载荷对管道凹陷承载能力的影响，中国还未深入开展凹陷 – 焊缝交互影响研究，有待于进一步研究凹陷顶点、长度、宽度与环焊缝之间的距离对复合缺陷承载能力的定量影响，特别是环焊缝上凹陷的承载能力的评估。

2.3.2　金属损失缺陷评价

金属损失缺陷评价主要是针对管道防腐补口及其导致的外腐蚀漏磁信号特征的识别、判定及分级评价等。国家管网集团北方管道有限责任公司科研课题"基于漏磁内检测的管道补口失效识别与评价技术研究",根据补口结构特点、失效形式及前期相关开挖结果,得到了以下研究成果:①明确了补口失效导致外腐蚀特征及其与漏磁信号特征之间的对应关系,提出了补口失效的识别、判定方法,并根据信号将补口失效分为 4 种类型。②统计分析了部分完成漏磁内检测的管道补口或补口处缺陷的修复及开挖验证结果,得出了基于漏磁内检测的各类型补口失效的识别准确率。③对比了多种腐蚀增长预测方法,结合目前中国管道内检测完成现状,选用线性外推法作为腐蚀增长预测方法,并提出以腐蚀速率平均值与标准差之和作为腐蚀速率边界值。④结合补口失效导致的外腐蚀缺陷形貌特征,分别提出了针对轴向缺陷及环向缺陷的适用性评价方法,并综合考虑补口信号类型、严重程度及其导致外腐蚀缺陷评价结果,提出了补口失效分级响应准则,相关成果已纳入新修订的 SY/T 6151—2022《钢质管道金属损失缺陷评价方法》中 [142-143]。同时,国家重点研发计划课题"油气管道及储运设施安全风险评价技术研究"还开展了基于贝叶斯网络的腐蚀增长预测研究,使用 Hugins 软件建立基于贝叶斯的外、内腐蚀缺陷增长预测模型,参照国际先进实践经验建立条件概率表,可计算出按因素分段的腐蚀增长速率。

然而,在检测数据对齐综合分析、缺陷增长预测应用以及保温管道失效后外腐蚀快速增长成因与机理等方面,还需要进一步深入研究。

2.3.3　焊缝缺陷评价

重点开展了管道强度匹配对环焊缝失效模式与行为影响、管道环焊缝根部缺口应力集中效应的研究。北方管道公司的科研课题"在役高钢级管道环焊缝风险评估与安全评定技术研究",针对 X80 管线钢,使用 STT(Surface Tension Transfer)打底,并采用半自动或自动焊方法盖面,设计了 5 种强度匹配焊接试验,成功得到了涵盖高匹配、等匹配、低匹配 3 类强度匹配级别的焊接接头,并开展了长标距拉伸、断裂韧性等系列试验。长标距拉伸试验结果显示,对于高强匹配的焊接接头,不论其是否存在斜接、变壁厚的影响,均不会在焊缝处出现断裂情况;对于低强匹配的焊接接头,在去除焊缝余高时,断裂更易出现在焊缝位置,而保留余高则可以规避焊缝处的断裂,即使接头存在变壁厚或错边现象,余高也会使其不在焊缝位置失效。-10℃条件下的冲击试验和 CTOD 断裂韧性试验结果未出现不同强度匹配下环焊缝各区域的韧性差异规律,但发现粗晶区热影响区的试样发生了明显的脆化,热影响区粗晶区的脆断形式为穿晶解理断裂,脆断原因为热影响区粗晶区的晶粒尺寸明显大于焊缝区，导致出现韧性差的板条组织。利用有限元模拟方法，研究了不同强度匹配形式对焊缝极限承载力、形变能力及缺陷容限尺寸的影响。对内压与外部轴向拉伸作用下管道环焊缝根部应力应变场进行了分析，研究了环焊缝根部缺口部位应力三轴度与内压、轴向载荷、加载方式、根部缺口形状/深度及尺寸、错边量、壁厚等因素之间的关系。焊缝根部叠加裂纹缺陷后，研究了裂纹尖端应力三轴度、拘束度与内压、轴向荷载及其加载方式、错边量、壁厚、管径等因素之间的关系，对比了不同类型、加载方式下4种相同尺寸的标准试样〔SENT（Single Edge Notched Tension）、SENB（Single End Notch Bending）、CT（Compact Tension）、CCP（Center Cracked Panel）〕与实际管道环焊缝根部应力三轴度的差异，并对环焊缝安全评价中采用不同类型实验室标准试样获取断裂韧性数据的保守程度进行了评估。

现有技术对高钢级管道的评价精准度仍存在不足，指导现场修复的准确性有待进一步提升，亟需建立一套精细化评价流程，以满足服役规模及年限不断增加的高钢级管道安全运营的实际需求。此外，国内外正在开展管道适用性评价综合标准的制定，由中国主导编制的 ISO 22974—2023《管道完整性评价规范》、GB/T 42033—2022《油气管道完整性评价技术规范》已发布实施，进一步规范了管道适用性评价的流程与方法[144, 145]。

3 发展趋势与展望

构建全国油气管网输送体系是国家重大战略需求。中国已建成连通海外的四大油气战略通道和覆盖全国32个省区市的油气骨干管网，总里程约 $18 \times 10^4 km$，居世界前列，承担着全国陆上95%以上的油气输送。未来一段时期，油气管网仍将是重要的能源安全生命线。根据中长期油气需求预测分析，石油消费预计2030年左右达到峰值 $7.8 \times 10^8 t$，天然气预计2040年左右达到峰值 $6500 \times 10^8 m^3$，管网规模将持续增长，总里程将超过 $30 \times 10^4 km$。在能源革命及"双碳"战略目标下，管网正由"油气＋管道"向"能源＋管网"拓展，检测、监测传感技术也需从工艺控制向管网全域感知转变，从"测得到"向"测得精与测得稳"转变，从功能传感向智能感知转变，从感知向认知与决策转变，从而适用管网规模更加庞大、运行环境更加复杂、本质安全更加严苛的工业生产需求，推动油气输送管道向能源智慧管网演化。

随着全国油气管网持续快速发展，检测与监测是管网安全、能源安全的重要保障。近10年来，城镇化进程快速推进，早期建设管道的安全边界被突破，新建管道可用安全路由被压缩，管道运行环境更加复杂，对检测与监测技术提出了更高要求。在未来油气达峰背景下，管道安全监测是多介质灵活输运的重要技术需求。在中国，预计 2060 年油气仍占一次能源消费 15% 左右，氢气需求量有望增至 1×10^8 t/a 左右，CCUS 潜力将达到 10×10^8 t/a。氢气、二氧化碳、甲醇、液氨等多种介质灵活输运将拓展管网边界，为管网带来新的发展机遇，但也为管网安全监测带来了新的挑战。

安全监测是实现智慧管网建设的重要基础。油气管网智能化是多能互补背景下支撑经济社会高质量发展的重大需求，建设具备泛在感知、自适应优化能力的智慧管网，融入能源互联网发展，对加快建立智慧能源体系、实现能源互联、满足"源 – 网 – 荷 – 储"互动及多能互补具有重大意义。但检测与监测是智慧管网建设的基础，因此对监测技术的泛在感知、全方位监测能力提出了更高要求和更高标准。

3.1 本体检测

3.1.1 管道内检测

目前，常规油气管道内检测技术已经相对成熟，通过内检测器的正常运行，可以有效检测和精确量化管道金属损失、几何变形等缺陷，消除绝大部分隐患。但随着中国油气管道的不断发展，管道内检测主要存在以下方面的需求：①对开口较小的未熔合与未焊透、裂纹、小尺寸咬边等复杂缺陷仍无法进行有效检测。②附加应力 – 应变的存在降低了环焊缝对缺陷和材料性能的容许值，并会导致缺陷进一步扩展；管道弯曲应变检测技术有待提升；缺乏有效的轴向应变内外检测手段。③大口径、高压力、高钢级长输油气管道里程不断增加，环焊缝开裂已成为国内外管道主要失效形式之一，现有在役管道焊缝排查手段代价大、周期长、精准性不足，环焊缝缺陷检测技术仍有待提升。④存在大量非常规油气管道，包括多变径、大变形、小尺寸弯头、斜接等结构或特征，大量管道还存在输送压力小、流量低、距离长等问题，使管道管理人员无法采用常规的内检测手段对管道进行全面检测，导致无法探知管道当前的本体状态。

因此，还需从以下 4 个方面开展工作：

（1）管道微小缺陷检测。三轴高清漏磁检测为金属损失检测的主要手段，但不能对开口较小的未熔合与未焊透、裂纹、小尺寸咬边等缺陷进行检测，需研发裂纹及针孔缺陷检测技术及装备，进一步补强管道复杂缺陷检测短板，保障管道运行安全。

（2）管道应力检测。焊缝处弯曲应力和轴向应力是发生起裂失效的主要影响因素，管道中心线 IMU 检测可以较好地解决弯曲应力检测评估问题，轴向应力检测尚处于研究阶段，主要研究方向为利用磁致伸缩效应、剩磁条件下磁阻检测、弱磁强磁耦合检测等试验轴向应力检测的可行性。

（3）环焊缝缺陷检测。综合开展环焊缝缺陷检测、载荷检测／监测、多源数据智能综合评价、全生命周期数据管控，需尽快研发完善应力内检测装备，开展定期检测跟踪。

（4）非常规管道内检测技术。针对低输量、小口径、几何变形较大等非常规内检测管道，研究开发智能微型检测器技术及仪器、高通过性几何内检测技术及仪器、小口径高通过性金属损失内检测技术及装备，并对非接触式超声共振内检测技术进行可行性研究，解决部分管道无法开展内检测的难题。

3.1.2　管道外检测

特征参量的理论模型研究。随着国产化设备的研发，逐步从技术原理的理论基础出发，研究影响外检测技术可靠性的因素。从原始的信号中提取特征参量，分析各类影响因素与特征参量之间的作用规律及变量关系是目前研究的热点。未来外检测技术的提升有待于从模型研究出发，一方面深入研究理论模型，基于技术原理的理论基础、传感技术及传感器结构、土壤模型、管道结构等多个维度，建立多参量的分析模型，深入挖掘影响目标特征参量的各类变量及其影响机制；另一方面，可以基于大量的工程应用数据样本，基于统计关系拟合出特征参量的数学模型，通过模型的学习与分析，提取重现性较好的特征参量。

建立基于多源数据融合的缺陷量化指标体系。目前，直接评价针对指标体系仍以定性为主，为避免单一检测技术的局限性、单一评价指标的片面性，开展了多源数据融合分析，建立基于环境、管体、腐蚀防护系统有效性与内外检测数据对齐、融合及综合评价的体系，突出腐蚀特征识别与腐蚀活性评价关键指标的提取及量化，提高腐蚀活性点识别的准确性；同时，建立了基于风险的腐蚀检测与分级管理的机制，整体提升腐蚀检测及控制的效能。

3.2　环境监测

3.2.1　管道泄漏监测

管道泄漏监测技术的目标是通过研究管道泄漏引起内、外部参数变化的感知方法，实现管道泄漏的实时监测，提升管道的安全防护水平。其本质是明确管道泄漏与管道内、外部参数的内在联系及发展变化规律，在此基础上开发泄漏传感与识别技术。其中，模型法泄漏监测技术有着较强的工况识别能力，可以识别倒置、调压、启泵、停泵、泄漏等不同异常工况，能够有效降低误报率、漏报率；

负压波法定位精度高、响应时间短、费用低，但其系统鲁棒性弱，易受管输操作的影响，导致其误报率、漏报率较高；分布式光纤泄漏监测技术定位精度高，敏感度强，但费用高、误报率高、系统鲁棒性不强。

目前，泄漏监测技术主要将各传感信号独立使用，实际应用中技术手段相对单一。未来需要研究各传感参数之间的内在关系，从油气管道泄漏引起的机理变化入手，研究多参量融合的泄漏识别技术，主要包括以下 3 个方面：

（1）运用大数据分析挖掘大量异常工况历史数据中的有效信息，建立工况数据库、专家诊断系统，从而降低误报率、减少人为疏忽导致的泄漏事故。

（2）利用贝叶斯神经网络、模糊神经网络等机器学习算法，进一步去除噪声干扰，提高异常工况识别能力、处理能力及自适应性，有效降低监测方法的误报率、漏报率。

（3）将基于 SCADA 实时数据的泄漏计算模型与负压波等方法有效结合，利用 SCADA 工况操作等数据提升泄漏监测的准确率，最大程度地利用 SCADA 实时数据及其软硬件设施，建立一套"模型 – 数据"双耦合 +SCADA 系统深度融合的长距离输油管道高精度泄漏监测软件系统，实现多源异构数据融合的泄漏监测智能化应用。

3.2.2 管道地质灾害防护

随着科技发展水平的日新月异，人工智能、大数据、云计算、物联网、卫星遥感、卫星定位、无人机等相关新兴技术将融入管道自然与地质灾害防护技术领域，逐步实现自动化、信息化、智能化、定量化、精细化，整体技术水平将实现质的提升。

面对管道运营过程中的滑坡、崩塌、水毁、冻土、采空塌陷等地质灾害，防灾减灾技术的应用需开展科研攻关，聚焦管道地质灾害的致灾机理、早期识别、监测预警及工程防护的理论与技术方法，解决管土耦合量化评价难题。目前，需解决的关键技术难点主要包括突发地质灾害的精准识别与预测、多源数据的综合量化评价、灾害链式灾变规律、管道失效时空预测以及复杂地质环境下管道设计施工等。

地质灾害影响因素及管体的耦合作用关系尚不明确，对于复杂地质条件下的地质灾害，难以准确对致灾体的稳定性状态、管体的受力状态进行定量表征，常规物理模拟试验虽为解决管土相互作用问题提供了较好的方法，但难以克服相似比带来的结果不确定性。在日益频繁的极端气象和地质活动下，高隐蔽性、随机性地质灾害体的早期精准识别与风险量化是下一步技术攻关重点。

（1）在灾害调查识别方面，探索管廊带孕灾环境变化与灾害链式灾变规律，为精准圈定潜在极端气象、地震活动下突发、群发地质灾害风险区提供理论指导；借助新兴产业技术、方法或手段，不断开展天基筛查、空基详查及地基核查的"三查"技术体系在管廊带地质灾害隐患调查识别方面的深化研究与应用。在未来5~8年内，实现地质灾害早期识别率超过95%，具备突发、群发地质灾害智能识别与风险排查能力。

在风险评价方面，从灾害易发性、管道易损性及管道失效后果3个方面，对点式及链式灾害发生概率及外荷载作用下管道的承载能力进行量化，提出管道损伤/屈服的临界条件与预测方法，建立失效后果量化评价指标体系，构建融合管周赋存环境、管道承载、失效及后果等综合因素的管道地质灾害风险量化评价方法。在未来5~8年内，实现管土耦合模型与实测误差控制在10%以内，并具备风险动态量化评价能力。

（2）在管土交互耦合方面，量化的管土耦合作用机理仍然是目前国内外研究的热点与难点，目前主要集中于弹性地基梁、土弹簧等多参数线性问题研究，多源激励下管周赋存环境与管道交互作用的研究仍处于探索阶段。国内外开展了大量相关研究工作，弹性地基梁模型、土弹簧模型研究成果较多也相对较丰富，但线弹、弹塑性假设、约束与边界条件的简化也往往容易造成结果可靠性不同。由于弹性地基梁模型、土弹簧模型都存在大量的模型简化及处理，无法较好地模拟出管道与土体之间的非线性接触与非线性摩擦。管土耦合作用属于典型的非线性接触问题，随着接触理论的不断发展，利用理论分析与数值模拟相结合建立管土耦合非线性模型将成为一种更合理的解决方案。下一步攻关重点是攻克管土耦合量化/非线性/自适应难题，借助多尺度物理模拟试验、现场原位试验及数值分析等方法，进一步提高土体移动作用下管道变形及应力变化规律的认识，揭示管土交互耦合作用失效演化规律，建立非线性管土耦合模型。

（3）在地质灾害的预测预报方面，高隐蔽性、大随机性的地质灾害给灾害准确预测及防范带来极大挑战，复杂地质条件下地质灾害的预测预报能力有待进一步提升。目前，已开展的地质灾害监测预警工作中，主要局限于单阈值或多阈值组合报警，融合历史数据、实时数据、边界条件数据、管道运行数据等各种因素的综合预警方法还有待攻关，即针对多源监测数据的综合分析与利用显著不足，精准预测尚未实现。各管道运营单位均开展了大量的地质灾害监测预警工作，监测数据种类较多，但多处于独立分析与预警阶段，监测数据的深入挖掘与历史数据的充分利用不足，预警准确率难以提高，给灾害应急与防范造成严重困扰。目前，极易发生区域地质灾害，其预报水平也还无法满足区域网格精细化地质灾害管控的需求。管道地质灾害防护是一项实践性应用技术，监测数据的多样性、预警模型的准确性均至关重要。

为了提高管道地质灾害防护水平，需在以下3个方面进行技术攻关：①进一步优化管道地质灾害预警准则与预测方法，构建单体灾害精确预警模型、区域地质灾害精细预报模型，实现管道地质灾害高精度预警和预报。②针对信息孤岛和数据共享问题，制定各类数据的统一管理与共享规范，打破信息壁垒，提高监测数据利用率，提出多源数据融合分析、综合预警评价模型或方法。③以管道为主，运用"云＋大数据＋互联网"技术体系，建立各类标准化体系、数据体系、安全防护体系，整合国土资源部门、气象部门、地质灾害行业已有的地质、气象信息资源，建立集分布式存储、智慧化管理、高性能网络发布为一体的平台，即集团公司层级自然与地质灾害数字信息化管理平台。

（4）在管道地质灾害治理方面，攻关重点将集中在新型环保水土保持技术、地质灾害治理工程优化提升、复杂山区管段管体设防标准提升、灾害快速应急支持与防护决策支持技术的研发。尤其针对目前普适性山地管道地质灾害设计标准与实际复杂山区管道安全运营设防要求存在差异性的问题，将重点开展复杂山区管段管体设防标准提升、地质条件变化治理、站场地基优化处理等技术攻关，从管道线路设防标准、地质环境恶化治理、地基优化处理等方面，全面提升复杂地质条件下管道稳定性保障技术水平。

3.2.3　管道光纤预警

管道安全预警技术本身是一个基于不同传感原理的技术体系，根据不同的传感原理，可以对管道沿线不同的环境参数进行监测和检测。管道光纤安全预警技术未来的发展趋势必然会建立在包含光纤传感、人工智能等多学科技术进步的基础上，即光纤传感与其他微技术相结合，形成微光学传感技术。在同一系统中，实现多种传感原理的融合，同时将尽可能多的环境参数进行监测与比对，设计复杂的传感网络。在必要的情况下，可以结合卫星遥感、视频智能识别技术，实现空天地一体化的多领域传感方式联动，进一步增强管道安全预警的实时性、准确性。

管道光纤预警技术的功能由预防性向预测性发展是技术进步的必由之路，现有的光纤预警技术其功能还局限于通过对管道沿线振动信号的监测实现对第三方威胁事件的分类识别及预警。随着资产监控运维管理技术的发展，特别是分布式光纤传感技术在资产监控运维管理行业中的发展，可实现资产状态的实时监测，并同时获取资产状态的海量数据。通过大数据、云计算、边缘计算技术，快速、精准地检索并挖掘分析管道线路及附属设备运行状态，实现对信息资源的有效利用，提升行业整体信息化、智能化水平，最终实现从预防性监测向基于数据模型与机器学习的大数据预测型运维管理的发展。

3.3　适用性评价

目前，管道适用性评价技术已较为成熟，并在含缺陷管道剩余强度评价与剩余寿命评估中得到广泛应用。随着计算机应用软件的逐渐完善、工程应用经验的积累、力学分析能力的提高、无损检测手段的发展，含缺陷管道适用性评价技术水平正不断提升，但评价的准确性仍是待进一步优化的技术难题。含缺陷管道适用性评价技术亟需从以下 7 个方面开展攻关：

（1）管道凹陷评估的精细化研究，主要包括管道内外载荷对管道凹陷承载能力的影响、凹陷 – 焊缝交互影响、凹陷 – 划痕复合缺陷的精细化评价。

（2）油气管道屈曲机理及后屈曲行为研究，包括油气管道发生屈曲后变形及性能演化规律，以及管道后屈曲阶段结构破坏准则。

（3）保温管道失效后外腐蚀快速增长成因与机理研究，重点研究保温管道补口失效后补口带下快速腐蚀的原因及机理，特别是对不同服役条件、运行参数及土壤环境下所产生的腐蚀层开展表征分析，研究腐蚀层的形成条件、形成过程及影响因素，分析腐蚀层的表面形貌、成分、颜色、结构及理化性质等参数变化特征等。

（4）划痕缺陷的材料性能劣化与尖锐划痕的评估研究，以划痕表面变质层形成、裂纹萌生与扩展演进研究为主线，探索划痕基底变质层微力学参数表征与测量、裂纹动态数值模拟等技术手段，建立考虑变质层材料特性的含划痕管道适用性评价方法。

（5）焊缝缺陷识别判定方面，主要开展检测数据对齐综合分析及缺陷增长预测研究，形成不同时期多元检测数据的综合分析方法，如建设期焊缝射线、超声检测数据与服役期间漏磁内检测数据的比对分析等技术，以提升焊缝缺陷异常信号的识别分类水平。

（6）针对管道焊缝缺陷的定量适用性评价方面，应在 BS 7910—2019 的基础上，探明该标准三级评估方法对中国 X80 及以上高钢级管材的适用性，构建适用于中国管材力学性能特征的失效评定曲线计算方法、韧性比及载荷比修正方法。对于弱匹配环焊缝，需要发展适用于弱匹配条件下的环焊缝缺陷评价技术。

（7）对于海底管道、非常规缺陷、基于应变的管道缺陷评价技术以及失效管道的停输再启动评估技术，现有的评价技术与规范尚不完善，需持续提升管道缺陷评价技术水平。

4　结束语

深入推进长输油气管道高质量发展是国家能源安全新战略的重要组成部分，在"双碳"战略目标下，油气管道在新能源产业发展中仍将发挥重要载体作用，是能源安全的生命线。根据油气管道业务对象，分别从管道本体检测技术、线路环境监测技术、适用性评价技术对油气管道检测、监测及评价的技术现状、创新成果及未来发展趋势进行了理论梳理。其中，管道本体检测技术作为保障本体安全的关键技术，在检测方法及装备方面成果显著，研究热点重点在信号精准检测与量化分析；管道线路环境监测技术作为保障管道公共安全的关键技术，在监测传感器及系统方面取得了突破，未来的研究热点在于复杂环境下的微弱信号提取与特征识别；适用性评价技术作为管道安全定量评估的关键技术，在评估方法、模型方面不断发展，研究热点在于精细化、定量化评估。油气管道检测、监测及评价技术作为保障油气管道安全的重要防线，是油气管道行业需要重点攻关的核心技术之一，也需要数智转型的基础支撑。在新的发展形势下，油气管道行业管理对象由管道向管网、能量平台转变，输送介质由油气向能源、多源多态物质流、信息流转变，随着人工智能、大数据等新一代信息技术的快速发展，油气管道检测、监测及评价技术也将向着精准化、智能化、多元化及统一化的方向不断演进。

参考文献

[1] 李振，陈国明，李伟，等. 绝缘及带绝缘包覆油气管道电容成像检测技术 [J]. 中国海上油气，2019，31（3）：182–189.

[2] Dai L S, Feng H, Wang T, et al. Pipe crack recognition based on eddy current NDT and 2D impedance characteristics[J]. Applied Sciences, 2019, 9 (4): 689.

[3] 田野，罗宁. 强弱磁场下管道应力内检测方法 [J]. 油气储运，2023，42（5）：542–549.

[4] 吴志平，陈振华，戴联双，等. 油气管道腐蚀检测技术发展现状与思考 [J]. 油气储运，2020，39（8）：851–860.

[5] 吴志平，玄文博，戴联双，等. 管道内检测技术与管理的发展现状及提升策略 [J]. 油气储运，2020，39（11）：1219–1227.

[6] Pérez-Benitez J A, Padovese L R.Magnetic non—destructive evaluation of ruptures of tensile armorin oil risers[J].measurement Science and Technology, 2012, 23 (4): 045604.

[7] 杨理践，耿浩，高松巍. 长输油气管道漏磁内检测技术 [J]. 仪器仪表学报，2016，37（8）：1736–1746.

[8] 吴张中. 油气管道地质灾害风险管理知识图谱构建与应用 [J]. 油气储运，2023，42（3）：241–248.

[9] 张宏，季蓓蕾，刘燊，等. 地质灾害段管道结构安全数字孪生机理模型 [J]. 油气储运，2021，40（10）：1099–1104，1130.

[10] 白路遥，施宁，伞博泓，等．基于卫星遥感的管道地质灾害识别与监测技术现状 [J]. 油气储运，2019，38（4）：368–372.

[11] 毕娜，罗伟国，薛国建．无人机遥感在油气管道地质灾害调查中的应用 [C]. 廊坊：2022 年石油天然气勘查技术中心站第 29 次技术交流研讨会，2022：191–194.

[12] 荆宏远，郝建斌，陈英杰，等．管道地质灾害风险半定量评价方法与应用 [J]. 油气储运，2011，30（7）：497—500.

[13] 刘鹏，李玉星，张宇，等．典型地质灾害下埋地管道的应力计算 [J]. 油气储运，2021，40（2）：157–165.

[14] 张洪奎．北斗定位技术在管道地质灾害监测与预警中的应用 [J]. 油气储运，2020，39（7）：813–820.

[15] 郭守德，王强，林影，等．中缅油气管道沿线地质灾害分析与防治 [J]. 油气储运，2019，38（9）：1059–1064.

[16] 冼国栋，刘奎荣，吴森，等．基于 GIS 的兰成原油管道地质灾害风险评价 [J]. 油气储运，2019，38（4）：379–384.

[17] 方威伦，张宏，杨悦，等．基于 3D 扫描的平滑凹陷管道应变解析计算方法 [J]. 油气储运，2022，41（12）：1422–1429.

[18] 宋鹏，孙巧飞，郭磊，等．含单纯凹陷的 X70 管道承压能力评价 [J]. 油气储运，2020，39（10）：1129–1135.

[19] HOANG V T，龙伟，刘华国，等．基于有限元的含均匀腐蚀缺陷油气管道剩余强度 [J]. 油气储运，2018，37（2）：157–161.

[20] 张宏，刘啸奔，戴联双，等．地质灾害作用下油气管道环焊缝适用性实时评价方法 [J]. 油气储运，2023，42（9）：1055–1063.

[21] 张足斌，张淑丽，潘俐敏，等．腐蚀缺陷管道剩余强度评价方法选择及应用 [J]. 油气储运，2020，39（4）：400–406.

[22] He Z M，Zhou W X.Machine learning tools to predict the burst capacity of pipelines containing dent-gouges[C]. Calgary：2022 14th International Pipeline Conference，2022：V002T03A058.

[23] Tang H，Sun J L，Di Blasi M.Machine learning-based severity assessment of pipeline dents[C]. Calgary：2022 14th International Pipeline Conference，2022：V001T07A019.

[24] Charkraborty I，Vyvial B. Using deep learning to identify the severity of pipeline dents[J]. Pipeline Science and Technology，2020，4（2）：90–96.

[25] 凌嘉瞳，董绍华，张行，等．基于径向基网络的含缺陷管道安全系数修正 [J]. 油气储运，2021，40（2）：166–171.

[26] 陈严飞，侯富恒，黄俊，等．外压和力偶荷载组合作用下含凹陷缺陷海底管道的局部屈曲和极限弯矩承载力 [J]. 中国石油大学学报（自然科学版），2022，46（3）：166–173.

[27] 贾鲁生，刘晓霞，李丽玮，等．超高压大壁厚海底管道屈曲传播研究 [J]. 管道技术与设备，

2023（3）：19-22.

[28] 孙长保 . 渤海油气田单层保温管的腐蚀因素 [J]. 油气储运，2020，39（12）：1416-1421.

[29] 刘其鑫，李振林 . 延长气田 X65 湿气管道顶部腐蚀行为 [J]. 油气储运，2020，39（11）：1280-1285.

[30] 张新生，曹昕，韩文超，等 . 基于参数优化 GM—Markov 模型的海底管道腐蚀预测 [J]. 油气储运，2020，39（8）：953-960.

[31] 康也，郝敏，马思达 . 腐蚀缺陷管道剩余强度评价方法对比及应用 [J]. 中国金属通报，2021（16）：191-192，195.

[32] 杨辉，王富祥，玄文博，等 . 基于漏磁内检测的管道补口失效评价方法 [J]. 油气储运，2019，38（12）：1403-1407.

[33] 李汉勇，韩一学，张航，等 . 不同燃气具的适应性及性能评价 [J]. 油气储运，2019，38（9）：1041-1047.

[34] 郭守德，王强，林影，等 . 伊洛瓦底江管道穿越处风险评价及治理 [J]. 油气储运，2019，38（8）：949-954.

[35] Qin G J, Cheng Y F. A review on defect assessment of pipelines : principles，numerical solutions，and applications[J].international Journal of Pressure Vessels and Piping, 2021, 191 : 104329.

[36] 王富祥，玄文博，陈健，等 . 基于漏磁内检测的管道环焊缝缺陷识别与判定 [J]. 油气储运，2017，36（2）：161-170.

[37] 雷铮强，颜元 . 环焊缝缺陷漏磁内检测图像识别技术研究 [J]. 石油管材与仪器，2022，8（5）：32-36.

[38] 陈宏远，张建勋，池强，等 . 热影响区软化的 X70 管线环焊缝应变容量分析 [J]. 焊接学报，2018，39（3）：47-51.

[39] 冯庆善 . 高钢级管道环焊接头强度匹配的探讨与思考 [J]. 油气储运，2022，41（11）：1235-1249.

[40] Mcdermott J P, Zarrella J T, Hamblin S H. Non-destructive testing of drilled foundations at cove point using thermalintegrity profiling[C]. Orlando : Geotechnical Frontiers 2017, 2017 : 66-74.

[41] Zhang Y L, Zheng M Z, An C, et al. A review of the integrity management of subsea production systems : inspection and monitoring methods[J]. Ships and Offshore Structures, 2019, 14（8）：789-803.

[42] 欧阳熙，胡铁华，邸强华 . 新建油气管道变形内检测器机械系统的研制 [J]. 机电产品开发与创新，2014，27（2）：89-91.

[43] 郭晓婷，杨亮，宋云鹏，等 . 油气管道三轴高清漏磁内检测机器人设计验证 [J]. 仪表技术与传感器，2020（12）：53-57.

[44] Gao S W, Pei R, Liu G.Magnetic circuit design based on circumferential excitation in oil—gas pipeline magnetic flux leakage detection[C]. Changsha : 2009 Second International Symposium on

Computational Intelligence and Design，2009：550–553.

[45] Zhang W，Shi Y B，Li Y J. Electromagnetic nondestructive testingin cracked defects of oil–gas casing based on ant colony neural network[J]. Advanced Materials Research，2012，605/607：760–763.

[46] Ou Z Y，Han Z D， Du D.Magnetic flux leakage testing for steel plate using pot—shaped excitation structure[J]. IEEE Transactions on Magnetics，2022，58（9）：1–7.

[47] Gunarathne G P P，Qureshi Y. Development of a synthetic A–scan technique for ultrasonic testing of pipelines[J]. IEEE Transactions on Instrumentation and Measurement，2005，54（1）：192–199.

[48] Feng Q S，Li R，Nie B H，et al. Literature review：theory and application ofin–line inspection technologies for oil and gas pipeline girth weld defection[J]. Sensors，2016，17（1）：50.

[49] 姚子麟、涂庆、季寿宏 . 管道内检测器皮碗过盈量对其力学行为的影响 [J]. 油气储运，2019，38（7）：793–797，815.

[50] 沙胜义、项小强、伍晓勇、等 . 输油管道环焊缝超声波内检测信号识别 [J]. 油气储运，2018，37（7）：757–761.

[51] 刘瑞庆、李大伟、吴朝来、等 . 电磁导波与脉冲涡流检测仪 [J]. 仪表技术与传感器，2019（1）：34–36，41.

[52] 李振北、胡铁华、邱长春、等 . 压电超声管道腐蚀检测传感器的支撑结构设计 [J]. 油气储运，2018，37（9）：1077–1080

[53] Ma Y L，Chen J Z，He R B，et al. Research on pipeline internal stress detection technology based on the Barkhausen effect[J].insight—Non—Destructive Testing and Condition Monitoring，2020，62（9）：550–554.

[54] 吴德会、黄松岭、赵伟、等 . 管道裂纹远场涡流检测的三维仿真研究 [J]. 系统仿真学报，2009，21（20）：6626–6629，6633.

[55] Liu B，Zhang H，He L Y，et al. Quantitative study on the triaxial characteristics of weak Magnetic stress internal detection signals of pipelines based on the theory of magnetoelectric coupling[J]. Measurement，2021，177：109302.

[56] 龚灯、韩刚 . 基于磁记忆方法的管道应力检测设备的开发 [J]. 电子测量与仪器学报，2019，33（2）：94–100.

[57] Liu B，Zhang H，Zhang B P，et al.Investigating the characteristic of weak magnetic stress internal detection signals of long–distance oil and gas pipeline under demagnetization effect[J]. IEEE Transactions on Instrumentation and Measurement，2021，70：1–13.

[58] Feng S L，Ai Z J，Liu J，et al. Study on coercivity–stress relationship of X80 steel under biaxial stress[J]. Advancesinmaterials Science and Engineering，2022，2022：2510505.

[59] Du G F，Kong Q Z，Lai T，et al. Feasibility study on crack detection of pipelines using piezoceramic transducers[J].international Journal of Distributed Sensor Networks，2013，9

（10）：631715.

[60] Liu B，He L Y，Zhang H，et al. Research on stress detection technology of long—distance pipeline applying non—magnetic saturation[J]. IET Science，Measurement & Technology，2019，13（2）：168–174.

[61] 陈世利，王冬祥，郭世旭，等.球形管道内检测器示踪定位技术[J].纳米技术与精密工程，2016，14（2）：87–93.

[62] 郭世旭.基于球形内检测器的长输管道微小泄漏检测关键技术研究[D].天津：天津大学，2015.

[63] 李伯华.球形管道内检测器结构设计[D].天津：天津大学，2012.

[64] 黄松岭，王哲，王珅，等.管道电磁超声导波技术及其应用研究进展[J].仪器仪表学报，2018，39（3）：1–12.

[65] 宋小春，黄松岭，赵伟.天然气长输管道裂纹的无损检测方法[J].天然气工业，2006，26（7）：103–106.

[66] 黄松岭，彭丽莎，赵伟，等.缺陷漏磁成像技术综述[J].电工技术学报，2016，31（20）：55–63.

[67] 田野，罗宁，陈翠翠，等.基于双励磁场的管道应力内检测工程应用研究[J].石油机械，2023，51（5）：117–125.

[68] 郑健峰，李睿，富宽，等.直径1422mm管道投产前自动力内检测器研制与应用[J].油气储运，2020，39（7）：827–833.

[69] 陈朋超，李睿，邱红辉，等.基于永磁扰动原理的管道支管专项内检测器研制与应用[J].油气储运，2020，39（12）：1357–1361.

[70] 孙磊，康宜华，孙燕华，等.基于永磁扰动探头阵列的钢管端部自动探伤方法与装备[J].钢管，2010，39（6）：61–64.

[71] 徐春风，曾艳丽，梁守才，等.基于STM32的小型管道检测系统设计[J].管道技术与设备，2023（1）：41–45.

[72] 张晓，帅健.基于内检测数据的管道腐蚀缺陷分布规律[J].油气储运，2018，37（9）：980–985.

[73] 董绍华，田中山，赖少川，等.新一代超高清亚毫米级管道内检测技术的研发与应用[J].油气储运，2022，41（1）：34–41.

[74] 罗锋，陈振华，刘权，等.埋地管道外腐蚀检测评价方法与标准探析[J].石油规划设计，2018，29（6）：14–17，33.

[75] 郝毅.水下穿越管道检测新技术——水下机器人River—ROV外腐蚀检测[J].全面腐蚀控制，2018，32（8）：21–25.

[76] 陈更，邢颂.水下穿越管道腐蚀检测新方法及案例分析[J].全面腐蚀控制，2020，34（6）：1–3.

[77] 曹学文，王凯，尹鹏博，等 . 多相流管线内腐蚀直接评价方法在国内的现场应用 [J]. 表面技术，2018，47（12）：1-7.

[78] 陈浩 . 多相流内腐蚀直接评价技术在海底管道上的改进和应用 [J]. 石油和化工设备，2023，26（2）：138-140.

[79] 谢飞，李佳航，王国付，等 . 天然气管道内腐蚀直接评价方法的改进 [J]. 油气储运，2022，41（2）：219-226.

[80] 杨亚吉，曹学文，孙媛，等 . 基于灰色关联分析法的湿气管道内腐蚀直接评价方法的应用 [J]. 腐蚀与防护，2022，43（6）：71-78.

[81] 何漳，邵卫林，邱绪建，等 . 基于首轮内检测数据的成品油管道内腐蚀分析及对策 [J]. 油气储运，2020，39（8）：885-891.

[82] 张晓琳，青松铸，周秀兰，等 . 管道内检测数据坐标化技术 [J]. 油气储运，2021，40（6）：692-698.

[83] 谢崇文，陈利琼，何沫 . One-Pass：水下管道检测系统在定向钻穿越管段中的优化应用 [J]. 油气储运，2021，40（1）：66-70，77.

[84] 杨宝 . X90 管线钢在土壤模拟溶液中应力腐蚀开裂研究 [D]. 西安：西安石油大学，2016.

[85] 刘猛，刘文会，温玉芬，等 . 国内埋地长输管道应力腐蚀开裂风险现状 [J]. 腐蚀与防护，2022，43（5）：49-55.

[86] 李永年，陈德胜，尚兵，李晓松 . 瞬变电磁技术在检测管体缺陷上的应用研究 [J]. 管道技术与设备，2013（4）：27-29.

[87] 张春梅 . 埋地金属管道的瞬变电磁腐蚀检测方法研究 [D]. 重庆：重庆大学，2020.

[88] 杨勇，王观军，王安泉，等 . 瞬变电磁信号聚焦及管道壁厚检测试验研究 [J]. 油气田地面工程，2019，38（11）：21-25.

[89] 郝延松 . 埋地管道腐蚀瞬变电磁法检测试验方法及数据处理研究 [D]. 南昌：南昌航空大学，2013.

[90] 王丽，冯蒙丽，丁红胜，等 . 金属磁记忆检测的原理和应用 [J]. 物理测试，2007，25（2）：25-30.

[91] 林俊明，林春景，林发炳，等 . 基于磁记忆效应的一种无损检测新技术 [J]. 无损检测，2000，22（7）：297-299.

[92] 杨理践，刘斌，高松巍，等 . 金属磁记忆效应的第一性原理计算与实验研究 [J]. 物理学报，2013，62（8）：399-405.

[93] 丁疆强，姜永涛，毛建，等 . 磁应力检测技术在长输油气管道环焊缝排查工程中的应用 [J]. 石油工程建设，2022，48（1）：77-80.

[94] 李春雨，李本全，冯昕媛，等 . 非接触式磁应力检测技术及其应用 [J]. 油气田地面工程，2020，39（7）：65-70.

[95] 廖柯熹，廖德琛，何国玺，等 . 非接触磁应力检测技术在提离高度检测中的应用 [J]. 科学

技术与工程，2022，22（33）：14722-14728.

[96] 陈振华，钱昆，段冲，等.油气站场管道腐蚀检测方法及节点控制 [J].管道技术与设备，2013（5）：44-46.

[97] 纪健，傅晓宁，纪杰，等.多相流管道声波泄漏检测技术 [J].油气储运，2020，39（12）：1408-1415.

[98] 杨理践，郭晓婷，高松巍.管道内表面缺陷的涡流检测方法 [J].仪表技术与传感器，2014（10）：78-81..

[99] 纪健，李玉星，纪杰，等.基于光纤传感的管道泄漏检测技术对比 [J].油气储运，2018，37（4）：368-377.

[100] Zaman D，Tiwari M K，Gupta A K，et al. A review of leakage detection strategies for pressurised pipeline in steady-state[J]. Engineering Failure Analysis，2020，109：104264.

[101] 郝永梅，杜璋昊，杨文斌，等.基于改进 ELMD 和多尺度熵的管道泄漏信号识别 [J].中国安全科学学报，2019，29（8）：105-111.

[102] 王芳，林伟国，常新禹，等.基于信号增强的缓慢泄漏检测方法 [J].化工学报，2019，70（12）：4898-4906.

[103] 肖雯雯，石鑫，许艳艳，等.改进的音波泄漏检测系统在塔河油田的应用研究 [J].安全、健康和环境，2019，19（6）：9-13.

[104] 李健，陈世利，黄新敬，等.长输油气管道泄漏监测与准实时检测技术综述 [J].仪器仪表学报，2016，37（8）：1747-1760.

[105] 佟淑娇，王如君，李应波，等.基于 VPL 的输油管道实时泄漏检测系统 [J].中国安全生产科学技术，2017，13（4）：117-122.

[106] Suzuki N，Kobayashi T，Nakane H，et al.modeling of permanent ground deformation for buried pipelines[C]. Buffalo：Proceedings of the Second US Japan Workshop on Liquefaction，Large Ground Deformation and Their Effects on Lifelines，1989：413-425.

[107] O'Rourkem J. Approximate analysis procedures for permanent ground deformation effects on buried pipelines[C]. Buffalo：Proceedings of the Second US Japan Workshop on Liquefaction，Large Ground Deformation and Their Effects on Lifelines，1989：336-347.

[108] 唐培连，刘刚，程梦鹏，等.西气东输三线中段工程地质灾害防治设计 [J].油气储运，2018，37（8）：930-934.

[109] Newmark Nm，Hall W J. Pipeline design to resist large fault displacement[C]. Ann Arbor：Proceedings of U.S. National Conference on Earthquake Engineering 1975，1975：416-425.

[110] Kennedy R P，Williamson R A，Chow Am. Fault movement effects on buried oil pipeline[J]. Transportation Engineering Journal of ASCE，1977，103（5）：617-633.

[111] Wang L R L，Yeh Y H. A refined seismic analysis and design of buried pipeline for fault movement[J]. Earthquake Engineering & Structural Dynamics，1985，13（1）：75-96.

[112] Karamitros D K, Bouckovalas G D, Kouretzis G P. Stress analysis of buried steel pipelines at strike-slip fault crossings[J]. Soil Dynamics and Earthquake Engineering, 2007, 27（3）: 200-211.

[113] 赵园园，陈光联，宫爽 . 中俄东线黑龙江段地质灾害的特征及危险性 [J]. 油气储运，2018, 37（2）: 216-221.

[114] 冼国栋，吴森，潘国耀，等 . 油气管道滑坡灾害危险性评价指标体系 [J]. 油气储运，2018, 37（8）: 865-872.

[115] 李亮亮，吴张中，费雪松，等 . 基于范例推理的管道地质灾害防护决策方法 [J]. 油气储运，2022, 41（3）: 272-280.

[116] Aubeny C P, Biscontin G. Seafloor—riser interaction model[J].international Journal of Geomechanics, 2009, 9（3）: 133-141.

[117] Randolphm, Quiggin P. Non-linear hysteretic seabed model for catenary pipeline contact[C]. Honolulu : ASME 2009 28th International Conference on Ocean, Offshore and Arctic Engineering, 2009 : 145-154.

[118] Nakhaee A, Zhang J. Trenching effects on dynamic behavior of a steel catenary riser[J]. Ocean Engineering, 2010, 37（2/3）: 277-288.

[119] You J H. Numerical modeling of seafloor interaction with steel catenary riser[D]. College Station : Texas A&M University, 2012.

[120] 何利民，梁隆杰，黄天山 . 石油储运设施衍生的多场景灾害评价技术 [J]. 油气储运，2021, 40（9）: 1063-1071.

[121] Zhang L S, Fangm L, Pang X F, et al.Mechanical behavior of pipelines subjecting to horizontal landslides using a new finite elementmodel with equivalent boundary springs[J]. Thin-Walled Structures, 2018, 124 : 501-513.

[122] Tippmann J D, Prasad S C, Shah P N. 2-D tank sloshing using the coupled Eulerian-LaGrangian （CEL）capability of Abaqus/Explicit[C]. London : 2009 SIMULIA Customer Conference, 2009 : 1-11.

[123] 张志霞，郝纹慧 . 基于知识元的突发灾害事故动态情景模型 [J]. 油气储运，2019, 38（9）: 980-987.

[124] Fredj A, Dinovitzer A. Chapter 8 advanced pipeline geohazard simulation : evaluation of pipeline response to lateral slopemovements[M]//Salama M M, Wang Y Y, West D, et al. Pipeline Integrity Management under Geohazard Conditions （PIMG）. New York : ASME Press, 2020 : 71-80.

[125] 么惠全，冯伟，张照旭，等 . "西气东输"一线管道地质灾害风险监测预警体系 [J]. 天然气工业，2012, 32（1）: 81-84.

[126] 刘建平，付立武，郝建斌，等 . 长输油气管道地震监测预警的应用与技术 [J]. 世界地震工程，2010, 26（2）: 176-181.

[127] 李平 . 埋地油气管道地质灾害监测系统研究与应用 [J]. 科技创新与应用，2022, 12（2）:

168–170.

[128] 张洪奎 . 北斗定位技术在管道地质灾害监测与预警中的应用 [J]. 油气储运，2020，39
（7）：813–820.

[129] 郭守德，王强，林影，等 . 中缅油气管道沿线地质灾害分析与防治 [J]. 油气储运，2019，
38（9）：1059–1064.

[130] 蔡永军，赵迎波，马云宾，等 . 高寒冻土区管道地质灾害监测及防治技术 [C]. 廊坊：2013
中国国际管道会议暨第一届中国管道与储罐腐蚀与防护学术交流会论文集，2013：74–78.

[131] 周丽娟，梁雪莲，陈庆玺，等 . 基于北斗与分布式光纤的天然气管道预警系统技术测试
研究 [J]. 城市燃气，2021，562（12）：8–13.

[132] 郇凯 . 基于 WebGIS 的管道地质灾害监测预警系统开发 [D]. 北京：北京化工大学，2022.

[133] 熊敏，丁克勤，舒安庆，等 . 埋地管道地质灾害监测系统的设计 [J]. 化工工程与装备，
2017（10）：145–147.

[134] 苑立波，童维军，江山，等 . 中国光纤传感技术发展路线图 [J]. 光学学报，2022，42
（1）：0100001.

[135] Kandamali D F，Cao Xm，Tian M L，et al.Machine learning methods for identification and
classification of eventsin φ—OTDR systems：a review[J]. Applied Optics，2022，61（11）：
2975–2997.

[136] Yang C，Oh S K，Yang B，et al. Hybrid fuzzy multiple SVM classifier through feature fusion
based on convolution neural networks and its practical applications[J]. Expert Systems with
Applications，2022，202：117392.

[137] Ali J，Aldhaifallah M，Nisar K S，et al. Regularized least squares twin SVM formulticlass
classification[J]. Big Data Research，2022，27：100295.

[138] Wang H Y，Xu P D，Zhao J H. Improved KNN algorithms of spherical regions based on
clustering and region division[J]. Alexandria Engineering Journal，2022，61（5）：3571–3585.

[139] Ghasemi Y，Jeong H，Choi S H，et al. Deep learning—based object detectionin augmented
reality：a systematic review[J]. Computers in Industry，2022，139：103661.

[140] 王鸣，沙洲，封皓，等 . 基于 LSTM-CNN 的 φ-OTDR 模式识别 [J]. 光学学报，2023，43
（5）：0506001.

[141] 王鹏，杨宏宇，赵贵彬，等 . 管道凹陷检测中的 Creaform3D 激光扫描技术 [J]. 油气储运，
2019，38（4）：463–466.

[142] 杨辉，王富祥，王婷，等 . 基于漏磁内检测的管道补口失效识别与判定方法 [J]. 油气储
运，2019，38（5）：516–521.

[143] 叶光，霍晓彤，朱杨可 . 高钢级管道环焊缝异常漏磁内检测与射线验证结果关联性分析
[J]. 化工机械，2021，48（5）：639–643.

[144] 欧新伟，陈朋超，任恺，等 . 中俄东线数字化移交及与完整性管理系统的对接 [J]. 油气储

运，2020，39（7）：777-782.

[145] 董绍华，段宇航，孙伟栋，等 . 中国海底管道完整性评价技术发展现状及展望 [J]. 油气储运，2020，39（12）：1331-1336.

牵头专家：陈朋超

参编作者：马云宾　李　睿　陈振华　李亮亮　王洪超

孟　佳　王富祥　宋　晗　王亚楠　李在蓉

第十四篇

油气储运低碳节能与环保

油气储运行业已成为关系国计民生、保障能源供给的基础性重要支柱行业，推进低碳、节能、环保、绿色发展已经成为油气储运行业可持续高质量发展的核心理念和战略目标。伴随着"低碳经济"发展理念的提出，绿色环保和节能减排已经成为当前世界经济发展和社会建设的主流思想。油气储运行业面临千载难逢的发展机遇及风险挑战，对现行生产设备、工艺及技术等进行升级与创新，推动生产向绿色环保和节能减排方向转型发展是当前面临的首要任务。

目前，国内外油气储运低碳经济及科技创新主要包括低碳节能与绿色环保两方面。其中，低碳节能包括余热余压与放空天然气回收利用、压缩机加热炉提效技术、集输系统优化简化技术、油气管网优化运行技术、智能能源管控技术、新能源与可再生能源利用技术及新型高效设备新材料等技术，技术水平的高低对余能回收效率起决定性作用；绿色环保主要是对大气、土壤、水体的环保，相关技术包括油气蒸发损耗扩散传质规律研究、油气回收治理技术、生态恢复技术、河流溢油应急处置技术、油品泄漏场地污染状况快速调查评估技术、油品泄漏场地土壤地下水污染修复治理技术等，相关研究可减少油气资源逸散、泄漏等，有助于全面提升油气储运的安全性和环保水平。

近年来，本领域科研人员开展了大量的研究工作，对低碳节能与绿色环保的技术进行了优化和创新，研究成果与国外先进技术相当，为中国油气储运行业的绿色低碳发展提供了技术保障。

1 发展现状

1.1 低碳节能

油气储运行业为传统能源行业，也是能源消耗大户，其能耗占油气生产与输送领域的 50% 以上，故行业发展面临严峻的节能与碳减排形势，绿色低碳发展势在必行。节能是第一能源，是实现绿色低碳发展和"双碳"战略目标的重要举措。国家发展改革委、能源局印发的《能源生产和消费革命战略（2016—2030）》提出"以节约优先为方针""以绿色低碳为方向"的战略取向。油气储运生产存在用能环节多、区域负荷不均衡、设备设施老化、众多关键技术瓶颈等问题，而结构节能与管理节能的挖潜难度越来越大，节能降碳、绿色转型面临严峻挑战。2018—2022 年，油气储运行业积极推进余能综合利用和资源回收利用，进一步发展了高效节能设备和优化运行技术（余热余压和放空天然气回收利用、压缩机加热炉提效技术、集输系统优化简化技术、油气管网优化运行技术、智能能源管控技术、新能源与可再生能源利用技术及新型高效设备新材料等）。在余热利用、新能源利用及系统优化与简化运行方面，中国从应用规模和应用水平上已达到国际先进水平，而在先进高效设备制造方面，虽然近年来研发的部分节能装备已达到国际先进水平，但总体上还是落后于西方国家。

1.2 大气环保

在油气储运过程中，油品易挥发产生油蒸气（在不引起混淆的情况下，有时也简称为油气，即 Oil Vapor）泄漏排放，不仅造成资源浪费和经济损失，而且会造成环境污染、安全隐患。油品内含多种有毒害易挥发的有机物（Volatile Organic Compounds，VOCs），这些有机物是促使形成光化学烟雾、O_3 浓度升高、有机气溶胶的重要前驱物质，对形成雾霾天气起到推波助澜作用，不利于当前中国"双碳"目标的实现。

油气具有排放点多而分散、排放量大的特点。据测算，到 2030 年和 2050 年，中国工业 VOCs 总排放量将分别达到 $6\,120 \times 10^4$ t 和 $13\,550 \times 10^4$ t。目前，如果在中国炼厂、油库、码头、加油站等油品储运销环节不回收处理排放的油气，则这些油气的年排放量将达到约 346×10^4 t，会造成严重的环境安全问题和经济损失。油气回收是节能环保型的新技术，通过提高对能源的利用率，减小经济损失，从而得到可观的效益回报。但是，针对复杂的油气特性，如何进行高效回收，不仅要从源头摸清排放规律，还需要提升末端油气回收装置的技术水平，具体体现在以下几个方面：油气排放具有多点排放、分布不规律等特点，其扩散传质规律难以确定，因损耗机理的复杂性和多样性以及各地自然条件、技术水平的不同而难以准确评估油气排放量；油气浓度波动大且组分复杂、毒性及湿度不一，常规吸附剂存在有效吸附容量低、吸附热效应明显（且吸附热难以及时消减）、易燃（如活性炭）、再生难（如活性炭微孔易形成无效孔）等弊端，是油气吸附回收设备成本高、能耗高、效率低、寿命短的关键技术瓶颈；油气回收方法单一、装备低效耗能，无法满足设备长期有效运行及日益严格的排放指标。因此，急需从核心材料、精细化关键结构、智能化平台等方面进行研发突破，形成不同回收工艺高效集成组合的成套技术，实现油气排放浓度从"g/m³"水平到"mg/m³"的跨越。

从 20 世纪 80 年代开始，常州大学在国内率先并一直开展以油气回收为代表的有机废气污染控制与资源化的基础研究以及相关技术的开发工作，在"有机废气排放源追踪、关键功能材料及核心结构精细差别化构建、集成回收工艺优化、减碳与安全环保技术研发、专家管理系统建立"等方面，进行了深入系统的研发工作，解决了如何有效控制 VOCs 排放的难题：一方面，从源头控制角度追溯储罐碳排放产生的原因，揭示各种工况条件下油罐非稳态油品蒸发及在大气环境中的扩散行为与影响因素的关联性；另一方面，通过优化末端回收技术，提高油气回收效率至99%以上，实现了油气全域收集和集中治理，技术水平达到国际先进水平，为国家经济建设、节能减排、环保与安全做出了重要贡献。

1.3 土壤与水体环保

油气储运建设及生产过程不可避免地要占用一定面积的土地，造成周围环境的破坏，出现严重的生态退化，如土壤质量下降、植被受损、生物多样性丧失、自然景观破坏等。随着对环境治理和生态可持续发展的日益重视，土地复垦和生态恢复已成为国内外油气储运领域可持续发展的限制要素。在国际上，美国、法国、德国、日本等国家在生态恢复技术领域开展相关研究起步较早，由起初的自然恢复手段逐步发展到人工植树造林，并向农林用地自我循环的生态系统转变，形成了成熟的生态恢复理念。中国对油气储运输油管道周边生态恢复的研究工作起步较晚，相关技术大都是借鉴国外已经较成熟的技术，再结合国内实际情况进一步创新，正逐渐向系统化、整体化及高效化相结合的恢复理念转变。

此外，输油管道、加油站、成品油库等油品泄漏造成土壤和地下水污染事件屡见不鲜。油品泄漏以后，其中一部分通过挥发、降解等被去除，但是，部分石油烃会长期滞留于自然环境中，进而污染土壤和地下水，具有明显的"致癌、致畸形、致突变（三致）"作用，对人类生存发展造成严重威胁。时至今日，石油烃污染已经成为土壤、地下水污染的重要因素。欧美等发达国家相继开展了污染场地净化与修复技术研究，在工程实践中不断改进优化，并建立健全相关法律法规，取得了系列进展，其中，典型的土壤及地下水修复技术方法主要包括物理化学修复技术、生物修复技术及监测自然衰减技术等。最近十年以来，欧美等国家在修复领域取得的最重要的进展就是绿色可持续修复技术，两大国际标准组织美国试验与材料协会（American Society for Testing andmaterials，ASTM）和国际标准化组织（International Organization for Standardization，ISO）分别于2016年和2017年发布了绿色可持续修复相关的国际标准。2023年1月，美国环境保护署（Environmental Protection Agency，EPA）发布的超级基金修复报告第17版显示，2018—2020年间美国土壤和地下水污染处理对象主要有VOCs与半挥发性有机物（Semi-Volatile Organic Compounds，SVOCs）及重金属，治理技术以原位修复为主。

中国于2020年发布T/CAEPI 26—2020《污染地块绿色可持续修复通则》团体标准，该标准规定了污染地块绿色可持续修复的原则、评价方法、实施内容及技术要求。随着绿色可持续发展理念的深入贯彻，绿色可持续修复将成为污染土壤修复领域的主流观念和必要元素。"十三五"期间，中国在污染土壤修复技术的自主研发和引进消化吸收方面发展迅速，土壤热修复、固化/稳定化、原位化学/氧化、土壤淋洗、多相抽提等工艺均得到验证及推广。至 2021 年，上述技术仍是中国土壤修复市场的主流技术。在"十四五"开局之年，国家相关管理部门相继颁布了土壤修复行业一系列管理政策和技术指导文件，主要涉及行业规范管理、资金支持及技术提升等方面。根据 2021 年 1 月发布的《国家先进污染防治技术目录》（固体废物处理处置领域），在土壤污染治理技术领域处于示范阶段的技术包括 5 种：原位传导式电加热技术、热螺旋间接热脱附技术、多相抽提与化学氧化组合修复技术、抽提–注射分质处理技术、土壤微生物强化生物堆修复技术，处于推广阶段的技术有 2 种：热脱附技术和原位化学氧化修复技术。以上技术为推动土壤污染防治领域的技术进步提供了保障。但是，在土壤修复行业快速发展过程中，也暴露出一些问题，主要为修复技术创新能力有待进一步提升。现有土壤修复技术研发主体仍然是高校和研究院所，原创性技术较少，缺乏具有核心竞争力的技术和产品。在"双碳"目标下，建议加强对"低碳高效"修复技术及评价体系的研究，将各种修复技术联用，达到降解效率和社会经济效益最大化是土壤修复技术发展的方向，以满足下一步降碳减排与污染物协同治理的迫切需求。

2 主要理论与技术创新成果

2.1 低碳节能

2.1.1 余能利用

2.1.1.1 注汽锅炉余热利用

注汽锅炉是稠油开发最主要的耗能设备，根据监测和计算数据，排烟温度每降低 22℃锅炉热效率可提升 1%。针对不同的冷源，发展形成了不同的换热模式：对于给水为高温回用污水的锅炉，只能采用空气单冷源换热模式；对于给水为清水或低温水的锅炉，双冷源换热模式具有较好的回收效益；对于多台锅炉站场且锅炉使用时率不高、经济效益不佳的情况，参照变频器"一拖二"方式，通过对烟气余热冷凝回收工艺进行改进，可使两台锅炉"倒班"工作，实现冷凝设备连续运转，可以有效解决注汽锅炉烟气余热回收在实际运行中时率较低的问题。冷凝装置运行时率由 53% 提高至 82%，提高了烟气冷凝装置的性价比。目前，新疆、辽河等油田的主要稠油生产油气注汽锅炉大部分已安装烟气余热回收装置，其中，新疆油田应用冷凝装置运行 50 余台，推广应用后注汽锅炉平均热效率从 89% 提升至 95%，节能率最高达到 6%，单台锅炉可节约天然气 $74.3 \times 10^4 Nm^3/a$，总计节气 $3700 \times 10^4 Nm^3/a$。

2.1.1.2 压缩机余热利用

天然气长输管道应用了大量燃驱压缩机，压缩机组的排烟温度在 450~500℃ 之间，有大量的余热可以利用。目前压缩机余热发电技术已于长输管道各压气站推广应用，压缩机余热利用的方式主要有蒸汽循环发电技术和有机朗肯（ORC）循环发电技术两种，并以蒸汽循环发电技术为主，而西部缺水地区站场主要采用有机朗肯循环发电技术。余热发电用于发电上网，而少数同时存在燃驱压缩机和电驱压缩机的站场可利用余热发电直接驱动站内电驱压缩机运行，进一步节约了电费。陕京管道榆林压气站用燃气轮机尾气余热发电，年发电量 $8000 \times 10^4 kW \cdot h$，所发电力通过 10kV 内部电网向站内电驱动压缩机供电，西气东输管道公司已有霍尔果斯、连木沁、古浪、定远、洛宁、中卫等十余座站场实施燃驱压缩机余热发电，年发电量约 $5 \times 10^8 kW \cdot h$。

油气集输过程中也应用了大量燃气压缩机，但油气田压缩机装机功率较小、排烟温度较高，目前烟气余热利用方式主要有两种：一是热能直接回收，用于站区加热或采暖等，通常将外排烟气通过引风机引至后端的换热器中，利用高温烟气直接加热或间接加热换热介质（水、导热油或原油），通过热交换将压缩机烟气热量转换为被加热介质的热能，这是余热最直接、最简单的利用方式，中国北方的油气田均有应用；部分油田对站场压缩机组采用"一拖多"方式进行余热回收，根据不同工艺需求的热品质差异，梯级利用余热，高温烟气先与导热油直接传热，剩余热量用于再生气预热和冬季采暖循环水预热，冬季以外将余热用于伴生气预热。另一种余热利用方式是吸收式热泵制冷，吸收式制冷是利用吸收器中的稀溶液吸收来自蒸发器的制冷剂气体，在发生器中通过高温加热浓溶液，使制冷剂蒸发至冷凝器的一种循环制冷方式，利用增压机组烟气余热产生的热水或蒸汽作为吸收式制冷的热源，产生的冷量用于降噪房降温、发动机进气冷却和二级压缩工艺气进气冷却，降低气驱增压机能耗，也可以用于满足场站生活和办公用冷需求。胜利油田、大港油田、西南油气田等企业采用溴化锂吸收式制冷机组回收烟气余热，也取得了不错效果[1]。

对长输管道大型燃驱压缩机的高温烟气余热，通常采用蒸汽循环发电的方式进行利用，而油气储运过程中的低温余热目前利用较少。有机朗肯循环余热利用技术是一种常用于低温余热的技术，余热资源温度最低可到 80℃，余热发电效率 15%~20% 左右。西方发达国家对有机朗肯循环技术的研究和利用起步较早，美国 GE 公司、德国 GMK 公司、意大利 Turboden 公司等可提供成套的系统设备，而国内多以采购进口设备的方式进行利用，投资较大，主要应用于水资源匮乏的地区。

2.1.1.3 热泵余热回收

热泵技术是一种利用高品位能量（电能、热能）驱动，实现将热量从低温热源向高温热源转移的技术。油田应用的压缩式热泵制热比（Coefficient Of Performance，COP）一般为 3~5 左右，水源温度越高 COP 越高，而制取的热水温度越高 COP 越低。目前中、高温型压缩式热泵（输出热水温度 ≤ 65℃）的 COP 值较高，达到 4.0 以上，油田使用压缩式热泵主要用来代替用热温度要求不高、燃料价格较贵的加热炉。溴化锂吸收式热泵单效热泵的 COP 值可达 1.7，双效热泵的 COP 值可达 2.4，而常规的加热炉热效率为 90%，吸收式热泵可节约燃料消耗 40%~45%，吸收式热泵适用范围更广，在有余热热源的站场可替代各类燃气和燃油加热炉[2]。

空气源热泵应用于油田的情况逐渐增多，其采用逆卡诺原理吸取空气中的热能，通过压缩机做功生产出适合需求的热能。从空气取热，因此"热源"稳定，不受热源条件限制，空气源热泵相比传统电加热技术节能效果明显，适合环境温度在 –35℃~45℃，主要用于替代电加热，也可以用于替代 LNG 燃料的加热炉。空气源热泵年平均 COP 能达到 3，耐低温性较好的设备在冬季（约 –30℃）COP 可以达到 2.1，在加温到 70℃以上后泵效降低，使用热泵技术后，综合成本相对降低。与电加热相比，超低温空气源热泵加热装置节电率达到 50%，节能减排效果显著，在拉油点、小型转油站等低负荷站场和无人值守站场替代加热炉或者电加热设备。

2.1.1.4 天然气压差发电

在天然气生产和输送过程中的很多环节都需要经过调压减压处理，其动能、势能等得不到合理利用。特别是随着天然气产量的快速增长，余压资源利用潜力巨大[3]。目前在气田小型调压站场上设计、制造了"流体直接驱动发电 + 电磁加热"一体化装置，装置由压差发电机组、高频电磁加热装置、智能控制单元、各类阀门及滤网组成，根据室内试验结果优化了喷管结构和驱动器直径，通过现场测试数据得知，最大瞬时流量 6212Nm³/h，进气压力 3.6MPa，出气压力 3.05MPa，发电机功率 6~9kW。

大型的天然气膨胀压差发电技术和装置也已研发成功并应用于天然气生产。通过建立天然气膨胀压差发电技术工艺流程模型，形成了基于能效理论的天然气膨胀压差发电系统能效水平评价方法，设计、制造了净化厂压差透平发电装置，发电装机容量 800kW。此外，在输气站场中还应用了双转子膨胀发电机，机组总装机 720kW，该设备承压大、介质要求较低、可少量带液、流量适用范围较广、密封性好、等熵效率较高（70%~80%）、转速低噪声相对小、可直连发电机转速较低，相较于透平速度型，单机流量限值小，大流量时需多台并联使用。

在余压利用方面，中国以天然气等易燃易爆洁净介质进行膨胀发电的工艺基本多采用向心透平膨胀机发电工艺，而钢铁厂用高炉煤气膨胀发电所使用的工艺多为轴流膨胀机发电工艺（也称 TRT），以工业蒸汽及污水为介质的发电工艺多为螺杆膨胀机发电工艺。中国已建项目中应用国外向心膨胀机发电设备的情况较多，全国产设备运行实例相对较少。国外进口设备运行维护更稳定，但设备投资特别高；国产设备无故障运行周期较短，投资较低，仅基本能满足工程要求。目前，中国能够研制天然气余压发电相关设备的重要企业有 7 家，共有 14 个实际应用项目落地，主要采用了透平膨胀机、双转子膨胀机、螺杆膨胀机等不同技术路线。国外余压发电核心设备制造商在工艺流程的匹配、特殊材料的选用、制造工艺、叶片的设计试验、转子稳定性分析等关键技术方面，一直在持续进步和发展。在透平膨胀机技术上，美国（GE）、德国（MAN TURBO）和日本（三井造船）发展较快，这与其在叶轮机械领域的深厚技术积累密不可分。

天然气透平膨胀发电后会产生较大的温降，通常需要在前端加热以提高天然气温度，加拿大燃料电池能源公司（Fuel Cell）和天然气管道运营商安桥公司（Enbridge）创新了一个更高效的方法来利用管道压降，即燃料电池 – 能量回收发电（DFC-ERG）。该技术将透平膨胀发电机和高温燃料电池发电技术在天然气减压站开拓性地结合在一起，不但可以通过回收减压站节流调压时原本浪费的压力能将其转化成电能，而且可以在燃料电池中在不发生燃烧反应的情况下通过电化学反应产生电能，还利用燃料电池的高温尾气来预热进入膨胀机的天然气，整个过程中系统的能效大大提高。安桥公司在加拿大多伦多建立的第一套直接燃料电池 – 管道能量回收发电装置，额定发电容量 2.2MW，其中涡轮膨胀发电机 1MW，燃料电池 1.2MW，能够将天然气 60% 以上能量转化为高价值电力，几乎是传统发电技术的燃料转换效率的两倍。

2.1.1.5　液体管道余压透平发电

针对成品油管道减压阀前后压差大，存在能量损耗的问题，通过安装以液力透平装置、低压防爆异步发电机为主的余压发电节能装置，以机械能的方式直接带泵和发电机运行，可回收这部分损耗的能量。华南成品油管道贵州站 2019 年 7 月建成液力透平发电装置，减压阀前后压差为 2.5MPa、下载流量为 300 m^3/h，回收效率不低于 50%，发电功率可达 125kW，这是中国成品油管道首台智能化余压发电装置，年发电量可达 $80 \times 10^4 kW \cdot h$，同时还可有效降低管线振动，经济效益和环境保护作用十分显著。该技术适用于成品油管道下载流量大的下载支线和原油管道压差大的支线 [4]。

2.1.1.6　LNG 冷能利用

广西 LNG 接收站一期总用电量（含码头用电）约 9 420kW·h，根据冷能发电"先自用、后外输"的原则，结合北海 LNG 接收站的发展规划、北海周边渔业冰块市场情况以及各专利商技术成熟情况，采用"冷能发电配套冷能制冰"的复合冷能梯级利用技术方案，采用"混合工质 + 单工质（丙烷）嵌套双循环"的冷能利用工艺流程。

北海 LNG 接收站的长期协议气源来自澳大利亚太平洋液化天然气有限公司在昆士兰州柯蒂斯岛的煤层气，接收站液化天然气存储温度为 −162℃，除部分 LNG 通过槽车拉运外，大部分用于气化外输。在 LNG 气化过程中释放的冷能为（8.3~8.6）× 10⁸ J，这部分冷能可采用间接或者直接的方法加以利用。经过初步调研，在北海地区采用冷能发电和海水制冰方案市场前景较为广阔。

研究 LNG 冷能综合利用问题，将有利于提高 LNG 冷能利用效率，推动清洁能源的循环综合利用。目前中国大型 LNG 接收终端已基本实现 LNG 冷能利用与接收终端同步规划和设计，这对于 LNG 冷能利用在空间布局上协同考虑、综合利用、集成优化具有重要意义。

2.1.2 高效节能设备

2.1.2.1 自动清垢相变加热炉

加热炉在油田应用广泛，热效率直接影响能耗情况，油田使用的加热炉由于被加热介质含泥沙杂质较多，结垢损坏情况较严重，尤其是聚合物驱和三元复合驱站场加热炉易结垢，每年需要多次清除垢，成本高且影响正常的生产运行。针对以上情况，大庆油田自主研发了分体式壳程自动清垢相变加热炉，其采取分体式结构，利用清水做热媒，采用相变换热方式。加热炉本体与换热体均采用卧式结构，蒸汽走管程，被加热介质走壳程。在换热体内，设置在线机械除垢装置于易结垢的管程外侧，实现在线清淤除垢，可以保证加热炉长期高效运行，除垢装置采用滑动管板式填料函结构，可定期自动刮板除垢，加热炉运行热效率达到 88%。目前已投产 36 台，单台加热炉年节气量可达 $5 \times 10^4 \, \text{m}^3$。此外，加热炉避免了结垢、过烧和鼓包等问题，停炉检修频率可由每年 2 次提高到 2 年 1 次，已投产的 36 台加热炉每年可节省维修费用 540 万元。加热炉可长期保持高效运行，检修周期长、热效率高，适用于联合站、转油站等场所泵前加热，尤其适用于三元驱、聚合物驱等加热炉易结垢的区块[5]。

2.1.2.2 盘管式自动清垢相变加热炉

盘管式自动清垢相变加热炉用于站场泵后加热系统，加热炉采用单体结构，被加热介质在换热盘管内流动，为了保证介质携带的泥沙等杂质不会淤积附着在换热管内壁而结垢，在线除垢装置安装于加热炉盘管管线进出口，与工艺管线形成闭合回路，清管球仅依靠管线内介质的压力运动，除垢过程不影响加热炉的生产运行。机构进出口均为主管与旁通管结构，主管与旁通管的开闭由电动阀门控制，清管球从机构的进口侧发出，在盘管内完成内壁除垢后到达机构的出口侧，完成一次工作过程，根据介质特性和结垢速度确定除垢的时间和频率。为了实现发球、收球以及清管球在换热盘管进出口处流畅、准确转换的目的，发明了转筒及其控制机构，其中转筒的旋转是靠伺服电机来实现的。加热炉采用正压相变换热的方式，比真空相变换热的方式更能满足生产需求，可替代泵后加热炉或高压力等级加热炉，可实现在线机械盘管内壁清淤清垢，运行热效率可维持在88%以上，在提高效率的同时可节约大量维护修理费用。该设备在大庆油田应用12台（总功率24MW），年节气 $27.84 \times 10^4 m^3$，年节省维护费用367.08万元。

2.1.2.3　反烧式井口加热炉

井口加热炉数量较大，其结构简单、容量小，运行炉效为40%~60%，具有排烟温度高、热效率低的特点。针对上述问题研发了反烧式井口加热炉，其燃烧器位于加热炉底部，燃烧产生的高温烟气通过辐射段进入对流段，在对流段内横向冲刷斜烟管和热管并进行放热。烟气到达顶部后通过回燃室向下进入烟管，继续放出热量，最后汇集到下部的汇烟箱，经过烟囱排出，所有热量通过中间热媒水间接加热螺旋形盘管内的被加热介质。通过斜烟管、超导热管和立式烟管三个对流传热流程，不仅增大了对流换热的传热面积，而且进一步提高了对流传热的传热速率。反烧式井场加热炉在辽河油田试验2台，设计效率在87%以上，现场测试效率可以达到80%以上，可以有效解决井场加热炉炉效普遍偏低的难题。

2.1.2.4　冷凝式加热炉

冷凝式加热炉能将排烟温度降低至水露点以下，大大提高了加热炉热效率。研发的冷凝式加热炉设置两级烟气余热回收，将冷凝技术应用于加热炉尾部受热面，形成冷凝换热。冷凝换热器采用U形烟道结构、同向换热器结构、逆流换热形式、助燃冷空气预热等技术措施来满足用户的不同需求。为防止排烟凝结水的酸性腐蚀，使用不锈钢材质或"耐硫酸低温露点腐蚀"钢材制作翅片管和螺纹管，创新性设计了"背水环"结构，采用双面V形管孔焊接型式，有效解决锅炉行业内普遍存在的高温管板开裂问题。冷凝加热炉排烟温度由通常的露点温度以上20~30℃降为40~60℃，加热炉运行热效率达95%以上，目前已在多个油田联合站应用[6]。

国外各大石油公司使用的加热设备与国内情况类似。国外油气田管式加热炉多用于需要热负荷较大的中央处理站的原油脱水以及原油长途管线各种站内原油加热等。在国外油气田集输领域常见的是火筒式加热炉和水套式加热炉，其典型的应用为原油和产出液加热、乙二醇和胺液的再生加热等。国外油气田各种类型加热炉热效率不高于国内在用加热炉，国外水套炉平均热效率为75%~82%，管式加热炉平均热效率为85%~89%，与国内热效率水平相当，而蒸汽锅炉热效率为78%~83%，低于国内注汽锅炉炉效。国外高效燃烧器的研制要高于国内水平，如德国扎克燃烧器和威索燃烧器、意大利百得燃烧器、法国奥林燃烧器等，设计小巧、精致，连鼓风机电一体化，具有出力大、噪声低、效率高特点，自动化水平也较高。

2.1.2.5　进口变频器国产化替代改造

应用于天然气长输管道的电驱压缩机组具有功率大、电压等级高、系统复杂、技术先进的特点，对设备的稳定性要求较高。限于中国相关产业的技术水平和制造实力，早期建设的电驱压缩机组采用了大量的进口变频调速驱动系统，主要有 SIEMENS、GE（原 Converteam）、TMEIC、ABB 等国际品牌，涉及 LCI 电流源型、三电平、五电平等电压源型高压变频器，其电机均由各家自行配套，拓扑结构多样、技术先进复杂。由于进口变频器已运行较长时间，有的甚至已达使用寿命，故障逐渐频发，不仅备件昂贵，而且有的关键器件已经停产，只能进行升级改造，面临维护费用高昂、改造周期较长等诸多问题，已经严重影响到机组的正常运行。开展进口变频器及关键元器件的国产化替代应用技术研究以解决上述问题，其成果也可在其他行业推广应用。2018 年，西气东输管道公司成功实施了高压变频器的器件或整机的国产化替代改造试验，并取得了成功。

2.1.2.6　压缩机整体提效

压缩机是最主要耗能设备，其耗能量巨大，但是能源综合利用效率普遍较低，燃驱机组综合效率只有 20%~30%。燃气轮机增加回热联合循环系统后，可提高燃气轮机的综合热效率。目前，国外 GE、RR 等公司均在进行更先进的回热循环技术研究，如间冷回热循环（ICR）是在压缩空气过程中进行中间冷却用于降低压气机出口温度，蒸汽回注回热循环（STIG）利用余热锅炉产生蒸汽注入燃烧室增加透平做功，化学回热循环则是利用余热将液体燃料裂解，以提高热值强化燃烧，各项回热循环技术均在不同程度上提高了燃气轮机效率。阿意输气管道对 Messina 压气站的燃气轮机组实施改造，采用回热联合循环系统后每台燃气轮机的综合热效率由原来的 36.5% 提升至 47.5%。俄罗斯输气管道压气站功率为 6~10MW 的燃气轮机大多采用回热器，燃气轮机效率可提高 4%~5%。美国通用电器公司（GE）生产的 MS300 型回热循环式燃气轮机额定功率为 10.5MW，LM2500 型功率为 22MW，MS5000 型功率为 24MW。

整体式磁悬浮电驱离心压缩机组是一种高速、智能、无油电驱离心压缩机组，可用于管道增压和储气库注气。该机组电机和压缩机均采用磁悬浮轴承（径向轴承和推力轴承），取消了润滑油系统，大大简化了操作和维护程序。该机组采用整体密封式技术集压缩机和电机为一体，取消了干气密封，电机用工艺气冷却。由于采用高速变频器和高速变频电机，电机与离心压缩机为直联方式，取消了增速齿轮箱，压缩机单台功率可达到 22000kW。目前，西部管道公司针对该技术率先开展了国产化设计和 18MW 样机研制工作，为将来西四线、西五线投产进行技术储备。此外，还可从优化压缩机启机逻辑、减少压缩机放空、燃气轮机进气冷却等各方面进行升级改造，进而综合提高压缩机组效率。

2.1.3　放空气回收

天然气主要成分甲烷是仅次于二氧化碳的第二大温室气体来源，2020 年甲烷占全球温室气体排放量的 14%，甲烷的增温效应是二氧化碳的 28 倍。近年来，针对各环节天然气放空研究形成了一系列回收技术。国外的天然气管道运营商和压缩机生产商早在 20 世纪 90 年代就已经共同研制开发了管道放空回收的压缩机组，用于将管道放空气增压回注。奥地利 LMF 公司（已被浙江开山公司收购）是世界第一家生产车载式管道放空回收压缩机的公司，2019 年俄罗斯天然气公司采购了其生产的 16 台移动式放空回收压缩机组。在国内，2016 年西气东输管道公司率先进行了管道放空气回收的实地试验，压缩机组为橇装进口机型，安装方式为就地无基础安装，之后鲜有关于天然气管道放空气回收的相关报道。

2.1.3.1　油井定压放气阀

对于套压高于回压的油井，通常采用定压阀回收油井的伴生气，该技术是在油井套管上安装一个安全阀，设定好开启压力，当套压超过定压阀的开启压力、同时大于油压时，将伴生气泄放进入输油管道。针对常规定压阀冬季易冻堵的问题，研发了直读防冻堵定压放气阀、压差式防冻堵定压放气阀等设备。针对小气量无法回收问题，研发了小气量借力增压型放气阀，利用抽油机上下动力增压回收。长庆油田已推广应用新型直读防冻堵定压放气阀 9130 口井，年回收套管气 $9495 \times 10^4 \mathrm{m}^3$。

2.1.3.2　车载式零散气回收装置

针对边远区块伴生气和页岩油返排问题，研发了车载式零散气回收装置系列化产品，装置布置在车板上，具有快速移动、灵活就位、快速生产的特点，设备由增压脱水橇、制冷分离橇、发电橇、混烃罐组成，将"压缩、净化、制冷、分离、配电、控制"六大部分小型化、集成化、橇装化、车载化、一体化，兼轻烃处理装置工艺流程和发电功能。

2.1.3.3　橇装液化天然气回收装置

针对页岩气开发问题，试采阶段气量大，气质存在不可预测的变化的特点，研发了橇装液化天然气回收装置，天然气先经过粗分离脱除固体及液体杂质，脱水采用分子筛吸附的方法，脱除酸性气体采用分子筛吸附法与醇胺法等，其脱除采用的溶剂与流程选择主要由原料气的组成、压力以及对产品的规格要求、总的成本与运行费用的估价等因素决定。液化制冷机组采用双混合制冷剂（DMRC）流程，分两级完成液化过程，机组采用水冷方式，紧凑高效[7]。西南油气田开展页岩气试采气回收工作，2019 年在长宁 215 井一次性取得成功，该井产量为

$12 \times 10^4 \text{m}^3/\text{d}$，4个月回收气量 $293 \times 10^4 \text{m}^3$，创造经济效益880万元。

2.1.3.4 气液增压混输

对于低压天然气，设计了高压缩比、免修期长的隔膜压缩机技术，具有压缩比大、结构简单、易损部件少的特点。根据进气压力的变化，自动控制回收装置的启停，实现井组低压来气增压混输。对于大气液比的油井，研制了油气同步回转混输一体化集成装置，具有泵和压缩机的双重功能，可以以任意比例输送液、气两态流体，满足全密闭集输的需要，适用于井场或小型站场油气混输，实现井组 – 联合站的一级布站。

2.1.3.5 长输管道放空气回收

天然气长输管道上也开展了一些天然气放空回收技术的研究，一是利用移动式压缩机组对长输管道本应放空的天然气进行再压缩，回注到计划性维修管段上/下游或者并行管道中，实现资源的回收再利用；二是试点了压气站干气密封气放空回收，通过压缩机增压将放空气回注输气管道。另外通过对压缩机进气管线孔板和干气密封孔板进行改造，缩小压缩机组干气密封一级放空孔板，可减少天然气放空[8]。西气东输在高陵站试点压缩机干气密封气回收系统，该压气站4台机组2用2备，机组运行 $2.4 \times 10^4 \text{h}$，年回收放空气 $36 \times 10^4 \text{m}^3$。

美国、俄罗斯等国都对边远井天然气的放空和伴生气的排放有法律制度约束。因此，放空天然气回收技术在全球都受到重视。国际上采用的放空气回收技术包括 LNG 回收、CNG 回收、ANG 回收等。国外多采用膨胀机代替常规混合制冷剂液化流程中的制冷剂节流阀，既可以回收一部分膨胀功用于驱动增压机，又提高了系统热力学效率，可节能5%左右。天然气吸附存储技术（ANG）是一种新型的放空气回收技术，在国内还处于攻关研究阶段。国外开展研究较早，该技术是将多孔吸附剂填充在储存容器中，在中高压（3.5MPa 左右）条件下，利用吸附剂对天然气高的吸附容量来增加天然气的储存密度。ANG 储存方法较传统的 CNG 回收有几点优势：储存压力较低，安全性能好；投资费用和操作费用低；日常维护方便。目前攻关的难点在于高储气能力的天然气专用吸附剂的制备、如何解决吸附放热问题以及 H_2S 等杂质对存储性能的影响，随着吸附剂材料的不断进步，该技术具有良好的发展空间。

2.1.4 优化运行

2.1.4.1 能量系统优化

油田集输系统生产运行波动大、耗能设备数量多，随着油田节能工作不断深入，常规的技术节能和管理节能挖潜难度逐渐增大，而全局能量系统综合优化技术日益被国内外众多企业所重视。美国、西欧等国家有多家石油公司在实施流程模拟、先进控制与过程优化项目，以实现优化生产、避免能量损失、节省能耗的目的。能量系统优化技术从大系统的角度对油田生产运行参数进行动态调整，进而促进油田降本增效。经过 2016—2020 年的研发和示范应用，中石油已经建立了地面全流程用能评价技术及优化技术，构建了仿真模型，形成了基于流程模拟的多目标最优化求解的油田能量系统优化方法，研发了能量系统优化软件和能量系统优化管理平台，该平台具备大数据分析、批量快速建模、自动水力热力校核及多方案优化比选等实用功能。形成了油田能量系统优化长效机制，中石油编制了企业标准《油田生产过程能量系统优化实施指南》和培训教材，发布了油田能量系统优化管理办法，为油田有序开展能量系统优化提供了技术支撑和管理支持，现场示范应用实现节能 16%。2018—2020 年，该技术已在大庆油田示范应用，主要应用于采油四厂的 25 座转油站，通过优化软件与优化方法优化现场掺水量、掺水温度等，2018—2020 年累计节电 $1\,250 \times 10^4 \mathrm{kW \cdot h}$，节气 $3\,104 \times 10^4 \mathrm{m}^3$。2022 年，大庆油田在采油一厂至采油十厂共计 210 座水驱转油站全面推广应用了该技术，冬季平均月节气 $300 \times 10^4 \mathrm{m}^3$。

在气田地面工程能量系统优化方面，中石油通过科技攻关，建立了适用于任意拓扑结构的气田集输管网工艺仿真模型和能量优化模型，开发基于非线性、多变量和强关联的大系统工程仿真与优化算法，突破了传统方法对管网规模的限制，提升了算法效率和稳定性，建立了基于 HYSYS 软件的含硫净化厂工艺仿真模型，开发了基于粒子群算法的智能优化算法，完成了气田能量系统优化软件功能设计及数据接口研究，形成了软件开发方案，为开发自主产权模拟和优化软件奠定了基础。

2.1.4.2　能源管控

针对油气田点多面广、能耗管控难度大的难题，中石油研发了油气田能源管控技术，通过制定企业标准建立了能源管控成熟度分级模型，分为计量级、监测级、分析级、优化级及智能级 5 个等级，并由计量级向智能级发展；形成了"四个清楚、三个实时、分级管控"的油气田能源管控模式，制定了主要生产系统关键技术指标采集和控制技术要求，规范了能源管控系统功能总体架构、数据来源、功能模块，建立了基于物联网大数据的能耗分析模型和生产系统动态优化控制技术，编制了能源管控系统软件，可实现数据加工、自动建模、优选优化应用、跟踪学习完善等闭环应用流程[9]。目前，中石油已在大庆庆新油田、华北煤层气、青海采油五厂、南方福山油田等 14 个能源管控试点推广应用，总体已达到分析级或优化级，形成节能能力 $2 \times 10^4 \mathrm{tce/a}$，有力地促进了油气田企业能源管理水平向集中管控迈进。

2.1.4.3　长输管道优化运行

优化运行是长输管道的重点节能措施，国内对于液体管道主要研究了高耗能热油管道运行优化技术。针对庆俄油掺混降温输送，确定铁锦线不同季节、不同比例掺混原油的关键工艺参数，保障铁锦线实现降温输送；利用研发的热油管道运行优化软件，建立各种输送条件和输量台阶下运行优化方案库。研发了热油管道非稳态热力水力计算模型、管道热力特性模拟计算软件、输油管道调控运行数据分析评价系统等。西部管道有限责任公司开展了原油大掺混输送优化研究，通过不断改进输油工艺实现了原油常温输送、原油储备库常温存储，输油工艺由加热间歇输送转变到换热输送，最后到混合常温输送，能耗持续下降，相关技术达到国际先进水平。

天然气管网优化运行方面，国内建立了由单耗型、费用型及运行状况型优化指标组成的天然气管网运行优化评价指标体系，形成了适用于大型天然气管网稳态运行的多目标优化高效求解技术、天然气管网指定时段运行优化求解技术；开发了天然气管网运行优化技术集成应用软件、天然气管道能耗测算软件、管道能耗综合分析系统。

目前，英国、美国、西欧等国家的石油公司实施流程模拟、先进控制与过程优化项目，推动了流程工业综合优化技术在实际生产中的应用，如壳牌石油公司（Shell）、阿吉普石油公司（AGIP）等相继建立了综合优化系统。国际先进的油田生产管理系统是对油田生产过程进行建模（建立油藏、机采、油气集输、注水生产、热采、污水处理及电力系统等模型），再通过开放模拟环境将油田生产模型集成起来，形成完整的油田生产整体模型，即虚拟油田生产系统。

国外大多数国际石油公司都具有较为完整的能源管理系统，随着计算机技术、控制技术的发展，能源中心技术也突飞猛进，数据库管理、集散控制技术、分析决策系统、智能控制及智能管理等广泛应用于能源中心，能源中心技术成为企业能源管理现代化特征。国外能源管控系统至少包括了能耗数据实时采集存储、能耗统计分析、重点耗能设备及装置能耗指标监控预警、能耗水平对标评估等功能，部分先进炼化企业的能源管控系统还包括蒸汽动力系统在线优化、能耗关键绩效指标（Key Performanceindicator，KPI）分层目标化管理、节能方案实时追踪等功能。许多国际石油公司已将能源管控技术逐步应用于油气生产的能源监控和用能优化，有效提高了企业能源利用效率和能源管理水平。

在借鉴国外经验的基础上，中国在油气储运行业中推广企业能源管理中心项目建设方面已初见成效，已完成了部分试点建设，集输系统用能优化技术已形成系列软件，在现场示范应用的节能效果良好。

2.2 大气环保

目前，中国炼厂、油库、码头、加油站等油品储运销环节，如果不回收处理排放的油气，则这些油气的年排放量将达到约 $346 \times 10^4 t$，会造成严重的环境安全问题和经济损失。为此，针对油气排放的复杂性问题，近年来国内外研究人员采用实验及模拟等方法，研究了油气蒸发扩散及传质规律、油气回收技术，取得了系列研究成果[10]。

2.2.1 油气蒸发损耗扩散传质规律

油品从储罐内蒸发扩散并排入大气的过程涉及气液相变、气相中油气的传质以及油气排放的综合效应。石油及其产品的基础物性参数对油品蒸发与油气排放扩散的机理和规律研究甚为重要。油品蒸发及油气排放扩散过程和机理相对复杂，其与油品本身的性质（如饱和蒸气压、摩尔质量、扩散系数、密度、温度变化及储油容器内的油气饱和度等诸因素）密切相关。目前，气体污染源蒸发扩散研究方法包括理论分析、现场实测（包括风洞实验）、数值模拟等。现场大规模全尺度实验研究数据是掌握油气蒸发扩散机理最直接的资料，也能为其他实验方法的修正和理论模型建立提供依据。因为气体扩散范围大且难以观测，导致现场实际操作会消耗大量的人力和费用，而数值模拟不仅可大范围追踪扩散物质，而且省时又省力，因此，数值模拟方法在储罐内在机理研究中得以广泛应用。

（1）油品蒸发及油气排放扩散传质的基础物性参数的理论分析。①在油品气化方面，油品气化在运输、储罐内部的主要表现为油品蒸发，油品蒸发主要受温度、时间、组分等因素影响，流体力学确定的流场和传热学确定的温度场是研究油品蒸发以及传质的基础。蒸发调控机制主要有空气边界层调节和扩散调节，当石油中存在挥发性成分时，可能存在两种调节机制的组合形式。在气液交界面处，当液体分子获得动能足以摆脱分子间的吸引力时，可以实现任何温度下油品的气化；反之，失去动能发生冷却的分子需从外界吸收热量，以保持原有的热平衡状态。针对国内无法精确测定不同类型油品在不同环境条件下的蒸发速率问题，国外学者提出了扩散受限蒸发模型，在油相中加入扩散层理论，预测扩散限制蒸发率，总传输速率是蒸发速率和扩散速率的函数，该模型能够预测不同类型油品在罐内气体空间的气化传输速率[11]。②在油气传质方面，对于储罐，由于蒸发源的存在及设备本身和操作条件的影响，气体空间内的油气传质一直处于非平衡状态。相间界面传质速率的确定对储运行业油品蒸发损耗的评估起着关键作用，因此需深入分析液态油品与混合气体（油蒸气–空气）交界面处的传质机理。界面传质可分为无化学反应的质量传递和有化学反应的质量传递。在储运环节无化学反应发生的情况下，传质方式可分为分子扩散、热扩散、强迫对流3种，一般在储罐内3种传质方式同时存在。为解决传质速率问题，国内外学者提出膜模型、溶质渗透模型、表面膜更新模型、界面非平衡传质模型等，但每个模型中都存在一个较难确定的值。而新建立的基于单膜传质理论的油气蒸发过程薄膜当量膜厚计算方法，以及基于 Stefan-Fuchs 方程、Clausius-Clapeyron 方程及若干准则数的非稳态蒸发单相传质的数值模拟方法模拟得到的当量膜厚,可求解对流传质系数并粗略估算现场储罐的蒸发损耗速率[12-14]。③在气体扩散方面,油品的蒸发扩散易受外界因素(如太阳辐射等条件)影响,因此,通过建立温度测试系统,可以得到储罐内部轴向和径向的温度分布规律,揭示油罐在不同工况下的传热特性[15]。此外,储存设备的自身问题(如储罐腐蚀、边圈密封性差等)会影响损耗量,所以对储罐浮盘、通气孔等结构展开分析,提出应加强罐壁与浮盘的密封性、减小物料上部空间等优化建议,以达到减少油气扩散的目的。在石化罐区使用一些特定扩散模型,如监测模型、SLAB 模型、ALOHA 模型等,可有效预测任意位置或区域中 VOCs 浓度。

(2)数值模拟方法。计算流体动力学(Computational Fluid Dynamics,CFD)在能源动力、石油化工、环境工程等领域应用广泛,针对流体流动、多相流、辐射传热等问题,开发了不同的模拟计算软件,如 Fluent、Phoenics、CFX 等。Fluent 软件具有高效的计算能力、强有力的后处理等优势,且求解方法适用于解决不同的流体问题,因此其被众多学者用于研究油品蒸发扩散问题。由于湍流求解尺度的不同,可分为直接数值模拟(DNS)、雷诺平均方法(RANS)、大涡模拟(LES)3 种方法来解决流体流动问题。①在直接数值模拟方面,通过 Navier-Stokes 方程得到任意时刻任意空间位置的速度、压力、密度等参数来模拟流体介质运动。理论上,直接数值模拟方法无需对湍流的流动做出任何简化即可得到准确的结果。但在实际计算中,需要满足两个条件:一是计算域的尺寸足够大;二是网格间距足够细。大的计算域尺寸能包含较大的湍流尺度,而细的网格间距能捕捉较小的漩涡,用来保证计算的充分性。目前,直接数值模拟方法主要用于二维湍流、均质各向同性湍流、通道流动、边界层流动等方面。②在雷诺平均方法方面,一般情况下储罐油品在蒸发扩散过程气体受气压、温度、风速、油品性质等因素影响,在整个蒸发损耗过程中油品处于非稳态的湍流状态,通常采用取其统计平均值的方法进行研究,可用数值方程加以描述,雷诺平均方法可获得绕流的时均流场及风压数据,在油气行业广泛应用。在雷诺平均方法结合模拟软件的使用上,采用 VOF(Volume of Fluid)方法捕捉气液界面,采用 RNG k-ε 模型解决流动分离和二次流动问题,通过用户自定义函数指定质量源项解决交界面组分梯度不连续的问题,对拱顶罐底部装油的传质过程进行分析。通过不断地发展,现在已经发展到采用 Tru VOF 与 RNG 耦合的方法来精确捕捉自由界面流动和处理高雷诺数的湍流扰动,对单罐、双罐罐体泄漏后的油品流散过程进行模拟,获得不同泄漏因素下(储罐容量、泄漏速率)原油的流散状态,进而为整体罐区安全管理提供理论基础[16, 17]。③在大涡模拟方法方面,大涡模拟方法能够准确描述湍流的不稳定现象,既可从整体上展示漩涡的周期性脱落,又可详细描述小尺度涡流,众学者逐渐将大涡模拟方法应用到气体蒸发扩散问题中[18, 19]。考虑到在强风天气下，储罐密封圈的油气扩散容易受罐体和罐顶边沿的影响而产生复杂流场，借助大涡模拟方法模拟储罐风压变化。通过与储罐绕流和气体扩散的风洞数据进行对比发现，大涡模拟方法在模拟非定常风荷载和涡结构方面优于雷诺平均方法，随后相关学者分析了雷诺数和液位等因素对外浮顶储罐绕流流场的影响，探究了油气纵向和环向耗散特性及空间分布特征。

（3）油罐大、小呼吸蒸发损耗内在传质规律。利用理论分析归纳得出的经验公式可大致得到储罐油品蒸发扩散的整体变化规律，但与实际结果还存在一定偏差，尚需采用合理有效的实验方法，如借助风洞平台开展实验，实施高精度参数测量和现象观测获取有效数据，进而支撑和验证理论分析结果。常州大学黄维秋团队在这方面取得不少成就，如优化了油品蒸发损耗评价方法，开发了系列损耗评价软件，构建了完整的损耗评价体系和基础理论，为回收技术开发提供理论支撑和设计基础。①在直流式风洞测试平台方面，该团队在国家自然科学基金项目、江苏省重点研发计划和学科发展资金的资助下，建立了先进的具有后置变频防爆风机调速引流、太阳灯辐射加热的直流式风洞平台（Direct Flow Wind Tunnel，DFWT）。该风洞平台主要分为送风整流段、测试段、气体净化段和动力排出段四个部分，以及温度、湿度、压力、流速及浓度等多种传感器和安全监控报警设备。送风整流段起到进气、整流稳定、收缩整形气流等作用。测试段是重点部位，为方腔结构，用于放置测试对象，布置测试传感器；在顶部设置有红外线辐照模拟装置，可实现区域分段、强度连续的辐照调节；在侧部布置有旁开门，方便测试样品的安置和取出；同时在旁开门外设置斜梯，方便测试部件及人员的运行。气体净化段内部设置多层蜂窝状活性炭净化床，用于风洞各种废气的吸附净化。动力排出段内部设有变频防爆风机后置直流式引流排气，从而降低风机对测试风场的影响。该风洞平台可用于气流温度和流量（速度）、压力及浓度测量，可模拟或测试多种储罐（容器）、管道在不同环境温度、太阳能辐照强度、气流速度条件下的油气耗散特性、保温性能、风载承压性能，可为储运等多学科的教学、科研提供多功能、高性能的测试平台。②在拱顶罐蒸发损耗方面，拱顶罐常用于储存高闪点的低挥发性产品，其蒸发损耗主要包括工作损耗（即大呼吸损耗）和静止储存损耗（即小呼吸损耗），前者是由于油品性质、油罐收发油作业而引起的呼吸损耗，后者是由于油品在自然环境下因气温、气压变化及油品性质所引起的呼吸损耗。在外界环境对排放气体成分的影响上，具体分析了不同温度、压力、运输条件及装载时间等参数对排放气体成分的影响。针对油罐的静止储存损耗，以API理论计算公式为基础，推导出压力罐对静止储存损耗的最低降耗率的计算公式，从而提出通过增加油罐呼吸阀控制压力来减少呼吸损耗，甚至完全消除小呼吸损耗。这表明目前已经能将外界环境中的温度、压力变化对呼吸损耗的影响进行量化并彰显出实际应用的潜力。下一步通过综合考虑油罐结构改造难度及投资成本，来论证其工业化推广的综合效益。在储罐小呼吸损耗机理分析的基础上，建立了固定顶罐的非稳态传热传质理论模型，可以分析储罐内温度、传热系数、液相蒸发量的变化规律，并估算储罐的小呼吸损耗量，研究结果对于固定顶罐油品蒸发损耗的评估及其油气收集回收系统的设计、管理具有重要参考价值。针对拱顶罐受到太阳辐射时罐内气体空间的传热传质机理尚不清楚的问题，通过考虑储存条件（如太阳辐射强度和液体高度），自行搭建固定顶罐蒸发损耗实验平台并基于 Fluent 软件和用户定义函数（UDF）编程来验证模型的可行性 [14]。研究成果可为减少呼吸损失、提高企业管理水平提供重要的理论支持和设计参考。在验证模拟结果对实际情况的差异性上，基于风洞实验平台提出了等效膜厚和相应的蒸发率模型，计算了储罐中的气流速度、浓度和蒸发损失率，并分析了通风口位置、边缘间隙位置和环形边缘间隙密封性对损失率的影响 [12]。③在浮顶罐蒸发损耗方面，浮顶罐常用于存储高挥发性产品。浮顶罐的蒸发损耗形式可分为粘壁损耗、边缘密封损耗、浮盘缝隙损耗及浮盘附件损耗。由于蒸发率与油品类型密切相关，且蒸发率随风速或浮盘高度的增加而增加。气体空间体积和风速对油气损失率也有较大影响，气体空间体积越大，储罐内外气流交换越弱，从而进一步促进了油气在储罐气体空间内积聚。因浮盘与罐壁之间存在各种缝隙以及油品粘壁，因此仍有部分 VOCs 从罐内逃逸排放。目前，学者们结合数值模拟方法对内浮顶罐蒸发损耗进行了研究。在浮盘缝隙损耗方面，针对内浮顶罐探究了内浮顶罐泄漏环宽度与扩散速度流率估算公式，内浮顶罐浮盘位置以及内浮顶罐不同浮盘位置泄漏量对油气体积分数的影响。另外，在外浮顶罐上探究风场、大小储罐、不同浮盘孔隙、泄漏口位置对油气扩散的影响，发现泄漏口位置影响油气集聚，风速会扩大污染范围。针对原油储罐给出了原油储罐泄漏之后的油气集聚中的油气浓度分布及油气扩散走势的分布云图 [20-22]。在浮盘附件损耗方面，考虑到储罐结构（浮盘、通气孔等）会对蒸发损耗产生一定影响，通过测得储罐内部空间各点处的气体浓度，分析浮盘和通气孔位置（壁孔、顶孔）对油品蒸发损耗的影响，从理论上验证壁孔的扰动较大，同等条件下壁孔罐内考察点扩散系数约为后者的 4 倍 [23]。在粘壁损耗方面，为探究粘壁损失对石化企业 VOCs 排放的影响，采用层次分析法和多因素分析法对影响粘壁损失的因素（液体黏度、罐壁锈蚀程度、边圈密封效果等）进行敏感性分析，发现粘壁损失量与边圈密封性密切相关，建议 API 公式考虑边圈密封对蒸发损耗的影响 [24]。④在储罐群组损耗方面，与前期的单罐数值模拟相较，储罐群组的模拟更加符合实际生产情况，且考虑到储罐位置分布对油气扩散的影响，丰富了油品蒸发损耗理论。利用数值模拟对储罐群进行建模分析，考虑储罐群中单罐所处位置对油气扩散路径和油气浓度分布规律的影响。双罐气体泄漏后相比于单罐而言，油气浓度具有叠加效应，当双罐油气泄漏扩散达到稳定值后，中间风口储罐互相影响程度最大，油气浓度叠加效应最明显，而相邻两罐泄漏口位置相对时，影响程度最显著，油气浓度叠加效应最明显。建立外浮顶储罐（单罐、双罐及四罐）数值模型，并利用风洞实验开展验证，分析不同储罐数量下外浮顶储罐风场及浓度场的叠加效应，随着外浮顶储罐数量的增加，外浮顶储罐下风向的油气叠加效应更加显著[25]。针对江苏省境内某油库罐区发生溢油事故后油气蒸发的扩散规律，考察了防火堤对油气的累积作用，发现防火堤越高，防火堤内角积聚的油气越多，并进行了定量分析评价；上风侧单罐前溢油时，爆炸极限面积最大；多次泄漏的浓度会叠加，导致出现多个爆炸极限区域[26]。国外在油气蒸发理论与数值模拟相结合的领域同样受到了众多学者的关注，并衍生出一系列研究成果[27]。储罐中低温液体等压蒸发和风化相关的 CFD 模型准确地预测了蒸汽流动和气液传热的动力学，提供了气相中的速度和温度分布，以及蒸发和蒸发气体速率。在结合风载的研究上，采用大涡模拟方法对外浮顶储罐的风荷载进行分析，使用两个基准储罐模型检验了大涡模拟方法的准确性，并验证了大涡模拟方法在计算储罐周围非定常风荷载和涡结构时优于 Navier-Stokes 方法。当大涡模拟方法应用于储罐流动时，DSM SGS 模型具有更好的精度。$Re>10^6$ 时的风荷载几乎没有影响，而液位对储罐上的风荷载和流动中的旋涡结构都有显著影响。外部浮顶储罐上的压力会随时间发生明显的振荡，这表明了大涡模拟方法应用于储罐风荷载分析的必要性。在海上作业的扩散研究方面，通过实验和数值方法研究了海上作业期间 LNG 在水上扩散情况，该研究涉及模拟在操作期间从转运臂泄漏的 LNG，而实验部分涉及 LNG 在充满水的狭窄沟槽中的流动以及随后测量池扩散和气化参数。数值部分涉及使用三维混合均匀欧拉多相求解器模拟池扩散和气化现象的 CFD 模拟。LNG 建模为分散相液滴，可以通过相间模型与连续相（水和空气）相互作用。数值研究还采用了一种新颖的用户定义例行程序来捕获 LNG 气化过程。从实验和 CFD 模拟中观察到，风通过夹带和对流影响了水池的扩散和气化现象。在针对 CFD 模型的评估上，开发了一种 CFD 模型对 SBAM 的性能进行评估，通过对 5 个不同案例进行研究，并实际测量，将数值结果与实验结果进行比较，结果遵循了 Hanna 提出的程序，表明 SBAM 能够以足够的精度再现一些具有代表性的偶然情景。综上，在油气蒸发损耗领域，以常州大学为代表，中国近几年进展迅速，获得了众多研究成果：在理论分析上不断精进计算公式、模拟方法以及评价方法；在结合数值模拟的分析领域，在储罐（尤其是浮顶罐）的蒸发损耗上进行了各方面的研究，针对储罐中油气的蒸发损耗的重要影响因素（储罐结构、浮盘缝隙、液体黏度、罐壁锈蚀程度、边圈密封效果、风场、泄漏口位置、储罐大小）进行了模拟分析，丰富了理论创新，为现场实际工况提供参考意义。但是，在流体动力学的模型结合方面、CFD 的性能评估方面等相对欠缺。

总的来说，国内在油气蒸发排放扩散规律及传质机理研究方面，整体上处于国际先进水平。

2.2.2　基于油气蒸发损耗的回收治理

近年来，中国 VOCs 治理行业发展迅速，其处理技术包括非回收（销毁）技术和回收技术。前者包括催化燃烧、热力燃烧、生物降解、等离子体破坏、光催化氧化等；后者包括吸收法、吸附法、冷凝法及膜法等。回收型的处理方案具备明显的精细化特征：回收设备高度优化、回收对象明确、回收方法优化。但目前缺少精细化的机理和规律研究，难以达到"低碳、零碳、负碳"的技术要求。虽然已经针对相应的典型排放源进行了监测工具的研制，但是在定量分析层面仍无法满足需求，难以对典型的排放源损耗进行精准定量核算，故最终导致油气损耗管控工作难以取得理想效果，所以亟需系统性的技术创新。目前，国内从关键吸附材料、核心设备结构、集成回收工艺等方面展开研究，进一步提高油气的回收率并降低尾气排放浓度，达到了更低的排放阈值。

（1）关键吸附材料的研发。吸附材料的性能是影响吸附分离效果好坏的首要因素。面向种类繁多、性质各异的 VOCs 高效吸附回收，采用分子设计手段，对吸附材料表面改性、功能负载而定向制备，研发了多种新型功能吸附材料［硅基、碳基和金属有机骨架（MOF）基］，解决了常规的活性炭、硅胶吸附量少、应用范围窄、疏水和再生难、热效应明显及安全性差等难题和技术瓶颈。①在硅基吸附材料方面，通过改变硅源的组成、体系反应温度、pH 值等，调配了有机 – 有机、有机 – 无机和无机 – 无机物种间的相互作用，制备了具有不同结构（空心球、二维六方结构、囊泡状、管状等）和性能（疏水化）的硅基吸附材料，既保证了高的疏水性，还实现了油气蒸气的高效吸附[28-30]。②在高导热碳基吸附材料方面，特殊性能活性炭的开发显得尤为重要，如利用石油炼制废弃物（沥青）为原料，原位负载氧化石墨烯（GO），所制备的 A–AC/GO 复合材料具有优异的导热和吸附性能，导热系数［0.24W/（m·K）］相比普通活性炭［0.1W/（m·K）］提高了 134%，对正己烷蒸气或油气吸附量分别提高了 114%、100%[31]。而以聚碳硅烷（PCS）为导热添加剂时，制备了高导热 A–AC/SiC 复合材料，导热系数提高了 300%，吸附和导热性能优异[32, 33]。③在高吸附、高再生性能 MOF 复合吸附材料方面，MOF 材料作为新型的吸附材料，具有高比表面积、高孔隙率、易于功能化、不燃性等特点，广泛用于吸附分离领域[34-37]。目前，国内外已有许多 MOF 生产企业，如先丰纳米（中国）、禾石新材料（中国）、NuMat Technologies（美国）、Mosaicmaterials（美国）、MOF Technologies（英国）、Nippon Fusso（日本）和 BASF（德国）等，但中国 MOF 材料产业化处于起步阶段、技术成熟度低、投资规模小、大集团引领不足。尽管国内外已有一些 MOF

材料的工业化产品，如 HKUST-1（Basolite C300）、MOF-177（Basolite Z377）、MIL-53（Al）（Basolite A100）、ZIF-8（Basolite Z1200） 和 Fe-BTC（Basolite F300），但如何高质量地生产 MOF 材料并为客户提供高质量的应用解决方案迫在眉睫。此外，由于本征 MOF 材料还存在有效吸附容量低、稳定性差等不足，国内外学者基于碳纳米管（CNT）、氧化石墨烯（GO）、活性炭（AC）等碳材料，分别合成了高吸附、高再生性能 MOF 复合吸附剂，不仅可以有效增强 MOF 材料的结构稳定性，而且碳材料能够提供丰富的介孔和大孔，为油气分子提供优良的扩散孔道，从而提升材料的油气分子吸附分离性能。④在混合吸附材料方面，针对实际应用中油气组分复杂、毒性及湿度不一，单一吸附材料无法实现油气的高效吸附分离。相关高校借助协同吸附分离技术，将多种吸附材料组合，分层排布在吸附器内协同实现油气的一步高效吸附分离[38]。

（2）油气回收系统中核心设备与结构研发。回收效率的高低取决于核心设备的精细化程度。如可拆卸的吸附板（或多层吸附），内置盘管和外置夹层、散热片（冷凝），多滤筒（串联、并联或轮换），增设调压装置（利用废气余压）、吸附塔填料取样装置、浮油分离器、可控式吸附塔卸料口、新型多功能（内热/冷源耦合）吸附塔等多种关键结构，可以解决回收装置吸附效果差、吸附/解吸慢等难题，提高回收系统运行水平和回收效率[39]。通过在吸附塔内设置过滤网拦截固体颗粒，增设传感器监测油气回收装置内环境状况，增设清洁装置进行内部清洁等措施，可以有效提高油气回收装置的使用寿命，进一步保证油气回收系统的安全运行，降低油气回收的成本。

（3）基于模块组合的集成回收技术。单一回收方法存在油气回收率低、排放浓度不达标等问题。因 VOCs 种类繁多、一般多污染物并存，且废气排放浓度、温度、湿度、颗粒物含量等条件多变，因此，为提高治理效果、降低治理成本，在实际应用中需要采用多种技术组合工艺进行治理。近 5 年来，常州大学针对有机废气污染控制及资源化的基础研究及技术开发取得一系列创新进展。该团队以"科技先导、创新超越，定制研发、模块设计，积木集成、安全环保"为研发新理念与新思路，设计出各种装卸油损耗评估模块和吸附、吸收、冷凝等分离模块及量化投资方案，开发出多个人机交互灵动、功能齐全的油气排放管理及工程设计软件，可为中国 VOCs 排污费的征收提供快捷的计算，解决了业界工艺参数、设备选型、回收效果等难定问题，有效降低了企业研发成本，提高了技术水平与产业化效率，并实现了油气排放浓度从"g/m³"水平到"mg/m³"的跨越。相关软件及工业化回收装置已在中国石化、中国石油等企业中应用。该团队主要研究成果包括：① 针对高浓度、大流量油气，研发"吸收+吸附"集成回收技术，创新性地提出"半流程""全流程"交替运行模式，采用变频调节、高效干式真空解吸系统，可极大提高回收效率，总回收率可达到 99%。此模块组合式油气回收工艺解决了油气排放不达标问题，同时吸收液可循环利用。②针对高浓度、中流量油气，基于 Aspen Plus 模拟，揭示了油气回收率、出口浓度与冷凝温度的内在关系，提出三段式油气冷凝回收方法，比单级冷凝的能耗平均降低了 13.84%。发明了"冷凝 + 吸附"耦合技术，回收率高于 99%。采用冷凝 +TSA（变温吸附）及加热再生的方法对吸附剂进行再生，可有效解决大分子有机物再生困难的问题。③针对高湿度、高浓度油气回收，研发"双冷凝 + 吸附"回收系统，分别设置两个回收罐（水罐和油罐），回收率高于 99%。建立基于三级复叠冷凝、双通道 / 内热源自耦合除霜技术的油气"冷凝 + 吸附"回收系统，并以真空解吸为主、多种解吸方法的复合（协同）效应，冷凝回收的液态油品可直接外输利用，且经过冷凝回收后油气温度较低，可减少吸附过程中产生的吸附热，降低安全隐患，回收率高于 99%。④发明了"吸收 + 吸附 + 冷凝"集成工艺，解决了单一方法存在的缺点与安全隐患；采用全流程和半流程交替方式运行，可满足不同油气波动工况，其工艺能耗低，总回收率高于 99%。提出了"水洗 + 自耦合预冷 + 低温吸收 + 高温解吸 + 低温"回收于一体的 VOCs 回收方法，该方法不仅高度节能，而且实现了吸收液的循环利用，极大地减少了能耗成本。在实现提高预冷效率的同时，利用 VOCs 本身的热量交替对深度冷凝装置进行除霜，可极大降低能耗和避免能耗浪费。经过深度冷凝后的尾气通过再返回吸附模块，从而实现超低浓度排放。⑤面向不同油气及其排放特征，研发了集"吸收 + 解吸 + 回收"为一体的回收系统与"LNG 油气合建站 BOG、油气联合"回收系统，发明了"二级吸收 + 三步冷凝"回收装置、油气合建站储能型油气回收装置，提出不停机除霜的"吸附 + 冷凝"回收方法，回收效果显著，构建了全方位的高效节能的 VOCs 成套回收技术 [40]。该技术于 2022 年 4 月由中国石油和化学联合会进行了成果鉴定，一致认为相关技术已达到国际先进水平。在国家新标准实施以及 VOCs 排放治理越来越严格的背景下，油气回收处理装置需求大幅提升，中国油气回收行业市场与政策环境良好，未来市场发展前景可观。

总而言之，在油气回收技术研发方面，整体技术水平已达到国际先进水平。

2.3 土壤与水体环保

2.3.1 生态恢复

生态恢复保护是保持油气储运管道沿线区域生态系统平衡的主要途径。油气储运过程中长输管道经常要通过一些生态敏感或脆弱地区，如戈壁荒漠、黄土丘陵、盐碱滩涂、自然保护区、冻土区等，其生态功能和平衡往往需要若干年才能趋于稳定，而长输管道施工会轻易打破区域生态系统的平衡，如果不加以保护和恢复，该生态系统将区域恶化甚至消亡。破坏必须恢复，侵损必须补偿，实现生态影响的"占补平衡"是油气储运长输管道生态保护的基本准则。而在项目施工作业工序中，管沟开挖和回填对土壤及其上的植被影响最大：一是破坏土壤原有结构、改变土壤质地、影响土壤的紧实度、破坏土壤耕作层、流失土壤养分；二是在较大面积范围内的不同土层上进行开挖和填埋，将作业带内植被地上部分与根系全部清除，导致植被恢复难度大。

2.3.1.1　土壤重构技术

土壤基质的重构是生态恢复的核心问题，重构后土壤质量的高低是决定土地恢复是否成功的关键所在。土壤重构技术以恢复和提高土壤生产力，修复受损的土壤生态系统为目的，通过应用物理、化学、生物等改良措施，重新构造适宜的土壤剖面和土壤肥力条件，消除和缓解对植被恢复和土地生产力提高有影响的不利因素。物理改良法主要通过排土、换土、客土与深耕翻土等方式降低矿区土壤密度，改善土壤结构，提高土壤孔隙度。化学改良法主要针对土壤的酸碱性进行改良。对于酸性土壤，通过施用煤灰、石灰等来降低土壤酸性，对于碱性土壤，可利用煤炭腐殖酸或硫酸氢盐等物质来调节。大部分关于油气储运过程中废弃地土壤贫瘠，可以采用绿肥法和施肥法增加其氮、磷、钾和有机质等营养物质的含量，促进土壤熟化，增加土壤肥力。生物改良法通过将土壤动物和土壤微生物引入废弃地的生态恢复中，利用其生命活动及代谢产物加速改良土壤理化性质，同时对受污染土壤中的有害物质进行降解和吸收，大幅缩短生态恢复周期。

2.3.1.2　植被恢复与重建技术

植被重建是在地貌重塑和土壤重构的基础上，建立稳定的植被群落，逐渐形成良好运转的生态过程和物质循环，提升当地环境的自我更新与恢复能力，促进社会、经济和生态的可持续发展。植被重建是土地复垦与生态恢复的保障，应遵循"因地制宜"的原则，该过程主要包括植物品种筛选和植被工艺优化两大阶段。植物品种的筛选在植被重建中最为关键，选择时需充分考虑当地的气候条件、土壤条件和地理条件等，同时应以优良的土著品种为主，选择根系发达、抗逆性强、生长速度快、成活率高的植物作为先锋品种，以确保植被重建的成效。在品种确定后，根据生态学原理，合理配置乔、灌、草、藤的种植比例，保证物种多样性及生态系统的稳定。在配置时，应根据当地的自然条件、边坡结构以及管护要求等，确定种植植被的顺序、结构、密度及格局。植被工艺的优化，有利于植被的生长，并形成一个最大限度接近自然的生态系统。

目前，自然恢复技术和人工种植促进恢复技术在植被重建领域应用较为广泛。植被群落自然恢复技术，往往具有成本效益、劳动强度低的优势，并且可以产生更多样化的群落结构。加拿大某管道建设后的森林生态系统经过若干年的自然恢复表明，自然恢复技术可对北方林区管道修复提供有效恢复策略[41]。然而，往往受当地的土壤、气候等自然情况差异影响，即便在施工结束后，周围区域植物也会逐渐再次侵入，通过植被自然恢复演替过程依然很长。因此，需采取人工促进的自然恢复途径，并采用适宜管理方式，加速植被生长，有助于植被群落的恢复，对油气储运场地生态恢复具有重要的意义。通常来说，油气储运建设通过采用人工种植恢复草地植被群落的手段包括表土剥离、置换、种植本地物种或非本地覆盖物种等方法，从而促进区域植被群落的恢复与重建。液压喷播在国际上称为水力播种，是另一种人工促进植被恢复的重要手段。该方法是一种将植物种子经过催芽处理后，并配以一定比例的专用配料，包括专用喷播纤维、绿化保水剂、黏合剂、复合肥料、土壤改良剂等，通过搅拌并利用高压泵体的作用喷播在地面或坡面的现代化种植植被的方法。该方法是美国、欧洲、日本等发达国家研究开发的一种保护生态环境、防止水土流失、稳定边坡的机械化快速植草工程。近年来，该方法也有应用于油气管道建设在不规则的地形或陡坡区域的生态恢复场景中，为有侵蚀和土地退化倾向、潜在大规模水土流失的生态系统提供了水土保持技术。在河北省，某天然气管道长 310km，坡度范围从 10°~50°，被划分为7 个地形区，每个区域采取了不同的水土保持措施，包括工程措施、植被保护措施和养护措施等，并通过对 3.25km 水力播种处理示范研究发现，经水力播种处理，斜坡植被覆盖度超过 90%[42]。因此，液压喷播技术是一项在水土流失严重的区域使边坡快速绿化的有效恢复技术手段。然而，该技术方法存在施工成本高、施工危险性比较大、配套设备移动不便等缺点。

此外，干草转移技术是北美用于生态恢复的一种传统的农业技术，现常用于北美和欧洲温带草原的生态恢复。该项技术在中国露天煤矿排土场坡面草本层重建与土壤改良中应用，但在油气储运领域中输油管道建设后的生态恢复中未有报道[43]。

2.3.1.3 景观重现

景观生态系统结构和功能的破坏，会导致景观的异质性减少，抗干扰能力降低。当破坏程度超过了景观生态系统的自我调节和恢复能力时，需要采取人为措施，重建新的与周围环境相协调的生态系统，逐步改善和恢复受损的生态系统功能，提高景观生态系统的生产力和稳定性，最终达到地区生态平衡、物质循环再生的目的。油气储运场地的景观重现要根据区域的实际环境情况和特点，以及周边环境的空间配置和格局，应用景观生态学的原理，在景观层次上进行规划和设计，因地制宜地规划为农业、牧业、林业等，然后采取工程措施，建立起一个结构完善、功能健全的生态系统，使矿区及周围环境的社会、经济和生态效益有所提高。中国石油安全环保技术研究院（以下简称为"中国石油安环院"）针对油气储运建设后自然恢复的土壤侵蚀及植被生产力的影响，发现区域内 10m 范围内植被状况较差，是需要进行植被恢复的重点区域，降雨是影响植被恢复的关键因素。环境因素对不同区域植被恢复差异的影响较大，而工程因素对区域植被恢复的影响较大。同时，也开展油气储运区域土壤改良技术的研究。此外，以钻井区域含碳基丰富的钻井碎屑为对象，结合以生物炭与有机肥等为主要原料的土壤改良菌剂，通过微生物与植被联合修复，形成适用于半干旱区油气储运现场生态恢复方案。

2.3.2 河流溢油应急处置

随着中国石油储备需求的增加，水上石油运输快速发展，溢油事故发生的频率也明显增多。溢油不仅造成巨大的资源浪费，而且严重污染水体生态环境。进入水中的油品在自然条件下降解需要较长时间，油品漂浮在水面上，迅速扩散形成油膜，并可通过扩散、蒸发、溶解、乳化、光降解以及生物降解和吸收等进行迁移、转化。油膜可阻碍水体的复氧作用，影响水中浮游生物生长，破坏水中生态平衡。因此，当油品泄漏至河流、地下水等水域时，会给渔业、用水安全等造成严重影响，及时有效地采取溢油应急处置措施，合理配备、使用应急物资进行溢油清理工作具有重要意义。

欧美国家或者地区由于工业发展较早，给环境造成了较大影响，不可避免面临环境污染问题。储运管道泄漏导致的污染由于较为隐蔽，随着时间的积累对生产、生活造成严重影响之后才引起关注。在此背景下，欧美国家或者地区相继开展污染场地的净化与修复技术研究，在工程实践中不断改进污染土壤修复技术，并建立健全法律法规，取得了系列进展。形成的典型的土壤及地下水修复技术方法，包括物理化学修复技术、生物修复技术和监测自然衰减技术等。而在最近十年间，欧美等国家在修复领域取得的最重要的进展就是绿色可持续修复的兴起。随着绿色可持续发展理念的深入贯彻，绿色可持续修复将成为污染土壤修复领域的主流观念和必要元素。

溢油应急技术的发展和起源主要来自国际航海和水运科学领域，研究的热点主要有溢油模拟预测技术和水域溢油吸附清除技术。溢油模拟预测技术国内外研究的技术水平相差不大，而水域溢油吸附清除技术中所涉及的高分子材料技术，国外技术相对比较成熟，国内虽然也有相关研究，但主要以实验室小规模实验为主。

"十三五"期间，中国修复技术的自主研发和引进消化吸收发展迅速，土壤热修复、固化/稳定化、原位化学/氧化、土壤淋洗、多相抽提等工艺纷纷得到验证和推广。随着绿色可持续修复的发展，微生物修复、原位生物/化学还原、监测自然衰减等技术的应用数量将会增加。石油烃组分十分复杂，单已鉴定出的烃类就已多达上百种，这就决定了实际石油污染场地往往是多种污染物复合，用单一一种处理方法可能无法达到较高的降解率。因此，将各种修复技术联用，达到降解效率和社会经济效益的最大化是土壤修复发展的趋势和方向。

2.3.2.1 溢油模拟预测技术

完善和修正了轻质原油和柴油的溢油风化预测模型，一是修正轻质原油蒸发和乳化预测模型、柴油密度预测模型 7 个常数值，使预测精度大幅提高；将柴油蒸发预测模型和黏度预测模型的 3 个常数项修改为与环境温度和原始黏度相关的一次函数，使预测误差（70h 内）分别从 25.98% 和 –218.82% 降至 –0.95% 和 –16.32%；新建的结合蒸发和乳化作用的轻质原油密度和黏度预测两个新模型，预测精度提高了一个数量级。溢油模拟预测技术已经在中国石油溢油事故应急处置中得到应用，成功处置了包括大连、伊犁、延安等在内的长输管道、集输管道、道路运输导致的河流溢油事故事件 43 起，大大减少了溢油漂移扩散范围，提高了溢油回收处置效率，极大减少了对下游水体、土壤、空气环境伤害，保障了临河乡镇、城市居民的用水安全，显著降低了环境污染，维护了中国石油的企业声誉。

2.3.2.2 水域溢油吸附清除技术

提出蒸汽爆破与酯化改性天然有机材料、超分子自组装合成材料和复合结构疏水多孔材料 3 种新型溢油吸油 / 凝油材料制备方法，吸附性能优于中国石油现役同类产品，提高了轻质油品和薄油层吸附回收能力；研究建立了系统的溢油应急产品性能评估技术体系，增加性能指标及试验方法 27 项，涵盖 7 类主战应急产品，形成了 5 项企业标准，开发 12 种水体溢油 5 类应急产品应用导向目录，为石油行业溢油应急物资采购、储备和应用提供了规范指导。溢油应急产品性能技术标准规范在中国石油系统发布并用于指导溢油应急物资采购与储备工作，"六步法"应急处置技术方案在中国石油管道、油田、炼化、销售等企业广泛应用，共建立 216 条（其中开具应用证明的总计 695 条）河流的应急处置预案；在管道企业应急队伍广泛配备了筑坝与油水分离一体化专用装备，目前已配备 58 台；应急装备和应急技术方案在中国石油完成技术实战应用 43 次，应急演练 94 次；微量油过滤吸附装置、天然有机材料改性吸油材料等技术在部分企业得到试点应用。

2.3.3 油品泄漏场地污染状况快速调查评估

在油气储运建设及生产过程中，油品管道和油罐等常发生"跑冒滴漏"事故，造成土壤和地下水污染，而油品泄漏场地的环境普遍具有高度复杂性、强隐蔽性、高空间异质性等特点。针对油品泄漏场地特点和场地调查日益快速增长的需求，国内外对石油类污染场地土壤与地下水污染调查评估形成多项技术，如基于薄膜界面探测的场地污染原位快速调查技术、基于物理探测的大规模场地状况调查技术等，能够高效准确地开展场地污染调查评估，为油品泄漏场地污染防治奠定基础。国内以中国石油安环院为代表，开展了相关的技术应用。

2.3.3.1　基于薄膜界面探测的场地污染原位快速调查技术

随着中国污染场地调查工作以及评价方法等不断科学化、规范化，场地土壤污染状况调查将由传统的粗犷式逐渐过渡到快速、精准调查与评估模式。为提升污染物检测水平与能力，以人工判断为主的传统调查与评估技术手段将逐步被替代。通常可以使用便携式光离子化检测器（PID）、火焰离子化检测器（FID）、快速光学检测仪器（ROST）或紫外荧光仪器（UVF）在现场对土壤样品中的石油烃进行筛选，以快速确定污染物存在的地方。土芯的连续取样可以根据土壤颜色快速目测土壤中的石油污染物分布，或者利用土样的 PID、FID、ROST 和 UVF 筛查结果快速确定土壤中污染物的垂直分布范围。

薄膜界面探测器（Membraneinterface Probe，MIP）是搭载在履带式直推钻机上用于快速检测和半定量测定土壤 VOCs 的系统[44]。MIP 可实时提供 VOCs 三维半定量污染信息，从而快速初步确定污染物的总浓度和空间分布。MIP 作为高分辨实时筛选工具在发达国家得到了广泛使用，ASTM 还制定了相关技术标准[45]。当前，中国在该领域的自主研发与应用还处于起步阶段，成熟应用技术不多。中国石油安环院通过在西北某炼厂使用 MIP，确定了该炼厂的污染位置主要集中在原油储罐区和汽柴油储罐区，且其污染羽的分布位置、形态等与污染物的性质有关；原油/渣油罐区的污染集中在土壤浅层，是漏斗状，主要原因为原油迁移性差所导致，而汽柴油储罐区的污染羽的分布则呈柱状分布[46]。

2.3.3.2　基于物理探测的大规模场地状况快速调查技术

污染场地整治费用高昂，前期调查阶段所用费用占全部整治经费的 10%~50%，因此，有效降低场地调查的前期费用十分重要。在石油污染场地调查过程中，采用洛阳铲、手工钻等传统方式对土壤样品的采集深度有限，而且这种方式难以覆盖更大调查面积，取样点位针对性也不强，不仅成本高、无用样品浪费大，而且仅能够对点或线上的情况进行分析，调查结果准确性差，耗时也长，还容易遗漏因污染扩散造成的深层土壤和地下水的污染，难以利用调查数据分析污染场地的迁移规律。而地球物理法作为一种经济可行的探测技术，在环境调查和修复领域已开展应用[47]。地质体在环境发生污染、破碎或挤压等变化时，会产生相应的地球物理效应，引起各种地球物理场（如重力、电、磁、热、地震波、放射性等）发生变化。物探技术是通过对物理场的观测，从而达到污染场地调查的目的。物探技术种类较多，常用方法包括磁法、电阻率法、电磁法、探地雷达（GPR）等，针对不同的调查目标，根据其物理性质变化特征，可选用不同的物探技术[48]。物探技术在场地环境调查、监测中具有以下优点：①速度快、效率高、成本低；②施工简便且适用范围广；③信息量大而丰富；④无损检测；⑤无二次污染。因此，该方法在场地污染调查、监测领域得到了广泛应用[49]。

在发达国家，地球物理方法应用在环境监测与治理中的成果显著，如在加拿大安大略省的 Borden 基地开展了一项研究乙烯的实验，实验中用到了中子、密度、感应测井、电阻率法及地面雷达，雷达测量结果表明，注入的乙烯先在界面上汇聚，形成随时间愈益明显的反射，然后沿该界面向单侧扩散，能看出乙烯随时间的运移情况，达到跟踪监测受污染水迁移变化的目的，从而有效治理和阻断污染[50]。中国环境地球物理学目前还处于初期起步阶段，进展较为缓慢，而是更多引进国外技术与经验来解决严峻的场地污染调查问题。近年来，中国物探技术快速发展，围绕适用于石油污染场地的地球物理探测技术研究取得一系列成果，但总体而言在石油污染场地地质结构综合地球物理探测方面存在技术方法适用性不明确、技术方法组合使用不系统等问题，在 0~200m 浅表地层结构精细分层方面问题尤其突出，迫切需要开展石油污染场地地下空间地球物理探测方法技术的评价工作，以建立适用于石油污染场地地质调查的地球物理探测技术方法体系。

2.3.3.3　场地污染状况数字化模拟与评估技术

场地环境调查通过采用系统的调查方法，确定场地是否被污染及污染程度和范围。在当今"互联网 +"发展趋势下，如何采用信息化手段针对油气储运场地地下水和土壤石油污染问题进行快速的评价、预测、风险评估，并对结果进行可视化展示是很有意义的探索。场地污染状况数字化模拟与评估技术就是利用场地调查阶段获取的土壤和地下水污染分布数据，刻画污染物羽形态并可视化展示，如经过数据处理并结合 EVS 等数据处理软件的编辑，可以画出地块的三维模拟图和三维动画效果。通过本技术对污染边界进行复核，利用大量数据分析可确定污染物的水平和垂直分布范围，减少软件计算出来的系统性误差，从而能更精确地计算出实际污染方量；可视化软件分析结果可直观地显示污染物分布，帮助判断污染来源和高浓度污染范围，污染运移预测和风险评估，为后续风险防控和修复提供依据。国内外已有关于地下水溶质运移模型、污染风险评价等研究，如基于 Visualmodflow 对地下水污染进行溶质运移模拟和采用 GIS 软件构建污染区土壤地下水环境预防和风险评价系统等。国外对污染场地的研究工作起步较早，拥有大量土壤监测数据和场地环境数据，许多发达国家均已基本实现污染场地环境标准体系的构建，并先后完成许多污染场地相关的数字化模拟与评估系统建设，如美国环境公司根据 ASTM 的"基于风险的矫正行动"标准开发了模型，该模型不仅可以实现污染场地的风险分析，而且制定了基于风险的土壤筛选值和修复目标值[51]。与国外相比，中国存在油品泄漏场地污染源靶向识别不准确、污染边界判定模糊、风险预测偏离较大、风险管控措施效率低的四大技术难题亟需解决。

2.3.4　油品泄漏场地土壤地下水污染修复治理

2.3.4.1　场地污染状况快速调查评估技术

基于土壤采样钻机 Geoprobe 膜界面探针设备，结合高密度电阻、化学探测、便携式质谱仪与专业化调查评估软件等组合联用，首次将地球物理探测技术应用于炼化场地调查过程中，集成 610 种污染物种理化与毒性参数、192 组评估标准，整合 128 个公式，开发了场地环境调查辅助、污染风险评估、污染物运移解析等数字化模拟与可视化操作软件，污染场地调查速度、精度均显著提高。2020年，在河北某加油站土壤环境调查评估项目中，应用物探方法对可能存在的地下管线、地下水、污染物分布范围、深度进行分析，揭示了场地地下水的分布情况，并对地层的整体均匀性进行评价。2019—2021 年，受国家生态环境部委托，中石油安环院支持中国石油作为唯一一家央企自主开展了中国石油重点行业企业用地土壤和地下水环境调查工作，完成了覆盖勘探与生产、炼油与化工、销售、管道、工程技术等分公司共计 83 家局级企业 1079 个疑似污染地块的基础信息数据库和 300 多个地块的采样调查，建立集团公司污染地块数据库和优先管控名录清单，为集团公司土壤地下水环境管理提供基础数据。

2.3.4.2　高效低成本生物修复技术

提出了基于基因组学的本源高效选择性石油降解生物修复制剂研发理念，开发了本源高效石油烃降解菌群快速构建方法、固定化菌 – 酶联合修复技术、微生物刺激技术，菌剂开发周期由 60d 缩短至 30d，污染物负荷削减率由每月 20~50mg/kg 提高至每月 80~100mg/kg。构建了基于基因组学的本源高效石油降解专性生物修复制剂筛选 – 放大 – 固定全流程一体化微生物技术体系，实现靶向功能基因的高效率降解、大尺度应用和稳定表达，形成了固定化生物修复技术体系及生产工艺，重油污染土壤总石油烃（Total petroleum hydrocarbon，TPH）去除效率 70.5%，操作分类单元（Operational Taxonomic Unit，OTU）值显著增加，解决了公认的重油难于生物降解的瓶颈问题。该技术分别于 2020 年 5 月及 10 月由中国石油和化学联合会及中国石油天然气集团有限公司进行了鉴定。鉴定结论认为"研究成果创新性突出，整体达到国际领先水平"。上述成果在某溢油现场开展应用，运行周期 5 个月，处理油砂量 $100m^3$，修复后油砂 TPH 去除率 70.5%（初始TPH 约 8g/kg），OTU 增加 30%，达到修复目标要求。

2.3.4.3　生物 – 化学氧化原位修复技术

基于过硫酸盐开发系列温和反应氧化药剂，研发了微纳米铁基复合材料、空心纳米铁、铁基过硫酸盐药剂、过碳酸钠 – 过硫酸钠双氧化药剂、生物联用修复药剂等不同功能型的修复药剂。微纳米铁基复合材料可高效激活过硫酸盐化学氧化体系，可以与监控自然衰减修复技术、生物刺激 / 强化技术联用，从而达到协同增效去除土壤地下水有机污染物的目的。相比于传统铁基修复材料，可节省50% 以上修复时间和 30% 以上治理成本。2022 年，在太原某土壤污染处理现场中应用，平均萘修复值为 358.6mg/kg，达到 GB 36600—2018 二类用地筛选值标准，场地安全防控面积达到 $10000m^3$ 以上。改性铁基过硫酸盐药剂可以延长羟基自由基和污染物的有效反应时间 24~72h，土壤原油降解率为 60%~70%，5 环内多环芳烃降解率为 90%，液体苯系物降解率为 95% 以上。2019—2020 年，在大庆某罐区泄漏场地开展现场应用，4 个月后苯系污染物的去除效果可达到 90% 以上，降解后土壤中苯含量不高于 4.0mg/kg，满足 GB 36600—2018 二类用地筛选值标准要求。

2.3.4.4 污染场地热通风强化联合修复技术

基于土壤气相抽提（SVE）技术扩展开发了双向抽提、多项抽提、低温加热通风强化及抽提 - 鼓风强化抽提技术和橇装化设备，解决 SVE 技术拖尾、反弹、效率低等问题，实现非饱和带轻质油污染快速修复。该设备真空度高达 –0.9MPa，抽提气量 10m³/h，轻质组分去除率约 95%，处理成本小于 350 元 /m³，单次修复区域能够覆盖 3000m²。2019 年，在河北辛集停运油库付油区进行了现场示范应用，场地修复区域面积 2000m²，设置抽提井、通风注入井以及监测井共 14 口，经过两个阶段共 2 个月的现场修复试验（真空抽提和生物降解），修复后土壤中苯系物去除率大于 95%、C_{10}~C_{40} 去除率大于 90%。2019—2020 年，在西部某管道污染场地开展修复应用，面积为 15000m²，340 天累计抽出约 70×10^4m³ 气体、1500m³ 液体，重污染面积缩减 65% 以上，一半以上区域达到总石油烃不高于 4500mg/kg 的修复目标。

3 存在问题及发展趋势

3.1 低碳节能

在国内外节能减排政策的影响下，企业将注重非常规能源和可再生能源的利用，减少常规化石能源的使用，减少二氧化碳的排放，为绿色低碳生态文明建设承担社会责任。面对新的节能形势，未来更加注重余能的高效回收利用、生产系统的整体优化、化石燃料的清洁替代、数字化转型智能化发展等，注重新能源、新设备、新材料升级方向发展。

3.1.1 余能的综合利用

稠油 SAGD 注汽开发仍有大量余能没有有效利用，应注重余能的综合利用，按品位实行能源梯级利用，通过新工艺和新材料的研发，进一步提高余热利用率。气田余压利用处于起步阶段，井口余压利用尚未有新的突破，调压站和净化厂内的余压已实现技术突破，应进一步注重余冷的综合利用[52]。适时开展冷能发电、冷库、空分等冷能利用技术研究，超前谋划冷、热、气、电四联供分布式能源项目探索，助力提高接收站能源利用效率，提高经济效益，拓宽企业发展方向。

3.1.2 清洁替代技术

未来油气生产将大规模利用风光绿电等清洁能源，而光伏风电时率低、不稳定，但传统油气集输是以天然气供热为基础构建的稳定连续的流程工业，无法实现绿电高比例消纳，需要改变生产方式尽可能增加绿电消纳，从生产模式、工艺流程和关键设备等方面均需要研究再造，建立以电能为中心的新型高效流程和用能结构，使以电替热经济可行。由全流程大循环改为短流程小循环，解决高含水老油田全液量集输、大循环注水的高能耗问题，由后端集中燃气加热再造为前端分散式电加热，通过低温光热、热泵余热利用等措施减少常规能源消耗。

3.1.3 能量系统优化与能源管控

以物联网、云计算、大数据技术和人工智能技术等先进技术加速向能源行业深度渗透和融合，能耗在线监测、实时分析、优化控制将成为企业提升系统能效的重要手段，前期已形成的优化级能源管控应向智能级优化和管控方向发展。油气田能量系统优化注重整体优化，运用大系统优化理论建立整体优化数学模型，使整体效益达到最优，同时多学科融合协同，与油气田信息化、自动化有机结合，将促进智能油气田的建设[53]。

3.1.4 油气输送变频调速

采用输油泵变频调速技术，以离心泵的特性为基础调节油气流量，改变阀门调节方式为变频工况调节，降低阀门调节的节流能耗，有效减轻输油泵机组的噪声、磨损等，延长机组使用寿命。下一步重点在于攻克大型变频调速技术及其装备存在的有效性、长期性、经济性等方面技术瓶颈，并实现国产化。

天然气长输管道的电驱压缩机组的功率大、电压等级高、系统复杂、技术先进，对设备的稳定性要求较高，应积极开展进口变频器及关键元器件的国产化替代应用技术研究。建议下一步开展LCI、三电平、五电平各型进口变频器国产化整体替代的综合评价及推广应用；开展各型进口变频器的关键元器件或组件国产化替代的综合评价及推广应用。

3.1.5 城镇燃气综合能源利用

通过天然气高效利用、碳捕集等技术，降低天然气利用过程中的碳排放；发展可再生能源、天然气管道掺氢输送，配合储能技术，进一步降低整体碳排放，而且可为城镇燃气企业向综合能源运营商转型发展奠定基础。

3.1.6 长输管道放空天然气回收

分析 CNG、LNG、ANG、移动压缩机等回收方式在油气田及长输管道的适应性，攻克天然气专用吸附材料及其高性能吸附器存在的效率低、温升高、耐压性差、解吸再生难、寿命短等技术瓶颈，实施"多源点分散移动式吸附 – 集中解吸再生"新模式，降低整体运行成本，实现低碳节能环保效益的协同提升。

3.1.7 地下储气库低碳节能

发展"储气 + 发电"的气电转换新技术，储气库相关技术与未来碳埋存、储氢、压气蓄能等技术深度融合，最大限度地发挥地下储气库在能源领域的作用，确保碳中和战略目标的实现。

3.1.8 LNG 冷能综合利用

适时开展冷能发电、冷库、空分等冷能利用技术研究，超前谋划冷、热、气、电四联供分布式能源项目探索，助力提高接收站能源利用效率，提高经济效益，拓宽企业发展。BOG 是影响 LNG 站安全、环保、经济运行的主要因素之一。有脉管制冷机回收、氮膨胀制冷回收、液氮回收、喷射液化回收、混合冷剂液化回收、直接压缩工艺、再液化工艺以及直接压缩与再液化结合工艺 8 种 BOG 回收技术。建议 LNG 加气站选择脉管制冷机回收，LNG 卫星站选择氮膨胀制冷回收、喷射液化回收、混合冷剂液化回收或直接压缩工艺，LNG 接收站则适宜选择混合冷剂液化回收、再液化工艺、直接压缩与再液化相结合工艺。开展"LNG 油气合建站 BOG、油气联合"回收系统、油气合建站储能型油气回收技术研发，达到节能降耗、环保安全的协同效应。

3.2 大气环保

（1）进一步完善现有的理论模型，优化耦合其他方程，开发多个损耗评价软件，构建完整的油品蒸发损耗基础理论和评价体系，为回收技术开发及安全管理提供理论支撑和设计基础。

（2）开展不同因素下储罐蒸发扩散实验，为建立油气排放管控体系提供数据支撑。可结合风洞平台进一步开展针对性研究，既节约实验成本，又容易贴近真实大气环境条件。

（3）现有数值模拟方法包括 DNS 方法、RANS 方法及 LES 方法，应结合实际情况选择模型。在后续研究中，可结合实际复杂的环境条件多开展储罐罐组、油气传质动态规律的模拟，对突发性事故（如罐体溢油等事件）展开分析，为其提供合理的应急救援方案。

（4）针对不同油品种类、通过推导公式计算温度变化对单体烃和油品的膨胀因子的影响情况，计算结果可以在设计储罐时为储罐设计压力、储罐呼吸阀压力范围及储罐壁厚的选用提供参考依据，使储油罐具备更强的承压能力，并以此减少储罐呼吸损耗。优化储罐底部水蒸气管道加热均匀性和阶梯式温控模式，发展高性能保温技术，优化并降低蒸汽配置，利用太阳能加热/蓄热/维温模式作为原油储罐能源补充，有效降低加热的能源消耗和大小呼吸蒸发损耗及其带来的环境污染问题。

（5）优化石油及其汽油等轻质油品储运工艺及密闭性，继续研发高效、耐用、可靠、超低泄漏的油罐浮盘结构和车船装油鹤管，持续降低石油及汽油等轻质油品储运销环节蒸发损耗，如浮顶罐储存油品，可通过加强浮盘全方位密封管理来确保浮盘的密封性能；储罐气窗可适当增加挡板长度并优化结构、安装位置，减缓罐内气体空间气流流动，降低油气损耗；储罐内壁可通过涂覆疏油性涂料减少粘壁，降低油品粘壁损耗，实现超低排放和本质安全。

（6）在吸附材料方面，由于活性炭制造工艺中微孔的活化构造成本较高，因此建议不宜过分追求丰富的微孔结构、高的比表面积以及新鲜活性炭的吸附量，今后非封闭型的介孔（中孔）多孔碳材料可成为活性炭制备及其应用的重点和工业化的着力点。

（7）MOF材料的高质量、规模化和可重复生产仍然是这个领域内重要的研究前沿，包括长期耐久性、材料成本、加工性能、成型或造粒、机械稳定性、大规模部署、运行稳定性等，也是MOF材料能否工业化的一个前提条件。此外，也应当加大产学研对接，增加产业投资规模，引领行业跨越式发展。

（8）在回收工艺方面，重点关注资源回收利用等技术，升级改造末端治理设施，在重点行业推广先进适用的治理装备，优化完善冷凝、吸收等主流治理工艺及其节能高效的模块组合净化工艺，实现资源循环利用。

（9）为早日实现"双碳"目标，建立最优化函数模式，从多角度审视表征油气回收经济及环境效益，如基于减碳当量比、效益当量比、节能当量比最小化的油气收集和回收处理的协同控制，并科学、合理制定排放标准。建议从源头管控VOCs排放，夯实排放盘查工作，精准掌握油气排放的基础数据。着眼于"碳达峰""碳中和"国家战略大背景，从全过程、全要素、顶层设计层面全面审视油气回收的综合效益。

（10）从"技术–应用–管理"全方位视角，进一步开发面向不同应用场景的精细化油气回收技术并做出科学决策。弘扬新型环保价值观，完善VOCs收集和回收系统的有效性、协调性、持久性、可监管性，实现全过程控制；基于科学、可行、优化、前瞻的思路，加大研发经费投入和研发力度，提升整体技术水平，满足社会对 VOCs 回收技术的精细化需求及高效投用；加大科研、管理、检测、监管等方面的人才培养力度，建立行业创新体系、技术联盟及协会组织，统筹、规范、协同、有序地开展相关业务，制定发展战略。

3.3 土壤与水体环保

自 2014 年建设用地土壤调查评估修复系列导则出台开始，国家持续提升场地环境的管理要求。与水污染、大气污染以"治"为主的思路不同，国家场地环境管理政策突出了"防"和"控"，从一刀切的指标控制转到综合风险防控；风险管控已转变成为国家土壤污染防治新理念，安全利用成为场地环境管理的新目标。中国场地环境管理已经从单一的质量管理转向基于风险的管理。在"双碳"背景下，场地污染风险管控与修复应持续开展低成本低碳排的场地污染风险管控与修复一体化技术：

（1）开展在役场站管道场地污染风险原位低扰动快速调查评估技术研究；

（2）开展在役场站基于监测自然衰减、可渗透反应格栅等原位风险防控技术研究；

（3）充分利用生物降解能力，持续加强微生物修复技术研究，开发以微生物修复为核心的多技术联合修复技术，形成油气储运场地污染风险调查、评估、管控修复一体化修复技术体系，支持油气储运行业绿色可持续高质量发展。

3.4 油气储运行业碳达峰碳中和的思考

（1）碳达峰重点措施：全国管网建设整体布局、油气资源调配和全国一张网运行整体的优化；加大绿电使用，绿电购买和使用比例达到 20% 以上；持续加强节能减排、余能利用；优化石油及其汽油等轻质油品储运工艺及密闭性，继续研发高效、耐用、可靠、超低泄漏的油罐浮盘结构和车船装油鹤管，持续降低石油及汽油等轻质油品储运销环节蒸发损耗，在此基础上优化油气收集和回收处理协同控制技术；研发天然气收集及储运过程中泄漏排放的监控技术，实施能源消耗总量和强度"双控"。

（2）减碳主要策略：前期优先使用天然气替代油、电，后期随着国家电能碳中和，优先购买和使用绿电，推进以绿电替代燃料消耗，无法绿电替代的燃驱站场以余热发电、清洁能源利用作为减排补充。同时，继续发挥国家管网主营业务优势，实施业务结构多元化转型和低碳技术创新业务转型，带动国家各行业产业结构调整和经济转型升级贡献。

（3）碳中和阶段：进一步发挥中国能源互联互通的带动作用，推进各领域深度脱碳和清洁能源利用，结合自然碳汇、碳捕集等措施，为 2055 年全社会碳排放净零、实现 2060 年前碳中和目标作出贡献。

（4）加大科技创新投入，把科技自主创新作为能源发展的战略支撑，围绕余热、余压、余冷等余能资源的综合利用、氢气和二氧化碳长距离输送、大规模太阳能风能发电、高效低成本储能技术和碳捕集、利用和封存等技术研发和储备，支持节能减排目标和未来"双碳"目标的实现。

参考文献

[1] 赵邦六，黄山红，马建国 . 油气田最佳节能实践 [M]. 成都：四川大学出版社，2020.

[2] 杨光，王登海，薛岗，等 . 长庆气田碳减排技术应用现状及展望 [J]. 油气与新能源，2022，34（2）：94-100.

[3] 刘国荣，王春喜，何泽慧 . 天然气压差发电、光伏发电及太阳能集热技术在油气田中的应用研究 [J]. 节能与环保，2022（12）：74-76.

[4] 廖远桓 . 成品油管道余压发电用液力透平研究 [J]. 流体机械，2022，50（5）：91-98，104.

[5] 韦振光，刘继刚，辛旻，等 . 相变加热炉机械自动清垢技术研究 [J]. 油气田地面工程，2019，38（3）：13-18.

[6] 杨笑松，程伟 . 冷凝式油田加热炉的研制与应用 [J]. 油气田地面工程，2019，38（12）：122-126.

[7] 杨进荣，张跃，魏立达，等 . 小型撬装式液化天然气工艺在页岩气井口气回收的应用 [J]. 化工管理，2021（10）：171-175.

[8] 李宏君，张兴龙，罗杰，等 . 压缩机泄压放空天然气部分回收工艺设计研究 [J]. 石化技术，2022，29（11）：59-61.

[9] 马建国，郭以东，曹莹，等 . 油气田企业能源管控技术 [M]. 成都：四川大学出版社，2022.

[10] 黄维秋，吕成，郭淑婷，等 . 油气排放及回收的研究进展 [J]. 石油学报（石油加工），2019，35（2）：421-432.

[11] Kotzakoulakis K，George S C. Predicting the weathering of fuel and oil spills：a diffusion-limited evaporationmodel[J]. Chemosphere，2018，190：442-453.

[12] Huang W Q，Fang J，Li F，et al. Numerical simulation and applications of equivalent film thicknessin oil evaporation loss evaluation ofinternal floating-roof tank[J]. Process Safety and Environmental Protection，2019，129：74-88.

[13] Huang W Q，Huang F Y，Fang J，et al. A calculationmethod for the numerical simulation of oil products evaporation and vapor diffusionin aninternal floating-roof tank under the unsteady

operating state[J]. Journal of Petroleum Science and Engineering，2020，188：106867.

[14] Huang W Q，Wang S，Jing H B，et al. A calculationmethod for simulation and evaluation of oil vapor diffusion and breathing lossin a dome roof tank subjected to the solar radiation[J]. Journal of Petroleum Science and Engineering，2020，195：107568.

[15] Yang L，Zhao J，Dong H，et al. Research on temperature profilein a large scaled floating roof oil tank[J]. Case Studiesin Thermal Engineering，2018，12：805-816.

[16] 侯磊，朱淼，杨兆晶，等 . 某原油库泄漏油品流散数值模拟与分析 [J]. 安全与环境学报，2020，20（6）：2116-2122.

[17] Wu C，Huang W，Chen F，et al. Analysis of oil vapor diffusion after oil spill from tank group based on wind tunnel experiment and numerical simulation[J/OL]. Petroleum Science and Technology：1-18. https：//doi.org/10.1080/10916466.2022.2134894.

[18] 李文欣 . 强风作用下大型外浮顶罐密封圈油气耗散研究 [D]. 北京：中国石油大学（北京），2019.

[19] Sun X，Li W X，Huang Q Y，et al. Large eddy simulations of wind loads on an external floating-roof tank[J]. Engineering Applications of Computational Fluidmechanics，2020，14（1）：422-435.

[20] 郝庆芳，黄维秋，景海波，等 . 外浮顶罐不同孔隙油气泄漏扩散数值模拟 [J]. 化工进展，2019，38（3）：1226-1235.

[21] 黄维秋 . 油气回收基础理论及其应用 [M]. 北京：中国石化出版社，2011.

[22] 黄维秋，陈风，吕成，等 . 基于风洞平台实验的内浮顶罐油气泄漏扩散数值模拟 [J]. 油气储运，2020，39（4）：425-433.

[23] 李飞，黄维秋，纪虹，等 . 浮盘和气窗位置对内浮顶罐正己烷蒸发损耗的影响 [J]. 环境工程学报，2018，12（2）：410-416.

[24] 王永强，刘敏敏，刘芳，等 . 石化企业储油浮顶罐挂壁损失影响因素分析 [J]. 石油学报（石油加工），2018，34（6）：1195-1202.

[25] 黄维秋，方洁，吕成，等 . 内浮顶罐组油气泄漏扩散叠加效应的数值模拟与风洞实验研究 [J]. 化工学报，2019，70（11）：4504-4516.

[26] 许雪，陈风，黄维秋，等 . 基于风洞平台实验的大型罐区溢油事故后的油气扩散模拟 [J]. 环境工程学报，2021，15（12）：3946-3956.

[27] 黄维秋，许雪，娄井杰，等 . 面向储罐碳排放溯源的油品蒸发及油气扩散研究进展 [J]. 油气储运，2022，41（2）：135-145.

[28] 黄维秋，赵文蒲，谭小兵，等 . 疏水二氧化硅气凝胶对甲苯蒸气吸附性能研究 [J]. 离子交换与吸附，2019，35（2）：141-150.

[29] Huang W Q，Xu J X，Tang B，et al. Adsorption performance of hydrophobicallymodified silica gel for the vapors of n-hexane and water[J]. Adsorption Science & Technology，2018，36（3/4）：888-903.

[30] Fang Q X, Huang W Q, Wang H N. Role of additivesin silica—supported polyethylenimine adsorbents for CO2 adsorption[J].materials Research Express, 2020, 7（3）: 035026.

[31] Zhu J H, Huang W Q, Fu L P, et al. Nanoporous asphalt—based activated carbon prepared from emulsified asphalt and graphene oxide as high—thermal—conducting adsorbers for n—hexane vapor recovery[J]. ACS Applied Nanomaterials, 2021, 4（11）: 12453—12460.

[32] Huang W Q, Zhu B, Zhu J H, et al. High—thermal—conducting polycarbosilanemodified activated carbon for the efficient adsorption of n—hexane vapor[J]. Chemical Physics Letters, 2023, 812: 140270.

[33] 黄维秋, 朱兵, 朱嘉慧, 等. 一种组装式碳硅高导热多孔炭的制备方法: CN202210 759239.1[P].2023—06—27.

[34] 李旭飞, 闫保有, 黄维秋, 等. 金属有机骨架及其复合材料基于筛分复合效应的 C2 分离的研究进展 [J]. 化学学报, 2021, 79（4）: 459—471.

[35] 闫保有, 李旭飞, 黄维秋, 等. 氨/醛基金属有机骨架材料合成及其在吸附分离中的应用 [J]. 化学进展, 2022, 34（11）: 2417—2431.

[36] Li X F, Bian H, Huang W Q, et al. A review on anion—pillaredmetal‐organic frameworks（APMOFs）and their composites with the balance of adsorption capacity and separation selectivity for efficient gas separation[J]. Coordination Chemistry Reviews, 2022, 470: 214714.

[37] Li X F, Yan B Y, Huang W Q, et al. A novel strategy of post defectmodification（PDM）for synthesizing hydrophobic FA—UiO—66—CF3 with enhanced n—hexane vapor adsorption capacity under humidity[J].microporous andmesoporousmaterials, 2023, 356: 112595.

[38] Chen K J, Madden D G, Mukherjee S, et al. Synergistic sorbent separation for one—step ethylene purification from a four—componentmixture[J]. Science, 2019, 366（6462）: 241—246.

[39] 黄维秋, 黄顺林, 乔畅, 等. 一种油气吸附塔填料取样装置及取样方法: CN201811 530426.2[P].2019—03—01.

[40] 黄维秋, 王鑫雅, 黄洲乐, 等. 一种集吸收、解吸和回收为一体 VOCs 回收系统及方法: CN202010071015.2[P].2021—01—01.

[41] Flemming B H, Futoransky V, Pruett W. Quantifying restoration success via natural recoveryin forested areas following pipeline construction[J]. Restoration Ecology, 2023, 31（3）: e13749.

[42] Luo H, Xie Y S, Lv J R. Effectiveness of soil and water conservation associated with a natural gas pipeline construction projectin China[J]. Land Degradation & Development, 2019, 30（7）: 768—776.

[43] 刘丹, 杨兆青, 荣正阳, 等. 露天煤矿排土场干草转移对坡面草本层重建与土壤改良研究 [J]. 环境与可持续发展, 2020, 45（3）: 144—148.

[44] 陈昌照, 宋权威, 高春阳, 等. 膜界面探针在炼厂油罐区场地环境调查中的应用 [J]. 油气田环境保护, 2019, 29（2）: 49—52, 62.

[45] 武猛，蔡国军，刘松玉，等.挥发性有机污染场地原位评价的膜界面探测器 MIP 研究综述 [J]. 岩土工程学报，2019，41（S1）：29-32.

[46] 高春阳，陈昌照，黄亮，等.某石油污染场地两种调查方法应用比较 [J]. 油气田环境保护，2019，29（4）：21-24，69.

[47] 聂慧君，祝晓彬，吴吉春，等.高密度电阻率法在湖南某铬污染场地调查中的应用 [J]. 勘察科学技术，2018（6）：50-54.

[48] 刘奇林.物探钻探组合技术在污染场地调查中的应用研究 [J]. 工程机械与维修，2021（2）：82-85.

[49] 闫伦江，李兴春，孙文勇，等.安全环保与节能减排技术 [M]. 北京：石油工业出版社，2022.

[50] 张慧静，孙志.地球物理方法在环境监测中的应用现状 [J]. 北方环境，2012，24（1）：114-117.

[51] 刘丽.土壤污染场地调查与评估信息系统研究 [D]. 青岛：山东科技大学，2011.

[52] 杜春晓，耿志刚，廖辉，等.渤海稠油油田开发技术国际对标研究 [J]. 当代化工，2022，51（8）：1984-1990.

[53] 陈由旺，吴浩，朱英如，等."双碳"背景下油气田节能技术发展与展望 [J]. 油气与新能源，2021，33（6）：6-9，26.

牵头专家：黄维秋

参编作者： 李旭飞　吕晓方　李珊宁　孔翔宇　肖翊岚

陈由旺　魏江东　朱英如　谢加才　杜显元

王清威　栾国华　吴慧君　李丹丹　韩文超

第十五篇

油气管道关键设备国产化

进入 21 世纪以来，为适应日益增长的能源需求，中国油气管网规模不断扩大。根据国家发改委、国家能源局印发的《中长期油气管网规划》，到 2025 年，中国油气管网规模将达 21×10^4km 左右，油气干线管道全面实现互联互通，网络覆盖进一步扩大，结构更加优化，逐步形成"五横五纵"的"全国一张网"，储运能力大幅提高，油气管道关键设备国产化需求显著提升。

习近平总书记指出，加快实施创新驱动发展战略。坚持面向世界科技前沿、面向经济主战场、面向国家重大需求、面向人民生命健康，加快实现高水平科技自立自强。以国家战略需求为导向，集聚力量进行原创性引领性科技攻关，坚决打赢关键核心技术攻坚战。加快实施一批具有战略性、全局性、前瞻性的国家重大科技项目，增强自主创新能力。从保障油气管网安全以及实现关键技术突破两方面考虑，需进一步加强油气管道关键设备国产化研究。近年来，依托"西气东输二线工程关键技术研究""油气管道关键设备国产化""第三代大输量天然气管道工程关键技术研究"等重大专项，相关部门已组织完成了关键阀门、控制系统软硬件、压缩机组、输油泵、燃气轮机等关键设备的国产化研制、改造和维修，主要技术性能达到国际先进水平，并在西气东输二线、陕京四线、庆铁双线等管道工程中得到规模化应用。

近年来，随着数字信息技术不断在管网建设中推广应用，智能工地、管道数字孪生体系统、无人机巡检、光纤安全预警、光纤泄漏监测、光纤周界安防系列技术产品、阴极保护智能测试桩、远程在线监测与故障诊断等系统得到了更为广泛的应用，实现了对压缩机组、电气、计量等重要设备运转状态的实时跟踪与智能感知。在此基础之上，相关从业者应大力开发数据运用技术，深度挖掘机组运维数据在故障预警、故障预测、能效优化、健康管理与维修决策等方面的潜在价值，助力加快构建管道设备数据资产体系。

为进一步实现关键设备设计、制造、维护、修理的国产化，稳步提升关键技术研发能力，保障油气储运行业平稳健康发展，未来应充分结合国内科研院所、高等院校、生产厂家的力量，联合开展国产化研制工作，全面掌握"人有我无"核心装备和部件的技术原理、制造工艺、维护方式、修理技术等，形成独立的设备设计能力、稳定的原材料供应渠道、完整的制造工艺流程、妥善的技术服务支持、完善的质量验收和考核评价体系，实现关键设备的可自主供应。

1　发展现状

2022 年，中国新建成油气管道里程约 4668km，油气管道总里程累计达到

15.5×10^4km，国内油气消费短暂波动，油气基础设施建设稳步推进[1]。根据国家《中长期油气管网规划》，中国油气管网规模将迅速增长，同时要求加快天然气储气调峰设施建设，加强原油储备能力建设。国家"十四五"规划纲要要求加快建设天然气主干管道，完善油气互联互通网络，包括新建中俄东线境内段、川气东送二线等天然气管道工程，建设石油储备重大工程，加快中原文23、辽河储气库群等地下储气库建设。随着国家"X+1+X"油气市场体系的逐步形成，国家管网集团作为油气基础设施运营商和"全国一张网"建设运营主体，将根据国家规划要求与市场需求加快"全国一张网"的建设步伐[2]。

中国油气管网快速建设的过程中，伴随着世界政治格局的深刻变化，国家之间的技术壁垒逐渐增大，科技创新能力将成为国与国之间角力的主要战场。中国油气储运基础设施关键技术装备国产化已取得突破性进展，但部分技术装备仍依赖进口，工控系统信息安全也面临威胁[3]。

1.1 关键设备国产化意义

当前国际形势复杂多变，在复杂的市场竞争和政治环境中，自主可控已经上升为国家战略，国产化已经成为必由之路和必然选择。近年来，中国相继出台了一系列政策，以加快推进能源装备的国产化工作，推动能源装备制造业的自主创新和转型升级。

2019年，财政部、国家发改委、工业和信息化部、海关总署、税务总局、能源局联合发布《进口不予免税的重大技术装备和产品目录》，明确将长输管道压缩机组、输油泵、电机、全焊接球阀等设备列入到该目录中。推进油气管道装备国产化，提高国产装备设计制造水平，满足长输管道对设备性能的需求，增强与国外产品的竞争力，在关键设备、备品备件、设备维修维护等方面逐步实现自主可控，对于保障油气管道安全运行和国家能源安全具有十分重要的战略意义。同时，油气管道设备国产化可显著降低建设成本和备品备件运行成本，在供货周期和售后服务等方面也具有优势[4, 5]。

1.2 关键设备国产化工作模式

近年来的国产化实践中，我国总结形成了"以用户为主体、市场为导向、政产学研用协同工作模式"（图 15-1）。该模式是确保国产化工作顺利推进并取得实效的重要保障，也是全面深入推进国产化进程应该坚持的组织模式。在国产化实施过程中，充分发挥用户丰富的设备运行及管理经验优势，坚持关键设备的最终用户处于国产化工作主体地位和核心地位，采用阶梯式步骤推动研发应用持续进步[4]。

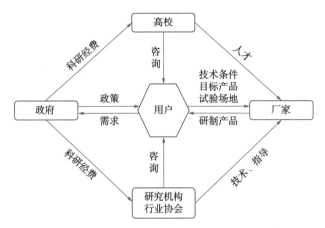

图 15-1　中国油气管道设备国产化工作模式示意图

作为我国重大专项"油气管道关键设备国产化"项目经理单位，国家管网集团创新组织管理方法，建立了"企业提需求和推广应用，厂家投资研发、规模生产，市场化运作"的开放式研究模式，从始至终注重质量控制，监控技术路线和性能指标，研究与实际需求保持同步，与工程建设紧密结合。通过 6 年联合攻关，形成了 5 大系列 43 项创新技术，研制了 20 种、110 台（套）管道关键设备样机，配套建设了 3 个工业性试验测试基地，搭建了工业试验台位 76 个，实现了关键技术的突破，相关成果已在中俄东线天然气管道、中俄原油管道二线、西气东输一线天然气管道、西气东输二线天然气管道、西气东输三线天然气管道、陕京四线输气管道等十余项工程建设及改造中规模应用，设备数量达 750 余台，节约工程采购成本逾 2×10^8 元，对保障国家能源安全、降低成本和工程造价、拉动内需，以及落实国务院关于装备制造业调整和振兴规划具有重大意义。

随着中国机械、电子、冶金、材料、信息等相关产业的快速发展和进步，管道设备国产化基础和条件日臻成熟。依托油气管道重点工程，在国家能源局的领导下，油气管道企业加强组织协调，管道材料及设备国产化工作得到有效推进和规模化应用[6]。

1.3 信息技术自主攻关

近年来，中国油气储运技术水平迅速发展，管道建设与油气输送技术取得长足进步，特别是在大口径、高钢级输气管道建设方面，中国已由追赶者转变为领跑者[7]。同时，随着信息技术的飞速发展，油气管道建设与运营的关键技术及管理模式正在由自动化、数字化向智能化发展新阶段加速挺进（图 15-2）。

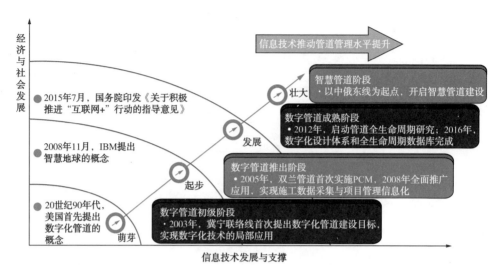

图 15-2　中国油气管道信息化发展历程示意图

作为我国重大专项"智慧管网建设运行关键技术研究与应用"项目经理单位，国家管网集团从智慧管网建设顶层设计出发，开展了管道全业务链技术需求分析、信息化技术调研、国外管道公司最佳实践咨询，分别针对管道数字孪生体构建、管道状态感知、数据挖掘、知识库构建与智能决策，以及标准体系建设等方面进行了细化设计，现已顺利通过开题论证。将联合国内外在人工智能、大数据、物联网等技术领域顶尖的高校和研究院所，开展管道智能化研究，确保专项研究的先进性；充分发挥院士、专家的智库支持作用，确保专项研究的科学性；与工程和生产实际紧密结合，确保专项研究的实用性。智慧管网建设运行技术的研发成功和应用，将给世界管网运行管理带来颠覆性变革，引领管道建设与运行向数字化、可视化、自动化和智能化发展，实现管网全生命周期安全、优化、高效运行，提升管网运行效率和价值体现。

2　主要理论与创新成果

2.1 关键阀门

2.1.1　油气长输管道关键阀门

中国的油气长输管道关键阀门长久以来依赖国外进口。为实现技术突破、降低采购和运行成本、缩短建设工期、提高售后服务质量，保障中国油气长输管道安全、经济、高效运行，在国家能源局领导下，由中国石油天然气集团公司和中国机械工业联合会共同推动，对技术含量高、价格昂贵、使用量大的关键阀门进行国产化。研发产品经过专业部门鉴定，并经过连续4000 h工业性实验，其在工作介质的压力、温度、流量、腐蚀以及操作、制造、安装、维修等方面均能满足使用要求，已完全可以替代国外同类产品，真正实现了调压装置关键阀门的国产化。如今，国产化阀门产品已大量用于输油气长输管道，并取得了良好的经济效益[5, 8]。

在四阀座全焊接球阀方面，提出了四阀座密封、短筒锥形阀体等结构的56in Class900四阀座全焊接球阀，创造性地提出了四阀座结构设计，形成隔离密封阵列，即阀门四个阀座依次排列形成级密封阵列，产生配合工作效应，但各个阀座可独立密封，任何一个或两个阀座损坏都不会导致阀门密封失效，从而提升了阀门的密封性能。阀体采用独创的短筒锥形（近似球形）设计，具有良好的工艺性和轻量化特性。经过测算与验证，与球形阀体设计比较，生产效率提高43%；与常规的长筒形两阀座管线球阀比较，重量降低10%~20%。创新性提出了独特的四阀座压力缓冲区结构，在全压开启时，内阀座先行脱开，外阀座后脱开，因此外阀座为内侧阀座提供了压力缓冲，避免了阀门全压差开启瞬间超音速天然气冲刷内阀座，提高了阀门抗冲击能力。内外两级阀座为独立结构，在预紧弹簧作用下与球面紧密贴合，使注入的密封脂不会向阀门通道中流失，从而形成封闭的环形注脂腔体，使密封脂在球面形成均匀完整的油脂密封带。同时外阀座具有清洁功能。外阀座集密封与清洁环为一体的功能设计，当外阀座完好时，将起到截断介质实现密封的作用，即便外阀座损伤，也将会持续为内阀座充当屏障，同时也在阀门开关过程中对球面预先进行清扫，提供保护作用。

四阀座球阀先期在昌吉试验场、烟墩试验场作为试验进气阀，通过了高强度频繁开关的考验且稳定运行，后期在西气东输三线天然气管道0.8系数段、鄯兰干线原油管道、乌兰干线成品油管道及兰州输气管道等重要改造工程项目上应用6~48in/Class150~900规格四阀座球阀66台（套），现场应用效果良好。

在大口径调压装置关键阀门方面，依托中俄东线天然气管道工程，国内首次研制了阀杆与推杆采用45°偏心斜齿啮合、双导向传动结构的DN600、Clas900大口径调压装置关键阀门，其规格超出了欧洲同类产品的标准范围。产品具有以下优良特性：①创造性提出了阀杆与推杆采用45°偏心斜齿啮合、双导向传动结构，提升了传动效率和稳定性。安全切断阀和工作调压阀的传动机构都采用偏心双斜齿齿条传动，阀杆和推杆通过45°斜齿啮合，执行机构驱动阀杆上下运动，输出力通过推杆斜齿转换方向，推杆带动阀芯左右运动。推杆和阀杆在导向套中定位，双斜齿齿条传动大大减少了传动链长度，提高传动效率；梯形齿形零间隙合，基本误差和回差更小；齿面表面硬化保留了基体强度的同时大大提高了表面许用应力，降低磨损，延长使用寿命。主传动机构的复合导向研制在设计中增加了阀杆、推杆两端的非金属软导向结构，使阀杆、推杆的传动成为复合导向，保证了阀杆、推杆传动的稳定性，从而提高了阀门的调节精度和密封性能。②阀座采用弹性自补偿密封结构，提升了密封可靠性。安全切断阀和工作调压阀的密封都采用软硬双层密封结构。为克服传统聚四氟乙烯软阀座在高压介质下密封压溃及冷流的问题，阀芯阀座密封副采用异形弹簧蓄能密封与金属密封相结合的复合密封结构，密封部位可随介质压力进行适当弹性补偿，辅以防火金属密封限位保护，保证密封面贴合紧密，实现关键阀门的可靠密封。异形弹簧蓄能密封和金属密封都可达到 ANSI/FCI70–2VI 级密封，即使异形弹簧蓄能密封遭到破坏，硬密封也可满足性能要求。③工作调压阀套筒采用梯级开孔与大开孔组合设计，提高了流通能力，降低了噪声。由于工作调压阀现场工况的特殊性，最小流量系数和最大流量系数相差悬殊，因此工作调压阀采用小开度小孔、大开度窗口式的结构设计，可满足大流通能力、大可调比的使用要求。为避免在小开度、大压差时天然气对阀门高速冲刷，小开度处采用阶梯式小孔，提升了减压效果，且有效控制了介质流动产生的噪声。大口径调压装置关键阀门在中俄东线管道长岭站应用 4 套，即安全切断阀 8 台，工作调压阀 4 台，现场应用效果良好。

针对长输管线压缩机防喘阀长期依赖进口问题，国内首次自主研制了阀芯套筒双层线性结构和矩形齿条传动结构的 DN400、Clas900 防喘阀。阀芯外套筒孔设计为大孔呈阵列分布，内套筒孔为小孔呈 X 型分布，有效提升流量控制能力和线性特性；内外套筒配合实现了分级降压，防止因降压过快导致闪蒸和气蚀，同时降低了流动噪声。阀杆采用 60°、活塞轴采用 30° 矩形齿条传动结构，减小开关阀门时的驱动力 20%，降低了对执行器输出力的要求，有益于保证静特性和响应时间，同时避免了渐开线齿条合时的侧向分力，提高了传动效率。所有动密封采用 O 形圈 + 聚四氟乙烯组合密封圈方式密封，降低了运动摩擦阻力 30%，提高了防喘阀响应时间和静特性。压缩机防喘阀在高陵、彭阳、鲁山等站场进行应用，现场应用效果良好。

2.1.2　LNG 低温阀门

针对中国 LNG 接收站关键部位低温阀门长期依赖国外进口的问题，近年来，相关单位在低温阀门的国产化方面加大研究力度，有了长足发展，但同时在国产化过程中也存在一些被忽视的问题，需要引起注意[9]。

在阀门材料方面，LNG 低温阀门材质的选用是阀门设计中的关键因素。从 LNG 低温阀门的工艺要求分析，阀门需要耐受 –162℃的超低温工况，而在考虑测试工况的基础上，阀门更是要耐受 –196℃的超低温。在这个温度下，一般选用 304、316 等奥氏体不锈钢作为 LNG 低温阀门的材料，在国外多选用 316 钢。在国产化研发过程中，使用奥氏体不锈钢已成为行业共识。但除全奥氏体不锈钢外，大部分奥氏体不锈钢中均含有铁素体，一方面铁素体的存在会使得低温阀门在低温下的韧性降低；另一方面，铁素体的存在会对焊接和抗晶间腐蚀产生有益的作用。在 LNG 低温阀门的设计选材过程中，需要考虑奥氏体不锈钢中铁素体对阀门性能的影响，加强对低温阀门材料中铁素体的控制。

在阀门设计方面，应结合阀门的工况使用特性制定设计方案。例如，低温阀门一般采用加长阀盖颈的设计，这是由于 LNG 接收站的低温阀门在低温工况下工作，如果不采用成阀盖加长颈形式，手动开启或关闭机构时，会有一定的危险性，即使使用气动、电动执行机构也会导致执行器低温下的失效。阀盖加长颈的国内标准规范可以参考 GB/T 51257—2017《液化天然气低温管道设计规范》、GB 24925—2019《低温阀门 技术条件》、JB/T 12621—2016《液化天然气阀门 技术条件》，国外规范 BS 6364—1998《低温阀门》中也规定了相应的最低要求。

在 LNG 接收站低温阀门国产化的阀门测试方面，需要根据不同的模拟结果得出设计方案，然后通过实测值验证，方可合理确定加长阀盖结构。试验验证方式可以采用内冷循环测试。试验方法可简单总结为：①将阀门设置为部分开启状态，使得阀体内部都受到试验介质的热冲击。②将阀门整体暴露在空气之中。③在 5min 内将试验介质充入阀门，尽可能使试验液体充满阀门，并保证没有气泡存在。④保持阀门在试验介质中浸渍至少 1h。⑤将阀门回升到室温后，将阀门从试验台取下进行检测。当阀门无泄漏、无裂纹、尺寸变化在许用之内时即完成测试。

除此之外，还需要进行抗静电测试、壳体强度、疲劳试验、防火试验、密封性能测试。通过试验与模拟运行的实际工况的对比，可以验证阀杆温度场的模拟准确性，为实际生产提供一定的指导[10]。

2.1.3　其他阀门

除前文提及的阀门国产化进展外，中国在近年研究中，还在以下方面取得长足进步：①旋塞阀。采用石墨、O 形圈及注脂多重密封设计，旋塞表面采用专有的处理工艺，保障了零泄漏水平。②止回阀。采用防内件脱落结构设计、开发了前后双支承结构，使阀门启闭过程平稳可靠。设计了特殊流道和过流元件，保证了阀全开且压降小于 0.01MPa。③强制密封阀。设计了阀座金属硬密封采用双密封结构，并具备在线检漏功能。④泄压阀。采用整体镶嵌滑塞套设计，保证了滑塞套与滑塞轴套的同轴度，密封可靠，提高泄压阀的可靠性。在运动件和固定件上设置行程开关，可将运动件的位移信号传递到阀门外。⑤调节阀。芯杆一体化双向设计以及阀芯阀座双密封结构，保证了调压阀高泄漏等级及整机性能。

2.2 控制系统

2.2.1 国产化控制系统应用

2019 年 12 月、2020 年 1 月，中俄东线北段、闽粤支干线先后投产运行，国产化自控设备成体系地应用于上述新建天然气管道，实现了自控设备全系统国产化应用。在其他投产时间较长的管道中，由于控制系统老化、故障频发，国外备件采购及排故存在成本高、周期长、风险高等缺点，控制系统国产化升级、替代工作也在逐步开展。

在 SCADA 系统国产化方面，成功研制国产化 SCADA 系统 PCS（Pipeline Control System）V1.1 软件，在港枣成品油管道、冀宁天然气管道完成工业试验，并在中俄东线、西气东输三线闽粤支干线等管道工程成功应用；浙大中控研制的 VxSCADA 监控软件在华南成品油管网实现工业化应用，并入选 2019 年工信部控制系统"一条龙"应用计划示范项目；实现了过程控制 PLC、安全仪表 PLC、阀室 RTU 等 SCADA 系统硬件国产化，相关成果在中俄东线、华南成品油管网等实现了工业化应用[3]。

国家管网集团北方管道有限责任公司压缩机组维检修中心承担的"试车台控制系统国产化研究"课题，基于压缩机组维检修中心试车台现有的燃机控制系统、设备控制系统与数据采集系统软硬件，研究试车台控制系统国产化替代方案。对试车台现有控制系统硬件参数进行总结整理，搭建燃机试车测试仿真平台，借用浙江中控公司控制系统硬件搭建燃机测试国产化控制系统，通过编制试车测试程序，在燃机试车测试仿真平台上验证国产化控制系统能力，并进一步在燃机试车过程中进行控制系统功能性测试，所有功能测试结果均合格。

2.2.2 国产化控制系统评价标准

随着控制系统国产化的不断深入，相关标准及准则也不断完善，设计标准包括数据处理实时性原则、过程控制可靠性原则、信息交互安全性原则和系统操作易用性原则。测评时的硬件依据标准为 GB/T 15969—2017《可编程序控制器》，软件依据标准为 GB/T 25000.51—2016《系统与软件工程系统与软件质量要求和评价（SQuaRE）第 51 部分：就绪可用软件产品（RUSP）的质量要求和测试细则》。该系统的功能和性能的具体要求为[11]：

（1）控制器的处理器、I/O 网络、电源及 LAN 模块等应按冗余配置设计；

（2）选用的模块应是带电可插拔型，且每个模块都应有自诊断功能，并提供故障报警输出；

（3）应支持多个数据访问端同时访问；

（4）系统对硬件的地址分配设置、I/O 的量化等应采用组态方式完成；

（5）配套的 PLC 程序编程软件，应支持 GB/T 15969.3—2017《可编程序控制器 第 3 部分：编程语言》中的全部 5 种编程语言；

（6）具备远程诊断功能（模块级），配套远程诊断软件，可远程下载或上传程序；

（7）扩展模块应尽量采用以太网通信模式进行扩展，同时应尽量实现在线模块扩展功能；

（8）兼容性（版本兼容性），程序可兼容各软件版本；

（9）易用性（可理解性），相对完善、易于理解的程序注释；

（10）可靠性（容错性），其他原因引起的超出预设范围的输入值不会影响程序的正确执行；

（11）可移植性（适应性），可以将程序移植至其他同款设备；

（12）维护性（易测试性），程序被修改后易于通过测试结果发现并确认修改。

2.3　输油泵

近年来，新投产输油泵机组以国产化产品为主，创新建立了与扩流器级数相匹配的泵叶轮模型，首次采取 3D 打印叶轮蜡模、精密铸造及磨料流处理技术，泵额定点效率从 87% 提高至 90.6%，有效保障了油品输送业务的稳定开展，标志着国产化输油泵的生产、运维及相关产业的发展迈上了一个新的台阶。对于在役进口输油泵的维检修国产化，也开展了多项工作。

部分进口输油泵导流器焊缝开裂、叶片断裂而失效，将导致输油泵出现异响、振动值跳变增大、无法平稳运行。在目前无法改变管道排量的情况下，提出选用力学性能优异的双相不锈钢 EN10088-2 为基体选材，通过增大叶片厚度、改进导流器焊接结构，提高叶片焊缝耐受压力。同时，探索应用铸造型扩流器代替焊接型扩流器，从设备本质提高扩流器可靠性，以进一步消除扩流器失效风险。

进口输油泵检修作业时，陆续发现不同类型叶轮锁紧套防松键均有不同程度损伤，表现为键槽挤压变形或防松键切断，甚至部分锁紧套松动，锁紧套与泵轴连接螺纹相互磨损，叶轮无法定位锁紧。经分析研究，可利用现有键槽长度改进防松键，增加防松键和键槽剪切受力面积，提高防松键及键槽能承受的剪切应力。经过测试，该改进对泵轴无任何不良影响，防松键改进后经多年运行，未发现键槽变形与防松键剪切现象。

为提升进口输油泵运行可靠性，消减油品泄漏风险，有关部门开展了机械密封适应性改进方法研究。在保持原有冲洗和泄漏收集报警系统不变的前提下，提出双端面机械密封 8648VRS+SBXP（串联式双密封）结构，优化内密封结构，实现内密封失效时，外密封承担主密封作用，事故工况下无可见泄漏。该改进可在故障发生时，给无人站/少人站输油泵运行维护检修提供足够应急时间。

2.4 压缩机

近年来，中国为推动核心设备国产化进程，在政策、资金等方面加大力度支持相关产业的自主创新和转型升级[12-14]。压缩机国产化成果主要体现在压缩机结构改进、压缩机性能优化、干气密封系统研究、产品服务提升 4 个方面。

2.4.1 压缩机结构改进

国内厂家经过数十年的不懈努力，在引进消化国外先进技术的同时，采取与各大院校、科研院所联合开发的科研方式，不断进行自主研发、优化设计以及经验累积，产学研用相结合，大力推动技术进步。经过国内多年的产品实际应用，积累实践经验，吸取用户意见，逐步优化完善产品设计结构，在离心式压缩机关键结构设计的合理稳定性方面已达进口机组水平，在相关技术上已有显著进步[15]。

2.4.2 压缩机性能优化

目前，国内离心式压缩机的技术水平与国外产品无显著差异，压缩机多变效率与转速范围等指标均已达到国外先进水平。在结构设计细节方面，国产和进口机组各有特点和优缺点，离心式压缩机的转速范围国内与国外水平相当，离心压缩机的多变效率和国外厂家接近[16]。

2.4.3 干气密封系统

离心压缩机干气密封等附属系统设计方面，目前在 30MPa 压力的范围内，国内外厂家的供货产品基本无显著差距。国内密封厂家经过多年的经验积累及产品优化，密封产品的整体性能与国际一流厂家基本达到同一水平，仅在一些细节设计上仍有进步空间。但在更高压力领域与海上离心压缩机的干气密封系统方面，国内外厂家差距较大，相关技术是国内厂家需要攻克的难点。目前，国内高压干气密封系统尚不够成熟，密封仿真、轴承、轴头储存器等技术仍无法与国外厂家竞争[17-19]。

为保证干气密封长期高效运行，针对干气密封上述容易失效的缺陷点，国内相关厂家采取了以下一系列干气密封系统的改进措施。

针对压缩机组开机过程，可以通过设置气罐和增压器、采用双旋向密封或止回阀，保证干气密封的动环和静环之间能形成稳定的、具有足够压差的气膜。具体过程为：在压缩机转速较低，无法形成稳定气膜的情况下，利用储存有高压气体的气罐，连接干气线并通过增压器自动提供高压气体，用以形成压差，进而促进稳定气膜的形成。而在机组停机过程中应尽量避免出现反转工况，如出现压缩机组停机反转运行过程，则有 2 种措施可供参考选择：一是可以通过采用双向旋转密封来有效地减弱由于反转所带来的危害。二是可以增加止回阀。

通过增设前置过滤系统不仅能确保密封腔内干净清洁，还能防止管道中来流天然气所夹带的粉尘、水烃等物质损坏干气密封系统。具体步骤为：在密封系统前增设具有过滤和脱液功能的过滤装置，以有效去除主密封气中残留的粉尘颗粒与液体，首次过滤后的气体还需利用加热器完成加热处理，防止湿气进入密封系统后锈蚀密封组件。最后经凝结器、过滤器二次过滤和调压阀调压后进入密封系统，最大限度地除去脱液后残余液滴和粉尘，确保干气密封系统腔内干净清洁。在完成过滤工作后，应定期检查过滤器，根据过滤情况及时更换粉尘过滤器滤芯，杜绝滤芯的重复使用。同时需加强对水烃露点设置指标的监测工作，增加压缩机的排污频率，避免出现固体杂质、凝液积累的情况。

在压缩机组的日常生产过程中，应当做好数据统计工作，监测分析设备的运行状况，如当设备运行超过规定时间后，必须强制更换机组内部密封件，避免静环内部结构中的弹簧构件因疲劳失效而导致该机组在后续生产中无法正常使用。在机组开启和停止的瞬间，应适当调整机组设备所对应的参数信息，同时重点关注外界环境中的温度因素、湿度因素以及压强因素，避免参数信息发生显著波动，从而较大程度地提高机组稳定性。除此之外，适当增加或减小机组设备的负荷也是调节其稳定性的有效措施，能确保设备中静环回弹，从而摆脱卡涩状态。

2.4.4 产品服务提升

在具备同等功能产品服务的前提下，国内离心压缩机产品及服务价格具有极大优势。除离心压缩机产品本身的价格优势外，在相关人员的技术服务费用、附属系统费用、备品备件费用、材料运输费用、厂家培训费用及后期维护保养费用等方面，国内价格远优惠于国外厂家。应用国产化产品，在有效减少资金占用和采购成本的同时，可节省国际采购程序和国内采购代理的环节，极大地节约采购运营成本。在可控风险方面，国内的抗风险能力略强于国外厂商。特殊条件下，国外技术人员、产品的通行运输易受影响和限制，可能导致项目总体进度流程及备用零部件采购需求发生变化。而国内厂商在运输服务方面则相对便利，且项目整体进度调整也相对灵活，拥有较多保证产品的正常交付的调控措施，能够在减少备品备件需求的同时提高平台的运营收益。此外，国外厂商的产品系统、配套设施、技术手册、操作标识以及培训材料等通常使用英文进行标注，在进行翻译的过程中可能存在含义偏差，要求技术操作人员具备相应等级的专业英文基础，实际操作过程中存在一定难度。压缩机国产化后，国内制造商相同的语言文化背景使得技术服务更加便捷顺畅，有助于提升设备运维水平，提高故障解决效率。同时，国外产品及附属设施对应配套系统的兼容性相对较差，无法做到与其他系统良好兼容。国内配套系统的操作则相对便捷，兼容性优良。

2.5 燃气轮机国产化

2.5.1 燃气轮机

国外先进企业在燃机领域形成并长期保持突出的先发优势，技术积累丰富，体系和产业链健全，并能持续开展前沿技术储备和先进机型开发，在燃气轮机先进联合循环、氢/氨燃气轮机技术、高负荷压气机研究、宽工况高效稳定压气机研究、高湿度涡轮设计、燃气轮机自动控制技术等方面处于领先水平。经过数十年的发展，中国燃气轮机产业已经形成涵盖研发设计、加工制造、运营维修三大环节的科研生产体系（图15-3）。研发设计环节分为基础预研、子系统设计、整机集成设计等子环节，参与主体为航发研究单位、航空类高校及相关科研院所。加工制造环节涉及原材料、零部件、整机集成等子环节，参与主体除了航发研究单位，还包括系统外企业、科研院所。运营主体主要是军队，维修主体包括专业化维修企业。值得指出的是，在推进军民功能结合的背景下，"小核心、大协作，专业化、开放型"思路的科研体系建设逐步深入，吸引了众多民营企业参与燃气轮机产业链。民营企业在细分领域精耕细作，实现了产品专精化与差异化，为燃气轮机产业发展注入了活力。

图 15-3　中国燃气轮机科研生产体系创新主体构成示意图

经过长期、持续地发展，中国燃气轮机研发工作取得了令人瞩目的成果，沈阳黎明发动机制造公司与沈阳 606 所合作研制 QD-128 型、QC185 等型号燃气轮机，可应用于发电、机械驱动和舰船动力等领域。中国船舶集团公司 703 所研制了 CGT25-D 型燃气轮机，已在长输管道应用 6 套。东方电气汇聚优势资源、组建科研团队，历经 14 载的自主研制成果，被誉为中国"争气机"的中国首台全国产化 F 级 50MW 重型燃气轮机商业示范机组在华电清远华侨工业园天然气分布式能源站正式投入商业运行，填补了中国自主燃气轮机应用领域空白，解决了多项关键核心技术难题，为清洁能源领域提供了自主可控全链条式的"中国方案"[20]。

2.5.2　掺氢燃烧

随着现代燃气轮机燃烧室参数持续提高，燃料种类不断丰富，燃烧技术开发持续深入，对燃机燃烧过程数值模拟方法的发展提出了更高的要求。为了解贫燃预混燃气轮机燃烧室掺氢燃烧的性能变化及潜在风险，李立新等[21]以西门子 SGT-800 型燃气轮机燃烧室为对象开展了天然气掺氢燃烧过程的数值模拟研究，考察了 0%、5%、10%、15%、30%（体积分数）5 种掺氢比例工况下燃烧室内的燃料着火、温度分布、火焰形态以及 NO_x 排放特性。结果表明：在燃烧室内开展掺氢燃烧，将导致燃料着火位置提前、温度峰值提高、火焰轴向长度变短，外侧值班火焰逐渐向中心混合管聚拢；掺氢比例在 15% 以下时，燃烧室内的温度分布以及火焰形态不会发生明显变化，但在掺氢比例达 30% 时，混合管内燃料着火位置回缩严重，外侧值班火焰紧贴喷嘴出口，存在回火风险。此外，燃烧室出口 NO_x 排放值随掺氢比提高而增大，在 30% 掺氢比下 NO_x 排放值接近国内部分地区限值，可见高 NO_x 排放也是制约燃气轮机高比例掺氢的因素之一。

为提高燃烧室宽燃料适应性，燃用来源广泛的富氢燃料气，邹俊等[22]利用优化的对冲火焰实验方法和数值模拟计算方法，比较了 2 种典型的富氢燃料气在层流和湍流燃烧状态下的熄灭拉伸率，并分析了贫燃侧 2 种燃料预混火焰熄灭拉伸率差异的主要原因。结果表明：采用数值模拟方法可较好地预测层流和湍流火焰的熄灭拉伸率。在层流燃烧状态下，火焰锋面内活性自由基 H°、O°、OH° 浓度相对更高的富氢燃料气，其火焰锋面内部的关键化学反应速率和释放热量的速度更高，因此能抵抗更高程度的火焰拉伸形变。湍流作用加快了火焰锋面内部的反应速率，但同时会使热量更快地从火焰锋面内部向外输运，相比于层流火焰，湍流火焰熄灭拉伸率降低。

针对燃气轮机燃烧室未来多工况、高参数、低污染的发展趋势，张归华等[23]从火焰面方法在自适应湍流燃烧模型中的应用、进度变量的优化选择、湍流燃烧耦合模型以及火焰面方法在污染物预测中的应用等 4 个方面，回顾了火焰面方法的相关模型及适用范围，分析了该方法在燃气轮机燃烧室中的应用及面临的挑战。在此基础上，对火焰面方法在未来燃气轮机燃烧室模拟中的发展方向提出了针对性建议。

为研究天然气在不同掺氢比时的燃烧特性，郁鸿飞等[24]利用 Cantera 开源程序对其基本反应动力学特性开展研究，计算常压和典型 F 级燃气轮机运行条件下不同掺氢比时混合燃料的层流火焰速度、点火延迟时间等基本反应动力学参数。分析 8 种反应机理计算获得的火焰位置、温度场分布、主要燃烧产物（CO_2 和 H_2O）、中间燃烧产物（OH 基和 CO）和微量燃烧产物 NO 的浓度分布，并与悉尼大学天然气 – 氢气混合燃料（体积分数 $50\%H_2+50\%CH_4$）模型燃烧室实验数据进行比较。结果表明，采用 DRM22、USC2、Kee 以及 Miller–Bowman 机理计算获得的混合气体燃烧特性与实验结果吻合，耦合 UCSD 单独的氮氧化物机理后所获得的 NO_x 排放值也具有较高的计算精度。研究结果可为氢燃料燃气轮机燃烧室性能的后续研究提供理论依据，为氢燃料燃气轮机的安全运行奠定基础。

为解决天然气同轴分级燃烧室高效点火问题，刘国库等[25]通过改变值班级燃料口尺寸、值班级结构类型以及旋流器各级燃料供给流量，探究其对燃烧室点火特性、燃料掺混以及燃烧性能的影响。数值模拟表明：值班级燃料管路特征尺寸越大，燃烧室内燃料与空气掺混水平越好，更利于点火；其中在锥形中心钝体斜面上设置燃料喷射孔的 B 形燃烧室燃烧性能较好，最有利于点火工况下的点火过程。

2.5.3　燃机国产化维修

目前，国家管网集团在役运行燃气轮机 146 台，其中进口燃气轮机 140 台，占比 96%。国家管网集团北方管道公司压缩机组维检修中心完全掌握了 LM2500+SAC 和 RB211–24G 两型 30 兆瓦级燃气发生器分解、清洗、故检、装配、试车等维修技术，已经具备了高速叶尖磨削、火焰钎焊、等离子喷涂等 20 多项特种维修工艺，综合维修能力优势明显。

2.6　数字信息化技术

在工业 4.0 的背景下，人工智能相关技术层出不穷。在热点研究方向上，关于预知性维护与机器学习方法结合的研究以及预知性维护与深度学习方法结合的研究较多。机器学习广泛应用于语音识别、物联网、图像识别和自动驾驶汽车等诸多新兴领域。深度学习因其能够快速生成准确结果而成为当下研究热点技术。在核心基础设施设备、关键设备管理和设备剩余寿命预测等领域，预知性维护模型与机器学习相结合的研究也得到了广泛应用[26]。

2.6.1　智慧管网建设

在管道施工建设方面，加强施工环节物联网建设，开发焊口信息认证系统，通过现场生成二维码，为每道焊口定制专属"身份证"，真正实现焊口质量可追溯；焊接机组配有 GPS 定位模块，所有作业点坐标一目了然，管理人员可自主导航到任意焊接施工现场；建立机组与作业点视频监控系统，可对焊接、防腐等重点工序进行实时播放、存储与回放，强化了作业工程的跟踪管控；建立机组作业过程数据采集系统，配套开发历史工况数据库，实现对工程进度、监理巡检、机组状态及施工参数（如焊接预热温度、电流、电压、送丝速度、防腐补口温度、喷砂气压等）进行远程监督管理[27]。

打造管体数字孪生体、设备数字孪生体、控制系统数字孪生体、站场数字孪生体，与中俄东线天然气管道工程建设同步实施。在统一的数据标准下开展可研、设计、采办、施工等阶段数据采集，通过数字化设计云平台、智能工地、PCM 系统及数据回流等，完成静态数字孪生体搭建，并随着运营期动态数据的不断更新丰富，跟随管道全生命周期同生共长，实现管道的全数字化移交[8]。

通过自主开发智能视频监控系统，实现对现场作业的远程监视与危险因素的智能识别；推广应用无人机巡检，有效强化了雪地、林地、沼泽等通行困难地区的安全巡检工作；研发光纤安全预警、光纤泄漏监测、光纤周界安防系列技术产品，提供了风险防控一体化解决方案；设计并布设阴极保护智能测试桩，提升了管道阴保系统的远程监测与专业化管理能力；建立关键设备远程在线监测与故障诊断系统，实现了对压缩机组、电气、计量等重要设备运转状态的实时跟踪与智能感知。

在天然气管网月度方案运行优化研究方面，创新形成基于管网分级及线性化处理的通用稳态运行优化技术，攻克了任意拓扑结构管网运行优化方案制定难题，为优化管网流向分配、调整压缩机组开机方案、降低管输能耗提供了重要技术支撑。目前，正持续开展技术攻关，努力实现管网全局、全时段优化运行。

2.6.2　输油气关键设备预知性维修

2.6.2.1　预知性维修实施策略

通过数据挖掘与机器学习技术研究，完善每台机组个性化预警模型与健康评估模型，实施"一机一模型"管理模式。通过提升运维信息档案和故障监测多维数据融合挖掘能力，实现机组健康状态分级管控，及时发现性能效率下降、运行状态参数存在偏差等"亚健康"机组，制定重点监测和管控措施，实现设备全生命周期精细化管理。

梳理总结压缩机组停机信息和运维信息，对机组及其附属系统的故障原因进行全面剖析，深度分析机组典型故障与疑难故障，系统总结共性问题，从设计、安装、产品质量、维护质量和现场管理等多方面挖掘设备管理薄弱环节，提出可靠性提升建议，消除机组运行风险隐患。

通过关键设备智能监测平台集中有效管理机组信息档案、运行、故障、维护维修等数据，搭建科学的数据架构，加强机组数据采集和存储能力，实现与管网集团资产完整性管理平台数据交互与数据共享，大力开发数据运用技术，深度挖掘机组运维数据在故障预警、故障预测、能效优化、健康管理与维修决策等方面的潜在价值，助力加快构建管道设备数据资产体系。

以离心压缩机为例，机组主要由定子（机壳、隔板、密封、平衡盘密封、端盖等）、转子（轴、叶轮、隔套、平衡盘、推力盘等）、支撑轴承、推力轴承和干气密封等组成。与设备制造厂家深入合作，收集机组设计数据、关键部件在特殊工况下加速寿命试验数据等，开展压缩机关键部件疲劳试验、故障模拟试验和仿真分析，建立压缩机叶轮、轴承、干气密封等关键部件的失效机理模型，掌握离心压缩机关键部件疲劳寿命周期。

依托压检中心监测诊断平台，完善预警模型和健康评估模型（图15-4），强化挖掘大数据中隐藏的故障状态信息的能力，强化压缩机工艺调整记录、异常停机原因记录的收集整理，与实时监测数据、故障数据、维修数据、设计数据、试验数据等多维参数融合，提升设备运维数据的深度挖掘能力，提高机组健康模型的准确性。

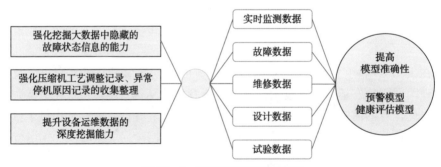

图15-4　智能预警模型示意图

2.6.2.2　预知性维修前景

通过预知性维修的研究与应用，实现油气站场转动设备健康状态劣化由人工判断决策管理向人机结合判断决策管理的转变，由定期维修向预知性维修的转变，智能化水平由集成级向引领级的转变，提升设备安全性、可靠性和高效性。通过实验分析与数据挖掘，建立天然气站场电驱离心设备本体健康状态评价标准；研究站场电驱离心设备本体健康状态动态评价方法和模型，实现站场电驱离心设备健康状态评价；构建电驱离心压缩机本体健康状态劣化趋势预测模型，实现对电驱离心压缩机健康状态劣化趋势预测；降低站场电驱离心压缩机失效和运行风险，提升设备智能化管理水平，减少设备运营和人工成本，具有广阔的应用前景，课题研究成果可在一定范围内推广应用。目前，相关技术成果已部署应用于关键设备智能监测平台，以北方管道中俄东线、西气东输、西部管道电驱离心压缩机，以及北方管道输油站场输油泵机组、华南公司站场输油泵机组为研究对象，开展示范性应用，预期可显著降低机组非计划停机次数，降低维修成本，提高机组智能化运维管理水平。

3 研究思路及发展趋势

根据国家统计局的相关数据，2022 年中国国内生产总值约为 121×10^{12} 元，与上年相比增长约 3%，明显低于近 10 年中国国内生产总值的平均增速 6.6%。2022 年全年中国天然气消费总量仅为 $3663 \times 10^8 \mathrm{m}^3$，比上年下降 1.2%，近年来高速增长的态势受到抑制。但自 2022 年底开始，国内新冠病毒肺炎疫情防控措施得到不断优化，随着国内疫情防控形势逐渐趋好，预计 2023 年经济发展将回归稳步增长态势，带动天然气需求总量小幅上涨。与此同时，国家相关政策也对未来数年油气基础设施建设提供了大力支持。2022 年 3 月，国家发改委和国家能源局印发《"十四五"现代能源体系规划》，同年 12 月，中共中央和国务院印发《扩大内需战略规划纲要（2022—2035 年）》，上述文件均提到"加快全国干线油气管网建设"。《"十四五"现代能源体系规划》明确指出"到 2025 年，全国油气管网规模将达到 21 万千米左右"[1]，这同时对油气管道关键设备国产化提出了更高的要求。

3.1 油气管道关键设备国产化研制体系

国产化之前，国内石油石化企业仅是设备的使用方，联合国内力量实施国产化面临诸多挑战。经过探索研究，相关企业以工程需求为导向，通过"政产学研用"协同创新方式，形成了一套可持续的设备国产化研制体系，主要从组织管理和工作流程优化两方面保障油气管道关键国产化设备达到国际先进水平。

3.1.1 组织管理

高效整合机械制造业、管道行业以及研究机构的优势，是国产化成败的关键。在国家能源局的指导下，中国石油探索出跨行业、生态链式的"1+N"国产化组织模式。该模式将能源局、装备制造企业、高校、科研院所、中国石油进行有机整合，通力合作。在国产化过程中，能源局负责制定方针政策，宏观指导国产化；中国石油负责提出工程需求、制定产品指标、监督质量、完成工业试验及考核等；高校负责基础理论研究；科研院所提供性能计算、流体仿真等技术支持；设备厂家负责产品的设计、制造及工厂试验。

3.1.2　工作流程优化

通过工程实践，相关部门及企业探索出设备国产化 7 步工作流程，形成可复制的国产化工作方法。

（1）制定目标。由中国石油牵头组织，与行业专家、设备研制人员共同制定每种设备的技术条件，对规范、标准与法规、设计与制造、材料、检验与测试等方面提出详细要求，形成设备研发的纲领性目标文件。确保所研制的产品能够达到预期目标，针对重点、难点目标的技术路线，召开上百次技术专题研讨会。

（2）产品设计。根据技术条件目标，参研厂家提出了详细的产品设计方案。针对产品设计方案，中国石油参考国外设备运行维护经验，并结合自身对设备结构、原理的理解，提出泵叶轮与导叶数非互质匹配、调节型电液执行机构双泵驱动等 200 多项改进意见，保障了设备的高水平研制。

（3）产品制造。以设计为依据，参研厂家采用激光打印、蜡模铸造、五轴高精度数控加工等先进技术加工输油泵叶轮、导叶等部件，保证产品加工精度和质量。中国石油对关键环节进行监造，严把生产质量关。

（4）工厂试验。建设了燃气轮机整机工厂试验平台、电驱压缩机组联机带负荷综合试验平台、输油泵闭式回路试验平台、泄压阀大流量动态响应试验平台、调压装置阀门试验平台、执行机构大扭矩测试平台等 10 个工厂试验平台，能够测试压缩机组、输油泵机组、关键阀门、执行机构、流量计等设备的效率、动态响应、流量特性、扭矩等多项性能指标是否达到研制要求，以及功能是否满足要求。

（5）新产品鉴定。通过工厂试验后，能源局委托中国机械工业联合会和中国石油共同组织专家对新产品进行工厂鉴定，审查设计、制造、试验及质保等方面内容，参照技术条件、国际同类先进产品水平，确定新产品技术水平，形成科学技术成果鉴定证书，为工业性试验奠定了基础。

（6）工业试验。为满足国产化燃驱压缩机组、电驱压缩机组、输油泵机组、阀门、执行机构、流量计的现场工业性试验需要，中国石油分别建立了工业性试验基地和工业应用考核平台，可检验国产化新产品的安全性、可靠性及适用性。

工业性试验成功后，中国石油组织专家进行验收，并形成意见和建议，判断其是否具备推广应用条件。

（7）推广应用。为顺利推广国产化新产品，中国石油开展多项举措促进国产化设备应用：①中国石油回购国产化样机，且价格给予国际同类先进产品价格约80%的优待；②在后续设备采购招标中，国产化厂家的设备商务评分直接加10分；③与设备制造企业共同解决应用过程中出现的问题，国产化产品进入"应用—改进—应用"的良性循环。目前中国石油新建管道和改建工程基本采用国产设备，使用率接近100%。

3.2　油气管道关键设备国产化关键环节

3.2.1　对标国际先进水平

中国石油依据 API、ASME、IEC 等国际组织的先进设备标准，对标国际先进压缩机组、输油泵机组等设备的原理、结构、技术指标，针对压缩机组效率、输油泵机组效率、阀门密封、执行机构动态性能等重点目标进行专题研讨，并形成有效、可靠的技术攻关方案，确保所研制的产品能够达到国际同类产品先进水平。

3.2.2　优选参研单位

从企业资质与认证、生产能力、人力资源、知识产权、经营范围、管道行业应用等方面初筛设备国产化参研单位。为详细了解预选参研单位的实力和水平，项目组实地考察了企业生产经营及研究能力，着重了解用户反馈情况。通过多因素、多角度综合分析，最终确定了 6 类设备的 35 个合作研发企业，并签订联合研制协议。

3.2.3　产品设计方案多维论证

利用 ANSYS-Workbench 软件校核压缩机组、泵机组、阀门等设备承压部件的结构强度；利用 ANSYS-CFX 软件数值模拟压缩机组、泵机组的"流量－扬程－效率－功率"外特性和"叶轮与导叶"的内流场，从而得出最佳叶轮与导叶的匹配数、导叶相位角；利用 ANSYS-CFX 软件数值模拟阀门的流通能力、等百分比特性等，最终泵额定工况效率由 87% 提高至 90.4%，调节阀等百分比误差由 2% 缩小至 1% 以内。利用 ANSYS 对压缩机、泵阀门的轴、轴承、阀杆等关键部件进行受力分析，得出不同特定载荷下圆柱滚子轴承和角接触球轴承等的可靠性。邀请行业专家、站场设备运维专家对设计进行论证，使得产品更标准、使用更方便。从现场运维、行业经验等角度，优化了压缩机、泵外围管路的走向，完善了压缩机组控制逻辑、泵机械密封泄漏超量报警功能等。

3.2.4　工厂和工业双试验

针对燃驱压缩机组出现的高压涡轮叶片断裂、启动时火焰筒熄火等问题，深入分析故障原因，制定最优解决方案，直到满足出厂条件为止。在工业试验中，发现国产燃驱机组存在漏气、测量偏差、控制逻辑等 92 项问题，电驱压缩机组则有变频器功率单元脉冲驱动控制板不稳定、控制线接线松动等 25 项问题；输油泵也有启动振动超高、法兰泄漏等 8 项问题，强制密封阀首次工业性试验密封失效。针对这些问题，中国石油与参研单位制定改进措施，共同提高国产设备的性能及可靠性。

在新的国际形势下，国家明确要求"确保稳定供应链和产业链"以及"梳理短板，促进国际国内双循环"，这对油气管道关键设备的国产化提出了更高目标。中俄东线天然气管道的投产运行标志着中国已步入智慧管道建设阶段，国产化全面提升、设备智能化等将成为未来的发展趋势。

参考文献

[1] 高振宇，张慧宇，高鹏 . 2022 年中国油气管道建设新进展 [J]. 国际石油经济，2023，31（3）：16-23.

[2] 中华人民共和国国家发展和改革委员会，国家能源局 . 国家发展改革委 国家能源局关于印发《中长期油气管网规划》的通知 [EB/OL].（2017-05-19）[2021-06-20].https：//www.ndrc.gov.cn/xxgk/zcfb/ghwb/201707/t20170712_962238.html.

[3] 王乐乐，李莉，张斌，等 . 中国油气储运技术现状及发展趋势 [J]. 油气储运，2021，40（9）：961-972.

[4] 李柏松，徐波，王巨洪，等 . 中俄东线北段关键设备与核心控制系统国产化 [J]. 油气储运，2020，39（7）：749-755.

[5] 孙江宏 . 油气管道关键设备国产化—调压装置关键阀门研制与应用 [Z]. 北京：北京信息科技大学，2018-12-27.

[6] 任飞扬，张一夫，于鹏飞 . 油气储运技术的当今现状与发展趋势 [J]. 广东化工，2021，48

（1）：40，59.

[7] 王振声，陈朋超，王禹钦，等.科技创新与国际标准双轮驱动管道企业高质量发展 [J]. 石油科技论坛，2019，38（4）：13-17.

[8] 詹新民，林松青，刘鹏峰，等.进口阀门国产化改造技术与应用 [C]. 贵阳：2021 年电力行业技术监督优秀论文集，2021：326-331.

[9] 李旭东 .LNG 接收站项目超低温阀门国产化应用分析 [J]. 石化技术，2021，28（8）：21-22.

[10] 贾琦月 . 液化天然气用低温阀门国产化问题分析与改进 [J]. 阀门，2020（2）：37-40.

[11] 管文涌，王晓光，禹浩 .国产化 HMI 软件及 PLC 系统的测试评估方法、应用效果分析与产品优化方向 [J]. 化工自动化及仪表，2021，48（4）：395-399.

[12] 许洁 . 天然气管道压缩机组国产化的现状与展望 [J]. 中国石油大学胜利学院学报，2020，34（4）：32-35.

[13] 吴思静 . 大型储气库天然气压缩机国产化应用 [J]. 压缩机技术，2022（6）：41-44.

[14] 李亮，王宇，郭欢，等 .20WM 级西气东输国产化首台套长输管线压缩机研制 [J]. 机电产品开发与创新，2022，35（5）：61-63.

[15] 李玉坤，陈春来，孙斌，等 . 天然气长输管道压缩机组关键部件的国产化研究与应用 [J]. 中国石油和化工标准与质量，2022，42（2）：39-41.

[16] 毛埝宇 . 海上油田天然气压缩机国产化研究 [J]. 中国设备工程，2023（2）：251-254.

[17] 王立学，薛志成，张星，等 . 离心式天然气压缩机干气密封故障研究进展 [J]. 石化技术，2022，29（8）：60-62.

[18] 沈登海，刘小明，王泽平，等 .管道天然气离心压缩机干气密封国产化研制 [J]. 石油化工设备技术，2020，41（2）：39-46，7.

[19] 陈利琼，高茂萍，田龙，等 . 离心式天然气压缩机自适应性能曲线生成方法 [J]. 油气储运，2023，42（4）：430-437.

[20] 周围围 . 从"中国制造"到"中国智造"的青春答卷 [N]. 中国青年报，2023-05-11（1）.

[21] 李立新，刘星雨，曾过房，等 .SGT-800 重型燃气轮机天然气掺氢燃烧数值模拟研究 [J/OL]. 热力发电：1-9[2023-05-12]. https：//doi.org/10.19666/j.rlfd.202303033.

[22] 邹俊，李昭兴，张海，等 .典型富氢燃料气预混火焰的熄灭特性 [J]. 清华大学学报（自然科学版），2023，63（4）：585-593.

[23] 张归华，吴玉新，吴家豪，等 .火焰面方法进展及在燃机燃烧室模拟中的挑战 [J]. 清华大学学报（自然科学版），2023，63（4）：505-520.

[24] 郁鸿飞，李祥晟，郭菡 .甲烷掺氢燃料反应动力学特性分析及机理验证 [J/OL]. 中国电机工程学报：1-9[2023-05-12]. https：//doi.org/10.13334/j.0258-8013.pcsee.223430.

[25] 刘国库，刘潇 . 天然气燃气轮机燃烧室点火特性研究 [J]. 应用科技，2023，50（4）：96-102.

[26] 童国强. 基于比例风险模型协变量不确定性的预知性维护优化研究 [D]. 武汉：武汉科技大学，2021.

[27] 姜昌亮. 中俄东线天然气管道工程管理与技术创新 [J]. 油气储运，2020，39（2）：121–129.

牵头专家：刘志刚

参编作者：宋　飞　李荣光　刘保侠　拜　禾　张　盟

赵洪亮　王　猛　杨喜良　张　腾

第十六篇

智能化与能源互联网

数字化、智能化是目前最热的词汇，也是第四次工业革命的主体技术。随着企业数字化转型的加快，智能管道与智慧管网被赋予众望。目前，互联网、大数据、人工智能等技术的快速发展，在内在需求和外在技术背景的作用下，智能化已是未来油气储运行业的主要发展方向。国家"双碳"战略目标和互联网、智能技术的快速发展，使能源互联网将成为现实。本篇从数字经济及国家发展战略切入，介绍了国家管网公司"X+1+X"模式下的数字化建设，从油气管网运营管理的数字化和油气管网运行系统的数字化两个维度，阐明了国家管网公司数字化建设现状及存在的问题；简单对比了国外管道公司的数字化建设异同，指出很多软硬件迫切需要联合攻关的现状。对油气储运行业智能化技术及其应用进行了较为全面的总结，包括油气长距离输送管网、油气田地面管网及城市燃气智能化技术应用现状以及工业设计和知识体系智能化的发展。提出了油气管网智能化研究思路及技术发展趋势。油气管网智能化主要包括设计、施工、运行的业务智能化，数据标准统一与数据管理统一的数据统一化，系统功能标准化与系统服务组件化的信息互通化，实体三维建模及状态动态展示的状态可视化，专业知识库及决策知识网的知识网络化。从主要技术要点出发，通过知识图谱、ChatGPT、大数据、工业互联网、数字孪生、无线通信技术、增强现实技术及可穿戴设备等多项技术的发展及应用来阐述油气管网智能化过程中关键技术的发展趋势。提出了油气管网智能化过程面临的挑战，主要是知识图谱、ChatGPT、大数据、工业互联网、数字孪生技术在结合油气管网智能化应用中所面临的挑战。最后，简单阐述了能源互联网与油气管网的融合技术。说明了随着能源结构的变化和绿色低碳清洁能源需求的日益上升，作为"双碳"目标下的过渡清洁能源，天然气管网将在能源互联网中发挥重要作用，国内干线管网、城市燃气管网的建设发展以及"X+1+X"的天然气市场体系均为天然气管网融入能源互联网奠定了基础。指出了油气管网与能源互联网技术的发展趋势，主要包括管网－电网－新能源耦合新工艺、管网运行安全与能源供应保障技术、电网－管网综合仿真技术及管网智能调度与控制技术。

1 数字化建设

1.1 数字经济及国家发展战略

在过去十年中，数字经济作为一种新兴的、高质量发展的经济形态，得到了快速发展，其特征是直接或间接利用数据来引导资源从而推动新兴生产力的发展[1]。数字经济是继农业经济、工业经济之后的主要经济形态，是以数据资源为关键要素，以现代信息网络为主要载体，以信息通信技术融合应用、全要素数字化转型为重要推动力，促进公平与效率更加统一的新经济形态。数字经济发展速度快、辐射范围广、影响程度深，正推动生产方式、生活方式和治理方式深刻变革，成为重组全球要素资源、重塑全球经济结构、改变全球竞争格局的关键力量[2]。

数字经济主要包括产业数字化和数字产业化两大方面[3]。产业数字化是以改进传统产业的耗能、低效、落后的生产方式为主要目的，将数字技术加以融合应用，从而形成对数字经济的新贡献。数字产业化是将信息通信技术、信息产品制造、信息技术服务、软件应用服务等信息业务作为核心产业发展，为数字经济贡献新的业态、新的模式和新的价值。

2023年2月，中共中央、国务院印发《数字中国建设整体布局规划》，指出，建设数字中国是数字时代推进中国式现代化的重要引擎，是构筑国家竞争新优势的有力支撑。加快数字中国建设，对全面建设社会主义现代化国家、全面推进中华民族伟大复兴具有重要意义和深远影响[4]。

目前，在国家宏观政策导向以及快速发展的数字经济双重推动下，各行各业都积极响应国家号召，致力推动数字经济和实体经济融合发展，大力开展数字化、网络化、智能化等新兴技术的推广应用，利用互联网新技术对传统产业进行全方位、全链条的改造，通过发挥数字技术对经济发展的放大、叠加、倍增作用，提高全要素生产率。力求通过互联网、大数据、人工智能等新兴技术同产业深度融合，使数字经济成为新一轮科技革命和产业变革的新机遇与战略选择。在此，仅给出国家管网集团数字化建设现状，以说明行业的数字化变革。

1.2 油气管网运营管理的数字化

2019年起，为了深入贯彻习近平总书记"四个革命、一个合作"能源安全新战略重要指示精神，国家发展改革委、国家能源局提出了推动中国油气市场形成"X+1+X"模式布局的要求。其中1是"全国一张网"[5]，即全国统一高效集输的油气管网，形成强大的"中间"。而X是指上下游市场充分竞争，形成X局面，即上游是多元气源，下游是多终端销售的油气市场格局。因此，为匹配油气市场"X+1+X"体系布局要求，2019年12月9日，国家石油天然气管网集团有限公司组建成立，其业务范围主要涵盖中国油气干线管网及储气调峰等基础设施的投资建设和运营，负责干线管网互联互通及与社会管道的联通，以及全国油气管网的运行调度，定期向社会公开剩余管输和储存能力，实现基础设施向用户公平开放。通过整合"三桶油"原有的长输油气管道以及LNG与储气库等业务，国家管网集团形成了"全国一张网"的油气管道运营管理新格局。

国家管网集团在开展自身数字化建设[6]的同时推动行业平台建设，建设油气基础设施开放服务与交易平台，打造以数据为基础、服务为导向、资源整合为核心的国家级服务平台，统筹管网、接收站与储气库资源，集成客户、营销、交易、结算功能，提供"一站式"公开服务体验，积极探索能源产业协作新模式，降低企业间协作成本。通过融合应用新一代数字化、智能化技术，构建快速感知、实时监测、超前预警、联动处置及系统评估等五种新型安全能力，实现安全生产全过程、全要素的链接和监管，打造覆盖全国的油气管道安全智能物联数据网络。采用业务对接和数字化建设同步筹划、同步实施的策略，助力新融入的省级管网第一时间实现网络畅通、流程贯通、数据拉通、应用互通，保证省网融入顺畅高效。新建油气长输管道是补齐"全国一张网"的重要环节，协同设计、智能工地等数字化手段辅助工程建设。近期，国家管网集团还以天然气管网为起步，启动"全国一张网"决策支持平台的建设工作，通过整合全国天然气资源、市场、设备设施、经营经济等数据信息，构建资源分析、市场预测、战略规划、价值评估等功能，为未来"全国一张网"更好的构建与更优的运作提供"管网大脑"[7]。

建设全集团统一的低代码开发平台，赋能业务人员，使更多的业务人员成为业务应用开发者。业务人员可在创新业务场景的同时，自主运用低代码平台构建数字化应用，降低沟通成本，快速满足业务需要，通过自上而下搭建的统建系统与自下而上开发的低代码系统[8]，达到相互补充的效果，协同构建"大树 + 小草"模式的良好的数字化应用生态。通过复合型能力与专业型能力的建设，打造具有管网特色的技术能力架构，以创新为动力，持续培育国家管网的数字化自主能力。

尽管 2021 年受美国科洛尼尔管道运输公司遭黑客攻击事件的触动，国家管网集团针对液体管道已开展了分控模式的调整，但对于天然气管道，无论是在管控能力还是支撑技术手段上，集中调控模式都是更好的选择。同时"全国一张网"的市场布局对集中调控业务提出了进一步的拓展要求。

截至 2022 年终，在国家政策导向与行业变革背景下，尽管数字经济概念热议，数字化转型方兴未艾，但放眼宏观聚焦行业个体，对于中国长输油气管道调控运行业务领域的数字化体系建设与应用，行业变革的冲击影响远远大于其他因素[9]。对于划转至国家管网集团的原"三桶油"油气管道企业，无论是原集团统一建设还是各企业自行建设的数字化应用，都将面临其支撑的运营管理业务由原有上中下游协同模式向上游油气资源多主体多渠道供应、中间统一管网高效集输、下游多销售用户竞争即"X+1+X"市场模式的转变。而这一转变直接导致了原信息化应用需要进行彻底变革才能适应新的业务需求，突出体现在市场营销、生产运行、集中调控、管输结算、管输计量等多个业务领域。其中不乏一些信息化业务应用由于系统架构的局限性而导致系统功能可拓展性较差，最终为了适应新模式业务需求不得不关停下线而再新建系统。因此，尽管数字化建设作为当今形势下很多行业的一项重点工作，但对于长输油气管道生产运行管理领域，行业变革才是真正推动该领域信息化抑或是数字化换代的根本性决定因素，也是管网智能化的基础。

1.3 油气管网运行系统的数字化

在油气管网的生产运行管理层面主要依托过渡期管道生产运行管理系统（简称"PPS 系统"）支撑油气管道生产运行管理信息化业务，该系统是由原中国石油 PPS 系统经过业务适应性的有限度调整并迁移至国家管网集团信息化网络上开展应用。具体涉及天然气、原油、成品油管道以及 LNG 接收站、储气库等业务领域的生产计划管理、日常运行管理、运销计量管理、能耗管理等方面。通过实现管理流程的线上流转与执行、报表统计分析以及与其他相关业务系统应用接口等功能对国家管网集团生产运行管理业务提供必要的信息化支撑手段。在管道运行控制层面，国家管网集团仍沿袭采用油气调控中心集中控制（即"中控"）、管道场站分级控制（即"站控"）和场站设备本地控制（即"本地控制"）的三级控制模式，依托油气管道数据采集与监视控制系统（即"SCADA 系统"）作为核心技术手段实现长输油气管道调控运行的远程操作管理，这就是国家管网集团目前生产运行领域主要的信息化业务支撑现状（图 16-1）。

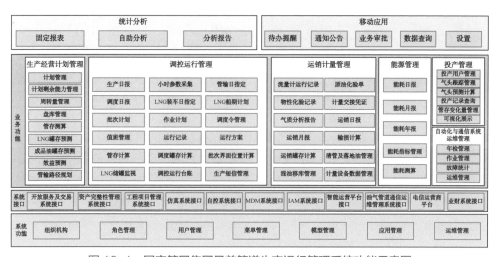

图 16-1　国家管网集团目前管道生产运行管理系统功能示意图

国家管网集团的调控运行管理信息化系统，是建设于长期有效业务经验基础上，并且当前仍然是调控运行管理不可或缺的关键技术手段，但在当今数字经济大行其道的新时代 [10]，这些手段还仅仅是停留在传统信息技术层面，该技术手段与当今主流的云原生系统开发架构[11]、工业互联网应用[12]、机器学习与人工智能[13]、大数据分析[14]及区块链[15]等现代数字技术大相径庭，已无法满足国家管网集团面对数字化转型新形势下适应"X+1+X"市场化生产运营的业务需求。此外，面对当今复杂的国际形势，应用某些单边主义国家制造的国外系统软硬件会对国家能源安全带来风险隐患[16]，迫切要求加快中国长输油气管道生产运行业务中关于企业信息化及工业控制系统具有自主知识产权核心软硬件的国产化替代进程。目前，中国在长输油气管道生产运行管理领域重点开展的数字化应用系统建设工作包括基于主流与统一数字平台架构的国家管网生产运行管理体系、资产完成性管理系统等企业级的信息化系统平台，在管道系统控制领域重点开展了国产 SCADA 控制软件 PCS 系统全面替代在役的国外 SCADA 系统工作。

在国外，意大利 SNAM 公司在长输天然气管道运行领域的数字化体系建设方面，始终传承国外企业紧密契合业务管理需求、客观精准开展信息化应用建设与应用的理念。以业务实际需要为导向，有的放矢地开展业务支撑数字化体系的建设与应用工作，在企业数字化体系构建的战略方针上，一是注重多年信息系统建设与应用经验的积累沉淀，结合业务需求发展变化，首先考虑在现有应用基础上持续迭代升级，不盲目推倒重来，将产品应用的深度与广度发挥到极致；二是不盲目追求新技术新理念，注重采用主流成熟信息技术，以最优的投入获得最佳的收益，使信息技术真正为企业运营创造价值；三是注重系统建设与应用形式的实效，通过引进行业成熟与领先的软件产品构建企业数字化应用体系，实现在企业运营管理业务上精准高效的信息化技术支撑手段。这方面国际上知名和行业领先的软件产品包括 SNAM 公司 SCADA 中控系统采用了 OASYS DNA 7.5，压气站 ESD 和 SCS 站控系统采用了 HIMA HIMAX，站控设备采用了日本横河 OKOGAWA Centum 和 AB control logix-XT 的 PLC 产品，并且通过 SIMONE 仿真模型软件建立天然气管网仿真模型，为运行管理人员提供运行趋势预测、模拟工况调整、用气需求预测等。

SNAM 公司在企业数字化体系上的建设理念与战略思想基本就是国外管输企业典型代表与通常发展模式，还有俄罗斯天然气工业股份公司（简称 Gazprom）、沙特阿拉伯国家石油公司（简称沙特阿美）、荷兰皇家壳牌公司等。以上这些国外能源公司对于企业数字化方面的建设投入与应用方针全都采取严谨与务实态度，针对业务需求非常注重实效地开展信息化、数字化系统建设。经过数十年的经验积累与长足发展，这些企业的数字化应用取得了丰厚成果，为企业带来巨大效益。而反观目前中国某些行业大刀阔斧重形式轻内涵地开展数字化转型，大起大落地推倒原有系统重复开展系统建设的运动模式，实际上都与成功企业客观务实的数字化理念形成了鲜明对比。如今，国家管网集团已成立三年多时间，这期间对于集团的数字化、信息化业务，先后开展了部门与人员多轮重组，为满足急用先行的信息化基础设施快速建设和原"三桶油"管道行业已建信息系统的过渡期延续应用，以及基于新起点的企业数字化转型等工作。经过一系列调整与变革后，虽然取得了一定成绩[17]，对现有国家管网集团生产运营业务发挥了必要支撑作用，但是由于种种因素的制约与影响，一些突出问题与矛盾也在不断地突显，如统一数字平台架构如何能够有效且按期保质地支撑业务系统建设，已开发完成的流程架构体系如何才能真正落地业务系统并通过系统固化流程进而确保流程运营有效开展与流程不断优化，以及如何快速有效推进关键软硬件系统具有自主知识产权的国产化进程等[18]，都是需要面对的重要课题。

2　油气储运行业智能化技术及其应用

党的二十大报告强调，推动战略性新兴产业融合集群发展，构建新一代信息技术、人工智能、生物技术、新能源、新材料、高端装备、绿色环保等一批新的增长引擎。当前，人工智能日益成为引领新一轮科技革命和产业变革的核心技术，在制造[19]、金融[20]、教育[21]、医疗[22]和交通[23]等领域的应用场景不断落地，极大改变了既有的生产生活方式。

人工智能、大数据的到来，让"数据驱动"为核心的智能应用成为全球新趋势。特别是挖掘大数据潜在的战略价值已引起世界各国的高度重视，许多国家相继出台国家战略，推动人工智能和大数据在互联网、工业制造、军事装备以及专业工程等领域的应用发展。

2.1　油气管网智能化

随着"全国一张网"格局快速推进，其覆盖地域将更加广阔、物理结构更加多样。为实现管网系统运行管理更高水平本质安全、经济高效的目标，提出建设"智慧管网"[24]的宏伟蓝图，旨在建设具有高度自动化、数字化、智能化及网络化特征的"智慧管网"系统。智慧管网是在标准统一和管道数字化基础上，通过智能传感器的部署，精准感知运营状态和内外部环境；通过泛在感知建、运、维等阶段的能量流、资金流、物流、业务流形成的海量数据和知识，构建基于大数据和知识图谱的分析计算模型，提升人机对话水平，在多目标决策中能够统筹全局智能辅助决策，支撑管网安全输送和高效运营。

2017 年起，中国石油与中国石化分别开展了智能管道、智慧管网的思考与实践，并以构建管道数字孪生体为契机，在现有油气长输管道行业技术基础下针对在役管道以及新建管道开展了多种探索性的管道数字孪生体建设方案。中俄东线[25]充分利用管道（站场）设计、采购、建设等阶段产生的大量工程期数据，建立静态数字孪生模型，并针对模型数据标准、模型轻量化以及场景应用进行了大量的技术研发与创新，同步开发了智能管道可视化交互系统，实现了建设期多源动静态数据集成展示。中缅管道通过运用测量、激光扫描、三维建模等技术，收集、校验与对齐在役长输管道数据，恢复建设期（包含设计、采办、施工）及部分运行期数据，构建站场设备、建筑及管道的数字三维模型，搭建了站场数据资产库和管道线路数据资产库。2020 年，国家管网集团编制了"十四五"智慧管网规划，提出了"1441"规划部署，即一套管道系统智能化方案，包含工程建设、线路、站场、调控等 8 个方面的智能化方案；四项共性基础工作，包括智慧管网科技攻关、信息化部署、标准体系和通信传输网络部署；四个关键平台，包括物联管网、数字平台、数字孪生体和知识库；一套在役储运设施智能化提升示范工程，包括中缅天然气管道、漠大二线输油管道、天津 LNG 接收站智能化提升示范工程。国家管网集团"十四五"智慧管网规划为构建智慧管网理论和技术体系研究指明了方向。北方管道公司科技研究中心依托中国石油智慧管网重大科技专项"智慧管网数字孪生体应用技术研究"，构建了管道数字孪生体的顶层设计，并在工信部 2020 年《数字孪生体应用白皮书》中以行业案例的形式发布。中国管道企业针对不同业务开展了信息化建设，如工程建设管理系统、管道完整性管理系统及生产运行管理系统等，不同系统之间的数据类型、数据结构各不相同，制约了系统间的数据集成与综合应用水平，目前面向管道企业智慧应用场景尚未系统地开展数据处理、数据治理、数据认知等数据融合工作，数据不能充分共享。

美国、加拿大等国家的主要油气管道运营商将管道的数字孪生体作为实现管道智能化的基础手段，通过建设管道数字孪生体实现管道动、静态数据的统一管理以及管道系统的模拟和优化。为实现管道的可视化管理，Enbridge 公司联合微软、Finger Food 公司开发了管道数字孪生技术，将管道数据以 3D 形式呈现，用户通过 3D 视图实时检测管道及管道周边区域发生的任何变化，更好地发现管道存在的潜在危险，包括管道缺陷及由地面移动引起的管道应变，并可对管道的虚拟图像进行旋转、放大和扩展，对管道附近的一些重点区域则以热图（HotMap）形式呈现，热图信息包括区域内地质情况及其随时间变化状况。该技术还可对管道周边的每一个边坡斜度进行全息展示，通过该技术用户可清晰观测管道随地面运动而发生的移动情况。挪威船级社（DNV）使用数字孪生技术优化管道运行，可以将长输油气管网、压缩机组、泵机组等油气管道设备设施进行智能化模拟，构建一个集合管道全生命周期的数据和专家平台，通过该智能化平台可以使管道运营机构具备强大的数据分析和故障诊断能力。

目前，中国智慧管网建设中还存在诸多问题：管道大数据形成处于初级阶段，大数据深度挖掘基础薄弱；智慧管道成果不足，未形成成熟的管道智能化运行技术方案；仍在物理层设置安全防护，智慧管网信息安全方面亟待突破；数字孪生技术未得到普及与推广等。针对智慧管网建设存在的问题，需要更深入地结合物联网、云计算 [11]、区块链 [15] 等信息技术，建立管道全生命周期数据标准，在此基础上形成管道全生命周期数据库，开展具有管道全生命周期资产管理、运行控制、决策支持功能的智能管网平台设计，最终形成基于多源数据融合的智能一体化管理平台。

2.2 油气田智能化

智能油气田 [26] 是数字油田更加深入的结果，通过融合多种业务模型和核心算法对油气田生产动态全面感知，从而实现油气田生产过程中潜在故障的自动预警、自动调整等功能。智能油气田是油气田全生命周期智能化管理的一种新型运营模式。国内外各大油企纷纷通过数字化转型提高自身的行业竞争力，实现企业的高质量发展 [27]。在数字化转型过程中，各大油企探索出符合自身特点的智能油田发展道路，并完成相关方面的初步建设工作。

中国石化从 2013 年起以九江石化、镇海炼化、燕山石化、茂名石化等 4 家企业为先例，围绕生产管控、设备管理、能源管理、安环管控、供应链管理、辅助决策等 6 大领域开展了智能化应用试点建设，实现了智能工厂 1.0 上线运行。

中国石油的油气生产物联网项目在包括大庆油田、塔里木油田、新疆油田、西南油气田、青海油田、吐哈油田及南方勘探等 7 家油气田开展试点工作。其中，新疆油田作为"油气生产物联网系统"建设项目的试点单位，依靠已经初步具备的"数字油田"基础，建立了覆盖勘探、评价、开发等不同业务领域，钻井、录井、测井、试油等不同专业的数据源点采集和数据传输体系，实现了数据集中入库存储，通过生产过程实时监控、软件量油、工况分析等功能，将现场生产由传统的经验型管理、人工巡检，转变为数字化管理、电子巡井。此外，长庆油田逐步建成了支撑油田公司业务发展的信息化生产管理模式，实现生产、管理、安全保障的高效率、低成本发展思路，通过优化工艺流程、地面设施及管理模式，提升了工艺过程的监控水平与生产管理过程的智能化水平。随后，中国石油还完成了智能油田建设的规划设计，打造了勘探开发认知计算平台。该平台以油气知识图谱、机器学习等技术为核心建立智能协同研究环境，按照数据、算法、算力和场景 4 个关键因素进行设计，从数据处理、到机器学习、到模型发布、到推理应用，提供一站式 AI 开发环境。

2021 年 10 月 15 日，中国首个大型海上智能油田建设项目——秦皇岛 32-6

智能油田项目全面建成投用，项目应用云计算、大数据[14]、人工智能[13]、5G[28]、北斗等信息技术为传统油田赋能，实现流程再造，在渤海湾打造了一个现代化、数字化、智能化的新型油田，标志着目前原油产量超过 3000×10^4t、向着 4000×10^4t 目标奋斗的中国最大油田——渤海油田迎来数字化转型、智能化发展新阶段。秦皇岛 32-6 智能油田的建成标志着未来 15 年中国的海上智能油田建设将进入发展的快车道。智能油田将为海上油田增储上产"加油"，也将为中国海油另一项重要规划——"碳中和"规划赋能，全面推进绿色低碳生产进程，加快"绿色油田""绿色工厂"建设，助力中国全面实现"碳达峰""碳中和"目标[29]。随后，2022 年 6 月 26 日，中国海油对外宣布中国首个海洋油气装备制造"智能工厂"——海油工程天津智能化制造基地正式投产，标志着中国海洋油气装备行业智能化转型实现重大突破。"智能工厂"重点发展油气生产平台及上部模块、FPSO 模块、液化天然气模块等高端海工产品，打造集海洋工程智能制造、油气田运维智慧保障以及海工技术原始创新研发平台等功能为一体的综合性基地。海油工程天津智能化制造基地的投产，是近年来中国海油积极践行"四个革命、一个合作"能源安全新战略，加快推进数字化转型和绿色低碳发展取得的重要里程碑成果。下一步，中国海油将持续加强原创性、引领性科技攻关，大力提升海洋油气装备制造能力，把装备制造牢牢抓在自己手里，努力用我们自己的装备开发油气资源，为推动海洋科技实现高水平自立自强、保障国家能源安全、建设海洋强国作出新的更大贡献。

挪威国家石油公司在北海的智能采油平台标志着新一代智能海上油田的诞生，该平台拥有更广泛的监测能力和数字传感器，以及更好的油气生产管理能力。在挪威卑尔根设置的综合运营支持中心（IOC），连接挪威大陆架（NCS）上的所有设施，超过 10×10^4 个传感器借助海底光纤将数据从平台发送到综合运营中心。沙特阿美将提高勘探成功率和生产采收率的技术作为智能油田建设的重点，利用地面和地下井技术的数字开发来优化油田开发和运营策略，通过实时作业中心、多学科集成中心、培训中心三个协作中心来实现勘探开发一体化协同。壳牌公司建立了多个智能油气田，融合了大数据分析、物联网建设等新兴技术，基本实现了油气勘探、智能钻井和无人采油的一站式服务，并在全球建立围绕资产、设备、生产运营、开发等领域的不同类协同工作中心，关注对应用、工作流和技术的集成能力。

2.3 燃气智能化

智慧燃气[30]是以城市燃气管网为基础，以高度发展的信息通信技术为支撑，实现终端用户协同管理，打造智慧服务互动平台，同时耦合能源互联网技术，具有信息化、智能化、互动化等特征，贯穿城市燃气各个环节，能够实现"燃气流、信息流、业务流"高度一体化的现代燃气系统。当前，中国城市燃气行业已经形成了以 SCADA、GIS、北斗技术、企业资产管理、应急调度、客户服务等信息化系统为代表的信息技术应用体系，初步实现了燃气信息数字化。在数据监测方面，实现了远程数据的采集，监控设备工作状况，反馈故障信息等；在用户服务方面，形成了用户在线服务系统，获得了大量燃气使用数据，进一步提高了服务质量；在精准化管理方面，应用北斗技术解决了定位、泄漏监测、管网完整性管理、运行安全管理、应急抢修等方面的技术问题。这些新技术的使用以及掌握的经验，为智慧燃气建设提供了基础条件。中国的城市燃气的整体智能化运营水平仍处于智慧燃气发展的起步阶段，与能源互联网意义上的智慧燃气存在一定差距。

国外燃气企业在智能燃气仪表、智能控制、燃气管网与其他能源网络互联等硬件设施方面发展较快。同时国外在燃气信息化智能化方面的研究应用起步也较早，发展水平较高，十分值得借鉴。国外对智慧燃气的管理一般是融入到能源互联网中，美国和欧洲均初步具备能源互联网特征的能量管理系统，将燃气管网与其他能源管网及用户需求实现相结合。

国内燃气管网同国外相比仍有以下几点差异：国内智能化标准体系不统一；燃气管网底层智能基础设施无法满足智能化需要；缺乏完善燃气系统数据库；缺乏国产化的信息平台；燃气管网与其他能源网络的联合尚待研究。

2.4 工业设计智能化

基于文档的传统工程设计模式已经完成基于数据的集成化、协同化、数字化工作模式转变。按照需求触发、流程驱动、组织适配、IT 赋能、数据使能，以流程驱动业务变革，逐步建设一套覆盖全部业务活动、具备国际一体化设计的管理体系和与之相配套的数字化设计协同平台，实现设计业务链（价值创造链）的最佳运营，驱动工程设计的数字化转型。

工程设计正逐步从数字化工作过渡到智能工作，主要体现在设计管理、技术服务、协同工作、智能知识等方面。在设计管理上，逐步由传统的设计管控体系过渡到建设全面连接、智能、扩展、快速的数字化设计体系，并建立全面的设计绩效体系及可视化展现；在技术服务上，建立员工的多维标签画像、构建专家资源库，逐步构建内外资源生态，尝试内外众包，灵活调用及匹配资源，满足不同的设计业务需求；在协同工作上，以数字化设计为基础，应用流程数字化理论，强化业务流程与协同，不断提升协同设计平台建设水平，将数字化技术全面应用在工程设计的全流程中；在知识应用上，以多方协同解决业务问题为目标，强化知识的积淀、作业过程推送，建设基于用户体验的知识管理服务系统，将工程设计从以文档为中心搜索转向以认知为中心搜索。

数字化协同设计平台[31]包含设计管理、设计执行、设计交付三个部分。通过协同设计平台推进标准化成果的应用，实现工程建设设计标准、过程、成果的平台化管理，实现数字化设计源生数据成果的交付，提高设计及技术管理水平，实现竣工数字化交付及设计过程数据交互，为工程建设及运营提供支撑。其中，设计管理平台包括设计管理驾驶舱、设计项目管理、设计资源管理、业务协同管理、标准规范管理、专家管理等功能；业务执行平台为数字化设计人员提供设计环境及开展数字化设计需要的软件工具，包括线路数字化设计平台、站场数字化设计平台、建筑数字化设计平台，以及经济造价平台和工程交付平台等。线路数字化设计平台实现了管道由勘察、测量到线路设计各阶段所涉及的线路设计应用，同时基于自主数据底座的线路、道路、穿跨越、通信线路、阴保等多专业协同施工图设计。站场数字化设计平台实现了管道站场内工艺、配管、机械、消防、给排水、电力、仪表控制等专业的系统集成设计与施工图协同设计。建筑数字化设计平台实现了站场内相关建筑的结构、建筑及内部设备管线的三维协同设计。工程造价平台实现了管道工程造价估算、工程概算编制、清单报价分析；工程交付平台按照数据标准规定，基于开放的三维轻量化引擎与统一的数据底座，将站场与线路设计成果进行整合，实现设计的全数字化交付，支撑设计、采购、施工的数据拉通，促进数据、模型等成果在采购、施工和运营业务的应用。

设计企业逐步开展企业数字化转型，构建数字化设计体系，优化数字化设计平台，实现了内部多专业数字化协同设计，同时逐步过渡到工程集成设计环境建设。通过云化部署实现数字化设计平台、软件资源、知识云化，构建云设计模式，满足异地协同设计、审查及管理需要，达到设计资源统一、流程统一、数据统一、成果统一的目的。推动设计与采购、施工等业务的协同，打通工程建设期数据链条，实现管道工程数字孪生体竣工交付。

2.5 知识体系智能化

中国石油在勘探开发领域已经完成了 15 个信息系统的集中建设，制定了统一的数据模型标准，实现了 45×10^4 口油气水井、500 个油气藏、7000 个勘探工区、60 多年历史数据的集中统一管理，存储的数据总量超过 1.6PB。中国石油勘探开发研究院以现有的信息化成果为基础，充分利用知识图谱[32]、自然语言处理、深度学习[33]、区块链[15]等新一代信息技术和方法，研发勘探开发知识成果管理和共享平台及相关软件工具产品，构建勘探开发专业知识图谱库[34]，实现知识成果的智能搜索和智能问答，研发知识成果智能推送与共享交流的应用服务，打造代表性的上游勘探开发业务应用场景，建立起勘探院线上知识成果共享中心，并制定知识共享与下一步建设发展规划。

中国石化在知识库构建方面进行了长期深入的工作，制定了知识管理总体规划，采用先试点后推广的实施策略，基于石化智云基础云平台，建设以云计算、大数据、物联网等技术为支撑的智能油气田应用云，以智能单井 – 智能区块 – 智能油气田的业务主线，开展智能化业务应用，实现全面感知、集成协同、预警预测和分析优化 4 项能力。建立了勘探开发知识体系，覆盖油田业务 8 大业务领域、57 个一级业务、1000 多个业务活动。打造云架构的知识管理平台 SKM，实现知识全生命周期管理，面向业务场景实现 4 大应用模式："石油百度"，实现一站式石油知识检索与服务；项目应用，项目前期成果可借鉴，过程成果可沉淀，最终成果可复用；专题应用，形成跨组织的开放虚拟团队，与志同道合者想法碰撞，促进学习；同时，针对个人打造了个人知识空间，并构建了一个庞大的油气知识库，汇集了内外部 1000 个知识源，形成千万级节点，构建 800×10^4 量级知识库，涵盖了所有的勘探开发领域；打造了石油领域的专家资源库，梳理入库867 名领域专家，涵盖 22 个专业领域。

3　研究思路及发展趋势

随着工业 4.0 的快速发展，云计算、大数据、物联网等技术正逐步应用于各行各业，传统的工业生产技术将逐步进化和更替[35-37]。因此，石油和天然气行业需要依靠工业 4.0 来实现强劲发展[38]。目前，中国在传感、可靠通信、高性能数据处理及智能控制等方面拥有诸多领先世界的科技成果，已成为第四次工业革命的领跑者，但是，在油气管网智能化方面仍存在诸多挑战。因此，下面将从油气管网智能化研究思路、相关技术发展趋势及所面临的挑战等三方面来对油气管网智能化过程进行剖析[39, 40]。

3.1　研究思路

油气管网是复杂、开放的系统，与环境和社会存在着大量信息、能量交换与耦合。因此，围绕"安全、高效、价值"目标，聚焦管网系统工程建设、生产运行、安全运维、智能决策等关键业务领域，需要应用系统工程方法开展智慧管网关键技术研究，提升基础理论和关键技术体系，从顶层指导智慧管网的建设和运行。其中，油气管网智能化包括智慧管网建设、智慧管网调控、智慧管网数据与数字孪生技术、智慧管网知识体系。

针对油气管网智能化的主要内容，其基本特征包括设计[41]、施工[42]及运行[43]，数据标准统一与数据管理统一的数据统一化，系统功能标准化与系统服务组件化的信息互通化，实体三维建模及状态动态展示的状态可视化，专业知识库及决策知识网的知识网络化。

（1）业务智能化是呈现智慧管网"智慧"本征的重要方面，也是实现智慧管网的基础，以下分别从管道设计、施工、运行3个阶段对管道业务的智能化进行分析[44]。其中，设计智能化包括智能选线及站场智能化设计，智能选线流程涵盖多因素的识别分析、经济性估算等，而站场智能设计可以引入设计规则和体验式设计，采用VR环境的沉浸式设计模式代替传统显示器窗口式操作；施工智能化需基于施工自动化，借助施工机器人，以推进施工过程的智能化进程；运行智能化主要通过引入人工智能技术，以期提高管道风险评价、工艺输送、设备管理、应急抢险等业务水平。

（2）数据的统一化，主要体现在两个方面，即数据标准的统一化和数据管理的统一化。但目前油气储运行业的各个系统基本是针对特定的业务需求开发的，各阶段数据格式不统一，而且分散存储，数据无法有效共享，给系统全生命周期管理带来困难。

（3）信息互通化是在数据统一的基础上，基于工业互联网，通过统一平台、实时数据库、云服务等技术，将不同的业务应用系统有效集成，实现信息流和数据流的无缝传递。在智慧管网建设中，信息互通主要通过利用工业互联网云平台，对现有信息系统进行升级或重构来实现。工业互联网云平台为各信息系统进行专业分析提供存储计算资源、机理计算模型、大数据分析及通用业务组件服务，各信息系统利用云平台对各类计算资源和模型进行调用，满足各类业务管理需要，并通过云平台实现各系统间数据和信息共享，解决"信息孤岛"问题[45]。

（4）状态可视化。根据国内外相关智慧系统建设现状[46]，构建与真实物理管网一致的管网数字孪生体，是实现状态可视化的理想手段。数字孪生体的构建，首先，需要在数据标准统一的基础上，建立管道及站场实体标准定义模型，通过应用数据校验、对齐、模型转换及数据调用技术，实现标准数据建模和高精度三维展示，构建管道系统实体的数字化模型；其次，基于工业互联网平台，在管道实体数字化模型上加载各类动态感知数据及管道流体、管道本体状态、站场关键设备仿真计算引擎，通过感知数据挖掘和仿真计算，实现管道本体、流体及设备运行状态评价、预测结果展示。

（5）知识网格化。知识是进行决策的基础，而知识网络化，一方面在于知识的全面性，涵盖所有业务领域；另一方面是通过知识提取技术，对特定问题给出针对性的解决方案。知识网络的构建，需要建立针对各业务的知识库，包括管道建设运行所涉及的各类专业知识、算法、计算结果、处置规则、对已发生各类问题的处置方案、专家经验等。

3.2 发展趋势

基于油气管网智能化的研究思路，从主要技术要点出发，通过知识图谱、大数据、工业互联网、数字孪生、无线通信技术、增强现实技术及可穿戴设备等技术的发展应用，来阐述油气管网智能化过程中关键技术发展的趋势。

（1）知识图谱，在图书情报界称为知识域可视化或知识领域映射地图，是显示知识发展进程与结构关系的一系列各种不同的图形，用可视化技术描述知识资源及其载体，挖掘、分析、构建、绘制和显示知识之间的相互联系 [47]。其是通过将应用数学、图形学、信息可视化技术、信息科学等学科的理论与方法与计量学引文分析、共现分析等方法结合，并利用可视化的图谱形象地展示学科的核心结构、发展历史、前沿领域以及整体知识架构，达到多学科融合目的的现代理论。

近年来，知识图谱凭借对多源异构数据关联性挖掘和知识体系信息化搭建等能力，在数字化程度较高、数据类型复杂的油气领域搭建认知网络，将领域知识与实时数据有机结合，为油气行业各领域提供智能化分析手段，帮助决策者从海量的数据中洞悉规律，来提升效率和管理水平 [48]。

将知识图谱应用在油气管网智能化过程中，首先需要专家对领域知识进行梳理，归纳总结行业实体、关系以及属性，基于知识图谱构建技术逐步形成油气管网系统知识图谱本体 [49]。在该领域本体的基础上，对油气管网系统所用各系统数据进行采集与融合，通过语义分析及关系映射使每个孤岛知识之间形成关联关系。在日后数据不断新增时，动态同步油气管网系统数据。在确保领域图谱可靠可用后，在图谱基础上逐渐拓展应用服务，使油气管网系统原始数据、生产数据、实验数据等被充分利用。在应用方面可基于图谱中所积累归纳的专家经验，帮助油气管网系统实现安全平稳运行。

目前，非常火的 ChatGPT 将会与知识图谱一起对油气储运行业知识的存储、管理、推理等方面发挥更大的作用。ChatGPT 是人工智能技术驱动的自然语言处理工具，其能够通过理解和学习人类的语言来进行对话，真正像人类一样来聊天交流，甚至能完成撰写邮件、视频脚本、文案、翻译、代码及论文等。ChatGPT 与知识图谱具有很多重合功能，但两者的技术路线完全不同。ChatGPT 主要通过 Transformer 架构的神经网络以参数的形式对所有知识进行记忆，同时使用预训练技术、微调技术使模型可以完成各项工作 [50]。ChatGPT 在油气行业的主要应用场景包括知识管理、技术培训、智能客服等。其中，智能客服是与知识图谱的应用重合点，目前的智能客服主要通过知识图谱实现 [51]。知识管理（包括知识检索、知识抽取、知识应用等）一直是油气储运行业的难点。油气储运行业在科研、现场管理运行中积累了大量的数据。这些数据经历了从纸质文件存储到数据系统存储管理等多个阶段，到目前为止大量数据仍不能得到有效利用。例如文本报告中、论文中的数据难以有效提取；员工手写报告、报表中的数据难以直接被应用；多模态数据管理复杂，图片数据、文本数据、视频数据难以直接联系。ChatGPT4 已经嵌入了多模态技术，可实现图片内容的有效提取、文字转图片等工作，微软、华为等多家企业都把多模态大模型作为未来的研究方向[52]。现有的 ChatGPT 还可实现从文本中抽取数字、提取摘要、提取关键词、报告自动生成、同一类别的数据聚类以及多领域的数据联想推理等功能。这些功能可有效打破行业的数据壁垒，实现油气储运行业全生命周期的、多平台、多模态、多尺度的数据融合与管理。油气行业是一个实践性很强的行业，现场应用时大量工作需要实践学习才能掌握，如设备的操作、工业软件的应用、专业报告的书写等。ChatGPT 则可以作为一个智能助手，通过问答的方式指导工作人员学习相关知识，做出更准确的操作。同时通过对对话和反馈进行分析，ChatGPT 可以识别工作人员的学习需求、技能点和兴趣，为其量身定制学习计划和教学资源，提供更加个性化的学习体验。

（2）大数据，从 2009 年开始风靡全球，并在十年间迅速发展。大数据主要包括云计算、数据处理框架、存储技术、传感技术四大技术。全球使用最广泛的数据处理框架是 Informatica[53]、Apache Hadoop[54] 和 Apache HBase[55]。

近年来，油气行业开始重视该技术的应用。油气管网系统每天都会产生大量数据，如果能够使用这些数据，则可以产生巨大价值。大数据构成分析是大数据应用的基础，在油气管网系统，大数据的构成可以根据不同的角度进行分类，从而达到数据服务于工程的目的。另外，大数据技术还可以帮助企业对涉及的所有数据信息进行分析，使企业能够有效减少不必要的损失，降低运营成本，进而提升企业经济效益。

（3）工业互联网，其更专注于提高效率和改善安全性，因为工业环境中的系统故障可能会导致高风险情况。其将传感器、移动通信技术和智能分析技术集成到工业生产过程，以便收集、监测和分析数据，并提供有价值的见解，使工业公司能够更快地做出更明智的决策。

基于目前工业互联网在油气管网的发展现状，未来这一领域在核心技术、数据分析、行业生态、安全体系方面的发展空间仍然十分广阔。需加强核心技术创新，促进油气管网系统和工业互联网的技术融合，打造业务与信息化的复合型人才培训体系，以储运技术、数据资源、算法应用等为核心，实现在交叉领域的系统性突破。加快油气管网行业 APP 开发利用，针对共性问题形成面向油气管网系统的解决方案。基于企业已部署的各类设备，形成面向油气管网行业的数据标准、指标体系、数据治理方法和工具，通过深入挖掘数据价值实现企业数据的资产化、服务化、业务化。构建从控制安全、基础设施安全到应用安全的油气管网行业工业互联网安全体系和标准规范。加强油气管网行业与工业互联网产业的通力合作，实现交叉领域的通力合作。

（4）数字孪生，其是数字化进程中的一项新兴技术，其使用物理模型和传感器在虚拟空间中获取数据并完成映射以反映相应实体的生命周期过程的模拟过程。传感器、数据、分析、执行器和集成的内部循环是 5 个驱动因素[56-59]。其中，传感器采集的实际运营数据与汇聚后的企业数据相结合，通过集成技术实现物理世界与数字世界之间的数据传输。外部环路是构建数字孪生体系结构的第六个步骤。数字孪生使用分析技术来执行算法模拟和可视化程序，以分析数据和提供决策建议。

油气管网的数字孪生技术应用可从以下 2 个方面入手：①通过改进数字系统与物理系统的融合方法[60-62]。以优化多时空、多尺度模型下的参数求解性能，提升油气管网关键生产指标的预测及优化能力，更好地满足该行业实现高质量发展的需求；同时，也要进一步完善关键应用场景中的油气管网系统故障诊断、工艺参数优化等的数字孪生解决方案，使其更加有效、实用。②设计适用于油气管网系统的数字孪生体，能够精确且及时地模拟、分析、优化、预测及监控相关设备、设施的生产运行过程，实现管网系统的优化运行以及生产运行过程的智能化和低碳化。具体地，通过模拟实际系统的运行过程，获得其性能参数；然后，基于历史参数构建数字孪生模型并利用该模型分析实时参数，以优化或预测系统的关键控制参数；最后，通过从物理空间映射到数字空间的实时监控，对生产运行过程进行高效的展示以及必要的调整。

（5）与传统的通信技术相比，无线技术是一种更具性价比的通信方式，更适合于设备的远距离运行。例如在油气管道运输中，可以远程连接管网；在各种生产站场，可以使用无线技术，将采集的温度、压力等数据高效地传输回控制室。此外，随着工业互联网在油气管网的发展，对智能传感器的需求越来越大，而无线技术可以大大提高传感器数据的传输效率，尤其是在监控应用方面。

（6）增强现实技术和可穿戴设备，增强现实（Augmented Reality，AR）技术是一种实时计算摄像机图像的位置和角度，并添加相应的图像、视频和 3D 模型的技术[63]。该技术的目标是将虚拟世界放在屏幕上，并在现实世界中与之互动。增强现实系统是现实世界和虚拟信息的结合，具有实时的交互性。

除设计施工过程外，AR 技术和可穿戴设备在油气管网最大的用处是对操作员进行培训，让他们在实际操作之前成为专家，从而降低操作失误的概率。此外，AR 技术在学习新技能时，可以通过可视化程序让操作更容易理解。与 AR 联合开发的另一项技术称为可穿戴设备。其不仅是一个硬件设备，更是通过软件支持、数据交互、云交互的强大功能。可穿戴设备可以帮助人们理解和操作物理环境，为复杂的手动任务提供详细的指导，并提供即时消息和其他功能。

（7）区块链技术，是一种通过透明可信规则实现和管理交易的模式，用于在对等（P2P）网络环境中构建不可伪造、不可篡改和可跟踪的区块链数据结构[64]。目前，区块链技术广泛应用于商业交易，既保证了交易的完整性，又省去了中间环节。

在石油和天然气行业，区块链技术可以用来保护数据，提高交易透明度，并为商品或设备提供跟踪服务。区块链技术可以应用于油气管网的 4 个领域：交易、管理和决策、监管和网络安全。

3.3 面临挑战

基于油气管网智能化发展的关键技术，并结合其在油气管网智能化中的应用，对各项技术所面临的挑战阐述如下。

（1）知识图谱。中国油气储运领域已经开始重视知识图谱的应用，但是现阶段只停留在通用知识图谱层面，主要应用于文献整理，还未达到行业知识图谱的应用水平。由于油气储运系统应用的样本稀疏、场景多样、知识表示复杂等问题，国内目前尚未形成油气储运领域知识库。同时，由于油气储运系统构建所涉及的实体、关系、属性是十分庞大的，需要行业领域专家花费大量的时间进行梳理。因此，导致中国油气储运系统的知识图谱在知识化方面，缺少面向应用系统的知识归集和知识评价。

对于数据管理、数据利用，国内不同公司使用的数据系统也不同，虽然积累了大量数据，但管理难度大，而且不同系统间数据流通性差，数据价值难以体现。除了数量庞大的特点外，还包含行业特点，如工艺流程、原料、产品、装置、仪器、生产管理等专业数据，格式种类繁多。

ChatGPT 作为新兴的人工智能技术框架，已经在互联网行业中信息检索、语义问答、文本生成、知识管理等方面进行了广泛的应用。但在油气行业 ChatGPT 的应用还处在非常初级的阶段，一方面已有的 ChatGPT 框架中预训练数据只包含很少的油气行业知识，同时 ChatGPT 掌握的油气行业具体业务数据几乎为零，要想实现油气行业 ChatGPT 的真正应用需要基于具体数据对原有模型重新预训练。ChatGPT 的预训练过程是一个极其花费资源的过程，包括大量的计算资源和语料数据，而现有油气行业缺乏可直接使用的语料数据，并且就目前来看国内的油气企业也都缺乏训练所使用的计算资源。

（2）大数据。随着科学技术的发展，大数据技术的应用，已成为越来越多企业的选择。油气管网系统在面对大数据技术的冲击下，必须改变传统的数据管理模式。然而，不同的企业或者不同的油气管网管理系统，采用的数据库类型种类繁多，数据储存格式也没有统一规范。因此，导致数据质量不高，不仅包含大量噪声，而且可用到的数据量不足以支持油气储运行业智能化转型。从目前来讲，中国大数据在油气储运领域的应用虽然实现了一些技术上的突破，但还处于起步阶段。同时，中国石油行业的老技术面临难以继续发展下去的问题，如何将老技术与大数据算法相融合，推动老技术革新也是日后研究的问题之一。

油气储运企业在未来的发展过程中应积极探索，努力完善大数据技术在油气储运系统中的应用。有效利用大数据技术带来的好处，为油气储运行业的发展提供动力。

（3）工业互联网。工业互联网目前已经上升到国家核心战略之一[65-67]。其中，工业互联网标识解析体系作为工业互联网的重要组成部分，是实现工业互联网互联互通的神经中枢。现阶段，工业互联网在油气管网系统的难点包括：①工业互联网的油气管网系统应用场景广泛且复杂。由于油气管网系统涉及的工业门类、品种、设置、归属、生产工艺，信息获取、采集、处理方式，以及企业人员归属、认知、决策力、环境等均多种多样，导致相应的信息模型、信息处理要求不一，难度很高。与此同时，油气储运企业属性不同、基础强弱不同、应用场景复杂、成效显现缓慢、风险控制不一等现实情况，也决定了工业互联网的建设、使用、提升将是一项渐进、长期、艰巨、复杂的系统工程。②业态不同、痛点不同、诉求不同、要求也不同。中国目前有油气管网企业数量众多，产线、业态均不相同，生产中的痛点、诉求也不相同，自动化、信息化建设中遇到的问题千差万别。因此，解决方案、标准也不同。众多油气储运企业采用不同的专有硬件，很难通过软件来升级，传统的 PLC 也不能灵活扩展，限制了油气管网智能化的发展。③工业互联网平台的供给与油气管网智能化的需求之间不能有效匹配。目前，简单工艺、简单流程的企业不想上平台，复杂工艺、复杂流程的需求平台又解决不了。工业互联网平台数量增长较快，高质量发展、解决数据精益化问题、提升工具和工艺的技术水平不够。此外，政府、企业、研发机构等各方对于工业互联网平台的认知和理解也不尽相同，在建设推进、标准规范、商用拓展等方面有待达成共识。这些因素都在一定程度上影响或制约了工业互联网在油气储运系统智能化的发展。

（4）数字孪生。数字孪生是在数字世界中建立一个与物理世界中实物相对应的可视化模型的技术，并且该模型可通过传感器实时更新其物理状态的信息。其在油气管网智能化的过程中发挥着不可替代的作用，但是在发展过程中仍面临不小的挑战：①在油气储运企业中多个部门协调比较难，数据采集门槛比较高，信息基础设施建设不均衡等基础问题，使之应用层次和深度不够。②数字孪生系统涉及 5G、大连接物联网技术、海量数据加载技术、云计算协同技术、模拟仿真技术、网络与信息安全技术等，目前技术成熟度不高，平台模型标准化滞后。③数字孪生软件大部分由国外企业主导。从三维渲染到操作系统基本上是国外的产品；另外，国内人工智能软件框架等市场占比都比较低；国内的传感器从技术到成本，尚不能满足全域感知部署需求。④油气储运系统的数字孪生体数据来源面广，接入点多，数据集中度高。系统的基础设施高度依赖这些数据的运行，一旦入侵，整个系统的运行会瞬间瘫痪。⑤要重视油气储运系统数字孪生建设和运行维护人才的培养。

4 油气管网与能源互联网融合技术及其发展

能源互联网的概念在杰里米·里夫金所著的《第三次工业革命》一书中首次出现，其基本内涵为"基于可再生的、分布式、开放共享的网络"[35]。从物理形态角度，能源互联网主要由多能协同能源网格的物理层、信息物理系统的信息层以及运营模式的应用层组成。从架构角度，能源互联网主要包含：分布式综合能源利用系统的能源局域网，通过电、气、交通等能源局域网互联而成的能源广域网，由能源、信息、交通等多网融合而成的能源全球网[1, 2]。能源互联网是复杂的多网流系统（图 16-2），从其定义到其物理架构的提出，以及各方面研究的持续开展，目前其发展趋势、最终目标已经确定，但仍然有许多工作有待进一步研究。因此，需要以油气管网系统为切入点，结合互联网技术，开展具有前瞻性的工作，以便更好地融入能源互联网中。

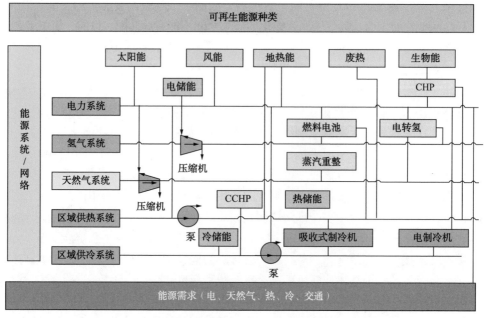

图 16-2 基于智能多板块耦合技术的绿色能源系统示意图

4.1 研究现状

国内外能源互联网技术多基于大电网理念[35]，从智能电网入手研究，对油气管网的融合较少，而油气管网融入能源互联网，其作用、功能、运行要求、用户特性、可靠性、数字化与智能化基础、与能源网系统交互等都将发生变化，并有更高的要求。其中，随着能源结构的变化和绿色低碳清洁能源需求的日益上升，作为"双碳"目标下的过渡清洁能源[68]，天然气管网将在能源互联网中发挥重要作用，国内干线管网的建设发展、城市燃气管网的建设以及"X+1+X"的天然气市场体系均为天然气管网融入能源互联网奠定了基础。

涉及天然气管网的能源互联网研究主要涉及园区能源互联网、微能网、电－气综合能源系统等[35, 69]，然而，由于天然气管网的分析方法、主要变量特征、方程求解法及在能源互联网中的耦合等均存在显著不同，现有研究对天然气特性、天然气管网储运特征尚无较为全面的描述及建模。天然气为可压缩流体，需开展在能源互联网中的作用、边界、相互耦合条件、满足能源各类需求及储存的运行分析，以充分利用其在调峰、储能、掺混等方面的作用，并使天然气管网系统与能源互联网系统均处于较优状态。基于此，对天然气管网在能源互联网中可发挥作用的研究现状进行简要介绍。

（1）气电调峰。削峰填谷是能源互联网高效的用能方式之一。天然气发电比燃煤发电更清洁，且发电机组启停快、运行灵活。在用电高峰期，通过燃气轮机发电可以承担腰荷、峰荷的调峰发电任务[70]。在用电低谷期，通过P2G（Power to Gas）技术将电能转化为天然气，注入天然气管网或储能设施中存储，有助于将风能光能等间歇发电能源接纳进能源互联网。在电能转天然气的P2G技术方面，目前中国仍处于发展起步阶段，已经开展了一些国家层面的示范工程项目，但具体应用还未大规模产业化发展，还未解决该技术经济成本过高的问题。

（2）掺氢输送。利用管道运输规模大、距离远的优势，在管道输送天然气时按比例掺入氢气，是目前氢气大规模输送的实现方式之一。对于天然气掺氢输送，国外已有多年研究。2007年荷兰的Sustainable Ameland项目、2014年法国的GRHYD项目均研究了天然气管道掺氢输送的可行性，掺氢比均达20%左右[71]；近年来，中国也启动了多个天然气掺氢项目，其中北京朝阳可再生能源掺氢示范项目第一阶段工程已在2019年完工。其中，氢气掺入所引起的管道能量传输能力、管材、泄漏特性等变化[72]，均有待进一步的研究分析。

（3）储能。实现各类能源之间的双向转换是能源互联网多能互补的基础。电网产生的未消耗电能需要转换成热能、化学能等其他能量形式进行大规模存储，以此实现电网与天然气网、供热网等能源网的连接。目前，大规模储能方式有热储能、氢储能、电化学储能，以及利用 P2G 技术将电能化为天然气存储。在众多储能方式中，除天然气外，其他储能方式均受到一定限制，无法达到网络层面。因此，既要满足大型电网储能的储量需求，又要实现灵活的网络化储能，天然气储能是首选。

目前，P2G 技术转化效率较高，可达 65% 左右，且该技术已在德国实现了商业化发展。P2G 技术生产的天然气，可通过天然气管网实现能量的跨区域输送、规模化存储。这实现了能源互联网中电力与天然气系统的交互，弥补了电力系统对间歇性发电无法消纳的不足[73]。

4.2 发展趋势

基于油气管网与能源互联网融合技术的研究现状，对油气管网与能源互联网技术的发展趋势进行分析，主要包括以下几点。

（1）管网 – 电网 – 新能源耦合新工艺。天然气管网需要在储存、转换、运输和计量 4 个方面进行新工艺的研究与应用。相较于电网，天然气管网的储存能力强、损耗低，可依托地下储气库或者建设地上储气罐群进行大规模储气。对于天然气管网，最关键的能量转换设施是 P2G 设施和燃气发电机，前者利用新能源发电、电解水生成氢气进入天然气管网，后者利用燃气轮机产热驱动蒸汽轮机发电，从而形成气电的相互转换。此外，目前国内天然气计量贸易交接仍以体积计量为主，这种计量模式不利于综合能源系统中不同能量之间的交接，因此需要继续推广热值计量，即能量计量模式。一方面引入更多热值计量装置给贸易交接站场和能量转换站场；另一方面需要普及和标准化能量赋值技术，对于未设热值计量装置地区采用计算方式进行代替。

（2）管网运行安全与能源供应保障技术。管网安全运行是保障能源供应的首要条件。用于评价管网安全运行能力的指标是管网系统可靠性。对于电网系统来说，可靠性研究已经有较为成熟的系统性研究，为电网调度决策从确定性调度转变为概率性调度提供了技术支持[74]。而对于天然气管网的系统可靠性研究仍在探索阶段，目前有学者提出将天然气管网系统可靠性分为机械可靠性、水力可靠性和供气可靠性三部分[75]。

对于能源互联网，其可靠性评价体系尚未研究成熟，与电网或气网的单一系统可靠性评价相比，需考虑多能流的联合计算、耦合多设备的可靠性模型以及各能源系统间的影响。

（3）电网 – 管网综合仿真技术。电 – 气互联的能源互联网的建模仿真是综合能源系统能量管理的基础，同时也是后续能源互联网优化调度、供应保障的基础。能源互联网建模主要包括能源网络建模及耦合元件建模两部分，也正是由于不同系统间耦合元件的不同，所以存在不同的耦合方式，即电－气互联能源互联网的单向耦合和双向耦合[76]，这进一步带来了不同类型能源系统的多时间尺度、多动态特性及多耦合交互的特点[77]。针对以上特点，目前有以下 2 种综合能源系统的建模仿真方法，混合建模法与通用建模仿真法。混合建模仿真法即分别建立天然气管道瞬态模型、压缩机模型、电力系统稳态模型及电网与气网耦合模型（燃气轮机模型、P2G 模型），而通用建模仿真法将天然气系统中的参数与电路系统中的参数相对应，实现气路、电路模型的统一。

（4）管网智能调度与控制技术。综合能源系统按照地理范围和能源储运特征可分为跨区级、区域级和用户级 3 种[78]。跨区级综合能源系统以跨域电网和长输天然气管网为主，具备大规模生产和远距离输送特点，同时配有大规模储气库和电储能设施，具备季节调峰功能。对于跨区级综合能源系统，其主要组成部分电网和气网的动态特性存在较大差异[14]。天然气管网属于大时滞系统，其调度周期远超过电网，在跨区气电系统综合调度时，电网对于天然气的需求并不能实时满足。因此，需要充分利用天然气管网的储能优势，对于季节调峰可考虑地下储气库、LNG 船等方式，对于短期调峰可采用管存气调峰方式，以满足气电网络安全高效的相互消纳。区域级综合能源系统一般以城市电网、城市燃气管网和供热管网为主，由区域公司调度运行，负责各地区能源分配与保障。用户级综合能源系统为终端供能系统，按照用户特征和用户需求配备有不同的气、电、热、水设施。三者相对独立，又相互关联，构成了分布式综合能源网络系统。对于区域级和用户级综合能源系统，其小型供能设备、能源转换设备、储能设备以及耗能设备众多，协调多能流网络需要考虑以下 3 方面：①各能流系统物理约束，包括电网负荷限制、气网输量限制、各设备能量转换与利用效率以及各系统响应时间；②需求侧管理，综合考虑区域内各用户对于不同能源的需求量与优先级，通过能源替代、错峰供能等手段提高综合能源系统调度的灵活性；③多目标优化，从安全性、经济性以及用户满意度等多个层面进行调度优化。

参考文献

[1] 许宪春，张美慧 . 中国数字经济规模测算研究——基于国际比较的视角 [J]. 中国工业经济，2020（5）：23–41.

[2] 荆文君，孙宝文 . 数字经济促进经济高质量发展：一个理论分析框架 [J]. 经济学家，2019（2）：66–73.

[3] 杨佩卿 . 数字经济的价值、发展重点及政策供给 [J]. 西安交通大学学报（社会科学版），2020，40（2）：57–65，144.

[4] 翟云，程主，何哲，等．统筹推进数字中国建设 全面引领数智新时代——《数字中国建设整体布局规划》笔谈 [J]. 电子政务，2023（6）：2-22.

[5] 孙明华，王继勇，董雷，等．这一年，格局生变——2021 国内石油石化行业八大事件 [J]. 国企管理，2022（2）：46-48，50-53，55-60.

[6] 朱汪友，侯磊，杜宇．油气管网智能化建设进展与思考 [J]. 油气田地面工程，2022，41（9）：1-7.

[7] 王亮，焦中良，王博，等．油气"全国一张网"物理架构体系初步探讨 [J]. 中国能源，2022，44（10）：32-39.

[8] 康世杰．低代码、纯代码和无代码的区别与联系 [J]. 安徽电子信息职业技术学院学报，2023，22（1）：23-28.

[9] 王宇，张旭，王朝金．中国油气管道发展浅析 [J]. 化工矿产地质，2022，44（4）：342-349.

[10] 赵涛，张智，梁上坤．数字经济、创业活跃度与高质量发展——来自中国城市的经验证据 [J]. 管理世界，2020，36（10）：65-75.

[11] 张琦，贾玄，张森，等．云原生边缘计算架构分析 [J]. 电信科学，2019，35（S2）：98-109.

[12] 吕铁．传统产业数字化转型的趋向与路径 [J]. 人民论坛·学术前沿，2019（18）：13-19.

[13] 张钹，朱军，苏航．迈向第三代人工智能 [J]. 中国科学：信息科学，2020，50（9）：1281-1302.

[14] 程学旗，靳小龙，王元卓，等．大数据系统和分析技术综述 [J]. 软件学报，2014，25（9）：1889-1908.

[15] 曾诗钦，霍如，黄韬，等．区块链技术研究综述：原理、进展与应用 [J]. 通信学报，2020，41（1）：134-151.

[16] 汤志伟，李昱璇，张龙鹏．中美贸易摩擦背景下"卡脖子"技术识别方法与突破路径——以电子信息产业为例 [J]. 科技进步与对策，2021，38（1）：1-9.

[17] 马贵利，刘海峰，彭磊，等．长输油气管道智慧化管理的应用及发展趋势 [J]. 天然气技术与经济，2022，16（5）：45-49.

[18] 陈劲，阳镇，朱子钦．"十四五"时期"卡脖子"技术的破解：识别框架、战略转向与突破路径 [J]. 改革，2020（12）：5-15.

[19] 张宇梁，钟占荣，曹洁，等．"人工智能赋能激光"——智能化激光制造装备及工艺研究进展 [J]. 中国激光，2023，50（11）：63-75.

[20] 柳立．人工智能技术将对金融业产生深远影响 [N]. 金融时报，2023-05-22（11）.

[21] 史秋衡，常静艳．人工智能赋能高质量高等教育的战略特征与制度建构 [J/OL]. 西安交通大学学报（社会科学版）：1-13[2023-05-29]. http：//kns.cnki.net/kcms/detail/61.1329.C.20230526.1321.002.html.

[22] 孟晓媛，张艳，陈智慧．人工智能在中医药领域的应用与发展 [J]. 吉林中医药，2023，43（5）：618-620.

[23] 杨玲晶 . 人工智能在道路交通管理中的应用 [J]. 工程建设与设计，2023（8）: 77–79.

[24] 丛瑞，冯骋，沈晨，等 . 油气管道数字孪生技术应用 [J]. 油气田地面工程，2022，41（10）: 108–113.

[25] 宫敬，徐波，张微波 . 中俄东线智能化工艺运行基础与实现的思考 [J]. 油气储运，2020，39（2）: 130–139.

[26] 李阳，廉培庆，薛兆杰，等 . 大数据及人工智能在油气田开发中的应用现状及展望 [J]. 中国石油大学学报（自然科学版），2020，44（4）: 1–11.

[27] 杜金虎，时付更，杨剑锋，等 . 中国石油上游业务信息化建设总体蓝图 [J]. 中国石油勘探，2020，25（5）: 1–8.

[28] 尤肖虎，潘志文，高西奇，等 .5G 移动通信发展趋势与若干关键技术 [J]. 中国科学: 信息科学，2014，44（5）: 551–563.

[29] 胡鞍钢 . 中国实现 2030 年前碳达峰目标及主要途径 [J]. 北京工业大学学报（社会科学版），2021，21（3）: 1–15.

[30] 高顺利，吴荣，吴波，等 . 智慧燃气研究现状及发展方向 [J]. 煤气与热力，2019，39（2）: 23–28，46.

[31] 牛彦菊 . 云端 ERP+ 设计生产一体化管理平台实现跨地域高效协同办公 [J]. 国企管理，2023（5）: 91.

[32] 刘峤，李杨，段宏，等 . 知识图谱构建技术综述 [J]. 计算机研究与发展，2016，53（3）: 582–600.

[33] 周红，汤世隆，顾佳楠，等 . 基于自然语言处理和深度学习的建设工程合同智能分类方法研究 [J]. 科技管理研究，2023，43（8）: 165–172.

[34] 吴冕，余海涛，史博会，等 . 天然气市场知识图谱本体构建 [J]. 油气与新能源，2022，34（6）: 71–76，81.

[35] 陈爱康 . 能源互联网多能协同规划与控制 [D]. 上海: 上海交通大学，2019.

[36] 轩亮，章春飞，刘晓卉，等 . 工业 4.0 背景下制造产线数字孪生体建模方法研究 [J]. 江汉大学学报（自然科学版），2023，51（2）: 68–77.

[37] GHOBAKHLOO M.Industry 4.0, digitization, and opportunities for sustainability[J]. Journal of Cleaner Production，2020，252: 119869.

[38] 张小俊，滕学睿，杨全博，等 . 基于工业互联网构架的油气管网能源管控系统的开发与应用 [J]. 化工自动化及仪表，2022，49（6）: 775–780.

[39] Gong J，Kang Q，Wu H H，et al. Application and prospects ofmulti—phase pipeline simulation technology in empowering the intelligent oil and gas fields[J]. Journal of Pipeline Science and Engineering，2023，3（3）: 100127.

[40] 宫敬，徐波，张微波 . 中俄东线智能化工艺运行基础与实现的思考 [J]. 油气储运，2020，39（2）: 130–139.

[41] 李柏松，王学力，徐波，等．国内外油气管道运行管理现状与智能化趋势 [J]. 油气储运，2019，38（3）：241-250．

[42] 赵国深，赵嘉玲，刘思妤，等．油气管道施工智能化安全管控技术研究 [J]. 中国石油和化工标准与质量，2022，42（4）：174-176，179．

[43] 湛立宁，卢俊文，张玉军，等．埋地油气管道外防腐层智能化检测技术研究 [J]. 石油机械，2023，51（2）：144-150．

[44] 谢武军，谌杨，褚荣光，等．智能管网时代油气管道施工现场的标准化建设 [J]. 石油工程建设，2021，47（S1）：121-126．

[45] 郭淼，朱晓宇，黄国家，等．油气管道全生命周期管理标准化与信息化发展分析 [J]. 现代化工，2022，42（5）：14-18．

[46] 陈传胜，李丹，尹恒，等．智能管道发展现状及具体领域智能化的探讨 [J]. 天然气与石油，2020，38（5）：133-138．

[47] Singhal A.Introducing the Knowledge Graph：things，not strings[EB/OL].（2012-05-16）[2023-05-29]. https：//blog.google/products/search/introducing-knowledge-graph-things-not/.

[48] 帅健，王伟，梅苑，等．基于知识图谱的管道完整性管理研究特征与热点演化 [J]. 油气储运，2021，40（12）：1349-1357．

[49] 阮彤，王梦婕，王昊奋，等．垂直知识图谱的构建与应用研究 [J]. 知识管理论坛，2016，1（3）：226-234．

[50] Peng B L，Li C Y，He P C，et al.Instruction tuning with gpt-4[EB/OL].（2023-04-06）[2023-05-29]. https：//arxiv.org/abs/2304.03277.

[51] Omar R，Mangukiya O，Kalnis P，et al. ChatGPT versus traditional question answering for knowledge graphs：current status and future directions towards knowledge graph chatbots[EB/OL].（2023-02-08）[2023-05-29]. https：//arxiv.org/abs/2302.06466.

[52] Adesso G. GPT4：the ultimate brain[EB/OL].（2022-12-08）[2023-05-29]. https：//nottingham-repository.worktribe.com/ OutputFile/14597119.

[53] Paraschiv D，Pugna I，Albescu F. Business intelligence & knowledge management-technological support for strategic management in the knowledge based economy[J].informatică Economică，2008，12（4）：5-12.

[54] Nandimath J，Banerjee E，Patil A，et al. Big data analysis using Apache Hadoop[C]. San Francisco：2013 IEEE 14th international Conference oninformation Reuse & integration（IRI），2013：700-703.

[55] Vora M N. Hadoop-HBase for large-scale data[C]. Harbin：Proceedings of 2011 International Conference on Computer Science and Network Technology，2011：601-605.

[56] 王馨莹，陈志刚．数字孪生软件在智慧管网建设中的应用 [J]. 化工设计通讯，2023，49（4）：22-24，63.

[57] 丛瑞，冯骋，沈晨，等.油气管道数字孪生技术应用 [J]. 油气田地面工程，2022，41（10）：108–113.

[58] 陈渝，胡耀义，曹宏艳.一种基于数字孪生体的油气输送管道完整性管理方法 [J]. 油气与新能源，2022，34（5）：84–88.

[59] 王浩，张斌，朱桥梁，等.长输天然气管道场站数字孪生技术的运用及研究 [J]. 当代化工研究，2022（16）：95–97.

[60] Li B，Gai J N，Xue X D. The digital twin of oil and gas pipeline system[J]. IFAC—PapersOnLine，2020，53（5）：710–714.

[61] Priyanka E B，Thangavel S，Gao X Z，et al. Digital twin for oil pipeline risk estimation using prognostic and machine learning techniques[J]. Journal of Industrial Information Integration，2022，26：100272.

[62] Wanasinghe T R，Wroblewski L，Petersen B K，et al. Digital twin for the oil and gas industry：overview，research trends，opportunities，and challenges[J]. IEEE Access，2020，8：104175–104197.

[63] 曹旭，王如君，魏利军，等."工业互联网 + 油气管道安全生产"系统架构研究 [J]. 中国安全生产科学技术，2021，17（S1）：5–9.

[64] Choubey S，Karmakar G P. Artificial intelligence techniques and their application in oil and gas industry[J]. Artificial Intelligence Review，2021，54（5）：3665–3683.

[65] Lu H F，Guo L J，Azimi M，et al. Oil and gas 4.0 era：a systematic review and outlook[J]. Computers in Industry，2019，111：68–90.

[66] Billinghurst M，Clark A，Lee G. A survey of augmented reality[J]. Foundations and Trends in Human–Computer Interaction，2015，8（2/3）：73–272.

[67] Zheng Z B，Xie S A，Dai H N，et al. Blockchain challenges and opportunities：a survey[J]. International Journal of Web and Grid Services，2018，14（4）：352–375.

[68] 董朝阳，赵俊华，文福拴，等.从智能电网到能源互联网：基本概念与研究框架 [J]. 电力系统自动化，2014，38（15）：1–11.

[69] 周淑慧，孙慧，梁严，等."双碳"目标下"十四五"天然气发展机遇与挑战 [J]. 油气与新能源，2021，33（3）：27–36.

[70] 任海泉，贾燕冰，田丰，等.含多微能网的城市能源互联网优化调度 [J]. 高电压技术，2022，48（2）：554–564.

[71] 单彤文.天然气发电在中国能源转型期的定位与发展路径建议 [J]. 中国海上油气，2021，33（2）：205–214.

[72] 谢萍，伍奕，李长俊，等.混氢天然气管道输送技术研究进展 [J]. 油气储运，2021，40（4）：361–370.

[73] 李敬法，苏越，张衡，等.掺氢天然气管道输送研究进展 [J]. 天然气工业，2021，41（4）：

137–152.

[74] 门向阳，曹军，王泽森，等.能源互联微网型多能互补系统的构建与储能模式分析[J].中国电机工程学报，2018，38（19）：5727–5737，5929.

[75] Peyghami S，Blaabjerg F，Palensky P.Incorporating power electronic converters reliability into modern power system reliability analysis[J]. IEEE Journal of Emerging and Selected Topics in Power Electronics，2021，9（2）：1668–1681.

[76] 虞维超，黄维和，宫敬，等.天然气管网系统可靠性评价指标研究[J].石油科学通报，2019，4（2）：184–191.

[77] 杨自娟，高赐威，赵明.电力—天然气网络耦合系统研究综述[J].电力系统自动化，2018，42（16）：21–31，56.

[78] 夏越，陈颖，杜松怀，等.综合能源系统多时间尺度动态时域仿真关键技术[J].电力系统自动化，2022，46（10）：97–110.

[79] 张沈习，王丹阳，程浩忠，等.双碳目标下低碳综合能源系统规划关键技术及挑战[J].电力系统自动化，2022，46（8）：189–207.

[80] 宫敬，殷雄，李维嘉，等.能源互联网中的天然气管网作用及其运行模式探讨[J].油气储运，2022，41（6）：702–711.

牵头专家：宫　敬

参编作者：李　莉　颜　辉　喻　斌　刘　亮

　　　　　王　军　王　力　王武昌　韩文超

油气储运大事记
（2018—2022）

·2018 年·

- 1月1日，中俄原油管道二线工程投产成功，标志中俄原油管道全面增输正式开始，每年经中俄原油管道进口的俄罗斯原油从过去的 $1500×10^4$ t 增至 $3000×10^4$ t。其与中俄原油管道一线工程并行敷设，起始于黑龙江省漠河县兴安镇附近的漠河首站，途经黑龙江、内蒙古两省，止于黑龙江省大庆市林源输油站，管道全长 941.8km，管径 813mm，设计压力 9.5~11.5MPa。

- 2月6日，中国石化天津 LNG 项目实现首船接气，2月14日实现 LNG 首车槽车外运，4月18日投入商业运营。

- 2月8日，国家发改委印发《关于加快推进 2018 年天然气基础设施互联互通重点工程有关事项的通知》（发改能源〔2018〕257 号），列出了要求 2018—2019 年完成的十大互联互通工程，目的是打通"最后一公里"，消除供应保障的设施瓶颈，强化资源串换和互供互保能力。

- 2月27日，中国海油所属深水起重铺管船"海洋石油 201"完成南海东方 13–2 气田海域 195km 海底管线铺设，为中国迄今为止自主铺设的最长海底管道。

- 4月26日，国家发展改革委、国家能源局联合印发《关于加快储气设施建设和完善储气调峰辅助服务市场机制的意见》（发改能源规〔2018〕637 号），以加快推进天然气产供储销体系建设，贯彻落实《中共中央、国务院关于深化石油天然气体制改革的若干意见》（中发〔2017〕15 号）。

- 5月15日，巴中地区龙巴输气管道工程建成通气，总投资 $5×10^8$ 元。干线输气管道起于仪陇县立山镇龙岗首站，止于巴中末站，线路全长 70.5km，管径 323.9mm，设计压力 6.3MPa，设计输量 $5.02×10^8$ m³/a；新建联络线输气管道起于南龛山配气站，止于巴中末站，全长 0.5km，管径 273mm，设计压力 6.3MPa，设计输量 $1×10^8$ m³/a。

- 5月18日，中俄东线配套工程楚州储气库复杂连通老腔安 24– 安 25 连通井组改造工程安 24A 井正式开钻，标志楚州储气库复杂连通老腔改造试验进入工程实施阶段。

- 6月28日，国家管网西气东输福州联络线工程开工建设。管道起自西气东输三线福州末站，止于中国海油福建 LNG 青口分输站，线路长 21.4km，管径 813mm，设计输气能力 $2000×10^4$ m³/d。

- 7月30日，黑龙江省成立省级天然气管网公司，将负责黑龙江连接中俄天然气管道干支线的黑龙江省内管网建设和运营。

- 8月1日，深圳 LNG 接收站正式投入运营。该接收站位于深圳市大鹏新区，建设规模为 4 个 $16×10^4$ m³ 储罐、1 座 $8×10^4$~$26.6×10^4$ m³ LNG 船专用泊位，设计年处理规模

400×10⁴t，是当时国内土地利用集约度最高的 LNG 接收站，也是当时中国一次性建设规模最大的接收站。

- 8 月 7 日，新奥舟山 LNG 接收及加注站实现首艘 LNG 船舶接卸，标志着该项目一期工程正式建成，开始调试和试运营。其是中国首个以民营企业为投资主体的大型 LNG 接收站项目，可实现年处理 LNG $300×10^4$t，总投资约 $58.5×10^8$ 元，预计年销售额达 $150×10^8$ 元。

- 8 月 24 日，抚顺—锦州成品油管道工程大凌河穿越点 DB038 号桩的 2 道"金口"一次连头成功，标志该工程全线贯通，具备投产条件。

- 8 月 25 日，钦州—南宁—柳州成品油管道投产成功。管道起于钦州广西石化，止于柳州市广西销售公司柳州油库，全长 363km，设计输量 $500×10^4$t/a，沿途设置输油站 3 座，阀室 20 座。

- 8 月 26 日，重庆铜锣峡储气库先导试验第二阶段试注投运成功，为重庆铜锣峡储气库开工建设奠定基础。

- 8 月 31 日，苏桥储气库群最后一座储气库——顾辛庄储气库顺利投产，标志历经 8 年多建设的苏桥储气库群全面投入生产运行。

- 9 月 5 日，国务院印发《国务院关于促进天然气协调稳定发展的若干意见》（国发〔2018〕31 号），对中国天然气产业发展作出全面部署。

- 10 月 19 日，中国石油页岩气输送能力最大的输气站——威远输气站投运，威远页岩气源源不断汇入冬季保供气流。

- 10 月 31 日，中国城镇燃气第一个大规模盐穴储气库项目——港华金坛储气库一期建成投产。该项目一期先行建设 3 口井，库容约 $1.4×10^8$m³，其中有效工作气量 $8000×10^4$m³，最大供气能力为 $200×10^4$m³/d。

- 11 月 15 日，鄂安沧（鄂尔多斯—安平—沧州）输气管道一期工程正式投产，全长 700km。鄂安沧输气管道工程是国家"十三五"规划的大型能源项目，包括 1 条主干线、5 条支干线，全长 2293km，设计输气能力 $300×10^8$m³/a，最大输气量 $9\,090×10^4$m³/d。

- 11 月 15 日，中国海油蒙西煤制天然气外输管道项目一期工程互联互通段成功建成通气，长度 31.5km，其是中国第一条直通雄安新区的清洁能源"大动脉"。

- 11 月 23 日，国家战略工程中缅天然气管道配套工程——楚攀天然气管道工程投产通气，管道起于中缅天然气管道楚雄分输站，终点位于攀枝花市仁和区，全长 186.6km，设计输气能力 $20×10^8$m³/a。

- 12 月 25 日，中国石油大学（华东）"问行业发展建专业——油气储运工程专业的建设与实践"获国家级教学成果奖二等奖。

- 12 月 30 日，西气东输三线长沙支线工程全线开始进行氮气置换，实现新管道与正在运行的忠武线潜湘支线管道的连通，标志国家"天然气互联互通"重点工程——西气东输三线长沙支线工程建成。

·2019 年·

- 1 月 17 日，瓦长（瓦房店—长兴岛）支线天然气管道投产成功。工程属于恒力石化天然气配套工程，于 2018 年 11 月 27 日全线贯通，由瓦房店段和长兴岛段组成，瓦房店段线路长 76.12km，长兴岛段线路长 19.29km。

- 2 月 23 日，国家能源局印发《石油天然气规划管理办法》（2019 年修订）（国能发油气〔2019〕11 号）。

- 4 月 13 日，中国—中亚天然气管道工程荣获"中国土木工程领域最高奖项——詹天佑奖"，这是詹天佑奖创立以来，首个跨国长输管道工程获奖。该工程是中国第一条引进境外天然气的陆上能源通道，全长 1833km，其中乌兹别克斯坦境内长 529km，哈萨克斯坦境内长 1300km，中国境内长 4km；设计输量 $300 \times 10^8 m^3/a$，设计压力 9.81MPa。

- 5 月 24 日，国家发改委、国家能源局等四部委联合发布《油气管网设施公平开放监管办法》（发改能源规〔2019〕916 号）。

- 6 月 14 日，青宁（青岛—南京）输气管道工程正式开工建设，全长 536.2km，设计输量 $72 \times 10^8 m^3/a$，北起中国石化青岛 LNG 接收站，南至川气东送管道南京输气末站，途经山东、江苏两省七地市 15 个县区，是国家确立的 2019 年天然气基础设施互联互通重点工程。

- 7 月 8 日，大庆油田首口储气库井——升平库平 1 井固井成功，设计完钻井深 3956m，预计完井周期 180 天。

- 7 月 30 日，中国石油华北石化—北京大兴国际机场航煤管道正式投运，北京大兴国际机场"能源血脉"全部贯通。

- 8 月 1 日，中国石化文 23 储气库项目一期工程建成投用，进入全面注气阶段。储气库位于河南濮阳，地处华北平原中心，一期工程设计库容 $84.3 \times 10^8 m^3$、设计工作气量 $32.7 \times 10^8 m^3$，可为京、津、冀、鲁、豫、晋等省提供最大 $3000 \times 10^4 m^3/d$ 的采气能力。

- 10 月 20 日，川气外输又一通道——磨溪—铜梁管道上载工程正式投运，龙王庙组气藏首次上载中贵线，川气首次逆行融入国家管网。

- 10 月 23 日，国家能源局印发《关于加强天然气管网设施公平开放相关信息公开工作的通知》（国能综通监管〔2019〕76 号）。

- 11 月 3 日，广西管道与中缅管道互联互通工程扩建项目全部完成，达到投产供气条件，具备 $2200 \times 10^4 m^3/d$ 的双向供气能力。

- 11 月 4 日，国家发改委发布《中央定价目录》（修订征求意见稿）并公开征求意见，其中在关于天然气的定价上，将此前位列第一的定价项目"各省（自治区、直辖市）天然气门站价格"从目录中移出。

- 11 月 11 日，陕京管道与鄂安沧管道安平段实现互联互通，一期输气能力达到 $1500 \times 10^4 m^3/d$，一个供暖季按 120 天计算，可以实现互通 $18 \times 10^8 m^3$ 天然气，增强了华北地区天然气管网输配能力。

- 11 月 27 日，上海石油天然气交易中心发布消息称，中国第一单储气库调峰气产品在该交易中心完成上线交易，成交量 $2000 \times 10^4 m^3$，成交均价 2.83 元 $/m^3$，交收期为 2019 年 12 月。

- 12 月 2 日，中俄东线天然气管道工程北段（黑龙江黑河—吉林长岭）正式投产通气。中俄东线天然气管道工程从俄罗斯西伯利亚到中国长三角，长逾 8000km；中国境内 5111km，从黑河首站进入国门，途经黑龙江、吉林、内蒙古、辽宁、河北、天津、山东、江苏，最终抵达上海，覆盖东北三省、京津冀和长三角广阔市场。管道全线投产后，每年计划从俄罗斯引进天然气将达到 $380 \times 10^8 m^3$，按照合同，俄罗斯 30 年内将向中国市场供应总量超过 $1 \times 10^{12} m^3$ 的天然气。

- 12 月 9 日，国家石油天然气管网集团有限公司在北京正式成立，主要从事油气长输管网及其调峰设施的投资建设、调度运行、公平开放及油气管输服务，形成"全国一张网"，是中国深化油气体制改革的关键一步。

- 12 月 16 日，中国最长乙烷输送管道——新疆油田采气一厂克拉美丽作业区至独山子石化公司乙烷输送管道投产运行，全长 377.31km。

·2020 年·

- 1 月 21 日，西气东输三线闽粤支干线（广州—潮州）正式投产运行。其是西气东输三线在广东地区的首条支干线，粤东地区首条天然气长输管道，国家重点互联互通工程之一。管道起点为广深支干线 6# 阀室，终点为潮州分输清管站，于 2018 年 6 月开工建设，全长 385.88km，管径 813mm，设计压力 10.0MPa，设计年输量 $58.1 \times 10^8 m^3$。

- 3 月 16 日，经国务院批准，国家发改委对《中央定价目录》（2015 年版）进行了修订，自 2020 年 5 月 1 日起施行。修订后的电力和天然气价格，按照"放开两头、管住中间"的改革思路，将"电力"项目修改为"输配电"，"天然气"项目修改为"油气管道运输"。

- 4 月 10 日，国家发改委、财政部、自然资源部、住房城乡建设部、国家能源局联合发布《关于加快推进天然气储备能力建设的实施意见》（发改价格〔2020〕567 号）。

- 4 月 14 日，国家能源局发布关于对《关于做好油气管网设施剩余能力测算相关工作的通知（征求意见稿）》公开征求意见的公告。

- 4 月 15 日，中国石油吐哈油田东储 1–6H 开钻，标志着国家重点能源建设项目、中国西部首座储气库群——吐哈油田温吉桑储气库群全面开工建设。

- 4 月 20 日，吐哈油田东储 1–6H 日前开钻，标志着中国西部首座储气库群——吐哈油田温吉桑库群全面开工建设。工程位于新疆维吾尔自治区鄯善县境内，由温西一、丘东和温 8 等 3 个枯竭气藏改建而成，设计总库容量 $56 \times 10^8 m^3$，工作气量 $20 \times 10^8 m^3$，总投资超过 70×10^8 元，预计 2025 年现场工程建设全部完成并陆续投运。

- 6 月 22 日，国家天然气干线管道新粤浙线潜江至郴州段正式投产进气。新粤浙线管道是国家实施南气北上的战略通道，包含 1 干 6 支，其中干线起自广东韶关，终于新疆昌吉，全长 4159km。

- 7 月 3 日，国家发改委发布《关于加强天然气输配价格监管的通知》（发改价格〔2020〕1044 号）。

- 7 月 8 日，国家天然气互联互通重点工程——深圳 LNG 外输管道试运投产。管道全长 64.3km，设计压力 10MPa，管径 1016mm，可实现"南气北送"增输 $4600 \times 10^4 m^3/d$，增强国内天然气资源调配灵活性。

- 7 月 26 日，山东管网西干线天然气管道工程在聊城市东阿县开工建设，设计输气规模 $200 \times 10^8 m^3/a$。工程包括"一干一支"，分别是山东管网西干线、阳谷支线，干线途经德州、聊城、济南、泰安、济宁 5 个地市，全长约 281km；阳谷支线全长约 34km。

- 7 月 30 日，崇州—大邑—邛崃输气管道工程投运，管道全长 73.61km，设计输气量 $280 \times 10^4 m^3/d$，年增供天然气 $10 \times 10^8 m^3$，该管道与原邛崃—大邑—崇州输气管道形成天然气双气源保障，彻底消除成都西南部冬季天然气供应瓶颈。

- 8 月 6 日，新奥舟山 LNG 接收站外输管道试运投产。管道起自新奥舟山 LNG 接收站，终于宁波镇海分输末站，全长约 81km，管径 1016mm，最高运行压力 9.9MPa，设计输气能力 $80 \times 10^8 m^3/a$。

- 8 月 7 日，辽河雷 61 储气库注气试运投产成功。其是辽河油田与地方政府合资合作建设的第一座储气库，也是中国投建的第一个实现压缩机国产化的储气库。

- 9 月 18 日，川渝第四条"川气出川"通道——江纳线管道增输工程贯通投运，川渝页岩气首次上载中贵线融入全国管网。

- 9 月 24 日，国家管网集团与广东省政府在北京签署《关于广东省天然气管网体制改革战略合作协议》。广东"省网"成为首个以市场化方式融入国家管网集团的省级天然气管网，标志着国家管网集团逐渐迈入新阶段，国家油气体制和油气管网运营机制改革进一步落地。

- 9 月 24 日，大庆升平储气库两口先导试验井产气量超 $75 \times 10^4 m^3/d$，刷新了区块内产量纪录，且在钻井、完井工艺上采用多项新技术，优选韧性水泥浆固井体系，提高了井筒完整性。

- 9 月 30 日，国家管网集团举行油气管网资产交割暨运营交接签字仪式，国家管网集团全面接管原分属于三大石油公司的相关油气管道基础设施资产（业务）及人员，正式并网运营。

- 10 月 1 日，海南省天然气管网正式划转至国家管网集团，并已成立海南省管网公司。

- 10 月 10 日，国家管网集团开通公平开放专栏，面向全社会公布在役油气管道、地下储气库、LNG 接收站等基础设施的相关信息，同时上线客户管理系统，开展首批托运商准入工作。
- 10 月 28 日，湖北能源集团股份有限公司召开第九届董事会第四次会议，审议通过《关于湖北省天然气发展有限公司分立重组的议案》，湖北省网分立重组为管网公司和销售公司，管网公司随后融入国家管网集团。
- 10 月 30 日，西气东输福州联络线工程正式投产，来自中亚和新疆塔里木气区的天然气经过西气东输三线管道到达福州 LNG 青口分输站。其是国家管网集团投产的第一个互联互通工程，实现了国家管网集团西气东输三线东段干线与东南沿海天然气管网互联互通。
- 11 月 23 日，中国第一家混合所有制天然气地下储气设施运营管理企业——重庆天然气储运有限公司宣告成立。
- 12 月 3 日，中俄东线天然气管道工程中段（吉林长岭—河北永清）正式投产运营，意味着京津冀地区即将迎来俄罗斯的清洁天然气，为首都经济圈发展注入新活力。
- 12 月 15 日，青宁（青岛—南京）天然气管道工程投产通气，标志着中国东部地区新增一条联通南北的天然气通道。管道全长 536.2km，每年可为沿线地区提供 $72 \times 10^8 m^3$ 天然气，提升环渤海和长三角两大经济区天然气资源互保互供能力。

· 2021 年 ·

- 1 月 6 日，中俄东线天然气管道工程（河北永清—上海）江苏段第七标段正式点火开焊，标志着中俄东线南段在河北、山东、江苏等地全面开工建设。
- 1 月 22 日，国家管网集团与湖南省政府签署了《关于天然气管网战略合作协议》，双方约定尽快完成湖南省省级天然气管网平台整合，成立国家管网集团湖南省天然气管网有限公司，作为湖南省省级天然气管网的唯一建设运营主体，实现全省天然气管网"一个投资主体、一张网、一个价"。
- 3 月 23 日，重庆天然气储运有限公司在重庆石油天然气交易中心完成国内首单储气库储气服务线上交易，成交铜锣峡储气库库容 $2000 \times 10^4 m^3$。
- 3 月 31 日，国家管网集团接管原中国石油昆仑能源下属北京天然气管道有限公司和大连液化天然气有限公司股权，标志着中国油气主干管网资产整合全面完成，实现中国全部油气主干管网并网运行。
- 3 月 31 日，山东管网南干线开工建设，起点为日照市青宁管道岚山站，终点为菏泽市鄄城县旧城镇黄河穿越山东侧，全长 462km，一期设计输气规模 $96 \times 10^8 m^3/a$。
- 4 月 13 日，国家天然气基础设施互联互通重点工程、首条直供雄安新区的天然气主干管道——蒙西管道项目一期（天津—河北定兴）正式开工建设。

- 4月25日，国家管网集团与福建省政府在福州签署了《深化天然气管网发展改革合作协议》，双方同意成立国家管网集团福建省管网有限公司，福建省网以市场化方式融入国家管网。

- 4月29日，中国石化孤西储气库SN76井、GK1井、GK2井顺利完成注采测试和地面配套施工作业，实现开栓注气，标志着中国石化东北地区首座储气库建成投产。

- 5月10日，中煤鄂能化 100×10^4 t甲醇技改项目配套MTO甲醇长输管道工程投产成功，工程起自内蒙古中煤图克首站，终至蒙大末站，全长52km，是中国第一条MTO甲醇长输管道。

- 5月23日，中国首座半地下掩埋式LNG储罐、国内最大坐地式LNG储罐——国家管网集团龙口南山LNG接收站项目一期工程5#、6#LNG储罐开工建设。

- 5月31日，国家能源局印发《天然气管网和LNG接收站公平开放专项监管工作方案》（国能综通监管〔2021〕64号），推动天然气管网设施公平开放，促进管网设施高效利用，规范管网设施运营企业开放服务行为。

- 6月7日，国家发改委印发《天然气管道运输价格管理办法（暂行）》和《天然气管道运输定价成本监审办法（暂行）》（发改价格规〔2021〕818号），进一步完善天然气管道运输价格管理体系。

- 6月18日，国家管网集团与甘肃省政府签署合作协议，双方成立国家管网集团甘肃省天然气管网有限公司，作为甘肃省天然气管网的唯一建设运营主体。

- 7月23日，国家管网海南省环岛天然气管网东环线（文昌—琼海—三亚输气管道）进入运营阶段，与前期已投产运营的省内西部管网连接，实现了海南省天然气骨干管由"C"字形向"O"字形升级转换，形成中国首个投运的环岛天然气管网。

- 9月20日，国家重点互联互通工程、湖南省重点民生工程——忠武线潜湘支线、西气东输三线长沙支线与新疆煤制气管道长沙联通工程顺利投产。工程位于长沙县安沙镇和路口镇，起点位于新气管道石潭村阀室外，终点位于西气东输三线长沙支线安沙分输清管站，全长9.25km，设计压力10MPa，管径813mm，设计输量 $2000 \times 10^4 m^3/d$ 。

- 10月18日，中原储气库群卫11储气库建成注气，最大调峰能力 $500 \times 10^4 m^3/d$ ，可满足 1000×10^4 户家庭用气需求，标志着中国华北地区最大天然气地下储气库群中原储气库群建成投产。中原储气库群位于河南省濮阳市和山东省聊城市交界处，有3座储气库，其中2座（文23〔I期〕、文96）位于濮阳市濮阳县，1座（卫11）位于濮阳市清丰县和山东省聊城市莘县交界处，总库容 $100.3 \times 10^8 m^3$ 。

- 10月18日，中国首台储气库注气离心式压缩机组在黄草峡储气库成功投运，注气量高达 $320 \times 10^4 m^3/d$ ，标志着国家级重点工程黄草峡储气库先导试验工程全面建成。

- 10月20，中国海油负责筹建的中国最长煤层气长输管道——神木—安平煤层气管道（山西—河北段）主体工程完工。

- 10 月 27 日，中国石油西南油气田公司威远—乐山输气管道（威乐线）一期工程（威远—井研）正式投运，每日输送近 $300 \times 10^4 m^3$。威乐线全长 124km（含支线），起于威 202-1 脱水站，途经内江、自贡、乐山三市五县区 19 个乡镇，止于乐山输气总站，全线新建站场 3 座、阀室 5 座，改扩建站场 3 座，设计年输气量 $50 \times 10^8 m^3$，首次在国内山区地段采用"氩弧焊打底 + 气体保护半自动焊"焊接工艺。

- 11 月 15 日，国家管网集团天津 LNG 二期项目，顺利实现两座国内最大直径 $22 \times 10^4 m^3$ 储罐同时升顶，创造国内首次"两座储罐同时升顶"的新纪录。

- 11 月 18 日，日照—濮阳—洛阳原油管道工程建成投用。管道全长 796km，设计输量 $1000 \times 10^4 t/a$，横跨山东、河南两省，起自山东省日照市岚山港区，终至河南省洛阳市孟津区，沿途经过日照、临沂、泰安、济宁、菏泽、濮阳、安阳、新乡、焦作、洛阳 10 个地市和 33 个县区。

- 11 月 20 日，国内首套 LNG/FLNG 绕管式换热器在中国海油山东新能源有限公司 LNG 工厂一次性开车成功，并完成静止和晃荡工况下 72h 满负荷连续稳定运行，各项技术指标达到设计要求。

- 12 月 15 日，国家天然气基础设施互联互通和环渤海产供储销体系重点工程——国家管网集团龙口南山 LNG 接收站项目一期工程第一阶段 4 座 $22 \times 10^4 m^3$ 储罐成功升顶。

- 12 月 31 日，西南地区首座商业地下储气库——重庆铜锣峡储气库建设工程用地预审与选址意见书，获得重庆市规划和自然资源局签批，标志着铜锣峡储气库建设工程步入正式建库阶段。铜锣峡储气库设计库容量 $14.8 \times 10^8 m^3$，工作气量 $10.2 \times 10^8 m^3$，建成后日均采气量 $833 \times 10^4 m^3$，季节调峰最大日采气量可达 $1600 \times 10^4 m^3$。

- 12 月 20 日，粤西天然气主干管网工程启动投产，全长 324km，设计输量 $66 \times 10^8 m^3/a$，途经茂名市、湛江市、阳江市、江门市的 11 个区县。其中肇庆—云浮支干线全长 41.65km，设计输量 $14.15 \times 10^8 m^3/a$；阳江—江门干线全长 170.3km，设计输量 $26.85 \times 10^8 m^3/a$；茂名—阳江干线全长 157.2km，设计输量 $40 \times 10^8 m^3/a$。

- 12 月 29 日，国家管网集团甘肃省天然气管网有限公司在甘肃兰州正式揭牌，其是国家管网集团在西北地区组建的首家省网公司。

- 12 月 31 日，大庆油田四站储气库采气投产。其与朝 51 储气库构成大庆油田四站储气库群，是哈大齐工业走廊的天然气调峰枢纽，是大庆油田生产调峰、黑龙江省季节调峰稳定供气的重要资源保障。

· 2022 年 ·

- 1 月 10 日，四川牟家坪储气库先导试验工程开工。牟家坪、老翁场储气库是四川首个储气库，预计投资 100×10^8 元，计划 2026 年前建成，形成库容 $59.65 \times 10^8 m^3$，工作气量 $31.45 \times 10^8 m^3$，平均注气规模 $1500 \times 10^4 m^3/d$，平均采气规模 $2620 \times 10^4 m^3/d$，最大应急调峰采气能力 $5000 \times 10^4 m^3/d$。

- 1 月 29 日，国家发改委、国家能源局印发《"十四五"现代能源体系规划》（发改能源〔2022〕210 号），其根据《中华人民共和国国民经济和社会发展第十四个五年规划和 2035 年远景目标纲要》编制，主要阐明中国能源发展方针、主要目标和任务举措，是"十四五"时期加快构建现代能源体系、推动能源高质量发展的总体蓝图和行动纲领。

- 1 月 30 日，中国石油西南油气田公司相国寺储气库历经 8 个采气周期，累计调峰采气突破 $1003 \times 10^8 m^3$，相当于替代标煤约 $1330 \times 10^4 t$，减少二氧化碳排放量约 $3800 \times 10^4 t$。

- 3 月 1 日，大庆油田朝 51 储气库投产注气。其是大庆油田四站储气库群主力注气区块，2022 年 5 月，四站储气库群实现注气突破 $1 \times 10^8 m^3$，刷新了四站储气库群注气新纪录。

- 3 月 3 日，吉林油田双坨子储气库一次性注气投产成功。该储气库气源为中俄东线来气，总库容 $10.71 \times 10^8 m^3$，工作气量 $5.28 \times 10^8 m^3$。

- 3 月 22 日，国家发改委、国家能源局印发《"十四五"现代能源体系规划》（发改能源〔2022〕210 号），提出"十四五"时期现代能源体系建设的主要目标。

- 3 月 25 日，《中共中央 国务院关于加快建设全国统一大市场的意见》正式出台，提出在有效保障能源安全供应的前提下，结合实现碳达峰碳中和目标任务，有序推进全国能源市场建设。

- 4 月 21 日，国家能源局组织召开全国油气管道规划建设和保护工作会议，贯彻落实党中央、国务院决策部署，推动油气"十四五"规划落地实施，加快管道基础设施建设，统筹做好管道保护。

- 4 月 23 日，川渝第五条"川气出川"通道——威江线（威远—江津）管道工程全线投运。管道始于威远输气站，止于江津增压站，全长 211.3km。其中，威远—泸县段长 99.6km，管径 1016mm，设计输量 $100 \times 10^8 m^3/a$；泸县—江津段长 111.7km，管径 1219mm，设计输量 $350 \times 10^8 m^3/a$。

- 4 月 25 日，西南地区首个储气库——中国石化清溪储气库注气投运，设计有效库容 $3.49 \times 10^8 m^3$，设计注气能力 $120 \times 10^4 m^3/d$，采气能力 $200 \times 10^4 m^3/d$，调峰及应急供气能力 $200 \times 10^4 m^3/d$。

- 5 月 8 日，胜利油田永 21 储气库日前成功注气，正式投入使用。其是山东省首座地下天然气储气库，设计库容 $5 \times 10^8 m^3$，调峰供气能力 $198 \times 10^4 m^3/d$，可满足 500×10^4 万户家庭日用气需求。

- 5 月 26 日，国家发改委印发《关于完善进口液化天然气接收站气化服务定价机制的指导意见》（发改价格〔2022〕768 号），是国家首次专门就接收站气化服务价格制定的政策文件。

- 5 月 29 日，大港油田白 15 储气库库 H1 井、库 H2 井、库 H3 井开始注气，标志着中国首座全水平井建设的储气库试注成功。其依托原板南储气库现有注采系统实施地层改造，设计库容 $2.65 \times 10^8 m^3$，有效工作气量 $1.3 \times 10^8 m^3$。

- 5月31日，北京燃气天津南港液化天然气应急储配站项目二阶段 $22 \times 10^4 m^3$ T-6209 薄膜罐气顶升平稳就位。T-6209 薄膜罐直径 86.7m、高 41.9m，是目前国内最大薄膜液化天然气储罐，其应用较多新技术、新材料、新设备、新工艺，标志着中国 LNG 储罐研发建造技术实现新突破。

- 6月9日，国内最深盐穴地下储气库——江汉盐穴天然气储气库王储6井正式投产注气。该项目位于湖北省潜江市，利用地下盐穴而建，于 2019 年正式启动，储气库井深逾 2000m，设计总库容 $48.09 \times 10^8 m^3$，王储6井是江汉盐穴天然气储气库一期工程的先导实验井之一。

- 6月23日，文23储气库二期工程项目开工建设，建成后文23储气库储气能力可整体提升 20%。文23储气库位于河南省濮阳市，设计总库容 $103 \times 10^8 m^3$，工作气量 $40 \times 10^8 m^3$，规划分二期建设，一期工程已于 2019 年建成投运。

- 6月26日，内蒙古首座超大天然气地下储气库——长庆油田采气五厂苏东39-61储气库建成注气，其是长庆油田首座实现数字化交付的储气库项目，预计 2024 年达容达产后，将实现工作气量 $10.8 \times 10^8 m^3$。

- 7月12日，国家管网集团与浙江省能源集团在杭州举行浙江省天然气管网融入国家管网签约仪式，标志着省网融入国家管网集团工作和天然气"全国一张网"建设迈出重要一步。

- 8月15日，吉林油田及吉林省建成的第一座储气库双坨子储气库开始试注气投产，主要气源为中俄东线天然气管道来气。

- 8月24日，董东原油管道成功投产，这是"十四五"期间中国投产的首条 $1500 \times 10^4 t$ 输量级输油管道。管道全长365km，主要输送从青岛市董家口港上岸的进口原油，在东营站与东临复线（东营—临邑）连接，输往鲁宁管道（临邑—仪征），服务山东省及长江沿线炼油炼化企业。

- 8月29日，中国最大碳捕集、利用与封存（CCUS）全产业链示范基地、首个百万吨级 CCUS 项目——齐鲁石化—胜利油田百万吨级 CCUS 项目正式注气运行，标志着中国 CCUS 产业进入成熟的商业化运营。该项目每年可减排二氧化碳 $100 \times 10^4 t$，相当于植树约 900×10^4 棵。

- 8月31日，温吉桑储气库一期建设工程温西一库注气投运。其在建设过程中，采用三维一体化协同设计、数字化全过程交付及智慧化工地建设技术，建立了全方位视频感知监控系统，并在国内首次实现了生产运行远程调控，应用机器人自动巡检，确保场站"少人值守、自动操控"。

- 9月16日，中俄东线南段天然气管道安平—泰安段正式投产，标志着中国东部能源通道进一步完善，环渤海地区能源供给能力不断提高。

- 9 月 25 日，国内首座"井站一体"标准数智化驴驹河储气库试注成功。该项目是中国石油首批全数智化建设运营的气藏型储气库，设计库容 $5.7 \times 10^8 m^3$，有效工作气量 $3 \times 10^8 m^3$。

- 9 月 26 日，中国规模最大的液化天然气储备基地——中国海油盐城"绿能港"正式投用，接卸容量 $21 \times 10^4 m^3$ 超大型液化天然气运输船"阿尔卡莎米亚"运来的液化天然气，输送至"绿能港"的 3 号储罐中，该储罐也是国内首个正式投用的 $22 \times 10^4 m^3$ 液化天然气储罐。

- 9 月 28 日，西气东输四线天然气管道工程正式开工。工程起自中吉边境新疆乌恰县伊尔克什坦，经轮南、吐鲁番至宁夏中卫，全长约 3340km，管径 1219mm，设计压力 12MPa。按照统一规划、分步实施的原则分段建设，本次开工的吐鲁番—中卫段是该工程的核心组成部分，全长 1745km，途经新疆、甘肃、宁夏 3 省（自治区）17 县（市），设计输量 $150 \times 10^8 m^3/a$，增输改造后可达 $300 \times 10^8 m^3/a$。

- 10 月 26 日，胜利油田新东营原油库建成投产。新库位于东营区牛庄镇，占地面积 504 亩，库容规模 $68 \times 10^4 m^3$，与老库相比，库容量扩大 30%，单位库容用地降低 25.6%。

- 10 月 28 日，中国首座陆上液化天然气（LNG）薄膜罐项目——华港燃气集团河北河间 LNG 调峰储备库工程竣工，标志着中国构建 LNG 全产业链进程取得新突破。

- 10 月 30 日，山东管网南干线管道工程实现全线贯通，其作为沿海 LNG 外输通道、山东省输气干线，与已有山东管网、山东沿海 LNG 接收站资源及中原储气库群实现互联互通，构建起山东省输气干线环网，实现多资源及管道的互联互通。

- 10 月 31 日，浙江省能源集团与国家管网集团浙江省天然气管网有限公司在杭州举行浙江省天然气管网融入国家管网交接仪式。双方约定，自 2022 年 11 月 1 日零时起，浙江省级天然气管网的运营管理权由浙能集团移交至国家管网集团。

- 11 月 15 日，中国首艘、全球最大的液化天然气运输加注船"海洋石油 301"船在广州文冲船舶修造有限公司完成加注功能改造，正式交付中国海油能源发展股份有限公司，这是中国首个完工的 LNG 运输加注船改造项目。

- 11 月 30 日，广东揭阳 $520 \times 10^4 m^3$ 原油商业储备库建设工程库区总承包项目全部中交，进入联动试车阶段。该项目总投资 55×10^8 元，原油周转量达 $3450 \times 10^4 t/a$，其中重质原油库容 $160 \times 10^4 m^3$，轻质原油库容 $280 \times 10^4 m^3$。

- 12 月 1 日，中国最长煤层气长输管道——神木—安平煤层气管道工程全线贯通，进入试生产。管道横跨陕、晋、冀，全长 622.98km，设计输量 $50 \times 10^8 m^3/a$。

- 12 月 7 日，位于中国石油冀东油田南堡 2 号人工岛的南堡 1–29 储气库开始正式采气，标志着中国第一座海上储气库正式进入采气期。

- 12 月 7 日，中俄东线天然气管道泰安—泰兴段投产，中国由北向南的中俄东线天然气管道与由西向东的西气东输管道系统在江苏泰兴正式联通，来自西伯利亚的清洁能源全面供应长三角地区。

- 12 月 11 日，国家管网集团苏皖管道（江苏滨海 LNG 外输管道）正式投产，增加滨海

LNG 资源接入能力 $500 \times 10^4 m^3/d$。其作为江苏滨海 LNG 接收站的配套工程，起自江苏省盐城市滨海 LNG 接收站，止于安徽省合肥市肥东末站，全长 515km，包括江苏滨海—盱眙项目（江苏段）和安徽天长—合肥项目（安徽段），设计输量 $127 \times 10^8 m^3/a$，设置输气站场 9 座、阀室 26 座。

- 12 月 28 日，黄泽山—鱼山原油管道工程投产，全长 46.5km，管径 813mm，设计输量 $2000 \times 10^4 t/a$，具备扩建至 $3000 \times 10^4 t/a$ 的输送能力。其中，陆上管道 0.8km，海底管道 45.7km，最深处距海床面 35m。首次采用海对海定向钻穿越技术，刷新了国际上管道最长、管径最大、水位最深的原油管道海对海定向钻穿越三项纪录。

牵头专家： 关中原

参编作者： 吴珮璐　赵佳雄　张瀚文　祁梦瑶

李秋扬　刘明辉　陈　涛　刘啸奔